中国关键元素地球化学丛书

中国稀有分散元素地球化学

王学求 刘汉粮 王 玮 主编

科学出版社

北 京

内 容 简 介

  本书作为《中国关键元素地球化学丛书》之一，提供了锂、铍、铌、钽、铷、铯、锆、铪、钪 9 个稀有元素和硒、碲、镓、锗、铟、铊、锶、钡 8 个分散元素在全国岩石和土壤中的含量和时空分布特征，阐述了稀有分散元素与地质背景、地理景观和土壤类型的空间分布关系，特别是对社会普遍关注的新能源电池材料锂资源形成的地球化学背景、富硒农产品土壤地球化学背景进行了系统阐述，对全国稀有分散元素资源勘查、新材料开发、环境评价、富硒土地利用等具有重要参考价值。

  本书可供科研、生产、教学人员，以及高等院校有关专业的本科生和研究生参考和使用。

审图号：GS（2021）409 号

图书在版编目（CIP）数据

中国稀有分散元素地球化学 / 王学求，刘汉粮，王玮主编. —北京：科学出版社，2021.4

（中国关键元素地球化学丛书）

ISBN　978-7-03- 068588-9

Ⅰ. ①中⋯　Ⅱ. ①王⋯ ②刘⋯ ③王⋯　Ⅲ. ①稀有元素－元素地球化学－中国　Ⅳ. ① P595

中国版本图书馆 CIP 数据核字（2021）第 064221 号

责任编辑：王　运 / 责任校对：王　瑞
责任印制：吴兆东 / 封面设计：图阅盛世

科 学 出 版 社 出版
北京东黄城根北街 16 号
邮政编码：100717
http://www.sciencep.com

北京中科印刷有限公司 印刷
科学出版社发行　各地新华书店经销

*

2021 年 4 月第 一 版　开本：787×1092　1/16
2021 年 11 月第二次印刷　印张：28 1/4
字数：670 000
定价：378.00 元
（如有印装质量问题，我社负责调换）

丛 书 序

元素周期表上已发现的化学元素有 118 个，其中自然界存在的化学元素有 92 个，从广义的角度讲，这 92 个化学元素都是关键元素。但近年随着对关键矿产资源的关注度持续升温，目前所提出的关键元素，是以现代社会重要用途为分类基础的狭义概念。美国国家研究理事会（NRC）将关键元素定义为"对地球过程至关重要的元素，其为生物活动创造适宜的条件，为现代社会的运转、繁荣和安全提供必要的原材料，为低碳或无碳能源作出贡献，并广泛用于电子行业、国防、医药业和先进制造业"。中国 2019 年发布的 38 种战略矿产资源包括 56 个关键元素，美国 2017 年发布的 35 种关键资源包含 54 个关键元素，欧盟 2017 年发布的 20 种关键资源包含 37 个关键元素。如果将生命必需的营养元素、有毒有害元素、地球物质循环及指示元素都计算在内的话，关键元素应包含近 70 个。

关键元素具有科学、环境、健康和工业用途多重属性和重要意义。关键元素是工业 4.0 和第四次科技革命不可替代的原材料，是先进制造、低碳能源、电子产品、国防安全等必需的物质基础；关键元素是环境变化的基因，是生命健康必需的营养物质，也可以是破坏环境的有毒有害物质；关键元素是地球物质循环的基础，是研究地球系统科学，解开地球演化的钥匙。美国国家科学、工程和医学研究院（NASEM）发布的《时域地球——美国国家科学基金会地球科学十年愿景（2020—2030）》将关键元素在地球上的分布和循环作为优先科学问题。美国地质调查局 2018 年预测，未来资源的竞争可能更多集中于关键矿产资源（critical minerals），因为它使新技术成为可能，还可用于尖端军事领域，将成为 21 世纪国际竞争制高点。

把元素周期表中的所有关键元素分布绘制在地球上是一项巨大的科学工程，对认知地球系统科学、研究元素分布循环、发现关键矿产资源、监测全球环境变化、保护生态环境、利用土地资源、发展绿色农业和国家安全等具有奠基性和持久性的意义。

中国在元素的地球化学探测技术和对其分布的有关研究走在了国际前列，形成了从全球尺度、区域尺度、局部尺度直到纳米尺度的地球化学探测技术体系，是目前唯一绘制出 78 个元素地球化学分布图的国家，覆盖了大部分自然元素，已经完成全国 930 万平方千米 78 个元素和全球 30%陆地面积 40 个元素的地球化学基准图的绘制。《中国关键元素地球化学丛书》基于国家"深部探测技术与实验研究"专项（SinoProbe）的"全国地球化学基准值建立与综合研究"项目、国家重点研发计划项目"穿透性地球化学勘查技术"、地质调查项目"化学地球基准与调查评价"和河北省重大科技专项"地球化学大数据在绿色产业发展中的应用示范"等大量第一手数据，作为"化学地球"大科学计划的系列成果分 9 册出版。

我们认为这是一套"把论文写在祖国大地上"的具有重要参考价值的丛书。祝愿丛书早日与读者见面！

2021 年 4 月

前　言

　　元素周期表中已发现的 118 个化学元素中，天然元素有 92 个。尽管元素周期表的发现已有 150 多年的历史，但人类对化学元素在地球上的时空分布和循环了解甚少。把元素周期表所有元素分布绘制在地球上是一项巨大的科学工程。中国对关键元素在地球上的分布探测和研究走在了国际前列，已绘制了中国全国 78 个元素地球化学分布图，构成中国大地元素分布周期表（图 1），并与 20 余个国家合作，绘制了地球陆地面积 30%的全球地球化学基准图。这些珍贵数据，对认知地球系统科学、研究元素分布循环、发现关键矿产资源、监测全球环境变化、保护生态环境、利用土地资源、发展绿色农业等具有重要意义。

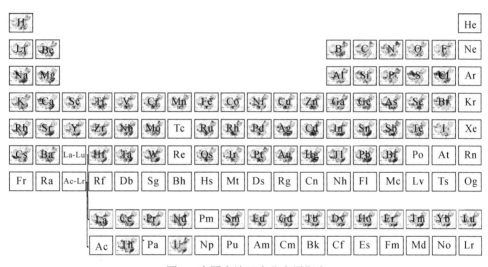

图 1　中国大地元素分布周期表

　　关键资源已经成为工业 4.0 和第四次科技革命不可替代的原材料，备受关注。美国、欧盟、中国等先后制定了各自的关键矿产资源发展战略。中国 2019 年发布的 38 种战略矿产资源包括 56 个关键元素，美国 2017 年发布的 35 种关键资源包含 54 个关键元素，欧盟 2017 年发布的 20 种关键资源包含 37 个关键元素（表 1）。上述关键元素，涵盖了先进制造、低碳能源、电子产品、国防安全等必需的原材料，事实上关键元素还应该包括生物医药、生命必需的营养元素、有毒有害元素、地球物质循环及指示元素等（表 2），如果算上这些元素的话，关键元素应包含近 70 个，涵盖了所有三稀元素（稀土、稀有和分散元素）。三稀元素在先进制造业、新能源领域、国防安全等方面具有不可替代性和稀缺性，因此备受重视。美国国家科学、工程和医学研究院（NASEM）发布的《时域地球——美国国家科学基金会地球科学十年愿景（2020—2030）》将关键元素在地球上的分布和循环作为第三优先科学问题，将其重要性阐述为"关键元素为现代社会的运转、繁荣和安全提供必需的原材料"。

表 1 关键资源与关键元素

国家或组织	关键资源	关键元素	文献
中国	38 种战略矿产资源： 石油、天然气、铀、铁、锰、铬、钒、钛、铜、铝、镍、钴、钨、锡、铋、锑、铂族、金、稀土、铌、钽、锂、铍、锶、铷、铯、锆、锗、镓、铟、铼、碲、钾盐、硼、萤石、高纯石英、石墨、氦气	56 个关键元素： C, U, Fe, Mn, Cr, V, Ti, Cu, Al, Ni, Co, Wo, Sn, Bi, Sb, PGE (Ru, Rh, Pd, Os, Ir, Pt), Au, REE (Y, Sc, La, Ce, Pr, Nd, Sm, Eu, Gd, Tb, Dy, Ho, Er, Tm, Yb, Lu), Nb, Ta, Li, Be, Sr, Rb, Cs, Zr, Ge, Ga, In, Re, Te, K, B, F, Si, He	《全国矿产资源规划（2016—2020年）》
美国	35 种关键资源： 铝土矿、锑、砷、钡、铍、铋、铯、铬、钴、镓、锗、萤石、天然石墨、铪、氦、铟、锂、镁、锰、镍、铂族金属、钾、稀土、铼、钪、锶、铌、钽、碲、锡、钛、钨、铀、钒和锆	54 个关键元素： Al, Sb, As, Ba, Be, Bi, Cs, Cr, Co, Ga, Ge, F, C, Hf, He, In, Li, Mg, Mn, Ni, PGE (Ru, Rh, Pd, Os, Ir, Pt), K, REE (Y, La, Ce, Pr, Nd, Sm, Eu, Gd, Tb, Dy, Ho, Er, Tm, Yb, Lu), Re, Sc, Sr, Nb, Ta, Te, Sn, Ti, W, U, V, Zr	U. S. Department of the Interior and U. S. Geological Survey, 2017
欧盟	20 种关键资源： 锑、铍、硼、铬、钴、焦煤、天然石墨、萤石、镓、锗、铟、菱镁矿、镁、铌、重稀土、轻稀土、铂族金属、磷、硅、钨	37 个关键元素： Sb, Be, B, Cr, Co, C, F, Ga, Ge, In, Mg, Nb, REE (Y, Sc, La, Ce, Pr, Nd, Sm, Eu, Gd, Tb, Dy, Ho, Er, Tm, Yb, Lu), PGE (Ru, Rh, Pd, Os, Ir, Pt), P, Si, W	European Commission, 2014

表 2 关键元素分类

分类		关键元素
原材料用途	先进制造业与国防安全	铍（Be）、镁（Mg）、铝（Al）、钛（Ti）、钒（V）、锰（Mn）、钴（Co）、铬（Cr）、锌（Zn）、锆（Zr）、铪（Hf）、钼（Mo）、稀土（REE）、铂族元素（PGE）、金（Au）、银（Ag）、铀（U）、铜（Cu）、铁（Fe）等
	电子产品	硅（Si）、镓（Ga）、锗（Ge）、砷（As）、碳（C）、铂族元素（PGE）、金（Au）等
	低碳能源	铀（U）、锂（Li）、钴（Co）、氢（H）、氦（He）、稀土（REE）等
	生物医药	碳（C）、氧（O）、氮（N）、氢（H）、磷（P）、硫（S）、钾（K）、钙（Ca）、氟（F）、氯（Cl）、溴（Br）、碘（I）、钛（Ti）等
生命必需的营养元素		碳（C）、氧（O）、氢（H）、氮（N）、磷（P）、硫（S）、钾（K）、钙（Ca）、钠（Na）、铁（Fe）、镁（Mg）、锌（Zn）、氟（F）、氯（Cl）、溴（Br）、碘（I）等
有毒有害元素		有毒重金属：镉（Cd）、汞（Hg）、砷（As）、铅（Pb）、铬（Cr）、铜（Cu）、锌（Zn）、镍（Ni）、锰（Mn）、铊（Tl） 放射性元素：铀（U）、钍（Th）、镭（Ra）
地球物质循环与全球变化指示元素		氧循环（O） 碳循环（C） 氮循环（N） 硫循环（S） 地球循环指示元素：惰性气体元素（He、Ne、Ar、Kr、Xe）、锆（Zr）、铪（Hf）、铀（U）、钍（Th）、铅（Pb）、碳（C）、铁（Fe）、卤素元素（F、Cl、Br、I）、铂族元素（Ru、Rh、Pd、Os、Ir、Pt）等

作为《中国关键元素地球化学丛书》之一，本书将对 9 个稀有元素和 8 个分散元素在中国大地上的分布进行系统阐述。

稀有元素（rare elements）、分散元素（dispersed elements）和稀土元素（rare earth elements）并称为三稀元素。三稀元素是现代科技、新能源的关键性材料，具有不可替代性和稀缺性，因而备受关注，很多国家将其列为关键资源或战略资源。

稀有元素是对自然界中含量较低（地壳丰度小于 100×10^{-6}）和分布稀少的一类元素的总称，包含锂（Li）、铍（Be）、铌（Nb）、钽（Ta）、锆（Zr）、铪（Hf）、铷（Rb）、铯（Cs）、钪（Sc）等。

分散元素是指在自然界呈分散状态，一般不存在自己的独立矿物，而是分散在其他元素组成的矿物中的一类元素的总称，包含镓（Ga）、锗（Ge）、铟（In）、铊（Tl）、硒（Se）、碲（Te）、铼（Re）、锶（Sr）、钡（Ba）等。

稀土元素是指化学元素周期表中镧系元素，包含镧（La）、铈（Ce）、镨（Pr）、钕（Nd）、钷（Pm）、钐（Sm）、铕（Eu）、钆（Gd）、铽（Tb）、镝（Dy）、钬（Ho）、铒（Er）、铥（Tm）、镱（Yb）、镥（Lu），以及与镧系密切相关的元素钇（Y）和钪（Sc）共 17 种元素的总称。它们在自然界密切共生，可分为轻稀土（LREE，也称铈族稀土）和重稀土（HREE，也称钇族稀土）。

三稀元素的主要用途：用于现代科技和装备制造的功能性材料和新能源材料，如锂是新能源电池的主要材料，铍、铌、钽、锆、铷、铯、钪、镓、铟、锗、铼、稀土等在飞机、火箭、半导体、原子能、化学、陶瓷、节能材料等工业领域属于不可替代的关键性材料。

稀有分散元素的危害：铊是分散元素中毒性最大的一种，金属铊及其化合物都有剧毒，铊中毒的死亡率高，对人体所有的脏器都有损害，对神经系统也有损害。

稀有分散元素与健康：硒是生物体有益的营养元素，可以抗氧化、增强肌体免疫能力，防治克山病、大骨节病等，但如果人体摄入过量的硒，就会导致硒中毒。

2008 年以来，基于"中国地球化学基准值建立与综合研究"项目，通过全国 12000 余件岩石、6600 余件土壤和汇水域沉积物样品采样，获得全国性 81 个指标，包括所有稀有分散元素的测试数据。首次得到了我国不同地质背景、大地构造单元、地理景观和土壤类型的稀有分散元素含量和空间分布数据，特别是对社会普遍关注的新能源电池材料锂资源形成的地球化学背景、稀土元素的时空分布、富硒农产品土壤地球化学背景有了系统了解。

本书作为"化学地球"大科学计划的系列成果之一，数据来源于国家"深部探测技术与实验研究"专项的"全国地球化学基准值建立与综合研究"项目、地质调查专项"全球矿产资源地球化学与遥感调查工程"和河北省重大科技专项"地球化学大数据在绿色产业发展中的应用示范"。项目承担单位为中国地质科学院地球物理地球化学勘查研究所、自然资源部地球化学探测重点实验室、联合国教科文组织全球尺度地球化学国际研究中心。项目技术骨干包括：王学求、张必敏、聂兰仕、王玮、周建、迟清华、徐善法、刘汉粮、张勤、白金峰、孙晓玲、于照水、薄玮、范辉、刘东盛、韩志轩、柳青青、张宝匀、田密、吴慧、李瑞红、胡庆海、严桃桃、高艳芳、姚文生、陈海杰、刘彬、徐进力、胡外英、姚建贞、张雪梅、邢夏、季强、赵波、徐国志、魏文通、孙增效、孙彬彬、刘占元、刘雪敏、赵善定、申武军、林鑫、赵起超、柳炳利、崔邢涛、刘彬等。成果将陆续以《中国关键元素地球化学丛书》呈现给读者。

　　财政部、自然资源部、河北省人民政府、中国地质调查局、中国地质科学院对本项目给予了大力支持和资助。深部专项负责人董树文研究员和李廷栋院士对本项目给予了指导和管理。河南省地质调查院、河北省区域地质矿产调查研究所和河北地质大学参与了部分野外采样工作，中国地质科学院地球物理地球化学勘查研究所分析测试研究中心和河南省岩石矿物测试中心参与了实验室分析工作。在此一并表示感谢！

目　　录

第一章　稀有分散元素简介

第一节　稀有元素简介

一、稀有元素的概念

稀有元素是对自然界中含量较低（地壳丰度小于 100×10^{-6}）和分布稀少的一类元素的总称，一般包含锂（Li）、铍（Be）、铌（Nb）、钽（Ta）、锆（Zr）、铪（Hf）、铷（Rb）、铯（Cs）、钪（Sc）9 个元素。也有学者将钪列入稀土元素中，本书把钪纳入稀有元素进行介绍。图 1-1 给出了稀有分散元素在元素周期表中的位置。表 1-1 列出了各稀有元素的主要参数。

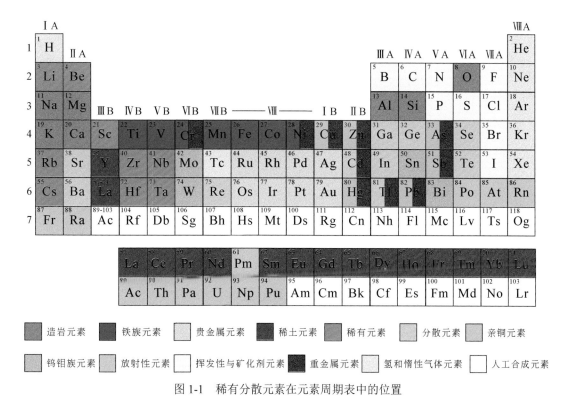

图 1-1　稀有分散元素在元素周期表中的位置

表 1-1 稀有元素主要参数

中文名称	锂	铍	铌	钽	锆	铪	铷	铯	钪
英文名称	Lithium	Beryllium	Niobium	Tantalum	Zirconium	Hafnium	Rubidium	Cesium	Scandium
元素符号	Li	Be	Nb	Ta	Zr	Hf	Rb	Cs	Sc
原子体积/(cm^3/mol)	13.1	5.0	10.8	10.9	14.1	13.6	55.9	70	15.04
原子密度/(g/cm^3)	0.534	1.85	8.57	16.6	6.49	13.31	1.532	1.879	2.992
熔点/℃	179	1278	2468	2996	1852	2150	38.89	28.5	1539
沸点/℃	1317	2970	4927	5425	3578	5400	688	690	2727
原子序数	3	4	41	73	40	72	37	55	21
原子量	6.94	9.01	92.91	180.95	91.22	178.49	85.47	132.91	44.96
价态	1+	2+	3+，5+	5+	4+	4+	1+	1+	3+
原子半径/Å*	1.520	1.113	1.429	1.43	1.590	1.564	2.475	2.655	1.641
离子半径/Å	0.68	0.35	0.69	0.68	0.79	0.78	1.47	1.67	0.732
电负性	0.95	1.5	1.7	1.7	1.5	1.4	0.8	0.75	1.3
电离势/eV	5.39	9.32	6.88	7.88	6.84	7	4.176	3.893	0.54
离子电位	1.47	5.71	7.25（5+）	7.35（5+）	5.06（4+）	5.13（4+）	0.68	0.33	4.10
EK 值	0.55	2.65（2+）	13.60（5+）	13.60（5+）	7.85（4+）	7.81（4+）	0.33	0.30	4.65
外层电子构型	$1s^2 2s^1$	$1s^2 2s^2$	$4d^4 5s^1$	$5d^3 6s^2$	$4d^2 5s^2$	$5d^2 6s^2$	$4p^6 5s^1$	$5p^6 6s^1$	$3d^1 4s^2$
天然同位素	^6Li ^7Li	^7Be ^8Be ^{10}Be	^{93}Nb	^{180}Ta ^{181}Ta	^{90}Zr, ^{91}Zr ^{92}Zr, ^{94}Zr ^{96}Zr	^{174}Hf, ^{176}Hf ^{177}Hf, ^{178}Hf ^{179}Hf, ^{180}Hf	^{85}Rb ^{87}Rb	^{133}Cs	^{45}Sc

*1Å=10^{-10}m。

二、稀有元素的物理化学性质

（一）锂元素的物理化学性质概述

锂（Lithium）化学符号是 Li，元素周期表里的第二周期第一主族元素，原子序数是 3，原子量是 6.94，三个电子其中两个分布在 K 层，另一个在 L 层。

锂是碱金属中最轻的一种。但是锂和它的化合物并不像其他的碱金属那么典型，因为锂的电荷密度很大并且有稳定的氦型双电子层，使得锂容易极化其他的分子或离子，自己本身却不容易受到极化。这一点就影响到它和它的化合物的稳定性。

单质锂是一种柔软的银灰色极易反应的碱金属元素，它在金属中密度最小，可以用小刀轻轻切开，新切开的锂有金属光泽，但是暴露在空气中会慢慢失去光泽，表面变黑，若长时间暴露，最后会变为白色，主要是生成氧化锂和氮化锂，以及氢氧化锂，最后变为碳酸锂。锂的密度非常小，仅有 $0.534g/cm^3$，在非气态单质中密度最小。因为锂原子半径小，故其与其他的碱金属相比，压缩性最小，硬度最大，熔点最高。温度高于-117℃时，金属锂是典型的体心立方结构，但当温度降至-201℃时，开始转变为面心立方结构，温度越低，转变程度越大，但是转变不完全。在 20℃时，锂的晶格常数为 3.50Å。

金属锂的化学性质十分活泼，在一定条件下，能与除稀有气体外的大部分非金属反应，但不像其他的碱金属那样容易。锂能同卤素发生反应生成卤化锂。常温下，在除去二氧化碳的干燥空气中几乎不与氧气反应，但在 100℃以上能与氧生成氧化锂，发生燃烧，呈蓝色火焰，但是其蒸气火焰呈深红色，反应如同点燃的镁条一样，十分激烈、危险；尽管它不如其他碱金属那样容易燃烧，但它燃烧起来的猛烈程度却是其他碱金属所无法相比的。氧族其他元素也能在高温下与锂反应形成相应的化合物。锂与碳在高温下生成碳化锂。在锂的熔点附近，锂很容易与氢反应，形成氢化锂。锂可以与水较快地发生作用，但是反应并不特别剧烈，不燃烧，也不熔化，原因是它的熔点、着火点较高，且生成物 LiOH 溶解度较小，易附着在锂的表面阻碍反应继续进行。锂能同很多有机化合物发生反应，很多反应在有机合成上有重要的意义。

在自然界中，锂有两种同位素，^6Li 和 ^7Li，丰度分别为 7.42%和 92.58%。

锂是已知元素中金属活动性最强的，目前最广泛地应用于锂电池材料。锂电池大致可分为两类：锂金属电池和锂离子电池。锂离子电池是高能储存介质，由于锂离子电池的高速发展，衍生带动了锂矿、碳酸锂等公司业务的蓬勃发展。锂矿资源主要分布在南美的智利、玻利维亚和阿根廷锂三角地区的盐湖锂，中国锂资源主要分布于青海、西藏等盐湖卤水锂矿，以及四川和新疆的硬岩型锂矿。

（二）铍元素的物理化学性质概述

铍（Beryllium）化学符号是 Be，元素周期表里的第二周期第二主族元素，原子序数是4，原子量是 9.01，即核电荷数为 4，K 层电子数为 2，L 层电子数为 2，化学反应中，容易失去 L 层 2 个电子，形成+2 价金属离子，呈较强金属性。

铍是钢灰色轻金属。铍的硬度比同族金属高，不像钙、锶、钡可以用刀子切割。铍和锂一样，在空气中形成保护性氧化层，故在空气中即使红热时也很稳定。不溶于冷水，微溶于热水，可溶于稀盐酸、稀硫酸和氢氧化钾溶液而放出氢。金属铍对于无氧的金属钠即使在较高的温度下，也有明显的抗腐蚀性。铍价态为+2 价，可以形成聚合物以及具有显著热稳定性的　类共价化合物。铍的化合物如氧化铍、氟化铍、氯化铍、硫化铍、硝酸铍等毒性较大，而金属铍的毒性相对比较小。

已发现的铍的同位素共有 8 种，包括铍 6、铍 7、铍 8、铍 9、铍 10、铍 11、铍 12、铍 14，其中只有铍 9 是稳定的，其他同位素都带有放射性。

（三）铌元素的物理化学性质概述

铌（Columbium/Niobium）化学符号是 Nb，周期表中的第五周期第五副族元素，原子序数是 41，原子量是 92.91。

铌，灰白色金属，熔点 2468℃，沸点 4927℃，密度 8.57g/cm³。室温下铌在空气中稳定，在氧气中红热时也不被完全氧化，高温下与硫、氮、碳直接化合，能与钛、锆、铪、钨形成合金。不与无机酸或碱作用，也不溶于王水，但可溶于氢氟酸。铌的氧化态为−1、+2、+3、+4 和+5，其中以+5 价化合物最稳定。

（四）钽元素的物理化学性质概述

钽（Tantalum）化学符号是 Ta，元素周期表中的第六周期第五副族元素，原子序数是 73，原子量是 180.95。

钽，蓝灰色过渡金属，高熔点金属（熔点 2996℃），仅次于钨和铼，位居第三，质地十分坚硬，硬度可以达到 6~6.5，富有延展性，可以拉成细丝式制薄箔。超导转变临界温度为 4.38K，原子的热中子吸收截面为 21.3b（1b=10⁻²⁸m²）。其热膨胀系数很小，其线胀系数在 0~100℃之间为 $6.5×10^{-6}K^{-1}$。除此之外，它的韧性很强，比铜还要优异。

钽还有非常出色的化学性质，具有极高的抗腐蚀性，无论是在冷还是热的条件下，对盐酸、浓硝酸及王水都不反应，但钽在热的浓硫酸中能被腐蚀。

（五）锆元素的物理化学性质概述

锆（Zirconium）化学符号是 Zr，元素周期表中的第五周期第四副族元素，原子序数是 40，原子量是 91.22。

锆为银灰色金属，外观似钢，常温下表面被致密的氧化物层覆盖，但仍然有金属光泽。金属锆的熔点为 1852℃，沸点为 3578℃，密度为 6.49g/cm³。其可塑性好，易于加工成板、丝等。锆一般被认为是稀有金属，其实它在地壳中的含量相当大，比一般的常用的金属锌、铜、锡等都大。锆合金可以耐很高的温度，用于制作核反应堆的第一层保护壳。锆的表面易形成一层氧化膜，具有光泽，故外观与钢相似。有耐腐蚀性，但是溶于氢氟酸和王水；高温时，可与非金属元素和许多金属元素反应，生成固溶体。锆在加热时能大量地吸收氧、氢、氮等气体，可用作贮氢材料。锆的耐蚀性比钛好，接近铌、钽。锆与铪是化学性质相似，又共生在一起的两种金属元素，具有放射性。

（六）铪元素的物理化学性质概述

铪（Hafnium）化学符号是 Hf，元素周期表中的第六周期第四副族元素，原子序数是 72，原子量是 178.49。

1923 年，瑞典化学家赫维西和荷兰物理学家科斯特在挪威和格陵兰所产的锆石中发现铪元素，并命名为 Hafnium，它来源于哥本哈根城的拉丁名称 Hafnia。1925 年，赫维西和科斯特用含氟络盐分级结晶的方法分离掉锆、钛，得到纯的铪盐；并用金属钠还原铪盐，得到纯的金属铪。

铪为银灰色的金属，有金属光泽，熔点 2150℃，沸点 5400℃，密度 13.31g/cm³，具有塑性。空气中稳定，灼烧时仅在表面上发暗。细丝可用火柴的火焰点燃。铪合金（Ta₄HfC₅）是已知熔点最高的物质（约 4215℃）。铪的电子构型是 $4f^{14}5d^26s^2$，氧化态有

+2、+3、+4。铪的化学性质与锆十分相似，具有良好的抗腐蚀性能，不易受一般酸碱水溶液的侵蚀；易溶于氢氟酸而形成氟铪配合物。高温下，铪也可以与氧、氮等气体直接化合，形成氧化物和氮化物。铪在化合物中常呈+4 价，常见化合物主要有：二氧化铪（hafnium dioxide），分子式 HfO_2，白色粉末；四氯化铪，分子式 $HfCl_4$，白色结晶块；氢氧化铪（hafnium hydroxide），H_4HfO_4，难溶于水，易溶于无机酸，不溶于氨水，很少溶于氢氧化钠。

（七）铷元素的物理化学性质概述

铷（Rubidium）化学符号是 Rb，元素周期表中的第五周期第一主族元素，原子序数是37，原子量85.47。

铷是一种银白色的碱金属。质软而轻，其化学性质比钾活泼。在光的作用下易放出电子。遇水起剧烈作用，生成氢气和氢氧化铷。易与氧作用生成氧化物。纯金属铷通常存储于煤油中。铷在空气中能自燃，同水甚至同温度低到-100℃的冰接触都能猛烈反应，生成氢氧化铷并放出氢。铷无单独工业矿物，常分散在云母、铁锂云母、铯榴石和盐矿层、矿泉之中。

铷共有 45 个同位素（铷-71～铷-102），其中有 1 个同位素（^{85}Rb）是稳定的。

（八）铯元素的物理化学性质概述

铯（Caesium 或 Cesium）化学符号是 Cs，元素周期表中的第六周期第一主族元素，原子序数是 55，原子量是 132.91。

铯是带金黄色的银白色碱金属，非常柔软（它的莫氏硬度是所有元素中最低的），具有延展性。金属铯是没有放射性的，但是属于危险化学品、易燃和自燃物品。铯在碱金属中是最活泼的，能和氧发生剧烈反应，生成多种铯氧化物。在潮湿空气中，氧化的热量足以使铯熔化并燃烧。铯不与氮反应，但在高温下能与氢化合，生成相当稳定的氢化物。铯能与水发生剧烈的反应，如果把铯放进盛有水的水槽中，马上就会发生爆炸。甚至和温度低到-116℃的冰均可发生猛烈反应产生氢气、氢氧化铯。与卤素也可生成稳定的卤化物，这些特点是由于它的离子半径大。

（九）钪元素的物理化学性质概述

钪（Scandium）化学符号是 Sc，元素周期表中的第四周期第三副族元素，原子序数是21，原子量是 44.96。

钪是一种银白色、柔软的过渡性金属。常跟钆、铒等混合存在，产量很少。主要化合价为氧化态+3 价。钪用来制特种玻璃、轻质耐高温合金。钪是银色的柔软金属，被空气氧化时略带浅黄色或粉红色。钪容易风化，并在大多数稀酸中缓慢溶解。钪可以形成 X_2O_3 形式的化合物，其相对密度为 3.5，碱性强于氧化铝，弱于氧化钇和氧化镁。钪盐无色，与氢氧化钾和碳酸钠形成胶体沉淀，硫酸盐极难结晶，碳酸盐不溶于水。

钪共有 37 个同位素，其中有 1 个同位素（^{45}Sc）是稳定的。

三、稀有元素矿物简介

（一）锂元素矿物简介

锂是典型的亲岩元素，在许多硅酸盐矿物中均有分布，地壳中锂除以类质同象形式出现外，还可以形成独立的锂矿物。自然界中锂的矿物共有 100 多种，其中 30 多种锂矿物中 Li_2O 含量在 1%以上，其他含锂矿物中 Li_2O 含量都在 1%以下。在 30 多种含锂较高的矿物中，硅酸盐占 67%，磷酸盐占 21.2%，其他为卤化物、氧化物和硼酸盐。常见的锂矿物见表 1-2。

（二）铍元素矿物简介

铍为典型的亲岩元素，在自然界可以形成单独矿物（有 40 多种），以硅酸盐类为主（占 65%），氧化物及磷酸盐处于次要地位。自然界中不存在铍的硫化物，这与铍的亲岩性有关。铍矿物可以在许多不同类型矿床的地质条件下形成，但在岩浆作用过程中一般较少，而主要在伟晶作用和气成-热液作用过程中形成。常见的铍矿物见表 1-2。

（三）铌钽元素矿物简介

铌和钽是典型的亲石元素，并具有强烈的亲氧性。它们的物理和化学性质十分相似，地球化学参数和特性也基本相同或十分近似，因此在地质作用过程中二者密切相伴，常在同一矿物中出现。目前已知有 72 种独立的铌钽矿物（包括变种），其中绝大部分属于氧化物，其次是硅酸盐类矿物，大部分铌钽矿物的化学组成较复杂。常见的铌钽矿物见表 1-2。

（四）锆铪元素矿物简介

锆和铪属于亲氧元素，自然界其化合物以氧化物及硅酸盐为主。已知锆的独立矿物有 38 种，主要是锆的氧化物和硅酸盐，这些矿物中 ZrO_2 含量变化很大，可在 4%～99%。锆的硅酸盐矿物多见于碱性岩，特别是霞石正长岩，其中锆石则广泛分布于几乎所有类型的岩石中。锆的氧化物则与超基性-碱性岩类中的碳酸岩有关，是在硅不足的条件下形成的。几乎所有的锆矿物都是内生的，仅锆铁硅石是异性石风化产物。过去一般认为在自然界中不出现铪的独立矿物，铪均分散在锆矿物中。1974 年尼弗斯等发现了天然铪矿物——铪石。常见的锆铪矿物见表 1-2。

（五）铷铯元素矿物简介

铷和铯是典型的亲岩稀碱元素。铷在自然界主要以分散形式存在，不形成单独的矿物；铯在自然界的单独矿物仅有三个，即铯榴石、铯锰星叶石和氟硼钾石。铷铯离子半径较大，在结晶化学性质上与钾相近似，所以铷和铯常在长石、云母等含钾矿物中产生类质同象。常见的铷铯矿物见表 1-2。

表 1-2 常见的稀有元素矿物

锂(Li)		铍(Be)	
矿物名称	化学式	矿物名称	化学式
透锂辉石	$Li_2O \cdot Al_2O_3 \cdot 8SiO_2$	绿柱石	$Be_3Al_2(SiO_3)_6$
锂辉石	$Li_2O \cdot Al_2O_3 \cdot 6SiO_2$	鑫绿宝石	$BeAl_2O_4$
锂云母	$K(Li,Al)_3(Si,Al)_4O_{10}(F,OH)_2$	日光榴石	$Mn_8(BeSiO_4)_6S_2$
透锂铝石	$LiAlSi_2O_6 \cdot H_2O$	似晶石	Be_2SiO_4
锂霞石	$Li_3O \cdot Al_2O_3 \cdot 2SiO_2$		
磷锂铝石	$LiAl(F,OH)PO_4$		
锂绿泥石	$LiAl_4(Si_3AlO_{10})(OH)_8$		
磷锰锂矿	$Li(Mn,Fe)PO_4$		

铌钽(Nb,Ta)		铷铯(Rb,Cs)	
矿物名称	化学式	矿物名称	化学式
钽铌铁矿	$(Mn,Fe)(Ta,Nb)_2O_6$	铷锂云母	$(K,Rb)Al(AlSi_3O_{10})(F,OH)$
烧绿石	$(Na,Ca,Ta)_2(Nb,Ti)_2O_6(OH,F)$	铯榴石	$(Cs,Na)_2O \cdot Al_2O_3 \cdot SiO_2$
细晶石	$(Na,Ca)_2Ta_2O_6(OH,F)$	氟硼钾石	$(K,Cs)BF_4$
铌铁金红石	$(Ti,Nb,Fe)O_2$	富铯绿柱石	$Be_2CsAl_2(Si_6O_{18})OH$
钛铌钙铈矿	$(Na,Ca,Sr,Ta)O(Ta,Nb,Ti)O_3$	铯锰星叶石	$(K,Na)_2(Mn,Fe)_4(Ti,Nb)Si_{14}O(OH)$
褐钇铌矿	$(Y,Dy,Yb)(Nb,Ta,Ti)O_4$	硼铯铷矿	$N(K,Rb,Cs)Li_4Al_4Be_3B_{10}O_{27}$
钽锡矿	$Sn(Ta,Nb)_2O_7$	铁锂云母	$K(Li,Al,Fe)_3(Al,Si)_4O_{10}(OH,F)_2$
钽铝石	$AlTaO_4$	天河石	$KNaAlSi_3O_8$
黑稀金矿	$(Ca,Ta,Th)(Nb,Ti)_2O_6$	光卤石	$KMgCl_3 \cdot 6H_2O$
复稀金矿	$(Y,Th,U)(Ti,Nb)_2O_6$	白榴石	$KAlSi_2O_6$
易解石	$(Ce,Ca,Th,U)(Ti,Nb)_2O_6$		
包头矿	$Ba_4(Ti,Nb)_8(Si_4O_{12})CeO_{16}$		

锆铪(Zr,Hf)				钪(Sc)	
矿物名称	化学式	ZrO_2/%	HfO_2/%	矿物名称	化学式
锆石	ZrO_2			钪钇矿	$(Sc,Y)_2Si_2O_7$
铪石	HfO_2			锆钪钇矿	$(Sc,Zr)_2Si_2O_7$
锆英石	$ZrSiO_4$	61~67	1~1,8	基性磷铝石	$Sc_6(PO_4)_4(OH)_6 \cdot 5H_2O$
钛锆钍矿	$(Ca,Fe,Ti,Zr,Th)_2O_3$	52	1~2.7	水磷钪矿	$ScPO_4 \cdot 2H_2O$
曲晶石	变种锆石	52.40	5.5~17	铍硅钪矿	$Be_3(Sc,Al)_2Si_6O_{18}$
水锆石	变种锆石	53.2~65.1	3.7~4.6	钛硅酸稀金矿	$Sc(Nb,Ti,Si)_2O_5$
苗木石	变种锆石	49.8	3.5~7		

（六）钪元素矿物简介

钪是亲石元素，亲氧性强，亲铁性弱，同时不形成 S、Se、Te 化合物，因此也缺乏亲铜性质。它属于典型的分散元素之列，在自然界很少形成显著的富集体，而是相当广泛地分散于各种造岩矿物和含钪矿物之中。含钪的矿物目前统计大约有 50 种，依其成分分属氧化物、钨酸盐、磷酸盐和硅酸盐，绝大多数含钪矿物是属于氧化物及硅酸盐。钪的独立矿物极为稀少，且矿源极少。常见的钪矿物见表 1-2。

四、稀有元素矿床简介

稀有元素按其地球化学性质可分为如下五组矿床：锂、铷-铯；铍；铌-钽；锆-铪；钪。

（一）锂、铷-铯矿

自然界中发现的锂矿床最主要的有 3 种类型：花岗岩和花岗伟晶岩型、卤水型和沉积型锂矿床。品位指标如下：①手选原生矿工业品位（含锂辉石）10～15kg/t；机选原生矿边界品位（含氧化锂）0.5%，工业品位 0.7%。②盐湖卤水锂矿，边界品位（含氯化锂）150mg/L，工业品位 200～300mg/L。铷和铯元素极为分散，不易集中，很少形成单独的矿物，而主要是加入某些其他矿物（锂云母、白云石、长石，特别是天河石等）的晶格中。这两种元素的原生聚集首先发生在花岗岩残余熔浆，尤其是在花岗伟晶岩脉和气成云英岩中；其次为含有光卤石的沉积盐类矿床。铷边界品位 0.04%～0.06%，工业品位 0.1%～0.2%（《中国矿床》编委会，1996；李建康等，2014；李康和王建平，2016；刘丽君等，2017）。

锂资源的开发利用经历了不同阶段，20 世纪 70 年代以前，主要利用锂云母矿物，70 年代之后锂辉石代替锂云母而成为最主要的开采利用对象，90 年代盐湖卤水锂的利用又逐渐替代锂辉石而成为锂工业生产的主要原料。锂离子电池和聚合物电池对碳酸锂的需求，使锂工业成为最大的增长行业。锂矿物（锂辉石、透锂长石、锂云母等）主要用于玻璃、陶瓷、电池和冶金工业中。

全球锂资源主要分布在智利、玻利维亚、中国、澳大利亚、美国、巴西、葡萄牙、阿根廷、俄罗斯、津巴布韦、刚果（金）、塞尔维亚、西班牙、奥地利、以色列、爱尔兰、法国、印度、南非、芬兰、瑞典、莫桑比克等。其中，锂资源最丰富的国家有智利、玻利维亚、中国、澳大利亚等。就目前而言，整体还是以卤水型和伟晶岩型的锂矿为主体，沉积型等新类型锂矿的比例很小。卤水型锂矿是锂矿床的重要类型和锂的主要来源，主要分布在南美洲的玻利维亚、智利和阿根廷，称为"锂三角区"。在南美洲西部高原荒漠地区，已查明有世界著名的玻利维亚乌尤尼盐沼（Salar de Uyuni）和智利阿塔卡马盐沼（Salar de Atacama）巨型锂矿床。在美国西部内华达山脉与落基山脉之间的大盆地区域内已查明有西尔斯湖、锡尔弗皮克等地下卤水型锂矿床（李康和王建平，2016；刘丽君等，2017）。

我国锂矿床按成因类型可分为内生和外生两大类，内生型具体分为花岗伟晶岩型、花岗岩型、云英岩型和岩浆热液型；外生型包括盐湖型、地下卤水型和岩浆热液型；另外也可能存在花岗岩风化壳型的锂资源，属于一种内生外成型锂资源。我国的锂矿资源主要集中于花岗岩型、花岗伟晶岩型和盐湖型中，其他类型锂矿床的规模较小（李建康等，2014）。同时温汉捷等（2020）验证了"碳酸盐黏土型锂矿床"这一新类型资源的成矿潜力。由于我国具有这一有利成矿条件的地区众多，可以预期，碳酸盐黏土型锂资源将有望成为我国新的重要的锂资源来源。

我国的花岗伟晶岩型锂矿主要分布在新疆阿尔泰成矿带、川西松潘-甘孜成矿带，典型矿床为新疆可可托海锂铍铌钽铷矿床、川西甲基卡锂铍铌钽铷矿床。此类矿床的特点是品位高、易于开采。花岗岩型矿床主要位于华南地区，以江西宜春 414、湖南正冲和尖峰岭、广西栗木等矿床最为典型。盐湖型矿床主要分布在青海和西藏，具体可分为碳酸盐型、硫酸盐型和卤化物型 3 种。碳酸盐型锂矿以西藏扎布耶盐湖为代表，硫酸盐型锂矿以察尔汗盐湖、西台吉乃尔盐湖、大浪滩、一里坪、南翼山等盐湖为代表，地下卤水型锂矿以四川自贡、湖北潜江地区的地下卤水为代表。

（二）铍矿床类型

按已知铍矿床的成因及矿物共生的特征，进行如下分类。①含铍的伟晶岩：主要分布于中深花岗岩侵入体的内外接触带中，共生矿物有黄玉、绿柱石、白云母等。②气成-热液矿脉：此类矿床的形成与钨锰铁矿-石英、锡石-石英矿床的脉状及云英岩型矿床有密切关系。此类矿床分布于中深的酸性和超酸性花岗岩发育的地区，主要伴生矿物有长石、石英、钨锰铁矿、锂云母等。绝大多数气成-热液铍矿床都是绿柱石-钨锰铁矿或绿柱石-锡石的综合矿床。③夕卡岩型铍矿床：矿床形成于小型花岗岩侵入体与灰岩的接触带中，伴生矿物有萤石、磁铁矿、云母、符山石、辉石、绿帘石等。此类矿床的重要特征之一是铍矿物的颗粒甚为细小，不易辨认，另一特征是在普通造岩矿物中也常见铍的聚集（《中国矿床》编委会，1996；李建康等，2017）。

全球铍资源丰富但分布较集中，60%的资源量集中在美国，其次是巴西、俄罗斯、哈萨克斯坦、印度、中国以及非洲的马达加斯加、莫桑比克等国家。2017 年，世界铍金属产量为 229t，其中美国占 74.2%，铍的消费国主要是中国和美国，2017 年美国铍的消费量为 185t。美国的铍矿资源主要分布在犹他州斯波山脉地区（Spor Mountain）、内华达州麦卡洛山脉布特地区等，其中犹他州的已探明铍金属储量达到 1.8×10^4t。巴西是绿柱石的主要开采国，其中米纳斯吉拉斯州（Minas Gerais）的戈伟尔纳多-瓦拉达雷斯伟晶岩矿床的绿柱石矿石储量就达到 38.6×10^4t。叶尔马科夫斯克（Yermakovskoye）矿床是俄罗斯最大的铍矿床，储量约 1×10^4t，矿床平均品位为 1.3%氧化铍。中国有 16 个省（区）探明有铍矿资源，其中新疆、内蒙古、四川和云南四省区的储量约占总储量的 88%。中国已经探明的铍矿资源以共、伴生矿产为主，主要与锂、铌、钽共（伴）生，其次与稀土元素矿伴生或与钨矿共（伴）生。另外，尚有少量铍矿与钼、锡、铅、锌等有色金属和云母、石英岩等非金属矿产相伴生。中国的花岗伟晶岩中产出的铍矿床数量多、分布广，占探明总储量的比例大，其中尤以新疆阿尔泰地区探明的 BeO 工业储量最多，且铍精矿质量好。火山岩（主要为白杨河铀铍矿床）和碱性花岗岩（主要为巴尔哲稀土-稀有元素矿床）产出的铍矿床数量较少，但储量较大（王仁财等，2014；李娜等，2019）。

（三）铌、钽矿床类型

铌和钽的化学性质和地球化学性质甚为相似，因此在自然界中常成对出现，很少发现不含钽的铌矿物以及不含铌的钽矿物。已知矿床中按成因可分为以下几类。①早期岩浆矿床：含铌（钽）的钠铈钙钛矿以副矿物存在于霞石正长岩中。②晚期岩浆矿床：含铌、钽矿物的形成与钠长石化有关，矿石为霞石正长岩，有时因钠长石化而变为钠长石。③碱性伟晶岩矿床：含有钠铈钙钛矿、钛铁金红石及黄绿石等。④伟晶花岗岩矿床：含钽铁矿及铌铁矿等，并常伴生有稀土及放射性元素矿物。⑤接触交代型矿床：矿床存在于霞石正长岩与石灰岩的接触带内，共生矿物有磷灰石、磁铁矿及黄绿石或等轴钽钙矿等。⑥气成高温热液矿床：矿床多呈脉状，主要共生矿物为钽铁矿、铌铁矿及锡石等。⑦残积、坡积及冲积砂矿床（刘英俊等，1984；《中国矿床》编委会，1996；李建康等，2019；Melcher et al.，2017）。

世界铌资源主要分布在巴西和加拿大，其他铌资源国和地区主要为安哥拉、澳大利亚、中国、格陵兰、马拉维、俄罗斯、南非和美国，巴西最大的铌资源由碳酸盐矿物组成。中国的铌资源主要集中在内蒙古、湖北、福建、新疆等省区，白云鄂博矿床是中国最大的铌矿，集中了全国探明铌储量的 63.4% 和工业储量的 82.7%（Gunn，2014；Schulz et al.，2017；李建康等，2019）。

世界钽资源主要分布在巴西，其余储量以递减的顺序依次为澳大利亚、中国和东南亚、俄罗斯和中东、中部非洲、非洲其他地区、北美和欧洲。巴西的钽资源主要与碳酸岩杂岩体和 Volta-Grande 伟晶岩区的大型烧绿石矿床有关，澳大利亚的钽矿石主要由花岗伟晶岩提供。中国钽矿主要集中在江西、湖南、福建、广西、广东、四川、新疆及内蒙古等省区，钽资源高度集中于江西宜春 414 和福建南平等大中型矿床中（Gunn，2014；Schulz et al.，2017；李建康等，2019；王瑞江等，2015）。

（四）锆、铪矿床类型

锆和铪在化学性质及地球化学性质上极为相似，过去，一般认为在自然界中不出现铪的独立矿物，铪均分散在锆矿物中。1974 年尼弗斯等发现了天然铪矿物——铪石。锆矿床可分为如下 4 类。①碱性火成岩矿床：矿石为含霞石的火成岩，有时含有大量的含锆矿物，甚至可成为主要的造岩矿物之一，含锆矿物有单斜锆矿、锆英石等。②含锆花岗伟晶岩矿床：由于其中锆的含量往往很低，故不易形成有工业意义的矿床。③含锆碱性伟晶岩矿床：多分布在霞石正长岩发育地区，含锆矿物为锆英石。④砂矿床：主要分布在原生矿床及富含锆矿物的火成岩附近以及海滨地区（刘英俊等，1984；《中国矿床》编委会，1996）。

锆矿产地主要集中于澳大利亚的南澳大利亚、西澳大利亚和新南威尔士区，其中尤克拉盆地（Eucla Basin）、杰拉尔顿（Narngulu）、墨累盆地（Murray Basin）、珀斯盆地（Perth Basin）和提维群岛（Tiwi Islands）是现今澳大利亚比较活跃的锆矿区。南非 Richards Bay Deposit 地区、美国佛罗里达、非洲的莫桑比克和亚洲的印度尼西亚、越南、印度等均生产一定量的锆。中国锆产地主要分布在海南的文昌和万宁、广东的湛江，并且只有海南文昌的锆英砂精矿的品质最好，万宁和湛江主要生产普通锆英砂。铪总是与锆共生。铪资源储量丰富的国家有澳大利亚、南非、美国、巴西和印度。我国广西有北流市隆盛锆英石矿和博白老虎头高岭土矿伴生铪矿 2 处，保有资源储量 1232t，居我国首位。其中北流市 520 锆英石矿床铪资源储量达 1221t。

（五）钪矿床类型

根据钪矿床的成因类型，可以细分为 2 大类 5 小类。第一大类为与内生成矿作用相关的钪矿床：Ⅰ.花岗伟晶岩型钪矿床；Ⅱ.碱性-超基性岩型磷、稀土（Sc）矿床；Ⅲ.基性-超基性岩型钒、钛、铁（Sc）矿床。第二大类为与外生成矿作用相关的钪矿床：Ⅳ.沉积型钪矿床；Ⅴ.风化淋滤型钪矿床（张玉学，1997；刘英俊等，1984；《中国矿床》编委会，1996；陶旭云等，2019）。

钪资源主要集中在俄罗斯、乌克兰、美国、中国、澳大利亚、菲律宾、马达加斯加、挪威、意大利和哈萨克斯坦等国家。中国钪资源主要集中分布于黔中–渝南铝土矿带、桂中铝土矿带、南岭多金属成矿带、攀西–滇中及内蒙古等地区。中国是全球钪金属最主要的生产国和出口国（USGS，2019），拥有全球钪储量的 33%，却供给全球 90%的钪金属资源（Williams-Jones and Vasyukova，2018）。

五、稀有元素丰度

（一）稀有元素的地壳克拉克值

1889 年美国化学家弗兰克·威格尔斯沃斯·克拉克发表了第一篇关于元素地球化学分布的论文，他根据采自世界各地的 5159 个岩石样品的化学分析数据求出 16km 厚地壳内 50 种元素的平均质量，并得出陆壳中元素的丰度。为表彰他的卓越贡献，国际地质学会将地壳元素丰度命名为克拉克值。之后，有许多学者相继给出了不同的地壳丰度（表 1-3）。

表 1-3　不同学者所给出的稀有元素地壳丰度

元素	单位	数据来源									
		①	②	③	④	⑤	⑥	⑦	⑧	⑨	⑩
Li	10^{-6}	17	17	21	40	65	32	20	13	18	16
Be	10^{-6}	1.4	1.7	1.3	10	6	3.8	2.8	1.5	2.4	1.9
Nb	10^{-6}	10	11	19	—	20	20	20	11，8	19	8
Ta	10^{-6}	0.65	0.63	1.6	—	2.1	2.5	2	1.0，0.8	1.1	0.7
Zr	10^{-6}	160	175	130	230	220	170	165	100	203	132
Hf	10^{-6}	4.5	4.7	1.5	30	4.5	1	3	3.0	4.9	3.7
Rb	10^{-6}	70	69	78	n	280	150	90	32，37	78	49
Cs	10^{-6}	2.0	2.8	1.4	0.00n	3.2	3.7	3	1.0，1.5	3.4	2.0
Sc	10^{-6}	17	19	18	0.n	5	10	22	30	16	22

数据来源：①中国东部大陆地壳，鄢明才和迟清华（1997），Yan 和 Chi（1997）；②中国中东部大陆地壳，高山等（1999）；③地壳，黎彤（1976）；④岩石圈，Clarke 和 Washington（1924）；⑤大陆地壳，Goldschmidt（1933，1954）；⑥大陆地壳，Vinogradov（1962）；⑦大陆地壳，Taylor（1964）；⑧大陆地壳，Taylor 和 McLennan（1985），逗号后的数据由 McLennan（2001）更新；⑨大陆地壳，Wedepohl（1995）；⑩大陆地壳，Rudnick 和 Gao（2003）。

注："n"为量级估计值，"—"为无此数据。下同。

（二）稀有元素在各种次生介质中的丰度

稀有元素在各种次生介质中的丰度略有不同，见表1-4。

表1-4　不同次生介质中稀有元素丰度

次生介质	单位	Li	Be	Nb	Ta	Zr	Hf	Rb	Cs	Sc
①土壤	10^{-6}	30	1.8	16	1.1	250	7.4	100	7.0	11
②表层土壤	10^{-6}	30.0	2.02	12.8	0.97	230	6.50	95.5	6.15	9.70
③深层土壤	10^{-6}	28.6	1.98	12.5	0.96	215	6.11	95.7	5.88	9.37
④水系沉积物	10^{-6}	34	2.3	17	—	295	—	—	—	—
⑤浅海沉积物	10^{-6}	38	2.0	14	1.0	210	6.0	96	6.3	10

数据来源：①土壤引自鄢明才和迟清华（1997）；②表层土壤来自本次研究；③深层土壤来自本次研究；④水系沉积物引自任天祥等（1998）；⑤浅海沉积物引自赵一阳和鄢明才（1994）。

第二节　分散元素简介

一、分散元素的概念

分散元素指在自然界呈分散状态存在的元素。它们或不存在自己的独立矿物，或有少量独立矿物。分散元素的概念最早是乌克兰学者 В. И. 维尔纳茨基于 1911 年引入地学领域的。此后分散元素的概念随着科技发展和认知水平的提高也在不断变化。1940年，苏联学者阿·费尔斯曼提出：有些稀有元素，并不生成纯态的矿物，有时候溶解、分散在别的元素的许多种矿物里，所以把它们叫作分散元素。他认为代表性的分散元素包括镓、铟、铊、镉、锗、硒、碲、铼、铷、铯、镭、钪、铪 13 种。涂光炽院士认为：分散元素是指在地壳中丰度很低（多为 10^{-9} 级），而且在岩石中极为分散的元素。多数分散元素在自然界形成矿物的概率很低，而且产地稀少。他认为分散元素包括镓、锗、硒、镉、铟、碲、铼、铊 8 种。本书涵盖的分散元素包含镓、锗、铟、铊、硒、碲、锶、钡。

分散元素在地壳中丰度普遍较低，地壳平均含量一般在 10^{-9}～10^{-6} 级，这种低含量和其高度分散性，导致其形成独立矿床的概率很低，因此，人们通常认为分散元素不能形成独立矿床，它们只能以伴生元素的方式存在于其他元素的矿床内。

分散元素在周期表中的位置与铜、铅、金、镍、汞、砷、锑、钴等左右对称斜角邻近，具有较强的亲硫性，又由于在周期表中，镓、锗、镉与铝、铜、硅等相邻，因此也具有亲石性。分散元素亲硫性更强，以致它们很少呈独立矿物存在，而多数在黄铁矿、黄铜矿、方铅矿、闪锌矿、辉锑矿、辉钴矿、辉银矿和辉钼矿等矿物的晶格中，这就决定了它们在地壳中的聚集与有色重金属硫化物的富集条件有一致性和明显的倾向性。另外，分散元素在周期表上旁近卤族，因此也具有较好的卤络倾向。金属卤化络合物在热液中有搬运金属的作用，在低温热液成矿中，金属与硫、氧结合时，置换出的卤离子则分散在周围的岩石中。当围岩及金属硫化物水蚀、风化、氧化后，金属离子又可与卤离子结合为卤络离子，形成复杂的卤化络合物迁移，这时受水溶介质和卤化介质影响的分散元素，也可呈各种水化、卤化的复合离子而被带到地表，渗滤运移或气化而上升到地表土壤层中。

随着测试技术与认知水平的提高，以及选冶技术的发展，一些分散元素的独立矿物或矿床在全球不断被发现，表明了分散元素在一定的条件下也能聚集形成独立矿床，在特定的地质-地球化学条件下甚至可出现数千倍乃至数万倍的超常富集而形成大型-超大型矿床，推翻了长期以来人们普遍认为的"分散元素不形成独立矿床，它们只能以伴生元素的方式存在于其他元素的矿床内"的观点。从现在发现的分散元素矿床分析的结果来看，分散元素主要有三种赋存状态：独立矿物、类质同象和有机结合态及吸附。基本上以独立矿物出现的是碲、铊和部分硒矿床；以类质同象形式存在的是镉、镓、铟、铼矿床，锗矿床完全以有机质和黏土矿物吸附状态存在，硒矿床三种状态兼有。

表生作用中分散元素的稳定性各异。镓在表生作用中的行为与铝相似，也比较稳定。锗易迁移，所有原生含锗的矿物在表生条件下都不稳定，锗一般会呈+4价状态被淋滤溶解而进入水溶液中。铟只有在 pH<4 的条件下发生迁移，但当 pH=4 时，铟即会转化成 $In(OH)_3$ 沉淀下来。铊的迁移能力较强，一般情况下，铊以 Tl^+ 形式存在，Tl^+ 类似碱金属，活动性大，易于迁移，在一定的氧化还原条件下，Tl^+ 才会氧化为容易沉淀的 Tl^{3+} 而使其迁移能力降低。对于硒而言，在缺氧的条件下，硒与硫相共生，它一般会随着硫化物或硫酸盐或亚硫酸盐被土壤中的水和水流长距离搬运，但在氧化条件下，硒能被氧化为硒酸盐，硒酸盐较稳定，但也能被搬运一定的距离。表生条件下的碲相当稳定，当含碲的矿石氧化时，它一般不会远离作用圈，而是以 Te^{4+} 或自然碲的形式沉淀下来。

人为迁移是分散元素进入生态环境的主要途径。人们通过对分散元素矿床的采掘、选矿、冶炼来获得对人类生产实践有重要意义的分散元素的金属、合金等生产材料，并对这些生产材料加以应用。在矿床的采掘、选矿过程中，分散元素会不可避免地进入矿区的水体、土壤、大气中，破坏当地的自然环境；对矿石的冶炼很容易使分散元素进入大气中；对分散元素金属、合金的应用使分散元素更广泛地进入环境中，造成更深层次的环境影响。人们对分散元素的应用加速了分散元素在生态环境中的迁移。可以说分散元素的环境污染是人类活动的结果。

当分散元素矿物暴露地表后或在富含分散元素的矿床开采过程中，分散元素的表生地球化学循环直接影响一个地区的生态环境和人体健康。生活在自然界中的生物体在不断和周围的环境进行物质和能量的交换，分散元素随之进入生物体内部，对生物体的正常生长造成有益的或有害的影响。

二、分散元素的物理化学性质

分散元素的主要参数见表 1-5。

表 1-5 分散元素的主要参数

中文名称	镓	锗	铟	铊	硒	碲	锶	钡
英文名称	Gallium	Germanium	Indium	Thallium	Selenium	Tellurium	Strontium	Barium
元素符号	Ga	Ge	In	Tl	Se	Te	Sr	Ba
原子体积/(cm³/mol)	11.8	13.6	15.7	17.2	16.5	20.5	33.7	39
原子密度/(g/cm³)	5.904	5.35	7.30	11.85	4.81	6.00	2.6	3.51
熔点/℃	29.78	937.4	156.61	303.5	217	449.5	769	725
沸点/℃	2403	2830	2000	1457	684.9	989.8	1384	1638
原子序数	31	32	49	81	34	52	38	56
原子量	69.72	72.59	114.82	204.37	78.96	127.60	87.62	137.34
价态	1+, 2+, 3+	4−, 2+, 4+	1+, 2+, 3+	1+, 3+	2−, 0, 4+, 6+	2−, 4+, 6+	2+	2+
原子半径/Å	1.221	1.225	1.626	1.704	1.161	1.432	2.152	2.174
离子半径/Å	0.81 (+1) 0.62 (+3)	0.73 (+2) 0.53 (+4)	0.32 (+1) 0.81 (+3)	1.47 (+1) 0.95 (+3)	1.91 (−2) 0.42 (+6)	2.11 (−2) 0.56 (+6)	1.12	1.34
电负性	1.6	2.0	1.7	1.4 (+1) 1.9 (+3)	2.4	2.1	1.0	0.9
电离势/eV	6	7.88	5.785	6.106	9.75	9.01	5.692	5.21
离子电位	4.84 (+3)	7.55 (+4) 2.74 (+2)	3.70 (+3) 0.76 (+1)	0.68 (+1) 3.16 (+3)	−1.05 (−2)	−0.95 (−2)	1.79	1.49
EK 值	5.41 (+3)	10.53 (+4)	4.35 (+3)	0.42 (+1) 3.45 (+3)	1.10 (−2)	0.95 (−2)	1.50	1.53
外层电子构型	$4s^24p^1$	$4s^24p^2$	$5s^25p^1$	$6s^26p^1$	$4s^24p^4$	$5s^25p^4$	$4p^65s^2$	$5p^66s^2$
天然同位素	^{69}Ga, ^{71}Ga	^{70}Ge, ^{72}Ge ^{73}Ge, ^{74}Ge ^{76}Ge	^{113}In, ^{115}In	^{203}Tl, ^{205}Tl	^{74}Se, ^{76}Se, ^{77}Se, ^{78}Se, ^{80}Se, ^{82}Se	^{120}Te, ^{122}Te ^{123}Te, ^{124}Te ^{125}Te, ^{126}Te ^{128}Te, ^{130}Te	^{84}Sr, ^{86}Sr ^{87}Sr, ^{88}Sr	^{130}Ba, ^{132}Ba ^{134}Ba, ^{135}Ba ^{136}Ba, ^{137}Ba ^{138}Ba

（一）镓元素的物理化学性质概述

镓（Gallium）化学符号是 Ga。镓位于元素周期表里的第四周期第三主族，原子序数是 31，原子量是 69.72。镓非常柔软，富有延展性，固态时为青灰色，液态时为银白色。它的熔点在 29.78℃，故把它放在手中即会熔化；但沸点很高（2403℃）。

　　镓外围电子排布为 $4s^2 4p^1$，在潮湿空气中氧化，加热至 500℃时着火。室温时跟水反应缓慢，跟沸水反应剧烈生成氢氧化镓放出氢气。能跟卤素、硫、磷、砷、锑等反应。镓在干燥空气中较稳定并生成氧化物薄膜阻止继续氧化，在潮湿空气中失去光泽。与碱反应放出氢气，生成镓酸盐。能被冷浓盐酸侵蚀，对热硝酸显钝性。镓在化学反应中存在+1、+2和+3 化合价，其中+3 为其主要化合价。镓的活动性与锌相似，比铝低。

（二）锗元素的物理化学性质概述

　　锗（Germanium）化学符号是 Ge。锗位于元素周期表里的第四周期第四主族，原子序数为 32，原子量为 72.59。粉末状呈暗蓝色，结晶状呈银白色脆金属，稀有金属，重要的半导体材料。在空气中不被氧化，不溶于水、盐酸、稀苛性碱溶液，溶于王水、浓硝酸或硫酸、熔融的碱、过氧化碱、硝酸盐或碳酸盐。其细粉可在氯或溴中燃烧。锗有良好的半导体性质，如电子迁移率、空穴迁移率等。已知锗共有两种氧化物：二氧化锗和一氧化锗。

（三）铟元素的物理化学性质概述

　　铟（Indium）化学符号是 In。铟位于元素周期表中的第五周期第三主族，原子序数是 49，原子量是 114.82。铟是一种很软的、带蓝色色调的有银白色金属光泽的金属。铟比铅还软，用指甲可以轻易地留下划痕，铟也能在和其他金属摩擦的时候附着到其他金属上去。当铟弯曲时，会发出一种"哭声"，这一点和锡相似。与镓一样，铟能浸润玻璃。铟的熔点低，仅 156.6℃，位于同族的镓和铊之间。铟的挥发性比锌和镉的小，但在氢气或真空中能够升华。

　　铟根据它的化学性质，被归纳为贫金属。铟主要有两种氧化态：+1 价和+3 价。+3 价的铟更稳定，+1 价的铟是强还原剂且受热易歧化。块状的铟不被碱、沸水和熔融的氨基钠所侵蚀，但分散的海绵状的或粉状的铟能与水作用产生氢氧化铟。铟能被强氧化剂如卤素和强氧化性的酸所氧化，产生+3 价的铟盐。铟不和硼、硅、碳反应，相应的硼化物、硅化物和碳化物至今未发现。铟和氢气、氮气反应分别生成氢化物和氮化物。加热时也能和硫、磷、砷、硒、锑、碲反应，能和汞形成汞齐，和大多数金属生成合金。在空气中，铟在 100℃开始氧化，继续加热能在空气中燃烧，发出无光的蓝红色火焰，产生氧化铟。被铁污染时，铟容易氧化。铟同样可以在卤素中燃烧，而室温下，氟、氯、溴能明显地腐蚀铟，铟在氯气中失去金属光泽，并被一层白色的薄膜覆盖。

（四）铊元素的物理化学性质概述

　　铊（Thallium）化学符号是 Tl。铊位于元素周期表中的第六周期第三主族，原子序数是 81，原子量为 204.37。铊是一种柔软的银白色金属，在潮湿空气中易被氧化，易溶于硝酸，不溶于碱。铊在化合物中形成+1 和+3 价，+1 价的亚铊化合物比较常见，大多数可溶于水（包括氢氧化亚铊），+1 价的亚铊化合物有剧毒，Tl^+ 能被亚硝酸钴钠沉淀（沉淀为 $Tl_3[Co(NO_2)_6]$）。+3 价的铊化合物比+1 价的亚铊化合物更难形成，+3 价的化合物有强氧化性，可以将单质银氧化。铊的化合物有毒，能导致慢性或急性的脱发症，严重的会导致死亡。治疗铊中毒可以用普鲁士蓝片剂使铊与之反应生成不溶物排出人体。

（五）硒元素的物理化学性质概述

硒（Selenium）化学符号是 Se。硒位于元素周期表中的第四周期第六主族，原子序数为 34，原子量为 78.96。硒单质是红色或灰色粉末，带灰色金属光泽的准金属。在已知的六种固体同素异形体中，三种晶体（α 单斜体、β 单斜体和灰色三角晶）是最重要的。晶体中以灰色六方晶系最为稳定，密度 4.81g/cm³。性脆，有毒，溶于二硫化碳、苯、喹啉，能导电，且其导电性随光照强度急剧变化，可制半导体和光敏材料，熔点 217℃，沸点 684.9℃。硒在空气中燃烧发出蓝色火焰，生成二氧化硒（SeO₂），与氢、卤素直接作用，与金属能直接化合，生成硒化物，不能与非氧化性的酸作用，但它溶于浓硫酸、硝酸和强碱中。硒与氧化态为+1 的金属可生成两种硒化物，即正硒化物（M₂Se）和酸式硒化物（MHSe）。

（六）碲元素的物理化学性质概述

碲（Tellurium）化学符号是 Te。碲位于元素周期表中的第五周期第六主族，原子序数为 52，原子量为 127.60。外围电子排布为 $5s^25p^4$，主要氧化数−2、+2、+4、+6。有结晶形和无定形两种同素异形体，结晶碲具有银白色的金属外观，密度 6.25g/cm³，熔点 452℃，沸点 1390℃，硬度 2.5。无定形碲为褐色，密度 6.0g/cm³，熔点 449.5±0.3℃，沸点 989.8±3.8℃。碲在空气中燃烧发出蓝色火焰，生成二氧化碲，可与卤素反应，能溶于硫酸、硝酸、氢氧化钾和氰化钾溶液。易传热和导电。主要用于石油裂化的催化剂，电镀液的光亮剂、玻璃的着色材料，添加到钢材中以增加其延性，添加到铅中增加它的强度和耐蚀性。

（七）锶元素的物理化学性质概述

锶（Strontium）化学符号是 Sr。锶位于元素周期表中的第五周期第二主族，原子序数是 38，原子量是 87.62。银白色金属，属立方晶系，质软，容易传热导电。在空气中加热到熔点时即燃烧，呈红色火焰。自然界存在 ^{84}Sr、^{86}Sr、^{87}Sr、^{88}Sr 四种稳定同位素。锶的化学性质活泼，加热到熔点（769℃）时可以燃烧生成氧化锶（SrO），在加压条件下跟氧气化合生成过氧化锶（SrO₂）。

锶跟卤素、硫、硒等容易化合，常温时可以跟氮化合生成氮化锶（Sr₃N₂），加热时跟氢化合生成氢化锶（SrH₂）。跟盐酸、稀硫酸剧烈反应放出氢气。在常温下跟水反应生成氢氧化锶和氢气。锶很容易被氧化为稳定的、无色的 Sr^{2+}，它的化学性质与 Ca 或 Ba 类似。

（八）钡元素的物理化学性质概述

钡（Barium）化学符号是 Ba。钡位于元素周期表中的第六周期第二主族，原子序数为 56，原子量为 137.36。银白色金属，略具光泽，焰色为黄绿色，有延展性，很软，可用小刀切割。化学性质相当活泼，暴露在空气中，表面形成一层氧化物薄膜，能与大多数非金属反应。易氧化，能与水作用，生成氢氧化物和氢；溶于酸，生成盐，钡盐除硫酸钡外都有毒。金属钡用作消气剂，除去真空管和显像管中的痕量气体，还用作球墨铸铁的球化剂，还是轴承合金的组分。锌钡白用作白漆颜料，碳酸钡用作陶器釉料，硝酸钡用于制造焰火和信号弹，重晶石用于石油钻井，钛酸钡是压电陶瓷，用于制造电容器。

三、分散元素矿物简介

（一）镓元素矿物简介

镓在结晶化学性质上接近于 Zn、Al 和 Fe^{3+} 的性质，因此它具有亲硫、亲石和亲铁的三重地球化学性质，使它广泛地参与到各种地质作用中，性质上的近似性决定了它们的紧密共生关系，岩石圈中绝大部分的镓都是隐藏在各种不同成因的大量含铝矿物中，特别是铝硅酸盐及其他铝的化合物内。镓是个极为分散的元素，目前为止仅仅知道两个镓的独立矿物，即 $CuGaS_2$ 和 $Ga(OH)_3$。常见的镓矿物见表 1-6。

（二）锗元素矿物简介

锗具有亲石、亲铁、亲硫和亲有机质等多重地球化学性质。在自然界中锗主要呈分散状态分布于其他元素组成的矿物中，通常被视为多金属矿床的伴生组分，形成独立矿物的概率很低。岩浆作用不能使锗发生明显富集，但锗可富集在一些花岗伟晶岩矿物中，只有热液体系才能大量搬运锗，在表生溶液中具有较高的活动性，属于过渡类的分散元素。常见的锗矿物见表 1-6。

（三）铟元素矿物简介

铟主要以杂质成分分散存在于其他元素的矿物中。它具有相当大的同硫的亲和性，因此铟主要聚集在硫化物中，同时也存在于某些氧化物及硅酸盐矿物中。常见的铟矿物见表 1-6。

（四）铊元素矿物简介

铊在地球化学和结晶化学上既具有亲石性又具有亲硫性，前者表现为 Tl 与 K、Rb 等碱金属紧密共生，后者表现为 Tl 与 Pb、Fe、Zn 等元素的硫化物有密切关系。铊的这种两重性在不同的地球化学环境中表现不一样，在高温阶段（如岩浆作用和伟晶作用阶段），铊与碱金属元素呈类质同象集中在某些含钾的矿物中，如云母、钾长石、铯榴石，表现出亲石性；而在低温高硫（砷）环境中，则表现为亲硫性。铊一方面以类质同象进入云母类硅酸盐及各种硫化物的结晶格架中，如铅、锌、铜、铁硫化物或铅、银和其他元素的硫盐矿物，另一方面则形成自己的独立矿物。常见的铊矿物见表 1-6。

（五）硒碲元素矿物简介

硒碲的性质以及在自然界中的存在条件都很相似，通常被视为一个地球化学元素对。硒碲在自然界一般以分散状态存在，虽能形成一些独立矿物，但极少形成具有工业意义的独立矿物。硒碲特别是硒由于同硫的近似性，形成广泛的类质同象关系，绝大部分都分散到硫化物矿物的晶格中去，只有硫的浓度明显降低的场合下，才较稀少地形成自己的独立矿物。常见的硒碲矿物见表 1-6。

表 1-6 常见的分散元素矿物

镓(Ga)			锗(Ge)		
矿物名称	英文名称	化学式	矿物名称	英文名称	化学式
灰镓矿	gallite	$CuGaS_2$	锗石	germanite	Cu_3FeGeS_4
水镓石	sohngeite	$Ga(OH)_3$	灰锗矿	briartite	$Cu_2FeZnGeS_4$
			硫铜锗矿	renierite	$Cu_6Fe_2GeS_8$
			硫银锗矿	argyrodite	Ag_8GeS_6

铟(In)			铊(Tl)		
矿物名称	英文名称	化学式	矿物名称	英文名称	化学式
硫铟铜矿	roquesite	$CuInS_2$	红铊矿	lorandite	$TlAs_2S_2$
硫铟铁矿	indite	$FeInS_4$	硒铊银铜矿	crookesite	$(CuTlAg)_2Se$
硫铟铜锌矿	sakuraiite	$(Cu,Zn,Fe)_3(In,Sn)S_4$	硫砷锑铊矿	vrbaite	$Tl(AsSb)_3S_5$
水铟矿	dzhalindite	$In(OH)_3$	锑铊铜矿	cuprostibite	$Cu_2(SbTl)$
			皮罗矿	pierrotite	$Tl_2(Sb,As)_{10}S_{17}$
			硫铁铊矿	raguinite	$TlFeS_2$
			硫铊铜矿	chalcothallite	Cu_2TlS_2
			皮科保尔矿	picot-paulite	$(Tl,Pb)Fe_2S_3$
			褐铊矿	avicennite	Tl_2O_3

硒(Se)			碲(Te)		
矿物名称	英文名称	化学式	矿物名称	英文名称	化学式
硒铜矿	berzelianite	Cu_2Se	碲铅矿	altaite	$PbTe$
硒银矿	naumannite	Ag_2Se	辉碲铋矿	tetradymite	Bi_2Te_2S
红硒铜矿	umangite	Cu_3Se_2	碲铋矿	tellurobismuthite	Bi_2Te_3
硒铜银矿	eucairite	Cu_2SeAg_2Se	碲金矿	calaverite	$AuTe_2$
硒铋矿	guanajuatite	Bi_2Se_3	碲银矿	hessite	Ag_2Te
			针碲金银矿	sylvanite	$AgAuTe_4$
			碲铜矿	rickardite	Cu_2Te

锶(Sr)			钡(Ba)		
矿物名称	英文名称	化学式	矿物名称	英文名称	化学式
天青石	celestite	$(Sr,Ba,Ca)SO_4$	重晶石	barite	$BaSO_4$
碳酸锶矿	strontianite	$SrCO_3$	毒重石	witherite	$BaCO_3$
富锶文石	strontianiferous	$(Ca,Sr)CO_3$			
砷铝锶石	arsenogoyazite	$SrAl_3(AsO_4)_2(OH)$			
钾锶矾	kalistrontite	$K_2Sr(SO_4)_2$			

（六）锶、钡元素矿物简介

锶和钡是自然界中广泛分布的微量元素。锶和钡在化学性质上十分相似，虽然它们与钙的性质也很接近，但在火成岩中它们的产状却有显著区别。锶主要与钙产生类质同象，而钡则较多地与钾产生类质同象。锶在某些热液矿床和沉积岩（特别是碳酸盐）中，可以形成碳酸盐和硫酸盐的独立矿物，但在一般硅酸盐类造岩矿物中锶不是主要成分。常见的锶、钡矿物见表1-6。

四、分散元素矿床简介

分散元素（镓、锗、铟、铊、硒、碲）矿床可分为独立矿床和伴生矿床两大类，大都集中分布在古陆边缘。这几种元素矿床类型见表1-7。

表 1-7　分散元素（镓、锗、铟、铊、硒、碲）矿床类型

元素	矿床类型	产出围岩	矿物组合	实例	类别
镓	镓-锗-铜-铅-锌矿床	碳酸盐岩石、白云岩、白云质灰岩、泥质灰岩	灰镓矿、$CuGaS_2$、铁闪锌矿、砷黝铜矿、斑铜矿、锗石黄铜矿	西南非、俄罗斯乌拉尔	独立矿床
	镓-铅-锌矿床	千枚岩、板岩、破碎带、碳酸盐岩石	萤石、闪锌矿、方铅矿、含镓黄色闪锌矿	中国湖南桃林、广东凡口	伴生矿床
	镓-铝矿床	泥岩、砂泥岩、三水铝矿、硬水铝矿	水镓石、三水铝矿、硬水铝矿	俄罗斯乌拉尔、北美阿尔克萨斯	伴生矿床
锗	砷-铜-锗矿床	元古宙白云岩、晶质灰岩	锗石、硫锗铁铜矿、斑铜矿、黄铜矿、砷黝铜矿、硫砷铜矿	西南非特素木布(Ge 8.7%)、刚果（金）卡丹加	独立矿床
	煤-锗矿床	新近纪煤、碎屑岩、硅质岩、泥灰岩	含锗凝胶化煤、亮煤，GeO_2 1%~1.6%	英国伊尔科什盆地、中国云南临沧锗矿	独立矿床
	铜-铅-锌-锗矿床	斑岩、凝灰岩、流纹岩、泥质页岩	硫银锗矿、白铁矿、黄铜矿、闪锌矿、方铅矿	玻利维亚中南部	独立矿床
	锗-铅-锌矿床	早古生代碎屑岩-碳酸盐岩	含锗闪锌矿、方铅矿、黄铁矿	中国云南会泽、罗平、凡口	伴生矿床
	锗-铁矿床	早古生代碎屑岩	赤铁矿、绿泥石、含锗赤铁矿	中国湖南宁乡	伴生矿床
铟	锡-铜-锌-铟矿床	晚三叠世—侏罗纪砂岩、页岩、凝灰岩内	硫铜铟锌矿、硫铁铟矿、硫铟铜矿、黄铜矿、锡石、铁闪锌矿	俄罗斯雅库特、法国阿利	独立矿床
	钨-锡-铅-锌-铟矿床	钠长石化、云英岩化花岗岩（中生代）	自然铟、黑钨矿、锡石、铁闪锌矿	俄罗斯外贝加尔	独立矿床
	锡-铜-锌-铟矿床	白云质灰岩、白云岩、灰岩与花岗岩接触带	含铟锡石、含铟铁闪锌矿、黄铜矿	中国云南个旧、大厂、都龙	伴生矿床
	原生铟-多金属矿床氧化带	赤铁矿、水赤铁矿、褐铁矿、氢氧化铟石	中国云南个旧		
铊	汞-铊矿床	晚二叠世泥质碳酸盐岩、下三叠统页岩、灰岩夹泥岩	红铊矿、斜硫砷铊汞矿、硫铁铊矿、辰砂、雌黄、雄黄	中国贵州滥木厂、马其顿阿尔黑利、俄罗斯北高加索	独立矿床
	砷-铊矿床	晚侏罗世层纹状碳质、泥质白云岩、碳质泥质灰岩、白云质泥岩	辉铁铊矿、硫砷铊铅矿、硫砷铊矿、铊黄铁矿、雌黄、雄黄	中国云南南华	独立矿床
	钙-铁-铊氧化带	褐铁矿-方解石氧化带、晶质灰岩	褐铊矿（Tl_2O_3）、褐铁矿、方解石、铁白云岩	中亚查尔巴拉斯克山	独立矿床

元素	矿床类型	产出围岩	矿物组合	实例	类别
铊	铊-锰矿床	古近纪、新近纪砂质泥岩、泥灰岩	褐铊矿、铊硬锰矿、软锰矿（含 Tl 0.01%~0.5%）	俄罗斯尼克波尔	伴生矿床
	铊-铅-锌矿床、铊-锑矿床	早古生代碳酸盐岩、古近纪和新近纪碎屑岩-碎屑灰岩	方铅矿、闪锌矿、黄铁矿、辉锑矿、含铊辉锑矿	中国湖南锡矿山、云南金顶	伴生矿床
硒碲	金-硒矿床	寒武纪碳质硅质岩、碳质板岩、硅岩	灰硒汞矿、灰硒铅矿、硒锑矿、硒硫锑矿、硒镍矿、硒铜矿、黄铁矿、黝铜矿、闪锌矿、辰砂	中国四川拉尔玛	独立矿床
	金-碲矿床	变玄武岩、早-中三叠世白云石大理岩、碳泥质白云岩	辉碲铋矿、黄碲铋矿、硫碲铋矿、碲铋矿、碲银矿、碲金矿、黄铁矿、磁黄铁矿	中国四川大水沟	独立矿床
	铜-银-硒矿床	早二叠世碳质硅质页岩	方硒铜矿、黄硒铜矿、硒黄铁矿、硒银矿、自然硒、黄铁矿、辉钼矿、自然银	中国湖北渔塘坝	独立矿床
	金-硒矿床	寒武纪碳质硅质岩、碳质板岩	硒锑矿、硒硫锑矿、灰硒汞矿、灰硒铅矿、黄铁矿、闪锌矿、辰砂	中国川甘交界拉尔玛矿床	独立矿床
	钨-铜-铅-锌-碲矿床	花岗岩	碲铋矿、黑钨矿、黄铜矿、闪锌矿、方铅矿	中国江西盘古山	伴生矿床
	铜-硒矿床	黑色页岩	黄铜矿、硒铜矿、黄铁矿、辉钼矿	德国曼斯费尔德	伴生矿床
	硫-硒矿床	火山岩、凝灰岩、凝灰角砾岩	自然硒、自然硫	意大利西西里岛	伴生矿床

对于锶矿床来讲，根据矿床成因可将我国锶矿床划分为 6 个类型（表 1-8）：沉积-热卤水叠加型（层控型），沉积-构造动力改造型，火山热液充填型，内陆湖泊化学沉积型，海相磷酸盐沉积型，表生淋积型。由表 1-8 可知：内陆湖泊化学沉积型锶矿在我国占主要地位，但沉积-热卤水叠加型、沉积-构造动力改造型和火山热液充填型锶矿也具有广阔的找矿前景，是我国重要的锶矿床类型的组成部分（《中国矿床》编委会，1996；涂光炽等，2004）。

表 1-8 锶矿床类型

锶矿床类型	矿床数/个			占全国保有储量比例/%
	大型	中型	小型	
沉积-热卤水叠加型	3	1	1	13
沉积-构造动力改造型	2			4
火山热液充填型	1	1	1	3
内陆湖泊化学沉积型	1	2	1	80
海相磷酸盐沉积型	1			尚难利用
表生淋积型	无单独矿床			约占前三类型矿床保有储量的 1.5%

根据已知钡（重晶石）的矿床实例，依据矿床的成矿机理、产状、矿体与围岩的相互关系等，将中国钡（重晶石）矿床分为五个成因类型：沉积型重晶石矿床，层控脉状型重晶石矿床，脉状热液型重晶石矿床，火山沉积型重晶石矿床，残坡积堆积型重晶石矿床。

五、分散元素丰度

(一)分散元素的地壳克拉克值

表 1-9 是不同学者发表的分散元素地壳丰度值汇总。总体而言,各研究者给出的镓、铟、铊、硒数值接近,但锗、碲、锶、钡相差较大。1990 年以后发表的数据比较接近,这与实验室的分析技术进步有很大关系,采样代表性也会影响数值的结果。

表 1-9　不同学者所给出的分散元素地壳丰度值

元素	单位	数据来源									
		①	②	③	④	⑤	⑥	⑦	⑧	⑨	⑩
Ga	10^{-6}	19	18	18	$0.00n$	15	19	15	18	15	16
Ge	10^{-6}	1.2	1.2	1.4	$0.00n$	7	1.4	1.5	1.6	1.4	1.3
In	10^{-6}	0.045	—	0.1	$0.00n$	0.1	0.25	0.1	0.050	0.050	0.052
Tl	10^{-6}	0.42	0.39	0.4	$0.0n$	0.3	1	0.45	0.36	0.52	0.5
Se	10^{-6}	0.07	0.13	0.08	$0.0n$	0.09	0.05	0.05	0.05	0.12	0.13
Te	10^{-6}	0.006	—	0.006	n	0.002	0.001	—	—	0.005	—
Sr	10^{-6}	350	285	480	170	150	340	375	260	333	320
Ba	10^{-6}	620	614	390	470	430	650	425	250	584	456

数据来源:①中国东部大陆地壳,鄢明才和迟清华(1997),Yan 和 Chi(1997);②中国中东部大陆地壳,高山等(1999);③地壳,黎彤(1976);④岩石圈,Clarke 和 Washington(1924);⑤大陆地壳,Goldschmidt(1933,1954);⑥大陆地壳,Vinogradov(1962);⑦大陆地壳,Taylor(1964);⑧大陆地壳,Taylor 和 McLennan(1985);⑨大陆地壳,Wedepohl(1995);⑩大陆地壳,Rudnick 和 Gao(2003)。

(二)分散元素在各种次生介质中的丰度

分散元素在各种次生介质中的丰度略有不同(表 1-10)。碲在次生土壤和沉积物中相对地壳克拉克值发生了明显富集,锶相对地壳克拉克值发生明显贫化,其他元素相对地壳克拉克值没有明显富集或贫化。

表 1-10　不同次生介质中分散元素丰度

次生介质	单位	Ga	Ge	In	Tl	Se	Te	Sr	Ba
①地壳	10^{-6}	18	1.4	0.1	0.4	0.08	0.6	480	390
②土壤	10^{-6}	17	1.3	0.055	0.6	0.20	0.04	170	500
③表层土壤	10^{-6}	15.0	1.29	0.046	0.62	0.171	0.041	197	512
④深层土壤	10^{-6}	14.9	1.28	0.043	0.62	0.128	0.040	197	522
⑤水系沉积物	10^{-6}	—						165	520
⑥浅海沉积物	10^{-6}	14		0.09	0.3	0.15	0.04	230	410

数据来源:①地壳引自大陆地壳(Wedepohl,1995);②土壤引自鄢明才和迟清华(1997),Yan 和 Chi(1997);③表层土壤来自本次研究;④深层土壤来自本次研究;⑤水系沉积物引自任天祥等(1998);⑥浅海沉积物引自赵一阳和鄢明才(1994)。

第二章 方法技术简介

第一节 样品采集

一、岩石样品采集

中国地球化学基准计划（The China Geochemical Baselines Project，CGB）为获得全国岩石高精度地球化学含量数据，采集了全国代表性岩石样品 12000 余件（王学求等，2010；王学求，2012；Wang et al.，2015）。按照 1∶20 万图幅基准网格，中国大约有 1500 个图幅（基岩区约 1000 幅），在每个 1∶20 万图幅内，采集代表性新鲜岩石样品。侵入岩以时代和岩性为单元，如地质图上时代已划分出早、中、晚期，则按期划分采样单元。变质岩高级变质地体（以角闪岩相和麻粒岩相为主的片麻岩发育区），参照火成岩类的取样方法，采样布置要着重把握变质建造、岩类及其面形分布特征，以副变质岩为主的低级变质地体可参照沉积岩的采样方法进行。每个样品都由采样点周围三处以上同一岩性的新鲜岩石碎块（直径<30mm）组合而成，每个样品保持单一岩性，严格避免混杂不同岩性的样品。平均每个 1∶20 万图幅约 10 件样品。所有采样点必须有 GPS 现场定位，并拍摄照片，填写野外现场记录卡。

二、土壤样品采集

中国地球化学基准计划是基于网格化的汇水域为单元进行采样，采集的样品为河漫滩沉积物形成的土壤或一级河成阶地的土壤，这两种介质是一致的，都为河水搬运的沉积物，现在都为土壤。

每个网格大小为 1 个 1∶20 万图幅，相当于 80km×80km。每个网格中选择 2 个汇水域部署采样点，每个汇水域面积在 2000～5000km^2。汇水域沉积物（现在已是一级河成阶地土壤）是最具有代表性的采样介质，既能代表整个流域的元素平均值，又能有效地反映整个流域人为输入导致的环境变化。上游岩石的自然风化释放的化学元素将通过地表水的搬运，在汇水域开阔地带或低洼处的平原、三角洲、河漫滩、盆地沉积下来，搬运过程中经过混匀过程代表了流域内化学元素平均值。人为产生的工业、农业和城市排放污染物将通过地表水的搬运，在汇水域开阔地带或低洼处沉积下来。因为河水对污染物的搬运过程会季节性地不断发生，所以可以用于监测环境变化和输入量。

中国自然地理景观多样，针对这些景观特点，研发具有针对性的采样方法。平原区采集土壤或泛滥平原沉积物或三角洲沉积物形成的土壤，山区采集河漫滩沉积物形成的土壤，沙漠区采集汇水盆地沉积物形成的土壤，草原区采集季节性湖（淖）积物形成的土壤。

全国共完成 3382（大部分元素为 3382 个点位，部分元素如 Li、Be 等是 3394 个点位）个汇水域采样，所有点位同时采集表层样品和深层样品，表层样品用于反映人类活动的影响，深层样品用于代表自然地质背景。表层样品采自 0～25cm 深度，深层样品采自 100cm 深度以下，如果土壤剖面深度不足 100cm，采集土壤 C 层（母质层）样品。在每个采样点位上采集 3 个子样进行组合，三个点位大致呈等边三角形，每两点相距 50m 以内（一般在 5m），每个组合样品的重量约为 5kg。为了与国际土壤学会规范的土壤环境评价标准相一致，所有样品粒度小于 2mm（−10 目）（图 2-1）。

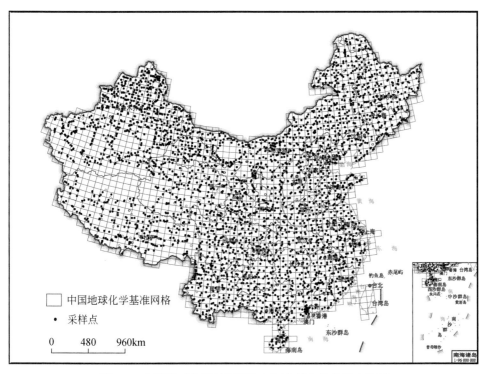

图 2-1　中国地球化学基准网格和汇水域土壤采样点位图

第二节　实验室样品分析与质量控制

一、样品加工与分析

地质样品分析中，样品制备是保证元素分析质量的最重要环节之一。传统所称的"无污染"样品制备方法由于在制样过程中采用了铝质颚板或圆盘，从而使铝（Al）元素受到了"污染"。"中国地球化学基准值建立与综合研究"项目主要采集的岩石样品，要求准确分析包括铝（Al）、铁（Fe）、碳（C）等在内的 76 种元素。在样品制备过程中，针对 Fe、Al 等易受制样设备污染的难题，采用铝质设备及制备技术制备的样品用于 Fe、C 等元素的测定，而采用铁质设备和制备技术制备的样品用于 Al 等元素的测定。最终将样品制备过程带来的"污染"影响降至最低，为全元素的准确分析奠定了基础。

全部样用刚玉颚式破碎机破碎至小于 2mm，分取两份样品，一份样品用振荡式低碳钢钵体振荡式碎样机加工至 200 目（用于铝的分析），另一份样品用玛瑙钵体四筒研磨机或高铝瓷（不用于铝的分析）研磨机研磨至 200 目（用于铁、碳的分析）。

联合国教育、科学及文化组织蓝皮书规定分析 71 个化学元素与氧化物（Ag、Al_2O_3、As、Au、B、Ba、Be、Bi、CaO、Cd、Co、Cr、Cu、F、Fe_2O_3、Hg、K_2O、La、Li、MgO、MnO、Mo、Na_2O、Nb、Ni、P_2O_5、Pb、Sb、SiO_2、Sn、Sr、Th、Ti、U、V、W、Y、Zn、Zr、Br、C、Ce、Cl、Ga、Ge、I、N、Rb、S、Sc、Se、Tl、Cs、Dy、Er、Eu、Gd、Ho、In、Lu、Ta、Nd、Pr、Sm、Hf、Te、Tb、Tm、Yb、Pt、Pd）。但目前已经开展的计划，均未达到规定要求，如欧洲 FOREGS 计划分析了 54 个元素，美国计划分析了 45 个元素，澳大利亚计划分析了 59 个元素，中国环境地球化学监控计划分析了 50 个元素。中国地球化学基准计划是目前唯一一个达到规定分析指标要求的计划，分析了 76 个元素（氧化物）和 5 个其他指标（Ag、As、Au、B、Ba、Be、Bi、Br、Cd、Cl、Co、Cr、Cs、Cu、F、Ga、Ge、Hf、Hg、I、In、Ir、Li、Mn、Mo、N、Nb、Ni、Os、P、Pb、Pd、Pt、Rb、Re、Rh、Ru、S、Sb、Sc、Se、Sn、Sr、Ta、Te、Th、Ti、Tl、U、V、W、Zn、Zr、Y、La、Ce、Pr、Nd、Sm、Eu、Gd、Tb、Dy、Ho、Er、Tm、Yb、Lu、SiO_2、Al_2O_3、TFe_2O_3、MgO、CaO、Na_2O、K_2O、Fe^{2+}、C、Org. C、CO_2、H_2O^+ 和 pH）。针对 81 个指标分析，发展了一套高质量分析配套方法（表 2-1；张勤等，2012）。

表 2-1　全国地球化学基准网分析指标及分析方法

序号	分析指标	指标个数	分析方法
1	SiO_2, Al_2O_3, TFe_2O_3, CaO, MgO, Na_2O, K_2O, P_2O_5, MnO, TiO_2	10	FU-XRF（熔融制片-X 射线荧光光谱法）
2	(SiO_2), (Al_2O_3), (TFe_2O_3), (CaO), (MgO), (Na_2O), (K_2O), As, Ba, Br, Ce, Cl, Co, Cr, Cu, Ga, La, (Mn), Nb, Ni, (P), Pb, Rb, S, Sr, Th, (Ti), V, Y, Zn, Zr	31	XRF（粉末压片-X 射线荧光光谱法）
3	Bi, Cd, (Co), Cs, (Ga), Hf, In, Li, Mo, (Nb), (Ni), (Pb), (Rb), Sb, Sc, Ta, (Th), Tl, U, W, (Zn)	21	ICP-MS（电感耦合等离子体质谱法）
4	(Y), (La), (Ce), Pr, Nd, Sm, Eu, Gd, Tb, Dy, Ho, Er, Tm, Yb, Lu, (Sc), (Tl)	17	ICP-MS（电感耦合等离子体质谱法）
5	Te	1	ICP-MS（电感耦合等离子体质谱法）
6	Re	1	ICP-MS（电感耦合等离子体质谱法）
7	Pt, Pd	2	ICP-MS（电感耦合等离子体质谱法）
8	(Ba), Be, (Cr), (Cu), (Li), (Mn), (P), (Sr), (Ti), (V), (Zn), (Al_2O_3), (CaO), (K_2O), (MgO), (Na_2O)	16	ICP-OES（等离子体发射光谱法）
9	(As), (Sb)	2	HG-AFS（氢化物-原子荧光光谱法）
10	Hg	1	CV-AFS（冷蒸气-原子荧光光谱法）
11	Se	1	HG-AFS（氢化物-原子荧光光谱法）
12	Ge	1	HG-AFS（氢化物-原子荧光光谱法）

序号	分析指标	指标个数	分析方法
13	Ag，B，(Mo)，(Pb)，Sn	5	ES（发射光谱法）
14	Au	1	AAS（原子吸收光谱法）
15	Os，Ru	2	COL（分光光度法）
16	Ir	1	COL（分光光度法）
17	I	1	COL（分光光度法）
18	Rh	1	POL（极谱法）
19	F	1	ISE（离子选择性电极法）
20	N，C	2	GC（氧化燃烧气相色谱法）
21	Org. C	1	POT（氧化燃烧电位法）
22	FeO	1	VOL（容量法）
23	H_2O^+	1	GR（重量法）
24	pH	1	POT（电位法）
25	CO_2	1	数学计算

注：第二列带括号的元素和氧化物为采用两种以上方法进行对照检验的元素和氧化物。

二、质量控制

全球高质量一致性地球化学基准数据，是持续监测全球环境变化的定量参照标尺。环境变化量 RC_{env} 必须大于野外采样误差（RE_{smpl}）和实验室重复样误差（RD_{lab}）之和（$RC_{env} > RE_{smpl} + RD_{lab}$），才能确认观测点发生了环境显著变化。因此，必须将采样误差和实验室分析误差降到最低。除了严格使用国家一级标准物质和密码样进行质量监控外，还格外提出了更高的实验室分析质量要求：①原始样品过 10 目筛，使用无污染加工到粒度小于 200 目；②使用成熟的多方法分析 71 种元素+其他指标，其中主量组分以玻璃熔片 X 射线荧光光谱法（XRF）分析为主，微量元素以四酸分解样品，电感耦合等离子体质谱法（ICP-MS）和电感耦合等离子体原子发射光谱法（ICP-OES）为主，配合其他特殊分析方法；③分析检出限必须低于地壳克拉克值，报出率不低于 90%；④使用的标准物质必须具有涵盖所有分析元素的标准值；⑤实验室重复样分析相对误差含量小于 3 倍检出限 RD≤40%，大于 3 倍检出限 RD≤20%，主量元素、铁族元素和重金属元素重复样分析相对误差 RD≤20%；⑥主量组分 SiO_2、Al_2O_3、Fe_2O_3、FeO、MnO、MgO、CaO、Na_2O、K_2O、TiO_2、P_2O_5、H_2O^+（结晶水）、有机碳、CO_2、SO_2 等 15 项，或 SiO_2、Al_2O_3、Fe_2O_3、FeO、MnO、MgO、CaO、Na_2O、K_2O、TiO_2、P_2O_5、LOI（烧失量）等 12 项加和为 99.3%～100.7%。表 2-2 列出了稀有分散元素分析方法和质量控制合格率（张勤等，2012；王学求等，2016）。

表 2-2   稀有分散元素质量控制结果

测试指标	样品处理方法	分析方法	单位	检出限	报出率/%	合格率/%		
						标准物质合格率	密码样合格率	重复样合格率
Ba	粉末压片	XRF	10^{-6}	5	100	100	100	99.5
Be	酸溶①	ICP-OES	10^{-6}	0.2	100	100	100	99.5
Cs	酸溶①	ICP-MS	10^{-6}	1	99.8	100	100	99.1
Ga	粉末压片	XRF	10^{-6}	2	100	100	100	100
Ge	酸溶②	HG-AFS	10^{-6}	0.1	100	99.8	99.4	99.1
Hf	酸溶①	ICP-MS	10^{-6}	0.2	100	100	98.8	98.1
In	酸溶①	ICP-MS	10^{-6}	0.02	93.8	99.4	100	98.1
Li	酸溶①	ICP-OES	10^{-6}	1	100	100	100	98.6
Nb	酸溶①	ICP-MS	10^{-6}	2	100	99.5	99.8	98.6
Rb	粉末压片	XRF	10^{-6}	5	100	100	99.9	99.1
Sc	酸溶①	ICP-MS	10^{-6}	1	99.9	100	100	99.1
Se	酸溶③	HG-AFS	10^{-6}	0.01	100	99.4	98.9	96.7
Sr	酸溶①	ICP-OES	10^{-6}	5	99.8	100	99.9	98.1
Ta	酸溶①	ICP-MS	10^{-6}	0.1	100	99.7	99.1	97.7
Te	酸溶①	ICP-MS	10^{-6}	0.01	99.9	98.1	98.8	99.1
Tl	酸溶①	ICP-MS	10^{-6}	0.1	100	100	100	98.6
Zr	粉末压片	XRF	10^{-6}	2	100	100	99.4	98.1

注：①HF，HNO_3，$HClO_4$，王水；②HF，HNO_3，H_2SO_4；③HF，HNO_3，$HClO_4$，HCl。

第三节   地球化学基准图制作与表述方法

一、地球化学基准概念

地壳克拉克值或地壳元素丰度很好地体现了地壳物质成分和总体含量水平，但存在三个致命缺陷：一是没有时间属性，无法反映地球历史的演化和未来的变化；二是没有空间属性，无法体现元素的空间分布；三是没有土壤圈介质，无法反映人类直接接触和利用的土壤环境状况。由于这三个缺陷，地壳克拉克值或地壳元素丰度只能作为地壳物质背景或用于区分异常的矿产资源评价，而无法用于环境变化的监测和评价。

全球变化是当今社会普遍关注的热点问题。地质过程等（如板块碰撞、成矿作用、风化作用等）能够导致地表化学元素含量与空间分布的缓慢变化，重大地质事件和自然灾害（如火山爆发、小行星撞击地球、冰期事件、缺氧事件、地震、洪水、海啸等）可以短时间内引起化学元素快速变化，人类活动（如采矿、工农业生产、生活排放等）能在短时间内引起地表化学元素快速变化。要了解过去地球演化和监控全球变化，特别是监控人类排放的有毒重金属、放射性、有机污染物等注入量，首先要建立全球地球化学基准，作为量化自然和人为引起变化的参照标尺。

地球化学基准（geochemical baselines）一词来源于全球地球化学基准计划（Global Geochemical Baselines Project，IGCP360），它的原意是系统记录地壳表层元素含量基线，用于量化未来人为或自然引起的全球化学变化。

全球地球化学基准（global geochemical baselines）是按照全球统一的基准参照网格，采集有代表性的样品，使用国际公认的方法或标准，获得一致性化学元素及其化合物的含量数据，并以基线地球化学图的形式表示元素的空间分布，用含量数据和分布图件共同作为量化过去地球演化、全球环境变化和全球资源评价的定量参照标尺（王学求，2012）。

二、地球化学基准图表述方法

汇水域沉积物形成的土壤是岩石风化的产物，继承了原岩的成分，并经过河流从上游向下游的搬运过程，而发生混匀，对呈现元素空间分布具有理想的代表性，避免了岩石样品采样的局限性。稀有分散元素空间分布特征以土壤（汇水域沉积物）样品含量制作空间分布地球化学基准图来进行表述。

土壤采样每个点位都同时采集了表层（0~25cm）和深层样品（>100cm）。表层样品会受人类活动影响，而深层样品基本不受人类活动影响，可以代表自然分布状态。

将表层土壤样品（0~25cm）和深层土壤样品（>100cm）数据分别成图。制作地球化学基准图要划分成不同的等量线，本书以累积频率为基础划分 18 个量级基线（图2-2），并使用四分位数，即累积频率 25%、50%、75% 和 85% 分别作为低背景、中背景、高背景和异常基线，分别用蓝色、绿色、橙色和红色表述。①累积频率<25%的数值区间作为低值区，25%累积频率所对应的含量值作为低背景基准值，也是背景的下限值，用深蓝色表示，对地质或找矿而言表示某元素强烈亏损或负异常区，对环境评价而言，表示某种元素强烈缺乏。②25%~75%数据区间都是背景区，用 50%累积频率所对应的含量值作为背景基准值，可以进一步划分为 25%~50%低背景区和 50%~75%的高背景区。25%~50%低背景区用淡蓝色表示，50%~75%的高背景区用绿色到黄色表示。位于这一区间表明元素含量分布在总体背景起伏范围内，但在 25%~50%表示某种元素轻微亏损或缺乏，在 50%~75%表示某种元素轻微富集。③75%~85%累积频率区间作为高值区，用橙色表示。元素含量达到这一区间表明元素明显富集，无论对找矿而言，还是对环境评价而言，都需要引起注意，也可以称作警示区。④>85%为异常区，85%对应的含量值就是异常下限基准值，这一区间用红色-深红色表示。元素含量达到这一区间，表明元素含量显著高于正常值，被称为异常，对找矿而言就是值得关注的异常靶区，对环境评价而言，就是环境风险区，需要引起高度关注，进入预警区。我们可以比较两次采样背景基线值变化，也可以比较两次采样低背景的变化，也可以比较高背景的变化，也可以比较异常的变化等。比如累积频率＜25%的低背景区，可以用于评价某些元素的缺乏；＞85%为异常区，用于评价矿产资源、环境污染和有益元素富集区。对研究变化而言，所有数值区间都是有意义的。

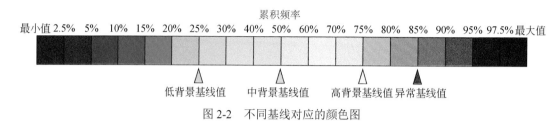

图 2-2　不同基线对应的颜色图

本书采用累积频率高于 85%作为异常下限圈定地球化学省，用于评价稀有分散元素异常。各稀有分散元素累积频率 85%对应的含量值见表 2-3。

表 2-3　全国土壤稀有分散元素基准值数据　　　　（单位：10^{-6}）

元素	层位	最小值	2.50%	25%低背景	50%中背景	75%高背景	85%异常下限	97.50%	最大值
Li	表层	5.37	11.2	22.7	30.0	37.6	42.9	62.3	400
	深层	5.27	9.55	20.7	28.6	37.5	42.9	63.7	400
Be	表层	0.18	0.99	1.67	2.02	2.44	2.73	4.30	25.0
	深层	0.35	0.98	1.61	1.98	2.47	2.78	4.55	25.0
Nb	表层	0.04	5.02	10.0	12.8	15.7	18.3	37.3	105
	深层	2.00	4.40	9.31	12.5	15.8	18.7	36.5	104
Ta	表层	0.01	0.40	0.78	0.97	1.21	1.46	2.87	26.4
	深层	0.14	0.36	0.73	0.96	1.22	1.49	2.81	26.4
Zr	表层	31.4	90.9	171	230	288	321	449	1440
	深层	33.1	78.4	157	215	279	315	442	850
Hf	表层	0.85	2.66	4.94	6.50	8.08	9.11	13.9	63.4
	深层	0.95	2.35	4.53	6.11	7.83	8.91	14.0	34.6
Rb	表层	0.11	48.2	79.9	95.5	115	130	211	487
	深层	12.3	46.3	78.5	95.7	117	134	216	478
Cs	表层	0.01	2.06	4.28	6.15	8.57	10.6	22.9	455
	深层	0.65	1.77	3.74	5.88	8.64	10.8	22.5	434
Sc	表层	0.50	3.07	7.27	9.70	12.0	13.3	17.9	48.6
	深层	0.77	2.74	6.84	9.37	11.9	13.4	17.8	48.6
Ga	表层	0.04	7.02	12.42	15.02	17.68	19.10	24.40	42.13
	深层	2.74	6.85	12.11	14.87	17.70	19.25	24.56	42.13
Ge	表层	0.10	0.84	1.14	1.29	1.46	1.56	1.94	6.88
	深层	0.08	0.84	1.12	1.28	1.46	1.55	1.91	13.27

续表

元素	层位	最小值	2.50%	25%低背景	50%中背景	75%高背景	85%异常下限	97.50%	最大值
In	表层	0.001	0.015	0.035	0.046	0.057	0.064	0.106	6.662
	深层	0.004	0.014	0.032	0.043	0.056	0.064	0.096	3.717
Tl	表层	0.06	0.32	0.51	0.62	0.74	0.84	1.34	2.80
	深层	0.14	0.29	0.50	0.62	0.76	0.88	1.39	4.05
Se	表层	0.010	0.041	0.110	0.171	0.271	0.352	0.705	16.24
	深层	0.008	0.030	0.082	0.128	0.206	0.274	0.602	10.74
Te	表层	0.011	0.019	0.032	0.041	0.053	0.062	0.096	1.289
	深层	0.007	0.017	0.030	0.040	0.052	0.060	0.095	1.013
Sr	表层	3	24	117	197	261	300	494	3258
	深层	2	24	116	197	264	310	523	1939
Ba	表层	22	242	427	512	610	669	976	7851
	深层	52	240	431	522	628	688	1020	5606

第三章 中国锂元素地球化学

第一节 中国岩石锂元素含量特征

一、三大岩类中锂含量分布

锂的含量统计见表 3-1。在沉积岩和变质岩中含量接近，都高于岩浆岩（侵入岩和火山岩）；在侵入岩中含量从酸性岩到中性、基性、超基性岩由高到低依次降低，侵入岩中喜马拉雅期和印支期锂含量明显高于其他期次；地层岩性中泥质成分多的岩性锂含量较高，如钙质泥质岩、泥质岩、粉砂质泥质岩，这暗示沉积型锂矿具有找矿潜力。

表 3-1 全国岩石中锂元素不同参数基准数据特征统计 （单位：10^{-6}）

统计项	统计项内容		样品数	最小值	中位数	最大值	算术平均值	几何平均值	标准离差	背景值
三大岩类	沉积岩		6209	0.34	26.07	639.06	31.45	24.58	31.81	26.42
	变质岩		1808	0.50	26.17	433.96	32.30	23.11	30.24	28.36
	岩浆岩	侵入岩	2634	0.22	18.18	475.65	25.22	17.15	27.97	19.56
		火山岩	1467	0.90	17.32	558.63	22.92	17.48	25.89	18.85
地层细分	古近系和新近系		528	3.35	22.98	515.41	27.13	21.55	28.18	23.55
	白垩系		886	1.84	25.89	298.20	32.09	25.08	27.23	27.02
	侏罗系		1362	1.53	24.77	639.06	31.85	23.70	38.94	26.24
	三叠系		1142	1.92	28.17	522.70	33.32	27.56	27.38	29.72
	二叠系		873	0.95	22.15	281.79	27.93	21.50	25.07	23.17
	石炭系		869	0.38	23.82	637.65	33.19	22.75	46.83	23.27
	泥盆系		713	0.34	22.42	191.39	26.64	20.29	20.00	23.41
	志留系		390	1.84	30.05	190.00	31.63	26.85	17.73	31.22
	奥陶系		547	0.35	27.15	249.67	29.33	23.30	23.46	26.20
	寒武系		632	1.19	27.25	581.78	32.92	25.94	33.71	27.96
	元古宇		1145	0.50	21.76	433.96	28.04	20.22	26.72	24.88
	太古宇		244	0.50	15.48	95.64	18.76	14.43	14.55	16.63
侵入岩细分	酸性岩		2077	0.73	18.51	475.65	26.35	17.39	30.42	20.57
	中性岩		340	1.17	18.42	107.82	22.32	18.06	15.52	20.18

续表

统计项	统计项内容	样品数	最小值	中位数	最大值	算术平均值	几何平均值	标准离差	背景值
侵入岩细分	基性岩	164	4.53	17.30	84.29	21.03	17.78	13.91	18.25
	超基性岩	53	0.22	8.84	43.88	12.79	6.24	12.92	12.79
侵入岩期次	喜马拉雅期	27	7.39	25.82	60.11	30.76	26.38	16.12	30.76
	燕山期	963	0.46	18.24	475.65	27.18	17.53	35.09	18.92
	海西期	778	0.73	17.78	262.80	21.86	15.92	19.13	19.22
	加里东期	211	0.71	21.67	294.00	31.19	21.59	31.33	24.74
	印支期	237	1.00	24.48	169.47	30.96	21.41	28.50	24.27
	元古宙	253	0.22	15.21	138.90	19.66	13.49	17.79	16.51
	太古宙	100	2.83	12.35	63.07	14.92	12.19	10.35	13.23
地层岩性	玄武岩	238	4.46	11.10	156.29	18.04	13.98	17.65	13.12
	安山岩	279	5.21	18.92	135.10	23.59	20.17	15.03	22.43
	流纹岩	378	0.90	15.71	113.81	19.31	15.04	14.78	17.46
	火山碎屑岩	88	3.44	22.42	183.10	26.70	20.94	23.85	22.35
	凝灰岩	432	1.84	19.94	558.63	27.57	20.01	38.19	20.53
	粗面岩	43	3.45	15.16	67.72	16.89	14.76	10.23	15.68
	石英砂岩	221	0.34	6.32	181.10	12.42	6.97	18.77	7.05
	长石石英砂岩	888	0.72	16.48	256.77	21.93	16.61	21.72	18.12
	长石砂岩	458	2.77	23.91	277.58	28.15	23.06	21.94	24.40
	砂岩	1844	0.61	28.95	639.06	33.12	28.10	26.31	29.77
	粉砂质泥质岩	106	8.24	39.10	522.70	48.98	39.90	53.98	44.47
	钙质泥质岩	174	11.53	43.38	258.70	49.50	43.79	28.32	45.89
	泥质岩	712	1.53	41.63	637.65	55.95	42.75	61.05	42.17
	石灰岩	1310	9.15	25.99	198.40	26.26	25.06	10.84	25.23
	白云岩	441	8.37	14.99	196.28	19.61	16.20	19.94	14.42
	泥灰岩	49	14.27	36.85	259.89	46.59	39.88	37.52	42.15
	硅质岩	68	0.74	8.12	133.90	15.78	8.06	23.09	10.95
	冰碛岩	5	14.59	16.21	19.31	16.61	16.54	1.75	16.61
	板岩	525	3.35	37.16	433.96	45.08	35.70	40.78	38.31
	千枚岩	150	6.95	36.50	169.62	41.08	35.76	22.70	38.76
	片岩	380	2.65	31.01	222.00	36.08	28.80	26.13	32.50
	片麻岩	289	0.50	15.30	125.80	20.66	14.89	18.09	17.41
	变粒岩	119	3.21	18.57	100.70	23.85	18.03	18.75	20.48
	麻粒岩	4	8.60	12.79	22.40	14.15	13.30	5.90	14.15
	斜长角闪岩	88	5.12	15.69	63.71	18.95	16.66	10.70	17.66
	大理岩	108	5.67	17.96	93.71	21.15	18.82	11.49	20.47
	石英岩	75	0.50	7.36	92.10	12.71	6.61	16.57	7.61

二、不同时代地层中锂含量分布

背景值和中位数在地层中志留系锂含量最高，太古宇最低；平均值在地层中含量由高到低为：三叠系、石炭系、寒武系、白垩系、侏罗系、志留系、奥陶系、元古宇、二叠系、古近系和新近系、太古宇（表3-1）。

三、不同大地构造单元中锂含量分布

表3-2～表3-9给出了不同大地构造单元锂的含量数据，图3-1给出了各大地构造单元平均含量与地壳克拉克值的对比。

表3-2　天山-兴蒙造山带岩石中锂元素不同参数基准数据特征统计 （单位：10^{-6}）

统计项	统计项内容		样品数	最小值	中位数	最大值	算术平均值	几何平均值	标准离差	背景值
三大岩类	沉积岩		807	0.61	24.37	282.25	27.74	23.24	20.39	25.20
	变质岩		373	0.50	26.25	343.05	29.95	22.87	26.34	26.65
	岩浆岩	侵入岩	917	0.73	16.41	147.47	20.12	15.07	15.73	17.95
		火山岩	823	0.90	18.01	281.79	22.72	17.96	20.47	19.43
地层细分	古近系和新近系		153	7.35	13.76	84.27	19.25	16.42	12.43	18.82
	白垩系		203	2.32	20.17	258.20	28.49	21.19	31.92	21.99
	侏罗系		411	1.97	21.07	282.25	26.52	21.10	23.82	22.80
	三叠系		32	8.34	23.30	51.99	25.91	22.85	12.58	25.91
	二叠系		275	4.60	25.32	281.79	28.77	23.38	22.71	25.98
	石炭系		353	0.61	21.98	343.05	24.53	19.64	22.49	22.09
	泥盆系		238	0.91	24.16	100.80	26.46	22.17	15.72	24.64
	志留系		81	3.95	23.06	76.53	24.06	19.98	14.43	23.40
	奥陶系		111	1.96	23.38	222.80	28.66	21.09	26.32	26.90
	寒武系		13	3.41	15.81	38.54	17.64	14.99	9.69	17.64
	元古宇		145	0.50	23.12	96.16	27.11	21.69	17.12	24.93
	太古宇		6	1.04	8.83	23.96	9.60	5.82	8.60	9.60
侵入岩细分	酸性岩		736	0.73	16.36	147.47	20.08	14.79	16.18	17.72
	中性岩		110	3.02	18.07	81.72	22.65	18.63	14.95	20.70
	基性岩		58	4.53	13.79	54.81	17.72	15.37	10.53	17.07
	超基性岩		13	1.19	8.37	34.07	11.77	6.74	10.99	11.77
侵入岩期次	燕山期		240	1.13	14.87	147.47	18.52	14.23	15.23	16.37
	海西期		534	0.73	17.28	112.80	20.88	15.43	15.92	18.90
	加里东期		37	3.59	14.18	113.68	18.59	14.05	19.06	15.95
	印支期		29	2.26	12.40	60.88	16.57	12.22	14.58	14.99

续表

统计项	统计项内容	样品数	最小值	中位数	最大值	算术平均值	几何平均值	标准离差	背景值
侵入岩期次	元古宙	57	2.76	16.40	50.03	20.25	15.90	13.21	20.25
	太古宙	1	7.64	7.64	7.64	7.64	7.64		
地层岩性	玄武岩	96	7.94	13.72	156.29	21.80	17.39	19.82	18.31
	安山岩	181	5.21	18.01	135.10	23.75	19.81	16.78	21.94
	流纹岩	206	0.90	15.74	113.81	18.54	14.48	14.86	16.24
	火山碎屑岩	54	3.44	23.76	112.32	25.93	21.89	17.00	24.30
	凝灰岩	260	3.19	19.95	281.79	24.68	19.52	22.63	20.87
	粗面岩	21	4.67	15.00	37.08	15.58	13.89	7.45	15.58
	石英砂岩	8	5.50	12.67	77.67	20.62	14.48	23.71	20.62
	长石石英砂岩	118	1.99	14.49	256.77	21.60	16.03	26.27	19.59
	长石砂岩	108	4.17	19.05	107.01	20.97	18.12	13.07	19.47
	砂岩	396	0.61	25.24	282.25	28.82	24.95	19.30	26.76
	粉砂质泥质岩	31	11.74	37.44	76.53	38.99	36.79	13.03	38.99
	钙质泥质岩	14	14.08	41.26	138.70	50.89	43.30	32.88	50.89
	泥质岩	46	10.05	38.23	167.11	41.93	37.30	25.13	39.15
	石灰岩	66	18.11	26.61	43.53	27.00	26.63	4.60	26.75
	白云岩	20	8.75	15.35	71.63	17.97	16.05	12.99	15.14
	硅质岩	7	1.96	8.34	24.14	10.09	8.14	6.94	10.09
	板岩	119	6.84	33.07	343.05	38.33	32.17	33.09	35.75
	千枚岩	18	7.81	30.31	47.97	29.60	27.17	10.88	29.60
	片岩	97	3.41	28.88	222.80	34.67	26.92	28.80	32.71
	片麻岩	45	4.68	17.27	46.78	19.99	17.07	10.95	19.99
	变粒岩	12	6.41	21.02	48.57	23.56	19.29	14.40	23.56
	斜长角闪岩	12	11.45	13.77	30.24	16.79	15.88	6.38	16.79
	大理岩	42	10.56	26.23	54.30	24.32	22.38	10.01	24.32
	石英岩	21	0.50	6.36	77.57	11.38	5.03	17.06	8.07

表 3-3 华北克拉通岩石中锂元素不同参数基准数据特征统计 （单位：10^{-6}）

统计项	统计项内容		样品数	最小值	中位数	最大值	算术平均值	几何平均值	标准离差	背景值
三大岩类	沉积岩		1061	1.06	26.46	639.06	34.66	24.34	49.71	24.83
	变质岩		361	0.50	16.28	145.16	21.05	15.33	17.93	18.27
	岩浆岩	侵入岩	571	1.13	14.53	196.30	18.41	13.86	16.92	15.54
		火山岩	217	4.57	18.07	558.63	26.32	19.05	43.31	19.93
地层细分	古近系和新近系		86	5.98	17.83	515.41	28.36	19.21	55.52	22.63
	白垩系		166	3.64	21.08	203.21	27.26	21.65	24.06	22.62

统计项	统计项内容	样品数	最小值	中位数	最大值	算术平均值	几何平均值	标准离差	背景值
地层细分	侏罗系	246	3.84	23.78	639.06	38.69	24.97	65.59	25.36
	三叠系	80	3.40	26.02	63.72	28.08	24.65	13.62	28.08
	二叠系	107	1.30	21.75	126.46	24.10	19.31	17.15	23.13
	石炭系	98	2.38	36.57	637.65	79.19	40.98	107.86	43.39
	泥盆系	1	17.17	17.17	17.17	17.17	17.17		
	志留系	12	11.07	29.34	70.24	31.08	27.76	16.04	31.08
	奥陶系	139	6.01	28.72	249.67	29.72	26.38	23.71	26.86
	寒武系	177	3.98	29.04	176.35	31.15	28.00	17.18	28.03
	元古宇	303	0.93	17.70	140.11	23.38	15.89	21.49	19.35
	太古宇	196	0.50	15.69	95.64	18.66	14.90	13.48	17.22
侵入岩细分	酸性岩	413	1.13	13.36	196.30	18.09	13.00	18.61	14.65
	中性岩	93	1.17	17.56	47.66	17.66	15.53	8.02	17.33
	基性岩	51	5.04	18.07	84.29	23.25	19.37	15.43	22.02
	超基性岩	14	4.53	12.58	41.66	15.11	12.56	10.11	15.11
侵入岩期次	燕山期	201	1.17	15.58	196.30	19.68	14.47	20.16	15.76
	海西期	132	1.13	13.72	146.60	18.28	13.42	16.84	16.51
	加里东期	20	2.95	14.33	38.01	15.75	12.50	9.98	15.75
	印支期	39	4.97	19.21	89.95	23.15	18.34	17.86	21.39
	元古宙	75	1.81	14.53	84.29	17.31	13.15	14.59	14.57
	太古宙	91	2.83	12.47	63.07	15.28	12.52	10.55	13.44
地层岩性	玄武岩	40	5.98	10.68	61.88	15.35	12.78	11.85	14.16
	安山岩	64	6.58	20.47	54.43	23.28	21.01	10.80	23.28
	流纹岩	53	4.57	22.11	97.82	23.10	19.01	15.16	21.66
	火山碎屑岩	14	6.57	14.36	47.41	19.68	16.93	11.56	19.68
	凝灰岩	30	5.88	24.85	558.63	58.53	28.88	107.57	41.29
	粗面岩	15	8.72	16.00	67.72	18.83	16.35	14.14	15.34
	石英砂岩	45	1.06	4.64	114.93	11.14	5.88	20.09	8.79
	长石石英砂岩	103	1.30	13.51	96.33	17.27	13.08	15.45	13.25
	长石砂岩	54	3.64	15.66	146.50	22.59	16.84	22.88	20.25
	砂岩	302	1.41	25.23	639.06	33.09	25.49	45.90	26.89
	粉砂质泥质岩	25	18.71	32.46	63.40	35.36	33.53	11.91	35.36
	钙质泥质岩	32	12.95	29.20	111.12	36.58	32.17	21.37	34.17
	泥质岩	138	7.00	42.78	637.65	80.92	52.20	102.01	41.31
	石灰岩	229	14.07	29.19	176.35	29.93	28.92	11.65	28.55
	白云岩	120	8.37	16.54	140.11	22.53	18.40	21.95	16.30

续表

统计项	统计项内容	样品数	最小值	中位数	最大值	算术平均值	几何平均值	标准离差	背景值
地层岩性	泥灰岩	13	26.46	37.24	57.18	38.55	37.76	8.39	38.55
	硅质岩	5	4.84	17.80	38.16	19.72	14.02	15.43	19.72
	板岩	18	4.43	24.64	145.16	37.99	25.01	39.57	37.99
	千枚岩	11	6.95	30.56	97.61	36.59	28.43	27.00	36.59
	片岩	49	7.67	29.52	75.29	33.64	28.25	18.80	33.64
	片麻岩	122	0.50	12.97	85.42	16.70	12.54	12.56	15.49
	变粒岩	66	3.21	17.02	85.95	20.28	15.92	15.20	19.27
	麻粒岩	4	8.60	12.79	22.40	14.15	13.30	5.90	14.15
	斜长角闪岩	42	7.10	16.18	52.47	19.82	17.48	11.01	19.82
	大理岩	26	5.67	15.39	28.37	15.73	14.62	5.93	15.73
	石英岩	18	0.93	2.91	14.83	5.11	3.46	4.71	5.11

表 3-4 秦祁昆造山带岩石中锂元素不同参数基准数据特征统计 （单位：10^{-6}）

统计项	统计项内容		样品数	最小值	中位数	最大值	算术平均值	几何平均值	标准离差	背景值
三大岩类	沉积岩		510	2.79	24.48	213.06	28.32	22.94	21.22	24.41
	变质岩		393	0.74	26.53	243.19	31.50	22.33	25.46	29.50
	岩浆岩	侵入岩	339	0.22	19.99	321.70	26.81	17.04	32.58	21.09
		火山岩	72	2.77	15.22	96.01	19.60	15.99	14.59	18.52
地层细分	古近系和新近系		61	4.75	28.89	93.33	33.64	28.47	19.97	33.64
	白垩系		85	3.94	24.16	81.15	28.91	23.03	19.39	28.91
	侏罗系		46	4.98	20.12	150.42	26.47	20.42	24.59	23.71
	三叠系		103	3.09	29.60	96.01	32.02	27.04	17.30	31.39
	二叠系		54	1.74	25.37	170.32	34.00	23.48	35.24	24.20
	石炭系		89	2.77	24.81	243.19	32.18	23.48	37.50	24.83
	泥盆系		92	5.11	26.38	121.79	32.17	26.80	20.38	31.18
	志留系		67	7.06	29.58	80.87	34.46	29.03	19.19	34.46
	奥陶系		65	0.74	21.25	70.96	25.43	18.26	17.72	25.43
	寒武系		59	1.40	21.45	65.61	25.48	18.72	17.89	25.48
	元古字		164	0.94	18.91	78.49	24.72	18.56	17.83	24.39
	太古字		29	2.05	10.68	93.71	20.16	12.11	22.66	17.53
侵入岩细分	酸性岩		244	1.20	22.02	321.70	29.31	17.93	37.13	21.38
	中性岩		61	2.20	15.21	58.65	20.94	15.36	15.43	20.94
	基性岩		25	9.49	17.79	51.06	20.19	18.63	9.03	18.91
	超基性岩		9	0.22	15.70	43.88	17.44	6.77	15.32	17.44

统计项	统计项内容	样品数	最小值	中位数	最大值	算术平均值	几何平均值	标准离差	背景值
侵入岩期次	喜马拉雅期	1	25.82	25.82	25.82	25.82	25.82		
	燕山期	70	1.20	11.34	321.70	29.35	12.36	56.22	14.30
	海西期	62	1.28	22.75	58.65	25.51	21.49	12.57	25.51
	加里东期	91	0.71	24.43	105.30	27.43	20.96	20.00	23.32
	印支期	62	1.35	25.74	169.47	32.71	21.53	35.02	22.76
	元古宙	43	0.22	12.41	60.00	16.15	9.46	15.55	16.15
	太古宙	4	6.46	11.76	21.25	12.81	11.67	6.32	12.81
地层岩性	玄武岩	11	8.10	18.07	96.01	29.60	21.90	27.27	29.60
	安山岩	15	9.03	13.16	37.07	16.94	15.43	8.34	16.94
	流纹岩	24	2.77	11.82	55.96	16.62	12.82	12.66	14.91
	火山碎屑岩	6	8.74	13.62	24.29	14.82	13.97	5.70	14.82
	凝灰岩	14	5.71	20.31	39.64	21.77	19.66	9.46	21.77
	粗面岩	2	13.74	19.50	25.27	19.50	18.63	8.15	19.50
	石英砂岩	14	2.79	7.06	17.81	7.86	6.89	4.23	7.86
	长石石英砂岩	98	2.99	14.37	80.87	17.20	14.06	12.07	15.66
	长石砂岩	23	8.72	22.38	56.99	26.32	23.03	14.44	26.32
	砂岩	202	4.74	25.86	121.79	29.11	25.20	16.33	26.39
	粉砂质泥质岩	8	25.76	34.62	74.92	40.21	37.73	16.65	40.21
	钙质泥质岩	14	18.16	59.08	150.42	62.03	54.35	33.53	62.03
	泥质岩	25	20.90	53.92	213.06	66.85	55.75	46.97	60.76
	石灰岩	89	10.49	26.98	50.23	27.20	26.60	5.96	26.32
	白云岩	32	11.02	15.09	58.69	20.68	17.76	14.53	20.68
	泥灰岩	5	14.27	41.14	72.84	43.16	37.61	22.55	43.16
	硅质岩	9	0.74	1.63	10.18	2.66	1.81	3.06	2.66
	板岩	87	5.33	43.37	243.19	46.98	38.85	34.59	40.79
	千枚岩	47	7.06	37.31	65.41	37.67	33.99	15.61	37.67
	片岩	103	3.17	32.68	103.56	35.48	29.31	20.12	34.81
	片麻岩	79	0.89	13.53	92.51	21.25	14.03	19.86	20.34
	变粒岩	16	3.66	14.82	43.79	15.37	12.25	10.59	15.37
	斜长角闪岩	18	5.12	20.41	63.71	20.24	16.91	13.49	17.69
	大理岩	21	6.24	15.97	93.71	21.58	17.32	18.63	17.98
	石英岩	11	0.95	8.12	12.99	7.59	6.00	3.94	7.59

表 3-5　扬子克拉通岩石中锂元素不同参数基准数据特征统计　（单位：10^{-6}）

统计项	统计项内容		样品数	最小值	中位数	最大值	算术平均值	几何平均值	标准离差	背景值
三大岩类	沉积岩		1716	0.95	26.28	456.76	31.57	25.54	25.99	27.71
	变质岩		139	0.96	26.99	239.00	33.04	23.69	30.09	28.99
	岩浆岩	侵入岩	123	1.50	19.68	344.90	38.73	19.92	55.26	21.47
		火山岩	105	1.58	12.57	100.89	19.51	14.72	16.88	16.81
地层细分	古近系和新近系		27	7.71	28.04	58.47	30.56	28.40	11.20	30.56
	白垩系		123	4.47	29.25	100.89	32.51	27.68	18.03	31.46
	侏罗系		236	2.77	32.37	456.76	36.02	30.60	31.87	34.23
	三叠系		385	4.23	25.73	259.89	32.32	27.11	25.01	26.88
	二叠系		237	0.95	18.09	226.39	23.61	17.52	25.02	18.54
	石炭系		73	1.39	19.75	199.58	28.26	20.87	32.29	20.90
	泥盆系		98	1.42	16.26	89.01	20.40	14.92	16.32	17.72
	志留系		147	1.84	36.88	69.60	35.93	33.02	12.58	35.93
	奥陶系		148	1.88	26.34	89.32	29.25	25.39	15.64	27.21
	寒武系		193	3.47	26.71	230.95	35.95	26.89	35.48	28.03
	元古宇		305	1.58	22.14	220.80	28.12	21.21	23.88	24.08
	太古宇		3	8.31	15.70	21.87	15.30	14.19	6.79	15.30
侵入岩细分	酸性岩		96	1.50	20.35	344.90	42.73	20.67	60.72	22.16
	中性岩		15	7.69	15.78	98.19	24.41	18.32	24.42	19.14
	基性岩		11	6.98	18.90	83.44	26.49	18.87	25.51	26.49
	超基性岩		1	3.55	3.55	3.55	3.55	3.55		
侵入岩期次	燕山期		47	2.33	29.37	344.90	57.01	31.90	70.90	50.75
	海西期		3	3.55	13.99	262.80	93.45	23.54	146.76	93.45
	加里东期		5	5.23	12.52	35.96	16.24	12.53	12.76	16.24
	印支期		17	2.44	14.95	142.10	26.85	13.42	38.93	26.85
	元古宙		44	1.50	15.61	138.90	25.48	15.53	27.02	22.84
	太古宙		1	7.91	7.91	7.91	7.91	7.91		
地层岩性	玄武岩		47	4.46	9.24	38.49	10.90	9.73	6.51	10.30
	安山岩		5	12.57	25.26	35.72	26.57	24.94	9.44	26.57
	流纹岩		14	1.58	13.51	75.61	23.40	15.58	21.10	23.40
	火山碎屑岩		6	7.66	20.01	47.95	23.14	18.67	15.76	23.14
	凝灰岩		30	5.90	23.23	100.89	29.92	24.40	21.02	27.48
	粗面岩		2	10.56	15.62	20.68	15.62	14.78	7.15	15.62
	石英砂岩		55	0.95	6.87	44.28	10.25	6.35	10.22	9.62
	长石石英砂岩		162	1.74	18.55	220.80	23.74	17.74	26.47	18.97

续表

统计项	统计项内容	样品数	最小值	中位数	最大值	算术平均值	几何平均值	标准离差	背景值
地层岩性	长石砂岩	108	2.77	30.36	115.54	30.56	27.73	13.73	29.77
	砂岩	359	2.27	32.54	230.95	34.60	30.98	18.40	32.74
	粉砂质泥质岩	7	18.04	66.08	169.07	73.90	57.28	53.94	73.90
	钙质泥质岩	70	25.95	49.17	118.76	52.21	50.08	16.11	51.25
	泥质岩	277	3.66	41.78	456.76	49.25	41.66	38.72	42.71
	石灰岩	461	13.64	21.70	198.40	24.20	23.01	11.10	22.98
	白云岩	194	8.62	13.88	196.28	19.95	15.77	23.17	13.26
	泥灰岩	23	18.25	33.62	259.89	52.26	40.90	52.51	42.82
	硅质岩	18	0.96	5.75	79.05	12.95	8.03	17.57	9.06
	板岩	73	4.87	30.74	239.00	37.27	29.46	31.45	34.47
	千枚岩	20	12.48	33.44	169.62	45.12	36.28	35.67	38.57
	片岩	18	6.59	22.47	93.93	31.20	24.78	22.80	31.20
	片麻岩	4	8.31	12.10	21.23	13.43	12.39	6.23	13.43
	变粒岩	2	6.89	8.82	10.74	8.82	8.60	2.72	8.82
	斜长角闪岩	2	21.87	31.17	40.47	31.17	29.75	13.15	31.17
	大理岩	1	38.22	38.22	38.22	38.22	38.22		
	石英岩	1	2.94	2.94	2.94	2.94	2.94		

表 3-6　华南造山带岩石中锂元素不同参数基准数据特征统计 （单位：10^{-6}）

统计项	统计项内容		样品数	最小值	中位数	最大值	算术平均值	几何平均值	标准离差	背景值
三大岩类	沉积岩		1016	0.34	26.08	581.78	32.41	23.79	33.30	26.74
	变质岩		172	1.19	34.50	352.90	41.04	30.08	38.44	33.94
	岩浆岩	侵入岩	416	0.60	25.10	475.65	35.51	24.11	37.39	30.03
		火山岩	147	1.84	13.25	310.08	20.11	13.98	28.65	15.38
地层细分	古近系和新近系		39	5.70	15.40	148.05	24.65	16.42	27.25	21.41
	白垩系		155	1.84	34.18	298.20	40.54	30.83	33.72	38.87
	侏罗系		203	1.53	16.09	372.99	25.64	17.02	38.40	19.02
	三叠系		139	1.92	29.01	228.11	33.26	27.30	26.66	28.36
	二叠系		71	5.47	28.06	131.50	32.88	26.00	24.15	31.47
	石炭系		120	0.38	24.13	227.17	28.47	22.15	25.67	23.65
	泥盆系		216	0.34	22.04	191.39	27.18	18.41	24.72	22.08
	志留系		32	2.75	20.96	57.18	21.93	17.87	13.55	21.93
	奥陶系		57	0.35	26.74	181.40	29.84	20.50	27.32	27.14
	寒武系		145	1.19	26.12	581.78	35.24	26.21	50.48	31.44

续表

统计项	统计项内容	样品数	最小值	中位数	最大值	算术平均值	几何平均值	标准离差	背景值
地层细分	元古宇	132	1.67	34.08	189.62	38.15	29.87	25.47	36.99
	太古宇	3	18.19	24.55	29.68	24.14	23.67	5.76	24.14
侵入岩细分	酸性岩	388	0.96	25.82	475.65	36.27	24.48	38.39	31.51
	中性岩	22	4.63	24.91	80.58	28.24	24.43	15.64	25.74
	基性岩	5	9.29	14.34	23.02	15.50	14.69	5.63	15.50
	超基性岩	1	0.60	0.60	0.60	0.60	0.60		
侵入岩期次	燕山期	273	0.96	20.76	475.65	28.69	19.35	35.88	23.42
	海西期	19	11.53	41.13	147.53	49.25	40.28	32.61	43.79
	加里东期	48	3.58	50.45	294.00	58.24	44.74	47.03	53.23
	印支期	57	4.43	37.09	149.21	42.62	33.42	28.61	39.11
	元古宙	6	0.60	23.51	63.59	29.38	15.08	24.82	29.38
地层岩性	玄武岩	20	5.70	7.46	54.55	11.16	8.97	11.36	8.87
	安山岩	2	28.98	35.59	42.21	35.59	34.97	9.36	35.59
	流纹岩	46	2.23	14.50	51.64	17.00	13.57	11.36	16.23
	火山碎屑岩	1	3.67	3.67	3.67	3.67	3.67		
	凝灰岩	77	1.84	15.44	310.08	24.31	16.09	37.54	20.55
	石英砂岩	62	0.34	6.33	60.99	12.13	6.72	14.65	7.81
	长石石英砂岩	202	0.72	16.39	175.20	21.75	16.20	18.86	18.99
	长石砂岩	95	6.17	27.56	120.50	33.71	27.86	22.90	29.66
	砂岩	215	1.92	33.63	298.20	40.87	33.29	29.15	37.19
	粉砂质泥质岩	7	14.73	31.79	203.90	58.64	39.34	66.92	58.64
	钙质泥质岩	12	31.26	52.19	125.90	64.68	58.67	30.28	64.68
	泥质岩	170	1.53	39.90	581.78	51.67	38.14	58.92	41.39
	石灰岩	207	12.91	24.10	49.46	24.35	23.16	8.10	24.23
	白云岩	42	9.08	14.18	23.23	14.24	13.87	3.38	14.24
	泥灰岩	4	36.00	45.73	53.62	45.27	44.80	7.44	45.27
	硅质岩	22	1.19	10.02	52.04	16.93	11.10	14.35	16.93
	板岩	57	7.13	36.28	352.90	43.87	33.05	49.48	38.36
	千枚岩	18	23.99	44.69	70.27	45.26	42.87	14.81	43.26
	片岩	38	6.94	44.62	189.62	54.80	43.18	41.20	51.16
	片麻岩	12	7.95	22.83	104.30	31.95	24.08	27.55	31.95
	变粒岩	16	16.27	34.56	100.70	45.93	40.67	24.24	45.93
	斜长角闪岩	2	20.87	22.16	23.45	22.16	22.12	1.83	22.16
	石英岩	7	5.16	19.15	42.93	18.01	14.49	12.76	18.01

表 3-7 塔里木克拉通岩石中锂元素不同参数基准数据特征统计 （单位：10^{-6}）

统计项	统计项内容		样品数	最小值	中位数	最大值	算术平均值	几何平均值	标准离差	背景值
三大岩类	沉积岩		160	4.41	25.12	125.00	26.26	23.38	13.76	24.37
	变质岩		42	7.39	16.95	55.86	21.51	18.74	12.10	21.51
	岩浆岩	侵入岩	34	2.15	20.72	73.98	22.11	16.44	15.93	20.54
		火山岩	2	3.87	8.29	12.71	8.29	7.01	6.25	8.29
地层细分	古近系和新近系		29	18.97	31.08	69.47	32.12	31.00	9.89	30.79
	白垩系		11	7.08	21.70	44.08	21.45	18.98	10.73	21.45
	侏罗系		18	5.89	18.66	125.00	27.94	21.58	27.16	22.23
	三叠系		3	14.04	20.50	32.00	22.18	20.96	9.10	22.18
	二叠系		12	12.71	23.96	42.36	25.03	23.78	8.46	25.03
	石炭系		19	3.87	25.76	39.47	23.18	21.10	8.14	23.18
	泥盆系		18	5.91	18.54	41.14	19.21	17.03	9.01	19.21
	志留系		10	19.92	27.94	35.68	27.61	27.08	5.63	27.61
	奥陶系		10	13.89	29.46	71.53	33.49	30.77	15.63	33.49
	寒武系		17	5.74	25.95	48.24	28.00	26.05	9.44	28.00
	元古宇		26	4.41	20.31	69.06	25.58	21.28	16.13	25.58
	太古宇		6	12.05	22.26	34.61	22.24	20.97	8.13	22.24
侵入岩细分	酸性岩		30	2.15	20.25	73.98	21.91	15.71	16.89	20.11
	中性岩		2	21.90	24.00	26.11	24.00	23.91	2.98	24.00
	基性岩		2	16.83	23.35	29.87	23.35	22.42	9.22	23.35
侵入岩期次	海西期		16	2.70	22.84	73.98	25.51	19.48	18.30	25.51
	加里东期		4	2.15	18.23	20.75	14.84	10.98	8.78	14.84
	元古宙		11	2.76	16.83	57.25	20.79	15.64	15.32	20.79
	太古宙		2	3.86	14.98	26.11	14.98	10.03	15.74	14.98
地层岩性	玄武岩		1	12.71	12.71	12.71	12.71	12.71		
	流纹岩		1	3.87	3.87	3.87	3.87	3.87		
	石英砂岩		2	5.89	8.60	11.32	8.60	8.16	3.84	8.60
	长石石英砂岩		26	5.02	17.86	32.00	17.01	15.10	7.69	17.01
	长石砂岩		3	12.41	14.04	21.70	16.05	15.58	4.96	16.05
	砂岩		62	4.41	25.23	71.53	27.98	25.16	13.10	25.85
	钙质泥质岩		7	25.24	39.81	56.38	42.22	40.76	11.73	42.22
	泥质岩		2	38.21	81.61	125.00	81.61	69.11	61.37	81.61
	石灰岩		50	18.89	26.22	48.24	27.48	27.10	5.06	27.06
	白云岩		2	13.89	16.03	18.17	16.03	15.89	3.03	16.03
	冰碛岩		5	14.59	16.21	19.31	16.61	16.54	1.75	16.61

统计项	统计项内容	样品数	最小值	中位数	最大值	算术平均值	几何平均值	标准离差	背景值
地层岩性	千枚岩	1	21.30	21.30	21.30	21.30	21.30		
	片岩	11	8.05	16.01	55.86	22.70	19.11	14.78	22.70
	片麻岩	12	8.20	19.64	44.42	22.85	19.62	12.78	22.85
	斜长角闪岩	7	7.39	12.39	18.35	12.92	12.50	3.42	12.92
	大理岩	10	12.05	22.26	30.31	21.44	20.49	6.49	21.44
	石英岩	1	53.33	53.33	53.33	53.33	53.33		

表 3-8　松潘-甘孜造山带岩石中锂元素不同参数基准数据特征统计 （单位：10^{-6}）

统计项	统计项内容		样品数	最小值	中位数	最大值	算术平均值	几何平均值	标准离差	背景值
三大岩类	沉积岩		237	2.20	24.63	90.33	27.05	23.85	14.05	24.93
	变质岩		189	5.75	40.59	433.96	48.08	38.72	43.76	42.60
	岩浆岩	侵入岩	69	2.92	28.24	243.93	39.87	25.88	41.09	36.87
		火山岩	20	3.45	17.64	52.52	19.37	15.62	12.62	19.37
地层细分	古近系和新近系		18	14.11	23.68	41.26	26.08	24.91	8.21	26.08
	白垩系		1	31.09	31.09	31.09	31.09	31.09		
	侏罗系		3	19.62	28.20	28.62	25.48	25.11	5.08	25.48
	三叠系		258	4.56	31.49	128.81	36.49	31.04	20.34	35.86
	二叠系		37	9.08	23.63	239.42	33.86	26.00	39.40	28.15
	石炭系		10	9.56	29.03	52.52	26.82	24.03	12.55	26.82
	泥盆系		27	5.75	21.29	95.81	34.28	26.38	25.59	34.28
	志留系		33	5.53	23.00	190.00	35.97	27.30	33.37	31.16
	奥陶系		8	2.20	24.05	51.29	24.41	17.47	16.81	24.41
	寒武系		12	19.56	30.34	59.41	33.34	32.10	10.30	33.34
	元古宇		34	3.45	22.07	433.96	47.74	24.79	87.94	26.74
侵入岩细分	酸性岩		48	3.42	31.56	243.93	45.50	28.69	46.11	41.28
	中性岩		15	12.87	26.00	107.82	30.27	25.74	23.13	24.74
	基性岩		1	8.42	8.42	8.42	8.42	8.42		
	超基性岩		5	2.92	10.52	43.81	20.92	12.21	20.54	20.92
	燕山期		25	8.36	41.07	243.93	53.68	49.01	54.02	58.25
	海西期		8	2.92	17.00	43.81	20.41	13.76	16.31	20.41
	印支期		19	14.55	29.34	83.57	35.95	30.32	22.86	35.95
	元古宙		12	3.66	9.60	17.10	9.45	8.56	4.15	9.45
	太古宙		1	4.74	4.74	4.74	4.74	4.74		

续表

统计项	统计项内容	样品数	最小值	中位数	最大值	算术平均值	几何平均值	标准离差	背景值
地层岩性	玄武岩	7	9.08	18.11	52.52	21.69	19.00	14.08	21.69
	安山岩	1	23.70	23.70	23.70	23.70	23.70		
	流纹岩	7	3.80	9.72	36.09	15.94	12.09	12.97	15.94
	凝灰岩	3	19.61	20.07	40.06	26.58	25.08	11.68	26.58
	粗面岩	2	3.45	10.32	17.18	10.32	7.70	9.71	10.32
	石英砂岩	2	2.20	3.62	5.05	3.62	3.33	2.01	3.62
	长石石英砂岩	29	4.56	16.10	37.17	16.55	14.74	7.61	16.55
	长石砂岩	20	11.29	26.19	86.43	30.31	26.79	17.43	27.36
	砂岩	129	8.27	28.87	90.33	30.41	28.06	13.11	28.61
	粉砂质泥质岩	4	8.24	22.36	79.36	33.08	23.45	31.96	33.08
	钙质泥质岩	3	25.32	27.72	57.71	36.92	34.34	18.05	36.92
	泥质岩	4	47.10	54.97	60.34	54.34	54.09	6.02	54.34
	石灰岩	35	15.19	19.62	36.24	22.54	21.87	5.75	22.54
	白云岩	11	9.98	12.17	17.94	13.25	12.98	2.82	13.25
	硅质岩	2	5.75	6.83	7.91	6.83	6.75	1.52	6.83
	板岩	118	6.29	50.89	433.96	54.34	43.66	51.65	46.28
	千枚岩	29	17.46	45.65	95.81	46.88	42.49	20.51	46.88
	片岩	29	8.66	29.04	113.90	31.73	27.94	19.23	28.79
	片麻岩	2	41.33	72.51	103.70	72.51	65.47	44.10	72.51
	变粒岩	3	10.45	40.54	67.67	39.55	30.61	28.62	39.55
	大理岩	5	12.61	18.08	19.56	17.46	17.25	2.81	17.46
	石英岩	1	30.98	30.98	30.98	30.98	30.98		

表 3-9 西藏-三江造山带岩石中锂元素不同参数基准数据特征统计 （单位：10^{-6}）

统计项	统计项内容		样品数	最小值	中位数	最大值	算术平均值	几何平均值	标准离差	背景值
三大岩类	沉积岩		702	1.55	28.44	522.70	34.11	27.28	31.46	30.11
	变质岩		139	1.55	32.48	164.17	40.37	28.26	33.89	36.51
	岩浆岩	侵入岩	165	0.46	27.91	155.58	32.43	23.87	23.95	28.93
		火山岩	81	4.27	23.81	183.10	29.66	22.51	26.31	26.68
地层细分	古近系和新近系		115	3.35	27.23	183.10	32.18	26.66	22.38	29.65
	白垩系		142	3.81	30.30	181.10	36.03	29.86	24.60	31.93
	侏罗系		199	2.13	29.01	258.70	37.46	30.53	28.22	34.16
	三叠系		142	2.84	27.83	522.70	36.13	26.54	49.96	28.11
	二叠系		80	3.83	24.22	141.00	32.16	24.52	25.60	28.46

续表

统计项	统计项内容	样品数	最小值	中位数	最大值	算术平均值	几何平均值	标准离差	背景值
地层细分	石炭系	107	2.28	25.52	167.70	31.49	23.14	26.76	27.33
	泥盆系	23	1.55	27.79	49.47	25.11	20.95	12.30	25.11
	志留系	8	11.74	28.37	52.19	32.25	27.97	17.15	32.25
	奥陶系	9	5.16	28.90	220.10	57.70	34.97	67.04	57.70
	寒武系	16	8.87	26.24	164.17	39.55	29.21	39.91	31.24
	元古宇	36	2.65	28.69	153.81	31.53	21.67	28.16	28.04
	太古宇	1	26.27	26.27	26.27	26.27	26.27		
侵入岩细分	酸性岩	122	3.49	31.10	155.58	35.30	28.95	24.28	31.23
	中性岩	22	10.70	25.80	95.26	31.33	25.65	22.23	31.33
	基性岩	11	12.75	21.91	60.11	27.91	24.43	15.99	27.91
	超基性岩	10	0.46	1.29	31.96	4.75	1.89	9.65	4.75
侵入岩期次	喜马拉雅期	26	7.39	28.50	60.11	30.95	26.40	16.41	30.95
	燕山期	107	0.46	27.38	128.14	33.35	23.77	24.82	32.45
	海西期	4	9.05	15.46	33.64	18.40	15.78	11.66	18.40
	加里东期	6	11.29	19.45	42.94	24.23	21.46	13.17	24.23
	印支期	14	1.00	31.15	35.18	25.51	18.46	11.75	25.51
	元古宙	5	18.75	30.01	55.22	37.66	34.65	16.62	37.66
地层岩性	玄武岩	16	6.27	10.24	111.62	22.65	15.33	27.17	16.72
	安山岩	11	8.58	21.52	56.83	28.39	25.13	14.29	28.39
	流纹岩	27	4.27	17.35	68.18	23.47	18.98	15.83	23.47
	火山碎屑岩	7	10.76	51.31	183.10	63.23	45.60	57.01	63.23
	凝灰岩	18	9.46	28.07	78.53	32.37	27.82	19.13	32.37
	粗面岩	1	25.92	25.92	25.92	25.92	25.92		
	石英砂岩	33	1.55	12.66	181.10	19.01	9.63	32.63	13.94
	长石石英砂岩	150	2.37	23.74	220.10	28.66	22.50	25.73	25.55
	长石砂岩	47	5.16	23.37	277.58	35.00	24.76	41.86	29.73
	砂岩	179	8.40	35.07	134.00	38.69	34.00	20.25	36.30
	粉砂质泥质岩	24	19.66	49.89	522.70	71.56	53.44	98.13	51.95
	钙质泥质岩	22	11.53	35.88	258.70	46.57	35.44	50.98	36.47
	泥质岩	50	10.84	47.98	78.87	45.22	40.14	19.31	45.22
	石灰岩	173	9.15	27.98	167.70	28.82	27.26	14.87	27.11
	白云岩	20	10.00	12.15	24.56	13.79	13.37	3.77	13.79
	泥灰岩	4	20.26	42.55	77.57	45.73	39.47	27.17	45.73
	硅质岩	5	1.55	9.93	133.90	52.14	17.73	63.32	52.14

续表

统计项	统计项内容	样品数	最小值	中位数	最大值	算术平均值	几何平均值	标准离差	背景值
地层岩性	板岩	53	3.35	39.79	164.17	51.00	40.08	36.48	48.83
	千枚岩	6	15.64	53.78	141.00	59.75	48.47	43.22	59.75
	片岩	35	2.65	33.19	107.90	35.21	27.54	24.13	33.07
	片麻岩	13	6.10	29.38	125.80	38.34	27.87	33.75	38.34
	变粒岩	4	8.67	20.50	50.67	25.09	20.29	18.58	25.09
	斜长角闪岩	5	7.89	10.53	32.48	14.50	12.57	10.14	14.50
	大理岩	3	10.52	18.03	31.48	20.01	18.14	10.62	20.01
	石英岩	15	2.13	10.01	92.10	21.71	13.01	24.09	21.71

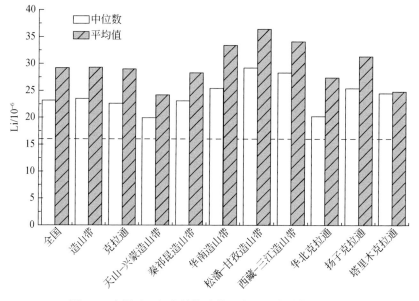

图 3-1　全国及一级大地构造单元岩石锂含量值柱状图

（1）在天山-兴蒙造山带中分布：变质岩锂含量略高于沉积岩，远高于岩浆岩；地层中二叠系锂含量最高，太古宇最低；侵入岩期次中海西期锂含量最高；地层岩性中钙质泥质岩、泥质岩、粉砂质泥质岩锂含量最高。

（2）在秦祁昆造山带中分布：变质岩锂含量略高于沉积岩，远高于岩浆岩；地层中志留系锂含量最高，太古宇最低；侵入岩期次中喜马拉雅期和印支期锂含量最高；地层岩性中钙质泥质岩、泥质岩锂含量最高。

（3）在华南造山带中分布：变质岩锂含量高于沉积岩和岩浆岩；地层中白垩系锂含量最高，古近系和新近系最低；侵入岩期次中加里东期锂含量最高；地层岩性中钙质泥质岩锂含量最高。

（4）在松潘-甘孜造山带中分布：变质岩锂含量高于岩浆岩和沉积岩；地层中三叠系和白垩系锂含量最高；侵入岩期次中燕山期锂含量最高；地层岩性中片麻岩、泥质岩、板岩锂含量最高。

（5）在西藏–三江造山带中分布：变质岩锂含量高于沉积岩和岩浆岩；地层中白垩系锂含量最高；侵入岩期次中印支期锂含量最高；地层岩性中千枚岩、火山碎屑岩、粉砂质泥质岩锂含量最高。

（6）在华北克拉通中分布：沉积岩锂含量高于岩浆岩和变质岩；地层中石炭系锂含量最高，太古宇最低；侵入岩期次中印支期锂含量最高；地层岩性中泥质岩锂含量最高。

（7）在扬子克拉通中分布：变质岩锂含量与沉积岩相当，远高于岩浆岩；地层中志留系锂含量最高，太古宇最低；侵入岩期次中燕山期锂含量最高；地层岩性中粉砂质泥质岩锂含量最高。

（8）在塔里木克拉通中分布：沉积岩锂含量高于岩浆岩和变质岩；地层中古近系和新近系锂含量最高；侵入岩期次中海西期锂含量最高；地层岩性中泥质岩锂含量最高。

第二节　中国土壤锂元素含量特征

一、中国土壤锂元素含量总体特征

中国土壤锂元素算术平均值为 30×10^{-6}，中国水系沉积物锂元素中位数为 32×10^{-6}，算术平均值为 34×10^{-6}，几何平均值为 31×10^{-6}（迟清华和鄢明才，2007）。中国地球化学基准计划土壤（汇水域沉积物）表层样品中锂元素含量范围（2.5%～97.5%）是 $11.2 \times 10^{-6} \sim 62.3 \times 10^{-6}$；算数平均值 31.6×10^{-6} 略高于中国土壤，略低于中国水系沉积物中锂元素含量；中位数 30.0×10^{-6} 与中国土壤锂元素含量算术平均值一致，略低于中国水系沉积物中锂元素中位数；几何平均值 28.8×10^{-6} 低于中国土壤锂元素含量算术平均值和中国水系沉积物中锂元素几何平均值。相应地，中国地球化学基准计划土壤（汇水域沉积物）深层样品中锂元素含量范围（2.5%～97.5%）是 $9.55 \times 10^{-6} \sim 63.7 \times 10^{-6}$，算数平均值为 30.6×10^{-6}，中位数为 28.6×10^{-6}，几何平均值为 27.4×10^{-6}。深层样品中锂元素含量略低于表层样品中锂元素含量，表明人类活动（锂相关矿产开采、锂电池使用、瓷器和玻璃制造等）给自然地质背景注入了锂含量（图3-2）。

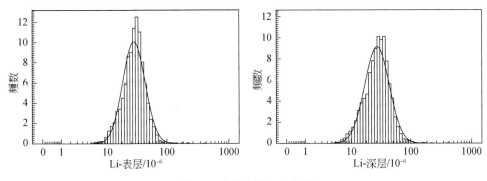

图 3-2　中国土壤锂直方图

二、中国不同大地构造单元土壤锂元素含量

锂元素含量在八个一级大地构造单元内的统计参数见表 3-10 和图 3-3。天山–兴蒙造山带表层样品锂含量变化范围（2.5%～97.5%）是 10.5×10^{-6}～55.6×10^{-6}，相应地，秦祁昆造山带 12.4×10^{-6}～52.9×10^{-6}，华南造山带 11.2×10^{-6}～70.3×10^{-6}，松潘–甘孜造山带 20.6×10^{-6}～60.7×10^{-6}，西藏–三江造山带 17.2×10^{-6}～74.0×10^{-6}，华北克拉通 9.81×10^{-6}～46.5×10^{-6}，扬子克拉通 16.1×10^{-6}～67.1×10^{-6}，塔里木克拉通 15.8×10^{-6}～52.4×10^{-6}。天山–兴蒙造山带深层样品锂含量变化范围（2.5%～97.5%）是 8.78×10^{-6}～57.5×10^{-6}，相应地，秦祁昆造山带 11.3×10^{-6}～52.8×10^{-6}，华南造山带 12.4×10^{-6}～76.6×10^{-6}，松潘–甘孜造山带 19.7×10^{-6}～62.6×10^{-6}，西藏–三江造山带 15.5×10^{-6}～75.5×10^{-6}，华北克拉通 8.48×10^{-6}～48.7×10^{-6}，扬子克拉通 15.0×10^{-6}～70.8×10^{-6}，塔里木克拉通 14.0×10^{-6}～51.2×10^{-6}。

表 3-10　中国一级大地构造单元土壤锂基准值数据特征　　　　（单位：10^{-6}）

类型	层位	样品数	最小值	25%低背景	50%中位数	75%高背景	85%异常下限	最大值	算术平均值	几何平均值
全国	表层	3394	5.37	22.70	29.96	37.62	42.86	400.10	31.59	28.78
	深层	3393	5.27	20.74	28.64	37.53	42.94	400.10	30.62	27.41
造山带	表层	2172	5.37	23.20	30.50	38.19	44.01	400.10	32.27	29.33
	深层	2171	5.27	20.90	28.73	37.87	43.86	400.10	31.19	27.77
克拉通	表层	1222	5.74	21.73	28.94	36.70	41.17	225.77	30.39	27.82
	深层	1222	5.42	20.58	28.38	36.71	41.92	127.42	29.61	26.77
天山–兴蒙造山带	表层	922	5.37	20.56	27.58	34.55	38.94	400.10	29.19	26.32
	深层	920	5.37	16.57	23.55	32.03	37.24	400.10	26.41	23.10
华北克拉通	表层	613	5.74	18.15	25.82	32.50	36.08	62.80	25.99	23.97
	深层	613	5.42	15.74	24.57	31.82	36.44	62.80	25.13	22.62
塔里木克拉通	表层	209	6.12	21.57	27.17	33.83	39.38	61.53	28.91	27.39
	深层	209	8.31	21.07	25.53	31.37	35.15	58.59	27.16	25.81
秦祁昆造山带	表层	350	9.57	23.03	29.74	35.18	38.74	70.41	29.50	27.73
	深层	350	5.27	21.87	28.23	35.09	39.12	92.55	29.14	27.11
松潘–甘孜造山带	表层	202	15.56	29.86	35.99	42.24	47.20	67.98	37.11	35.72
	深层	202	14.86	29.65	36.06	41.99	47.16	70.83	37.00	35.61
西藏–三江造山带	表层	348	13.23	26.58	33.48	46.57	51.55	207.33	37.93	34.86
	深层	349	8.62	25.26	33.24	44.15	51.63	207.33	36.99	33.69
扬子克拉通	表层	399	7.35	28.70	35.83	42.71	48.07	225.77	37.94	35.26
	深层	399	7.35	28.96	36.29	43.38	48.95	127.42	37.78	35.32
华南造山带	表层	351	5.85	23.32	32.54	43.77	50.31	126.29	34.69	30.99
	深层	351	7.11	24.37	34.40	46.44	53.40	97.34	36.65	32.97

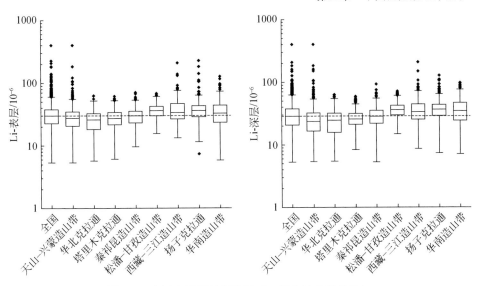

图 3-3　中国土壤锂元素箱图（一级大地构造单元）

表层样品中锂含量中位数排序：松潘-甘孜造山带＞扬子克拉通＞西藏-三江造山带＞华南造山带＞全国＞秦祁昆造山带＞天山-兴蒙造山带＞塔里木克拉通＞华北克拉通。深层样品中锂含量中位数排序：扬子克拉通＞松潘-甘孜造山带＞华南造山带＞西藏-三江造山带＞全国＞秦祁昆造山带＞塔里木克拉通＞华北克拉通＞天山-兴蒙造山带。

对于划分的构造单元，表层样品与深层样品的数据结构相似。锂含量较高的构造单元有松潘-甘孜造山带、扬子克拉通、西藏-三江造山带和华南造山带。大面积出露的花岗岩是松潘-甘孜造山带、西藏-三江造山带和华南造山带锂富集的重要原因。同时，锂矿也在此发育，如甲基卡、李家沟、可尔因、观音桥、宜春 414、尖峰岭、正冲、西坑等。扬子克拉通发育一条与氟一致的高锂高氟带，可能与黑色岩系、煤层有关，同时受岩溶区范围控制（Mao et al.，2002；Zheng et al.，2013）。

三、中国不同自然地理景观土壤锂元素含量

锂元素含量在 10 个自然地理景观的统计参数见表 3-11 和图 3-4。低山丘陵表层样品锂含量变化范围（2.5%～97.5%）是 $11.1\times10^{-6}\sim65.2\times10^{-6}$，相应地，冲积平原 $10.5\times10^{-6}\sim51.1\times10^{-6}$，森林沼泽 $14.4\times10^{-6}\sim47.5\times10^{-6}$，喀斯特 $13.7\times10^{-6}\sim66.0\times10^{-6}$，黄土 $12.0\times10^{-6}\sim44.3\times10^{-6}$，中高山 $16.6\times10^{-6}\sim67.1\times10^{-6}$，高寒湖泊 $18.0\times10^{-6}\sim68.1\times10^{-6}$，半干旱草原 $9.50\times10^{-6}\sim55.2\times10^{-6}$，荒漠戈壁 $11.3\times10^{-6}\sim59.2\times10^{-6}$，沙漠盆地 $7.21\times10^{-6}\sim55.3\times10^{-6}$。低山丘陵深层样品锂含量变化范围（2.5%～97.5%）是 $9.78\times10^{-6}\sim69.0\times10^{-6}$，相应地，冲积平原 $9.83\times10^{-6}\sim55.6\times10^{-6}$，森林沼泽 $12.1\times10^{-6}\sim47.8\times10^{-6}$，喀斯特 $16.4\times10^{-6}\sim74.6\times10^{-6}$，黄土 $9.97\times10^{-6}\sim45.0\times10^{-6}$，中高山 $13.5\times10^{-6}\sim68.0\times10^{-6}$，高寒湖泊 $17.7\times10^{-6}\sim63.2\times10^{-6}$，半干旱草原 $7.25\times10^{-6}\sim52.5\times10^{-6}$，荒漠戈壁 $8.95\times10^{-6}\sim62.3\times10^{-6}$，沙漠盆地 $7.62\times10^{-6}\sim50.7\times10^{-6}$。

表 3-11 中国自然地理景观土壤锂基准值数据特征 （单位：10^{-6}）

类型	层位	样品数	最小值	25%低背景	50%中位数	75%高背景	85%异常下限	最大值	算术平均值	几何平均值
全国	表层	3394	5.37	22.70	29.96	37.62	42.86	400.10	31.59	28.78
	深层	3393	5.27	20.74	28.64	37.53	42.94	400.10	30.62	27.41
低山丘陵	表层	633	5.85	21.20	30.03	39.86	45.30	126.29	31.90	28.76
	深层	633	5.27	21.14	29.49	42.50	48.65	110.10	32.74	28.96
冲积平原	表层	335	6.75	23.96	30.34	36.65	39.92	72.50	30.29	28.33
	深层	335	6.87	22.56	30.41	37.99	42.26	70.63	30.66	28.14
森林沼泽	表层	218	11.39	25.05	29.81	34.42	37.21	63.05	30.01	28.84
	深层	217	8.75	21.28	27.84	34.42	36.60	77.47	27.95	26.26
喀斯特	表层	126	7.09	25.12	33.38	40.14	45.63	181.22	35.52	32.03
	深层	126	7.31	28.30	35.44	42.80	46.37	127.42	37.20	34.67
黄土	表层	170	9.21	23.68	29.45	33.75	36.41	62.45	28.78	27.42
	深层	170	6.91	21.29	27.28	31.89	35.72	49.38	27.04	25.43
中高山	表层	925	7.35	26.61	32.73	40.70	46.96	225.77	35.61	33.23
	深层	925	7.35	25.69	32.24	40.09	46.04	207.33	34.52	31.95
高寒湖泊	表层	139	13.93	24.87	30.05	38.25	46.89	91.26	33.26	31.41
	深层	140	13.35	24.88	30.62	37.29	43.16	91.92	32.83	31.10
半干旱草原	表层	215	7.82	15.41	21.28	30.86	36.15	121.80	24.63	21.81
	深层	214	5.42	13.83	19.79	28.43	35.11	160.50	23.31	20.06
荒漠戈壁	表层	435	5.37	19.76	27.20	36.56	42.02	400.10	30.47	26.78
	深层	435	5.37	15.62	21.50	30.97	38.45	400.10	26.57	22.56
沙漠盆地	表层	198	6.12	15.80	22.93	30.00	37.00	61.53	24.57	21.83
	深层	198	6.19	15.35	21.39	27.75	31.99	58.36	22.62	20.26

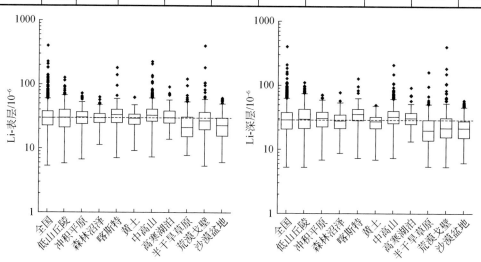

图 3-4 中国土壤锂元素箱图（自然地理景观）

表层样品中锂含量中位数排序：喀斯特＞中高山＞冲积平原＞高寒湖泊＞低山丘陵＝全国＞森林沼泽＞黄土＞荒漠戈壁＞沙漠盆地＞半干旱草原。深层样品中锂含量中位数排序：喀斯特＞中高山＞高寒湖泊＞冲积平原＞低山丘陵＞全国＞森林沼泽＞黄土＞沙漠盆地＞荒漠戈壁＞半干旱草原。

对于划分的自然地理景观，表层样品与深层样品的数据结构大致相同。表层样品和深层样品中，锂在沙漠盆地、荒漠戈壁、半荒漠草原均较低。其原因可能是这些地区风成砂的大量存在导致样品中黏土含量下降，而土壤中锂含量与黏土含量有很强的相关性（Ashry，1973；Anderson et al.，1988）。相反，喀斯特地貌景观中锂含量最高，这些数据似乎令人困惑，因为碳酸盐岩中锂的丰度较低，约为 $10.5×10^{-6}$（Yan and Chi，2005）。进一步的研究表明，喀斯特地区中黑色页岩富含锂元素（Mao et al.，2002；Zheng et al.，2013）。近年来，研究者发现了一种新型"碳酸盐黏土型锂矿床"，有望成为我国锂资源的重要新来源（毛景文等，2019；温汉捷等，2020）。同时碳酸盐地区锂含量偏高可能也受气候（温度和降水）控制的风化过程中锂次生富集的影响（Negrel et al.，2017）。

四、中国不同土壤类型锂元素含量

锂元素含量在 17 个主要土壤类型的统计参数见表 3-12 和图 3-5。寒棕壤-漂灰土带表层样品锂含量变化范围（2.5%～97.5%）是 $19.1×10^{-6}$～$46.68×10^{-6}$，相应地，暗棕壤-黑土带 $10.8×10^{-6}$～$47.0×10^{-6}$，棕壤-褐土带 $12.8×10^{-6}$～$46.5×10^{-6}$，黄棕壤-黄褐土带 $12.1×10^{-6}$～$55.2×10^{-6}$，红壤-黄壤带 $16.7×10^{-6}$～$72.6×10^{-6}$，赤红壤带 $10.9×10^{-6}$～$58.8×10^{-6}$，黑钙土-栗钙土-黑垆土带 $9.21×10^{-6}$～$46.7×10^{-6}$，灰钙土-棕钙土带 $11.0×10^{-6}$～$60.3×10^{-6}$，灰漠土带 $9.25×10^{-6}$～$62.2×10^{-6}$，高山-亚高山草甸土带 $12.8×10^{-6}$～$56.7×10^{-6}$，高山棕钙土-栗钙土带 $14.1×10^{-6}$～$52.7×10^{-6}$，高山漠土带 $15.2×10^{-6}$～$64.3×10^{-6}$，亚高山草甸土带 $19.1×10^{-6}$～$65.7×10^{-6}$，高山草甸土带 $21.5×10^{-6}$～$48.5×10^{-6}$，高山草原土带 $18.2×10^{-6}$～$48.7×10^{-6}$，亚高山漠土带 $24.3×10^{-6}$～$56.4×10^{-6}$，亚高山草原土带 $18.9×10^{-6}$～$81.2×10^{-6}$；寒棕壤-漂灰土带深层样品锂含量变化范围（2.5%～97.5%）是 $16.3×10^{-6}$～$44.7×10^{-6}$，相应地，暗棕壤-黑土带 $9.83×10^{-6}$～$49.6×10^{-6}$，棕壤-褐土带 $11.1×10^{-6}$～$50.8×10^{-6}$，黄棕壤-黄褐土带 $8.69×10^{-6}$～$55.3×10^{-6}$，红壤-黄壤带 $15.3×10^{-6}$～$76.1×10^{-6}$，赤红壤带 $10.4×10^{-6}$～$63.4×10^{-6}$，黑钙土-栗钙土-黑垆土带 $7.41×10^{-6}$～$44.2×10^{-6}$，灰钙土-棕钙土带 $9.80×10^{-6}$～$51.8×10^{-6}$，灰漠土带 $8.38×10^{-6}$～$64.9×10^{-6}$，高山-亚高山草甸土带 $11.4×10^{-6}$～$62.0×10^{-6}$，高山棕钙土-栗钙土带 $11.3×10^{-6}$～$49.5×10^{-6}$，高山漠土带 $15.3×10^{-6}$～$52.9×10^{-6}$，亚高山草甸土带 $18.2×10^{-6}$～$68.6×10^{-6}$，高山草甸土带 $18.2×10^{-6}$～$48.7×10^{-6}$，高山草原土带 $17.9×10^{-6}$～$68.6×10^{-6}$，亚高山漠土带 $24.1×10^{-6}$～$53.3×10^{-6}$，亚高山草原土带 $18.5×10^{-6}$～$83.4×10^{-6}$。

表 3-12　中国主要土壤类型锂基准值数据特征　　　（单位：10^{-6}）

类型	层位	样品数	最小值	25%低背景	50%中位数	75%高背景值	85%异常下限	最大值	算术平均值	几何平均值
全国	表层	3394	5.37	22.70	29.96	37.62	42.86	400.10	31.59	28.78
	深层	3393	5.27	20.74	28.64	37.53	42.94	400.10	30.62	27.41

续表

类型	层位	样品数	最小值	25% 低背景	50% 中位数	75% 高背景值	85% 异常下限	最大值	算术 平均值	几何 平均值
寒棕壤-漂灰土带	表层	35	16.11	26.86	31.97	37.04	39.82	48.86	32.01	31.10
	深层	35	16.01	22.20	27.83	33.91	37.68	49.77	28.54	27.35
暗棕壤-黑土带	表层	296	6.75	22.79	28.24	33.96	36.44	65.20	28.21	26.49
	深层	295	6.87	19.49	26.75	33.97	37.08	77.47	27.08	24.96
棕壤-褐土带	表层	333	7.53	22.29	28.57	35.90	38.72	62.45	29.03	27.49
	深层	333	6.60	20.96	27.51	36.05	40.04	64.53	28.47	26.28
黄棕壤-黄褐土带	表层	124	9.57	23.51	30.42	37.47	41.28	59.32	30.57	28.53
	深层	124	5.27	24.60	32.77	39.99	42.38	60.64	31.87	29.21
红壤-黄壤带	表层	575	7.09	28.39	36.29	44.88	50.50	225.77	39.04	35.95
	深层	575	7.31	28.82	36.81	46.47	52.80	207.33	39.22	36.27
赤红壤带	表层	204	5.85	19.05	26.95	36.28	43.27	95.79	29.15	26.33
	深层	204	7.11	20.78	28.02	37.62	44.64	95.79	30.73	27.70
黑钙土-栗钙土- 黑垆土带	表层	360	6.81	16.00	23.09	31.13	34.27	96.03	24.31	22.13
	深层	360	5.42	14.16	21.82	27.94	31.51	96.03	22.27	19.92
灰钙土-棕钙土带	表层	90	9.01	17.91	27.93	33.87	36.89	121.80	28.32	25.37
	深层	89	7.61	18.30	28.59	34.59	37.22	160.50	29.35	25.99
灰漠土带	表层	367	5.37	18.60	25.93	33.49	39.27	400.10	29.40	25.24
	深层	367	5.37	14.85	21.08	31.11	37.63	400.10	26.25	21.67
高山-亚高山 草甸土带	表层	121	11.03	21.06	24.65	31.59	36.13	71.07	27.38	25.57
	深层	121	11.04	17.83	24.46	32.38	36.73	92.55	26.99	24.51
高山棕钙土- 栗钙土带	表层	338	6.12	21.52	27.74	36.75	40.90	61.53	29.60	27.81
	深层	338	8.31	19.76	25.44	31.90	37.53	58.59	26.60	24.86
高山漠土带	表层	49	11.95	26.80	30.21	32.61	41.69	70.41	32.22	30.51
	深层	49	11.24	24.91	29.50	32.58	39.08	54.74	30.24	28.67
亚高山草甸土带	表层	193	16.86	31.76	37.06	44.00	50.95	105.63	39.17	37.43
	深层	193	13.51	31.20	37.06	43.81	51.67	105.63	39.07	37.17
高山草甸土带	表层	83	19.04	28.01	32.26	37.64	39.25	51.72	32.88	32.10
	深层	84	17.10	25.25	31.90	36.42	39.24	56.02	31.89	30.91
高山草原土带	表层	120	13.93	24.84	29.95	38.23	46.69	91.26	33.19	31.25
	深层	120	13.35	24.14	29.91	37.71	43.13	91.92	32.71	30.92
亚高山漠土带	表层	18	23.42	33.38	38.86	48.09	54.60	57.53	40.69	39.28
	深层	18	23.93	32.70	35.37	48.02	49.99	54.78	37.73	36.51
亚高山草原土带	表层	88	14.88	28.87	40.73	54.75	62.95	137.53	44.45	40.40
	深层	88	16.08	27.47	40.07	53.73	61.14	148.71	43.56	39.36

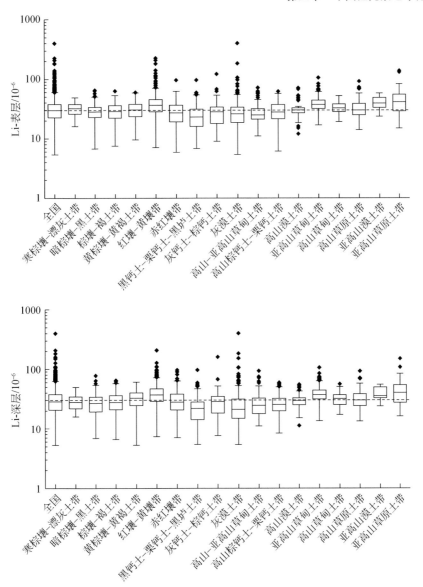

图 3-5 中国土壤锂元素箱图（主要土壤类型）

　　表层样品中位数排序：亚高山草原土带＞亚高山漠土带＞亚高山草甸土带＞红壤-黄壤带＞高山草甸土带＞寒棕壤-漂灰土带＞黄棕壤-黄褐土带＞高山漠土带＞高山草原土带＞全国＞棕壤-褐土带＞暗棕壤-黑土带＞灰钙土-棕钙土带＞高山棕钙土-栗钙土带＞赤红壤带＞灰漠土带＞高山-亚高山草甸土带＞黑钙土-栗钙土-黑垆土带。深层样品中位数排序：亚高山草原土带＞亚高山草甸土带＞红壤-黄壤带＞亚高山漠土带＞黄棕壤-黄褐土带＞高山草甸土带＞高山草原土带＞高山漠土带＞全国＞灰钙土-棕钙土带＞赤红壤带＞寒棕壤-漂灰土带＞棕壤-褐土带＞暗棕壤-黑土带＞高山棕钙土-栗钙土带＞高山-亚高山草甸土带＞黑钙土-栗钙土-黑垆土带＞灰漠土带。

第三节　锂元素空间分布与异常评价

一、中国锂地球化学省空间分布

以土壤（汇水域沉积物）地球化学数据 42.9×10^{-6}（累频 85%）作为异常基线值，并兼顾重要的低缓区域地球化学异常，共圈定出 30 个地球化学异常（图 3-6）。依次描述为阿尔泰地球化学省（Li01）、东天山-吐哈盆地地球化学省（Li02）、西昆仑（大红柳滩）地球化学省（Li03、Li04）、藏南（雅鲁藏布江）地球化学省（Li04、Li05、Li06、Li08）、藏北盐湖地球化学省（Li07，Li05 异常北部）、藏东北（边坝-囊谦）地球化学省（Li09）、松潘-甘孜地球化学省（Li10、Li11）、三江地球化学省（Li12）、湘-黔-滇-桂地球化学省（Li13、Li14、Li15）、华南地球化学省（Li16）、东南沿海宁波-台州-温州地球化学省（Li17、Li18）、佳木斯地球化学省（Li19）、二连盆地地球化学省（Li20）、四川盆地（自贡）地球化学省（Li21 及周边）、柴达木（察尔汗）地球化学省（Li22）、西天山地球化学省（Li23）、南天山地球化学省（Li24）、银额盆地地球化学省（Li25）江苏北部（淮安-盐城）地球化学省（Li26）、秦岭地球化学省（Li27、Li28）、阿巴嘎旗北地球化学省（Li29）、根河地球化学省（Li30）。地球化学异常的空间分布、地质特征和相关的地球化学省描述如下。

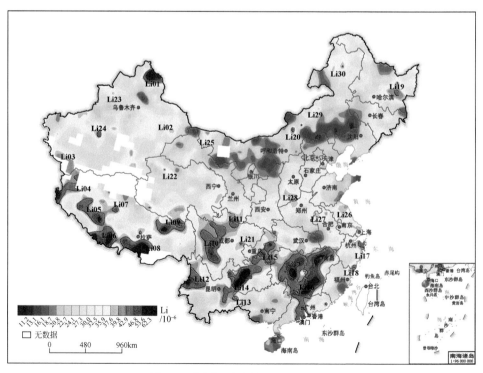

图 3-6　中国锂地球化学异常分布图

（1）阿尔泰地球化学省（Li01）：异常面积 $30682km^2$，异常内锂含量均值 68.7×10^{-6}。该异常是重要的花岗伟晶岩型稀有金属成矿带之一，构造位置处于西伯利亚板块阿尔泰陆缘活动带内，受阿尔泰早古生代深成岩浆弧和卡尔巴-锡伯渡深成岩浆弧及震旦纪—早古生代变质岩控制。产出可可托海、柯鲁木特、库卡拉盖等稀有金属矿床，其中可可托海最为重要，铍资源量居全国首位，锂、铯、钽资源量分别居全国第六、第五、第九位。可可托海稀有金属矿床位于阿尔泰山中部富蕴县城北东直线距离 32km，公路里程 51km。可可托海蒙古语意为"蓝色的河湾"，哈萨克语意为"绿色丛林"，素以"地质矿产博物馆"享誉海内外，是中外地质学者心目中的"麦加"。该矿床处于哈龙-青河复背斜南东侧伏端，矿区附近出露地层为新元古界富蕴群，为一套陆缘碎屑岩经中深变质作用而成的片岩、片麻岩和混合岩等。侵入岩有加里东期的角闪辉长岩、英云闪长岩，海西期重熔型似斑状黑云母花岗岩和二云母花岗岩。区内断裂发育，以北北西向组最重要，控制着岩体和伟晶岩的分布。容矿裂隙为大断裂两侧及背斜轴部低序次裂隙。可可托海三号脉赋存于角闪辉长岩中。伟晶岩脉走向与区域构造线走向一致。可可托海三号脉深 200m，长 250m，宽 240m，盛产世界上已知的 140 多种有用矿物中的 86 种。其矿种之多，品位之高，储量之丰富，层次之分明，开采规模之大，为国内独有、世界罕见，与世界最著名的加拿大贝尔尼克湖矿齐名，是全球地质界公认的"天然地质博物馆"（邹天人和李庆昌，2006；Windley et al.，2002；李建康等，2014）。

（2）东天山-吐哈盆地地球化学省（Li02）：位于哈密市南部镜儿泉，属东天山成锂带范围内，受觉罗塔格-黑鹰山 Fe-Cu-煤成矿带控制，海西晚期与造山期后构造-岩浆作用有关的稀有矿床成矿亚系列，主要产出镜儿泉花岗伟晶岩型锂铍铌钽稀有金属矿床，在地球化学基准图上表现为低缓异常。

（3）西昆仑（大红柳滩）地球化学省（Li03、Li04）：位于新疆和西藏交界处，沿边境线分布，属西昆仑成锂带，与印支旋回构造-岩浆-沉积作用有关，主要矿产地有大红柳滩花岗伟晶岩型矿床，矿种组合 Li-Be-Nb-Ta。

（4）藏南（雅鲁藏布江）地球化学省（Li04、Li05、Li06、Li08）：Li04 异常面积 $32908km^2$，异常内锂含量均值 51.3×10^{-6}；Li05 异常面积 $52679km^2$，异常内锂含量均值 56.3×10^{-6}；Li06 异常面积 $50400km^2$，异常内锂含量均值 57.5×10^{-6}；Li08 异常面积 $54332km^2$，异常内锂含量均值 57.0×10^{-6}。主要分布在西藏改则县、措勤县、日喀则市、江孜县、隆子县一带，大体沿雅鲁藏布江展布至边境线一带，属喜马拉雅造山带，主要发育前震旦系聂拉木群、中生代碎屑岩和火山岩、古近系和新近系火山质磨拉石，且发育燕山晚期—喜马拉雅期超镁铁质岩和花岗岩。同时该异常也受高锂盐湖影响，如扎布耶、当雄错、拉果错等。

（5）藏北盐湖地球化学省（Li07，Li05 异常北部）：Li07 异常面积 $5052km^2$，异常内锂含量均值 68.3×10^{-6}，该异常主要反映高锂盐湖，如扎布耶、当雄错、拉果错等，该区应关注盐湖锂的开发利用。

（6）藏东北（边坝-囊谦）地球化学省（Li09）：主要分布在西藏边坝县和青海囊谦县一带，主要发育前奥陶系变质岩和中生代海相火山岩，且发育加里东期花岗岩类，异常面积 $45333km^2$，异常内锂含量均值 57.0×10^{-6}，系花岗岩型和花岗伟晶岩型锂资源成矿远景区。

（7）松潘-甘孜地球化学省（Li10、Li11）：主要分布在四川西部，隶属松潘-甘孜造山带，Li10 异常面积 $88886km^2$，异常内均值 50.4×10^{-6}，Li11 异常面积 $12855km^2$，异常内均值 51.5×10^{-6}，该区锂成矿与中生代岩浆、热液作用有关。目前已经查明的矿床包括甲基卡、李家沟、可尔因、观音桥、扎乌龙、容须卡、木绒、三岔河等矿床（点）。其中，甲基卡矿床是我国规模最大的固体锂矿床，印支期含锂二云母花岗岩株沿甲基卡短轴背斜侵入三叠系西康群中浅变质岩系中，接触带派生出一系列花岗伟晶岩脉，已查明含锂伟晶岩矿脉 114 条，锂资源量巨大。近些年来，该区寻找花岗伟晶岩型矿床取得重大进展，代表性矿床为甲基卡矿床。甲基卡矿床是我国规模最大的伟晶岩型锂矿床，位于四川西部康定、雅江和道孚三县交界处。矿区地处青藏高原东部，海拔 4300～4500m，距国道川藏公路塔公站 25km。矿区出露地层为三叠系西康群砂页岩，属于经区域变质和接触变质而形成的黑云石英片岩、二云母石英片岩和红柱石、十字石石英片岩等中浅变质岩系。印支期含锂二云母花岗岩株沿甲基卡短轴背斜侵入。围绕花岗岩内外接触带派生出一系列花岗伟晶岩脉，其中已发现含 Li、Be、Nb、Ta 伟晶岩矿脉 114 条，为特大型花岗伟晶岩型稀有金属矿床，共生的 BeO 等稀有金属的储量也达到了大型规模。

（8）三江地球化学省（Li12）：主要分布在云南省西北部、西南三江等区域，隶属三江造山带，异常面积 42033km^2，异常内锂含量均值 $53.1×10^{-6}$，发育中元古代昆阳群和中生代陆缘碎屑岩及海相火山岩，且发育高黎贡山伟晶岩带、西盟伟晶岩带、凤庆-临沧伟晶岩带、石鼓伟晶岩带、哀牢山伟晶岩带，该区产出花岗伟晶岩型矿床，如腾冲宝华山锡锂钽多金属矿床，同时也产出岩浆热液型钨铍（伴锂）矿床，如麻花坪矿床。

（9）湘-黔-滇-桂地球化学省（Li13、Li14、Li15）：主要分布在云南东部、贵州西部及湘西等地，隶属扬子克拉通，Li13 异常面积 3411km^2，异常内锂含量均值 $95.8×10^{-6}$，Li14 异常面积 82628km^2，异常内锂含量均值 $60.4×10^{-6}$，Li15 异常面积 45034km^2，异常内锂含量均值 $51.9×10^{-6}$。目前发现的锂超常富集的黏土岩目标层位主要包括贵州下石炭统九架炉组（C$_1$jj）和云南中部下二叠统倒石头组（P$_1$d）。温汉捷等（2020）定义了成因机制与碳酸盐岩风化-沉积有关"碳酸盐黏土型锂矿床"的成矿新类型。主要地质地球化学特征可归纳为：①成矿物质来自基底的不纯碳酸盐岩；②主要以吸附方式存在于蒙脱石相中；③沉积环境对锂的富集具有重要的控制作用，还原、低能、滞留、局限的古地理环境有利于 Li 富集；④除 Li 外，还可能有 Ga 和 REE 的富集。我国具有这一有利成矿条件的地区众多，可以预期，碳酸盐黏土型锂资源有望成为我国新的重要的锂资源来源。

（10）华南地球化学省（Li16）：主要分布在江西、湖南东部和广东中北部，隶属华南造山带，重要的稀有金属、钨、锡多金属成矿带。异常面积 283022km^2，异常内锂含量均值 $50.0×10^{-6}$，该区以中生代为主的断块运动及其伴随的岩浆活动，对内生稀有元素成矿起着主要作用，成矿多发生在多期活动的晚期岩体中。目前已经探明的典型矿床主要有江西宜春 414 矿床、湖南道县正冲锂矿床和尖峰岭锂矿床等。414 矿床与武功山-云开构造岩浆带内燕山期花岗岩类有关，尖峰岭锂矿床与湘粤桂海西拗陷区内燕山期花岗岩类有关。江西宜春雅山岩体为一壳源复式侵入岩体，包括早期（157Ma）夏家岭中粒斑状二云母二长花岗岩体局部及深部中粗粒黑云母二长花岗岩，为高酸度、富钾钠、富稀有元素的花岗岩。与一般花岗岩比较，钽富集 8.8 倍、铌 3.4 倍、锂 11.5 倍，同时还富含钨锡等元素；银子岭钠长石、锂云母花岗岩体（130～136Ma）应属岩浆晚期的残余岩浆侵入体，它以富碱（高钠）为特点，除富含 Ta、Nb、Li 等金属元素外，还富含氟、钠等挥发组分。这些稀有金属和挥发组分，随着岩浆的分异和残余岩浆的上侵，逐渐向岩体顶部富集，形成富含挥发组分和碱金属组分的晚期岩浆，晚期花岗岩以富钠长石、锂云母和黄玉为主要特征。

湖南道县湘源正冲为云英岩型锂多金属矿，正冲云英岩位于九嶷山花岗岩带中的金鸡岭复式花岗岩基内，沿 NNW 和 NE 向断裂交汇部位侵入。云英岩化矿带受金鸡岭岩体中 NE、NW 向和 SN 向断裂控制，主矿体 3 个，长大于 500m，宽 126m，围岩蚀变主要为云英岩化，次为硅化、绢云母化、绿泥石化和钠长石化。主要矿种为铷、铯、锂，伴生钽、铍及钨锡等。局部盆地中沉积碎屑岩建造，可能含有膏盐层和卤水。

（11）东南沿海宁波–台州–温州地球化学省（Li17、Li18）：主要分布在浙江宁波–台州一带（Li17）和温州一带（Li18）。宁波–台州地球化学省（Li17）隶属东南沿海火山岩带，异常面积 4385km²，异常内锂含量均值 51.1×10⁻⁶，该区发育燕山期花岗岩是该区高值区的影响因素，同时海盐水也是影响因素之一。温州地球化学省（Li18）主要分布在浙江温州一带，隶属东南沿海火山岩带，该区发育燕山期花岗岩是该区高值区的影响因素，同时海盐水和地下卤水也是影响因素之一。

（12）佳木斯地球化学省（Li19）：主要分布在黑龙江佳木斯一带，异常面积 3456km²，异常内锂含量均值 47.7×10⁻⁶，该区发育新元古代兴东群、中生代陆相碎屑岩、流纹岩、英安岩以及含煤系地层，同时发育四堡–晋宁期花岗岩和花岗闪长岩及海西–燕山期花岗岩，该区具有寻找硬岩型、沉积型或火山岩型有关稀有资源潜力。

（13）二连盆地地球化学省（Li20）：主要分布在苏尼特左旗–苏尼特右旗一带，异常面积 1794km²，异常内锂含量均值 94.7×10⁻⁶，高值点采样介质为淖积物，类似于盐湖卤水沉积物，值得注意寻找盐湖卤水型锂矿。

（14）四川盆地（自贡）地球化学省（Li21 及周边）：分布在四川盆地内，属盐湖卤水型锂资源，该区有自贡地下卤水型锂矿，发育箱状或近丘状背斜，卤水富集于褶皱轴部及断裂带，三叠纪为主成矿时代。

（15）柴达木（察尔汗）地球化学省（Li22）：主要分布在青海柴达木盆地，盐湖型锂矿矿集区。察尔汗盐湖是继乌尤尼盐湖之后的全球第二大干盐湖，属于第四纪内陆氯化物型盐湖。柴达木西台吉乃尔湖锂矿和大柴旦湖硼矿区的伴生锂矿均达到大型规模。同时柴达木盆地中部的一里坪、西台吉乃尔湖和东台吉乃尔湖，卤水中的锂含量在柴达木盆地是最富的，硼含量也比较高，仅次于大、小柴旦。该地区众多盐湖湖表卤水含 LiCl 普遍较高，有较大找矿前景。

（16）西天山地球化学省（Li23）：地球化学异常位于天山西段，中国–哈萨克斯坦边境，低缓异常。目前没有锂矿的报道。

（17）南天山地球化学省（Li24）：地球化学异常位于新疆西南部地区，低缓地球化学异常，目前没有锂矿的报道。

（18）银额盆地地球化学省（Li25）：地球化学异常位于内蒙古西部，额济纳旗西侧，属干旱盆地，是否存在与盐湖有关的卤水型锂矿值得进一步研究。

（19）江苏北部（淮安-盐城）地球化学省（Li26）：主要分布在江苏省北部，淮安市-盐城市一带，海盐水可能是影响因素。

（20）秦岭地球化学省（Li27、Li28）：秦岭伟晶岩带是我国一个重要的稀有金属产地，该地区的锂矿资源主要分布在河南卢氏县、陕西商洛市和太白县。锂主要以锂辉石、锂云母的形式赋存于花岗伟晶岩中（李建康等，2014）。地球化学异常由两处异常组成，总体属低缓地球化学异常，但应重视该区花岗伟晶岩型锂矿的勘查。

（21）阿巴嘎旗北地球化学省（Li29）：主要分布在内蒙古阿巴嘎旗北至中蒙边境，低缓异常，与该区广泛发育的海西期花岗岩有关。

（22）根河地球化学省（Li30）：主要分布在内蒙古根河，低缓异常，与该区广泛发育的海西期花岗岩和侏罗系火山岩有关。

二、锂远景区评价

上述锂的地球化学省可以划分以下主要类型。

（1）花岗伟晶岩和花岗岩有关锂矿地球化学异常：阿尔泰地球化学省（Li01）、东天山-吐哈盆地地球化学省（Li02）、西昆仑地球化学省（Li03、Li04）、雅鲁藏布江地球化学省（Li04、Li05、Li06、Li08）、藏东北地球化学省（Li09）、松潘-甘孜地球化学省（Li10、Li11）、三江地球化学省（Li12）、华南地球化学省（Li16）、西天山地球化学省（Li23）、秦岭地球化学省（Li27、Li28）。这几个地球化学省包含了我国最主要的伟晶岩型和花岗岩型成矿带。花岗伟晶岩型锂矿主要分布在新疆阿尔泰成矿带、川西松潘-甘孜成矿带，典型矿床为新疆可可托海和甲基卡矿床（王登红等，2017），均位于地球化学省内。花岗岩型矿床主要位于华南地球化学省中，以江西414、湖南正冲和尖峰岭、广西栗木等矿床最为典型。

（2）盐湖与地下卤水型锂矿有关地球化学异常：吐哈盆地地球化学省（Li02）、藏北盐湖地球化学省（Li07，Li05异常北部）、东南沿海地球化学省（Li17、Li18）、二连盆地地球化学省（Li20）、四川盆地自贡地球化学省（Li21及周边）、柴达木地球化学省（Li22）、银额盆地地球化学省（Li25）和华南地球化学省（Li16）的局部盆地等地区，是寻找盐湖和地下卤水型锂矿的有利地区。该类矿床主要产出卤水锂，有碳酸盐型、硫酸盐型和卤化物型3种，目前主要开发的盐湖卤水为硫酸盐型和碳酸盐型。前者以察尔汗、西台吉乃尔、大浪滩、一里坪、南翼山盐湖为代表，后者以西藏扎布耶盐湖为代表（Zheng et al.，2015）。吐哈盆地、内蒙古银额盆地、二连盆地锂异常是否具有盐湖型锂矿，东南沿海浙江宁波-台州-温州一带锂异常是否存在地下卤水型锂矿值得进一步研究。

（3）泥质岩有关的沉积型锂矿地球化学异常：湘-黔-滇-桂地球化学省（Li13、Li14、Li15）主要与泥质岩类（钙质泥岩、页岩、黏土岩、泥灰岩）有关，其中尤以钙质泥岩含量最高，背景值可达50×10^{-6}，是地壳克拉克值的3倍左右，地壳克拉克值只有$17\times10^{-6}\sim18\times10^{-6}$（迟清华和鄢明才，2007；Wedepohl，1995）。泥质岩中黏土矿物和煤系地层中有机质吸附锂元素，锂元素富集到可利用经济价值的程度就形成了沉积型锂矿。近年发现的与碳酸盐岩风化-沉积有关的"碳酸盐黏土型锂矿床"（温汉捷等，2020）分布在湘-黔-滇-桂地球化学省中。黑龙江佳木斯地球化学异常（Li19）是否存在与煤系地层或火山碎屑岩有关的锂矿值得进一步研究。

（4）次生风化黏土（铝土矿）有关的锂地球化学异常：湘-滇-黔-桂地球化学异常（Li13、Li14、Li15）的云南-广西交界处的异常，是目前土壤采样中锂含量最高的异常，含量高达95.8×10^{-6}。土壤，特别是砖红壤富含次生黏土矿物，对锂具有富集作用。铝土矿、煤矿、高岭土矿床中土壤继承了母质岩石中锂含量的水平，在风化作用过程中，锂较容易从原生矿物中释放出来，转化成可活动的形态，在黏土矿物中富集（Sobolev et al.，2019）。

李建康等（2014）和Li等（2015）根据全国锂矿产地的分布规律，共划分出12个锂成矿带（表3-13），划分按照以下原则进行：①成锂带需要已产出大量锂矿床（点），且具有规模达到小型以上的典型锂矿床，否则区域不单独划分成矿带；②成锂带范围参考全国III级成矿带（徐志刚等，2008）；③对于矿床（点）分布范围与III级成矿带不一致的区域，按照造山带的范围进行划分或参考地理单元进行划分；④成锂带的命名参考三级成矿带名称、地理单元名称、典型矿床名称。硬岩型锂矿资源区带包括：阿尔泰成锂带、康巴勒成锂带、西天山成锂带、东天山成锂带、西昆仑成锂带、松潘−甘孜成锂带、秦岭成锂带、华南成锂带。盐湖卤水型锂矿资源区带包括：藏北成锂带、柴达木成锂带、四川盆地成锂带、江汉盆地成锂带。

　　锂的地球化学省与成矿区带划分基本一致，但李建康等（2014）划分的成矿区带未包含一些重要地球化学异常，如滇−黔−湘−桂地球化学省（Li13、Li14、Li15）、三江地球化学省（Li12）、佳木斯地球化学省（Li19），这些异常具有寻找沉积型锂矿床的重要潜力。本项目未针对盐湖进行专门采样，导致盐湖型锂高值区不明显，如察尔汗盐湖在全国范围内只有弱异常显现；藏北无人区部分面积未能采样导致未能全部覆盖扎布耶成锂带，仅在扎布耶成锂带外围有异常显现，并与硬岩型锂高值区拼合。

表 3-13　中国成锂区带划分

地球化学省[①]	成锂区带[②]	已知典型矿床	找矿潜力预测
阿尔泰地球化学省	阿尔泰成锂带	可可托海	海西−燕山期伟晶岩型
东天山−吐哈盆地球化学省	东天山成锂带	镜儿泉	海西−印支期伟晶岩型、盐湖型锂矿？
西天山地球化学省	西天山成锂带	沙音图拜	
西昆仑地球化学省	西昆仑成锂带	大红柳滩	印支−燕山期伟晶岩型
藏北盆地地球化学省	藏北成锂带	扎布耶、当雄错、拉果错	第四纪盐湖卤水型
柴达木地球化学省	柴达木成锂带	察尔汗等	第四纪盐湖卤水型
松潘−甘孜地球化学省	松潘−甘孜成锂带	甲基卡、李家沟	印支−燕山期伟晶岩型
四川盆地自贡地球化学省	四川盆地成锂带	自贡	地下卤水型
华南地球化学省	华南成锂带	宜春、南平	印支−燕山期、加里东期花岗岩型
	江汉盆地成锂带	潜江	燕山期花岗岩型，白垩纪、古近纪、新近纪卤水型
三江地球化学省		腾冲宝华山、麻花坪	花岗伟晶岩型矿床、新近纪泥质岩型锂矿？
雅鲁藏布江地球化学省		无	燕山晚期−喜马拉雅期花岗岩型？
藏东北地球化学省		无	花岗岩型和伟晶岩型锂矿？
湘−黔−滇−桂地球化学省		无	碳酸盐黏土型、泥岩类、铝土矿型？
佳木斯地球化学省		无	中生代陆相碎屑岩、含煤系地层沉积型、海西−燕山期花岗岩型？
内蒙古二连盆地、银额盆地地球化学省		无	盐湖卤水型？
东南沿海地球化学省		无	地下卤水型？
秦岭地球化学省	秦岭成锂带	官坡	加里东期、燕山期
	康巴勒成锂带	合什哈西哈力	

数据来源：①本书；②李建康等（2014）

第四章　中国铍元素地球化学

第一节　中国岩石铍元素含量特征

一、三大岩类中铍含量分布

铍在侵入岩中含量最高，火山岩和变质岩中次之，沉积岩中最低；铍在侵入岩中含量从酸性岩到中性、基性、超基性岩由高到低依次降低；侵入岩中燕山期铍含量最高；地层岩性中泥质岩铍含量最高，碳酸盐岩（石灰岩、白云岩）铍含量最低（表 4-1）。

表 4-1　全国岩石中铍元素不同参数基准数据特征统计　（单位：10^{-6}）

统计项	统计项内容		样品数	最小值	中位数	最大值	算术平均值	几何平均值	标准离差	背景值
三大岩类	沉积岩		6209	0.0003	1.34	43.27	1.50	0.80	1.42	1.40
	变质岩		1808	0.003	2.08	24.53	2.11	1.61	1.35	2.02
	岩浆岩	侵入岩	2634	0.05	2.39	107.50	2.97	2.35	3.05	2.50
		火山岩	1467	0.37	2.08	14.12	2.28	2.01	1.30	2.10
地层细分	古近系和新近系		528	0.05	1.52	11.87	1.71	1.38	1.23	1.55
	白垩系		886	0.002	1.81	14.12	1.99	1.58	1.40	1.79
	侏罗系		1362	0.003	2.09	8.68	2.15	1.73	1.15	2.08
	三叠系		1142	0.003	1.54	14.54	1.58	0.97	1.18	1.54
	二叠系		873	0.004	1.50	15.19	1.60	0.86	1.46	1.48
	石炭系		869	0.001	1.11	12.09	1.34	0.66	1.33	1.21
	泥盆系		713	0.01	1.24	8.00	1.38	0.78	1.15	1.33
	志留系		390	0.01	2.17	4.82	2.11	1.66	1.04	2.11
	奥陶系		547	0.0003	1.00	12.37	1.47	0.60	1.61	1.35
	寒武系		632	0.01	1.31	29.71	1.63	0.74	1.90	1.46
	元古宇		1145	0.003	1.84	43.27	1.87	1.03	1.88	1.76
	太古宇		244	0.02	1.42	10.24	1.59	1.27	1.05	1.47

续表

统计项	统计项内容	样品数	最小值	中位数	最大值	算术平均值	几何平均值	标准离差	背景值
侵入岩细分	酸性岩	2077	0.30	2.66	107.50	3.31	2.76	3.30	2.78
	中性岩	340	0.50	1.89	9.62	2.13	1.91	1.14	1.93
	基性岩	164	0.09	0.97	4.11	1.15	0.96	0.69	1.07
	超基性岩	53	0.05	0.19	2.82	0.57	0.28	0.69	0.53
侵入岩期次	喜马拉雅期	27	0.43	2.73	14.38	3.51	2.62	3.24	3.09
	燕山期	963	0.05	2.95	107.50	3.81	3.08	4.28	3.22
	海西期	778	0.06	2.11	11.61	2.39	1.98	1.41	2.22
	加里东期	211	0.06	2.29	17.10	2.69	2.20	1.86	2.40
	印支期	237	0.06	2.48	38.16	2.99	2.42	2.81	2.67
	元古宙	253	0.10	1.88	13.81	2.12	1.78	1.57	1.88
	太古宙	100	0.09	1.28	4.63	1.51	1.27	0.85	1.47
地层岩性	玄武岩	238	0.38	1.48	4.02	1.56	1.42	0.66	1.51
	安山岩	279	0.40	1.71	7.38	1.80	1.66	0.76	1.77
	流纹岩	378	0.37	2.44	11.87	2.75	2.46	1.47	2.50
	火山碎屑岩	88	0.55	2.42	7.12	2.53	2.26	1.23	2.40
	凝灰岩	432	0.72	2.33	13.97	2.44	2.22	1.16	2.31
	粗面岩	43	0.72	2.38	14.12	3.20	2.55	2.86	2.37
	石英砂岩	221	0.08	0.41	2.92	0.46	0.38	0.32	0.42
	长石石英砂岩	888	0.04	1.29	11.63	1.47	1.28	0.88	1.33
	长石砂岩	458	0.40	2.09	14.54	2.34	2.06	1.55	2.04
	砂岩	1844	0.02	1.72	43.27	1.87	1.65	1.33	1.75
	粉砂质泥质岩	106	0.56	2.53	6.43	2.61	2.46	0.86	2.57
	钙质泥质岩	174	0.51	2.26	5.70	2.28	2.17	0.71	2.23
	泥质岩	712	0.85	3.03	11.51	3.19	2.97	1.25	3.04
	石灰岩	1310	0.0003	0.10	5.52	0.22	0.13	0.34	0.11
	白云岩	441	0.003	0.10	3.01	0.19	0.12	0.26	0.11
	泥灰岩	49	0.38	1.17	3.04	1.16	1.09	0.42	1.12
	硅质岩	68	0.10	0.74	15.19	1.22	0.68	2.13	0.85
	冰碛岩	5	0.89	1.04	1.42	1.09	1.07	0.21	1.09
	板岩	525	0.65	2.54	24.53	2.61	2.41	1.41	2.47
	千枚岩	150	0.74	2.61	5.40	2.61	2.48	0.80	2.54
	片岩	380	0.42	2.35	5.74	2.37	2.16	0.93	2.34
	片麻岩	289	0.33	1.80	7.77	2.05	1.82	1.08	1.91
	变粒岩	119	0.23	1.88	11.05	2.20	1.87	1.50	2.00

统计项	统计项内容	样品数	最小值	中位数	最大值	算术平均值	几何平均值	标准离差	背景值
地层岩性	麻粒岩	4	0.86	0.96	1.17	0.99	0.98	0.14	0.99
	斜长角闪岩	88	0.32	1.11	5.11	1.25	1.09	0.79	1.06
	大理岩	108	0.003	0.12	3.27	0.21	0.11	0.35	0.18
	石英岩	75	0.06	0.99	5.85	1.09	0.77	0.92	0.98

二、不同时代地层中铍含量分布

铍含量的中位数在地层中志留系最高，奥陶系最低，从高到低依次为：志留系、侏罗系、元古宇、白垩系、三叠系、古近系和新近系、二叠系、太古宇、寒武系、泥盆系、石炭系、奥陶系（表4-1）。

三、不同大地构造单元中铍含量分布

表4-2～表4-9给出了不同大地构造单元铍的含量数据，图4-1给出了各大地构造单元平均含量与地壳克拉克值的对比。

表4-2 天山-兴蒙造山带岩石中铍元素不同参数基准数据特征统计　（单位：10^{-6}）

统计项	统计项内容		样品数	最小值	中位数	最大值	算术平均值	几何平均值	标准离差	背景值
三大岩类	沉积岩		807	0.003	1.62	11.63	1.64	1.22	0.97	1.57
	变质岩		373	0.003	1.86	7.00	1.86	1.34	1.06	1.82
	岩浆岩	侵入岩	917	0.06	2.36	11.61	2.60	2.22	1.41	2.46
		火山岩	823	0.38	2.06	13.97	2.20	1.96	1.15	2.09
地层细分	古近系和新近系		153	0.32	1.69	7.38	1.84	1.65	0.91	1.80
	白垩系		203	0.28	2.12	10.44	2.24	2.05	1.03	2.13
	侏罗系		411	0.19	2.36	7.43	2.46	2.26	0.98	2.38
	三叠系		32	0.51	1.81	3.31	1.85	1.66	0.79	1.85
	二叠系		275	0.03	1.90	13.97	1.97	1.60	1.21	1.87
	石炭系		353	0.003	1.34	11.63	1.46	1.06	1.03	1.34
	泥盆系		238	0.01	1.37	8.00	1.48	1.15	0.93	1.41
	志留系		81	0.03	1.65	3.00	1.67	1.43	0.69	1.67
	奥陶系		111	0.05	1.75	5.85	1.84	1.45	1.07	1.74
	寒武系		13	0.11	1.20	7.00	1.71	1.11	1.76	1.27
	元古宇		145	0.003	1.86	5.46	1.76	0.93	1.23	1.73
	太古宇		6	0.51	1.27	1.76	1.20	1.12	0.43	1.20

续表

统计项	统计项内容	样品数	最小值	中位数	最大值	算术平均值	几何平均值	标准离差	背景值
侵入岩细分	酸性岩	736	0.62	2.56	11.61	2.87	2.60	1.37	2.71
	中性岩	110	0.61	1.74	6.58	1.93	1.76	0.94	1.73
	基性岩	58	0.09	0.80	3.25	1.02	0.79	0.69	0.98
	超基性岩	13	0.06	0.13	1.21	0.33	0.19	0.37	0.33
侵入岩期次	燕山期	240	1.15	2.85	10.04	3.15	2.92	1.34	2.96
	海西期	534	0.06	2.12	11.61	2.42	2.00	1.40	2.26
	加里东期	37	0.44	1.86	4.01	1.89	1.72	0.77	1.89
	印支期	29	0.45	2.59	10.22	2.99	2.53	1.85	2.73
	元古宙	57	0.28	2.36	3.65	2.22	2.02	0.81	2.22
	太古宙	1	0.97	0.97	0.97	0.97	0.97		
地层岩性	玄武岩	96	0.38	1.40	4.02	1.55	1.37	0.78	1.47
	安山岩	181	0.58	1.70	7.38	1.79	1.63	0.81	1.76
	流纹岩	206	0.55	2.49	10.44	2.63	2.41	1.17	2.49
	火山碎屑岩	54	0.62	2.55	7.12	2.62	2.34	1.22	2.53
	凝灰岩	260	0.72	2.17	13.97	2.33	2.10	1.26	2.17
	粗面岩	21	0.72	2.12	3.87	2.06	1.91	0.76	2.06
	石英砂岩	8	0.34	0.72	2.07	0.91	0.77	0.60	0.91
	长石石英砂岩	118	0.56	1.58	11.63	1.79	1.57	1.22	1.56
	长石砂岩	108	0.45	2.04	7.85	2.15	1.97	0.98	1.99
	砂岩	396	0.24	1.55	5.95	1.65	1.52	0.69	1.61
	粉砂质泥质岩	31	0.76	2.32	3.35	2.28	2.21	0.52	2.28
	钙质泥质岩	14	0.70	1.84	2.66	1.81	1.72	0.56	1.81
	泥质岩	46	0.94	2.04	4.73	2.25	2.14	0.75	2.19
	石灰岩	66	0.003	0.10	1.91	0.20	0.10	0.29	0.17
	白云岩	20	0.03	0.13	1.06	0.22	0.13	0.26	0.18
	硅质岩	7	0.38	1.01	1.45	0.94	0.86	0.36	0.94
	板岩	119	0.72	2.21	7.00	2.23	2.11	0.78	2.19
	千枚岩	18	0.74	2.18	3.81	2.21	2.05	0.81	2.21
	片岩	97	0.42	2.11	4.74	2.15	1.94	0.90	2.15
	片麻岩	45	0.57	1.93	5.40	2.09	1.91	0.97	2.02
	变粒岩	12	0.95	2.30	3.23	2.20	2.05	0.78	2.20
	斜长角闪岩	12	0.32	1.06	1.59	1.04	0.96	0.38	1.04
	大理岩	42	0.003	0.13	3.27	0.27	0.11	0.52	0.20
	石英岩	21	0.06	1.16	5.85	1.43	0.86	1.40	1.21

表 4-3　华北克拉通岩石中铍元素不同参数基准数据特征统计　（单位：10^{-6}）

统计项	统计项内容		样品数	最小值	中位数	最大值	算术平均值	几何平均值	标准离差	背景值
三大岩类	沉积岩		1061	0.0003	1.20	10.06	1.36	0.66	1.25	1.27
	变质岩		361	0.004	1.46	11.05	1.67	1.21	1.22	1.57
	岩浆岩	侵入岩	571	0.09	1.95	13.81	2.19	1.86	1.36	2.00
		火山岩	217	0.72	2.00	14.12	2.51	2.17	1.85	2.06
地层细分	古近系和新近系		86	0.08	1.69	11.87	2.08	1.70	1.88	1.71
	白垩系		166	0.38	1.67	14.12	2.01	1.69	1.66	1.67
	侏罗系		246	0.30	2.01	8.68	2.26	2.00	1.18	2.06
	三叠系		80	0.23	1.69	4.27	1.80	1.64	0.74	1.77
	二叠系		107	0.02	1.71	6.98	1.88	1.48	1.17	1.83
	石炭系		98	0.05	1.86	8.29	2.22	1.62	1.60	2.01
	泥盆系		1	1.81	1.81	1.81	1.81	1.81		
	志留系		12	0.01	2.08	3.08	1.79	1.07	0.99	1.79
	奥陶系		139	0.0003	0.10	3.30	0.29	0.11	0.53	0.09
	寒武系		177	0.01	0.29	5.70	0.95	0.36	1.16	0.92
	元古宇		303	0.004	0.77	11.05	1.28	0.53	1.47	1.15
	太古宇		196	0.02	1.34	10.24	1.54	1.24	1.07	1.39
侵入岩细分	酸性岩		413	0.30	2.13	13.81	2.43	2.10	1.47	2.23
	中性岩		93	0.76	1.83	3.86	1.93	1.83	0.65	1.93
	基性岩		51	0.25	1.06	2.00	1.11	1.00	0.47	1.11
	超基性岩		14	0.09	0.72	2.82	0.88	0.58	0.79	0.88
侵入岩期次	燕山期		201	0.73	2.30	9.24	2.66	2.37	1.38	2.46
	海西期		132	0.11	1.92	7.29	2.11	1.76	1.22	2.03
	加里东期		20	0.46	1.58	2.97	1.57	1.39	0.72	1.57
	印支期		39	0.48	1.75	4.48	2.05	1.78	1.09	2.05
	元古宙		75	0.66	1.81	13.81	2.06	1.80	1.62	1.90
	太古宙		91	0.09	1.33	3.40	1.49	1.29	0.75	1.49
地层岩性	玄武岩		40	0.72	1.66	2.82	1.71	1.63	0.51	1.71
	安山岩		64	1.05	1.70	4.01	1.87	1.80	0.57	1.84
	流纹岩		53	1.03	2.42	11.87	3.40	2.86	2.45	2.49
	火山碎屑岩		14	1.14	2.06	3.01	2.06	1.96	0.65	2.06
	凝灰岩		30	1.23	2.53	6.67	2.93	2.66	1.36	2.93
	粗面岩		15	1.62	2.26	14.12	3.82	2.89	3.85	3.82
	石英砂岩		45	0.08	0.26	2.18	0.39	0.30	0.38	0.31
	长石石英砂岩		103	0.08	1.10	4.39	1.23	1.06	0.66	1.14

续表

统计项	统计项内容	样品数	最小值	中位数	最大值	算术平均值	几何平均值	标准离差	背景值
地层岩性	长石砂岩	54	0.40	1.60	5.54	1.70	1.55	0.80	1.63
	砂岩	302	0.38	1.73	5.32	1.84	1.69	0.76	1.77
	粉砂质泥质岩	25	1.33	2.46	4.04	2.64	2.57	0.64	2.64
	钙质泥质岩	32	1.07	2.18	5.70	2.30	2.17	0.90	2.19
	泥质岩	138	0.94	2.81	10.06	3.07	2.78	1.45	2.86
	石灰岩	229	0.0003	0.10	1.61	0.21	0.12	0.24	0.16
	白云岩	120	0.005	0.11	3.01	0.19	0.10	0.32	0.17
	泥灰岩	13	0.59	1.07	3.04	1.19	1.09	0.62	1.03
	硅质岩	5	0.15	0.17	1.48	0.59	0.36	0.62	0.59
	板岩	18	0.88	2.74	4.78	2.61	2.38	1.05	2.61
	千枚岩	11	1.30	3.13	5.40	2.82	2.59	1.18	2.82
	片岩	49	0.85	2.26	5.66	2.39	2.24	0.88	2.33
	片麻岩	122	0.33	1.50	4.19	1.65	1.51	0.73	1.54
	变粒岩	66	0.23	1.51	11.05	2.00	1.63	1.75	1.68
	麻粒岩	4	0.86	0.96	1.17	0.99	0.98	0.14	0.99
	斜长角闪岩	42	0.46	0.92	5.11	1.23	1.05	0.90	1.01
	大理岩	26	0.004	0.12	0.46	0.16	0.09	0.14	0.16
	石英岩	18	0.16	0.33	1.85	0.62	0.46	0.52	0.62

表 4-4　秦祁昆造山带岩石中铍元素不同参数基准数据特征统计　（单位：10^{-6}）

统计项	统计项内容		样品数	最小值	中位数	最大值	算术平均值	几何平均值	标准离差	背景值
三大岩类	沉积岩		510	0.001	1.19	43.27	1.36	0.75	2.09	1.28
	变质岩		393	0.005	2.26	7.36	2.17	1.72	1.05	2.13
	岩浆岩	侵入岩	339	0.06	2.26	14.31	2.69	2.28	1.75	2.36
		火山岩	72	0.40	1.77	6.25	1.93	1.68	1.10	1.69
地层细分	古近系和新近系		61	0.08	1.28	3.57	1.36	1.13	0.69	1.32
	白垩系		85	0.14	1.61	4.55	1.71	1.51	0.83	1.64
	侏罗系		46	0.19	1.58	5.09	1.69	1.35	1.06	1.62
	三叠系		103	0.03	1.78	4.38	1.76	1.33	0.96	1.76
	二叠系		54	0.004	1.23	3.84	1.28	0.56	1.11	1.28
	石炭系		89	0.001	0.82	3.94	1.06	0.42	1.01	1.06
	泥盆系		92	0.02	1.91	7.36	1.79	1.11	1.32	1.67
	志留系		67	0.10	2.32	4.82	2.08	1.85	0.86	2.04
	奥陶系		65	0.02	1.45	4.54	1.60	1.02	1.11	1.60

续表

统计项	统计项内容	样品数	最小值	中位数	最大值	算术平均值	几何平均值	标准离差	背景值
地层细分	寒武系	59	0.04	1.31	3.41	1.44	0.92	1.02	1.44
	元古宇	164	0.003	1.84	43.27	2.07	1.19	3.43	1.82
	太古宇	29	0.10	2.31	3.98	2.23	1.91	0.85	2.23
侵入岩细分	酸性岩	244	0.91	2.43	14.31	2.96	2.60	1.84	2.57
	中性岩	61	0.50	2.06	7.23	2.31	2.07	1.27	1.99
	基性岩	25	0.43	1.41	4.11	1.60	1.35	0.95	1.60
	超基性岩	9	0.06	0.76	2.39	0.98	0.51	0.89	0.98
侵入岩期次	喜马拉雅期	1	2.93	2.93	2.93	2.93	2.93		
	燕山期	70	1.11	2.66	14.31	3.45	2.95	2.41	2.98
	海西期	62	0.71	2.11	6.57	2.37	2.17	1.06	2.24
	加里东期	91	0.06	2.32	10.22	2.68	2.18	1.67	2.44
	印支期	62	1.11	2.26	7.76	2.60	2.35	1.43	2.20
	元古宙	43	0.10	1.89	10.58	2.15	1.76	1.62	1.95
	太古宙	4	0.49	2.09	4.63	2.33	1.59	2.00	2.33
地层岩性	玄武岩	11	0.50	1.23	3.23	1.66	1.40	0.94	1.66
	安山岩	15	0.40	1.54	2.76	1.62	1.44	0.72	1.62
	流纹岩	24	0.78	1.83	4.78	2.08	1.89	1.01	2.08
	火山碎屑岩	6	1.37	2.46	6.25	3.38	2.88	2.11	3.38
	凝灰岩	14	0.82	1.46	2.21	1.47	1.38	0.53	1.47
	粗面岩	2	2.65	2.70	2.76	2.70	2.70	0.07	2.70
	石英砂岩	14	0.21	0.49	0.78	0.52	0.49	0.16	0.52
	长石石英砂岩	98	0.04	1.16	4.07	1.28	1.12	0.67	1.18
	长石砂岩	23	0.96	2.07	4.38	2.07	1.98	0.64	1.96
	砂岩	202	0.02	1.55	43.27	1.84	1.47	3.02	1.63
	粉砂质泥质岩	8	0.82	2.51	3.57	2.36	2.17	0.89	2.36
	钙质泥质岩	14	0.51	2.25	5.09	2.32	2.12	0.96	2.32
	泥质岩	25	0.85	2.65	3.94	2.49	2.32	0.84	2.49
	石灰岩	89	0.001	0.10	1.07	0.17	0.10	0.20	0.12
	白云岩	32	0.003	0.07	1.06	0.24	0.10	0.29	0.24
	泥灰岩	5	0.38	1.04	1.22	0.89	0.81	0.38	0.89
	硅质岩	9	0.15	0.31	1.00	0.44	0.36	0.33	0.44
	板岩	87	1.07	2.56	4.54	2.53	2.44	0.67	2.51
	千枚岩	47	1.24	2.52	4.82	2.50	2.41	0.69	2.45
	片岩	103	0.64	2.40	5.74	2.37	2.18	0.92	2.31

续表

统计项	统计项内容	样品数	最小值	中位数	最大值	算术平均值	几何平均值	标准离差	背景值
地层岩性	片麻岩	79	0.67	2.20	7.36	2.39	2.19	1.07	2.32
	变粒岩	16	0.75	2.16	3.93	2.29	2.11	0.91	2.29
	斜长角闪岩	18	0.45	1.14	4.12	1.39	1.18	0.92	1.39
	大理岩	21	0.005	0.10	0.68	0.16	0.09	0.18	0.16
	石英岩	11	0.15	1.33	1.72	1.09	0.90	0.56	1.09

表 4-5　扬子克拉通岩石中铍元素不同参数基准数据特征统计　（单位：10^{-6}）

统计项	统计项内容		样品数	最小值	中位数	最大值	算术平均值	几何平均值	标准离差	背景值
三大岩类	沉积岩		1716	0.01	1.18	13.29	1.41	0.69	1.36	1.36
	变质岩		139	0.10	2.45	9.42	2.43	2.08	1.19	2.35
	岩浆岩	侵入岩	123	0.27	2.41	38.16	3.96	2.69	4.48	2.99
		火山岩	105	0.37	1.93	7.81	2.20	1.98	1.10	2.00
地层细分	古近系和新近系		27	0.26	1.44	3.48	1.63	1.41	0.82	1.63
	白垩系		123	0.03	1.39	4.96	1.52	1.26	0.82	1.44
	侏罗系		236	0.01	1.91	8.09	1.94	1.68	0.95	1.91
	三叠系		385	0.01	0.78	6.28	1.16	0.54	1.17	1.12
	二叠系		237	0.01	0.40	8.80	1.26	0.45	1.59	1.00
	石炭系		73	0.04	0.10	4.23	0.55	0.22	0.93	0.13
	泥盆系		98	0.03	0.37	3.96	0.90	0.42	1.03	0.90
	志留系		147	0.10	2.57	4.55	2.36	1.84	1.10	2.36
	奥陶系		148	0.03	0.84	11.51	1.63	0.71	1.87	1.52
	寒武系		193	0.05	0.89	29.71	1.48	0.64	2.47	1.26
	元古宇		305	0.01	2.14	13.29	1.99	1.19	1.49	1.89
	太古宇		3	1.48	1.61	2.45	1.85	1.80	0.52	1.85
侵入岩细分	酸性岩		96	0.44	2.97	38.16	4.67	3.40	4.81	4.31
	中性岩		15	0.91	1.54	5.84	1.86	1.61	1.25	1.58
	基性岩		11	0.27	0.77	2.34	0.94	0.82	0.54	0.94
	超基性岩		1	0.41	0.41	0.41	0.41	0.41		
	燕山期		47	0.84	3.67	17.94	5.19	4.14	3.69	4.92
	海西期		3	0.41	1.28	8.43	3.38	1.65	4.40	3.38
	加里东期		5	1.31	2.18	4.99	2.52	2.26	1.44	2.52
	印支期		17	0.44	2.79	38.16	5.55	3.04	8.86	3.51
	元古宙		44	0.27	1.54	12.05	2.26	1.67	2.38	1.60
	太古宙		1	0.64	0.64	0.64	0.64	0.64		

统计项	统计项内容	样品数	最小值	中位数	最大值	算术平均值	几何平均值	标准离差	背景值
地层岩性	玄武岩	47	0.84	1.85	2.30	1.70	1.64	0.42	1.70
	安山岩	5	0.86	1.91	2.10	1.65	1.57	0.52	1.65
	流纹岩	14	0.37	2.35	7.81	2.86	2.29	1.98	2.86
	火山碎屑岩	6	1.77	2.15	4.96	2.55	2.38	1.21	2.55
	凝灰岩	30	1.19	2.59	4.38	2.55	2.40	0.85	2.55
	粗面岩	2	4.59	4.73	4.87	4.73	4.72	0.20	4.73
	石英砂岩	55	0.10	0.33	0.78	0.35	0.31	0.17	0.35
	长石石英砂岩	162	0.10	1.13	4.35	1.29	1.16	0.64	1.22
	长石砂岩	108	0.86	2.05	13.29	2.14	1.97	1.26	2.04
	砂岩	359	0.16	1.89	8.30	1.96	1.77	0.85	1.93
	粉砂质泥质岩	7	1.74	2.27	3.82	2.60	2.52	0.73	2.60
	钙质泥质岩	70	1.25	2.38	3.66	2.41	2.35	0.50	2.41
	泥质岩	277	1.31	3.16	11.51	3.29	3.11	1.18	3.15
	石灰岩	461	0.01	0.10	1.53	0.21	0.15	0.23	0.13
	白云岩	194	0.01	0.10	1.51	0.21	0.14	0.25	0.11
	泥灰岩	23	0.55	1.24	1.76	1.18	1.13	0.34	1.18
	硅质岩	18	0.10	0.96	9.42	1.43	0.86	2.08	0.96
	板岩	73	1.13	2.72	4.24	2.66	2.57	0.68	2.66
	千枚岩	20	1.19	2.68	5.09	2.83	2.74	0.76	2.83
	片岩	18	0.46	2.30	4.26	2.31	2.04	1.03	2.31
	片麻岩	4	0.40	2.03	3.66	2.03	1.55	1.37	2.03
	变粒岩	2	1.18	3.77	6.37	3.77	2.74	3.67	3.77
	斜长角闪岩	2	1.31	1.40	1.48	1.40	1.39	0.13	1.40
	大理岩	1	0.53	0.53	0.53	0.53	0.53		
	石英岩	1	0.30	0.30	0.30	0.30	0.30		

表 4-6 华南造山带岩石中铍元素不同参数基准数据特征统计 （单位：10^{-6}）

统计项	统计项内容		样品数	最小值	中位数	最大值	算术平均值	几何平均值	标准离差	背景值
三大岩类	沉积岩		1016	0.003	1.71	11.29	1.82	0.96	1.52	1.73
	变质岩		172	0.10	2.67	24.53	2.83	2.33	2.10	2.63
	岩浆岩	侵入岩	416	0.17	3.66	107.50	4.66	3.83	5.80	3.91
		火山岩	147	0.66	2.59	6.89	2.67	2.46	1.06	2.59
地层细分	古近系和新近系		39	0.81	1.60	6.13	1.90	1.69	1.09	1.79
	白垩系		155	0.25	2.23	11.29	2.56	2.24	1.46	2.36

续表

统计项	统计项内容	样品数	最小值	中位数	最大值	算术平均值	几何平均值	标准离差	背景值
地层细分	侏罗系	203	0.07	2.45	6.89	2.46	2.09	1.16	2.43
	三叠系	139	0.07	1.68	5.10	1.78	1.05	1.32	1.78
	二叠系	71	0.01	0.30	4.78	1.06	0.40	1.29	1.06
	石炭系	120	0.003	0.10	3.43	0.56	0.19	0.85	0.53
	泥盆系	216	0.01	0.88	4.67	1.30	0.59	1.26	1.30
	志留系	32	0.34	2.62	4.46	2.61	2.29	1.11	2.61
	奥陶系	57	0.15	2.62	9.72	2.73	2.18	1.68	2.51
	寒武系	145	0.01	2.50	8.35	2.67	1.85	1.67	2.63
	元古宇	132	0.15	2.61	7.77	2.78	2.49	1.19	2.74
	太古宇	3	1.24	1.46	2.54	1.75	1.67	0.70	1.75
侵入岩细分	酸性岩	388	0.72	3.72	107.50	4.78	3.97	5.97	3.99
	中性岩	22	1.05	3.24	7.54	3.40	3.17	1.31	3.20
	基性岩	5	0.48	1.23	2.06	1.26	1.13	0.58	1.26
	超基性岩	1	0.17	0.17	0.17	0.17	0.17		
侵入岩期次	燕山期	273	1.23	3.93	107.50	5.13	4.17	6.94	4.75
	海西期	19	0.48	3.17	10.64	3.65	3.19	2.03	3.27
	加里东期	48	1.11	3.35	17.10	3.93	3.49	2.47	3.65
	印支期	57	0.72	3.39	7.34	3.52	3.25	1.34	3.52
	元古宙	6	0.17	1.75	3.67	1.78	1.28	1.20	1.78
地层岩性	玄武岩	20	0.70	1.28	2.79	1.37	1.29	0.49	1.37
	安山岩	2	1.61	2.63	3.66	2.63	2.43	1.45	2.63
	流纹岩	46	0.93	2.85	6.18	3.10	2.92	1.09	3.10
	火山碎屑岩	1	0.66	0.66	0.66	0.66	0.66		
	凝灰岩	77	1.13	2.64	6.89	2.78	2.68	0.84	2.73
	石英砂岩	62	0.10	0.51	1.23	0.50	0.45	0.21	0.49
	长石石英砂岩	202	0.50	1.61	5.30	1.78	1.60	0.86	1.66
	长石砂岩	95	0.89	2.43	6.19	2.63	2.49	0.95	2.48
	砂岩	215	0.07	2.17	11.29	2.34	2.07	1.26	2.16
	粉砂质泥质岩	7	0.86	3.21	4.51	2.94	2.56	1.45	2.94
	钙质泥质岩	12	1.88	2.59	3.60	2.65	2.60	0.55	2.65
	泥质岩	170	1.21	3.32	8.35	3.58	3.39	1.24	3.44
	石灰岩	207	0.003	0.10	1.37	0.16	0.11	0.19	0.10
	白云岩	42	0.04	0.10	0.39	0.10	0.09	0.07	0.10
	泥灰岩	4	0.99	1.20	1.55	1.23	1.21	0.26	1.23

续表

统计项	统计项内容	样品数	最小值	中位数	最大值	算术平均值	几何平均值	标准离差	背景值
地层岩性	硅质岩	22	0.10	0.65	3.38	1.08	0.68	0.98	1.08
	板岩	57	1.20	2.99	24.53	3.52	3.06	3.10	3.14
	千枚岩	18	1.96	2.95	4.82	3.08	2.99	0.74	3.08
	片岩	38	1.46	2.79	4.70	2.92	2.79	0.86	2.92
	片麻岩	12	1.01	3.22	7.77	3.20	2.77	1.82	3.20
	变粒岩	16	1.70	2.61	3.73	2.69	2.63	0.60	2.69
	斜长角闪岩	2	1.41	1.47	1.53	1.47	1.47	0.08	1.47
	石英岩	7	1.00	1.37	2.50	1.63	1.54	0.58	1.63

表 4-7　塔里木克拉通岩石中铍元素不同参数基准数据特征统计　（单位：10^{-6}）

统计项	统计项内容		样品数	最小值	中位数	最大值	算术平均值	几何平均值	标准离差	背景值
三大岩类	沉积岩		160	0.003	0.88	5.52	1.05	0.58	0.94	0.94
	变质岩		42	0.03	1.18	2.73	1.23	0.80	0.83	1.23
	岩浆岩	侵入岩	34	0.40	1.88	8.98	2.21	1.76	1.75	2.01
		火山岩	2	1.52	1.60	1.69	1.60	1.60	0.12	1.60
地层细分	古近系和新近系		29	0.09	1.05	1.96	1.06	0.85	0.57	1.06
	白垩系		11	0.32	0.72	2.67	1.04	0.85	0.76	1.04
	侏罗系		18	0.32	1.49	3.29	1.46	1.29	0.68	1.46
	三叠系		3	1.82	1.91	2.85	2.19	2.15	0.57	2.19
	二叠系		12	0.14	0.84	4.11	1.45	0.97	1.31	1.45
	石炭系		19	0.005	0.13	5.27	0.67	0.17	1.28	0.41
	泥盆系		18	0.03	0.67	2.61	0.96	0.66	0.71	0.96
	志留系		10	0.10	1.24	2.92	1.43	1.12	0.79	1.43
	奥陶系		10	0.01	0.25	1.86	0.47	0.19	0.57	0.47
	寒武系		17	0.01	0.10	5.52	0.71	0.18	1.35	0.41
	元古宇		26	0.003	1.42	2.73	1.36	0.85	0.80	1.36
	太古宇		6	0.08	0.22	1.79	0.60	0.28	0.72	0.60
侵入岩细分	酸性岩		30	0.40	1.88	8.98	2.27	1.79	1.83	2.04
	中性岩		2	2.12	2.59	3.07	2.59	2.55	0.67	2.59
	基性岩		2	0.69	0.90	1.12	0.90	0.88	0.30	0.90
侵入岩期次	海西期		16	0.78	2.30	8.98	2.71	2.12	2.25	2.71
	加里东期		4	0.40	0.96	1.38	0.93	0.84	0.40	0.93
	元古宙		11	0.69	1.91	4.35	1.98	1.72	1.07	1.98
	太古宙		2	0.86	1.97	3.07	1.97	1.63	1.56	1.97

续表

统计项	统计项内容	样品数	最小值	中位数	最大值	算术平均值	几何平均值	标准离差	背景值
地层岩性	玄武岩	1	1.69	1.69	1.69	1.69	1.69		
	流纹岩	1	1.52	1.52	1.52	1.52	1.52		
	石英砂岩	2	0.26	0.29	0.32	0.29	0.29	0.04	0.29
	长石石英砂岩	26	0.21	1.12	3.76	1.15	0.95	0.75	1.04
	长石砂岩	3	1.32	2.85	5.27	3.15	2.71	1.99	3.15
	砂岩	62	0.49	1.36	4.11	1.37	1.21	0.67	1.32
	钙质泥质岩	7	1.54	1.89	2.67	1.97	1.94	0.36	1.97
	泥质岩	2	1.23	2.26	3.29	2.26	2.01	1.46	2.26
	石灰岩	50	0.003	0.13	5.52	0.34	0.13	0.79	0.24
	白云岩	2	0.12	0.29	0.45	0.29	0.23	0.24	0.29
	冰碛岩	5	0.89	1.04	1.42	1.09	1.07	0.21	1.09
	千枚岩	1	1.77	1.77	1.77	1.77	1.77		
	片岩	11	0.58	1.62	2.73	1.77	1.59	0.75	1.77
	片麻岩	12	0.71	1.39	2.53	1.48	1.36	0.63	1.48
	斜长角闪岩	7	0.54	1.50	2.56	1.36	1.20	0.69	1.36
	大理岩	10	0.03	0.10	0.49	0.18	0.13	0.15	0.18
	石英岩	1	1.50	1.50	1.50	1.50	1.50		

表 4-8　松潘–甘孜造山带岩石中铍元素不同参数基准数据特征统计 （单位：10^{-6}）

统计项	统计项内容		样品数	最小值	中位数	最大值	算术平均值	几何平均值	标准离差	背景值
三大岩类	沉积岩		237	0.01	1.41	5.81	1.36	0.93	0.84	1.34
	变质岩		189	0.10	2.45	7.97	2.38	2.12	0.96	2.30
	岩浆岩	侵入岩	69	0.15	2.35	14.19	3.11	2.30	2.58	2.78
		火山岩	20	0.71	1.98	7.22	2.40	2.07	1.57	2.15
地层细分	古近系和新近系		18	0.07	0.99	3.29	1.05	0.87	0.65	0.92
	白垩系		1	0.12	0.12	0.12	0.12	0.12		
	侏罗系		3	0.05	0.34	1.37	0.59	0.29	0.69	0.59
	三叠系		258	0.06	1.81	3.79	1.89	1.61	0.78	1.89
	二叠系		37	0.01	1.69	4.69	1.64	0.98	1.02	1.56
	石炭系		10	0.03	0.72	2.97	1.10	0.44	1.15	1.10
	泥盆系		27	0.10	1.25	3.65	1.41	0.73	1.24	1.41
	志留系		33	0.10	2.12	3.58	1.84	1.19	1.15	1.84
	奥陶系		8	0.21	1.94	4.25	1.99	1.39	1.40	1.99
	寒武系		12	0.10	2.40	3.54	2.37	1.92	0.91	2.37
	元古宇		34	0.10	1.89	7.97	2.40	1.76	1.81	2.24

统计项	统计项内容	样品数	最小值	中位数	最大值	算术平均值	几何平均值	标准离差	背景值
侵入岩细分	酸性岩	48	0.80	2.75	14.19	3.67	2.94	2.81	3.22
	中性岩	15	0.89	1.84	5.34	2.24	1.98	1.22	2.24
	基性岩	1	0.88	0.88	0.88	0.88	0.88		
	超基性岩	5	0.15	0.19	1.54	0.71	0.40	0.74	0.71
	燕山期	25	0.80	3.84	14.19	4.80	3.89	3.38	4.80
	海西期	8	0.15	1.41	2.52	1.34	0.92	0.87	1.34
	印支期	19	1.10	2.80	4.63	2.93	2.67	1.22	2.93
	元古宙	12	0.88	1.27	3.06	1.54	1.41	0.74	1.54
	太古宙	1	0.19	0.19	0.19	0.19	0.19		
地层岩性	玄武岩	7	0.71	1.26	1.84	1.34	1.28	0.40	1.34
	安山岩	1	3.29	3.29	3.29	3.29	3.29		
	流纹岩	7	1.64	2.14	5.79	2.65	2.41	1.45	2.65
	凝灰岩	3	2.07	2.09	2.36	2.17	2.17	0.16	2.17
	粗面岩	2	3.08	5.15	7.22	5.15	4.72	2.93	5.15
	石英砂岩	2	0.41	0.49	0.57	0.49	0.49	0.11	0.49
	长石石英砂岩	29	0.48	1.22	2.62	1.28	1.21	0.42	1.23
	长石砂岩	20	0.69	1.61	5.81	1.81	1.63	1.05	1.60
	砂岩	129	0.37	1.63	3.33	1.63	1.54	0.52	1.62
	粉砂质泥质岩	4	2.88	3.11	3.82	3.23	3.21	0.41	3.23
	钙质泥质岩	3	0.99	1.16	2.34	1.50	1.39	0.73	1.50
	泥质岩	4	2.17	2.88	3.58	2.88	2.83	0.60	2.88
	石灰岩	35	0.01	0.10	1.11	0.20	0.12	0.25	0.15
	白云岩	11	0.02	0.10	0.58	0.17	0.12	0.16	0.17
	硅质岩	2	0.39	0.62	0.84	0.62	0.57	0.32	0.62
	板岩	118	0.90	2.54	7.97	2.52	2.38	0.91	2.41
	千枚岩	29	1.52	2.60	3.79	2.53	2.43	0.72	2.53
	片岩	29	1.06	2.21	4.83	2.22	2.08	0.82	2.13
	片麻岩	2	2.66	2.69	2.72	2.69	2.69	0.04	2.69
	变粒岩	3	1.03	1.89	4.02	2.31	1.99	1.54	2.31
	大理岩	5	0.10	0.10	0.21	0.12	0.12	0.05	0.12
	石英岩	1	1.36	1.36	1.36	1.36	1.36		

表 4-9　西藏–三江造山带岩石中铍元素不同参数基准数据特征统计　（单位：10^{-6}）

统计项	统计项内容		样品数	最小值	中位数	最大值	算术平均值	几何平均值	标准离差	背景值
三大岩类	沉积岩		702	0.002	1.14	14.54	1.53	0.77	1.63	1.34
	变质岩		139	0.10	2.03	15.19	2.46	1.89	1.92	2.15
	岩浆岩	侵入岩	165	0.05	2.60	29.17	3.37	2.22	3.31	2.59
		火山岩	81	0.40	1.90	11.62	2.08	1.75	1.45	1.96
地层细分	古近系和新近系		115	0.05	1.36	8.93	1.66	1.16	1.39	1.46
	白垩系		142	0.002	1.20	11.62	1.64	0.91	1.80	1.27
	侏罗系		199	0.003	1.28	7.58	1.49	0.78	1.30	1.37
	三叠系		142	0.003	1.37	14.54	1.61	0.89	1.71	1.45
	二叠系		80	0.02	1.36	15.19	1.68	0.79	2.16	1.39
	石炭系		107	0.005	1.33	12.09	1.89	0.91	1.94	1.64
	泥盆系		23	0.01	1.51	3.88	1.66	0.91	1.29	1.66
	志留系		8	0.32	2.88	3.79	2.53	1.88	1.40	2.53
	奥陶系		9	0.44	2.81	12.37	4.08	2.91	3.66	4.08
	寒武系		16	0.13	2.94	4.77	2.71	2.00	1.47	2.71
	元古宇		36	0.45	1.98	4.45	1.99	1.63	1.14	1.99
	太古宇		1	1.48	1.48	1.48	1.48	1.48		
侵入岩细分	酸性岩		122	0.43	2.90	29.17	4.02	3.23	3.49	3.81
	中性岩		22	0.72	1.69	9.62	2.31	1.84	1.98	1.96
	基性岩		11	0.56	0.88	3.56	1.25	1.06	0.87	1.25
	超基性岩		10	0.05	0.07	0.19	0.08	0.08	0.04	0.08
侵入岩期次	喜马拉雅期		26	0.43	2.66	14.38	3.53	2.61	3.31	3.10
	燕山期		107	0.05	2.37	29.17	3.48	2.22	3.64	3.24
	海西期		4	2.91	3.16	4.05	3.32	3.29	0.52	3.32
	加里东期		6	0.56	2.67	4.44	2.79	2.33	1.46	2.79
	印支期		14	0.06	2.51	5.55	2.20	1.18	1.64	2.20
	元古宙		5	1.10	2.77	2.99	2.41	2.28	0.77	2.41
地层岩性	玄武岩		16	0.40	0.88	2.81	1.05	0.92	0.61	1.05
	安山岩		11	0.48	1.77	2.96	1.67	1.50	0.74	1.67
	流纹岩		27	0.83	2.26	5.50	2.33	2.12	1.13	2.33
	火山碎屑岩		7	0.55	2.66	3.43	2.38	2.11	0.95	2.38
	凝灰岩		18	1.33	2.35	3.32	2.23	2.16	0.59	2.23
	粗面岩		1	11.62	11.62	11.62	11.62	11.62		
	石英砂岩		33	0.13	0.47	2.92	0.51	0.43	0.46	0.44
	长石石英砂岩		150	0.23	1.11	7.58	1.38	1.16	0.99	1.16

统计项	统计项内容	样品数	最小值	中位数	最大值	算术平均值	几何平均值	标准离差	背景值
地层岩性	长石砂岩	47	0.72	2.57	14.54	3.68	2.69	3.41	3.45
	砂岩	179	0.29	1.73	10.69	2.00	1.71	1.29	1.77
	粉砂质泥质岩	24	0.56	2.95	6.43	2.88	2.64	1.14	2.73
	钙质泥质岩	22	0.92	2.09	4.03	2.13	1.96	0.87	2.13
	泥质岩	50	0.89	2.97	4.77	2.89	2.74	0.87	2.89
	石灰岩	173	0.002	0.10	4.10	0.31	0.12	0.61	0.09
	白云岩	20	0.02	0.10	0.23	0.12	0.11	0.05	0.12
	泥灰岩	4	1.05	1.23	1.29	1.20	1.20	0.10	1.20
	硅质岩	5	0.27	1.18	15.19	3.80	1.41	6.39	3.80
	板岩	53	0.65	2.54	10.59	2.75	2.32	1.86	2.32
	千枚岩	6	1.32	2.82	3.93	2.63	2.48	0.91	2.63
	片岩	35	0.59	2.91	4.82	2.66	2.40	1.02	2.66
	片麻岩	13	0.96	2.67	7.33	2.89	2.46	1.78	2.89
	变粒岩	4	0.30	2.42	4.45	2.40	1.64	1.77	2.40
	斜长角闪岩	5	0.56	1.14	1.90	1.11	1.01	0.52	1.11
	大理岩	3	0.10	0.19	0.74	0.34	0.24	0.35	0.34
	石英岩	15	0.19	0.82	1.94	0.93	0.79	0.51	0.93

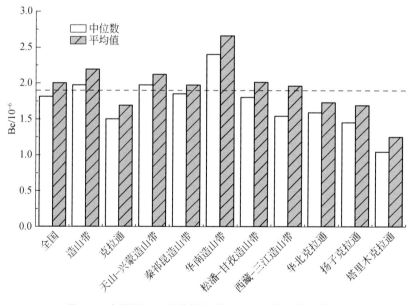

图 4-1 全国及一级大地构造单元岩石铍含量值柱状图

（1）在天山–兴蒙造山带中分布：铍在侵入岩中含量最高、火山岩、变质岩、沉积岩依次降低；铍在侵入岩中含量从酸性岩到中性、基性、超基性岩由高到低依次降低；地层中侏罗系铍含量最高，寒武系最低；侵入岩中燕山期铍含量最高；地层岩性中火山碎屑岩铍含量最高，碳酸盐岩（石灰岩、白云岩）铍含量最低。

（2）在秦祁昆造山带中分布：铍在侵入岩和变质岩中含量最高，火山岩次之，沉积岩中最低；铍在侵入岩中含量从酸性岩到中性、基性、超基性岩由高到低依次降低；地层中志留系和太古宇铍含量最高，石炭系最低；侵入岩中喜马拉雅期铍含量最高；地层岩性中粗面岩和泥质岩铍含量较高，碳酸盐岩（石灰岩、白云岩）铍含量最低。

（3）在华南造山带中分布：铍在侵入岩中含量最高，变质岩和火山岩次之，沉积岩中最低；铍在侵入岩中含量从酸性岩到中性、基性、超基性岩由高到低依次降低；地层中志留系铍含量最高，石炭系最低；侵入岩中燕山期铍含量最高；地层岩性中泥质岩、片麻岩和粉砂质泥质岩铍含量最高，碳酸盐岩（石灰岩、白云岩）铍含量最低。

（4）在松潘-甘孜造山带中分布：铍在变质岩和侵入岩中含量最高，火山岩次之，沉积岩中最低；铍在侵入岩中含量从酸性岩到中性、基性、超基性岩由高到低依次降低；地层中寒武系铍含量最高，白垩系最低；侵入岩中燕山期铍含量最高；地层岩性中粗面岩铍含量最高，碳酸盐岩（石灰岩、白云岩）铍含量最低。

（5）在西藏-三江造山带中分布：铍在侵入岩中含量最高，变质岩和火山岩次之，沉积岩中最低；铍在侵入岩中含量从酸性岩到中性、基性、超基性岩由高到低依次降低；地层中寒武系铍含量最高，白垩系最低；侵入岩中海西期铍含量最高；地层岩性中粗面岩铍含量最高，碳酸盐岩（石灰岩、白云岩）铍含量最低。

（6）在华北克拉通中分布：铍在岩浆岩中含量最高，变质岩次之，沉积岩中最低；铍在侵入岩中含量从酸性岩到中性、基性、超基性岩由高到低依次降低；地层中志留系铍含量最高，奥陶系最低；侵入岩中燕山期铍含量最高；地层岩性中千枚岩铍含量最高，碳酸盐岩（石灰岩、白云岩）铍含量最低。

（7）在扬子克拉通中分布：铍在变质岩和侵入岩中含量最高，火山岩次之，沉积岩最低；铍在侵入岩中含量从酸性岩到中性、基性、超基性岩由高到低依次降低；地层中志留系铍含量最高，石炭系最低；侵入岩中燕山期铍含量最高；地层岩性中粗面岩铍含量最高，碳酸盐岩（石灰岩、白云岩）铍含量最低。

（8）在塔里木克拉通中分布：铍在岩浆岩中含量最高，变质岩次之，沉积岩中最低；地层中三叠系铍含量最高，寒武系最低；侵入岩中海西期铍含量最高；地层岩性中长石砂岩铍含量最高，大理岩铍含量最低。

第二节　中国土壤铍元素含量特征

一、中国土壤铍元素含量总体特征

中国表层和深层土壤中的铍含量近似呈对数正态分布，但仍有少量离群值存在；铍元素表层样品和深层样品95%（2.5%～97.5%）的数据分别变化于 $0.99\times10^{-6}\sim4.30\times10^{-6}$ 和 $0.98\times10^{-6}\sim4.55\times10^{-6}$，基准值（中位数）分别为 2.02×10^{-6} 和 1.98×10^{-6}，低背景基线值

（下四分位数）分别为 1.67×10^{-6} 和 1.61×10^{-6}，高背景基线值（上四分位数）分别为 2.44×10^{-6} 和 2.47×10^{-6}；中位数与地壳克拉克值相当（图 4-2）。

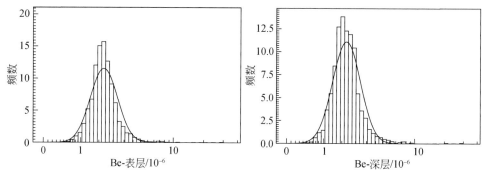

图 4-2　中国土壤铍直方图

二、中国不同大地构造单元土壤铍元素含量

铍元素含量在八个一级大地构造单元内的统计参数见表 4-10 和图 4-3。中国表层土壤中位数排序：西藏-三江造山带＞华南造山带＞扬子克拉通＞天山-兴蒙造山带＞全国＞松潘-甘孜造山带＞华北克拉通＞秦祁昆造山带＞塔里木克拉通。中国深层土壤中位数排序：华南造山带＞西藏-三江造山带＞扬子克拉通＞松潘-甘孜造山带＞全国＞天山-兴蒙造山带＞秦祁昆造山带＞华北克拉通＞塔里木克拉通。

表 4-10　中国一级大地构造单元土壤铍基准值数据特征　　（单位：10^{-6}）

类型	层位	样品数	最小值	25%低背景	50%中位数	75%高背景	85%异常下限	最大值	算术平均值	几何平均值
全国	表层	3394	0.18	1.67	2.02	2.44	2.73	25.02	2.18	2.02
	深层	3393	0.35	1.61	1.98	2.47	2.78	25.02	2.18	2.01
造山带	表层	2172	0.24	1.69	2.10	2.59	2.92	24.84	2.30	2.11
	深层	2171	0.47	1.64	2.07	2.60	3.00	24.58	2.29	2.09
克拉通	表层	1222	0.18	1.64	1.90	2.22	2.42	25.02	1.98	1.88
	深层	1222	0.35	1.60	1.86	2.27	2.47	25.02	1.99	1.88
天山-兴蒙造山带	表层	922	0.67	1.71	2.03	2.47	2.67	18.33	2.13	2.03
	深层	920	0.74	1.56	1.94	2.46	2.67	18.33	2.07	1.94
华北克拉通	表层	613	0.67	1.61	1.84	2.11	2.24	6.12	1.86	1.81
	深层	613	0.65	1.53	1.80	2.12	2.32	6.12	1.84	1.78
塔里木克拉通	表层	209	0.18	1.52	1.72	1.91	2.06	3.24	1.70	1.64
	深层	209	0.35	1.52	1.71	1.86	2.04	3.06	1.69	1.65
秦祁昆造山带	表层	350	0.69	1.56	1.83	2.12	2.24	4.03	1.85	1.80
	深层	350	0.72	1.55	1.81	2.15	2.29	4.53	1.87	1.81

续表

类型	层位	样品数	最小值	25% 低背景	50% 中位数	75% 高背景	85% 异常下限	最大值	算术 平均值	几何 平均值
松潘-甘孜造山带	表层	202	0.72	1.67	2.01	2.33	2.50	4.99	2.03	1.93
	深层	202	0.72	1.66	1.99	2.33	2.52	4.99	2.02	1.93
西藏-三江造山带	表层	348	0.62	1.95	2.47	3.33	3.79	24.84	2.86	2.47
	深层	349	0.56	1.82	2.43	3.30	3.77	24.58	2.82	2.42
扬子 克拉通	表层	399	0.69	1.82	2.17	2.53	2.77	25.02	2.31	2.16
	深层	399	0.48	1.82	2.25	2.54	2.78	25.02	2.36	2.19
华南 造山带	表层	351	0.24	1.88	2.46	3.34	3.93	17.59	2.76	2.45
	深层	351	0.47	2.00	2.56	3.54	4.21	8.11	2.91	2.63

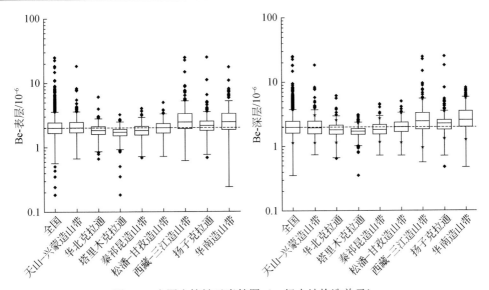

图 4-3　中国土壤铍元素箱图（一级大地构造单元）

三、中国不同自然地理景观土壤铍元素含量

铍元素含量在 10 个自然地理景观的统计参数见表 4-11 和图 4-4。中国表层土壤中位数排序：森林沼泽＞低山丘陵＞中高山＞冲积平原＞喀斯特＞全国＞荒漠戈壁＞黄土＞半干旱草原＞高寒湖泊＞沙漠盆地。中国深层土壤中位数排序：森林沼泽＞低山丘陵＞喀斯特＞冲积平原＞中高山＞全国＞黄土＞半干旱草原＞高寒湖泊＞荒漠戈壁＞沙漠盆地。

表 4-11　中国自然地理景观土壤铍基准值数据特征　　　　（单位：10^{-6}）

类型	层位	样品数	最小值	25% 低背景	50% 中位数	75% 高背景	85% 异常下限	最大值	算术 平均值	几何 平均值
全国	表层	3394	0.18	1.67	2.02	2.44	2.73	25.02	2.18	2.02
	深层	3393	0.35	1.61	1.98	2.47	2.78	25.02	2.18	2.01

续表

类型	层位	样品数	最小值	25% 低背景	50% 中位数	75% 高背景	85% 异常下限	最大值	算术 平均值	几何 平均值
低山丘陵	表层	633	0.24	1.88	2.24	2.85	3.34	17.59	2.51	2.31
	深层	633	0.47	1.89	2.30	3.00	3.58	8.20	2.59	2.38
冲积平原	表层	335	0.68	1.80	2.06	2.33	2.47	4.90	2.06	2.00
	深层	335	0.71	1.78	2.07	2.40	2.55	3.98	2.08	2.01
森林沼泽	表层	218	0.96	2.32	2.56	2.78	2.91	4.85	2.56	2.51
	深层	217	1.12	2.27	2.52	2.77	2.96	5.61	2.52	2.47
喀斯特	表层	126	0.72	1.63	2.03	2.40	2.66	7.40	2.07	1.95
	深层	126	0.98	1.74	2.23	2.54	2.79	7.40	2.23	2.14
黄土	表层	170	0.72	1.62	1.78	1.96	2.12	2.60	1.79	1.76
	深层	170	0.66	1.55	1.73	1.92	2.08	3.37	1.74	1.69
中高山	表层	925	0.51	1.74	2.09	2.56	3.00	25.02	2.38	2.16
	深层	925	0.48	1.71	2.06	2.54	2.97	25.02	2.37	2.14
高寒湖泊	表层	139	0.62	1.19	1.68	2.24	2.67	4.78	1.82	1.64
	深层	140	0.56	1.15	1.70	2.28	2.56	4.72	1.80	1.63
半干旱草原	表层	215	0.67	1.48	1.77	2.11	2.38	6.12	1.86	1.78
	深层	214	0.65	1.44	1.71	2.11	2.51	6.12	1.83	1.74
荒漠戈壁	表层	435	0.77	1.53	1.80	2.05	2.19	18.33	1.91	1.80
	深层	435	0.77	1.41	1.67	1.93	2.13	18.33	1.81	1.69
沙漠盆地	表层	198	0.18	1.40	1.64	1.85	2.03	2.59	1.62	1.55
	深层	198	0.35	1.30	1.63	1.80	1.95	2.82	1.59	1.54

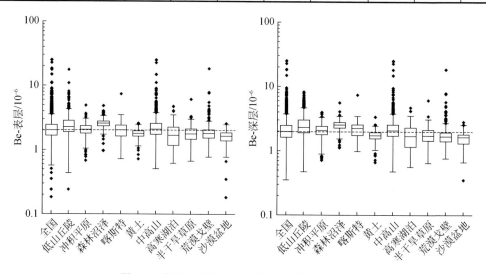

图4-4 中国土壤铍元素箱图（自然地理景观）

四、中国不同土壤类型铍元素含量

铍元素含量在 17 个主要土壤类型的统计参数见表 4-12 和图 4-5。中国表层土壤铍中位数排序：亚高山草原土带＞亚高山漠土带＞寒棕壤-漂灰土带＞暗棕壤-黑土带＞红壤-黄壤带＞赤红壤带＞亚高山草甸土带＞黄棕壤-黄褐土带＞棕壤-褐土带＞全国＞高山草甸土带＞高山漠土带＞灰漠土带＞高山棕钙土-栗钙土带＞灰钙土-棕钙土带＞黑钙土-栗钙土-黑垆土带＞高山草原土带＞高山-亚高山草甸土带。

深层土壤中位数排序：亚高山草原土带＞亚高山漠土带＞寒棕壤-漂灰土带＞暗棕壤-黑土带＞红壤-黄壤带＞赤红壤带＞黄棕壤-黄褐土带＞亚高山草甸土带＞棕壤-褐土带＞全国＞高山草甸土带＞高山漠土带＞高山-亚高山草甸土带＞灰漠土带＞灰钙土-棕钙土带＞高山草原土带＞高山棕钙土-栗钙土带＞黑钙土-栗钙土-黑垆土带。

表 4-12 中国主要土壤类型铍基准值数据特征 （单位：10^{-6}）

类型	层位	样品数	最小值	25%低背景	50%中位数	75%高背景	85%异常下限	最大值	算术平均值	几何平均值
全国	表层	3394	0.18	1.67	2.02	2.44	2.73	25.02	2.18	2.02
	深层	3393	0.35	1.61	1.98	2.47	2.78	25.02	2.18	2.01
寒棕壤-漂灰土带	表层	35	1.90	2.45	2.67	2.96	3.06	3.73	2.69	2.67
	深层	35	2.02	2.46	2.56	2.76	3.01	3.17	2.62	2.60
暗棕壤-黑土带	表层	296	0.68	2.13	2.41	2.68	2.84	4.85	2.38	2.30
	深层	295	0.75	2.02	2.41	2.70	2.90	5.61	2.38	2.30
棕壤-褐土带	表层	333	0.97	1.82	2.05	2.23	2.40	4.03	2.06	2.03
	深层	333	1.10	1.78	2.02	2.30	2.41	4.05	2.05	2.01
黄棕壤-黄褐土带	表层	124	0.77	1.81	2.11	2.35	2.47	3.28	2.10	2.06
	深层	124	0.73	1.86	2.18	2.48	2.61	3.54	2.18	2.13
红壤-黄壤带	表层	575	0.69	1.91	2.31	2.89	3.45	25.02	2.64	2.38
	深层	575	0.48	1.90	2.35	2.97	3.58	25.02	2.72	2.44
赤红壤带	表层	204	0.24	1.48	2.26	3.14	3.45	11.16	2.47	2.17
	深层	204	0.47	1.61	2.32	3.20	3.47	7.40	2.51	2.26
黑钙土-栗钙土-黑垆土带	表层	360	0.67	1.47	1.74	2.03	2.25	6.12	1.80	1.72
	深层	360	0.65	1.38	1.68	1.92	2.28	6.12	1.73	1.65
灰钙土-棕钙土带	表层	90	0.84	1.50	1.75	1.96	2.13	3.01	1.74	1.70
	深层	89	0.72	1.53	1.70	2.05	2.11	3.10	1.78	1.72
灰漠土带	表层	367	0.77	1.55	1.81	2.08	2.25	18.33	1.95	1.83
	深层	367	0.77	1.43	1.70	1.98	2.16	18.33	1.85	1.73
高山-亚高山草甸土带	表层	121	0.69	1.47	1.67	1.89	2.03	8.28	1.77	1.69
	深层	121	0.88	1.48	1.70	1.88	2.01	8.28	1.80	1.71
高山棕钙土-栗钙土带	表层	338	0.18	1.50	1.76	2.03	2.14	3.24	1.75	1.69
	深层	338	0.35	1.44	1.68	1.90	2.11	3.25	1.69	1.64

续表

类型	层位	样品数	最小值	25% 低背景	50% 中位数	75% 高背景	85% 异常下限	最大值	算术 平均值	几何 平均值
高山漠土带	表层	49	0.80	1.72	1.88	2.16	2.32	3.68	1.93	1.87
	深层	49	0.89	1.73	1.85	2.32	2.47	4.46	2.03	1.96
亚高山草甸土带	表层	193	0.74	1.88	2.19	2.51	2.78	5.12	2.27	2.19
	深层	193	0.74	1.89	2.17	2.53	2.84	5.12	2.30	2.21
高山草甸土带	表层	83	0.67	1.46	1.95	2.25	2.73	5.27	2.02	1.88
	深层	84	0.70	1.42	1.89	2.28	2.68	5.38	1.95	1.80
高山草原土带	表层	120	0.62	1.26	1.71	2.22	2.50	4.78	1.86	1.68
	深层	120	0.56	1.28	1.70	2.28	2.55	4.72	1.85	1.68
亚高山漠土带	表层	18	1.67	2.37	2.74	3.00	3.93	5.72	3.05	2.90
	深层	18	1.91	2.32	2.74	3.14	4.06	5.62	3.03	2.88
亚高山草原土带	表层	88	1.69	2.54	3.16	3.89	4.49	24.84	3.86	3.40
	深层	88	1.40	2.50	3.15	3.87	4.73	24.58	3.88	3.38

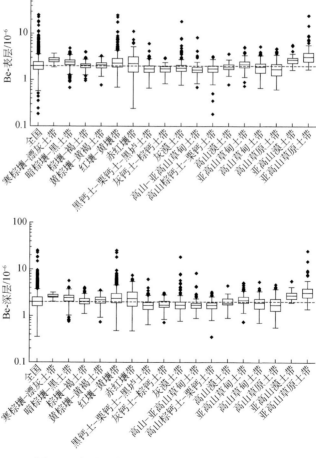

图 4-5　中国土壤铍元素箱图（主要土壤类型）

第三节　铍元素空间分布与异常评价

中国铍资源在地理分布上不均衡，已探明的铍资源主要分布在西北和西南的新疆、四川、云南等省区，华北、东北、中南、华东等地区产出的铍资源相对较少。按照空间分布特征和成矿类型，中国的铍成矿带可划分为新疆阿尔泰、川西等花岗伟晶岩型铍成矿带，华南热液石英脉型 W-Sn-Be 成矿带，滇西花岗伟晶岩-岩浆热液型铍成矿带，东部沿海火山岩型铍成矿带，东北碱性岩-火山岩型铍成矿带（表 4-13）。

表 4-13　中国主要铍矿床

省区	矿产地名称	成因类型	岩浆属性	铍矿床规模
内蒙古	巴尔哲	碱性花岗岩型	碱性	特大型
新疆	白杨河	火山岩型	偏铝性	特大型
江西	宜春 414	花岗岩型	过铝性	特大型
四川	甲基卡	花岗伟晶岩型	过铝性	大型
云南	麻花坪	岩浆热液型	过铝性	大型
新疆	可可托海 3 号矿	花岗伟晶岩型	过铝性	大型
四川	李家沟	花岗伟晶岩型	过铝性	大型
四川	扎乌龙	花岗伟晶岩型	过铝性	大型
新疆	阿斯喀尔特	花岗伟晶岩型	过铝性	大型
福建	南平西坑	花岗伟晶岩型	过铝性	中型
广西	资源县茅安塘	花岗伟晶岩型	过铝性	中型
四川	大水井	花岗伟晶岩型	过铝性	中型
四川	金川可尔因	花岗伟晶岩型	过铝性	中型
四川	马尔康县党坝	花岗伟晶岩型	过铝性	中型
江西	分宜县下桐岭	热液型	过铝性	中型
湖北	断峰山	花岗伟晶岩型	过铝性	中型
云南	黄莲沟	花岗伟晶岩型	过铝性	中型
江西	宜丰同安	细晶岩型	过铝性	中型
甘肃	塔儿沟	热液脉及夕卡岩型	过铝性	中型
四川	九龙县三岔河	花岗伟晶岩型	过铝性	中型
湖南	传梓源	热液型	过铝性	中型
四川	泸定县磨西	花岗伟晶岩型	过铝性	中型
新疆	柯鲁木特	花岗伟晶岩型	过铝性	中型
江西	奉新东溪	细晶岩型	过铝性	中型
江西	画眉坳	石英脉型	过铝性	中型
新疆	达尔恰特-阿克布拉克	花岗伟晶岩型	过铝性	中型
甘肃	红尖兵	热液充填型	过铝性	中型
新疆	大红柳滩	花岗伟晶岩型	过铝性	中型

宏观上中国土壤（汇水域沉积物）表层样品和深层样品稀有元素铍空间分布较为一致，地球化学基准图较为相似。以 $2.73×10^{-6}$（累频 85%）作为异常基线值，并兼顾异常区内有连续异常点分布，表层土壤（汇水域沉积物）地球化学数据共圈定出 19 个地球化学异常。依次描述为阿尔泰地球化学成铍带（Be01）、冈底斯地球化学成铍带（Be02）、西藏-青海交界地球化学成铍带（Be03）、川西（甲基卡）地球化学成铍带（Be04、Be05）、滇西（三江造山带）地球化学成铍带（Be05）、昆明（Be06、Be07、Be08）-贵阳（Be09）-重庆东（Be10）地球化学成铍带、长沙南地球化学成铍带（Be11）、南岭-东南沿海地球化学成铍带（Be12）、海南岛南部地球化学成铍带（Be13）、辽宁南部地球化学成铍带（Be14）、长白山地球化学成铍带（Be15、Be16）、小兴安岭地球化学成铍带（Be17）、大兴安岭地球化学成铍带（Be18、Be19）。地球化学异常的空间分布、地质特征和相关的成铍带描述于下（图4-6、表4-14）。

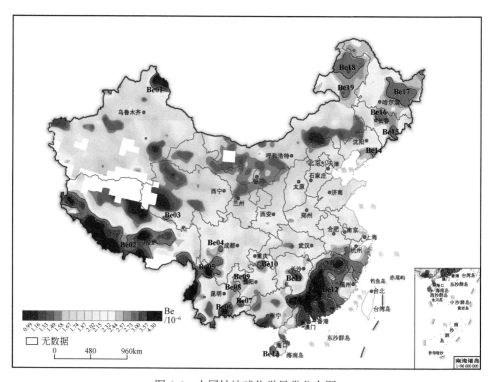

图4-6　中国铍地球化学异常分布图

表4-14　中国铍地球化学异常统计参数（对应图4-6）

编号	面积/km²	点数/个	极小值/10⁻⁶	极大值/10⁻⁶	平均值/10⁻⁶	中位数/10⁻⁶	离差
Be01	36764	29	1.75	18.3	4.02	3.1	3.28
Be02	367767	114	1.69	24.8	3.86	3.38	2.6
Be03	3064	3	2.7	3.41	3.06	3.07	0.36
Be04	3433	1	2.77	2.77	2.77	2.77	
Be05	106563	48	1.12	25	3.96	2.67	4.47
Be06	21572	9	1.01	11.2	3.59	2.87	2.92

续表

编号	面积/km²	点数/个	极小值/10⁻⁶	极大值/10⁻⁶	平均值/10⁻⁶	中位数/10⁻⁶	离差
Be07	5870	2	1.58	7.4	4.49	4.49	4.12
Be08	1675	1	2.94	2.94	2.94	2.94	
Be09	2655	1	3.42	3.42	3.42	3.42	
Be10	8369	4	2.17	3.88	3.01	2.99	0.75
Be11	14587	5	1.94	6.5	4.05	4.18	1.7
Be12	408627	164	1.1	17.6	3.64	3.32	1.74
Be13	5425	4	3.06	4.42	3.47	3.21	0.64
Be14	5650	4	2.6	3.98	3.15	3.01	0.59
Be15	11834	2	3	4.84	3.92	3.92	1.3
Be16	13596	7	2.4	3.65	2.93	2.94	0.43
Be17	76967	26	2.52	4.02	2.94	2.88	0.37
Be18	78007	29	2.42	3.9	2.94	2.87	0.36
Be19	14070	6	2.68	3.74	3.11	3.05	0.37

（1）阿尔泰地球化学成铍带（Be01）：新疆阿尔泰地区是中国重要的稀有金属、宝石和工业白云母成矿区。著名的铍矿床有可可托海、柯鲁木特、库卡拉盖及阿斯喀尔特矿床。成矿带呈北西—南东方向展布，向北西伸展到哈萨克斯坦，向南东延入蒙古国境内，其主体和最佳部分在中国新疆，长约 500km，宽 40～80km，面积约 23000km²。其构造位置处于西伯利亚板块阿尔泰陆缘活动带内，受阿尔泰早古生代深成岩浆弧和卡尔巴-锡伯渡深成岩浆弧及震旦纪—早古生代变质岩控制。区内已发现伟晶岩脉 10 万余条，包括 38 个伟晶岩矿田。异常面积 36764km²，异常内铍含量均值 4.02×10⁻⁶。可可托海最为典型，铍资源量居全国首位，锂、铯、钽资源量分别居全国第六、第五、第九位。

（2）冈底斯地球化学成铍带（Be02）：异常面积 367767km²，异常内铍含量均值 3.86×10⁻⁶。喜马拉雅造山带，经历了新特提斯洋俯冲、印度板块和欧亚板块俯冲碰撞与隆升等一系列大规模的构造运动，极有可能形成冈底斯伟晶岩型稀有金属成矿带，该区稀有金属矿床报道极少。

（3）西藏-青海交界地球化学成铍带（Be03）：异常面积 3064km²，异常内铍含量均值 3.06×10⁻⁶。

（4）川西（甲基卡）地球化学成铍带（Be04、Be05 一部分）：分布在四川西部，Be04 异常面积 3433km²，异常内铍含量均值 2.77×10⁻⁶；Be05 异常面积 106563km²，异常内铍含量均值 3.96×10⁻⁶。川西铍成矿带隶属松潘-甘孜造山带，成矿带内主要产出花岗伟晶岩型稀有金属矿床，已发现的矿床（点）主要出现在造山带主体的东缘，如平武、马尔康、丹巴、雅江、九龙等地区。川西产出的特大型稀有金属矿床为康定县甲基卡矿床和金川县李家沟矿床，大型矿床为金川县党坝矿床。该成矿带具有如下特点：①分布集中，主要分布在川西高原的康定、石渠、金川和马尔康等地；②矿石品位较高，伴生或共生多种有益组分，铍主要与锂、铌、钽、锡等稀有金属元素共（伴）生；③成矿时代较新，矿床类型单一，锂、铍、铌、钽矿床几乎全为产于三叠系围岩中的花岗伟晶岩型稀有金属矿床；④矿床埋深较浅，开采剥离比小，部分矿体可直接露采，且矿石选矿性能较好，多为易采易选矿石，但多数矿区地处高寒山区，交通不便，运输困难。

（5）滇西（三江造山带）地球化学成铍带（Be05）：分布在云南西南部，Be05 异常面积 106563km^2，异常内铍含量均值 $3.96×10^{-6}$；三江地区作为青藏高原的东延部分，与喜马拉雅造山带一样经历了新特提斯洋俯冲、印度板块和欧亚板块俯冲碰撞与隆升等一系列大规模的构造运动，形成了滇西伟晶岩型稀有金属成矿带，包括高黎贡山伟晶岩带、西盟伟晶岩带、凤庆-临沧伟晶岩带、石鼓伟晶岩带、哀牢山伟晶岩带。其中，以高黎贡山产出的花岗伟晶岩型稀有金属矿床最多。高黎贡山北段伟晶岩带，岩脉产于高黎贡山群变质岩中，已发现岩脉数百条，脉长一般 100～200m，厚 5～10m；高黎贡山中段伟晶岩带的宝华山地区，出露伟晶岩脉百余条，长 10～180m，厚 0.3～5m；高黎贡山南段伟晶岩带，岩脉产于喜马拉雅期花岗岩内外接触带，数量较多，脉长 100～1000m，厚 3～20m。

（6）昆明（Be06、Be07、Be08）-贵阳（Be09）-重庆东（Be10）地球化学成铍带：主要分布在云南东部、贵州西部及重庆东部等地，北北东向条带型异常，Be06 异常面积 21572km^2，异常内铍含量均值 $3.59×10^{-6}$；Be07 异常面积 5870km^2，异常内铍含量均值 $4.49×10^{-6}$；Be08 异常面积 1675km^2，异常内铍含量均值 $2.94×10^{-6}$；Be09 异常面积 2655km^2，异常内铍含量均值 $3.42×10^{-6}$；Be10 异常面积 8369km^2，异常内铍含量均值 $3.01×10^{-6}$；与前文湘-黔-滇-桂锂地球化学省（Li13、Li14、Li15）较为一致。温汉捷等（2020）定义了成因机制与碳酸盐岩风化-沉积有关"碳酸盐黏土型锂矿床"的成矿新类型，可在此方面开展进一步研究。

（7）长沙南地球化学成铍带（Be11）：主要分布在湖南中部，Be11 异常面积 14587km^2，异常内铍含量均值 $4.05×10^{-6}$。

（8）南岭-东南沿海地球化学成铍带（Be12）：主要分布在广东、福建、浙江、江西等地，Be12 异常面积 408627km^2，异常内铍含量均值 $3.64×10^{-6}$。该带及其周边异常可细分成南岭成铍带、东南沿海成铍带、幕阜山-武功山成铍带。南岭成铍带，从早古生代到中生代的强烈断块运动及伴随的岩浆活动，对区内内生稀有金属成矿起主要作用。花岗岩型铍矿床以江西西华山和大吉山最为典型，岩体的高度演化导致铍在岩浆演化的晚期富集成矿。相对而言，花岗伟晶岩型铍矿床较少，主要产在武夷山中，如江西广昌县广源伟晶岩矿床。江西省安远县碛肚山铍铅锌矿产在火山岩中，与黑云母花岗岩的关系密切。其中，石英脉型和夕卡岩型钨锡矿床同样是铍资源来源，铍与钨锡共（伴）生，如柿竹园、香花岭、画眉坳等 W-Sn 矿床。东南沿海成铍带，环太平洋古火山带，区内火山活动从晚三叠世时开始，以晚侏罗世—早白垩世最为强烈，产出浙江青田坦头铍矿床、石溪铌钽矿床，福建霞浦大湾铍钼矿床、平和县福里时铍钼矿床、永定大坪钽铌矿床等火山岩或次火山岩型稀有金属矿床。闽南火山岩型铍矿床和矿化点一般产在上侏罗统，分布在断裂活动较频繁地区，矿体赋存于火山角砾岩筒内外带或火山破碎带附近，由于火山期后气热作用，岩石发生强烈蚀变，与铍矿化密切相关的主要有次生石英岩化、绢英岩化等。东南沿海火山岩区，是一个值得重视的铍找矿远景区，特别注意寻找储量大、品位高的 Spor Mountain 式铍矿，识别与这种矿床有关的富 F 流纹岩。幕阜山-武功山地区位于湘鄂赣三省交汇处，地跨江西西北部、湖北东南部和湖南东北部。幕阜山地区主要产出过铝性系统的花岗伟晶岩型和云英岩型铍矿床，但一般规模较小，主要为矿点和小型矿床。典型矿床为幕阜山复式岩体北部外缘的断峰山花岗伟晶岩型钽铌矿床、岩体南部的平江县梓源和秦家坊花岗伟晶岩型锂铍铌钽矿床。武功山地区主要产出花岗岩型稀有金属矿床，具体分为花岗岩型和霏细斑岩型，二者都伴有一定程度的铍矿化，前者以江西宜春 414 矿床为代表，后者以江西宜丰同安矿床规模最大。

（9）海南岛南部地球化学成铍带（Be13）：主要分布在海南岛南部，异常面积 $5425km^2$，异常内铍含量均值 $3.47×10^{-6}$。

（10）辽宁南部地球化学成铍带（Be14）、长白山地球化学成铍带（Be15、Be16）、小兴安岭地球化学成铍带（Be17）、大兴安岭地球化学成铍带（Be18、Be19）：主要分布在中国东北部，Be14 异常面积 $5650km^2$，异常内铍含量均值 $3.15×10^{-6}$；Be15 异常面积 $11834km^2$，异常内铍含量均值 $3.92×10^{-6}$；Be16 异常面积 $13596km^2$，异常内铍含量均值 $2.93×10^{-6}$；Be17 异常面积 $76967km^2$，异常内铍含量均值 $2.94×10^{-6}$；Be18 异常面积 $78007km^2$，异常内铍含量均值 $2.94×10^{-6}$；Be19 异常面积 $14070km^2$，异常内铍含量均值 $3.11×10^{-6}$。该区是中国东部重要的火山岩分布区，与邻区俄罗斯和蒙古国境内同时期火山岩一起构成面形环状分布的巨型火山岩带，成岩时代以中生代为主，集中在晚侏罗世—早白垩世。大兴安岭火山岩带以中酸性熔岩及其碎屑岩为主，玄武岩类较少。目前在该大火成岩省，报道的与火山活动有关的稀有、稀土矿床比较少，仅内蒙古巴尔哲稀土-铌铍矿床被孤立地发现和研究。在巴尔哲矿区，凝灰岩的岩石化学成分、矿物成分与碱性花岗岩有很多类似之处，二者可能来自同一岩浆源，暗示巴尔哲矿床的形成与区域火山喷出活动密切相关。大兴安岭成矿带的火山岩中可能存在火山岩型的铍矿床。

第五章　中国铌、钽元素地球化学

第一节　中国岩石铌、钽元素含量特征

一、三大岩类中铌、钽含量分布

铌在岩浆岩中含量最高，变质岩次之，沉积岩中最低；铌在侵入岩中含量从酸性岩到中性、基性、超基性岩由高到低依次降低；侵入岩中燕山期铌含量最高；地层岩性中玄武岩铌含量最高，大理岩铌含量最低（表 5-1）。

表 5-1　全国岩石中铌元素不同参数基准数据特征统计　　（单位：10^{-6}）

统计项	统计项内容		样品数	最小值	中位数	最大值	算术平均值	几何平均值	标准离差	背景值
三大岩类	沉积岩		6209	0.01	7.48	257.12	9.03	4.12	11.54	7.62
	变质岩		1808	0.02	10.98	200.60	11.54	7.75	10.00	10.56
	岩浆岩	侵入岩	2634	0.02	12.10	470.16	15.62	11.12	18.39	12.63
		火山岩	1467	0.39	13.13	338.58	18.31	13.26	20.02	13.54
地层细分	古近系和新近系		528	0.08	9.99	226.60	17.59	10.37	23.53	10.82
	白垩系		886	0.03	10.09	112.96	12.01	8.86	10.70	10.19
	侏罗系		1362	0.03	12.09	96.21	13.24	10.05	9.30	11.89
	三叠系		1142	0.01	9.12	82.21	10.37	5.39	10.56	8.26
	二叠系		873	0.01	8.55	257.12	14.07	4.70	23.01	8.01
	石炭系		869	0.02	5.64	93.15	7.83	3.00	10.08	6.17
	泥盆系		713	0.02	6.28	207.14	7.62	3.55	10.01	6.98
	志留系		390	0.05	11.71	200.60	12.05	8.58	11.83	10.99
	奥陶系		547	0.09	5.14	99.33	7.65	3.23	9.42	6.81
	寒武系		632	0.03	6.92	69.89	8.31	3.49	8.70	7.62
	元古宇		1145	0.01	9.92	143.91	9.91	4.86	9.95	8.96
	太古宇		244	0.08	7.17	34.57	8.68	5.91	6.67	8.07

续表

统计项	统计项内容	样品数	最小值	中位数	最大值	算术平均值	几何平均值	标准离差	背景值
侵入岩细分	酸性岩	2077	0.14	12.78	187.42	15.78	12.50	12.64	13.45
	中性岩	340	0.33	10.84	470.16	19.18	11.62	38.47	11.44
	基性岩	164	0.21	5.34	79.30	9.29	5.09	12.28	6.53
	超基性岩	53	0.02	1.01	104.40	6.12	0.96	17.91	2.03
侵入岩期次	喜马拉雅期	27	0.50	14.16	59.52	15.28	11.72	11.08	13.58
	燕山期	963	0.02	15.16	113.47	18.97	14.78	14.52	16.24
	海西期	778	0.02	9.75	342.80	12.38	8.83	16.56	10.15
	加里东期	211	0.03	13.05	470.16	21.03	12.28	41.38	13.22
	印支期	237	0.09	12.81	99.95	14.50	11.59	10.23	13.05
	元古宙	253	0.18	9.72	126.37	11.64	8.72	11.09	9.65
	太古宙	100	0.33	5.55	60.53	9.06	5.45	9.74	8.54
地层岩性	玄武岩	238	0.39	28.51	129.20	30.68	19.67	23.70	28.65
	安山岩	279	0.81	9.82	173.22	13.09	10.07	13.43	11.35
	流纹岩	378	1.15	13.07	226.60	17.75	13.66	21.47	13.39
	火山碎屑岩	88	1.76	12.15	338.58	18.01	12.16	36.04	14.32
	凝灰岩	432	0.68	13.13	77.76	15.17	12.52	10.32	13.36
	粗面岩	43	3.08	13.18	106.40	21.83	15.41	22.64	19.82
	石英砂岩	221	0.03	2.42	15.40	2.82	2.05	2.25	2.49
	长石石英砂岩	888	0.04	7.08	66.24	8.32	6.99	5.72	7.53
	长石砂岩	458	0.36	11.31	207.14	13.02	11.13	11.92	11.18
	砂岩	1844	0.12	10.30	257.12	11.55	9.55	10.13	10.13
	粉砂质泥质岩	106	1.92	13.95	97.30	15.52	13.79	10.08	14.20
	钙质泥质岩	174	0.67	13.20	48.75	13.73	12.47	6.57	12.53
	泥质岩	712	0.95	15.81	218.07	20.17	16.63	19.92	15.11
	石灰岩	1310	0.01	0.53	35.70	1.24	0.55	2.22	0.57
	白云岩	441	0.03	0.33	15.81	0.86	0.40	1.49	0.43
	泥灰岩	49	0.79	5.95	19.98	7.24	6.19	4.46	7.24
	硅质岩	68	0.15	2.42	17.22	3.76	1.99	3.85	3.56
	冰碛岩	5	7.55	8.28	9.65	8.42	8.39	0.78	8.42
	板岩	525	0.02	13.10	143.91	13.96	12.22	10.07	12.75
	千枚岩	150	1.77	12.51	200.60	14.65	12.12	17.08	12.50
	片岩	380	1.29	12.80	58.56	13.38	11.61	7.05	12.71
	片麻岩	289	0.21	9.96	74.08	11.63	9.03	8.15	10.70
	变粒岩	119	0.31	9.80	80.98	12.01	9.44	9.86	10.21

统计项	统计项内容	样品数	最小值	中位数	最大值	算术平均值	几何平均值	标准离差	背景值
地层岩性	麻粒岩	4	4.37	5.89	8.55	6.18	6.00	1.75	6.18
	斜长角闪岩	88	0.43	5.26	45.99	7.47	5.10	7.22	5.91
	大理岩	108	0.04	0.29	6.70	0.69	0.35	1.09	0.29
	石英岩	75	0.02	4.48	36.59	6.00	3.50	5.56	5.58

钽在岩浆岩中含量最高，变质岩次之，沉积岩中最低；钽在侵入岩中含量从酸性岩到中性、基性、超基性岩由高到低依次降低；侵入岩中燕山期钽含量最高；地层岩性中玄武岩钽含量最高，碳酸盐岩（石灰岩、白云岩）及其对应的变质岩（大理岩）钽含量最低（表 5-2）。

表 5-2　全国岩石中钽元素不同参数基准数据特征统计　　（单位：10^{-6}）

统计项	统计项内容		样品数	最小值	中位数	最大值	算术平均值	几何平均值	标准离差	背景值
三大岩类	沉积岩		6209	0.002	0.59	16.46	0.68	0.32	0.77	0.59
	变质岩		1808	0.01	0.81	11.00	0.86	0.60	0.67	0.79
	岩浆岩	侵入岩	2634	0.004	1.05	34.57	1.42	0.98	1.78	1.10
		火山岩	1467	0.07	1.01	17.99	1.30	1.00	1.25	1.03
地层细分	古近系和新近系		528	0.01	0.80	13.23	1.21	0.78	1.42	0.81
	白垩系		886	0.003	0.79	12.52	0.90	0.68	0.75	0.78
	侏罗系		1362	0.01	0.93	6.18	1.00	0.77	0.67	0.91
	三叠系		1142	0.002	0.71	4.59	0.76	0.40	0.68	0.65
	二叠系		873	0.003	0.66	16.46	0.97	0.36	1.46	0.65
	石炭系		869	0.003	0.46	10.18	0.62	0.25	0.80	0.50
	泥盆系		713	0.002	0.49	10.42	0.59	0.28	0.65	0.55
	志留系		390	0.01	0.87	11.00	0.91	0.66	0.72	0.85
	奥陶系		547	0.01	0.41	6.04	0.59	0.27	0.67	0.54
	寒武系		632	0.01	0.51	5.31	0.64	0.28	0.64	0.60
	元古宇		1145	0.004	0.71	7.24	0.73	0.38	0.67	0.67
	太古宇		244	0.01	0.46	3.15	0.57	0.40	0.47	0.49
侵入岩细分	酸性岩		2077	0.02	1.18	34.57	1.54	1.14	1.79	1.23
	中性岩		340	0.02	0.75	22.92	1.22	0.79	2.02	0.78
	基性岩		164	0.06	0.40	5.21	0.62	0.41	0.73	0.47
	超基性岩		53	0.004	0.11	5.86	0.41	0.13	1.04	0.19
侵入岩期次	喜马拉雅期		27	0.09	1.14	4.46	1.38	1.02	1.06	1.38
	燕山期		963	0.004	1.35	34.57	1.82	1.32	2.09	1.35

统计项	统计项内容	样品数	最小值	中位数	最大值	算术平均值	几何平均值	标准离差	背景值
侵入岩期次	海西期	778	0.01	0.87	18.30	1.10	0.81	1.16	0.94
	加里东期	211	0.03	1.09	24.06	1.65	1.04	2.59	1.18
	印支期	237	0.03	1.18	5.65	1.37	1.06	0.95	1.26
	元古宙	253	0.02	0.73	29.28	1.00	0.68	1.93	0.89
	太古宙	100	0.04	0.37	3.49	0.61	0.39	0.63	0.49
地层岩性	玄武岩	238	0.08	1.85	8.29	1.95	1.36	1.45	1.81
	安山岩	279	0.08	0.68	11.58	0.86	0.70	0.82	0.77
	流纹岩	378	0.08	1.09	13.23	1.36	1.09	1.36	1.10
	火山碎屑岩	88	0.21	1.03	17.99	1.36	0.98	1.98	1.16
	凝灰岩	432	0.07	1.04	12.33	1.17	0.97	0.90	1.04
	粗面岩	43	0.24	1.03	4.26	1.32	1.07	0.96	1.25
	石英砂岩	221	0.01	0.17	1.26	0.21	0.15	0.19	0.19
	长石石英砂岩	888	0.01	0.57	5.71	0.67	0.56	0.48	0.58
	长石砂岩	458	0.11	0.86	10.42	1.01	0.87	0.84	0.85
	砂岩	1844	0.01	0.79	13.65	0.86	0.73	0.60	0.78
	粉砂质泥质岩	106	0.19	1.05	7.02	1.16	1.04	0.72	1.10
	钙质泥质岩	174	0.09	0.99	3.02	1.04	0.96	0.41	0.97
	泥质岩	712	0.13	1.20	16.46	1.46	1.25	1.25	1.16
	石灰岩	1310	0.002	0.04	5.31	0.09	0.04	0.21	0.05
	白云岩	441	0.003	0.03	1.24	0.07	0.04	0.11	0.03
	泥灰岩	49	0.14	0.47	1.40	0.55	0.48	0.31	0.55
	硅质岩	68	0.01	0.16	1.15	0.27	0.13	0.30	0.27
	冰碛岩	5	0.53	0.57	0.68	0.60	0.60	0.07	0.60
	板岩	525	0.01	0.98	7.24	1.04	0.93	0.60	0.97
	千枚岩	150	0.16	0.95	11.00	1.06	0.92	0.97	0.94
	片岩	380	0.07	0.99	3.79	1.03	0.91	0.50	0.98
	片麻岩	289	0.03	0.68	4.36	0.82	0.61	0.64	0.75
	变粒岩	119	0.06	0.70	5.37	0.90	0.66	0.82	0.75
	麻粒岩	4	0.25	0.33	0.38	0.32	0.32	0.05	0.32
	斜长角闪岩	88	0.08	0.41	2.96	0.54	0.41	0.46	0.52
	大理岩	108	0.01	0.04	0.57	0.07	0.04	0.09	0.04
	石英岩	75	0.01	0.38	2.67	0.49	0.29	0.45	0.44

二、不同时代地层中铌、钽含量分布

铌含量的中位数在地层中侏罗系最高，奥陶系最低；从高到低依次为：侏罗系、志留系、白垩系、古近系和新近系、元古宇、三叠系、二叠系、太古宇、寒武系、泥盆系、石炭系、奥陶系（表 5-1）。钽含量的中位数在地层中侏罗系最高，奥陶系最低；从高到低依次为：侏罗系、志留系、古近系和新近系、白垩系、元古宇、三叠系、二叠系、寒武系、泥盆系、石炭系、太古宇、奥陶系（表 5-2）。因此，可以看出铌钽在各个时代地层中含量变化基本一致，证实其在地质过程中共生。

三、不同大地构造单元中铌、钽含量分布

表 5-3～表 5-10 给出了不同大地构造单元铌的含量数据，图 5-1 给出了各大地构造单元平均含量与地壳克拉克值的对比。表 5-11～表 5-18 给出了不同大地构造单元钽的含量数据，图 5-2 给出了各大地构造单元平均含量与地壳克拉克值的对比。

表 5-3 天山–兴蒙造山带岩石中铌元素不同参数基准数据特征统计（单位：10^{-6}）

统计项	统计项内容		样品数	最小值	中位数	最大值	算术平均值	几何平均值	标准离差	背景值
三大岩类	沉积岩		807	0.01	7.76	207.14	8.85	5.79	10.03	7.90
	变质岩		373	0.02	10.13	99.33	10.59	6.28	9.66	9.67
	岩浆岩	侵入岩	917	0.02	10.42	113.47	12.55	9.64	10.10	10.86
		火山岩	823	0.39	11.31	173.22	14.88	10.91	15.25	11.28
地层细分	古近系和新近系		153	1.28	12.00	173.22	23.79	14.45	26.26	20.65
	白垩系		203	0.85	10.29	112.96	12.05	10.11	9.84	11.10
	侏罗系		411	0.03	12.07	72.58	13.39	11.42	8.29	11.90
	三叠系		32	1.78	8.83	22.37	9.22	7.85	4.91	9.22
	二叠系		275	0.07	9.68	78.68	10.60	7.62	8.64	9.75
	石炭系		353	0.02	6.37	64.66	7.57	4.98	6.69	6.61
	泥盆系		238	0.08	7.09	207.14	8.82	5.44	14.57	7.33
	志留系		81	0.11	9.55	49.50	10.59	7.67	7.69	10.10
	奥陶系		111	0.09	8.52	99.33	11.57	6.48	14.52	8.60
	寒武系		13	0.05	9.70	24.27	9.19	3.30	7.77	9.19
	元古宇		145	0.01	9.92	97.30	10.12	4.54	10.78	9.17
	太古宇		6	2.26	5.83	10.79	5.98	4.99	3.65	5.98
侵入岩细分	酸性岩		736	0.56	11.08	81.43	13.05	11.06	8.54	11.59
	中性岩		110	0.92	9.94	113.47	12.75	9.60	15.03	10.28
	基性岩		58	0.21	3.96	79.15	8.34	3.39	14.66	4.38
	超基性岩		13	0.02	0.59	7.46	1.41	0.43	2.26	1.41

续表

统计项	统计项内容	样品数	最小值	中位数	最大值	算术平均值	几何平均值	标准离差	背景值
侵入岩期次	燕山期	240	2.87	12.11	113.47	15.21	12.90	12.46	13.09
	海西期	534	0.02	9.65	81.43	11.60	8.61	9.02	9.91
	加里东期	37	0.32	9.35	25.43	10.39	8.26	5.99	10.39
	印支期	29	0.89	11.63	64.39	14.40	11.09	12.07	12.61
	元古宙	57	0.75	10.16	51.19	10.75	8.83	7.40	10.03
	太古宙	1	4.03	4.03	4.03	4.03	4.03		
地层岩性	玄武岩	96	0.39	14.37	111.26	26.79	12.87	27.92	25.90
	安山岩	181	0.81	9.06	173.22	12.97	9.45	15.65	10.75
	流纹岩	206	1.15	12.16	112.96	14.58	12.02	12.07	12.34
	火山碎屑岩	54	2.80	11.78	58.33	13.68	11.20	10.03	11.04
	凝灰岩	260	1.64	11.44	77.76	12.74	10.63	9.01	11.48
	粗面岩	21	3.08	10.06	25.10	10.40	9.25	5.00	10.40
	石英砂岩	8	0.03	2.81	5.29	2.71	1.34	2.05	2.71
	长石石英砂岩	118	1.33	7.19	54.79	8.66	7.26	6.48	7.73
	长石砂岩	108	1.45	9.35	207.14	13.58	10.50	20.66	11.77
	砂岩	396	0.27	7.71	64.66	8.77	7.51	5.64	8.30
	粉砂质泥质岩	31	2.06	12.21	97.30	14.54	11.95	15.68	11.78
	钙质泥质岩	14	3.41	9.53	13.77	9.20	8.79	2.57	9.20
	泥质岩	46	3.47	10.28	28.57	10.99	10.29	4.20	10.60
	石灰岩	66	0.01	0.33	13.46	0.88	0.41	1.75	0.68
	白云岩	20	0.05	0.20	3.86	0.57	0.26	0.98	0.40
	硅质岩	7	0.36	2.07	10.45	2.95	1.85	3.44	2.95
	板岩	119	2.18	12.08	99.33	13.51	11.30	12.15	12.06
	千枚岩	18	1.77	12.18	16.38	11.48	10.04	4.33	11.48
	片岩	97	1.42	11.25	58.56	12.80	10.73	8.50	11.67
	片麻岩	45	0.90	9.96	30.98	10.85	8.66	6.31	10.40
	变粒岩	12	2.10	10.90	15.62	10.80	9.72	4.04	10.80
	斜长角闪岩	12	0.43	6.56	10.79	5.77	3.64	4.10	5.77
	大理岩	42	0.04	0.30	6.70	0.67	0.36	1.12	0.53
	石英岩	21	0.02	7.05	36.59	7.48	3.09	7.98	6.02

表 5-4 华北克拉通岩石中铌元素不同参数基准数据特征统计 （单位：10^{-6}）

统计项	统计项内容		样品数	最小值	中位数	最大值	算术平均值	几何平均值	标准离差	背景值
三大岩类	沉积岩		1061	0.10	6.64	96.21	8.66	3.98	10.38	7.37
	变质岩		361	0.06	7.32	80.98	9.04	5.77	8.04	8.21
	岩浆岩	侵入岩	571	0.14	9.88	93.93	12.88	9.05	11.64	10.67
		火山岩	217	0.68	16.29	226.60	25.30	18.16	27.91	18.80
地层细分	古近系和新近系		86	0.74	13.84	226.60	28.82	16.67	38.89	18.79
	白垩系		166	1.27	9.82	106.40	15.16	10.22	17.33	9.67
	侏罗系		246	1.24	13.04	96.21	15.96	12.75	12.79	12.71
	三叠系		80	1.30	11.28	18.97	10.59	9.58	4.07	10.59
	二叠系		107	0.49	10.43	27.62	11.37	9.29	6.22	11.37
	石炭系		98	0.27	11.86	93.15	16.54	9.97	17.70	12.09
	泥盆系		1	7.56	7.56	7.56	7.56	7.56		
	志留系		12	0.21	10.16	18.20	9.52	5.93	6.08	9.52
	奥陶系		139	0.11	0.66	59.29	2.26	0.88	6.06	0.70
	寒武系		177	0.18	1.94	65.54	6.34	2.34	8.76	5.66
	元古宇		303	0.10	3.70	88.99	7.21	2.54	10.48	5.97
	太古宇		196	0.15	6.77	34.57	8.20	5.81	6.45	7.24
侵入岩细分	酸性岩		413	0.14	10.31	71.87	13.31	9.38	11.46	11.11
	中性岩		93	2.20	10.46	93.93	14.54	11.34	14.01	12.13
	基性岩		51	1.00	6.29	41.48	8.73	6.30	7.23	8.07
	超基性岩		14	0.41	3.44	17.87	4.38	2.62	4.57	4.38
侵入岩期次	燕山期		201	0.14	12.69	93.93	17.66	13.34	14.78	14.43
	海西期		132	0.41	8.54	29.38	9.69	7.66	5.93	9.54
	加里东期		20	0.37	7.79	17.60	8.60	5.92	5.74	8.60
	印支期		39	1.00	9.11	40.85	10.95	8.64	7.50	10.17
	元古宙		75	0.18	7.24	50.50	12.01	8.40	10.54	10.18
	太古宙		91	0.33	6.00	60.53	9.26	5.65	9.79	8.69
地层岩性	玄武岩		40	6.02	40.38	129.20	42.10	33.40	27.10	39.87
	安山岩		64	5.75	11.60	44.42	13.82	12.28	7.76	12.55
	流纹岩		53	3.58	16.30	226.60	29.43	19.29	42.46	17.00
	火山碎屑岩		14	5.16	12.00	23.07	12.71	11.31	6.03	12.71
	凝灰岩		30	0.68	18.68	65.48	22.08	17.84	13.49	20.59
	粗面岩		15	11.02	20.93	106.40	34.01	25.43	29.13	34.01
	石英砂岩		45	0.37	1.04	15.40	1.76	1.17	2.42	1.45
	长石石英砂岩		103	0.52	6.15	51.97	7.42	5.96	6.02	6.98

续表

统计项	统计项内容	样品数	最小值	中位数	最大值	算术平均值	几何平均值	标准离差	背景值
地层岩性	长石砂岩	54	0.36	9.23	57.36	10.89	8.31	10.15	8.53
	砂岩	302	1.27	10.50	65.54	11.48	10.02	6.72	10.78
	粉砂质泥质岩	25	11.34	15.29	25.35	16.58	16.14	4.02	16.58
	钙质泥质岩	32	3.48	12.73	25.04	12.75	11.74	5.00	12.75
	泥质岩	138	5.55	16.44	96.21	21.42	17.79	17.11	16.40
	石灰岩	229	0.15	0.81	16.96	1.39	0.89	1.77	0.89
	白云岩	120	0.10	0.46	15.81	0.98	0.53	1.76	0.55
	泥灰岩	13	2.90	5.10	13.01	6.15	5.64	2.90	6.15
	硅质岩	5	0.28	1.02	4.45	2.18	1.38	1.99	2.18
	板岩	18	5.48	14.19	23.10	13.17	11.99	5.43	13.17
	千枚岩	11	3.03	13.41	17.70	12.09	10.76	4.87	12.09
	片岩	49	1.72	13.47	33.22	12.97	11.55	5.68	12.55
	片麻岩	122	0.21	7.67	37.65	9.62	7.22	7.23	8.37
	变粒岩	66	0.77	7.84	80.98	10.59	8.03	11.39	8.10
	麻粒岩	4	4.37	5.89	8.55	6.18	6.00	1.75	6.18
	斜长角闪岩	42	1.01	4.18	32.95	6.65	4.90	6.44	6.01
	大理岩	26	0.06	0.29	3.86	0.81	0.39	1.16	0.81
	石英岩	18	0.50	2.08	14.74	2.87	1.94	3.27	2.17

表 5-5　秦祁昆造山带岩石中铌元素不同参数基准数据特征统计　（单位：10^{-6}）

统计项	统计项内容		样品数	最小值	中位数	最大值	算术平均值	几何平均值	标准离差	背景值
三大岩类	沉积岩		510	0.03	6.69	33.72	7.36	3.89	5.82	7.10
	变质岩		393	0.08	12.66	200.60	12.95	8.72	12.66	11.66
	岩浆岩	侵入岩	339	0.03	12.78	470.16	20.30	13.15	37.63	13.20
		火山岩	72	1.47	9.69	338.58	16.41	10.21	39.36	11.87
地层细分	古近系和新近系		61	0.47	7.14	16.02	7.86	6.39	4.11	7.86
	白垩系		85	0.50	9.19	32.36	10.06	8.71	5.20	9.28
	侏罗系		46	1.53	8.67	27.50	9.51	7.57	6.01	9.51
	三叠系		103	0.08	10.52	25.05	9.73	7.07	5.19	9.73
	二叠系		54	0.03	4.94	19.24	6.20	2.54	5.81	6.20
	石炭系		89	0.05	4.82	33.72	6.63	2.14	7.09	6.33
	泥盆系		92	0.04	10.59	25.13	9.54	5.54	6.50	9.54
	志留系		67	0.90	10.08	200.60	14.27	9.81	24.33	11.45
	奥陶系		65	0.11	8.74	20.21	8.89	4.94	6.49	8.89

续表

统计项	统计项内容	样品数	最小值	中位数	最大值	算术平均值	几何平均值	标准离差	背景值
地层细分	寒武系	59	0.04	6.52	69.89	10.23	4.39	12.55	7.95
	元古宇	164	0.06	10.65	74.08	10.70	6.15	8.66	10.31
	太古宇	29	0.08	14.07	24.38	13.80	9.98	7.17	13.80
侵入岩细分	酸性岩	244	3.58	12.81	126.37	16.74	13.93	13.24	13.63
	中性岩	61	1.32	12.54	470.16	36.99	15.11	81.55	13.84
	基性岩	25	1.38	10.96	47.84	12.69	8.68	10.81	11.23
	超基性岩	9	0.03	3.76	104.40	24.70	3.38	39.45	24.70
侵入岩期次	喜马拉雅期	1	18.75	18.75	18.75	18.75	18.75		
	燕山期	70	4.00	15.66	63.95	19.46	15.80	13.05	18.82
	海西期	62	1.32	11.53	342.80	19.57	12.13	43.82	14.27
	加里东期	91	0.03	14.50	470.16	29.29	14.31	59.61	14.26
	印支期	62	4.01	12.20	28.22	13.38	12.18	5.76	13.38
	元古宙	43	0.56	11.31	126.37	15.16	10.87	18.74	12.51
	太古宙	4	2.18	7.82	30.43	12.06	7.07	13.14	12.06
地层岩性	玄武岩	11	3.23	13.26	52.39	15.70	11.38	14.07	15.70
	安山岩	15	1.88	11.46	17.59	10.11	8.53	5.03	10.11
	流纹岩	24	1.47	9.72	38.88	11.93	10.10	7.52	10.76
	火山碎屑岩	6	8.74	16.07	338.58	68.92	22.78	132.31	68.92
	凝灰岩	14	2.52	7.60	16.89	8.61	7.68	4.13	8.61
	粗面岩	2	9.85	18.28	26.70	18.28	16.22	11.92	18.28
	石英砂岩	14	0.96	2.80	5.01	2.76	2.54	1.08	2.76
	长石石英砂岩	98	0.04	6.40	32.98	7.51	6.21	4.62	7.24
	长石砂岩	23	5.48	12.70	25.05	12.66	12.01	4.22	12.66
	砂岩	202	0.12	9.99	32.36	9.66	8.27	4.76	9.39
	粉砂质泥质岩	8	1.92	13.91	16.97	12.66	10.97	4.72	12.66
	钙质泥质岩	14	0.67	12.22	19.83	11.55	9.85	4.15	11.55
	泥质岩	25	0.95	12.84	33.72	13.53	11.20	6.65	12.69
	石灰岩	89	0.04	0.47	12.34	0.97	0.47	1.62	0.60
	白云岩	32	0.03	0.24	5.00	0.87	0.35	1.25	0.74
	泥灰岩	5	0.79	4.96	7.63	4.63	3.65	2.66	4.63
	硅质岩	9	0.22	0.40	2.57	0.63	0.46	0.73	0.63
	板岩	87	2.85	13.38	69.89	13.66	12.60	7.17	13.00
	千枚岩	47	3.87	14.43	200.60	19.22	14.47	28.23	15.28
	片岩	103	1.32	12.97	36.49	13.45	11.87	6.16	13.22

续表

统计项	统计项内容	样品数	最小值	中位数	最大值	算术平均值	几何平均值	标准离差	背景值
地层岩性	片麻岩	79	1.48	14.07	74.08	14.95	12.15	10.17	14.19
	变粒岩	16	5.42	10.94	31.51	13.41	11.63	7.76	13.41
	斜长角闪岩	18	0.95	7.46	21.13	7.56	5.76	5.11	7.56
	大理岩	21	0.08	0.30	4.04	0.60	0.33	0.98	0.43
	石英岩	11	0.37	4.48	13.49	5.59	3.53	4.23	5.59

表 5-6　扬子克拉通岩石中铌元素不同参数基准数据特征统计 （单位：10^{-6}）

统计项	统计项内容		样品数	最小值	中位数	最大值	算术平均值	几何平均值	标准离差	背景值
三大岩类	沉积岩		1716	0.01	7.39	257.12	10.15	3.65	16.47	7.34
	变质岩		139	0.15	11.86	47.43	12.04	9.92	6.28	11.50
	岩浆岩	侵入岩	123	0.57	13.09	88.72	15.89	11.83	12.77	15.29
		火山岩	105	3.56	24.56	187.34	29.60	23.99	21.78	28.08
地层细分	古近系和新近系		27	1.51	10.45	44.17	14.75	11.11	11.47	14.75
	白垩系		123	0.13	10.27	30.40	9.94	8.26	4.80	9.77
	侏罗系		236	0.37	12.56	65.72	12.62	11.00	6.63	11.95
	三叠系		385	0.07	5.01	76.11	10.67	3.53	14.47	5.77
	二叠系		237	0.01	3.50	257.12	24.06	3.24	39.38	15.78
	石炭系		73	0.06	0.68	28.08	3.56	0.88	6.07	2.22
	泥盆系		98	0.07	2.48	21.96	4.95	1.82	5.60	4.78
	志留系		147	0.10	13.74	21.44	12.31	9.51	5.23	12.31
	奥陶系		148	0.12	5.08	21.52	7.09	3.16	6.52	7.09
	寒武系		193	0.08	4.15	35.70	6.55	2.64	6.58	6.40
	元古宇		305	0.04	10.66	43.07	9.92	5.09	7.11	9.47
	太古宇		3	4.48	7.27	8.70	6.81	6.56	2.15	6.81
侵入岩细分	酸性岩		96	2.05	14.16	88.72	18.22	14.71	13.20	17.48
	中性岩		15	3.82	6.83	18.37	8.88	7.85	4.82	8.88
	基性岩		11	0.57	3.56	24.11	6.21	3.50	7.57	6.21
	超基性岩		1	3.26	3.26	3.26	3.26	3.26		
侵入岩期次	燕山期		47	0.57	18.37	88.72	21.72	16.70	15.57	20.27
	海西期		3	7.26	13.99	24.11	14.45	10.79	10.51	14.45
	加里东期		5	5.93	10.96	18.95	12.02	11.19	4.89	12.02
	印支期		17	3.01	13.68	38.02	14.30	11.67	9.04	14.30
	元古宙		44	0.67	8.99	48.77	10.89	8.42	8.67	10.00
	太古宙		1	2.75	2.75	2.75	2.75	2.75		

续表

统计项	统计项内容	样品数	最小值	中位数	最大值	算术平均值	几何平均值	标准离差	背景值
地层岩性	玄武岩	47	12.67	40.77	57.87	38.02	36.12	10.97	38.02
	安山岩	5	5.81	7.95	25.32	14.28	11.74	9.77	14.28
	流纹岩	14	5.56	17.39	187.34	28.80	18.28	46.03	16.61
	火山碎屑岩	6	9.12	16.54	51.72	25.30	19.57	19.51	25.30
	凝灰岩	30	3.56	15.27	65.72	20.43	16.65	15.26	20.43
	粗面岩	2	24.54	24.74	24.93	24.74	24.73	0.28	24.74
	石英砂岩	55	0.29	2.56	12.20	2.80	2.19	2.09	2.63
	长石石英砂岩	162	0.14	7.28	66.24	8.31	7.03	6.21	7.52
	长石砂岩	108	5.15	11.67	59.72	12.78	11.76	6.77	11.70
	砂岩	359	0.52	12.10	257.12	15.35	12.12	17.29	11.50
	粉砂质泥质岩	7	9.55	17.70	38.34	18.32	16.60	9.66	18.32
	钙质泥质岩	70	8.99	14.70	46.82	16.12	15.11	7.23	13.99
	泥质岩	277	6.43	16.26	218.07	24.33	18.83	27.88	15.31
	石灰岩	461	0.01	0.63	35.70	1.38	0.64	2.40	0.69
	白云岩	194	0.04	0.32	9.95	0.98	0.43	1.60	0.46
	泥灰岩	23	4.00	6.20	19.98	8.87	7.52	5.57	8.87
	硅质岩	18	0.15	4.07	13.80	5.46	3.54	4.25	5.46
	板岩	73	6.41	12.31	25.68	13.14	12.61	3.88	12.97
	千枚岩	20	7.29	12.61	27.34	13.27	12.76	4.21	12.53
	片岩	18	1.29	12.22	47.43	14.39	11.05	10.18	12.45
	片麻岩	4	1.11	6.59	12.37	6.66	4.81	4.91	6.66
	变粒岩	2	5.86	20.37	34.87	20.37	14.30	20.51	20.37
	斜长角闪岩	2	7.27	9.87	12.48	9.87	9.52	3.69	9.87
	大理岩	1	0.58	0.58	0.58	0.58	0.58		
	石英岩	1	4.34	4.34	4.34	4.34	4.34		

表 5-7 华南造山带岩石中铌元素不同参数基准数据特征统计 （单位：10^{-6}）

统计项	统计项内容		样品数	最小值	中位数	最大值	算术平均值	几何平均值	标准离差	背景值
三大岩类	沉积岩		1016	0.01	9.55	69.77	9.45	4.22	8.03	8.85
	变质岩		172	0.18	12.94	33.02	12.92	10.61	5.83	12.59
	岩浆岩	侵入岩	416	1.53	18.95	159.70	23.19	19.68	16.41	20.01
		火山岩	147	6.60	18.30	72.94	21.68	19.66	11.24	19.04
地层细分	古近系和新近系		39	3.56	13.49	80.92	20.63	16.09	16.68	19.04
	白垩系		155	0.03	13.23	65.34	14.94	12.26	9.51	13.10

续表

统计项	统计项内容	样品数	最小值	中位数	最大值	算术平均值	几何平均值	标准离差	背景值
地层细分	侏罗系	203	0.18	15.78	72.94	15.97	12.83	9.55	15.20
	三叠系	139	0.07	10.38	69.77	10.06	5.11	9.63	8.77
	二叠系	71	0.01	1.18	68.68	7.93	1.38	12.31	5.64
	石炭系	120	0.03	0.39	22.11	3.24	0.63	5.42	2.51
	泥盆系	216	0.02	5.32	29.27	6.63	2.43	6.36	6.52
	志留系	32	3.03	14.08	24.35	13.92	12.66	5.53	13.92
	奥陶系	57	0.41	12.62	29.58	12.57	10.30	6.19	12.57
	寒武系	145	0.11	12.59	31.97	11.62	8.03	5.82	11.48
	元古宇	132	0.33	12.74	33.02	13.00	11.51	5.09	12.84
	太古宇	3	6.78	11.18	11.26	9.74	9.48	2.57	9.74
侵入岩细分	酸性岩	388	1.90	18.83	159.70	22.47	19.55	14.89	20.03
	中性岩	22	4.50	25.25	100.80	35.84	26.89	29.17	35.84
	基性岩	5	1.53	20.38	79.30	27.60	13.64	31.10	27.60
	超基性岩	1	1.53	1.53	1.53	1.53	1.53		
侵入岩期次	燕山期	273	1.90	20.55	100.80	24.49	21.09	15.97	21.05
	海西期	19	1.53	16.70	37.04	17.72	15.70	7.02	17.72
	加里东期	48	5.86	17.01	159.70	21.77	18.02	21.89	18.84
	印支期	57	6.41	17.33	99.95	19.99	17.31	14.28	18.56
	元古宙	6	1.53	8.34	17.96	8.83	6.86	5.83	8.83
地层岩性	玄武岩	20	10.03	28.66	70.49	29.65	25.83	16.58	29.65
	安山岩	2	7.48	12.16	16.85	12.16	11.22	6.63	12.16
	流纹岩	46	8.78	18.17	72.94	22.39	20.37	11.74	21.27
	火山碎屑岩	1	6.60	6.60	6.60	6.60	6.60		
	凝灰岩	77	9.17	17.84	60.36	19.77	18.58	8.03	18.61
	石英砂岩	62	0.26	3.13	8.88	3.36	2.68	2.05	3.36
	长石石英砂岩	202	2.23	8.62	40.74	9.95	8.55	6.00	9.00
	长石砂岩	95	3.31	13.33	65.34	14.47	13.39	7.02	13.93
	砂岩	215	0.20	12.07	44.06	12.40	11.19	5.14	12.08
	粉砂质泥质岩	7	8.12	17.14	23.13	15.54	14.60	5.59	15.54
	钙质泥质岩	12	9.28	13.30	48.75	15.92	14.33	10.47	12.94
	泥质岩	170	8.39	15.78	69.77	16.94	15.99	7.44	15.63
	石灰岩	207	0.01	0.22	7.51	0.58	0.29	0.96	0.33
	白云岩	42	0.05	0.17	2.65	0.34	0.20	0.45	0.28
	泥灰岩	4	4.46	6.06	6.80	5.84	5.76	1.14	5.84

统计项	统计项内容	样品数	最小值	中位数	最大值	算术平均值	几何平均值	标准离差	背景值
地层岩性	硅质岩	22	0.18	2.76	17.22	4.28	2.17	4.37	4.28
	板岩	57	6.55	13.66	21.31	13.81	13.37	3.46	13.81
	千枚岩	18	7.90	14.48	23.49	14.98	14.29	4.58	14.98
	片岩	38	6.46	15.07	32.05	15.24	14.40	5.27	14.78
	片麻岩	12	6.78	11.42	33.02	13.48	12.28	7.00	13.48
	变粒岩	16	7.45	15.08	30.15	15.73	14.93	5.55	15.73
	斜长角闪岩	2	8.14	9.94	11.75	9.94	9.78	2.55	9.94
	石英岩	7	3.40	7.20	16.05	8.43	7.64	4.05	8.43

表 5-8　塔里木克拉通岩石中铌元素不同参数基准数据特征统计　（单位：10^{-6}）

统计项	统计项内容		样品数	最小值	中位数	最大值	算术平均值	几何平均值	标准离差	背景值
三大岩类	沉积岩		160	0.03	6.05	67.58	6.77	3.33	8.03	5.69
	变质岩		42	0.15	7.77	45.99	8.06	3.89	8.20	7.14
	岩浆岩	侵入岩	34	1.23	8.81	187.42	18.74	9.93	35.09	13.63
		火山岩	2	9.50	16.07	22.64	16.07	14.67	9.29	16.07
地层细分	古近系和新近系		29	1.05	6.25	10.67	6.15	5.31	2.90	6.15
	白垩系		11	1.77	4.01	12.19	5.61	4.64	3.70	5.61
	侏罗系		18	3.07	7.91	12.73	7.45	6.95	2.66	7.45
	三叠系		3	9.50	9.63	10.81	9.98	9.96	0.72	9.98
	二叠系		12	0.74	6.98	30.96	10.49	6.96	9.46	10.49
	石炭系		19	0.15	0.42	14.89	2.97	0.79	4.80	2.97
	泥盆系		18	0.46	6.78	18.15	7.05	5.14	4.56	7.05
	志留系		10	0.05	9.96	12.74	8.93	5.67	3.80	8.93
	奥陶系		10	0.23	2.59	24.05	6.53	2.70	8.18	6.53
	寒武系		17	0.03	0.23	67.58	8.46	0.57	20.46	8.46
	元古宇		26	0.19	7.82	17.83	7.68	4.98	5.06	7.68
	太古宇		6	0.15	0.23	12.65	2.94	0.67	5.01	2.94
侵入岩细分	酸性岩		30	1.23	9.33	187.42	18.53	10.01	36.12	12.71
	中性岩		2	6.18	36.11	66.04	36.11	20.20	42.33	36.11
	基性岩		2	3.42	4.50	5.58	4.50	4.37	1.53	4.50
侵入岩期次	海西期		16	2.24	9.72	187.42	29.09	12.64	49.60	18.53
	加里东期		4	5.34	7.20	8.36	7.03	6.94	1.25	7.03
	元古宙		11	3.42	9.43	23.81	11.04	9.70	5.81	11.04
	太古宙		2	1.23	3.70	6.18	3.70	2.75	3.50	3.70

续表

统计项	统计项内容	样品数	最小值	中位数	最大值	算术平均值	几何平均值	标准离差	背景值
地层岩性	玄武岩	1	22.64	22.64	22.64	22.64	22.64		
	流纹岩	1	9.50	9.50	9.50	9.50	9.50		
	石英砂岩	2	0.75	4.67	8.58	4.67	2.54	5.54	4.67
	长石石英砂岩	26	1.23	7.10	11.27	6.89	6.12	2.92	6.89
	长石砂岩	3	8.51	10.81	14.89	11.40	11.10	3.23	11.40
	砂岩	62	1.29	7.63	67.58	9.27	7.40	8.96	8.31
	钙质泥质岩	7	4.87	10.22	11.55	9.57	9.26	2.28	9.57
	泥质岩	2	9.13	32.88	56.63	32.88	22.74	33.59	32.88
	石灰岩	50	0.03	0.57	24.05	2.05	0.65	4.19	1.06
	白云岩	2	0.31	2.07	3.83	2.07	1.10	2.49	2.07
	冰碛岩	5	7.55	8.28	9.65	8.42	8.39	0.78	8.42
	千枚岩	1	6.78	6.78	6.78	6.78	6.78		
	片岩	11	1.92	8.77	17.83	10.03	8.26	5.51	10.03
	片麻岩	12	2.42	10.80	19.41	9.49	8.03	4.95	9.49
	斜长角闪岩	7	1.19	9.97	45.99	13.07	7.13	15.23	13.07
	大理岩	10	0.15	0.28	4.65	0.79	0.41	1.37	0.79
	石英岩	1	8.34	8.34	8.34	8.34	8.34		

表 5-9　松潘–甘孜造山带岩石中铌元素不同参数基准数据特征统计　（单位：10^{-6}）

统计项	统计项内容		样品数	最小值	中位数	最大值	算术平均值	几何平均值	标准离差	背景值
三大岩类	沉积岩		237	0.05	8.28	85.09	8.78	4.81	9.70	7.36
	变质岩		189	0.09	12.39	143.91	13.04	10.22	11.75	12.34
	岩浆岩	侵入岩	69	0.33	11.25	49.25	13.03	9.27	9.46	12.50
		火山岩	20	2.66	16.18	84.80	20.23	14.85	18.18	16.83
地层细分	古近系和新近系		18	0.52	7.01	9.37	6.46	5.68	2.28	6.46
	白垩系		1	0.68	0.68	0.68	0.68	0.68		
	侏罗系		3	0.41	3.92	8.64	4.33	2.41	4.13	4.33
	三叠系		258	0.05	10.28	82.21	11.08	8.53	7.91	10.27
	二叠系		37	0.10	12.04	85.09	15.55	6.87	15.94	13.61
	石炭系		10	0.16	1.65	25.01	7.24	2.22	8.56	7.24
	泥盆系		27	0.09	5.07	24.72	6.49	2.39	6.76	6.49
	志留系		33	0.09	7.82	45.99	10.23	4.80	11.04	9.12
	奥陶系		8	0.40	7.36	18.97	8.52	5.34	6.77	8.52
	寒武系		12	0.29	9.35	16.42	9.10	6.80	4.57	9.10
	元古宇		34	0.11	10.57	143.91	17.11	9.35	26.37	13.27

续表

统计项	统计项内容	样品数	最小值	中位数	最大值	算术平均值	几何平均值	标准离差	背景值
侵入岩细分	酸性岩	48	1.06	12.58	49.25	14.04	10.83	9.44	13.29
	中性岩	15	0.33	11.25	34.76	13.52	9.33	9.57	13.52
	基性岩	1	6.39	6.39	6.39	6.39	6.39		
	超基性岩	5	0.71	1.36	6.44	3.23	2.20	2.89	3.23
侵入岩期次	燕山期	25	0.33	16.87	49.25	18.86	14.15	11.16	18.86
	海西期	8	1.06	5.11	11.84	4.91	3.55	3.75	4.91
	印支期	19	3.42	13.58	24.51	12.55	11.20	5.58	12.55
	元古宙	12	1.48	6.64	13.20	6.77	5.65	3.68	6.77
	太古宙	1	0.71	0.71	0.71	0.71	0.71		
地层岩性	玄武岩	7	20.05	25.01	33.09	27.04	26.58	5.32	27.04
	安山岩	1	5.87	5.87	5.87	5.87	5.87		
	流纹岩	7	5.52	9.43	29.68	12.84	11.06	8.32	12.84
	凝灰岩	3	2.66	8.15	8.63	6.48	5.72	3.31	6.48
	粗面岩	2	15.42	50.11	84.80	50.11	36.16	49.06	50.11
	石英砂岩	2	3.04	3.25	3.46	3.25	3.24	0.30	3.25
	长石石英砂岩	29	2.21	7.07	15.53	7.44	6.81	3.06	7.44
	长石砂岩	20	1.52	8.29	13.49	8.14	7.49	2.84	8.14
	砂岩	129	1.67	9.35	85.09	11.74	9.51	11.57	9.08
	粉砂质泥质岩	4	7.04	12.71	16.53	12.25	11.56	4.56	12.25
	钙质泥质岩	3	8.85	10.84	15.68	11.79	11.46	3.51	11.79
	泥质岩	4	11.03	16.28	17.97	15.39	15.14	3.02	15.39
	石灰岩	35	0.05	0.32	7.34	0.85	0.41	1.38	0.66
	白云岩	11	0.11	0.21	1.30	0.43	0.30	0.40	0.43
	硅质岩	2	2.83	3.17	3.51	3.17	3.15	0.48	3.17
	板岩	118	2.10	13.16	143.91	14.64	12.38	13.93	13.53
	千枚岩	29	2.43	9.79	18.41	9.83	9.10	3.67	9.83
	片岩	29	3.30	12.49	31.96	12.81	11.12	6.45	12.81
	片麻岩	2	11.49	13.97	16.44	13.97	13.74	3.50	13.97
	变粒岩	3	5.95	14.15	14.99	11.70	10.81	5.00	11.70
	大理岩	5	0.09	0.23	0.40	0.22	0.19	0.13	0.22
	石英岩	1	9.29	9.29	9.29	9.29	9.29		

表 5-10　西藏–三江造山带岩石中铌元素不同参数基准数据特征统计　（单位：10^{-6}）

统计项	统计项内容		样品数	最小值	中位数	最大值	算术平均值	几何平均值	标准离差	背景值
三大岩类	沉积岩		702	0.01	6.56	70.10	8.28	3.93	8.09	7.32
	变质岩		139	0.02	11.97	69.81	13.41	9.36	10.38	11.96
	岩浆岩	侵入岩	165	0.02	12.64	59.52	13.76	8.92	10.16	12.25
		火山岩	81	1.10	12.60	42.93	14.90	11.51	9.51	14.90
地层细分	古近系和新近系		115	0.08	7.96	33.41	10.37	6.67	8.29	10.37
	白垩系		142	0.09	7.12	45.25	8.59	5.03	6.99	8.33
	侏罗系		199	0.03	8.38	33.77	9.01	4.53	7.30	8.88
	三叠系		142	0.01	7.34	68.74	9.15	4.19	9.49	8.42
	二叠系		80	0.05	7.45	70.10	10.65	3.81	13.12	7.57
	石炭系		107	0.02	7.81	87.93	10.67	4.35	12.89	8.52
	泥盆系		23	0.19	7.29	46.06	9.93	4.95	10.01	8.29
	志留系		8	1.46	13.41	19.22	11.38	8.70	6.76	11.38
	奥陶系		9	2.38	12.63	30.34	12.38	9.32	9.11	12.38
	寒武系		16	0.30	13.58	24.37	12.71	8.32	7.54	12.71
	元古宇		36	1.27	10.69	44.66	11.56	7.80	9.43	10.62
	太古宇		1	7.64	7.64	7.64	7.64	7.64		
侵入岩细分	酸性岩		122	0.50	14.05	55.80	15.55	13.21	9.19	14.19
	中性岩		22	0.81	12.47	59.52	14.28	10.09	12.98	12.12
	基性岩		11	1.42	5.12	12.49	5.13	4.43	2.97	5.13
	超基性岩		10	0.02	0.18	0.46	0.18	0.12	0.14	0.18
侵入岩期次	喜马拉雅期		26	0.50	14.15	59.52	15.15	11.51	11.27	13.38
	燕山期		107	0.02	12.91	55.80	14.30	9.00	10.71	12.42
	海西期		4	12.44	15.07	18.64	15.31	15.06	3.14	15.31
	加里东期		6	2.96	13.14	26.74	13.84	11.57	7.76	13.84
	印支期		14	0.09	12.29	18.01	10.03	4.66	6.51	10.03
	元古宙		5	5.70	6.83	15.83	8.78	8.16	4.12	8.78
地层岩性	玄武岩		16	1.10	14.61	42.93	17.65	10.11	14.10	17.65
	安山岩		11	1.62	11.13	33.41	15.21	10.79	11.02	15.21
	流纹岩		27	5.55	11.75	27.28	12.15	11.16	5.55	12.15
	火山碎屑岩		7	1.76	15.86	21.45	13.73	11.26	6.28	13.73
	凝灰岩		18	4.41	15.00	28.83	16.88	14.15	9.21	16.88
	粗面岩		1	23.86	23.86	23.86	23.86	23.86		
	石英砂岩		33	0.26	2.86	11.67	3.22	2.29	2.52	2.95
	长石石英砂岩		150	1.63	6.22	36.67	7.47	6.39	4.84	6.80

续表

统计项	统计项内容	样品数	最小值	中位数	最大值	算术平均值	几何平均值	标准离差	背景值
地层岩性	长石砂岩	47	4.61	12.97	34.82	14.14	12.35	7.71	14.14
	砂岩	179	1.27	10.45	70.10	11.98	9.89	8.97	10.40
	粉砂质泥质岩	24	6.25	15.08	46.06	16.34	14.60	8.58	15.05
	钙质泥质岩	22	2.51	12.25	22.05	12.20	11.08	4.82	12.20
	泥质岩	50	3.06	15.45	43.80	16.34	14.99	6.70	15.78
	石灰岩	173	0.01	0.48	20.69	1.55	0.55	2.84	0.45
	白云岩	20	0.06	0.20	1.26	0.35	0.25	0.32	0.35
	泥灰岩	4	2.79	6.96	7.43	6.03	5.62	2.19	6.03
	硅质岩	5	1.05	3.76	7.65	3.91	3.08	2.71	3.91
	板岩	53	0.02	13.35	68.74	15.52	11.82	10.77	14.50
	千枚岩	6	7.35	12.11	69.81	21.32	15.09	24.02	21.32
	片岩	35	3.80	14.19	44.66	14.37	12.72	7.38	13.48
	片麻岩	13	4.05	14.92	24.37	14.54	13.26	5.87	14.54
	变粒岩	4	0.31	14.92	28.80	14.74	6.42	12.48	14.74
	斜长角闪岩	5	0.53	4.92	27.53	8.27	3.86	11.03	8.27
	大理岩	3	0.14	0.14	2.26	0.84	0.35	1.22	0.84
	石英岩	15	0.55	5.59	17.08	6.59	5.07	4.37	6.59

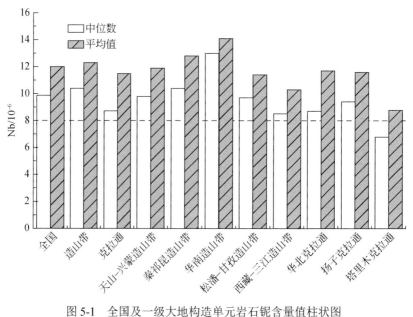

图 5-1　全国及一级大地构造单元岩石铌含量值柱状图

表 5-11　天山–兴蒙造山带岩石中钽元素不同参数基准数据特征统计（单位：10^{-6}）

统计项	统计项内容		样品数	最小值	中位数	最大值	算术平均值	几何平均值	标准离差	背景值
三大岩类	沉积岩		807	0.01	0.64	10.42	0.70	0.49	0.63	0.63
	变质岩		373	0.01	0.77	6.04	0.80	0.54	0.64	0.75
	岩浆岩	侵入岩	917	0.01	0.96	10.01	1.16	0.90	0.93	1.03
		火山岩	823	0.08	0.91	12.52	1.13	0.87	1.10	0.89
地层细分	古近系和新近系		153	0.09	0.96	11.58	1.59	1.07	1.59	1.37
	白垩系		203	0.08	0.84	12.52	0.97	0.82	0.95	0.86
	侏罗系		411	0.01	0.96	5.40	1.08	0.93	0.63	0.97
	三叠系		32	0.15	0.72	1.67	0.75	0.65	0.36	0.75
	二叠系		275	0.01	0.75	12.33	0.84	0.62	0.87	0.76
	石炭系		353	0.01	0.52	4.01	0.61	0.43	0.51	0.53
	泥盆系		238	0.02	0.56	10.42	0.67	0.46	0.80	0.59
	志留系		81	0.02	0.73	3.20	0.82	0.61	0.58	0.73
	奥陶系		111	0.02	0.70	6.04	0.89	0.55	0.91	0.72
	寒武系		13	0.02	0.73	1.67	0.67	0.31	0.52	0.67
	元古宇		145	0.01	0.72	7.02	0.74	0.39	0.76	0.67
	太古宇		6	0.19	0.33	1.08	0.47	0.38	0.35	0.47
侵入岩细分	酸性岩		736	0.04	1.06	10.01	1.25	1.05	0.90	1.13
	中性岩		110	0.17	0.72	6.89	0.95	0.75	0.95	0.76
	基性岩		58	0.06	0.31	5.21	0.58	0.33	0.90	0.34
	超基性岩		13	0.01	0.06	0.51	0.12	0.07	0.15	0.12
侵入岩期次	燕山期		240	0.30	1.16	9.15	1.38	1.19	0.98	1.21
	海西期		534	0.01	0.88	10.01	1.09	0.82	0.90	0.98
	加里东期		37	0.08	0.79	2.10	0.84	0.70	0.47	0.84
	印支期		29	0.09	1.25	3.92	1.37	1.10	0.88	1.37
	元古宙		57	0.13	0.77	3.35	0.91	0.76	0.58	0.86
	太古宙		1	0.30	0.30	0.30	0.30	0.30		
地层岩性	玄武岩		96	0.08	0.97	6.75	1.75	0.99	1.68	1.75
	安山岩		181	0.08	0.69	11.58	0.88	0.69	0.97	0.82
	流纹岩		206	0.08	1.02	12.52	1.20	1.01	1.04	1.04
	火山碎屑岩		54	0.21	1.02	3.64	1.15	0.95	0.75	1.06
	凝灰岩		260	0.20	0.92	12.33	1.06	0.86	0.96	0.90
	粗面岩		21	0.24	0.84	1.71	0.84	0.74	0.38	0.84
	石英砂岩		8	0.01	0.17	0.54	0.23	0.12	0.20	0.23
	长石石英砂岩		118	0.13	0.65	4.01	0.77	0.64	0.56	0.65

续表

统计项	统计项内容	样品数	最小值	中位数	最大值	算术平均值	几何平均值	标准离差	背景值
地层岩性	长石砂岩	108	0.19	0.80	10.42	1.04	0.87	1.10	0.84
	砂岩	396	0.02	0.62	3.90	0.68	0.60	0.38	0.65
	粉砂质泥质岩	31	0.24	0.94	7.02	1.12	0.94	1.13	0.92
	钙质泥质岩	14	0.29	0.75	0.99	0.72	0.69	0.19	0.72
	泥质岩	46	0.25	0.81	2.01	0.84	0.79	0.32	0.81
	石灰岩	66	0.01	0.04	0.86	0.07	0.04	0.12	0.06
	白云岩	20	0.01	0.03	0.38	0.06	0.04	0.08	0.05
	硅质岩	7	0.02	0.17	0.87	0.23	0.13	0.29	0.23
	板岩	119	0.09	0.91	6.04	1.00	0.86	0.75	0.92
	千枚岩	18	0.21	0.97	1.31	0.91	0.83	0.31	0.91
	片岩	97	0.24	0.88	3.79	0.97	0.86	0.52	0.90
	片麻岩	45	0.08	0.71	3.20	0.80	0.63	0.54	0.74
	变粒岩	12	0.17	0.81	1.16	0.76	0.67	0.31	0.76
	斜长角闪岩	12	0.14	0.52	1.10	0.58	0.47	0.36	0.58
	大理岩	42	0.01	0.05	0.29	0.07	0.05	0.06	0.05
	石英岩	21	0.01	0.64	2.67	0.68	0.33	0.67	0.68

表 5-12　华北克拉通岩石中钽元素不同参数基准数据特征统计　（单位：10^{-6}）

统计项	统计项内容		样品数	最小值	中位数	最大值	算术平均值	几何平均值	标准离差	背景值
三大岩类	沉积岩		1061	0.01	0.52	6.67	0.65	0.33	0.72	0.57
	变质岩		361	0.01	0.48	4.75	0.65	0.41	0.59	0.59
	岩浆岩	侵入岩	571	0.02	0.75	14.29	1.02	0.69	1.13	0.80
		火山岩	217	0.07	1.13	13.23	1.61	1.17	1.65	1.28
地层细分	古近系和新近系		86	0.07	1.03	13.23	1.90	1.19	2.31	1.30
	白垩系		166	0.09	0.71	5.71	0.99	0.73	0.98	0.68
	侏罗系		246	0.13	0.90	6.18	1.10	0.89	0.84	0.97
	三叠系		80	0.11	0.80	2.03	0.81	0.73	0.35	0.80
	二叠系		107	0.06	0.73	2.16	0.82	0.69	0.44	0.81
	石炭系		98	0.03	0.87	6.67	1.21	0.76	1.22	0.93
	泥盆系		1	0.42	0.42	0.42	0.42	0.42		
	志留系		12	0.05	0.68	1.45	0.71	0.49	0.47	0.71
	奥陶系		139	0.02	0.07	4.08	0.20	0.09	0.45	0.07
	寒武系		177	0.02	0.17	3.95	0.50	0.21	0.62	0.48
	元古宇		303	0.01	0.29	4.75	0.55	0.22	0.69	0.47
	太古宇		196	0.01	0.43	3.15	0.53	0.38	0.44	0.45

统计项	统计项内容	样品数	最小值	中位数	最大值	算术平均值	几何平均值	标准离差	背景值
侵入岩细分	酸性岩	413	0.02	0.83	14.29	1.11	0.76	1.14	0.94
	中性岩	93	0.15	0.60	11.69	0.93	0.68	1.33	0.71
	基性岩	51	0.09	0.43	2.77	0.59	0.47	0.45	0.54
	超基性岩	14	0.05	0.30	0.76	0.30	0.22	0.21	0.30
侵入岩期次	燕山期	201	0.02	1.00	14.29	1.40	0.99	1.56	1.13
	海西期	132	0.10	0.71	4.03	0.86	0.66	0.67	0.76
	加里东期	20	0.10	0.43	1.11	0.53	0.42	0.31	0.53
	印支期	39	0.10	0.67	3.11	0.88	0.68	0.67	0.76
	元古宙	75	0.02	0.64	5.26	0.94	0.63	0.96	0.79
	太古宙	91	0.04	0.40	3.49	0.61	0.40	0.61	0.50
地层岩性	玄武岩	40	0.33	2.58	8.29	2.69	2.15	1.73	2.54
	安山岩	64	0.29	0.68	2.36	0.82	0.73	0.43	0.77
	流纹岩	53	0.26	1.28	13.23	1.98	1.37	2.46	1.28
	火山碎屑岩	14	0.26	0.92	1.56	0.84	0.73	0.41	0.84
	凝灰岩	30	0.07	1.29	4.04	1.50	1.24	0.85	1.50
	粗面岩	15	0.76	1.26	4.26	1.75	1.46	1.17	1.75
	石英砂岩	45	0.02	0.07	1.26	0.14	0.09	0.20	0.12
	长石石英砂岩	103	0.04	0.51	5.71	0.61	0.48	0.60	0.56
	长石砂岩	54	0.11	0.67	2.96	0.78	0.65	0.55	0.61
	砂岩	302	0.09	0.80	4.26	0.85	0.75	0.45	0.81
	粉砂质泥质岩	25	0.70	1.04	1.84	1.14	1.10	0.32	1.14
	钙质泥质岩	32	0.30	0.94	1.95	0.99	0.91	0.40	0.99
	泥质岩	138	0.42	1.26	6.67	1.56	1.33	1.12	1.25
	石灰岩	229	0.02	0.08	1.38	0.12	0.08	0.15	0.09
	白云岩	120	0.01	0.06	1.24	0.10	0.06	0.15	0.06
	泥灰岩	13	0.27	0.43	0.89	0.48	0.44	0.20	0.48
	硅质岩	5	0.03	0.06	0.35	0.14	0.09	0.14	0.14
	板岩	18	0.43	1.04	1.76	0.97	0.88	0.42	0.97
	千枚岩	11	0.18	1.21	1.50	1.00	0.87	0.44	1.00
	片岩	49	0.07	1.02	2.45	0.99	0.86	0.47	0.96
	片麻岩	122	0.03	0.30	3.34	0.63	0.46	0.54	0.53
	变粒岩	66	0.06	0.51	4.75	0.78	0.55	0.80	0.67
	麻粒岩	4	0.25	0.33	0.38	0.32	0.32	0.05	0.32
	斜长角闪岩	42	0.09	0.32	1.91	0.47	0.36	0.40	0.35
	大理岩	26	0.01	0.03	0.36	0.08	0.04	0.10	0.08
	石英岩	18	0.03	0.15	0.95	0.23	0.14	0.23	0.18

表 5-13　秦祁昆造山带岩石中钽元素不同参数基准数据特征统计 （单位：10^{-6}）

统计项	统计项内容		样品数	最小值	中位数	最大值	算术平均值	几何平均值	标准离差	背景值
三大岩类	沉积岩		510	0.01	0.52	3.24	0.58	0.32	0.45	0.56
	变质岩		393	0.01	0.93	11.00	0.94	0.66	0.78	0.87
	岩浆岩	侵入岩	339	0.03	1.03	29.28	1.56	1.05	2.48	1.13
		火山岩	72	0.16	0.77	17.99	1.16	0.78	2.15	0.92
地层细分	古近系和新近系		61	0.04	0.58	1.25	0.61	0.50	0.32	0.61
	白垩系		85	0.04	0.71	1.68	0.75	0.66	0.32	0.75
	侏罗系		46	0.11	0.71	2.06	0.79	0.64	0.48	0.79
	三叠系		103	0.01	0.80	2.30	0.75	0.55	0.41	0.72
	二叠系		54	0.01	0.43	1.66	0.49	0.22	0.45	0.49
	石炭系		89	0.01	0.39	2.32	0.52	0.19	0.54	0.50
	泥盆系		92	0.01	0.87	5.50	0.79	0.44	0.72	0.73
	志留系		67	0.09	0.77	11.00	1.00	0.74	1.33	0.85
	奥陶系		65	0.02	0.71	1.45	0.67	0.40	0.46	0.67
	寒武系		59	0.01	0.49	4.21	0.76	0.35	0.83	0.65
	元古宇		164	0.01	0.74	4.36	0.78	0.47	0.60	0.73
	太古宇		29	0.04	0.84	2.26	0.90	0.67	0.55	0.90
侵入岩细分	酸性岩		244	0.15	1.17	29.28	1.53	1.17	2.09	1.25
	中性岩		61	0.14	0.85	22.92	2.00	0.99	3.94	0.90
	基性岩		25	0.13	0.67	2.83	0.81	0.59	0.64	0.73
	超基性岩		9	0.03	0.27	5.86	1.52	0.40	2.28	1.52
侵入岩期次	喜马拉雅期		1	1.33	1.33	1.33	1.33	1.33		
	燕山期		70	0.33	1.25	5.88	1.55	1.23	1.22	1.27
	海西期		62	0.14	0.88	18.30	1.36	0.94	2.31	1.09
	加里东期		91	0.03	1.23	22.92	1.99	1.18	2.93	1.76
	印支期		62	0.25	1.08	3.97	1.23	1.04	0.77	1.19
	元古宙		43	0.15	0.85	29.28	1.57	0.80	4.36	0.91
	太古宙		4	0.14	0.75	2.51	1.04	0.54	1.12	1.04
地层岩性	玄武岩		11	0.28	0.86	2.98	1.08	0.86	0.80	1.08
	安山岩		15	0.18	0.62	1.25	0.67	0.59	0.32	0.67
	流纹岩		24	0.16	0.79	2.79	0.94	0.81	0.55	0.86
	火山碎屑岩		6	0.51	1.19	17.99	4.52	1.91	6.86	4.52
	凝灰岩		14	0.19	0.65	1.16	0.66	0.61	0.26	0.66
	粗面岩		2	0.89	1.15	1.41	1.15	1.12	0.37	1.15
	石英砂岩		14	0.07	0.24	0.45	0.24	0.22	0.10	0.24

续表

统计项	统计项内容	样品数	最小值	中位数	最大值	算术平均值	几何平均值	标准离差	背景值
地层岩性	长石石英砂岩	98	0.01	0.52	3.24	0.61	0.51	0.41	0.58
	长石砂岩	23	0.36	0.94	2.30	0.97	0.92	0.35	0.91
	砂岩	202	0.01	0.76	2.06	0.75	0.65	0.37	0.74
	粉砂质泥质岩	8	0.19	1.03	1.25	0.95	0.84	0.35	0.95
	钙质泥质岩	14	0.09	0.94	1.35	0.90	0.80	0.28	0.90
	泥质岩	25	0.13	1.03	2.32	1.02	0.88	0.46	1.02
	石灰岩	89	0.01	0.04	0.89	0.07	0.04	0.12	0.05
	白云岩	32	0.01	0.02	0.39	0.07	0.04	0.09	0.06
	泥灰岩	5	0.14	0.43	0.71	0.40	0.34	0.23	0.40
	硅质岩	9	0.01	0.03	0.16	0.04	0.03	0.05	0.04
	板岩	87	0.18	1.03	4.21	1.04	0.96	0.45	1.00
	千枚岩	47	0.29	1.11	11.00	1.32	1.07	1.53	1.11
	片岩	103	0.22	1.00	2.57	1.02	0.92	0.44	1.01
	片麻岩	79	0.15	0.93	4.36	1.03	0.82	0.74	0.91
	变粒岩	16	0.23	0.72	2.34	0.96	0.78	0.67	0.96
	斜长角闪岩	18	0.08	0.48	1.30	0.55	0.44	0.33	0.55
	大理岩	21	0.01	0.03	0.36	0.07	0.04	0.10	0.07
	石英岩	11	0.03	0.34	0.92	0.39	0.26	0.28	0.39

表 5-14　扬子克拉通岩石中钽元素不同参数基准数据特征统计　（单位：10^{-6}）

统计项	统计项内容		样品数	最小值	中位数	最大值	算术平均值	几何平均值	标准离差	背景值
三大岩类	沉积岩		1716	0.003	0.54	16.46	0.71	0.26	1.04	0.55
	变质岩		139	0.01	0.87	5.37	0.90	0.71	0.58	0.85
	岩浆岩	侵入岩	123	0.06	1.13	27.87	1.65	1.04	2.68	1.44
		火山岩	105	0.27	1.61	10.23	1.87	1.56	1.23	1.79
地层细分	古近系和新近系		27	0.09	0.81	2.76	0.98	0.73	0.70	0.98
	白垩系		123	0.01	0.76	2.18	0.71	0.58	0.36	0.70
	侏罗系		236	0.03	0.93	3.37	0.91	0.79	0.44	0.86
	三叠系		385	0.003	0.33	4.48	0.72	0.24	0.90	0.50
	二叠系		237	0.004	0.17	16.46	1.50	0.22	2.41	1.03
	石炭系		73	0.003	0.04	2.37	0.26	0.06	0.48	0.04
	泥盆系		98	0.005	0.17	1.76	0.36	0.13	0.42	0.35
	志留系		147	0.01	1.04	1.91	0.94	0.72	0.42	0.94
	奥陶系		148	0.01	0.37	1.92	0.53	0.23	0.50	0.53

续表

统计项	统计项内容	样品数	最小值	中位数	最大值	算术平均值	几何平均值	标准离差	背景值
地层细分	寒武系	193	0.01	0.29	5.31	0.51	0.19	0.60	0.48
	元古宇	305	0.004	0.75	5.37	0.73	0.38	0.57	0.69
	太古宇	3	0.24	0.47	0.71	0.48	0.44	0.23	0.48
侵入岩细分	酸性岩	96	0.16	1.37	27.87	1.98	1.36	2.95	1.71
	中性岩	15	0.31	0.49	1.28	0.59	0.53	0.30	0.59
	基性岩	11	0.06	0.30	1.20	0.41	0.28	0.38	0.41
	超基性岩	1	0.30	0.30	0.30	0.30	0.30		
侵入岩期次	燕山期	47	0.08	1.74	27.87	2.55	1.65	4.01	2.00
	海西期	3	0.30	1.20	2.55	1.35	0.97	1.13	1.35
	加里东期	5	0.62	1.15	1.66	1.09	1.03	0.42	1.09
	印支期	17	0.26	1.29	5.57	1.59	1.12	1.38	1.59
	元古宙	44	0.06	0.73	4.21	0.89	0.64	0.82	0.81
	太古宙	1	0.23	0.23	0.23	0.23	0.23		
地层岩性	玄武岩	47	0.73	2.47	3.62	2.35	2.24	0.68	2.35
	安山岩	5	0.34	0.65	1.61	0.91	0.74	0.61	0.91
	流纹岩	14	0.34	1.20	10.23	1.78	1.22	2.47	1.13
	火山碎屑岩	6	0.52	1.12	3.22	1.62	1.32	1.13	1.62
	凝灰岩	30	0.27	1.02	3.83	1.38	1.15	0.92	1.38
	粗面岩	2	1.23	1.33	1.44	1.33	1.33	0.15	1.33
	石英砂岩	55	0.02	0.14	0.58	0.17	0.13	0.12	0.16
	长石石英砂岩	162	0.01	0.54	3.81	0.60	0.51	0.41	0.54
	长石砂岩	108	0.33	0.86	3.57	0.92	0.85	0.43	0.86
	砂岩	359	0.04	0.92	13.65	1.06	0.86	0.95	0.86
	粉砂质泥质岩	7	0.65	1.32	2.88	1.36	1.21	0.76	1.36
	钙质泥质岩	70	0.67	1.09	3.02	1.19	1.13	0.42	1.08
	泥质岩	277	0.52	1.22	16.46	1.70	1.38	1.74	1.17
	石灰岩	461	0.003	0.04	5.31	0.09	0.04	0.27	0.08
	白云岩	194	0.003	0.03	0.80	0.07	0.03	0.11	0.03
	泥灰岩	23	0.25	0.50	1.40	0.66	0.57	0.38	0.66
	硅质岩	18	0.01	0.18	1.15	0.39	0.21	0.39	0.39
	板岩	73	0.37	0.90	1.76	0.96	0.92	0.28	0.96
	千枚岩	20	0.56	0.89	1.87	0.94	0.90	0.28	0.89
	片岩	18	0.11	0.92	3.23	1.05	0.83	0.71	0.92
	片麻岩	4	0.12	0.36	1.31	0.54	0.36	0.54	0.54

续表

统计项	统计项内容	样品数	最小值	中位数	最大值	算术平均值	几何平均值	标准离差	背景值
地层岩性	变粒岩	2	0.37	2.87	5.37	2.87	1.40	3.54	2.87
	斜长角闪岩	2	0.64	0.68	0.71	0.68	0.68	0.05	0.68
	大理岩	1	0.04	0.04	0.04	0.04	0.04		
	石英岩	1	0.29	0.29	0.29	0.29	0.29		

表 5-15　华南造山带岩石中钽元素不同参数基准数据特征统计 （单位：10^{-6}）

统计项	统计项内容		样品数	最小值	中位数	最大值	算术平均值	几何平均值	标准离差	背景值
三大岩类	沉积岩		1016	0.002	0.73	5.02	0.72	0.32	0.60	0.68
	变质岩		172	0.01	0.95	3.78	0.94	0.76	0.47	0.93
	岩浆岩	侵入岩	416	0.16	1.72	24.06	2.34	1.88	2.10	2.01
		火山岩	147	0.61	1.38	5.22	1.57	1.43	0.76	1.42
地层细分	古近系和新近系		39	0.22	1.10	4.86	1.37	1.14	0.96	1.20
	白垩系		155	0.003	1.02	5.02	1.13	0.96	0.65	1.00
	侏罗系		203	0.01	1.17	5.22	1.23	0.99	0.75	1.16
	三叠系		139	0.002	0.79	4.26	0.77	0.38	0.66	0.69
	二叠系		71	0.003	0.08	4.12	0.53	0.11	0.77	0.48
	石炭系		120	0.003	0.03	1.58	0.24	0.05	0.40	0.19
	泥盆系		216	0.002	0.42	2.11	0.51	0.18	0.49	0.50
	志留系		32	0.16	1.14	2.15	1.10	0.97	0.48	1.10
	奥陶系		57	0.02	0.93	2.28	0.95	0.77	0.46	0.95
	寒武系		145	0.01	0.97	1.79	0.89	0.61	0.45	0.89
	元古宇		132	0.04	0.91	3.78	0.95	0.83	0.45	0.90
	太古宇		3	0.39	0.78	1.08	0.75	0.69	0.34	0.75
侵入岩细分	酸性岩		388	0.31	1.74	24.06	2.36	1.91	2.12	2.04
	中性岩		22	0.37	1.47	6.78	2.29	1.76	1.81	2.29
	基性岩		5	0.16	1.27	4.56	1.64	0.89	1.78	1.64
	超基性岩		1	0.16	0.16	0.16	0.16	0.16		
侵入岩期次	燕山期		273	0.31	1.86	21.41	2.50	2.02	2.03	2.25
	海西期		19	0.16	1.30	4.06	1.53	1.30	0.88	1.53
	加里东期		48	0.74	1.64	24.06	2.28	1.72	3.37	1.81
	印支期		57	0.55	1.55	5.65	1.94	1.71	1.02	1.87
	元古宙		6	0.16	0.64	1.99	0.86	0.63	0.69	0.86
地层岩性	玄武岩		20	0.68	1.66	4.41	1.81	1.59	1.00	1.81
	安山岩		2	0.64	0.89	1.13	0.89	0.85	0.35	0.89

续表

统计项	统计项内容	样品数	最小值	中位数	最大值	算术平均值	几何平均值	标准离差	背景值
地层岩性	流纹岩	46	0.69	1.53	5.22	1.72	1.59	0.77	1.64
	火山碎屑岩	1	0.63	0.63	0.63	0.63	0.63		
	凝灰岩	77	0.61	1.30	4.99	1.46	1.35	0.67	1.41
	石英砂岩	62	0.02	0.24	1.24	0.26	0.21	0.19	0.25
	长石石英砂岩	202	0.18	0.66	3.16	0.79	0.68	0.48	0.72
	长石砂岩	95	0.21	0.98	5.02	1.07	0.98	0.54	1.03
	砂岩	215	0.01	0.94	3.10	0.96	0.86	0.39	0.93
	粉砂质泥质岩	7	0.61	1.52	1.71	1.38	1.32	0.40	1.38
	钙质泥质岩	12	0.77	1.03	2.47	1.12	1.07	0.45	1.00
	泥质岩	170	0.57	1.20	4.26	1.28	1.21	0.49	1.19
	石灰岩	207	0.002	0.02	0.52	0.04	0.02	0.06	0.02
	白云岩	42	0.01	0.01	0.17	0.02	0.02	0.03	0.02
	泥灰岩	4	0.31	0.44	0.51	0.42	0.42	0.09	0.42
	硅质岩	22	0.01	0.17	1.14	0.29	0.14	0.30	0.29
	板岩	57	0.49	0.97	1.77	1.01	0.97	0.30	1.01
	千枚岩	18	0.60	0.98	1.48	1.04	1.00	0.30	1.04
	片岩	38	0.43	1.09	2.19	1.14	1.08	0.37	1.14
	片麻岩	12	0.39	0.88	3.78	1.13	0.92	0.90	1.13
	变粒岩	16	0.42	1.07	1.99	1.05	0.99	0.35	1.05
	斜长角闪岩	2	0.51	0.64	0.76	0.64	0.63	0.18	0.64
	石英岩	7	0.25	0.55	1.11	0.65	0.58	0.30	0.65

表 5-16 塔里木克拉通岩石中钽元素不同参数基准数据特征统计 （单位：10^{-6}）

统计项	统计项内容		样品数	最小值	中位数	最大值	算术平均值	几何平均值	标准离差	背景值
三大岩类	沉积岩		160	0.01	0.40	4.08	0.51	0.27	0.54	0.44
	变质岩		42	0.03	0.55	2.96	0.60	0.36	0.55	0.54
	岩浆岩	侵入岩	34	0.12	0.85	13.96	1.40	0.83	2.43	1.02
		火山岩	2	0.70	1.15	1.59	1.15	1.06	0.63	1.15
地层细分	古近系和新近系		29	0.07	0.49	0.94	0.50	0.42	0.27	0.50
	白垩系		11	0.12	0.31	1.06	0.47	0.38	0.32	0.47
	侏罗系		18	0.21	0.59	0.96	0.57	0.53	0.22	0.57
	三叠系		3	0.73	0.89	0.92	0.85	0.84	0.10	0.85
	二叠系		12	0.05	0.59	1.96	0.71	0.47	0.61	0.71

续表

统计项	统计项内容	样品数	最小值	中位数	最大值	算术平均值	几何平均值	标准离差	背景值
地层细分	石炭系	19	0.02	0.04	2.13	0.29	0.08	0.54	0.19
	泥盆系	18	0.04	0.52	1.52	0.55	0.39	0.39	0.55
	志留系	10	0.01	0.76	1.05	0.66	0.46	0.31	0.66
	奥陶系	10	0.03	0.15	1.53	0.42	0.19	0.52	0.42
	寒武系	17	0.01	0.03	4.08	0.53	0.06	1.24	0.53
	元古宇	26	0.02	0.62	1.16	0.64	0.45	0.37	0.64
	太古宇	6	0.03	0.07	1.33	0.32	0.12	0.51	0.32
侵入岩细分	酸性岩	30	0.12	0.90	13.96	1.44	0.85	2.54	1.01
	中性岩	2	0.35	1.80	3.24	1.80	1.07	2.04	1.80
	基性岩	2	0.33	0.39	0.46	0.39	0.39	0.09	0.39
侵入岩期次	海西期	16	0.12	1.06	13.96	2.08	1.04	3.43	1.29
	加里东期	4	0.35	0.62	0.82	0.60	0.58	0.19	0.60
	元古宙	11	0.33	0.89	1.85	0.95	0.85	0.46	0.95
	太古宙	2	0.14	0.25	0.35	0.25	0.22	0.15	0.25
地层岩性	玄武岩	1	1.59	1.59	1.59	1.59	1.59		
	流纹岩	1	0.70	0.70	0.70	0.70	0.70		
	石英砂岩	2	0.07	0.26	0.44	0.26	0.18	0.26	0.26
	长石石英砂岩	26	0.08	0.53	0.96	0.52	0.45	0.25	0.52
	长石砂岩	3	0.75	0.92	2.13	1.27	1.14	0.75	1.27
	砂岩	62	0.14	0.64	4.08	0.71	0.59	0.56	0.66
	钙质泥质岩	7	0.39	0.82	0.97	0.78	0.75	0.19	0.78
	泥质岩	2	0.72	2.08	3.44	2.08	1.57	1.92	2.08
	石灰岩	50	0.01	0.05	1.53	0.14	0.06	0.25	0.11
	白云岩	2	0.03	0.13	0.23	0.13	0.09	0.14	0.13
	冰碛岩	5	0.53	0.57	0.68	0.60	0.60	0.07	0.60
	千枚岩	1	0.95	0.95	0.95	0.95	0.95		
	片岩	11	0.19	0.91	1.22	0.78	0.66	0.37	0.78
	片麻岩	12	0.12	0.68	1.33	0.68	0.56	0.39	0.68
	斜长角闪岩	7	0.13	0.52	2.96	0.79	0.48	0.98	0.79
	大理岩	10	0.03	0.07	0.57	0.11	0.07	0.16	0.11
	石英岩	1	0.78	0.78	0.78	0.78	0.78		

表 5-17　松潘–甘孜造山带岩石中钽元素不同参数基准数据特征统计　（单位：10^{-6}）

统计项	统计项内容		样品数	最小值	中位数	最大值	算术平均值	几何平均值	标准离差	背景值
三大岩类	沉积岩		237	0.01	0.63	4.85	0.65	0.38	0.59	0.58
	变质岩		189	0.01	0.95	7.24	0.99	0.79	0.67	0.88
	岩浆岩	侵入岩	69	0.03	0.94	7.48	1.23	0.85	1.13	1.14
		火山岩	20	0.18	1.08	4.02	1.24	0.99	0.87	1.09
地层细分	古近系和新近系		18	0.04	0.51	0.80	0.49	0.43	0.18	0.49
	白垩系		1	0.06	0.06	0.06	0.06	0.06		
	侏罗系		3	0.05	0.24	0.61	0.30	0.20	0.29	0.30
	三叠系		258	0.01	0.80	4.59	0.84	0.67	0.50	0.78
	二叠系		37	0.01	0.81	4.85	1.07	0.53	0.94	0.96
	石炭系		10	0.01	0.35	1.95	0.58	0.18	0.68	0.58
	泥盆系		27	0.01	0.35	1.52	0.49	0.19	0.49	0.49
	志留系		33	0.01	0.56	2.88	0.74	0.34	0.74	0.74
	奥陶系		8	0.03	0.55	1.62	0.69	0.42	0.56	0.69
	寒武系		12	0.04	0.76	1.28	0.72	0.55	0.36	0.72
	元古宇		34	0.01	0.73	7.24	1.12	0.67	1.30	0.93
侵入岩细分	酸性岩		48	0.15	1.16	7.48	1.45	1.08	1.24	1.32
	中性岩		15	0.03	0.80	2.22	0.89	0.62	0.61	0.89
	基性岩		1	0.41	0.41	0.41	0.41	0.41		
	超基性岩		5	0.10	0.27	0.59	0.32	0.26	0.22	0.32
侵入岩期次	燕山期		25	0.03	1.62	7.48	1.88	1.35	1.48	1.65
	海西期		8	0.15	0.47	1.37	0.52	0.43	0.38	0.52
	印支期		19	0.24	1.15	2.81	1.21	1.03	0.66	1.21
	元古宙		12	0.15	0.46	1.13	0.51	0.43	0.30	0.51
	太古宙		1	0.10	0.10	0.10	0.10	0.10		
地层岩性	玄武岩		7	1.20	1.89	2.05	1.71	1.68	0.35	1.71
	安山岩		1	0.50	0.50	0.50	0.50	0.50		
	流纹岩		7	0.44	0.66	1.42	0.78	0.73	0.34	0.78
	凝灰岩		3	0.18	0.67	0.70	0.51	0.44	0.29	0.51
	粗面岩		2	1.26	2.64	4.02	2.64	2.25	1.96	2.64
	石英砂岩		2	0.26	0.27	0.28	0.27	0.27	0.02	0.27
	长石石英砂岩		29	0.20	0.52	2.11	0.60	0.54	0.34	0.55
	长石砂岩		20	0.17	0.65	0.96	0.65	0.61	0.20	0.65
	砂岩		129	0.12	0.72	4.85	0.85	0.72	0.65	0.74
	粉砂质泥质岩		4	0.35	0.86	1.27	0.84	0.74	0.44	0.84

续表

统计项	统计项内容	样品数	最小值	中位数	最大值	算术平均值	几何平均值	标准离差	背景值
地层岩性	钙质泥质岩	3	0.66	0.90	1.08	0.88	0.86	0.21	0.88
	泥质岩	4	0.84	1.12	1.38	1.11	1.10	0.22	1.11
	石灰岩	35	0.01	0.04	0.54	0.06	0.04	0.10	0.05
	白云岩	11	0.01	0.02	0.08	0.03	0.02	0.02	0.03
	硅质岩	2	0.24	0.26	0.28	0.26	0.26	0.03	0.26
	板岩	118	0.19	0.99	7.24	1.09	0.95	0.76	1.04
	千枚岩	29	0.16	0.73	1.52	0.75	0.69	0.29	0.75
	片岩	29	0.31	0.98	2.26	1.03	0.92	0.48	1.03
	片麻岩	2	0.84	1.03	1.23	1.03	1.02	0.28	1.03
	变粒岩	3	0.36	1.00	1.22	0.86	0.76	0.45	0.86
	大理岩	5	0.01	0.01	0.04	0.02	0.02	0.01	0.02
	石英岩	1	0.64	0.64	0.64	0.64	0.64		

表 5-18　西藏–三江造山带岩石中钽元素不同参数基准数据特征统计　（单位：10^{-6}）

统计项	统计项内容		样品数	最小值	中位数	最大值	算术平均值	几何平均值	标准离差	背景值
三大岩类	沉积岩		702	0.004	0.53	10.18	0.67	0.32	0.72	0.58
	变质岩		139	0.01	1.00	4.93	1.08	0.79	0.76	1.00
	岩浆岩	侵入岩	165	0.004	1.14	34.57	1.54	0.90	2.79	1.34
		火山岩	81	0.12	1.04	2.58	1.09	0.92	0.56	1.09
地层细分	古近系和新近系		115	0.01	0.67	2.93	0.81	0.53	0.61	0.75
	白垩系		142	0.01	0.60	2.81	0.70	0.41	0.56	0.64
	侏罗系		199	0.01	0.65	2.72	0.70	0.36	0.57	0.69
	三叠系		142	0.005	0.61	4.25	0.67	0.34	0.61	0.63
	二叠系		80	0.01	0.60	3.85	0.80	0.32	0.84	0.72
	石炭系		107	0.01	0.67	10.18	0.94	0.37	1.30	0.74
	泥盆系		23	0.02	0.54	2.44	0.75	0.39	0.62	0.75
	志留系		8	0.09	1.12	1.72	0.94	0.68	0.60	0.94
	奥陶系		9	0.14	1.07	4.13	1.29	0.85	1.25	1.29
	寒武系		16	0.02	1.08	2.50	1.08	0.67	0.70	1.08
	元古宇		36	0.10	0.94	3.23	0.94	0.64	0.75	0.87
	太古宇		1	0.59	0.59	0.59	0.59	0.59		
侵入岩细分	酸性岩		122	0.09	1.40	34.57	1.85	1.34	3.15	1.58
	中性岩		22	0.02	0.91	4.06	1.10	0.74	0.99	1.10
	基性岩		11	0.19	0.36	0.77	0.39	0.36	0.17	0.39
	超基性岩		10	0.004	0.03	0.08	0.04	0.03	0.02	0.04

统计项	统计项内容	样品数	最小值	中位数	最大值	算术平均值	几何平均值	标准离差	背景值
侵入岩期次	喜马拉雅期	26	0.09	1.12	4.46	1.38	1.01	1.08	1.38
	燕山期	107	0.004	1.22	34.57	1.73	0.94	3.39	1.42
	海西期	4	0.95	1.28	1.90	1.35	1.30	0.44	1.35
	加里东期	6	0.27	1.33	2.73	1.41	1.15	0.81	1.41
	印支期	14	0.03	1.21	2.25	1.01	0.52	0.73	1.01
	元古宙	5	0.42	0.58	1.08	0.71	0.67	0.28	0.71
地层岩性	玄武岩	16	0.12	0.96	2.50	1.09	0.73	0.79	1.09
	安山岩	11	0.22	0.94	1.87	1.02	0.83	0.59	1.02
	流纹岩	27	0.44	0.99	1.89	1.03	0.95	0.40	1.03
	火山碎屑岩	7	0.37	1.32	1.38	1.12	1.05	0.36	1.12
	凝灰岩	18	0.48	1.27	1.99	1.18	1.06	0.52	1.18
	粗面岩	1	2.58	2.58	2.58	2.58	2.58		
	石英砂岩	33	0.02	0.21	1.24	0.25	0.17	0.24	0.22
	长石石英砂岩	150	0.09	0.50	2.72	0.62	0.51	0.45	0.51
	长石砂岩	47	0.31	1.05	10.18	1.43	1.09	1.55	1.24
	砂岩	179	0.10	0.84	3.85	0.93	0.78	0.59	0.85
	粉砂质泥质岩	24	0.45	1.15	2.44	1.24	1.15	0.50	1.24
	钙质泥质岩	22	0.22	0.99	2.15	0.96	0.86	0.43	0.96
	泥质岩	50	0.26	1.20	2.93	1.23	1.14	0.46	1.16
	石灰岩	173	0.004	0.03	1.58	0.12	0.05	0.24	0.03
	白云岩	20	0.01	0.02	0.10	0.03	0.02	0.02	0.03
	泥灰岩	4	0.25	0.53	0.60	0.48	0.45	0.16	0.48
	硅质岩	5	0.11	0.34	0.62	0.32	0.26	0.22	0.32
	板岩	53	0.01	1.11	4.25	1.18	0.94	0.69	1.12
	千枚岩	6	0.62	0.97	4.93	1.63	1.23	1.65	1.63
	片岩	35	0.29	1.14	3.09	1.24	1.10	0.61	1.18
	片麻岩	13	0.62	1.03	2.07	1.22	1.13	0.51	1.22
	变粒岩	4	0.08	1.27	3.23	1.47	0.78	1.35	1.47
	斜长角闪岩	5	0.08	0.42	1.76	0.63	0.40	0.67	0.63
	大理岩	3	0.01	0.02	0.16	0.06	0.03	0.09	0.06
	石英岩	15	0.06	0.42	1.31	0.53	0.42	0.34	0.53

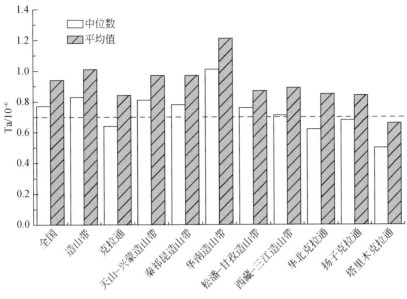

图 5-2　全国及一级大地构造单元岩石钽含量值柱状图

（1）在天山-兴蒙造山带中分布：铌在岩浆岩中含量最高，略高于变质岩，沉积岩中最低；铌在侵入岩中含量从酸性岩到中性、基性、超基性岩由高到低依次降低；地层中侏罗系铌含量最高，太古宇最低；侵入岩中燕山期铌含量最高；地层岩性中玄武岩铌含量最高，白云岩、大理岩和石灰岩铌含量最低。钽在岩浆岩中含量最高，变质岩次之，沉积岩中最低；钽在侵入岩中含量从酸性岩到中性、基性、超基性岩由高到低依次降低；地层中侏罗系钽含量最高，太古宇最低；侵入岩中印支期钽含量最高；地层岩性中流纹岩和火山碎屑岩钽含量最高，碳酸盐岩（石灰岩、白云岩）及其对应的变质岩（大理岩）钽含量最低。

（2）在秦祁昆造山带中分布：铌在侵入岩和变质岩中含量最高，火山岩次之，沉积岩中最低；铌在侵入岩中含量从酸性岩到中性、基性、超基性岩由高到低依次降低；地层中太古宇铌含量最高，石炭系最低；侵入岩中喜马拉雅期铌含量最高；地层岩性中粗面岩铌含量最高，白云岩铌含量最低。钽在侵入岩中含量最高，变质岩、火山岩、沉积岩依次降低；钽在侵入岩中含量从酸性岩到中性、基性、超基性岩由高到低依次降低；地层中泥盆系钽含量最高，石炭系最低；侵入岩中喜马拉雅期钽含量最高；地层岩性中火山碎屑岩钽含量最高，碳酸盐岩（石灰岩、白云岩）及其对应的变质岩（大理岩）和硅质岩钽含量最低。

（3）在华南造山带中分布：铌在岩浆岩中含量最高，火山岩次之，沉积岩最低；地层中侏罗系铌含量最高，石炭系最低；侵入岩中燕山期铌含量最高；地层岩性中玄武岩铌含量最高，白云岩、石灰岩铌含量最低。钽在岩浆岩中含量最高，变质岩次之，沉积岩中最低；钽在侵入岩中含量从酸性岩到中性、基性、超基性岩由高到低依次降低；地层中侏罗系钽含量最高，石炭系最低；侵入岩中燕山期钽含量最高；地层岩性中玄武岩钽含量最高，碳酸盐岩（石灰岩、白云岩）钽含量最低。

（4）在松潘-甘孜造山带中分布：铌在火山岩中含量最高，变质岩、侵入岩、沉积岩依次降低；铌在侵入岩中含量从酸性岩到中性、基性、超基性岩由高到低依次降低；地层中二叠系铌含量最高，白垩系最低；侵入岩中燕山期铌含量最高；地层岩性中粗面岩、玄武岩铌含量最高，白云岩、大理岩、石灰岩铌含量最低。钽在火山岩中含量最高，变质岩和侵入岩次之，沉积岩中最低；钽在侵入岩中含量从酸性岩到中性、基性、超基性岩由高到低依次降低；地层中二叠系钽含量最高，白垩系最低；侵入岩中燕山期钽含量最高；地层岩性中粗面岩和玄武岩钽含量最高，碳酸盐岩（石灰岩、白云岩）及其对应的变质岩（大理岩）钽含量最低。

（5）在西藏–三江造山带中分布：铌在岩浆岩中含量最高，略高于火山岩，沉积岩最低；铌在侵入岩中含量从酸性岩到中性、基性、超基性岩由高到低依次降低；地层中寒武系铌含量最高，白垩系最低；侵入岩中海西期铌含量最高；地层岩性中粗面岩铌含量最高，大理岩、白云岩、石灰岩铌含量最低。钽在岩浆岩中含量最高，变质岩次之，沉积岩中最低；钽在侵入岩中含量从酸性岩到中性、基性、超基性岩由高到低依次降低；地层中志留系钽含量最高，泥盆系最低；侵入岩中加里东期钽含量最高；地层岩性中粗面岩钽含量最高，碳酸盐岩（石灰岩、白云岩）及其对应的变质岩（大理岩）钽含量最低。

（6）在华北克拉通中分布：铌在火山岩中含量最高，侵入岩、变质岩、沉积岩依次降低；铌在侵入岩中含量从中酸性岩、基性、超基性岩由高到低依次降低；地层中古近系和新近系铌含量最高，奥陶系最低；侵入岩中燕山期铌含量最高；地层岩性中玄武岩铌含量最高，大理岩铌含量最低。钽在岩浆岩中含量最高，沉积岩次之，变质岩最低；钽在侵入岩中含量从酸性岩到中性、基性、超基性岩由高到低依次降低；地层中古近系和新近系钽含量最高，奥陶系最低；侵入岩中燕山期钽含量最高；地层岩性中玄武岩钽含量最高，碳酸盐岩（石灰岩、白云岩）及其对应的变质岩（大理岩）和硅质岩钽含量最低。

（7）在扬子克拉通中分布：铌在火山岩中含量最高，侵入岩、火山岩、沉积岩依次降低；铌在侵入岩中含量从酸性岩到中性、基性、超基性岩由高到低依次降低；地层中志留系铌含量最高，石炭系最低；侵入岩中燕山期铌含量最高；地层岩性中玄武岩铌含量最高，白云岩、大理岩、石灰岩铌含量最低。钽在岩浆岩中含量最高，变质岩次之，沉积岩中最低；钽在侵入岩中含量从酸性岩到中性、基性、超基性岩由高到低依次降低；地层中志留系钽含量最高，石炭系最低；侵入岩中燕山期钽含量最高；地层岩性中变粒岩和玄武岩钽含量最高，碳酸盐岩（石灰岩、白云岩）及其对应的变质岩（大理岩）钽含量最低。

（8）在塔里木克拉通中分布：铌在火山岩中含量最高，侵入岩、变质岩、沉积岩依次降低；地层中志留系铌含量最高，寒武系最低；侵入岩中海西期铌含量最高；地层岩性中泥质岩、玄武岩铌含量最高，石灰岩、大理岩铌含量最低。钽在岩浆岩中含量最高，变质岩次之，沉积岩中最低；地层中三叠系钽含量最高，寒武系最低；侵入岩中海西期钽含量最高；地层岩性中泥质岩和玄武岩钽含量最高，碳酸盐岩（石灰岩、白云岩）及其对应的变质岩（大理岩）钽含量最低。

第二节　中国土壤铌、钽元素含量特征

一、中国土壤铌、钽元素含量总体特征

中国表层和深层土壤中的铌含量近似呈对数正态分布，但表层样品有部分离群值存在；铌元素表层样品和深层样品 95%（2.5%～97.5%）的数据分别变化于 5.02×10^{-6}～37.3×10^{-6} 和 4.40×10^{-6}～36.5×10^{-6}，基准值（中位数）分别为 12.76×10^{-6} 和 12.47×10^{-6}，低背景基线值（下四分位数）分别为 10.03×10^{-6} 和 9.31×10^{-6}，高背景基线值（上四分位数）分别为 15.71×10^{-6} 和 15.84×10^{-6}；低背景值略高于地壳克拉克值（图 5-3）。

中国表层和深层土壤中的钽含量近似呈对数正态分布，但有部分离群值存在；钽元素表层样品和深层样品 95%（2.5%～97.5%）的数据分别变化于 0.40×10^{-6}～2.87×10^{-6} 和 0.36×10^{-6}～2.81×10^{-6}，基准值（中位数）分别为 0.97×10^{-6} 和 0.96×10^{-6}，低背景基线值（下四分位数）分别为 0.78×10^{-6} 和 0.73×10^{-6}，高背景基线值（上四分位数）分别为 1.21×10^{-6} 和 1.22×10^{-6}；低背景值与地壳克拉克值相当（图 5-4）。

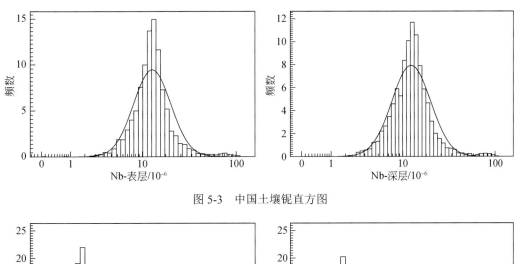

图 5-3　中国土壤铌直方图

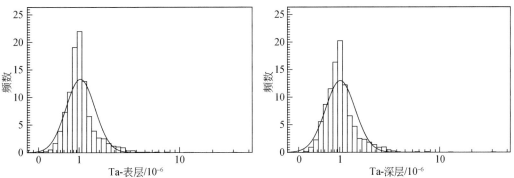

图 5-4　中国土壤钽直方图

二、中国不同大地构造单元土壤铌、钽元素含量

铌元素含量在八个一级大地构造单元内的统计参数见表 5-19 和图 5-5。中国表层土壤铌中位数排序：华南造山带＞扬子克拉通＞华北克拉通＞全国＞西藏–三江造山带＞松潘–甘孜造山带＞秦祁昆造山带＞天山–兴蒙造山带＞塔里木克拉通。深层土壤中位数排序：华南造山带＞扬子克拉通＞华北克拉通＞全国＞西藏–三江造山带＞秦祁昆造山带＞松潘–甘孜造山带＞塔里木克拉通＞天山–兴蒙造山带。

表 5-19   中国一级大地构造单元土壤铌基准值数据特征   （单位：10^{-6}）

类型	层位	样品数	最小值	25%低背景	50%中位数	75%高背景	85%异常下限	最大值	算术平均值	几何平均值
全国	表层	3395	0.04	10.03	12.76	15.71	18.27	105.38	14.53	12.75
	深层	3393	2.00	9.31	12.47	15.84	18.73	104.12	14.13	12.29
造山带	表层	2173	2.29	9.83	12.39	15.52	18.14	89.86	13.61	12.33
	深层	2171	2.11	8.84	12.04	15.44	18.46	85.15	13.19	11.77
克拉通	表层	1222	0.04	10.71	13.39	16.02	18.60	105.38	16.16	13.55
	深层	1222	2.00	10.28	13.17	16.31	18.91	104.12	15.81	13.26
天山–兴蒙造山带	表层	922	2.29	9.09	11.49	13.82	15.34	89.86	11.88	10.95
	深层	920	2.11	7.47	10.53	13.52	15.02	63.82	10.98	9.91
华北克拉通	表层	613	2.82	10.08	13.00	14.85	16.26	105.38	16.37	12.96
	深层	613	2.00	9.49	12.81	14.98	16.45	104.12	15.93	12.51
塔里木克拉通	表层	209	0.87	9.11	10.79	12.50	13.35	20.07	10.82	10.38
	深层	209	2.49	8.59	10.56	12.24	13.09	21.78	10.43	10.04
秦祁昆造山带	表层	350	2.81	9.91	12.04	13.88	15.15	88.52	12.56	11.72
	深层	350	2.81	9.78	12.02	14.05	15.39	83.57	12.57	11.71
松潘–甘孜造山带	表层	202	5.00	10.39	12.19	14.26	15.27	26.91	12.41	11.90
	深层	202	3.49	10.17	11.85	14.10	15.01	26.91	12.30	11.76
西藏–三江造山带	表层	349	2.86	9.40	12.28	15.52	17.73	86.98	13.42	11.93
	深层	349	2.28	8.93	12.03	15.25	17.62	85.15	13.06	11.55
扬子克拉通	表层	399	0.04	13.57	16.14	20.13	24.27	75.27	18.65	16.69
	深层	399	2.95	13.31	16.41	19.60	22.95	72.50	18.44	16.80
华南造山带	表层	351	3.66	14.75	19.01	24.40	28.25	55.60	20.10	18.68
	深层	351	2.56	15.06	19.72	24.70	27.85	49.15	20.25	18.93

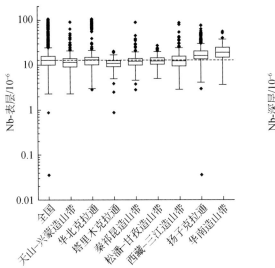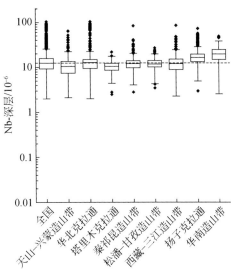

图 5-5　中国土壤铌元素箱图（一级大地构造单元）

钽元素含量在 8 个一级大地构造单元内的统计参数见表 5-20 和图 5-6。中国表层土壤钽中位数排序：华南造山带＞扬子克拉通＞西藏-三江造山带＞全国＞松潘-甘孜造山带＞华北克拉通＞秦祁昆造山带＞天山-兴蒙造山带＞塔里木克拉通。深层土壤中位数排序：华南造山带＞扬子克拉通＞西藏-三江造山带＞全国＞华北克拉通＞松潘-甘孜造山带＞秦祁昆造山带＞天山-兴蒙造山带＞塔里木克拉通。

表 5-20　中国一级大地构造单元土壤钽基准值数据特征　　　　（单位：10^{-6}）

类型	层位	样品数	最小值	25% 低背景	50% 中位数	75% 高背景	85% 异常下限	最大值	算术 平均值	几何 平均值
全国	表层	3395	0.01	0.78	0.97	1.21	1.46	26.41	1.12	0.99
	深层	3393	0.14	0.73	0.96	1.22	1.49	26.41	1.09	0.96
造山带	表层	2173	0.14	0.78	0.96	1.24	1.58	26.41	1.15	1.00
	深层	2171	0.14	0.71	0.95	1.25	1.61	26.41	1.13	0.97
克拉通	表层	1222	0.01	0.79	0.99	1.17	1.34	4.39	1.06	0.97
	深层	1222	0.16	0.77	0.98	1.18	1.36	5.88	1.04	0.95
天山-兴蒙造山带	表层	922	0.14	0.71	0.88	1.02	1.13	26.41	0.95	0.85
	深层	920	0.14	0.60	0.82	1.03	1.11	26.41	0.90	0.79
华北克拉通	表层	613	0.23	0.75	0.95	1.07	1.13	3.04	0.93	0.00
	深层	613	0.20	0.68	0.94	1.08	1.16	5.88	0.91	0.85
塔里木克拉通	表层	209	0.05	0.70	0.82	0.97	1.06	1.62	0.84	0.80
	深层	209	0.16	0.64	0.81	0.97	1.03	1.78	0.82	0.78
秦祁昆造山带	表层	350	0.18	0.77	0.92	1.05	1.16	4.66	0.95	0.90
	深层	350	0.18	0.76	0.93	1.06	1.18	4.44	0.96	0.90

类型	层位	样品数	最小值	25%低背景	50%中位数	75%高背景	85%异常下限	最大值	算术平均值	几何平均值
松潘-甘孜造山带	表层	202	0.29	0.79	0.95	1.11	1.31	2.55	1.00	0.94
	深层	202	0.26	0.78	0.94	1.08	1.23	2.78	0.99	0.93
西藏-三江造山带	表层	349	0.16	0.81	1.06	1.40	1.66	10.80	1.22	1.05
	深层	349	0.18	0.77	1.04	1.39	1.66	7.94	1.19	1.02
扬子克拉通	表层	399	0.01	1.02	1.23	1.51	1.82	4.39	1.36	1.24
	深层	399	0.22	0.99	1.25	1.50	1.77	4.27	1.36	1.25
华南造山带	表层	351	0.18	1.28	1.77	2.32	2.82	6.71	1.91	1.71
	深层	351	0.28	1.30	1.77	2.29	2.60	6.64	1.90	1.73

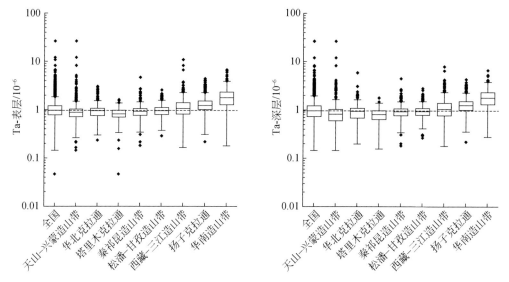

图 5-6　中国土壤钽元素箱图（一级大地构造单元）

三、中国不同自然地理景观土壤铌、钽元素含量

铌元素含量在 10 个自然地理景观的统计参数见表 5-21 和图 5-7。中国表层土壤铌中位数排序：低山丘陵＞喀斯特＞冲积平原＞森林沼泽＞中高山＞全国＞黄土＞荒漠戈壁＞半干旱草原＞沙漠盆地＞高寒湖泊。深层土壤中位数排序：低山丘陵＞喀斯特＞冲积平原＞森林沼泽＞中高山＞全国＞黄土＞荒漠戈壁＞半干旱草原＞高寒湖泊＞沙漠盆地。

表 5-21　中国自然地理景观土壤铌基准值数据特征　　　　（单位：10^{-6}）

类型	层位	样品数	最小值	25%低背景	50%中位数	75%高背景	85%异常下限	最大值	算术平均值	几何平均值
全国	表层	3395	0.04	10.03	12.76	15.71	18.27	105.38	14.53	12.75
	深层	3393	2.00	9.31	12.47	15.84	18.73	104.12	14.13	12.29

续表

类型	层位	样品数	最小值	25% 低背景	50% 中位数	75% 高背景	85% 异常下限	最大值	算术 平均值	几何 平均值
低山丘陵	表层	633	2.72	13.77	16.80	21.76	26.18	105.38	19.60	17.41
	深层	633	2.56	13.52	17.03	21.57	25.32	92.59	19.19	17.08
冲积平原	表层	335	2.33	12.06	13.85	15.84	17.30	90.77	16.55	14.12
	深层	335	2.11	11.64	14.01	16.48	18.79	96.16	16.73	14.04
森林沼泽	表层	218	3.98	11.79	13.74	16.31	17.71	89.86	14.61	13.79
	深层	217	4.66	11.18	13.40	15.60	16.94	104.12	13.96	12.98
喀斯特	表层	126	3.97	12.44	14.72	18.52	23.60	50.67	17.01	15.48
	深层	126	5.40	12.71	15.18	18.44	24.71	44.50	17.40	15.99
黄土	表层	170	2.81	11.17	12.54	13.75	14.51	83.24	13.72	12.39
	深层	170	2.81	10.68	12.27	13.72	14.38	82.11	13.44	12.00
中高山	表层	925	0.04	10.85	12.91	15.72	18.40	88.52	14.72	13.32
	深层	925	4.21	10.58	12.60	15.49	18.35	85.15	14.41	13.09
高寒湖泊	表层	140	2.86	6.35	8.41	11.29	12.32	17.02	8.90	8.26
	深层	140	2.28	6.01	8.51	10.82	12.93	18.26	8.75	8.03
半干旱草原	表层	215	3.55	6.84	9.43	12.17	13.66	99.28	10.80	9.32
	深层	214	2.00	6.51	8.71	12.22	13.59	78.71	10.19	8.81
荒漠戈壁	表层	435	2.82	8.29	10.44	12.32	13.27	63.80	10.81	10.14
	深层	435	2.64	6.96	8.99	11.54	12.73	63.80	9.75	8.91
沙漠盆地	表层	198	0.87	7.00	9.18	11.34	12.40	18.09	9.20	8.54
	深层	198	2.29	6.58	8.51	10.79	12.14	18.44	8.72	8.12

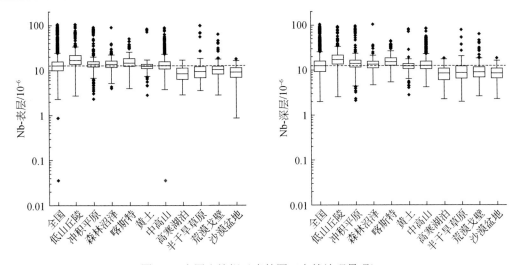

图 5-7 中国土壤铌元素箱图（自然地理景观）

钽元素含量在 10 个自然地理景观的统计参数见表 5-22 和图 5-8。中国表层土壤钽中位数排序：低山丘陵＞喀斯特＞中高山＞森林沼泽＞冲积平原＞黄土＞全国＞荒漠戈壁＞半干旱草原＞高寒湖泊＞沙漠盆地。深层土壤中位数排序：低山丘陵＞喀斯特＞冲积平原＞森林沼泽＞中高山＞黄土＞全国＞高寒湖泊＞荒漠戈壁＞半干旱草原＞沙漠盆地。

表 5-22　中国自然地理景观土壤钽基准值数据特征　　　　（单位：10^{-6}）

类型	层位	样品数	最小值	25% 低背景	50% 中位数	75% 高背景	85% 异常下限	最大值	算术 平均值	几何 平均值
全国	表层	3395	0.01	0.78	0.97	1.21	1.46	26.41	1.12	0.99
	深层	3393	0.14	0.73	0.96	1.22	1.49	26.41	1.09	0.96
低山丘陵	表层	633	0.18	1.01	1.29	1.88	2.30	6.71	1.55	1.37
	深层	633	0.20	0.99	1.31	1.88	2.28	6.64	1.52	1.34
冲积平原	表层	335	0.22	0.86	0.99	1.12	1.22	3.02	1.01	0.96
	深层	335	0.20	0.85	1.02	1.16	1.27	3.07	1.03	0.97
森林沼泽	表层	218	0.41	0.90	1.00	1.14	1.25	5.13	1.07	1.02
	深层	217	0.39	0.86	1.01	1.13	1.23	5.88	1.03	0.98
喀斯特	表层	126	0.26	0.97	1.17	1.58	1.80	3.23	1.31	1.21
	深层	126	0.46	1.01	1.24	1.54	1.90	2.84	1.35	1.26
黄土	表层	170	0.18	0.86	0.98	1.07	1.11	2.52	0.97	0.94
	深层	170	0.18	0.83	0.96	1.06	1.13	2.36	0.95	0.91
中高山	表层	925	0.01	0.84	1.02	1.30	1.54	10.80	1.18	1.06
	深层	925	0.30	0.83	0.98	1.28	1.59	7.94	1.16	1.05
高寒湖泊	表层	140	0.16	0.50	0.73	0.94	1.06	1.74	0.75	0.68
	深层	140	0.18	0.48	0.74	0.92	1.04	1.50	0.72	0.65
半干旱草原	表层	215	0.32	0.56	0.73	0.92	0.97	4.75	0.76	0.71
	深层	214	0.23	0.54	0.69	0.91	1.01	1.76	0.73	0.68
荒漠戈壁	表层	435	0.16	0.67	0.81	0.95	1.03	26.41	0.96	0.82
	深层	435	0.16	0.56	0.71	0.92	1.03	26.41	0.89	0.74
沙漠盆地	表层	198	0.05	0.56	0.72	0.90	0.95	1.62	0.72	0.66
	深层	198	0.14	0.49	0.66	0.83	0.96	1.39	0.68	0.63

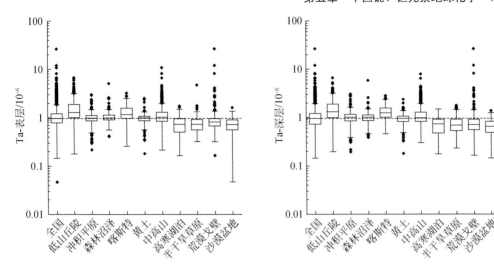

图 5-8　中国土壤钽元素箱图（自然地理景观）

四、中国不同土壤类型铌、钽元素含量

铌元素含量在 17 个主要土壤类型的统计参数见表 5-23 和图 5-9。中国表层土壤铌中位数排序：赤红壤带＞红壤-黄壤带＞黄棕壤-黄褐土带＞棕壤-褐土带＞暗棕壤-黑土带＞寒棕壤漂灰土带＞亚高山草原土带＞亚高山草甸土带＞全国＞亚高山漠土带＞高山漠土带＞黑钙土-栗钙土-黑垆土带＞高山棕钙土-栗钙土带＞高山草甸土带＞灰钙土-棕钙土带＞灰漠土带＞高山-亚高山草甸土带＞高山草原土带。深层土壤中位数排序：赤红壤带＞红壤-黄壤带＞黄棕壤-黄褐土带＞棕壤-褐土带＞暗棕壤-黑土带＞亚高山草原土带＞寒棕壤-漂灰土带＞亚高山草甸土带＞全国＞高山漠土带＞亚高山漠土带＞灰钙土-棕钙土带＞高山-亚高山草甸土带＞黑钙土-栗钙土-黑垆土带＞高山草甸土带＞高山棕钙土-栗钙土带＞高山草原土带＞灰漠土带。

表 5-23　中国主要土壤类型铌基准值数据特征　　　　（单位：10^{-6}）

类型	层位	样品数	最小值	25% 低背景	50% 中位数	75% 高背景	85% 异常下限	最大值	算术平均值	几何平均值
全国	表层	3395	0.04	10.03	12.76	15.71	18.27	105.38	14.53	12.75
	深层	3393	2.00	9.31	12.47	15.84	18.73	104.12	14.13	12.29
寒棕壤-漂灰土带	表层	35	8.72	12.31	13.39	14.25	15.61	18.88	13.49	13.33
	深层	35	8.03	11.43	12.86	14.37	15.70	19.06	13.14	12.95
暗棕壤-黑土带	表层	296	3.05	11.23	13.80	16.40	17.77	89.86	14.38	13.24
	深层	295	2.11	10.47	13.49	16.52	17.70	104.12	13.96	12.60
棕壤-褐土带	表层	333	3.73	12.81	14.15	15.82	17.97	105.38	20.83	16.56
	深层	333	3.92	12.62	14.19	16.21	18.93	96.16	20.33	16.19

续表

类型	层位	样品数	最小值	25% 低背景	50% 中位数	75% 高背景	85% 异常下限	最大值	算术 平均值	几何 平均值
黄棕壤-黄褐土带	表层	124	0.04	13.61	15.47	17.30	18.42	88.52	16.57	14.92
	深层	124	6.29	14.47	16.30	18.12	19.48	83.57	16.97	16.10
红壤-黄壤带	表层	575	2.95	13.76	17.34	22.05	26.52	75.27	19.41	17.71
	深层	575	2.95	13.45	17.32	21.73	25.97	72.50	19.15	17.52
赤红壤带	表层	204	3.66	12.77	17.91	23.99	27.46	39.74	18.67	17.04
	深层	204	2.56	12.76	17.71	23.81	26.46	49.15	18.72	17.00
黑钙土-栗钙土-黑垆土带	表层	360	2.29	7.60	11.08	13.06	13.68	99.28	11.10	9.95
	深层	360	2.00	6.77	10.17	12.65	13.80	78.71	10.32	9.15
灰钙土-棕钙土带	表层	90	3.55	7.73	10.56	12.05	12.62	17.23	9.81	9.29
	深层	89	3.39	7.17	10.66	12.26	13.26	20.68	10.03	9.42
灰漠土带	表层	367	2.71	8.04	10.15	12.41	13.50	63.80	10.74	9.86
	深层	367	2.64	6.48	8.75	11.73	12.93	63.80	9.76	8.75
高山-亚高山草甸土带	表层	121	3.76	8.52	10.01	12.59	13.81	28.30	10.69	10.20
	深层	121	4.95	8.41	10.22	12.01	13.72	28.30	10.55	10.06
高山棕钙土-栗钙土带	表层	338	0.87	8.97	10.93	12.72	13.54	20.66	10.86	10.41
	深层	338	2.49	7.99	9.89	12.26	13.12	28.86	10.23	9.74
高山漠土带	表层	49	5.51	10.80	12.31	13.93	14.36	18.61	12.22	11.91
	深层	49	5.62	10.92	11.81	13.22	14.37	21.52	12.07	11.74
亚高山草甸土带	表层	193	4.63	11.23	12.79	14.72	16.29	26.91	13.25	12.84
	深层	193	4.21	11.21	12.71	14.68	16.30	26.91	13.23	12.80
高山草甸土带	表层	84	3.17	7.93	10.63	13.00	13.92	86.98	11.81	10.47
	深层	84	3.01	7.70	10.11	13.15	13.90	85.15	11.51	10.01
高山草原土带	表层	120	2.86	6.18	9.01	11.60	12.42	17.02	9.17	8.50
	深层	120	2.28	6.98	8.93	11.22	13.11	18.26	9.13	8.41
亚高山漠土带	表层	18	8.65	11.76	12.40	13.76	17.49	25.45	13.93	13.33
	深层	18	8.95	9.38	10.88	13.96	20.66	24.92	13.36	12.53
亚高山草原土带	表层	88	4.72	11.52	13.20	16.44	19.42	79.44	15.33	13.93
	深层	88	5.61	10.82	13.41	15.78	19.05	43.04	14.85	13.65

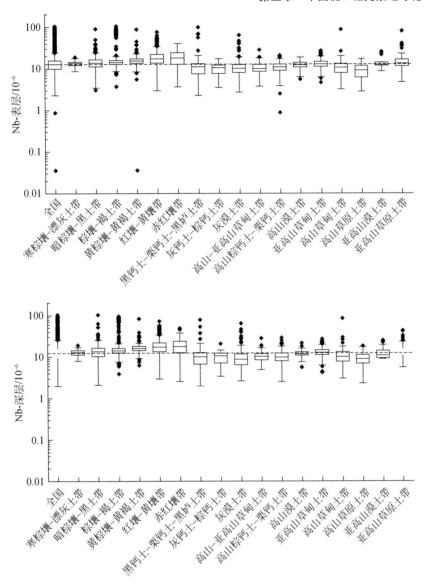

图 5-9　中国土壤铌元素箱图（主要土壤类型）

钽元素含量在 17 个主要土壤类型的统计参数见表 5-24 和图 5-10。中国表层土壤钽中位数排序：赤红壤带＞红壤-黄壤带＞黄棕壤-黄褐土带＞亚高山草原土带＞棕壤-褐土带＞亚高山草甸土带＞亚高山漠土带＞暗棕壤-黑土带＞寒棕壤-漂灰土带＞全国＞高山漠土带＞高山草甸土带＞高山棕钙土-栗钙土带＞灰钙土-棕钙土带＞黑钙土-栗钙土-黑垆土带＞高山草原土带＞灰漠土带＞高山-亚高山草甸土带。深层土壤中位数排序：赤红壤带＞红壤-黄壤带＞黄棕壤-黄褐土带＞亚高山草原土带＞棕壤-褐土带＞亚高山草甸土带＞暗棕壤-黑土带＞全国＞高山漠土带＞寒棕壤-漂灰土带＞亚高山漠土带＞灰钙土-棕钙土带＞高山-亚高山草甸土带＞高山草甸土带＞高山草原土带＞高山棕钙土-栗钙土带＞黑钙土-栗钙土-黑垆土带＞灰漠土带。

表 5-24 中国主要土壤类型钽基准值数据特征   （单位：10^{-6}）

类型	层位	样品数	最小值	25% 低背景	50% 中位数	75% 高背景	85% 异常下限	最大值	算术 平均值	几何 平均值
全国	表层	3395	0.01	0.78	0.97	1.21	1.46	26.41	1.12	0.99
	深层	3393	0.14	0.73	0.96	1.22	1.49	26.41	1.09	0.96
寒棕壤-漂灰土带	表层	35	0.63	0.89	0.98	1.09	1.15	1.28	0.99	0.98
	深层	35	0.59	0.88	0.94	1.07	1.11	1.37	0.96	0.94
暗棕壤-黑土带	表层	296	0.31	0.86	0.98	1.13	1.25	5.13	1.03	0.97
	深层	295	0.20	0.82	1.01	1.13	1.22	5.88	1.01	0.95
棕壤-褐土带	表层	333	0.30	0.91	1.02	1.11	1.17	3.04	1.04	1.01
	深层	333	0.20	0.91	1.02	1.13	1.20	3.07	1.03	0.99
黄棕壤-黄褐土带	表层	124	0.01	0.98	1.17	1.31	1.38	4.66	1.20	1.10
	深层	124	0.47	1.04	1.21	1.36	1.46	4.44	1.23	1.18
红壤-黄壤带	表层	575	0.22	1.08	1.36	1.94	2.29	6.71	1.61	1.43
	深层	575	0.22	1.04	1.37	1.94	2.33	6.42	1.58	1.42
赤红壤带	表层	204	0.18	1.08	1.62	2.14	2.59	4.18	1.72	1.53
	深层	204	0.28	1.10	1.61	2.16	2.45	6.64	1.72	1.52
黑钙土-栗钙土- 黑垆土带	表层	360	0.18	0.59	0.85	0.97	1.03	4.75	0.81	0.75
	深层	360	0.18	0.54	0.75	0.96	1.01	2.37	0.75	0.69
灰钙土-棕钙土带	表层	90	0.33	0.67	0.84	0.94	1.02	1.65	0.82	0.79
	深层	89	0.34	0.69	0.85	0.99	1.14	1.58	0.86	0.82
灰漠土带	表层	367	0.14	0.63	0.79	0.94	1.06	26.41	0.96	0.79
	深层	367	0.14	0.52	0.69	0.92	1.04	26.41	0.91	0.72
高山-亚高山 草甸土带	表层	121	0.21	0.67	0.78	0.98	1.12	3.39	0.85	0.80
	深层	121	0.37	0.66	0.79	0.96	1.05	3.39	0.86	0.81
高山棕钙土- 栗钙土带	表层	338	0.05	0.71	0.84	0.97	1.05	1.72	0.84	0.80
	深层	338	0.16	0.62	0.77	0.95	1.03	1.78	0.80	0.76
高山漠土带	表层	49	0.44	0.86	0.95	1.06	1.15	1.52	0.96	0.94
	深层	49	0.45	0.89	0.95	1.03	1.10	1.90	0.97	0.94
亚高山草甸土带	表层	193	0.37	0.90	1.00	1.23	1.44	2.55	1.10	1.05
	深层	193	0.31	0.90	1.01	1.23	1.47	2.78	1.12	1.06
高山草甸土带	表层	84	0.21	0.65	0.85	1.03	1.23	8.17	0.97	0.84
	深层	84	0.21	0.60	0.79	0.98	1.22	7.94	0.93	0.79

续表

类型	层位	样品数	最小值	25% 低背景	50% 中位数	75% 高背景	85% 异常下限	最大值	算术 平均值	几何 平均值
高山草原土带	表层	120	0.16	0.51	0.81	0.99	1.09	1.74	0.78	0.70
	深层	120	0.18	0.57	0.78	0.97	1.10	1.76	0.76	0.68
亚高山漠土带	表层	18	0.76	0.92	0.98	1.14	1.62	2.51	1.20	1.13
	深层	18	0.72	0.81	0.90	1.24	1.73	2.49	1.16	1.07
亚高山草原土带	表层	88	0.61	1.01	1.16	1.49	1.70	10.80	1.44	1.27
	深层	88	0.53	0.96	1.20	1.50	1.98	4.03	1.40	1.27

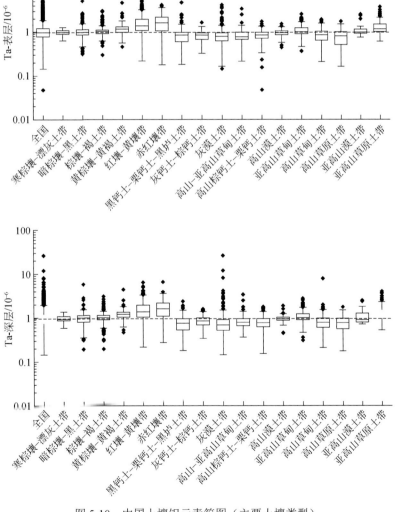

图 5-10　中国土壤钽元素箱图（主要土壤类型）

第三节 铌、钽元素空间分布与异常评价

铌、钽在元素周期表上是同族元素，二者地球化学特征非常相似，在地质过程中密切伴生，空间分布一致。世界上的铌钽资源主要为内生来源，可分为过铝质岩浆系统的花岗伟晶岩型和花岗岩型铌钽矿床、碱性岩-碳酸岩岩浆系统的碳酸岩及其风化壳型和碱性岩型铌钽资源。我国的铌钽资源主要为花岗岩型、花岗伟晶岩型、碱性岩型和碳酸岩型，但资源品位较低，碳酸岩型铌钽资源较少，尚未发现碳酸岩风化壳型资源。我国过铝性岩浆系统的铌钽矿床主要分布在阿尔泰、松潘-甘孜、江南古陆、南岭和滇西-藏南等铌钽成矿带；碱性系统的铌钽成矿带主要为塔里木-华北北缘、秦岭和扬子西缘成矿带（表5-25）。

表5-25 中国主要的铌钽矿床类型

矿床类型			赋矿地质体	主要矿种	典型矿床
过铝质岩浆系统的铌钽类矿床	花岗岩型		细晶石铌钽铁矿锂云母钠长石花岗岩	Ta, Nb, Li, Be, Hf	江西宜春
			褐钇铌矿黑云母花岗岩	TR，Nb	湖南姑婆山
			细晶石铌钽铁矿白云母钠长石花岗岩	Ta, Nb, Be	江西大吉山
			铌钽铁矿细晶石铁锂云母钠长石花岗岩	Ta, Nb, Be	江西海罗岭江西姜坑里
			黄钇钽矿氟碳钙钇矿锂白云母钠长石花岗岩	Ta, ΣY	江西牛岭埚
			铌铁矿黑鳞云母钠长石花岗岩	Nb	广东博罗
			铌钽铁矿细晶石钠长石细晶岩	Ta, Nb	湖南431
	花岗伟晶岩型	二云母类	二云母微斜长石钠长石伟晶岩	TR, Nb, Be	云南卡场
		白云母类	白云母微斜长石钠长石伟晶岩	Nb, Be	江西葛源
			白云母微斜长石钠长石锂辉石伟晶岩	Be, Li, Nb, Ta, Cs, Hf	新疆可可托海
			白云母钠长石锂辉石伟晶岩	Li, Nb, Ta, Be	四川甲基卡
			白云母钠长石伟晶岩	Ta, Nb, Be	湖南仁里
		锂云母类	锂云母钠长石伟晶岩	Ta, Li, Nb, Rb, Cs, Hf	河南官坡
碱性岩-碳酸岩岩浆系统的铌钽矿床	岩浆型		绿层硅铈钛矿霓霞正长岩	Nb, Ce	辽宁赛马
			硅铍钇矿铌铁矿钠长石碱性花岗岩	Be, Nb, TR	内蒙古巴尔哲
			褐钇铌矿钠闪石花岗岩	Nb, Y	四川茨达
			烧绿石锆石钠长岩脉	Nb, Y	四川路枯
	碳酸岩型		烧绿石锆石浅成侵入碳酸岩	TR, Nb	新疆拜城
			氟碳铈矿独居石烧绿石锆铌铁矿火山沉积碳酸岩	ΣCe, Nb	内蒙古白云鄂博
			正长岩-碳酸岩杂岩体	REE, Nb	湖北庙垭

续表

矿床类型		赋矿地质体	主要矿种	典型矿床
风化壳型		钽铌铁矿（褐钇铌矿）花岗岩风化壳	Nb，Ta	广东 524
残坡积冲积砂矿型		褐钇铌矿冲积砂矿	Nb，Y	湖南姑婆山
		钽铌铁矿冲积砂矿	Nb，Ta	广东博罗

宏观上中国土壤（汇水域沉积物）表层样品和深层样品稀有元素铌空间分布较为一致，地球化学基准图较为相似；钽空间分布也较为一致，地球化学基准图较为相似。铌、钽地球化学特征非常相似，在地质过程中密切伴生，空间分布较为一致，也有一定差异。以 18.3×10^{-6} 和 1.46×10^{-6}（累积频率 85%）分别作为铌、钽异常基线值，并兼顾异常区内有连续异常点分布，表层土壤（汇水域沉积物）地球化学数据共圈定出 22 个铌地球化学带和 19 个钽地球化学带。依次描述为阿尔泰地球化学铌钽带（Nb01；Ta01）、滇西-藏南地球化学铌钽带（Nb02、Nb03、Nb04、Nb07、Nb08、Nb09；Ta02、Ta03、Ta04、Ta05、Ta07、Ta10）、松潘-甘孜地球化学铌钽带（Nb05、Nb06、Nb10；Ta67、Ta08、Ta09）、扬子陆块西缘地球化学铌钽带（Nb10；Ta11、Ta12）、南岭和江南（东南沿海）地球化学铌钽带（Nb11、Nb12、Nb13；Ta13、Ta14）、秦岭地球化学铌钽带（Nb14、Nb15、Nb17；Ta15、Ta16）、东北地球化学铌钽带（Nb19、Nb20、Nb21；Ta17、Ta18、Ta19）、胶东及华北地球化学铌带（Nb16、Nb18）、白云鄂博地球化学铌带（Nb22）。地球化学异常的空间分布、地质特征和相关的成锂带描述于下（图 5-11、图 5-12、表 5-26、表 5-27）。

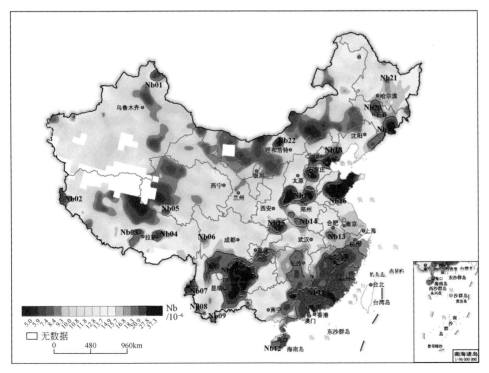

图 5-11　中国铌地球化学异常分布图

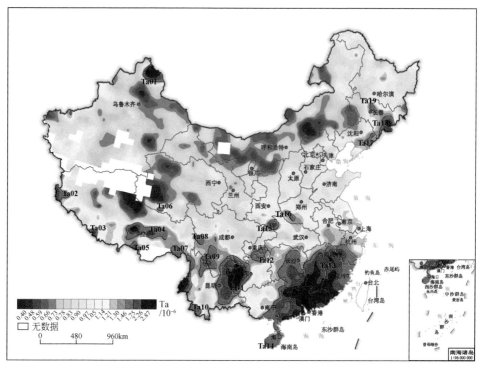

图 5-12   中国钽地球化学异常分布图

表 5-26   中国铌地球化学异常统计参数（对应图 5-11）

编号	面积/km²	点数/个	极小值/10⁻⁶	极大值/10⁻⁶	平均值/10⁻⁶	中位数/10⁻⁶	离差
Nb01	17083	19	8.23	63.8	22.8	17.3	15.1
Nb02	16985	6	7.88	40.3	23.9	24.7	11.3
Nb03	20799	14	4.72	79.4	23.3	18.5	18.4
Nb04	14719	8	11.2	87.0	23.5	15.0	25.7
Nb05	5031	3	20.1	26.2	24.1	26.2	3.52
Nb06	1576	1	26.9	26.9	26.9	26.9	
Nb07	21050	7	19.1	54.0	30.1	22.8	13.3
Nb08	1783	1	23.9	23.9	23.9	23.9	
Nb09	781	1	23.1	23.1	23.1	23.1	
Nb10	333850	116	9.10	75.3	27.8	23.9	12.5
Nb11	577599	218	10.9	55.6	23.6	22.8	6.69
Nb12	25134	16	8.40	35.5	22.3	23.1	7.85
Nb13	7097	2	22.8	24.2	23.5	23.5	1.04
Nb14	13851	6	15.2	28.8	21.0	18.2	6.02
Nb15	29795	12	10.3	88.5	29.0	18.2	21.8
Nb16	94317	47	10.2	103	37.3	14.5	32.1

续表

编号	面积/km²	点数/个	极小值/10^{-6}	极大值/10^{-6}	平均值/10^{-6}	中位数/10^{-6}	离差
Nb17	88100	28	7.26	83.2	29.9	14.7	28.9
Nb18	89449	40	3.73	105	29.0	13.5	29.4
Nb19	51351	21	11.3	89.8	23.9	19.1	16.4
Nb20	26944	10	15.9	50.2	26.2	21.9	11.6
Nb21	1503	1	26.9	26.9	26.9	26.9	
Nb22	14966	11	5.49	99.3	31.9	9.65	34.1

表 5-27 中国钽地球化学异常统计参数（对应图 5-12）

编号	面积/km²	点数/个	极小值/10^{-6}	极大值/10^{-6}	平均值/10^{-6}	中位数/10^{-6}	离差
Ta01	38793	29	0.62	26.4	3.17	1.36	5.08
Ta02	18136	6	0.61	2.56	1.92	2.38	0.85
Ta03	4989	2	3.21	3.73	3.47	3.47	0.37
Ta04	72276	32	0.70	10.8	2.04	1.46	2.05
Ta05	5157	1	2.34	2.34	2.34	2.34	
Ta06	2490	3	1.47	1.87	1.70	1.75	0.21
Ta07	46279	20	0.95	6.64	2.18	1.93	1.24
Ta08	9699	2	1.86	2.10	1.98	1.98	0.17
Ta09	47550	20	0.68	4.39	1.88	1.68	0.75
Ta10	10475	5	1.46	2.70	2.13	2.24	0.52
Ta11	184418	61	0.82	4.10	2.14	2.06	0.72
Ta12	24918	11	1.12	3.17	1.65	1.42	0.65
Ta13	657595	256	0.72	6.70	2.21	2.01	0.90
Ta14	25575	17	0.96	2.85	1.74	1.77	0.52
Ta15	15082	5	1.21	4.66	2.60	2.34	1.27
Ta16	7175	2	0.88	2.71	1.80	1.80	1.29
Ta17	8589	4	0.86	3.03	2.05	2.15	0.99
Ta18	24484	6	1.31	5.12	2.25	1.59	1.47
Ta19	5011	4	1.20	2.31	1.83	1.91	0.51

（1）阿尔泰地球化学铌钽带（Nb01；Ta01）：新疆阿尔泰造山带位于西伯利亚板块和哈萨克斯坦-准噶尔板块之间，呈北西-南东方向展布，面积约 23000km²，发育十万余条伟晶岩脉，包括 38 个伟晶岩矿田，分布 9 个伟晶岩矿集区。阿尔泰伟晶岩成矿带的稀有金属成矿作用发生在元古宙沉积基底中，元古宙为一套含长英质的变质火山岩、沉积碎屑岩，且富含稀有金属元素。区域在中、新元古代造山运动后的加里东期、海西期、印支期至燕山期中，均有伟晶岩及伟晶岩矿床的形成，由早至晚元素和矿物组合越来越

多，伟晶岩分带越来越完善，矿床规模越来越大，矿种有从加里东期比较单纯的白云母矿床向印支期—燕山期超大型综合性矿床演化的规律。阿尔泰成矿带的稀有金属成矿作用存在一定的分带性：①南阿尔泰地体主要产出铍铌钽矿床（点），主要包括大喀拉苏-可可西尔矿集区、小喀拉苏-切别林矿集区、海流滩-也留曼矿集区和加曼哈巴矿集区；②中阿尔泰地体中部成矿作用以锂为主，铍铌钽矿化规模较小，包括柯鲁木特-吉得克矿集区和卡拉额尔齐斯矿集区，产出柯鲁木特、库克盖等大中型锂矿床；③中阿尔泰东部成矿作用以铍为主，锂铌钽矿化规模相对较小，产出青河矿集区、可可托海矿集区和库威-结别特矿集区。

（2）滇西-藏南地球化学铌钽带（Nb02、Nb03、Nb04、Nb07、Nb08、Nb09；Ta02、Ta03、Ta04、Ta05、Ta07、Ta10）：滇西是我国重要的伟晶岩成矿带，产出高黎贡山伟晶岩带、西盟伟晶岩带、凤庆-临沧伟晶岩带、石鼓伟晶岩带、哀牢山伟晶岩带。传统上认为，该地区的伟晶岩以富锡伟晶岩为主，如宝华山锡矿出露伟晶岩脉百余条。但近年来，在该地区南段的黄连沟地区发现高钽品位的伟晶岩脉（Ta_2O_5含量超过1%），在北段的贡山县发现黑马铁锂云母型花岗伟晶岩脉。而且，在藏南地区也发现了具有良好铌钽矿化前景的淡色花岗岩和伟晶岩。

（3）松潘-甘孜地球化学铌钽带（Nb05、Nb06、Nb10；Ta67、Ta08、Ta09）：松潘-甘孜花岗伟晶岩带是我国最重要的稀有金属成矿带，从四川西部一直延伸到新疆的喀喇昆仑地区。在大地构造上，位于扬子陆块、羌塘-昌都陆块和华北-塔里木陆块之间的"倒三角式"造山带。在晚三叠世古特提斯洋闭合后的陆-陆碰撞挤压作用过程中，发生稀有金属成矿作用，形成甲基卡、可尔因、扎乌龙、大红柳滩等特大和大型锂铍铌钽矿床，其中甲基卡矿床最具代表性。在甲基卡矿床，铌钽矿物主要呈铌钽铁矿出现，部分以类质同象的形式分散在其他矿物中。铌钽铁矿存在于二云母二长花岗岩和各类型伟晶岩脉中。在伟晶岩中，铌-钽铁矿主要赋存在各种伟晶岩的粗粒结构带和微斜长石、石英块体结构带中，与钠长石有密切关系。

（4）扬子陆块西缘地球化学铌钽带（Nb10；Ta11、Ta12）：扬子地台西缘产出一系列与碱性岩有关的铌-稀土矿床，区域断裂发育，沿着断裂带两侧分布有大小不一的铌钽矿床（矿化点）30余处，其中的近10处铌钽矿床（矿化点）分布在安宁河断裂带的两侧，主要赋存在碱性正长伟晶岩脉、碱性花岗岩中，赋矿岩石同时具有较高的稀土元素含量。区域的重要铌钽矿床为茨达、太和等碱性花岗岩型稀土-铌钽矿床，黄草、路枯、黄土坡等碱性伟晶岩脉型稀土-铌钽矿床。

（5）南岭和江南（东南沿海）地球化学铌钽带（Nb11、Nb12、Nb13；Ta13、Ta14）：江南造山带位于扬子地块与华夏地块之间，造山带内产出众多大型钽锂为主的稀有金属矿床，主要包括苏州、江西葛源黄山、松树岗、枭木山等花岗岩型钽锂铌矿床，以及江西九岭复式岩体内的花岗岩型稀有金属矿床（点）。在江西造山带的中段，还产出幕阜山-连云山伟晶岩型稀有金属成矿带，包括湖北断峰山和湖南仁里钽铌矿床。南岭地区经历了多次的造山运动，岩浆活动频繁，产出众多花岗岩类矿床，我国重要的稀有金属、钨、锡多金属成矿带。加里东期、印支期和燕山期钽成矿作用分别以福建南平伟晶岩型钽矿床、广西栗木花岗岩型锡钽多金属矿床、江西大吉山钨钽矿床为代表。此外，许多铌钽多还共（伴）生产出在W-Sn矿床中，特别是石英脉型和交代型钨锡矿床中，如柿竹园、香花岭、画眉坳等 W-Sn 矿床。

（6）秦岭地球化学铌钽带（Nb14、Nb15、Nb17；Ta15、Ta16）：秦岭造山带是华北陆块与扬子陆块的汇聚部位，区域除了在陕西和河南交界的灰池子岩体周边产出大量加里东期花岗伟晶岩型锂铍铌钽矿外，还存在较多的碱性岩体。碱性岩主要为中深成侵入相和浅成相的正长岩类与霞石正长岩类，部分为碱性-超基性杂岩、偏碱性的镁铁-超镁铁质岩和碳酸岩。

（7）东北地球化学铌钽带（Nb19、Nb20、Nb21；Ta17、Ta18、Ta19）：铌钽地球化学异常零星分布在中国东北部，可能与广泛发育的火山岩有关。该区典型矿床为内蒙古巴尔哲稀土-铌铍矿床。

（8）胶东及华北地球化学铌带（Nb16、Nb18）：仅 Nb 显示大规模正异常，Ta 未有异常显现。

（9）白云鄂博地球化学铌带（Nb22）：与白云鄂博稀土矿共生，Nb 显示正异常，Ta 没有异常显现。该异常区典型矿床为白云鄂博 Fe-REE-Nb 矿床，位于内蒙古包头市以北 150km 处，地质上位于华北克拉通的北部边缘，其北部与中亚早古生代活动大陆边缘毗邻，在中亚造山带和华北克拉通之间，有一条乌兰宝力格大断裂，断裂南部出露有白云鄂博群，其不整合覆盖于古元古代的基底杂岩之上，含矿地层即为中元古代白云鄂博群，全世界最大的轻稀土矿床，其轻稀土储量占全球总储量的 45％左右，该矿床的铌储量位居世界第二，且又是一个大型的铁矿。

世界上的钽资源主要来源于花岗伟晶岩型矿床，铌资源主要来源于碳酸岩风化壳型铌矿床。但我国缺乏高品位的花岗伟晶岩型钽资源，尚未发现碳酸岩风化壳型铌资源，只能以低品位的花岗岩型钽铌作为主要钽铌资源来源。我国今后的铌钽找矿方向应该重点寻找高品质资源的花岗伟晶岩型和碳酸岩型铌钽资源，同时重视共（伴）生铌钽资源的综合利用。

花岗伟晶岩型铌钽资源的找矿方向：在西部，除了阿尔泰地区外，松潘-甘孜成矿带的伟晶岩型铌钽资源找矿前景可观；在东部，随着湖南省平江县仁里钽铌矿床的发现，江南造山带的稀有资源找矿工作逐渐引起湖南省、江西省和湖北省的重视；在藏南地区，喜马拉雅淡色花岗岩带呈东西向分布，延绵超过 1000km，产出大量钠长石花岗岩和花岗伟晶岩，发现代表铌钽成矿的铌铁矿族矿物、烧绿石-细晶石、褐钇铌矿、铌铁金红石等。该地区与滇西地区钽成矿作用均形成于喜马拉雅期，说明我国西南地区和西藏地区存在较大的铌钽资源找矿潜力，有望成为我国又一个铌钽等稀有金属资源基地；同时，东天山的镜儿泉和与西昆仑毗邻的阿尔金地区的伟晶岩找矿工作前景也很大，这些地区均值得进一步勘查和研究。

碳酸岩型铌钽资源的找矿方向：碳酸岩型铌钽资源的找矿应重点放在我国的几大断裂带。目前，在塔里木-华北陆块北缘断裂带中，产出众多的碱性岩型稀土-铌矿床，碳酸岩型矿床仅发现新疆瓦吉尔塔格等少数几个，该地区应加大找矿勘查工作。南秦岭碱性岩-碳酸岩型稀土-铌成矿带，以庙垭和杀熊洞为代表性矿床，该成矿带东部的观子山和花家寨碱性岩体也可能具有一定的成矿潜力，可作为今后的找矿方向。此外，郯庐断裂带北段，除了产出微山碳酸岩型稀土矿床外，在莱芜地区产出众多碳酸岩，而且发现了高铌-稀土品位的塔埠头碳酸岩伟晶岩型矿床，说明该地区也有较大的找矿潜力。

共（伴）生铌钽资源：鉴于锡与钽的共生性，二者的找矿突破可以一起开展。在滇西地区，除了花岗伟晶岩型黄连沟式钽矿床的找矿工作，更应该重视该地区的伟晶岩锡矿床，注意评价锡石中的钽含量，开展综合利用研究。在秦岭地区，河南和陕西交界的灰池子岩体周边产出了具有较高锡品位的花岗伟晶岩脉，与锡共（伴）生的钽资源有待进一步评价。此外，南岭地区也应该加强评价钨锡矿中共（伴）生的钽资源，特别是武夷地区的花岗伟晶岩型矿床和与花岗岩型铌钽矿体共生的钨锡矿体，宜春 414 矿床旁边的新坊黑钨矿矿体。相对于其他成矿带，大兴安岭成矿带的稀有金属矿床研究尤为薄弱。该地区的典型矿床为巴尔哲稀土-铌钽矿床。近年来又在锡林浩特附近发现石灰窑云英岩型铌钽铷矿床和维拉斯托大型锡矿床，而且大兴安岭地区出露较大面积的火山岩，某些地段有 Nb 和 Ta 异常。这些特征说明，东北地区不但具有寻找钨锡矿床的潜力，还具有发现与钨锡共（伴）生铌钽矿床的潜力（李建康等，2019）。

第六章　中国锆、铪元素地球化学

第一节　中国岩石锆、铪元素含量特征

一、三大岩类中锆、铪含量分布

锆在火山岩中含量最高，变质岩、沉积岩、侵入岩依次降低；锆在侵入岩中含量从中酸性岩到基性、超基性岩依次降低；侵入岩中加里东期锆含量最高；地层岩性中粗面岩锆含量最高，碳酸盐岩（石灰岩、白云岩）及其对应的变质岩（大理岩）锆含量最低（表6-1）。

表 6-1　全国岩石中锆元素不同参数基准数据特征统计　　（单位：10⁻⁶）

统计项	统计项内容		样品数	最小值	中位数	最大值	算术平均值	几何平均值	标准离差	背景值
三大岩类	沉积岩		6209	0.02	146	3875	151	96	136	140
	变质岩		1808	0.02	172	2610	178	144	122	165
	岩浆岩	侵入岩	2634	6	136	2126	163	134	121	142
		火山岩	1467	32	192	2408	220	192	152	202
地层细分	古近系和新近系		528	0.02	169	2154	185	152	144	173
	白垩系		886	5	178	2408	193	161	129	180
	侏罗系		1362	0.02	186	1485	197	162	109	185
	三叠系		1141	0.02	158	748	155	101	105	150
	二叠系		873	1	161	3875	189	106	232	157
	石炭系		869	0.02	132	907	144	84	123	131
	泥盆系		713	1	146	2575	153	102	142	143
	志留系		390	6	174	816	178	152	90	171
	奥陶系		547	4	91	1074	117	74	117	102
	寒武系		632	1	108	652	120	79	102	117
	元古宇		1145	0.3	164	2610	164	111	143	153
	太古宇		244	18	138	578	160	129	106	144
侵入岩细分	酸性岩		2077	16	135	775	156	135	94	142
	中性岩		340	36	183	2126	240	191	215	176

统计项	统计项内容	样品数	最小值	中位数	最大值	算术平均值	几何平均值	标准离差	背景值
侵入岩细分	基性岩	164	23	92	505	118	93	84	112
	超基性岩	53	6	24	438	57	30	77	49
侵入岩期次	喜马拉雅期	27	28	131	523	172	138	121	172
	燕山期	963	6	142	900	171	144	113	149
	海西期	778	13	126	2126	155	125	129	132
	加里东期	211	14	143	1716	179	142	176	148
	印支期	237	7	140	676	154	132	84	149
	元古宙	253	11	141	616	153	128	94	144
	太古宙	100	15	117	775	159	117	141	130
地层岩性	玄武岩	238	35	169	468	195	173	92	195
	安山岩	279	32	184	816	208	185	106	198
	流纹岩	378	60	204	2154	237	204	183	209
	火山碎屑岩	88	58	178	1312	212	182	161	186
	凝灰岩	432	58	194	1485	213	192	117	200
	粗面岩	43	104	281	2408	384	305	390	335
	石英砂岩	221	12	112	3015	173	111	242	138
	长石石英砂岩	888	6	172	3875	200	167	173	185
	长石砂岩	458	30	210	2575	226	203	149	207
	砂岩	1844	4	186	1562	195	179	86	187
	粉砂质泥质岩	106	103	208	643	227	215	83	214
	钙质泥质岩	174	35	154	367	164	156	52	157
	泥质岩	712	42	178	1385	211	190	129	180
	石灰岩	1310	0.02	24	201	30	20	26	23
	白云岩	441	5	20	144	26	22	20	20
	泥灰岩	49	5	78	189	86	75	38	86
	硅质岩	68	15	52	1074	98	61	154	65
	冰碛岩	5	194	198	273	214	212	34	214
	板岩	525	59	193	815	203	191	78	193
	千枚岩	150	73	192	816	205	193	81	198
	片岩	380	33	186	645	191	179	70	185
	片麻岩	289	27	165	2610	206	166	204	167
	变粒岩	119	11	160	1064	187	161	121	169
	麻粒岩	4	80	103	124	102	101	18	102
	斜长角闪岩	88	26	92	307	106	94	55	104
	大理岩	108	0.02	22	104	26	21	18	21
	石英岩	75	13	117	479	157	115	117	157

铪在火山岩中含量最高，变质岩、侵入岩、沉积岩依次降低；铪在侵入岩中含量从中酸性岩（中性岩高于酸性岩）到基性、超基性岩依次降低；侵入岩中燕山期铪含量最高；地层岩性中粗面岩铪含量最高，碳酸盐岩（石灰岩、白云岩）及其对应的变质岩（大理岩）铪含量最低（表 6-2）。

表 6-2　全国岩石中铪元素不同参数基准数据特征统计　（单位：10^{-6}）

统计项	统计项内容		样品数	最小值	中位数	最大值	算术平均值	几何平均值	标准离差	背景值
三大岩类	沉积岩		6209	0.0004	4.02	101.93	4.15	2.59	3.58	3.91
	变质岩		1808	0.001	5.12	75.08	5.58	4.44	3.91	5.07
	岩浆岩	侵入岩	2634	0.10	5.04	41.22	6.02	5.01	4.09	5.31
		火山岩	1467	0.97	5.33	53.85	5.94	5.32	3.49	5.46
地层细分	古近系和新近系		528	0.001	4.62	44.48	5.02	4.15	3.36	4.66
	白垩系		886	0.11	4.91	53.85	5.34	4.54	3.15	5.05
	侏罗系		1362	0.001	5.17	30.03	5.50	4.57	2.86	5.17
	三叠系		1141	0.001	4.42	24.05	4.29	2.73	2.97	4.16
	二叠系		873	0.03	4.55	101.93	4.99	2.84	5.80	4.39
	石炭系		869	0.0004	3.63	21.29	3.96	2.28	3.26	3.67
	泥盆系		713	0.07	4.04	46.57	4.21	2.77	3.39	3.96
	志留系		390	0.15	4.69	16.72	4.93	4.21	2.43	4.69
	奥陶系		547	0.10	2.76	26.78	3.25	2.02	3.03	2.96
	寒武系		632	0.01	2.89	19.29	3.40	2.14	2.87	3.25
	元古宇		1145	0.01	4.84	75.08	4.85	3.17	4.19	4.46
	太古宇		244	0.48	4.65	22.60	5.77	4.51	4.20	4.78
侵入岩细分	酸性岩		2077	0.60	4.99	36.47	5.81	5.06	3.43	5.25
	中性岩		340	1.45	6.97	41.22	8.75	7.26	6.34	7.60
	基性岩		164	0.71	3.28	17.92	4.28	3.41	3.13	3.56
	超基性岩		53	0.10	0.98	19.33	2.33	1.08	3.37	2.01
侵入岩期次	喜马拉雅期		27	1.09	5.35	21.25	6.51	5.33	4.42	5.94
	燕山期		963	0.10	5.40	39.87	6.52	5.57	4.18	5.77
	海西期		778	0.31	4.63	40.63	5.68	4.65	4.17	4.84
	加里东期		211	0.33	5.03	41.22	6.12	5.01	4.71	5.03
	印支期		237	0.17	4.79	18.18	5.63	4.81	3.08	5.31
	元古宙		253	0.38	5.19	20.95	5.94	4.89	4.01	5.35
	太古宙		100	0.47	3.98	20.61	4.86	3.89	3.44	4.22
地层岩性	玄武岩		238	1.00	4.22	12.49	4.99	4.49	2.35	4.96
	安山岩		279	0.97	4.59	17.23	5.08	4.64	2.26	4.91
	流纹岩		378	1.98	6.02	44.48	6.84	6.11	4.18	5.98

统计项	统计项内容	样品数	最小值	中位数	最大值	算术平均值	几何平均值	标准离差	背景值
地层岩性	火山碎屑岩	88	1.95	5.16	29.40	5.82	5.24	3.55	5.23
	凝灰岩	432	2.12	5.56	27.52	5.99	5.53	2.70	5.68
	粗面岩	43	3.07	6.23	53.85	8.75	7.14	8.63	7.68
	石英砂岩	221	0.33	3.13	80.87	4.79	3.14	6.47	3.85
	长石石英砂岩	888	0.15	4.77	101.93	5.67	4.80	4.65	5.27
	长石砂岩	458	1.05	5.86	46.57	6.35	5.82	3.21	6.01
	砂岩	1844	0.12	5.16	30.51	5.44	5.00	2.33	5.17
	粉砂质泥质岩	106	2.97	5.76	15.39	6.15	5.84	2.16	5.87
	钙质泥质岩	174	1.28	4.09	12.00	4.40	4.20	1.47	4.22
	泥质岩	712	1.94	4.67	29.77	5.37	4.93	2.75	4.81
	石灰岩	1310	0.0004	0.60	12.40	0.80	0.52	0.82	0.58
	白云岩	441	0.07	0.49	3.94	0.67	0.54	0.59	0.48
	泥灰岩	49	0.15	2.26	4.43	2.39	2.11	0.96	2.39
	硅质岩	68	0.39	1.24	26.78	2.50	1.45	3.99	1.59
	冰碛岩	5	4.70	4.95	7.06	5.30	5.24	0.99	5.30
	板岩	525	1.61	5.23	24.55	5.72	5.35	2.34	5.36
	千枚岩	150	2.40	5.51	16.72	5.80	5.53	1.91	5.72
	片岩	380	1.64	5.53	18.32	6.17	5.73	2.63	5.59
	片麻岩	289	0.85	5.59	75.08	7.13	5.74	6.72	5.73
	变粒岩	119	0.54	4.93	23.22	6.21	5.35	3.68	5.54
	麻粒岩	4	3.73	4.26	4.63	4.22	4.20	0.46	4.22
	斜长角闪岩	88	1.09	4.67	19.07	5.20	4.40	3.14	5.04
	大理岩	108	0.001	0.63	9.74	0.80	0.56	1.01	0.71
	石英岩	75	0.26	3.51	13.68	4.61	3.41	3.27	4.61

二、不同时代地层中锆、铪含量分布

锆含量的中位数在地层中侏罗系最高，奥陶系最低，从高到低依次为：侏罗系、白垩系、志留系、古近系和新近系、元古宇、二叠系、三叠系、泥盆系、太古宇、石炭系、寒武系、奥陶系（表 6-1）。铪含量的中位数在地层中侏罗系最高，奥陶系最低，从高到低依次为：侏罗系、白垩系、元古宇、志留系、太古宇、古近系和新近系、二叠系、三叠系、泥盆系、石炭系、寒武系、奥陶系（表 6-2）。

三、不同大地构造单元中锆、铪含量分布

表 6-3～表 6-10 给出了不同大地构造单元锆的含量数据，图 6-1 给出了各大地构造单

元锆平均含量与地壳克拉克值的对比。表 6-11～表 6-18 给出了不同大地构造单元铪的含量数据，图 6-2 给出了各大地构造单元铪平均含量与地壳克拉克值的对比。

表 6-3　天山–兴蒙造山带岩石中锆元素不同参数基准数据特征统计 （单位：10⁻⁶）

统计项	统计项内容		样品数	最小值	中位数	最大值	算术平均值	几何平均值	标准离差	背景值
三大岩类	沉积岩		807	1	161	2575	170	137	128	157
	变质岩		373	0.3	171	770	171	131	99	162
	岩浆岩	侵入岩	917	13	139	900	165	136	115	144
		火山岩	823	35	192	1485	213	188	123	196
地层细分	古近系和新近系		153	26	176	816	186	167	93	179
	白垩系		203	45	191	1054	208	184	113	203
	侏罗系		411	14	202	1485	216	194	116	203
	三叠系		32	30	160	387	160	137	79	160
	二叠系		275	15	194	888	201	171	113	187
	石炭系		353	13	147	693	163	134	101	150
	泥盆系		238	1	156	2575	170	132	179	160
	志留系		81	16	168	503	176	151	91	172
	奥陶系		111	16	162	895	182	138	145	155
	寒武系		13	16	175	645	182	111	165	182
	元古宇		145	0.3	165	770	153	97	114	145
	太古宇		6	28	92	418	141	91	148	141
侵入岩细分	酸性岩		736	31	135	730	161	138	100	145
	中性岩		110	36	186	900	238	194	170	201
	基性岩		58	23	85	505	117	85	100	110
	超基性岩		13	13	17	120	37	26	36	37
侵入岩期次	燕山期		240	31	152	900	181	154	118	159
	海西期		534	13	132	802	160	130	115	137
	加里东期		37	35	145	476	167	143	101	158
	印支期		29	30	111	676	156	118	144	138
	元古宙		57	28	146	423	158	132	90	158
	太古宙		1	75	75	75	75	75		
地层岩性	玄武岩		96	35	155	468	174	152	89	171
	安山岩		181	36	181	816	207	182	113	196
	流纹岩		206	66	211	1054	237	207	140	211
	火山碎屑岩		54	62	186	812	209	187	119	198
	凝灰岩		260	58	195	1485	211	189	123	198
	粗面岩		21	104	234	694	263	239	132	241

续表

统计项	统计项内容	样品数	最小值	中位数	最大值	算术平均值	几何平均值	标准离差	背景值
地层岩性	石英砂岩	8	14	42	85	47	40	27	47
	长石石英砂岩	118	40	126	639	159	139	93	153
	长石砂岩	108	68	182	2575	233	192	262	211
	砂岩	396	17	172	693	181	168	72	175
	粉砂质泥质岩	31	117	206	643	214	204	86	199
	钙质泥质岩	14	99	151	200	153	150	32	153
	泥质岩	46	114	185	531	196	188	66	189
	石灰岩	66	1	33	189	41	31	32	39
	白云岩	20	15	20	144	30	23	33	24
	硅质岩	7	20	36	118	51	42	37	51
	板岩	119	78	207	562	211	202	66	205
	千枚岩	18	73	188	349	193	181	70	193
	片岩	97	69	182	645	195	183	79	185
	片麻岩	45	45	154	770	181	158	117	168
	变粒岩	12	93	174	418	191	176	88	191
	斜长角闪岩	12	36	106	174	106	95	48	106
	大理岩	42	0.3	19	90	24	19	17	21
	石英岩	21	13	82	479	151	90	145	151

表 6-4　华北克拉通岩石中锆元素不同参数基准数据特征统计　（单位：10^{-6}）

统计项	统计项内容		样品数	最小值	中位数	最大值	算术平均值	几何平均值	标准离差	背景值
三大岩类	沉积岩		1061	14	130	3875	147	95	171	129
	变质岩		361	14	134	1064	155	123	109	141
	岩浆岩	侵入岩	571	15	125	775	155	125	115	134
		火山岩	217	69	197	2408	264	218	265	221
地层细分	古近系和新近系		86	29	189	2154	246	198	290	194
	白垩系		166	41	167	2408	206	170	218	179
	侏罗系		246	50	193	829	218	194	113	200
	三叠系		80	57	167	434	175	160	77	172
	二叠系		107	17	200	3875	264	197	380	230
	石炭系		98	16	180	686	222	170	149	218
	泥盆系		1	107	107	107	107	107		
	志留系		12	17	169	243	161	130	71	161
	奥陶系		139	16	26	454	41	31	51	26
	寒武系		177	15	45	641	92	60	93	86

续表

统计项	统计项内容	样品数	最小值	中位数	最大值	算术平均值	几何平均值	标准离差	背景值
地层细分	元古宇	303	13	89	1477	125	74	153	109
	太古宇	196	18	135	578	156	128	101	140
侵入岩细分	酸性岩	413	18	123	775	151	124	106	134
	中性岩	93	66	166	746	212	177	150	164
	基性岩	51	23	98	293	113	94	68	113
	超基性岩	14	15	55	243	62	47	57	48
侵入岩期次	燕山期	201	39	151	746	188	157	128	158
	海西期	132	18	94	628	113	94	75	109
	加里东期	20	32	112	270	119	103	66	119
	印支期	39	29	113	315	124	108	65	124
	元古宙	75	24	136	616	156	131	102	145
	太古宙	91	15	122	775	166	122	145	134
地层岩性	玄武岩	40	87	173	367	199	184	78	199
	安山岩	64	101	199	561	229	213	93	223
	流纹岩	53	80	195	2154	298	226	363	230
	火山碎屑岩	14	69	152	310	160	151	61	160
	凝灰岩	30	130	203	829	265	235	153	245
	粗面岩	15	172	358	2408	557	406	605	425
	石英砂岩	45	16	63	333	78	63	63	64
	长石石英砂岩	103	20	151	3875	224	149	408	159
	长石砂岩	54	30	161	661	189	166	108	180
	砂岩	302	53	186	832	202	184	94	191
	粉砂质泥质岩	25	114	229	429	239	226	81	239
	钙质泥质岩	32	87	180	367	182	173	62	176
	泥质岩	138	84	199	686	244	218	129	234
	石灰岩	229	16	29	147	37	33	22	31
	白云岩	120	14	20	101	24	22	13	20
	泥灰岩	13	57	81	110	84	81	20	84
	硅质岩	5	15	79	365	120	73	140	120
	板岩	18	110	183	364	203	192	75	203
	千枚岩	11	89	179	348	190	176	79	190
	片岩	49	88	166	416	173	163	63	168
	片麻岩	122	31	154	578	182	151	117	155
	变粒岩	66	45	146	1064	177	152	136	163
	麻粒岩	4	80	103	124	102	101	18	102

续表

统计项	统计项内容	样品数	最小值	中位数	最大值	算术平均值	几何平均值	标准离差	背景值
地层岩性	斜长角闪岩	42	38	91	264	103	94	48	99
	大理岩	26	14	21	72	26	24	15	24
	石英岩	18	27	94	314	111	88	83	111

表6-5 秦祁昆造山带岩石中锆元素不同参数基准数据特征统计 （单位：10^{-6}）

统计项	统计项内容		样品数	最小值	中位数	最大值	算术平均值	几何平均值	标准离差	背景值
三大岩类	沉积岩		510	0.02	132	515	133	84	90	128
	变质岩		393	0.02	169	1176	181	145	118	164
	岩浆岩	侵入岩	339	11	147	2126	184	146	188	144
		火山岩	72	32	152	1312	186	153	163	170
地层细分	古近系和新近系		61	0.02	143	407	146	108	74	142
	白垩系		85	15	162	482	171	150	88	160
	侏罗系		46	53	152	499	162	147	75	154
	三叠系		102	0.02	145	402	144	84	75	141
	二叠系		54	2	112	300	112	67	82	112
	石炭系		89	0.02	114	515	129	62	116	125
	泥盆系		92	15	149	342	147	118	77	147
	志留系		67	33	171	816	181	162	101	171
	奥陶系		65	7	106	338	120	91	80	120
	寒武系		59	1	113	395	134	84	98	134
	元古宇		164	5	153	711	164	121	115	150
	太古宇		29	19	211	537	217	175	119	217
侵入岩细分	酸性岩		244	19	142	595	158	140	86	141
	中性岩		61	39	190	2126	313	215	376	187
	基性岩		25	36	123	380	142	112	94	142
	超基性岩		9	11	111	438	134	71	141	134
侵入岩期次	喜马拉雅期		1	431	431	431	431	431		
	燕山期		70	43	145	659	178	146	128	154
	海西期		62	39	141	2126	198	154	266	166
	加里东期		91	14	136	1716	203	147	245	144
	印支期		62	48	149	342	153	142	59	150
	元古宙		43	11	184	595	185	143	118	175
	太古宙		4	52	114	180	115	99	68	115
地层岩性	玄武岩		11	52	128	407	177	142	128	177
	安山岩		15	32	143	351	165	143	85	165

续表

统计项	统计项内容	样品数	最小值	中位数	最大值	算术平均值	几何平均值	标准离差	背景值
地层岩性	流纹岩	24	66	175	323	184	169	75	184
	火山碎屑岩	6	58	138	1312	342	181	485	342
	凝灰岩	14	69	125	242	132	126	44	132
	粗面岩	2	151	316	481	316	269	233	316
	石英砂岩	14	48	91	295	114	96	77	114
	长石石英砂岩	98	6	135	515	154	131	86	144
	长石砂岩	23	110	205	419	211	198	78	211
	砂岩	202	15	164	499	173	158	73	169
	粉砂质泥质岩	8	114	208	273	206	201	48	206
	钙质泥质岩	14	35	158	230	155	144	52	155
	泥质岩	25	62	150	320	149	139	56	142
	石灰岩	89	0.02	24	137	27	12	23	26
	白云岩	32	7	21	85	29	23	20	29
	泥灰岩	5	57	77	135	86	82	30	86
	硅质岩	9	29	36	50	40	39	9	40
	板岩	87	72	169	439	180	169	68	175
	千枚岩	47	108	184	816	209	193	114	196
	片岩	103	33	186	492	193	179	73	190
	片麻岩	79	27	182	1176	235	195	175	190
	变粒岩	16	53	164	564	200	168	132	200
	斜长角闪岩	18	41	95	307	107	95	61	95
	大理岩	21	0.02	21	104	25	15	22	22
	石英岩	11	35	117	245	125	109	63	125

表 6-6　扬子克拉通岩石中锆元素不同参数基准数据特征统计 （单位：10^{-6}）

统计项	统计项内容		样品数	最小值	中位数	最大值	算术平均值	几何平均值	标准离差	背景值
三大岩类	沉积岩		1716	1	135	3015	144	84	153	129
	变质岩		139	17	201	1074	200	169	118	186
	岩浆岩	侵入岩	123	28	142	598	149	130	82	138
		火山岩	105	60	249	1039	261	240	122	249
地层细分	古近系和新近系		27	53	192	502	221	198	105	221
	白垩系		123	14	182	476	185	164	79	182
	侏罗系		236	19	189	1006	203	186	96	190
	三叠系		385	1	94	550	123	66	115	121
	二叠系		237	1	60	3015	203	70	315	153

统计项	统计项内容	样品数	最小值	中位数	最大值	算术平均值	几何平均值	标准离差	背景值
地层细分	石炭系	73	2	25	471	78	39	103	73
	泥盆系	98	6	124	676	143	84	134	128
	志留系	147	6	171	573	176	149	87	171
	奥陶系	148	4	78	1074	99	62	113	93
	寒武系	193	5	69	307	99	62	84	99
	元古宇	305	5	195	541	172	121	104	171
	太古宇	3	77	87	95	86	86	9	86
侵入岩细分	酸性岩	96	30	149	598	156	137	87	142
	中性岩	15	106	142	241	162	158	41	162
	基性岩	11	28	69	158	80	74	35	80
	超基性岩	1	29	29	29	29	29		
侵入岩期次	燕山期	47	38	145	598	167	143	108	149
	海西期	3	29	77	121	75	64	46	75
	加里东期	5	57	150	188	138	127	54	138
	印支期	17	70	146	238	152	146	42	152
	元古宙	44	28	141	352	136	122	60	131
	太古宙	1	69	69	69	69	69		
地层岩性	玄武岩	47	120	315	390	271	255	84	271
	安山岩	5	109	169	177	159	157	28	159
	流纹岩	14	60	212	1039	272	222	232	213
	火山碎屑岩	6	165	295	396	279	267	87	279
	凝灰岩	30	96	221	751	253	236	116	236
	粗面岩	2	338	346	354	346	345	11	346
	石英砂岩	55	12	196	3015	263	165	411	212
	长石石英砂岩	162	21	172	1006	210	181	129	191
	长石砂岩	108	95	223	502	238	228	72	225
	砂岩	359	5	206	1562	217	198	108	206
	粉砂质泥质岩	7	133	265	398	251	237	87	251
	钙质泥质岩	70	89	155	337	168	161	54	166
	泥质岩	277	68	178	1385	223	192	168	179
	石灰岩	461	1	22	151	28	22	22	22
	白云岩	194	6	20	135	28	24	23	20
	泥灰岩	23	5	78	189	93	79	46	93
	硅质岩	18	17	60	1074	155	72	274	101

续表

统计项	统计项内容	样品数	最小值	中位数	最大值	算术平均值	几何平均值	标准离差	背景值
地层岩性	板岩	73	89	210	463	208	199	62	205
	千枚岩	20	153	231	367	234	230	48	234
	片岩	18	47	206	448	218	193	99	218
	片麻岩	4	84	91	101	92	91	8	92
	变粒岩	2	153	157	160	157	156	5	157
	斜长角闪岩	2	77	131	184	131	119	76	131
	大理岩	1	52	52	52	52	52		
	石英岩	1	140	140	140	140	140		

表 6-7 华南造山带岩石中锆元素不同参数基准数据特征统计 （单位：10^{-6}）

统计项	统计项内容		样品数	最小值	中位数	最大值	算术平均值	几何平均值	标准离差	背景值
三大岩类	沉积岩		1016	1	161	907	161	100	117	156
	变质岩		172	20	190	501	188	164	83	185
	岩浆岩	侵入岩	416	19	145	772	167	145	100	154
		火山岩	147	88	175	558	194	180	78	187
地层细分	古近系和新近系		39	115	169	406	189	179	67	183
	白垩系		155	53	196	508	207	192	81	205
	侏罗系		203	14	175	558	184	167	80	183
	三叠系		139	3	152	457	154	101	106	154
	二叠系		71	5	22	480	89	40	107	84
	石炭系		120	3	20	907	81	28	135	58
	泥盆系		216	3	128	576	144	77	129	136
	志留系		32	80	197	456	221	208	81	221
	奥陶系		57	26	193	439	203	179	95	203
	寒武系		145	1	173	652	181	144	103	178
	元古宇		132	18	213	682	215	195	84	209
	太古宇		3	95	144	193	144	138	49	144
侵入岩细分	酸性岩		388	19	139	677	156	140	82	148
	中性岩		22	105	337	772	360	323	174	360
	基性岩		5	61	127	309	160	139	96	160
	超基性岩		1	26	26	26	26	26		
侵入岩期次	燕山期		273	47	137	772	160	140	105	137
	海西期		19	61	181	440	190	172	90	190
	加里东期		48	45	153	517	174	151	93	167
	印支期		57	19	173	420	189	165	91	189
	元古宙		6	26	119	161	112	97	48	112

续表

统计项	统计项内容	样品数	最小值	中位数	最大值	算术平均值	几何平均值	标准离差	背景值
地层岩性	玄武岩	20	95	153	341	162	155	58	153
	安山岩	2	111	171	232	171	160	85	171
	流纹岩	46	88	201	558	211	195	92	203
	火山碎屑岩	1	165	165	165	165	165		
	凝灰岩	77	89	183	395	194	182	72	194
	石英砂岩	62	14	146	907	192	125	172	180
	长石石英砂岩	202	48	221	652	225	199	107	223
	长石砂岩	95	86	237	682	252	240	88	248
	砂岩	215	10	196	576	197	185	67	196
	粉砂质泥质岩	7	103	203	370	216	202	86	216
	钙质泥质岩	12	107	145	274	152	148	44	152
	泥质岩	170	91	170	480	186	176	69	177
	石灰岩	207	1	20	160	20	15	19	17
	白云岩	42	5	18	123	21	18	18	18
	泥灰岩	4	5	63	84	54	36	35	54
	硅质岩	22	20	55	177	66	53	45	66
	板岩	57	88	186	501	193	179	82	183
	千枚岩	18	150	224	329	230	225	50	230
	片岩	38	95	202	331	205	200	45	205
	片麻岩	12	71	182	310	188	176	66	188
	变粒岩	16	90	238	353	233	221	72	233
	斜长角闪岩	2	102	128	154	128	125	37	128
	石英岩	7	45	282	417	254	214	120	254

表 6-8　塔里木克拉通岩石中锆元素不同参数基准数据特征统计　（单位：10^{-6}）

统计项	统计项内容		样品数	最小值	中位数	最大值	算术平均值	几何平均值	标准离差	背景值
三大岩类	沉积岩		160	6	129	781	139	100	108	128
	变质岩		42	21	128	1280	158	107	193	130
	岩浆岩	侵入岩	34	48	115	532	140	118	99	128
		火山岩	2	244	250	257	250	250	10	250
地层细分	古近系和新近系		29	15	131	365	135	118	67	127
	白垩系		11	72	125	257	136	123	67	136
	侏罗系		18	47	152	781	196	165	156	161
	三叠系		3	201	204	254	220	218	30	220
	二叠系		12	44	160	494	215	162	164	215
	石炭系		19	25	32	307	71	48	80	71

续表

统计项	统计项内容	样品数	最小值	中位数	最大值	算术平均值	几何平均值	标准离差	背景值
地层细分	泥盆系	18	36	147	300	157	133	83	157
	志留系	10	23	200	373	202	169	93	202
	奥陶系	10	21	55	213	78	59	61	78
	寒武系	17	14	25	280	68	40	88	68
	元古宇	26	6	173	303	157	121	81	157
	太古宇	6	21	31	179	71	49	69	71
侵入岩细分	酸性岩	30	48	123	532	144	122	102	131
	中性岩	2	103	153	202	153	145	70	153
	基性岩	2	51	59	67	59	58	11	59
侵入岩期次	海西期	16	48	129	532	153	130	113	128
	加里东期	4	70	114	189	122	113	55	122
	元古宙	11	51	87	402	131	107	104	131
	太古宙	2	67	85	103	85	83	25	85
地层岩性	玄武岩	1	257	257	257	257	257		
	流纹岩	1	244	244	244	244	244		
	石英砂岩	2	39	410	781	410	174	525	410
	长石石英砂岩	26	44	167	472	180	153	101	180
	长石砂岩	3	83	204	257	181	163	89	181
	砂岩	62	30	158	494	180	162	86	175
	钙质泥质岩	7	131	140	199	157	155	29	157
	泥质岩	2	196	202	208	202	202	8	202
	石灰岩	50	6	31	140	46	37	33	46
	白云岩	2	21	34	47	34	32	18	34
	冰碛岩	5	194	198	273	214	212	34	214
	千枚岩	1	175	175	175	175	175		
	片岩	11	111	155	239	170	165	43	170
	片麻岩	12	98	179	1280	272	201	324	180
	斜长角闪岩	7	40	112	239	128	106	75	128
	大理岩	10	21	28	90	34	31	20	34
	石英岩	1	88	88	88	88	88		

表 6-9　松潘–甘孜造山带岩石中锆元素不同参数基准数据特征统计　（单位：10^{-6}）

统计项	统计项内容	样品数	最小值	中位数	最大值	算术平均值	几何平均值	标准离差	背景值
三大岩类	沉积岩	237	3	175	610	171	122	103	167
	变质岩	189	18	183	815	187	173	74	181

续表

统计项	统计项内容		样品数	最小值	中位数	最大值	算术平均值	几何平均值	标准离差	背景值
三大岩类	岩浆岩	侵入岩	69	19	131	268	134	119	54	134
		火山岩	20	72	205	652	225	203	122	203
地层细分	古近系和新近系		18	8	156	350	155	126	79	155
	白垩系		1	13	13	13	13	13		
	侏罗系		3	6	76	205	96	46	101	96
	三叠系		258	5	190	610	193	167	79	184
	二叠系		37	3	163	486	155	109	97	146
	石炭系		10	6	132	308	131	82	96	131
	泥盆系		27	15	127	426	142	92	117	142
	志留系		33	12	156	335	146	112	85	146
	奥陶系		8	22	148	431	176	138	118	176
	寒武系		12	23	181	249	179	159	62	179
	元古宇		34	19	195	815	219	178	152	201
侵入岩细分	酸性岩		48	19	133	252	135	125	49	135
	中性岩		15	95	146	268	157	150	51	157
	基性岩		1	58	58	58	58	58		
	超基性岩		5	19	31	115	60	44	48	60
侵入岩期次	燕山期		25	47	149	268	158	149	52	158
	海西期		8	19	82	115	68	53	42	68
	印支期		19	71	132	238	135	129	43	135
	元古宙		12	58	121	229	125	117	46	125
	太古宙		1	31	31	31	31	31		
地层岩性	玄武岩		7	96	174	249	181	174	52	181
	安山岩		1	298	298	298	298	298		
	流纹岩		7	72	212	405	221	200	97	221
	凝灰岩		3	151	173	183	169	169	17	169
	粗面岩		2	235	443	652	443	391	295	443
	石英砂岩		2	165	193	221	193	191	40	193
	长石石英砂岩		29	43	205	450	212	182	109	212
	长石砂岩		20	89	185	350	203	189	76	203
	砂岩		129	47	189	610	206	193	83	187
	粉砂质泥质岩		4	160	205	252	206	203	40	206
	钙质泥质岩		3	112	133	186	144	141	38	144
	泥质岩		4	148	164	194	168	167	20	168

续表

统计项	统计项内容	样品数	最小值	中位数	最大值	算术平均值	几何平均值	标准离差	背景值
地层岩性	石灰岩	35	3	21	176	31	18	38	27
	白云岩	11	19	21	54	28	26	12	28
	硅质岩	2	181	200	219	200	199	27	200
	板岩	118	59	184	815	202	193	77	197
	千枚岩	29	88	178	285	179	174	45	179
	片岩	29	95	177	253	172	165	47	172
	片麻岩	2	158	170	182	170	170	17	170
	变粒岩	3	78	175	182	145	135	58	145
	大理岩	5	18	22	29	23	23	4	23
	石英岩	1	61	61	61	61	61		

表 6-10　西藏–三江造山带岩石中锆元素不同参数基准数据特征统计（单位：10^{-6}）

统计项	统计项内容		样品数	最小值	中位数	最大值	算术平均值	几何平均值	标准离差	背景值
三大岩类	沉积岩		702	0.02	149	748	148	84	109	143
	变质岩		139	11	182	2610	210	167	229	193
	岩浆岩	侵入岩	165	6	134	523	148	115	87	144
		火山岩	81	41	176	502	196	174	99	188
地层细分	古近系和新近系		115	6	169	377	168	129	91	168
	白垩系		142	5	160	593	166	112	106	163
	侏罗系		199	0.02	151	502	148	78	110	144
	三叠系		142	4	157	748	165	102	126	150
	二叠系		80	5	150	524	155	92	121	150
	石炭系		107	0.02	146	534	150	82	112	140
	泥盆系		23	3	174	574	162	106	121	143
	志留系		8	59	168	251	169	157	59	169
	奥陶系		9	79	175	320	183	166	81	183
	寒武系		16	25	129	340	156	127	92	156
	元古宇		36	16	184	2610	238	154	414	170
	太古宇		1	262	262	262	262	262		
侵入岩细分	酸性岩		122	16	150	439	158	138	78	155
	中性岩		22	53	131	523	170	146	109	153
	基性岩		11	53	100	233	117	105	59	117
	超基性岩		10	6	7	24	9	8	5	9

统计项	统计项内容	样品数	最小值	中位数	最大值	算术平均值	几何平均值	标准离差	背景值
侵入岩期次	喜马拉雅期	26	28	129	523	162	132	111	148
	燕山期	107	6	134	439	145	116	78	142
	海西期	4	143	228	370	242	229	96	242
	加里东期	6	68	181	376	197	164	121	197
	印支期	14	7	136	211	122	76	73	122
	元古宙	5	42	94	228	108	90	74	108
地层岩性	玄武岩	16	61	133	269	138	127	60	138
	安山岩	11	41	177	323	194	171	84	194
	流纹岩	27	85	181	502	201	184	91	189
	火山碎屑岩	7	81	160	377	177	157	99	177
	凝灰岩	18	74	210	502	242	216	116	242
	粗面岩	1	413	413	413	413	413		
	石英砂岩	33	20	136	342	155	131	84	155
	长石石英砂岩	150	44	190	748	204	178	107	196
	长石砂岩	47	30	173	462	196	171	97	196
	砂岩	179	4	196	593	194	177	78	187
	粉砂质泥质岩	24	131	214	574	238	224	97	224
	钙质泥质岩	22	42	145	272	146	138	46	146
	泥质岩	50	42	184	432	196	184	71	191
	石灰岩	173	0.02	10	201	26	12	33	22
	白云岩	20	6	20	44	19	16	10	19
	泥灰岩	4	52	88	129	89	85	32	89
	硅质岩	5	91	103	280	147	133	80	147
	板岩	53	65	196	534	225	201	116	225
	千枚岩	6	95	180	332	188	172	89	188
	片岩	35	55	181	349	190	179	61	190
	片麻岩	13	27	138	2610	345	168	685	157
	变粒岩	4	11	168	245	148	92	99	148
	斜长角闪岩	5	26	39	245	86	60	91	86
	大理岩	3	20	20	59	33	29	23	33
	石英岩	15	46	199	459	214	185	111	214

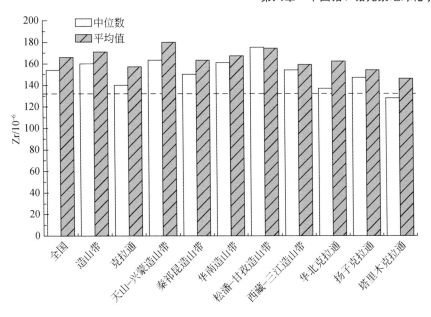

图 6-1　全国及一级大地构造单元岩石锆含量值柱状图

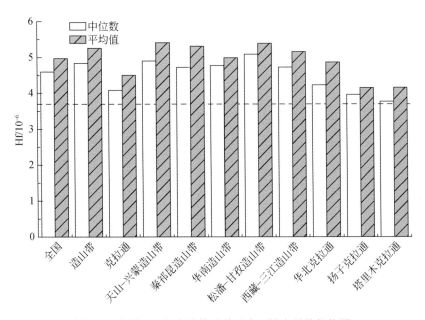

图 6-2　全国及一级大地构造单元岩石铪含量值柱状图

表 6-11　天山–兴蒙造山带岩石中铪元素不同参数基准数据特征统计（单位：10^{-6}）

统计项	统计项内容		样品数	最小值	中位数	最大值	算术平均值	几何平均值	标准离差	背景值
三大岩类	沉积岩		807	0.10	4.33	46.57	4.64	3.79	2.89	4.38
	变质岩		373	0.01	5.18	24.90	5.16	3.96	2.95	4.91
	岩浆岩	侵入岩	917	0.31	5.19	39.87	6.12	5.15	4.07	5.48
		火山岩	823	0.97	5.19	27.52	5.59	5.06	2.72	5.29

统计项	统计项内容	样品数	最小值	中位数	最大值	算术平均值	几何平均值	标准离差	背景值
地层细分	古近系和新近系	153	0.70	4.37	17.23	4.77	4.36	2.15	4.59
	白垩系	203	1.43	5.10	22.16	5.60	5.12	2.60	5.32
	侏罗系	411	0.37	5.59	27.52	5.94	5.48	2.55	5.71
	三叠系	32	0.77	4.18	10.12	4.32	3.73	2.10	4.32
	二叠系	275	0.30	5.41	20.76	5.49	4.77	2.68	5.26
	石炭系	353	0.26	4.03	15.28	4.36	3.61	2.49	4.07
	泥盆系	238	0.10	4.15	46.57	4.53	3.61	3.61	4.13
	志留系	81	0.32	4.65	13.57	5.11	4.37	2.61	5.00
	奥陶系	111	0.30	4.58	17.59	4.97	3.92	3.12	4.59
	寒武系	13	0.41	5.36	16.24	4.70	2.84	4.23	4.70
	元古宇	145	0.01	4.92	24.90	4.60	2.92	3.51	4.37
	太古宇	6	1.00	4.63	14.62	6.75	3.77	6.53	6.75
侵入岩细分	酸性岩	736	1.23	5.24	31.88	5.99	5.30	3.28	5.54
	中性岩	110	1.45	6.59	39.87	8.64	6.96	6.97	7.33
	基性岩	58	0.71	3.04	17.92	3.93	2.95	3.45	3.69
	超基性岩	13	0.31	0.66	8.35	1.79	0.96	2.46	1.79
侵入岩期次	燕山期	240	1.41	5.89	39.87	6.84	6.06	4.32	6.39
	海西期	534	0.31	4.77	37.76	5.87	4.85	4.01	4.97
	加里东期	37	1.46	5.67	18.74	6.02	5.15	3.83	5.09
	印支期	29	1.21	4.79	16.61	5.67	4.73	3.79	5.67
	元古宙	57	1.22	5.15	17.92	5.75	4.85	3.66	5.14
	太古宙	1	3.03	3.03	3.03	3.03	3.03		
地层岩性	玄武岩	96	1.00	3.77	11.76	4.25	3.83	2.00	3.99
	安山岩	181	0.97	4.40	17.23	4.88	4.43	2.25	4.81
	流纹岩	206	2.17	6.07	22.16	6.58	6.03	3.04	6.09
	火山碎屑岩	54	1.95	5.38	20.76	5.80	5.32	2.81	5.51
	凝灰岩	260	2.12	5.45	27.52	5.72	5.28	2.65	5.47
	粗面岩	21	3.07	5.47	15.45	6.11	5.72	2.68	5.65
	石英砂岩	8	0.37	1.22	2.55	1.27	1.05	0.76	1.27
	长石石英砂岩	118	1.03	3.82	18.26	4.74	4.16	2.66	4.63
	长石砂岩	108	2.19	5.34	46.57	6.37	5.52	4.95	5.99
	砂岩	396	0.31	4.66	14.38	4.90	4.56	1.86	4.73
	粉砂质泥质岩	31	2.97	5.43	12.94	5.54	5.32	1.79	5.29
	钙质泥质岩	14	2.22	4.04	4.73	3.91	3.85	0.66	3.91
	泥质岩	46	2.80	5.00	11.95	5.14	4.92	1.63	4.98

续表

统计项	统计项内容	样品数	最小值	中位数	最大值	算术平均值	几何平均值	标准离差	背景值
地层岩性	石灰岩	66	0.10	0.82	5.30	1.09	0.83	0.90	1.03
	白云岩	20	0.30	0.49	3.93	0.81	0.59	0.97	0.65
	硅质岩	7	0.40	0.95	3.24	1.28	0.97	1.07	1.28
	板岩	119	3.19	5.86	12.64	5.91	5.71	1.59	5.81
	千枚岩	18	2.40	5.13	9.78	5.46	5.18	1.86	5.46
	片岩	97	2.08	5.26	17.27	6.04	5.67	2.51	5.43
	片麻岩	45	2.04	5.05	24.90	6.12	5.39	3.85	5.69
	变粒岩	12	3.33	5.66	14.41	6.15	5.64	3.02	6.15
	斜长角闪岩	12	1.65	4.83	10.09	5.23	4.53	2.71	5.23
	大理岩	42	0.01	0.52	2.76	0.68	0.52	0.54	0.56
	石英岩	21	0.26	2.69	11.42	4.20	2.68	3.61	4.20

表 6-12　华北克拉通岩石中铪元素不同参数基准数据特征统计　（单位：10^{-6}）

统计项	统计项内容		样品数	最小值	中位数	最大值	算术平均值	几何平均值	标准离差	背景值
三大岩类	沉积岩		1061	0.27	3.62	101.93	3.95	2.51	4.50	3.62
	变质岩		361	0.30	4.67	23.22	5.41	4.21	3.74	4.84
	岩浆岩	侵入岩	571	0.47	4.48	24.20	5.47	4.54	3.70	4.79
		火山岩	217	2.33	5.50	53.85	6.91	5.91	5.86	5.98
地层细分	古近系和新近系		86	0.62	5.47	44.48	6.35	5.31	6.00	5.40
	白垩系		166	1.58	4.76	53.85	5.60	4.77	5.00	4.96
	侏罗系		246	1.42	5.37	22.44	5.99	5.39	2.96	5.69
	三叠系		80	1.38	4.76	13.06	4.95	4.52	2.17	4.85
	二叠系		107	0.46	5.07	101.93	6.99	5.27	9.97	6.09
	石炭系		98	0.44	4.99	16.09	5.63	4.44	3.45	5.53
	泥盆系		1	3.02	3.02	3.02	3.02	3.02		
	志留系		12	0.57	5.03	7.33	4.91	4.01	2.23	4.91
	奥陶系		139	0.31	0.66	10.50	1.11	0.79	1.48	0.63
	寒武系		177	0.39	1.18	18.39	2.43	1.56	2.49	2.29
	元古宇		303	0.27	2.61	41.00	3.60	2.05	4.13	3.19
	太古宇		196	0.52	4.57	22.34	5.58	4.52	3.88	4.70
侵入岩细分	酸性岩		413	0.60	4.28	24.20	5.36	4.48	3.71	4.61
	中性岩		93	2.46	6.25	23.66	7.18	6.36	3.81	6.84
	基性岩		51	1.00	3.45	12.46	3.98	3.38	2.26	3.81
	超基性岩		14	0.47	2.36	7.96	2.69	2.02	2.04	2.69

续表

统计项	统计项内容	样品数	最小值	中位数	最大值	算术平均值	几何平均值	标准离差	背景值
侵入岩期次	燕山期	201	1.27	5.72	24.20	6.76	5.79	4.13	5.96
	海西期	132	0.60	3.70	20.79	4.17	3.55	2.58	3.92
	加里东期	20	1.50	3.69	11.14	4.70	3.95	2.84	4.70
	印支期	39	1.10	3.91	14.82	4.48	3.98	2.41	4.20
	元古宙	75	1.12	4.31	24.15	5.60	4.62	4.27	4.77
	太古宙	91	0.47	4.11	20.61	5.03	4.03	3.52	4.33
地层岩性	玄武岩	40	2.33	4.71	7.65	4.80	4.58	1.50	4.80
	安山岩	64	3.02	5.19	11.66	5.75	5.42	2.08	5.75
	流纹岩	53	2.65	5.70	44.48	8.18	6.64	7.67	6.83
	火山碎屑岩	14	2.67	4.32	8.80	4.82	4.54	1.83	4.82
	凝灰岩	30	3.03	7.78	22.44	8.15	7.36	4.01	7.65
	粗面岩	15	3.84	8.02	53.85	12.47	9.11	13.55	9.52
	石英砂岩	45	0.52	1.56	10.24	2.11	1.70	1.73	1.93
	长石石英砂岩	103	0.44	4.22	101.93	6.14	4.18	10.74	4.51
	长石砂岩	54	1.05	4.64	21.13	5.38	4.80	3.00	5.09
	砂岩	302	1.38	5.16	19.30	5.58	5.11	2.50	5.26
	粉砂质泥质岩	25	3.21	5.96	11.82	6.39	6.11	1.98	6.39
	钙质泥质岩	32	2.40	4.68	10.12	5.15	4.82	1.98	5.15
	泥质岩	138	2.54	5.25	17.68	6.11	5.60	2.84	5.89
	石灰岩	229	0.38	0.74	3.72	0.96	0.85	0.59	0.82
	白云岩	120	0.27	0.49	2.36	0.59	0.53	0.35	0.49
	泥灰岩	13	1.64	2.27	3.07	2.27	2.22	0.49	2.27
	硅质岩	5	0.39	1.90	10.99	3.43	1.98	4.28	3.43
	板岩	18	4.12	5.61	11.52	6.51	6.21	2.15	6.51
	千枚岩	11	3.13	5.40	10.05	5.86	5.50	2.22	5.86
	片岩	49	2.61	5.26	18.32	5.78	5.30	2.83	5.52
	片麻岩	122	1.22	5.30	22.34	6.41	5.28	4.31	5.40
	变粒岩	66	1.51	4.44	23.22	5.76	4.94	3.83	4.89
	麻粒岩	4	3.73	4.26	4.63	4.22	4.20	0.46	4.22
	斜长角闪岩	42	1.33	4.58	14.40	5.01	4.41	2.61	4.78
	大理岩	26	0.30	0.56	2.38	0.76	0.65	0.54	0.76
	石英岩	18	0.77	2.73	9.46	3.38	2.60	2.72	3.38

表 6-13　秦祁昆造山带岩石中铪元素不同参数基准数据特征统计　（单位：10^{-6}）

统计项	统计项内容		样品数	最小值	中位数	最大值	算术平均值	几何平均值	标准离差	背景值
三大岩类	沉积岩		510	0.001	3.94	16.22	3.95	2.45	2.66	3.85
	变质岩		393	0.001	5.31	58.01	5.92	4.55	4.40	5.27
	岩浆岩	侵入岩	339	0.33	5.06	41.22	6.70	5.36	5.65	5.47
		火山岩	72	1.50	4.75	29.40	5.38	4.71	3.67	5.04
地层细分	古近系和新近系		61	0.001	4.20	11.73	4.41	3.26	2.14	4.28
	白垩系		85	0.40	4.72	14.70	4.89	4.31	2.36	4.78
	侏罗系		46	1.83	4.44	16.22	4.65	4.23	2.31	4.39
	三叠系		102	0.001	4.59	8.96	4.24	2.51	2.04	4.24
	二叠系		54	0.07	3.58	9.13	3.41	1.97	2.52	3.41
	石炭系		89	0.001	3.39	15.28	3.85	1.75	3.40	3.72
	泥盆系		92	0.26	4.60	9.86	4.39	3.50	2.27	4.39
	志留系		67	0.93	5.09	16.72	5.19	4.76	2.23	5.01
	奥陶系		65	0.16	3.10	9.92	3.55	2.62	2.33	3.55
	寒武系		59	0.01	3.35	11.59	3.89	2.27	2.91	3.89
	元古宇		164	0.07	5.11	26.28	5.42	3.85	3.72	5.29
	太古宇		29	0.50	6.54	22.60	8.01	6.14	5.46	8.01
侵入岩细分	酸性岩		244	0.91	4.78	36.47	5.61	4.89	3.77	5.15
	中性岩		61	1.54	8.52	41.22	11.35	8.82	9.12	8.04
	基性岩		25	1.48	4.28	15.08	6.37	5.10	4.15	6.37
	超基性岩		9	0.33	3.09	19.33	5.60	2.53	6.20	5.60
侵入岩期次	喜马拉雅期		1	10.48	10.48	10.48	10.48	10.48		
	燕山期		70	2.04	4.80	33.56	7.31	5.63	6.73	5.92
	海西期		62	1.30	5.96	40.63	7.26	5.89	6.65	5.90
	加里东期		91	0.33	4.57	41.22	6.41	4.90	5.94	4.73
	印支期		62	1.81	4.91	11.50	5.63	5.09	2.55	5.63
	元古宙		43	0.38	5.70	28.95	7.31	5.72	5.19	6.80
	太古宙		4	2.00	4.63	6.29	4.39	3.94	2.17	4.39
地层岩性	玄武岩		11	2.41	4.08	8.87	4.86	4.43	2.21	4.86
	安山岩		15	1.50	4.24	8.61	4.64	4.19	2.05	4.64
	流纹岩		24	1.98	4.94	15.26	5.70	5.15	2.83	5.29
	火山碎屑岩		6	2.88	4.77	29.40	8.78	6.00	10.25	8.78
	凝灰岩		14	2.46	3.84	6.64	4.26	4.09	1.25	4.26
	粗面岩		2	5.15	7.44	9.74	7.44	7.08	3.24	7.44
	石英砂岩		14	1.76	2.42	8.39	3.54	3.00	2.37	3.54
	长石石英砂岩		98	0.15	4.01	15.28	4.50	3.91	2.39	4.39

统计项	统计项内容	样品数	最小值	中位数	最大值	算术平均值	几何平均值	标准离差	背景值
地层岩性	长石砂岩	23	3.06	5.27	10.85	6.07	5.77	2.07	6.07
	砂岩	202	0.40	4.93	16.22	5.21	4.76	2.20	5.08
	粉砂质泥质岩	8	4.99	5.89	8.60	6.18	6.10	1.09	6.18
	钙质泥质岩	14	1.28	4.44	7.19	4.50	4.19	1.50	4.50
	泥质岩	25	2.10	4.39	9.85	4.51	4.24	1.64	4.29
	石灰岩	89	0.001	0.64	3.88	0.75	0.31	0.68	0.69
	白云岩	32	0.07	0.56	2.61	0.76	0.55	0.63	0.76
	泥灰岩	5	1.96	2.15	4.00	2.52	2.43	0.85	2.52
	硅质岩	9	0.46	0.56	1.36	0.76	0.70	0.34	0.76
	板岩	87	2.03	5.09	11.59	5.25	4.95	1.81	5.18
	千枚岩	47	3.10	5.45	16.72	5.86	5.55	2.28	5.62
	片岩	103	1.64	5.87	15.79	6.36	5.85	2.75	5.88
	片麻岩	79	0.85	6.06	58.01	8.34	6.79	7.39	7.70
	变粒岩	16	2.07	6.10	17.92	7.42	6.18	4.74	7.42
	斜长角闪岩	18	1.60	4.27	9.86	4.95	4.24	2.79	4.95
	大理岩	21	0.001	0.54	9.74	0.96	0.39	2.04	0.52
	石英岩	11	1.00	3.54	9.52	4.00	3.40	2.37	4.00

表 6-14 扬子克拉通岩石中铪元素不同参数基准数据特征统计　（单位：10^{-6}）

统计项	统计项内容		样品数	最小值	中位数	最大值	算术平均值	几何平均值	标准离差	背景值
三大岩类	沉积岩		1716	0.03	3.61	80.87	3.74	2.17	3.80	3.39
	变质岩		139	0.45	5.30	26.78	5.44	4.55	3.30	4.89
	岩浆岩	侵入岩	123	0.98	5.76	21.66	6.02	5.15	3.35	5.81
		火山岩	105	2.51	6.31	26.51	6.95	6.37	3.25	6.65
地层细分	古近系和新近系		27	1.48	5.24	12.00	5.99	5.35	2.75	5.99
	白垩系		123	0.33	4.70	13.51	4.87	4.32	2.12	4.74
	侏罗系		236	0.63	4.99	30.03	5.38	4.92	2.70	5.02
	三叠系		385	0.03	2.48	14.89	3.13	1.68	2.88	3.01
	二叠系		237	0.03	1.51	80.87	4.88	1.73	7.56	3.76
	石炭系		73	0.04	0.66	14.26	2.08	0.98	2.82	1.91
	泥盆系		98	0.11	3.21	17.35	3.84	2.18	3.65	3.43
	志留系		147	0.15	4.34	15.35	4.53	3.84	2.28	4.38
	奥陶系		148	0.10	2.29	26.78	2.73	1.72	2.95	2.57
	寒武系		193	0.14	1.97	8.86	2.63	1.65	2.21	2.63
	元古宇		305	0.12	5.15	16.03	4.73	3.18	3.00	4.61
	太古宇		3	2.70	2.83	3.85	3.13	3.09	0.63	3.13

续表

统计项	统计项内容	样品数	最小值	中位数	最大值	算术平均值	几何平均值	标准离差	背景值
侵入岩细分	酸性岩	96	1.06	5.72	21.66	6.16	5.31	3.47	6.00
	中性岩	15	4.05	7.65	11.41	7.54	7.29	1.93	7.54
	基性岩	11	1.22	2.51	5.87	3.19	2.84	1.63	3.19
	超基性岩	1	0.98	0.98	0.98	0.98	0.98		
侵入岩期次	燕山期	47	2.01	5.76	21.66	6.23	5.23	4.05	5.89
	海西期	3	0.98	2.47	5.62	3.02	2.38	2.37	3.02
	加里东期	5	2.24	5.33	6.85	4.95	4.65	1.68	4.95
	印支期	17	2.58	6.07	11.22	6.26	5.82	2.36	6.26
	元古宙	44	1.06	5.83	13.47	6.13	5.25	3.08	6.13
	太古宙	1	2.10	2.10	2.10	2.10	2.10		
地层岩性	玄武岩	47	3.15	7.58	11.88	7.24	6.79	2.40	7.24
	安山岩	5	2.88	4.01	4.42	3.87	3.83	0.58	3.87
	流纹岩	14	2.51	5.12	26.51	7.92	6.45	6.24	7.92
	火山碎屑岩	6	4.22	6.33	7.76	5.99	5.83	1.49	5.99
	凝灰岩	30	3.48	6.06	18.26	6.82	6.40	2.82	6.43
	粗面岩	2	7.12	7.55	7.98	7.55	7.54	0.61	7.55
	石英砂岩	55	0.33	5.15	80.87	7.34	4.61	11.13	5.98
	长石石英砂岩	162	0.47	4.64	30.03	5.71	4.91	3.56	5.19
	长石砂岩	108	2.46	6.00	12.65	6.29	6.07	1.77	6.04
	砂岩	359	0.12	5.41	30.51	5.64	5.19	2.48	5.35
	粉砂质泥质岩	7	3.19	6.52	10.25	6.42	6.02	2.43	6.42
	钙质泥质岩	70	2.24	4.04	7.87	4.30	4.16	1.18	4.25
	泥质岩	277	1.95	4.56	29.77	5.38	4.84	3.32	4.67
	石灰岩	461	0.03	0.57	4.38	0.75	0.57	0.62	0.57
	白云岩	194	0.16	0.51	3.94	0.73	0.58	0.68	0.49
	泥灰岩	23	0.15	2.35	4.43	2.54	2.18	1.14	2.54
	硅质岩	18	0.45	1.33	26.78	3.87	1.71	6.90	2.52
	板岩	73	2.07	5.30	11.72	5.36	5.12	1.63	5.20
	千枚岩	20	3.53	5.74	8.73	6.00	5.90	1.11	6.00
	片岩	18	1.91	5.63	16.03	6.89	5.93	3.93	6.89
	片麻岩	4	2.70	2.79	3.63	2.98	2.96	0.44	2.98
	变粒岩	2	6.49	8.30	10.11	8.30	8.10	2.56	8.30
	斜长角闪岩	2	3.85	8.60	13.35	8.60	7.17	6.72	8.60
	大理岩	1	1.55	1.55	1.55	1.55	1.55		
	石英岩	1	3.76	3.76	3.76	3.76	3.76		

表 6-15 华南造山带岩石中铪元素不同参数基准数据特征统计 （单位：10^{-6}）

统计项	统计项内容		样品数	最小值	中位数	最大值	算术平均值	几何平均值	标准离差	背景值
三大岩类	沉积岩		1016	0.04	4.39	21.29	4.41	2.69	3.17	4.31
	变质岩		172	0.41	5.03	14.31	5.08	4.37	2.34	5.02
	岩浆岩	侵入岩	416	0.59	5.21	24.08	6.15	5.45	3.32	5.65
		火山岩	147	2.29	5.54	22.11	5.88	5.47	2.48	5.61
地层细分	古近系和新近系		39	2.68	4.31	11.45	4.71	4.40	1.91	4.53
	白垩系		155	1.73	5.50	14.50	5.88	5.49	2.22	5.65
	侏罗系		203	0.27	5.26	22.11	5.48	5.04	2.27	5.40
	三叠系		139	0.07	4.01	11.87	4.03	2.62	2.83	4.03
	二叠系		71	0.10	0.55	12.04	2.24	1.00	2.72	2.10
	石炭系		120	0.04	0.43	21.29	2.13	0.69	3.51	0.35
	泥盆系		216	0.07	3.46	18.68	3.90	2.02	3.53	3.78
	志留系		32	2.23	5.46	11.60	5.98	5.65	2.12	5.98
	奥陶系		57	0.80	5.25	12.04	5.50	4.84	2.63	5.50
	寒武系		145	0.06	4.66	19.29	5.07	3.98	2.96	4.98
	元古宇		132	0.41	5.63	17.32	5.84	5.30	2.27	5.69
	太古宇		3	2.97	4.64	4.96	4.19	4.09	1.07	4.19
侵入岩细分	酸性岩		388	0.80	5.06	24.08	5.84	5.28	2.93	5.50
	中性岩		22	5.95	11.78	18.38	12.07	11.40	3.94	12.07
	基性岩		5	1.62	3.03	11.00	4.60	3.70	3.72	4.60
	超基性岩		1	0.59	0.59	0.59	0.59	0.59		
侵入岩期次	燕山期		273	2.44	5.04	24.08	6.03	5.41	3.29	5.26
	海西期		19	1.62	6.60	16.98	6.88	6.01	3.70	6.88
	加里东期		48	2.14	5.96	19.33	6.07	5.45	3.05	5.79
	印支期		57	0.80	6.20	18.18	6.62	5.66	3.73	6.42
	元古宙		6	0.59	5.28	7.50	4.78	3.80	2.35	4.78
地层岩性	玄武岩		20	2.29	3.12	8.41	3.57	3.41	1.35	3.32
	安山岩		2	3.09	4.19	5.29	4.19	4.04	1.55	4.19
	流纹岩		46	3.22	6.40	22.11	6.99	6.48	3.25	6.65
	火山碎屑岩		1	4.01	4.01	4.01	4.01	4.01		
	凝灰岩		77	2.97	5.72	10.05	5.92	5.70	1.63	5.92
	石英砂岩		62	0.41	4.34	21.29	5.11	3.58	4.09	4.85
	长石石英砂岩		202	1.55	6.30	19.29	6.36	5.69	2.91	6.30
	长石砂岩		95	2.78	6.71	17.32	7.03	6.70	2.27	6.92
	砂岩		215	0.23	5.26	18.68	5.41	5.05	1.97	5.35
	粉砂质泥质岩		7	3.02	5.36	10.62	5.86	5.45	2.51	5.86

续表

统计项	统计项内容	样品数	最小值	中位数	最大值	算术平均值	几何平均值	标准离差	背景值
地层岩性	钙质泥质岩	12	2.68	3.64	6.15	3.89	3.80	0.93	3.89
	泥质岩	170	2.51	4.40	12.04	4.84	4.59	1.73	4.63
	石灰岩	207	0.04	0.42	5.17	0.52	0.38	0.58	0.41
	白云岩	42	0.14	0.41	3.32	0.50	0.41	0.48	0.43
	泥灰岩	4	0.15	1.88	2.40	1.58	1.06	1.03	1.58
	硅质岩	22	0.41	1.31	3.94	1.58	1.27	1.02	1.58
	板岩	57	2.27	4.68	14.31	5.09	4.66	2.33	4.92
	千枚岩	18	3.68	5.65	8.92	5.80	5.65	1.39	5.80
	片岩	38	2.97	5.26	9.51	5.70	5.56	1.31	5.70
	片麻岩	12	2.03	5.20	8.91	5.79	5.43	2.01	5.79
	变粒岩	16	3.33	6.66	11.06	6.36	6.03	2.09	6.36
	斜长角闪岩	2	4.78	5.22	5.66	5.22	5.20	0.63	5.22
	石英岩	7	0.92	7.11	11.45	6.65	5.43	3.31	6.65

表 6-16 塔里木克拉通岩石中铪元素不同参数基准数据特征统计 （单位：10^{-6}）

统计项	统计项内容		样品数	最小值	中位数	最大值	算术平均值	几何平均值	标准离差	背景值
三大岩类	沉积岩		160	0.18	3.53	20.82	3.73	2.69	2.86	3.42
	变质岩		42	0.48	4.14	32.67	4.72	3.28	5.06	4.04
	岩浆岩	侵入岩	34	1.53	3.99	14.56	4.79	4.04	3.23	4.50
		火山岩	2	5.49	5.59	5.69	5.59	5.59	0.14	5.59
地层细分	古近系和新近系		29	0.46	3.61	11.00	3.82	3.32	1.97	3.56
	白垩系		11	2.16	3.61	7.06	3.73	3.41	1.74	3.73
	侏罗系		18	1.31	4.15	20.82	5.22	4.45	4.13	4.31
	三叠系		3	5.37	6.23	6.53	6.04	6.02	0.60	6.04
	二叠系		12	1.07	4.11	12.87	5.50	4.18	4.16	5.50
	石炭系		19	0.50	0.83	8.60	1.91	1.25	2.16	1.54
	泥盆系		18	0.89	4.22	7.75	4.14	3.52	2.10	4.14
	志留系		10	0.53	5.33	9.54	5.15	4.29	2.35	5.15
	奥陶系		10	0.58	1.46	5.37	1.98	1.54	1.51	1.98
	寒武系		17	0.26	0.65	8.88	1.85	1.02	2.57	1.85
	元古宇		26	0.10	4.76	7.41	4.38	3.42	2.12	4.38
	太古宇		6	0.48	1.06	5.81	2.04	1.37	2.08	2.04
侵入岩细分	酸性岩		30	1.58	4.40	14.56	5.08	4.31	3.33	5.08
	中性岩		2	2.89	3.41	3.92	3.41	3.37	0.73	3.41
	基性岩		2	1.53	1.86	2.19	1.86	1.83	0.47	1.86

统计项	统计项内容	样品数	最小值	中位数	最大值	算术平均值	几何平均值	标准离差	背景值
侵入岩期次	海西期	16	1.58	4.60	14.56	5.51	4.51	3.98	5.51
	加里东期	4	3.52	3.94	6.47	4.47	4.33	1.35	4.47
	元古宙	11	1.53	3.80	11.39	4.26	3.62	2.79	4.26
	太古宙	2	1.81	2.35	2.89	2.35	2.29	0.76	2.35
地层岩性	玄武岩	1	5.69	5.69	5.69	5.69	5.69		
	流纹岩	1	5.49	5.49	5.49	5.49	5.49		
	石英砂岩	2	1.02	10.92	20.82	10.92	4.62	14.00	10.92
	长石石英砂岩	26	1.15	4.30	11.47	4.73	4.07	2.54	4.73
	长石砂岩	3	3.42	6.23	6.52	5.39	5.18	1.71	5.39
	砂岩	62	1.26	4.32	12.87	4.91	4.48	2.25	4.78
	钙质泥质岩	7	3.37	4.03	5.98	4.32	4.24	0.95	4.32
	泥质岩	2	4.87	5.10	5.32	5.10	5.09	0.32	5.10
	石灰岩	50	0.18	0.82	3.77	1.22	0.97	0.90	1.22
	白云岩	2	0.58	0.94	1.31	0.94	0.87	0.51	0.94
	冰碛岩	5	4.70	4.95	7.06	5.30	5.24	0.99	5.30
	千枚岩	1	4.59	4.59	4.59	4.59	4.59		
	片岩	11	3.14	4.73	7.41	4.90	4.75	1.26	4.90
	片麻岩	12	3.19	4.53	32.67	7.33	5.54	8.21	5.03
	斜长角闪岩	7	2.37	4.85	11.30	5.61	4.92	3.08	5.61
	大理岩	10	0.48	0.78	2.69	0.97	0.86	0.63	0.97
	石英岩	1	2.99	2.99	2.99	2.99	2.99		

表 6-17　松潘-甘孜造山带岩石中铪元素不同参数基准数据特征统计（单位：10^{-6}）

统计项	统计项内容		样品数	最小值	中位数	最大值	算术平均值	几何平均值	标准离差	背景值
三大岩类	沉积岩		237	0.07	5.11	21.15	5.07	3.53	3.16	5.00
	变质岩		189	0.64	5.07	24.55	5.60	5.12	2.52	5.22
	岩浆岩	侵入岩	69	0.64	4.47	14.51	5.25	4.48	2.71	5.11
		火山岩	20	2.49	6.42	17.53	7.71	6.96	3.71	7.71
地层细分	古近系和新近系		18	0.18	4.48	10.10	4.42	3.59	2.19	4.42
	白垩系		1	0.35	0.35	0.35	0.35	0.35		
	侏罗系		3	0.14	1.85	5.06	2.35	1.11	2.50	2.35
	三叠系		258	0.10	5.24	21.15	5.51	4.71	2.45	5.22
	二叠系		37	0.07	5.03	12.98	4.81	3.36	2.91	4.81
	石炭系		10	0.17	4.10	12.49	4.58	2.53	3.98	4.58
	泥盆系		27	0.30	4.26	12.17	4.37	2.71	3.52	4.37

续表

统计项	统计项内容	样品数	最小值	中位数	最大值	算术平均值	几何平均值	标准离差	背景值
地层细分	志留系	33	0.33	4.31	14.46	4.79	3.47	3.26	4.79
	奥陶系	8	0.71	5.28	11.75	5.83	4.69	3.26	5.83
	寒武系	12	0.64	6.26	8.26	5.73	4.99	2.13	5.73
	元古宇	34	0.38	6.34	24.55	7.66	6.08	4.85	7.15
侵入岩细分	酸性岩	48	0.64	4.44	14.51	5.22	4.62	2.57	5.03
	中性岩	15	2.47	6.93	11.31	6.72	6.26	2.40	6.72
	基性岩	1	2.45	2.45	2.45	2.45	2.45		
	超基性岩	5	0.64	1.12	2.76	1.61	1.36	1.00	1.61
侵入岩期次	燕山期	25	1.63	6.03	11.31	6.13	5.53	2.68	6.13
	海西期	8	0.64	2.42	4.39	2.12	1.74	1.27	2.12
	印支期	19	2.15	4.43	7.78	4.77	4.52	1.60	4.77
	元古宙	12	2.42	6.31	14.51	6.22	5.48	3.35	6.22
	太古宙	1	0.89	0.89	0.89	0.89	0.89		
地层岩性	玄武岩	7	3.22	5.96	12.49	7.19	6.61	3.15	7.19
	安山岩	1	7.39	7.39	7.39	7.39	7.39		
	流纹岩	7	2.49	6.56	17.53	8.04	6.95	4.75	8.04
	凝灰岩	3	4.88	5.94	8.26	6.36	6.21	1.73	6.36
	粗面岩	2	6.23	10.54	14.85	10.54	9.62	6.10	10.54
	石英砂岩	2	4.55	5.85	7.16	5.85	5.71	1.85	5.85
	长石石英砂岩	29	1.52	5.37	14.18	6.47	5.57	3.52	6.47
	长石砂岩	20	2.50	5.60	10.10	5.77	5.44	2.02	5.77
	砂岩	129	1.35	5.58	21.15	6.14	5.71	2.55	6.02
	粉砂质泥质岩	4	4.24	5.61	8.25	5.93	5.74	1.75	5.93
	钙质泥质岩	3	2.70	3.93	5.70	4.11	3.93	1.50	4.11
	泥质岩	4	3.62	4.96	6.01	4.89	4.80	1.02	4.89
	石灰岩	35	0.07	0.43	5.61	0.91	0.47	1.28	0.77
	白云岩	11	0.38	0.64	1.50	0.78	0.70	0.40	0.78
	硅质岩	2	4.26	5.45	6.63	5.45	5.32	1.67	5.45
	板岩	118	1.61	5.01	24.55	5.54	5.24	2.41	5.20
	千枚岩	29	3.12	5.12	10.31	5.69	5.43	1.85	5.69
	片岩	29	2.77	6.00	15.48	6.69	6.24	2.90	6.38
	片麻岩	2	4.96	5.44	5.93	5.44	5.42	0.69	5.44
	变粒岩	3	4.50	4.97	9.41	6.29	5.95	2.71	6.29
	大理岩	5	0.64	0.71	0.84	0.73	0.73	0.08	0.73
	石英岩	1	2.08	2.08	2.08	2.08	2.08		

表 6-18　西藏-三江造山带岩石中铪元素不同参数基准数据特征统计（单位：10^{-6}）

统计项	统计项内容		样品数	最小值	中位数	最大值	算术平均值	几何平均值	标准离差	背景值
三大岩类	沉积岩		702	0.0004	4.31	24.05	4.44	2.42	3.44	4.24
	变质岩		139	0.43	5.80	75.08	7.21	5.74	6.87	6.72
	岩浆岩	侵入岩	165	0.10	5.44	23.48	6.29	4.62	4.34	5.75
		火山岩	81	1.44	5.05	14.94	5.71	5.17	2.72	5.27
地层细分	古近系和新近系		115	0.12	4.71	20.45	4.98	3.68	3.11	4.74
	白垩系		142	0.11	4.69	14.94	4.88	3.29	3.02	4.61
	侏罗系		199	0.0006	4.22	20.26	4.40	2.21	3.59	4.08
	三叠系		142	0.06	4.67	24.05	5.08	2.93	4.02	4.66
	二叠系		80	0.09	4.69	12.14	4.40	2.51	3.20	4.40
	石炭系		107	0.0004	4.46	19.38	4.88	2.57	3.68	4.74
	泥盆系		23	0.10	4.96	12.64	4.65	3.06	3.14	4.65
	志留系		8	1.61	4.35	6.84	4.55	4.24	1.61	4.55
	奥陶系		9	2.19	5.94	11.61	6.17	5.55	2.94	6.17
	寒武系		16	0.71	4.77	10.17	5.33	4.23	3.12	5.33
	元古宇		36	0.50	6.88	75.08	8.71	5.68	12.09	6.82
	太古宇		1	7.82	7.82	7.82	7.82	7.82		
侵入岩细分	酸性岩		122	0.70	5.88	23.48	6.62	5.55	4.12	6.14
	中性岩		22	1.68	7.09	21.25	8.14	6.81	5.03	8.14
	基性岩		11	2.67	4.60	6.63	4.33	4.15	1.35	4.33
	超基性岩		10	0.10	0.21	0.86	0.27	0.23	0.21	0.27
侵入岩期次	喜马拉雅期		26	1.09	5.20	21.25	6.35	5.19	4.43	5.76
	燕山期		107	0.10	5.48	23.48	6.27	4.72	4.10	5.96
	海西期		4	4.14	8.70	20.98	10.63	8.79	7.53	10.63
	加里东期		6	2.87	8.18	18.65	9.62	7.64	6.59	9.62
	印支期		14	0.17	4.88	10.25	5.09	2.87	3.58	5.09
	元古宙		5	1.35	5.19	7.17	4.20	3.50	2.45	4.20
地层岩性	玄武岩		16	2.04	3.66	9.02	4.15	3.83	1.85	4.15
	安山岩		11	1.44	4.67	14.56	5.69	4.99	3.28	5.69
	流纹岩		27	2.80	5.22	13.43	6.10	5.68	2.44	5.82
	火山碎屑岩		7	3.31	5.56	9.46	5.51	5.18	2.13	5.51
	凝灰岩		18	2.21	5.69	14.94	6.47	5.89	3.21	6.47
	粗面岩		1	9.83	9.83	9.83	9.83	9.83		
	石英砂岩		33	0.51	3.75	9.66	4.52	3.76	2.52	4.52
	长石石英砂岩		150	1.33	5.31	24.05	5.90	5.21	3.08	5.70
	长石砂岩		47	1.29	5.54	16.83	6.64	5.83	3.34	6.42

统计项	统计项内容	样品数	最小值	中位数	最大值	算术平均值	几何平均值	标准离差	背景值
地层岩性	砂岩	179	0.13	5.64	20.26	5.98	5.39	2.77	5.67
	粉砂质泥质岩	24	3.35	6.17	15.39	6.73	6.27	2.87	6.35
	钙质泥质岩	22	2.19	3.91	12.00	4.25	3.99	1.91	3.88
	泥质岩	50	1.94	5.17	20.45	5.75	5.31	2.77	5.45
	石灰岩	173	0.0004	0.27	12.40	0.80	0.32	1.38	0.51
	白云岩	20	0.14	0.46	1.30	0.44	0.38	0.26	0.40
	泥灰岩	4	1.53	2.45	3.98	2.60	2.44	1.08	2.60
	硅质岩	5	2.81	3.25	8.32	4.44	4.05	2.33	4.44
	板岩	53	2.21	6.03	18.74	7.36	6.48	3.98	7.36
	千枚岩	6	2.72	5.67	11.19	6.22	5.70	2.84	6.22
	片岩	35	1.81	6.11	12.61	6.65	6.18	2.48	6.65
	片麻岩	13	1.32	7.62	75.08	12.54	7.73	19.08	7.33
	变粒岩	4	0.54	7.81	12.67	7.21	4.52	5.03	7.21
	斜长角闪岩	5	1.09	1.72	19.07	5.67	3.03	7.66	5.67
	大理岩	3	0.43	0.46	1.70	0.86	0.70	0.72	0.86
	石英岩	15	1.31	7.21	13.68	6.46	5.48	3.39	6.46

（1）在天山-兴蒙造山带中分布：锆在火山岩中含量最高，变质岩、沉积岩、侵入岩依次降低；锆在侵入岩中含量从中酸性岩到基性、超基性岩依次降低；地层中侏罗系锆含量最高，太古宇最低；侵入岩中燕山期锆含量最高；地层岩性中粗面岩锆含量最高，碳酸盐岩（石灰岩、白云岩）及其对应的变质岩（大理岩）锆含量最低。铪在火山岩、侵入岩、变质岩中含量大体相当，沉积岩最低；铪在侵入岩中含量从中酸性岩（中性岩高于酸性岩）到基性、超基性岩依次降低；地层中侏罗系铪含量最高，石炭系最低；侵入岩中燕山期铪含量最高；地层岩性中流纹岩铪含量最高，碳酸盐岩（石灰岩、白云岩）及其对应的变质岩（大理岩）铪含量最低。

（2）在秦祁昆造山带中分布：锆在变质岩中含量最高，火山岩、侵入岩、沉积岩依次降低；地层中太古宇锆含量最高，奥陶系最低；侵入岩中喜马拉雅期锆含量最高；地层岩性中粗面岩锆含量最高，碳酸盐岩（石灰岩、白云岩）及其对应的变质岩（大理岩）锆含量最低。铪在变质岩中含量最高，侵入岩、火山岩、沉积岩依次降低；铪在侵入岩中含量从中酸性岩（中性岩高于酸性岩）到基性、超基性岩依次降低；地层中太古宇铪含量最高，奥陶系最低；侵入岩中喜马拉雅期铪含量最高；地层岩性中粗面岩铪含量最高，碳酸盐岩（石灰岩、白云岩）及其对应的变质岩（大理岩）铪含量最低。

（3）在华南造山带中分布：锆在变质岩中含量最高，火山岩、沉积岩、侵入岩依次降低；地层中元古宇锆含量最高，石炭系最低；侵入岩中海西期锆含量最高；地层岩性中石英岩锆含量最高，碳酸盐岩（石灰岩、白云岩）锆含量最低。铪在火山岩中含量最高，侵入岩、变质岩、沉积岩依次降低；铪在侵入岩中含量从中酸性岩（中性岩高于酸性岩）到基性、超基性岩依次降低；地层中元古宇铪含量最高，石炭系最低；侵入岩中海西期铪含量最高；地层岩性中石英岩铪含量最高，碳酸盐岩（石灰岩、白云岩）铪含量最低。

（4）在松潘-甘孜造山带中分布：锆在火山岩中含量最高，变质岩、沉积岩、侵入岩依次降低；锆在侵入岩中含量从中酸性岩到基性、超基性岩依次降低；地层中元古宇锆含量最高，白垩系最低；侵入岩中燕山期锆含量最高；地层岩性中粗面岩锆含量最高，碳酸盐岩（石灰岩、白云岩）及其对应的变质岩（大理岩）锆含量最低。铪在火山岩中含量最高，沉积岩、变质岩、侵入岩依次降低；铪在侵入岩中含量从中酸性岩（中性岩高于酸性岩）到基性、超基性岩依次降低；地层中元古宇铪含量最高，白垩系最低；侵入岩中元古宇铪含量最高；地层岩性中粗面岩铪含量最高，碳酸盐岩（石灰岩、白云岩）及其对应的变质岩（大理岩）铪含量最低。

（5）在西藏-三江造山带中分布：锆在火山岩中含量最高，变质岩、沉积岩、侵入岩依次降低；锆在侵入岩中含量从中酸性岩到中性、基性、超基性岩依次降低；地层中太古宇锆含量最高，寒武系最低；侵入岩中海西期锆含量最高；地层岩性中粗面岩锆含量最高，碳酸盐岩（石灰岩、白云岩）及其对应的变质岩（大理岩）锆含量最低。铪在变质岩中含量最高，火山岩、侵入岩、沉积岩依次降低；铪在侵入岩中含量从中酸性岩（中性岩高于酸性岩）到基性、超基性岩依次降低；地层中太古宇铪含量最高，侏罗系最低；侵入岩中海西期铪含量最高；地层岩性中粗面岩铪含量最高，碳酸盐岩（石灰岩、白云岩）及其对应的变质岩（大理岩）铪含量最低。

（6）在华北克拉通中分布：锆在火山岩中含量最高，变质岩、沉积岩、侵入岩依次降低；锆在侵入岩中含量从中酸性岩到基性、超基性岩依次降低；地层中二叠系锆含量最高，奥陶系最低；侵入岩中燕山期锆含量最高；地层岩性中粗面岩锆含量最高，碳酸盐岩（石灰岩、白云岩）及其对应的变质岩（大理岩）锆含量最低。铪在火山岩中含量最高，变质岩、侵入岩、沉积岩依次降低；铪在侵入岩中含量从中酸性岩（中性岩高于酸性岩）到基性、超基性岩依次降低；地层中古近系和新近系铪含量最高，奥陶系最低；侵入岩中燕山期铪含量最高；地层岩性中粗面岩铪含量最高，碳酸盐岩（石灰岩、白云岩）及其对应的变质岩（大理岩）铪含量最低。

（7）在扬子克拉通中分布：锆在火山岩中含量最高，变质岩、侵入岩、沉积岩依次降低；锆在侵入岩中含量从中酸性岩到基性、超基性岩依次降低；地层中元古宇锆含量最高，石炭系最低；侵入岩中加里东期锆含量最高；地层岩性中粗面岩锆含量最高，碳酸盐岩（石灰岩、白云岩）锆含量最低。铪在火山岩中含量最高，侵入岩、变质岩、沉积岩依次降低；铪在侵入岩中含量从中酸性岩（中性岩高于酸性岩）到基性、超基性岩依次降低；地层中古近系和新近系铪含量最高，石炭系最低；侵入岩中印支期铪含量最高；地层岩性中斜长角闪岩铪含量最高，碳酸盐岩（石灰岩、白云岩）铪含量最低。

（8）在塔里木克拉通中分布：锆在火山岩中含量最高，沉积岩、变质岩、侵入岩依次降低；地层中三叠系锆含量最高，寒武系最低；侵入岩中海西期锆含量最高；地层岩性中石英砂岩锆含量最高，碳酸盐岩（石灰岩、白云岩）及其对应的变质岩（大理岩）锆含量最低。铪在火山岩中含量最高，变质岩、侵入岩、沉积岩依次降低；铪在侵入岩中含量从酸性岩到中性岩、基性岩依次降低；地层中三叠系铪含量最高，寒武系最低；侵入岩中海西期铪含量最高；地层岩性中石英砂岩铪含量最高，碳酸盐岩（石灰岩、白云岩）及其对应的变质岩（大理岩）铪含量最低。

第二节　中国土壤锆、铪元素含量特征

一、中国土壤锆、铪元素含量总体特征

中国表层和深层土壤中的锆含量近似呈对数正态分布；锆元素表层样品和深层样品95%（2.5%～97.5%）的数据分别变化于 91×10^{-6}～449×10^{-6} 和 78×10^{-6}～442×10^{-6}，基准值（中位数）分别为 230×10^{-6} 和 215×10^{-6}，低背景基线值（下四分位数）分别为 171×10^{-6} 和 157×10^{-6}，高背景基线值（上四分位数）分别为 321×10^{-6} 和 315×10^{-6}；低背景值高于地壳克拉克值（图6-3）。

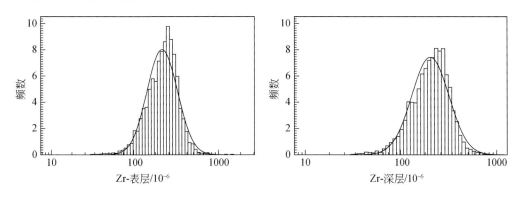

图6-3　中国土壤锆直方图

中国表层和深层土壤中的铪含量近似呈对数正态分布；铪元素表层样品和深层样品95%（2.5%～97.5%）的数据分别变化于 2.66×10^{-6}～13.9×10^{-6} 和 2.35×10^{-6}～14.0×10^{-6}，基准值（中位数）分别为 6.50×10^{-6} 和 6.11×10^{-6}；低背景基线值（下四分位数）分别为 4.94×10^{-6} 和 4.53×10^{-6}，高背景基线值（上四分位数）分别为 8.08×10^{-6} 和 7.83×10^{-6}；低背景值高于地壳克拉克值（图6-4）。

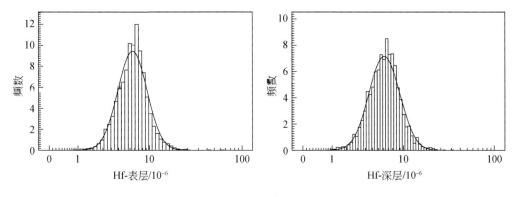

图6-4　中国土壤铪直方图

二、中国不同大地构造单元土壤锆、铪元素含量

锆元素含量在八个一级大地构造单元内的统计参数见表 6-19 和图 6-5。中国表层土壤锆中位数排序：华南造山带＞扬子克拉通＞华北克拉通＞全国＞松潘-甘孜造山带＞秦祁昆造山带＞天山-兴蒙造山带＞西藏-三江造山带＞塔里木克拉通。深层土壤中位数排序：华南造山带＞扬子克拉通＞华北克拉通＞松潘-甘孜造山带＞全国＞秦祁昆造山带＞西藏-三江造山带＞天山-兴蒙造山带＞塔里木克拉通。

表 6-19　中国一级大地构造单元土壤锆基准值数据特征　　（单位：10^{-6}）

类型	层位	样品数	最小值	25% 低背景	50% 中位数	75% 高背景	85% 异常下限	最大值	算术 平均值	几何 平均值
全国	表层	3382	31	171	230	288	321	1440	238	219
	深层	3380	33	157	215	279	315	850	225	205
造山带	表层	2160	34	165	223	284	320	1440	235	215
	深层	2158	33	150	208	272	310	850	220	200
克拉通	表层	1222	31	181	243	296	322	622	242	227
	深层	1222	34	169	228	290	329	807	233	215
天山-兴蒙造山带	表层	909	34	152	201	257	287	740	210	195
	深层	907	33	133	178	244	272	523	190	173
华北克拉通	表层	613	39	192	251	299	324	614	249	233
	深层	613	34	178	233	294	335	807	240	220
塔里木克拉通	表层	209	31	128	153	189	211	405	164	155
	深层	209	45	119	145	182	198	445	155	147
秦祁昆造山带	表层	350	56	161	213	251	272	507	213	200
	深层	350	48	152	202	249	279	543	209	194
松潘-甘孜造山带	表层	202	79	194	228	272	292	549	235	227
	深层	202	79	193	224	258	283	681	231	221
西藏-三江造山带	表层	349	63	139	197	262	300	1218	210	191
	深层	349	65	135	183	242	278	756	198	181
扬子克拉通	表层	399	55	230	270	312	336	622	273	264
	深层	399	55	219	261	307	337	527	264	254
华南造山带	表层	351	86	273	321	389	433	1440	345	327
	深层	351	36	259	310	368	415	850	325	308

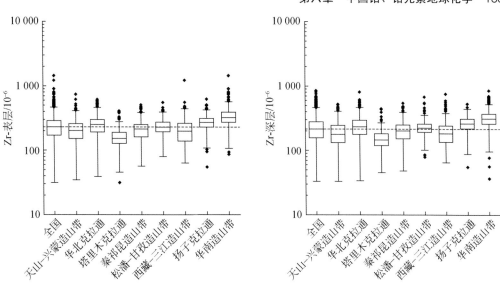

图 6-5 中国土壤锆元素箱图（一级大地构造单元）

铪元素含量在八个一级大地构造单元内的统计参数见表 6-20 和图 6-6。中国表层土壤铪中位数排序：华南造山带＞扬子克拉通＞华北克拉通＞全国＞松潘-甘孜造山带＞西藏-三江造山带＞秦祁昆造山带＞天山-兴蒙造山带＞塔里木克拉通。深层土壤中位数排序：华南造山带＞扬子克拉通＞松潘-甘孜造山带＞华北克拉通＞全国＞西藏-三江造山带＞秦祁昆造山带＞天山-兴蒙造山带＞塔里木克拉通。

表 6-20 中国一级大地构造单元土壤铪基准值数据特征 （单位：10⁻⁶）

类型	层位	样品数	最小值	25% 低背景	50% 中位数	75% 高背景	85% 异常下限	最大值	算术 平均值	几何 平均值
全国	表层	3382	0.85	4.94	6.50	8.08	9.11	63.42	6.83	6.28
	深层	3380	0.95	4.53	6.11	7.83	8.91	34.59	6.48	5.91
造山带	表层	2160	1.04	4.82	6.36	8.15	9.50	63.42	6.90	6.27
	深层	2158	0.97	4.42	6.00	7.77	9.00	34.59	6.49	5.84
克拉通	表层	1222	0.85	5.19	6.74	8.01	8.76	16.13	6.70	6.31
	深层	1222	0.95	4.78	6.32	7.94	8.75	16.90	6.47	6.02
天山-兴蒙造山带	表层	909	1.04	4.26	5.63	7.20	8.13	20.48	5.91	5.49
	深层	907	0.97	3.79	5.03	6.75	7.66	16.23	5.39	4.93
华北克拉通	表层	613	1.16	5.34	6.81	8.01	8.69	16.01	6.79	6.40
	深层	613	0.95	4.89	6.29	8.05	9.11	16.90	6.58	6.07
塔里木克拉通	表层	209	0.85	3.79	4.61	5.68	6.25	12.24	4.93	4.66
	深层	209	1.29	3.60	4.36	5.43	6.13	13.77	4.68	4.42
秦祁昆造山带	表层	350	1.72	4.75	6.07	7.12	7.81	15.42	6.12	5.77
	深层	350	1.51	4.43	5.71	7.15	7.99	15.72	6.01	5.58

续表

类型	层位	样品数	最小值	25% 低背景	50% 中位数	75% 高背景	85% 异常下限	最大值	算术 平均值	几何 平均值
松潘-甘孜造山带	表层	202	2.35	5.55	6.48	7.59	8.03	17.18	6.70	6.44
	深层	202	2.35	5.48	6.31	7.15	7.88	34.59	6.64	6.30
西藏-三江造山带	表层	349	1.51	4.61	6.27	8.31	9.66	63.42	6.94	6.16
	深层	349	2.12	4.38	5.88	7.76	8.98	23.29	6.52	5.87
扬子克拉通	表层	399	1.59	6.27	7.43	8.56	9.11	16.13	7.49	7.24
	深层	399	1.59	6.03	7.12	8.25	8.95	15.34	7.25	6.99
华南造山带	表层	351	2.88	7.63	9.57	11.88	13.90	46.02	10.30	9.61
	深层	351	1.29	7.07	8.90	11.24	12.87	28.08	9.68	9.03

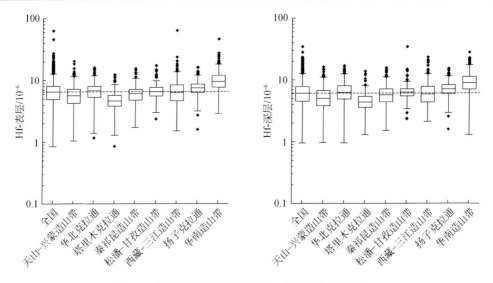

图 6-6 中国土壤铪元素箱图（一级大地构造单元）

三、中国不同自然地理景观土壤锆、铪元素含量

锆元素含量在 10 个自然地理景观的统计参数见表 6-21 和图 6-7。中国表层土壤中位数排序：低山丘陵＞喀斯特＞黄土＞冲积平原＞森林沼泽＞全国＞中高山＞半干旱草原＞荒漠戈壁＞高寒湖泊＞沙漠盆地。深层土壤中位数排序：喀斯特＞低山丘陵＞黄土＞冲积平原＞森林沼泽＞全国＞中高山＞半干旱草原＞荒漠戈壁＞高寒湖泊＞沙漠盆地。

表 6-21 中国自然地理景观土壤锆基准值数据特征 （单位：10^{-6}）

类型	层位	样品数	最小值	25% 低背景	50% 中位数	75% 高背景	85% 异常下限	最大值	算术 平均值	几何 平均值
全国	表层	3382	31	171	230	288	321	1440	238	219
	深层	3380	33	157	215	279	315	850	225	205

续表

类型	层位	样品数	最小值	25%低背景	50%中位数	75%高背景	85%异常下限	最大值	算术平均值	几何平均值
低山丘陵	表层	633	42	256	303	352	397	1440	314	298
	深层	633	36	230	288	344	381	850	294	275
冲积平原	表层	335	43	220	255	300	325	614	261	250
	深层	335	37	198	246	291	324	614	250	235
森林沼泽	表层	218	91	219	247	280	303	740	252	244
	深层	217	47	192	236	269	282	807	232	221
喀斯特	表层	126	103	255	291	335	381	565	300	289
	深层	126	137	259	291	331	347	461	293	287
黄土	表层	170	68	223	260	301	329	592	269	259
	深层	170	68	209	269	315	347	592	272	259
中高山	表层	923	63	176	219	270	301	1218	229	216
	深层	923	58	164	212	257	291	756	219	205
高寒湖泊	表层	140	65	117	153	187	212	321	156	147
	深层	140	66	116	149	177	201	300	151	143
半干旱草原	表层	215	51	130	178	246	279	616	196	180
	深层	214	34	125	181	230	265	475	184	167
荒漠戈壁	表层	424	39	136	161	197	223	417	172	163
	深层	424	33	121	149	180	201	462	156	145
沙漠盆地	表层	198	31	113	145	184	200	405	152	140
	深层	198	34	111	132	171	187	392	142	133

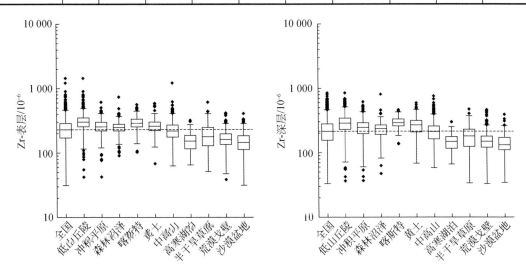

图 6-7　中国土壤锆元素箱图（自然地理景观）

铪元素含量在 10 个地理景观的统计参数见表 6-22 和图 6-8。中国表层土壤铪中位数排序：低山丘陵＞喀斯特＞黄土＞冲积平原＞森林沼泽＞全国＞中高山＞半干旱草原＞荒漠戈壁＞高寒湖泊＞沙漠盆地。深层土壤中位数排序：低山丘陵＞喀斯特＞黄土＞冲积平原＞森林沼泽＞中高山＞全国＞半干旱草原＞高寒湖泊＞荒漠戈壁＞沙漠盆地。

表 6-22   中国自然地理景观土壤铪基准值数据特征   （单位：10^{-6}）

类型	层位	样品数	最小值	25% 低背景	50% 中位数	75% 高背景	85% 异常下限	最大值	算术 平均值	几何 平均值
全国	表层	3382	0.85	4.94	6.50	8.08	9.11	63.42	6.83	6.28
	深层	3380	0.95	4.53	6.11	7.83	8.91	34.59	6.48	5.91
低山丘陵	表层	633	1.20	7.08	8.39	10.24	11.92	46.02	9.15	8.57
	深层	633	1.20	6.37	8.05	10.03	11.40	28.08	8.58	7.92
冲积平原	表层	335	1.22	5.95	6.95	8.16	8.74	15.49	7.08	6.79
	深层	335	0.97	5.38	6.67	7.99	8.91	16.89	6.84	6.43
森林沼泽	表层	218	2.96	6.03	6.87	7.90	8.52	15.52	7.06	6.84
	深层	217	1.66	5.34	6.58	7.53	8.06	16.90	6.54	6.24
喀斯特	表层	126	2.89	6.66	7.49	8.99	10.11	15.49	7.90	7.61
	深层	126	3.66	6.67	7.51	8.79	9.20	15.65	7.75	7.58
黄土	表层	170	2.14	6.25	7.05	8.11	9.03	16.01	7.42	7.15
	深层	170	2.14	5.67	7.35	8.77	9.70	16.01	7.56	7.19
中高山	表层	923	1.72	5.22	6.37	7.76	8.76	63.42	6.80	6.36
	深层	923	1.81	4.71	6.17	7.54	8.43	34.59	6.51	6.05
高寒湖泊	表层	140	1.51	3.37	4.55	5.66	6.43	11.22	4.67	4.41
	深层	140	2.12	3.46	4.53	5.41	5.93	9.22	4.54	4.32
半干旱草原	表层	215	1.48	3.80	5.08	6.87	7.63	18.45	5.52	5.06
	深层	214	0.95	3.56	5.08	6.44	7.28	12.20	5.19	4.73
荒漠戈壁	表层	424	1.16	3.91	4.67	5.70	6.41	13.21	5.01	4.74
	深层	424	1.11	3.52	4.27	5.20	5.86	14.63	4.53	4.22
沙漠盆地	表层	198	0.85	3.37	4.25	5.33	6.16	12.07	4.52	4.15
	深层	198	1.04	3.33	4.02	5.09	5.58	11.99	4.24	3.96

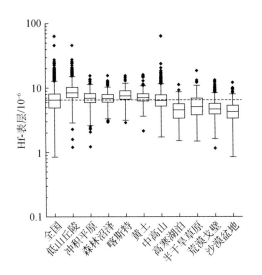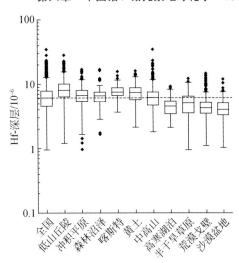

图 6-8　中国土壤铪元素箱图（自然地理景观）

四、中国不同土壤类型锆、铪元素含量

锆元素含量在 17 个主要土壤类型的统计参数见表 6-23 和图 6-9。中国表层土壤锆中位数排序：赤红壤带＞红壤-黄壤带＞棕壤-褐土带＞黄棕壤-黄褐土带＞寒棕壤-漂灰土带＞暗棕壤-黑土带＞亚高山草甸土带＞黑钙土-栗钙土-黑垆土带＞全国＞亚高山草原土带＞高山草甸土带＞灰钙土-棕钙土带＞高山漠土带＞亚高山漠土带＞灰漠土带＞高山-亚高山草甸土带＞高山棕钙土-栗钙土带＞高山草原土带。深层土壤中位数排序：赤红壤带＞红壤-黄壤带＞棕壤-褐土带＞暗棕壤-黑土带＞黄棕壤-黄褐土带＞寒棕壤-漂灰土带＞亚高山草甸土带＞亚高山草原土带＞全国＞黑钙土-栗钙土-黑垆土带＞高山草甸土带＞灰钙土-棕钙土带＞高山漠土带＞高山草原土带＞亚高山漠土带＞高山棕钙土-栗钙土带＞灰漠土带＞高山-亚高山草甸土带。

表 6-23　中国主要土壤类型锆基准值数据特征　　　　（单位：10^{-6}）

类型	层位	样品数	最小值	25% 低背景	50% 中位数	75% 高背景	85% 异常下限	最大值	算术平均值	几何平均值
全国	表层	3382	31	171	230	288	321	1440	238	219
	深层	3380	33	157	215	279	315	850	225	205
寒棕壤-漂灰土带	表层	35	160	223	255	278	286	398	253	249
	深层	35	159	204	225	259	273	457	240	235
暗棕壤-黑土带	表层	296	77	219	253	296	323	740	258	247
	深层	295	37	187	246	283	312	807	241	224
棕壤-褐土带	表层	333	92	223	262	309	328	614	271	262
	深层	333	54	203	253	315	349	614	263	250

续表

类型	层位	样品数	最小值	25% 低背景	50% 中位数	75% 高背景	85% 异常下限	最大值	算术平均值	几何平均值
黄棕壤-黄褐土带	表层	124	124	223	262	303	317	509	265	257
	深层	124	87	208	243	295	339	473	257	246
红壤-黄壤带	表层	575	55	236	287	335	369	807	290	278
	深层	575	55	223	274	326	347	696	277	264
赤红壤带	表层	204	94	257	307	396	470	1440	342	319
	深层	204	36	248	297	378	437	850	324	301
黑钙土-栗钙土-黑垆土带	表层	360	34	169	233	286	322	738	236	216
	深层	360	34	159	206	277	313	592	219	197
灰钙土-棕钙土带	表层	90	66	143	196	231	248	399	191	179
	深层	89	60	154	198	226	243	399	189	176
灰漠土带	表层	356	39	142	169	202	228	417	176	165
	深层	356	33	119	150	181	202	462	155	143
高山-亚高山草甸土带	表层	119	56	129	160	198	219	346	167	158
	深层	119	48	120	150	194	224	445	162	152
高山棕钙土-栗钙土带	表层	338	31	132	157	195	225	405	169	160
	深层	338	45	122	151	188	212	681	161	152
高山漠土带	表层	49	83	145	181	204	215	269	174	167
	深层	49	84	120	158	201	214	262	163	156
亚高山草甸土带	表层	193	79	195	236	276	297	556	241	231
	深层	193	79	186	224	262	286	534	230	218
高山草甸土带	表层	84	75	174	211	250	273	480	216	206
	深层	84	74	153	200	248	263	433	205	192
高山草原土带	表层	120	65	113	150	189	212	321	155	145
	深层	120	66	117	154	181	202	357	155	146
亚高山漠土带	表层	18	111	148	170	198	212	386	190	179
	深层	18	99	144	152	182	209	409	181	169
亚高山草原土带	表层	88	63	166	227	284	316	1218	240	215
	深层	88	65	170	218	272	311	756	228	208

铪元素含量在 17 个主要土壤类型的统计参数见表 6-24 和图 6-10。中国表层土壤铪中位数排序：赤红壤带＞红壤-黄壤带＞亚高山草原土带＞黄棕壤-黄褐土带＞棕壤-褐土带＞暗棕壤-黑土带＞寒棕壤-漂灰土带＞亚高山草甸土带＞全国＞黑钙土-栗钙土-黑垆土带＞高山草甸土带＞亚高山漠土带＞灰钙土-棕钙土带＞高山漠土带＞灰漠土带＞高山-亚高山草甸土带＞高山棕钙土-栗钙土带＞高山草原土带。深层土壤中位数排序：赤红壤带＞红壤-黄壤带＞棕壤-褐土带＞亚高山草原土带＞暗棕壤-黑土带＞黄棕壤-黄褐土带＞亚

高山草甸土带＞寒棕壤−漂灰土带＞全国＞高山草甸土带＞黑钙土−栗钙土−黑垆土带＞灰钙土−棕钙土带＞亚高山漠土带＞高山草原土带＞高山漠土带＞高山−亚高山草甸土带＞高山棕钙土−栗钙土带＞灰漠土带。

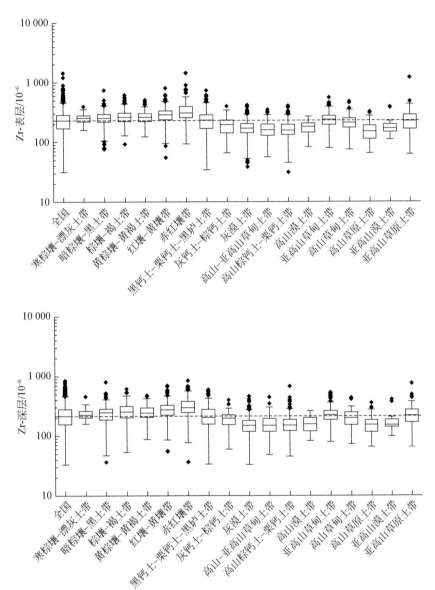

图 6-9　中国土壤锆元素箱图（主要土壤类型）

表 6-24　中国主要土壤类型铪基准值数据特征　　（单位：10^{-6}）

类型	层位	样品数	最小值	25%低背景	50%中位数	75%高背景	85%异常下限	最大值	算术平均值	几何平均值
全国	表层	3382	0.85	4.94	6.50	8.08	9.11	63.42	6.83	6.28
	深层	3380	0.95	4.53	6.11	7.83	8.91	34.59	6.48	5.91

续表

类型	层位	样品数	最小值	25%低背景	50%中位数	75%高背景	85%异常下限	最大值	算术平均值	几何平均值
寒棕壤-漂灰土带	表层	35	4.26	6.11	6.82	7.87	8.36	12.89	7.16	7.00
	深层	35	4.75	5.77	6.35	6.89	7.59	16.23	6.77	6.57
暗棕壤-黑土带	表层	296	2.06	6.01	7.00	8.24	8.80	15.52	7.12	6.83
	深层	295	0.97	5.23	6.76	7.98	8.65	16.90	6.72	6.28
棕壤-褐土带	表层	333	2.49	6.17	7.07	8.21	8.77	15.75	7.33	7.11
	深层	333	1.43	5.61	6.88	8.45	9.45	16.89	7.20	6.83
黄棕壤-黄褐土带	表层	124	3.44	6.07	7.27	8.37	9.30	15.97	7.45	7.19
	深层	124	2.56	5.63	6.69	8.18	9.33	14.98	7.22	6.87
红壤-黄壤带	表层	575	1.59	6.72	7.94	9.54	10.64	24.51	8.33	7.95
	深层	575	1.59	6.38	7.58	8.94	9.87	21.75	7.95	7.57
赤红壤带	表层	204	3.13	6.90	8.86	12.39	14.78	46.02	10.23	9.35
	深层	204	1.29	6.60	8.63	11.57	14.34	28.08	9.72	8.87
黑钙土-栗钙土-黑垆土带	表层	360	1.04	4.72	6.43	7.82	8.72	20.48	6.52	5.97
	深层	360	0.95	4.36	5.70	7.66	8.73	16.01	6.08	5.50
灰钙土-棕钙土带	表层	90	1.85	4.08	5.41	6.66	7.01	10.22	5.37	5.06
	深层	89	1.78	4.36	5.47	6.46	6.77	10.22	5.31	4.98
灰漠土带	表层	356	1.16	3.98	4.85	5.77	6.79	13.21	5.09	4.75
	深层	356	1.11	3.45	4.25	5.18	5.78	14.63	4.45	4.13
高山-亚高山草甸土带	表层	119	1.79	3.83	4.64	5.85	6.68	10.39	4.99	4.72
	深层	119	1.51	3.56	4.47	5.78	6.57	13.77	4.89	4.57
高山棕钙土-栗钙土带	表层	338	0.85	3.82	4.62	5.82	6.59	17.18	4.99	4.70
	深层	338	1.29	3.62	4.37	5.54	6.21	34.59	4.78	4.46
高山漠土带	表层	49	2.28	4.00	5.31	6.21	6.47	8.51	5.19	4.98
	深层	49	2.38	3.68	4.62	6.17	6.30	8.08	4.87	4.66
亚高山草甸土带	表层	193	2.35	5.76	6.81	7.92	8.76	23.61	7.08	6.78
	深层	193	2.35	5.47	6.43	7.53	8.46	14.87	6.80	6.46
高山草甸土带	表层	84	2.17	4.88	5.99	7.04	7.74	20.40	6.30	5.95
	深层	84	2.17	4.55	5.75	6.75	7.29	20.02	5.99	5.58
高山草原土带	表层	120	1.51	3.36	4.44	5.76	6.51	11.22	4.72	4.39
	深层	120	1.92	3.64	4.62	5.53	6.20	11.78	4.70	4.43
亚高山漠土带	表层	18	3.37	4.86	5.53	6.80	7.29	18.33	6.89	6.21
	深层	18	3.05	4.64	5.18	5.92	8.11	18.90	6.70	5.89
亚高山草原土带	表层	88	2.08	5.72	7.28	9.61	11.11	63.42	8.17	7.12
	深层	88	2.41	5.21	6.79	9.03	10.74	23.29	7.56	6.85

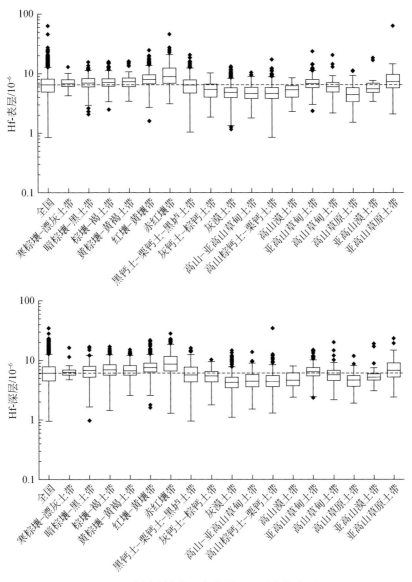

图 6-10　中国土壤铪元素箱图（主要土壤类型）

第三节　锆、铪元素空间分布与异常评价

锆和铪的地球化学性质极为相似，锆、铪密切伴生，即使锆成类质同象进入某些矿物中去，铪也随锆相应地进入该矿物，锆铪空间分布一致。

全世界五大洲均发现有锆矿资源，主要分布于大洋洲、美洲、亚洲和非洲。锆矿探明储量较多的国家有澳大利亚、南非、乌克兰、巴西、印度、中国，此外在马来西亚、俄罗斯、越南、斯里兰卡、塞拉利昂、马达加斯加、泰国、罗马尼亚等国也有一定储量。中国锆矿资源均为锆石矿床，可划分为锆石砂矿和锆石硬岩矿两大类，并按成因又细分为 6 个亚类，且以硬岩矿储量占大多数。这种锆资源构成，与国外锆资源构成大部分为锆石滨海砂矿有很大的差别。

中国锆石矿分布于蒙、辽、鲁、苏、皖、赣、闽、粤、琼、桂、湘、鄂、川、滇14个省区，主要分布于东部地带。砂矿分布于中国东南部沿海，并以广东南部海岸和海南岛东海岸最为集中；硬岩矿则散布于内蒙古和南方各省区（图6-11、图6-12、表6-25、表6-26）。

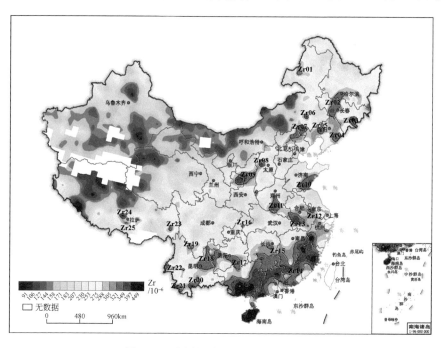

图6-11　中国锆地球化学异常分布图

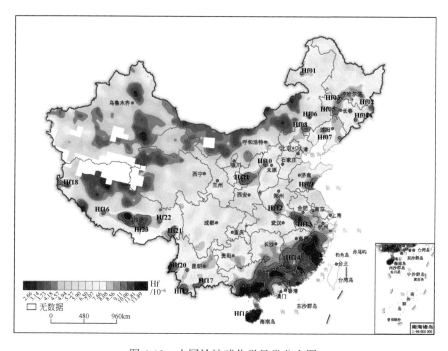

图6-12　中国铪地球化学异常分布图

表 6-25 中国锆地球化学异常统计参数（对应图 6-11）

编号	面积/km²	点数/个	极小值/10⁻⁶	极大值/10⁻⁶	平均值/10⁻⁶	中位数/10⁻⁶	离差
Zr01	2950	2	330	616	473	473	202
Zr02	38648	18	290	448	359	350	44.8
Zr03	11429	2	413	740	576	576	231
Zr04	8045	4	318	432	374	374	57.6
Zr05	7296	4	294	570	422	412	115
Zr06	3451	1	738	738	738	738	
Zr07	23793	9	290	614	432	429	116
Zr08	5930	2	349	584	466	466	166
Zr09	32285	12	267	532	377	366	88.9
Zr10	28479	14	254	507	372	382	65.2
Zr11	22688	8	228	486	374	392	97.6
Zr12	3255	3	342	368	356	358	13.2
Zr13	23593	8	271	509	380	367	83.8
Zr14	504025	186	186	807	376	359	99.1
Zr15	3540	3	337	371	355	355	17.1
Zr17	23239	6	314	420	363	360	38.9
Zr18	51899	20	272	439	363	364	40.2
Zr19	4391	4	360	494	414	401	57.3
Zr20	10075	4	351	549	429	409	91.9
Zr21	4840	2	331	464	397	397	93.9
Zr22	3547	3	317	395	355	353	39.0
Zr23	2910	2	368	377	373	373	5.8
Zr24	5849	3	316	1218	629	352	511

表 6-26 中国铪地球化学异常统计参数（对应图 6-12）

编号	面积/km²	点数/个	极小值/10⁻⁶	极大值/10⁻⁶	平均值/10⁻⁶	中位数/10⁻⁶	离差
Hf01	1563	1	18.4	18.4	18.4	18.5	
Hf02	1510	1	12.3	12.3	12.3	12.3	
Hf03	6506	4	8.66	10.6	9.71	9.80	0.82
Hf04	1872	2	9.28	15.5	12.4	12.4	4.41
Hf05	7682	3	9.14	12.6	11.0	11.3	1.74
Hf06	2763	1	20.5	20.5	20.5	20.5	
Hf07	2357	1	15.7	15.7	15.7	15.7	
Hf08	7845	4	8.11	16.0	12.8	13.6	3.67
Hf09	15710	9	6.85	14.8	10.7	10.4	2.45
Hf10	3961	2	9.62	15.4	12.5	12.5	4.08

续表

编号	面积/km²	点数/个	极小值/10^{-6}	极大值/10^{-6}	平均值/10^{-6}	中位数/10^{-6}	离差
Hf11	26299	8	6.95	14.7	11.0	10.5	2.91
Hf12	18552	8	6.21	13.4	10.5	10.7	2.83
Hf13	37549	13	7.64	16.0	11.1	9.86	3.00
Hf14	547930	205	2.88	24.5	11.3	10.6	3.32
Hf15	32427	22	4.89	46.0	15.5	13.1	9.42
Hf17	7067	4	9.67	13.8	12.1	12.5	1.74
Hf18	10926	3	9.93	18.3	15.0	16.8	4.47
Hf19	8180	4	7.89	15.4	11.7	11.8	3.17
Hf20	13556	6	7.89	15.2	11.4	10.9	2.50
Hf21	12900	6	6.35	14.1	10.2	10.2	3.20
Hf22	4413	4	4.93	23.6	12.3	10.3	8.13
Hf23	79337	28	3.47	63.4	12.4	10.2	10.6

中国锆矿资源特点：①资源分布不均匀，储量相对集中；②锆石富矿少，伴生矿产多；③锆石矿床类型较齐全，分布有一定规律；④锆矿易采选，并可综合开发利用；⑤锆矿放射性强度偏高。

中国六种矿床类型的资源分布情况如下（王瑞江等，2015）：

（1）滨海沉积型砂锆矿：在各类矿床中其矿区数量最多，共有43个，其中有大中型10个，矿区数占总数的43%。滨海砂矿分布于海南、广东、福建、山东、辽宁和台湾。

（2）河流冲积型砂锆矿：本类矿床有矿区24个，其中大中型2个。分布于海南、云南、广东、广西、安徽、湖南、湖北，为分布最广泛的矿床类型。

（3）残坡积型砂锆矿：本类矿床在砂矿中最少，仅有矿区7个，其中有3个为中型，其余均为小型。矿床分布于海南、广东、四川、江苏。

（4）风化壳型砂锆矿：有矿区19个，以小型矿床居多，只有1个属中型。分布于广西、广东、湖南、江西、福建。

（5）碱性花岗岩型锆矿床：为矿区数量最少（仅有2个），而储量最多的矿床类型，储量数百万吨，但全为控制级别较低的D级储量。储量高度集中于内蒙古801矿，另外在江西也有小型矿区。

（6）花岗伟晶岩型锆矿床：花岗伟晶岩型锆矿为除碱性花岗岩硬岩矿床之外另一种硬岩类矿床，仅有矿区4个，储量仅占全国总量的0.5%，为6类矿床中储量最小者。主要分布于江西（1个矿区）、四川（2个矿区）和广西（1个矿区）。

锆和铪的地球化学性质极为相似，而铪的克拉克值只有锆的1/50，所以铪主要以内潜同晶形式分散在锆矿物中，几乎不形成独立矿物。铪是典型的分散元素，存在于所有的锆矿物中。即使锆成类质同象进入某些矿物中去，铪也随锆相应地进入该矿物。不含锆的矿物均不含铪，且铪的含量一般不超过锆。铪资源分布与锆基本一致。

宏观上中国土壤（汇水域沉积物）表层样品和深层样品稀有元素锆空间分布较为一致，地球化学基准图较为相似；铪空间分布也较为一致，地球化学基准图较为相似。锆、铪地球化学特征非常相似，在地质过程中密切伴生，空间分布较为一致。锆铪地球化学分布总体上东高西低，高值区主要分布在中国沿海一线，集中分布在大片花岗岩分布的琼、粤、闽、桂等省区；低值区主要分布在大西北。以累积频率85%为异常下限，共圈定25处锆地球化学异常和23处铪地球化学异常。

第七章　中国铷、铯元素地球化学

第一节　中国岩石铷、铯元素含量特征

一、三大岩类中铷、铯含量分布

铷在侵入岩中含量最高，变质岩、火山岩、沉积岩依次降低；铷在侵入岩中含量从酸性岩到中性岩、基性岩、超基性岩依次降低；侵入岩中燕山期铷含量最高；地层岩性中泥质岩铷含量最高，碳酸盐岩（石灰岩、白云岩）及其对应的变质岩（大理岩）铷含量最低（表 7-1）。

表 7-1　全国岩石中铷元素不同参数基准数据特征统计　　（单位：10^{-6}）

统计项	统计项内容		样品数	最小值	中位数	最大值	算术平均值	几何平均值	标准离差	背景值
三大岩类	沉积岩		6209	0.05	63.6	413.1	72.9	38.0	63.9	69.5
	变质岩		1808	0.05	101.1	494.3	103.5	67.4	69.7	100.4
	岩浆岩	侵入岩	2634	0.1	128.9	1453.9	149.3	106.9	107.9	138.6
		火山岩	1467	0.3	87.2	826.6	100.1	66.9	78.6	94.0
地层细分	古近系和新近系		528	1.7	65.2	316.2	69.8	51.1	47.9	66.2
	白垩系		886	1.2	88.6	733.0	97.5	76.5	62.4	90.7
	侏罗系		1362	0.9	97.2	484.9	108.3	81.4	68.3	103.9
	三叠系		1142	0.8	72.4	359.2	77.3	44.2	59.4	76.5
	二叠系		873	0.1	49.1	826.6	62.1	28.0	65.3	57.0
	石炭系		869	0.1	33.2	340.9	54.0	22.9	58.4	48.4
	泥盆系		713	0.05	50.3	397.6	70.0	33.3	68.6	67.4
	志留系		390	0.8	109.0	322.0	112.8	80.8	65.9	112.3
	奥陶系		547	0.7	46.0	396.0	73.7	32.5	77.3	70.3
	寒武系		632	0.2	65.4	322.6	80.6	37.1	76.9	79.4
	元古宇		1145	0.1	83.2	494.3	90.3	48.3	74.9	86.9
	太古宇		244	0.3	72.9	426.6	87.1	57.7	71.7	74.3
侵入岩细分	酸性岩		2077	0.9	149.8	1453.9	171.2	141.8	107.6	160.0
	中性岩		340	0.4	82.3	400.4	92.2	75.4	56.9	86.2

续表

统计项	统计项内容	样品数	最小值	中位数	最大值	算术平均值	几何平均值	标准离差	背景值
侵入岩细分	基性岩	164	0.5	24.9	318.0	34.5	19.8	37.5	32.8
	超基性岩	53	0.1	4.8	103.1	10.5	3.0	21.8	4.8
侵入岩期次	喜马拉雅期	27	15.5	147.5	394.2	152.0	110.7	105.6	152.0
	燕山期	963	0.9	161.8	1107.7	185.2	149.3	117.6	171.2
	海西期	778	0.1	106.2	688.9	117.4	80.4	79.2	112.1
	加里东期	211	0.1	118.3	1453.9	151.0	101.3	137.5	137.6
	印支期	237	1.1	141.6	530.6	161.2	120.9	99.2	159.6
	元古宙	253	0.4	93.2	574.0	112.3	75.4	88.7	98.6
	太古宙	100	4.1	97.5	410.0	104.5	75.8	72.0	101.4
地层岩性	玄武岩	238	0.3	23.3	275.4	32.2	21.3	32.2	26.6
	安山岩	279	1.3	60.2	245.8	66.1	49.5	43.2	62.2
	流纹岩	378	1.2	125.4	733.0	138.5	111.9	82.6	129.7
	火山碎屑岩	88	0.3	112.8	318.5	116.5	81.2	76.2	116.5
	凝灰岩	432	1.4	114.8	826.6	120.9	92.2	78.7	117.0
	粗面岩	43	1.1	106.4	341.8	123.3	91.1	82.2	123.3
	石英砂岩	221	2.3	18.3	171.4	24.6	18.3	20.7	21.7
	长石石英砂岩	888	1.3	68.2	345.7	77.1	64.6	46.5	70.5
	长石砂岩	458	7.5	97.7	396.0	106.4	93.2	54.3	99.9
	砂岩	1844	0.4	82.8	315.6	88.7	73.6	48.0	86.1
	粉砂质泥质岩	106	7.0	118.9	379.8	124.0	108.0	57.5	121.6
	钙质泥质岩	174	3.5	124.8	258.1	123.2	110.6	45.6	123.2
	泥质岩	712	5.0	150.4	413.1	152.2	132.4	66.7	151.6
	石灰岩	1310	0.05	5.0	130.0	11.3	6.0	16.4	4.7
	白云岩	441	0.1	5.9	98.3	10.8	7.0	13.3	6.5
	泥灰岩	49	11.6	71.4	137.1	75.3	68.9	29.0	75.3
	硅质岩	68	2.5	18.5	163.2	32.5	19.4	33.2	30.6
	冰碛岩	5	28.4	41.0	94.1	48.4	43.9	26.5	48.4
	板岩	525	2.6	122.9	408.8	124.2	107.4	55.7	122.2
	千枚岩	150	11.0	127.9	315.1	133.6	119.8	56.0	132.4
	片岩	380	0.9	115.3	413.8	119.8	92.9	64.5	116.9
	片麻岩	289	3.2	97.0	426.6	110.8	87.8	70.9	105.4
	变粒岩	119	2.1	102.0	494.3	113.3	85.8	78.8	100.6
	麻粒岩	4	16.3	28.1	74.1	36.6	31.2	25.6	36.6
	斜长角闪岩	88	2.5	20.7	314.0	34.3	21.6	45.6	25.8
	大理岩	108	0.05	4.2	52.3	6.8	3.5	9.6	3.9
	石英岩	75	0.1	47.0	325.6	64.0	36.4	58.2	60.5

铯在变质岩中含量最高，侵入岩次之，火山岩和沉积岩最低；铯在侵入岩中含量从酸性岩到中性岩、基性岩、超基性岩依次降低；侵入岩中喜马拉雅期铯含量最高；地层岩性中钙质泥质岩铯含量最高，碳酸盐岩（石灰岩、白云岩）及其对应的变质岩（大理岩）铯含量最低（表 7-2）。

表 7-2　全国岩石中铯元素不同参数基准数据特征统计　　（单位：10⁻⁶）

统计项	统计项内容		样品数	最小值	中位数	最大值	算术平均值	几何平均值	标准离差	背景值
三大岩类	沉积岩		6209	0.01	3.05	233.70	5.23	2.87	7.21	4.07
	变质岩		1808	0.04	4.63	331.66	6.76	3.79	14.30	5.26
	岩浆岩	侵入岩	2634	0.04	3.55	154.75	5.98	3.58	8.25	3.83
		火山岩	1467	0.11	3.05	405.29	5.11	2.86	12.88	3.35
地层细分	古近系和新近系		528	0.11	3.56	66.75	5.12	3.06	5.62	4.32
	白垩系		886	0.11	4.03	122.38	6.92	4.39	8.76	4.84
	侏罗系		1362	0.21	4.38	405.29	6.86	4.33	13.58	4.96
	三叠系		1142	0.27	3.48	63.82	5.17	3.19	5.53	4.37
	二叠系		873	0.05	2.43	151.56	4.82	2.33	10.02	3.05
	石炭系		869	0.02	1.75	71.73	3.89	1.94	5.70	2.71
	泥盆系		713	0.01	2.51	46.24	4.79	2.53	5.64	3.80
	志留系		390	0.33	6.02	79.05	6.55	4.66	5.63	6.27
	奥陶系		547	0.06	2.05	66.66	4.67	2.42	5.90	3.75
	寒武系		632	0.07	2.92	89.66	4.91	2.68	6.28	4.26
	元古宇		1145	0.09	3.51	307.93	5.95	3.03	14.30	4.44
	太古宇		244	0.14	1.64	18.33	2.55	1.76	2.51	2.02
侵入岩细分	酸性岩		2077	0.04	3.97	79.37	6.57	4.14	8.14	4.42
	中性岩		340	0.05	2.75	60.13	4.23	2.82	5.14	2.99
	基性岩		164	0.05	1.41	70.65	2.64	1.51	5.92	1.57
	超基性岩		53	0.04	0.77	154.75	4.38	0.86	21.14	1.49
侵入岩期次	喜马拉雅期		27	0.82	6.89	41.77	10.41	7.11	9.88	9.20
	燕山期		963	0.27	4.01	79.37	6.74	4.30	8.80	4.38
	海西期		778	0.04	3.34	70.65	4.80	3.11	5.61	3.63
	加里东期		211	0.04	4.23	65.79	6.77	4.11	7.53	5.45
	印支期		237	0.30	5.19	154.75	8.86	5.10	13.15	5.73
	元古宙		253	0.05	1.97	41.42	3.58	2.16	5.12	2.18
	太古宙		100	0.07	1.50	8.34	1.85	1.43	1.40	1.52
地层岩性	玄武岩		238	0.11	0.84	88.63	2.30	1.02	7.40	0.88
	安山岩		279	0.13	2.10	40.29	3.68	2.33	4.74	2.68
	流纹岩		378	0.32	4.01	161.47	5.50	3.76	9.32	3.96
	火山碎屑岩		88	0.29	3.53	405.29	10.52	3.73	43.52	5.98
	凝灰岩		432	0.25	4.47	81.40	6.25	4.34	6.63	5.06

续表

统计项	统计项内容	样品数	最小值	中位数	最大值	算术平均值	几何平均值	标准离差	背景值
地层岩性	粗面岩	43	0.31	2.66	37.02	4.09	2.69	5.60	3.31
	石英砂岩	221	0.27	1.17	9.12	1.53	1.23	1.27	1.23
	长石石英砂岩	888	0.27	3.05	48.73	4.46	3.28	4.68	3.39
	长石砂岩	458	0.12	4.97	71.73	6.65	4.85	6.46	5.49
	砂岩	1844	0.06	4.67	233.70	6.49	4.46	8.80	5.12
	粉砂质泥质岩	106	0.39	8.30	33.94	9.79	7.42	6.94	8.76
	钙质泥质岩	174	1.17	10.11	75.86	11.41	9.11	9.96	9.36
	泥质岩	712	0.83	9.92	68.26	10.83	8.91	7.11	9.88
	石灰岩	1310	0.01	0.82	100.07	1.33	0.91	3.38	0.86
	白云岩	441	0.02	0.70	10.35	0.92	0.73	0.88	0.70
	泥灰岩	49	0.81	4.53	17.18	5.23	4.43	3.42	4.51
	硅质岩	68	0.21	1.40	123.85	4.29	1.78	14.89	2.50
	冰碛岩	5	1.01	1.30	1.64	1.28	1.26	0.25	1.28
	板岩	525	0.36	7.74	331.66	10.44	6.95	23.45	7.57
	千枚岩	150	0.31	7.82	134.07	8.70	6.67	11.21	7.85
	片岩	380	0.33	6.09	46.12	7.14	5.11	5.92	6.33
	片麻岩	289	0.24	2.31	64.79	4.33	2.64	6.24	3.28
	变粒岩	119	0.14	3.38	35.73	5.21	3.24	5.83	4.19
	麻粒岩	4	0.70	2.16	4.74	2.44	1.87	1.86	2.44
	斜长角闪岩	88	0.06	1.23	8.78	1.78	1.32	1.50	1.54
	大理岩	108	0.04	0.64	4.39	0.86	0.62	0.79	0.59
	石英岩	75	0.09	2.11	31.83	3.96	2.06	5.43	1.87

二、不同时代地层中铷、铯含量分布

铷含量的中位数在地层中志留系最高，石炭系最低；从高到低依次为：志留系、侏罗系、白垩系、元古宇、太古宇、三叠系、寒武系、古近系和新近系、泥盆系、二叠系、奥陶系、石炭系（表 7-1）。铯含量的中位数在地层中志留系最高，太古宇最低；从高到低依次为：志留系、侏罗系、白垩系、古近系和新近系、元古宇、三叠系、寒武系、泥盆系、二叠系、奥陶系、石炭系、太古宇（表 7-2）。铷、铯在不同时代地层中含量变化基本一致，证实其在地质过程中伴生。

三、不同大地构造单元中铷、铯含量分布

表 7-3～表 7-10 给出了不同大地构造单元铷的含量数据，图 7-1 给出了各大地构造单

元铷平均含量与地壳克拉克值的对比。表 7-11～表 7-18 给出了不同大地构造单元铯的含量数据，图 7-2 给出了各大地构造单元铯平均含量与地壳克拉克值的对比。

表 7-3 天山-兴蒙造山带岩石中铷元素不同参数基准数据特征统计（单位：10^{-6}）

统计项	统计项内容		样品数	最小值	中位数	最大值	算术平均值	几何平均值	标准离差	背景值
三大岩类	沉积岩		807	0.1	70.6	333.1	72.1	47.7	46.4	70.4
	变质岩		373	0.05	90.2	246.1	87.1	50.3	58.0	87.1
	岩浆岩	侵入岩	917	0.1	113.7	688.9	124.7	92.1	77.5	119.1
		火山岩	823	0.3	79.8	826.6	90.5	61.5	72.0	85.3
地层细分	古近系和新近系		153	5.2	63.6	168.2	65.0	49.6	40.2	65.0
	白垩系		203	7.5	92.6	733.0	100.4	88.1	60.5	97.3
	侏罗系		411	0.9	99.8	319.3	110.5	94.0	57.1	105.9
	三叠系		32	5.4	70.2	194.8	82.1	64.1	50.7	82.1
	二叠系		275	0.6	77.0	826.6	86.7	60.0	69.7	84.0
	石炭系		353	0.1	41.9	340.9	57.5	30.9	54.3	51.7
	泥盆系		238	0.3	49.4	397.6	59.0	33.0	52.3	54.8
	志留系		81	0.9	83.9	232.6	80.5	54.9	50.7	80.5
	奥陶系		111	0.7	71.0	242.4	79.5	46.5	55.5	79.5
	寒武系		13	0.2	61.5	121.4	56.1	17.6	48.3	56.1
	元古宇		145	0.1	86.7	333.1	85.3	38.1	67.0	83.6
	太古宇		6	17.6	33.9	88.8	40.3	35.5	24.9	40.3
侵入岩细分	酸性岩		736	0.9	128.8	688.9	141.6	122.2	74.2	135.0
	中性岩		110	15.8	73.4	206.2	79.5	68.4	42.7	79.5
	基性岩		58	0.5	14.3	83.3	23.3	13.3	23.1	23.3
	超基性岩		13	0.1	0.5	11.1	2.6	0.7	3.8	2.6
侵入岩期次	燕山期		240	31.8	137.0	677.5	150.9	136.2	75.4	142.8
	海西期		534	0.1	103.7	688.9	114.1	77.0	77.6	108.8
	加里东期		37	3.9	108.7	296.8	113.4	89.1	65.9	113.4
	印支期		29	4.3	141.7	322.3	141.5	105.6	82.0	141.5
	元古宙		57	5.3	121.5	412.4	121.4	99.8	68.6	116.2
	太古宙		1	49.0	49.0	49.0	49.0	49.0		
地层岩性	玄武岩		96	0.3	23.6	218.4	34.0	21.5	33.9	32.0
	安山岩		181	1.3	53.2	196.4	59.5	43.6	40.3	55.3
	流纹岩		206	1.2	114.7	733.0	122.4	99.2	74.4	119.4
	火山碎屑岩		54	0.3	98.5	318.5	115.8	79.2	81.2	115.8
	凝灰岩		260	1.4	90.7	826.6	103.2	76.6	76.7	97.7
	粗面岩		21	1.1	93.7	253.0	92.2	64.4	56.1	92.2

续表

统计项	统计项内容	样品数	最小值	中位数	最大值	算术平均值	几何平均值	标准离差	背景值
地层岩性	石英砂岩	8	2.3	17.6	77.7	30.2	18.9	28.4	30.2
	长石石英砂岩	118	9.3	85.7	333.1	92.4	80.7	47.5	87.7
	长石砂岩	108	7.9	91.1	179.5	90.9	80.5	37.5	90.9
	砂岩	396	1.3	66.4	236.1	70.9	55.9	41.7	69.1
	粉砂质泥质岩	31	7.6	103.0	159.3	102.6	91.0	36.2	102.6
	钙质泥质岩	14	3.5	78.5	120.0	75.2	56.4	38.2	75.2
	泥质岩	46	16.4	89.8	218.0	90.5	82.0	38.1	87.7
	石灰岩	66	0.1	3.3	47.4	8.2	3.8	11.1	7.6
	白云岩	20	0.2	2.7	58.0	8.0	3.0	14.6	5.4
	硅质岩	7	2.5	21.1	89.4	32.5	19.2	31.1	32.5
	板岩	119	2.6	105.4	234.2	103.8	89.4	45.1	103.8
	千枚岩	18	18.2	116.5	195.5	117.5	102.6	48.3	117.5
	片岩	97	0.9	103.9	246.1	102.6	73.0	56.3	102.6
	片麻岩	45	3.3	103.9	232.6	100.9	80.2	55.4	100.9
	变粒岩	12	38.4	97.3	148.7	97.5	90.1	36.2	97.5
	斜长角闪岩	12	5.9	20.6	61.8	23.2	18.3	16.9	23.2
	大理岩	42	0.05	3.6	41.7	5.8	3.1	7.8	5.0
	石英岩	21	0.1	68.9	197.3	76.0	31.5	60.5	76.0

表 7-4　华北克拉通岩石中铷元素不同参数基准数据特征统计　（单位：10^{-6}）

统计项	统计项内容		样品数	最小值	中位数	最大值	算术平均值	几何平均值	标准离差	背景值
三大岩类	沉积岩		1061	0.5	60.1	337.3	65.7	36.7	57.7	63.3
	变质岩		361	0.5	79.4	494.3	93.2	56.3	79.5	85.5
	岩浆岩	侵入岩	571	0.4	107.4	987.8	121.8	89.8	86.9	115.5
		火山岩	217	2.4	91.4	481.5	105.3	77.6	77.1	100.3
地层细分	古近系和新近系		86	5.3	74.2	297.6	70.4	52.1	50.1	65.5
	白垩系		166	3.9	86.4	316.9	95.5	83.5	51.9	87.7
	侏罗系		246	6.9	92.1	481.5	106.3	89.5	62.9	98.4
	三叠系		80	12.1	93.9	232.7	98.9	91.6	38.2	97.2
	二叠系		107	5.3	73.0	221.6	76.4	57.8	49.6	76.4
	石炭系		98	1.3	58.6	222.7	68.5	43.8	51.1	66.9
	泥盆系		1	142.8	142.8	142.8	142.8	142.8		
	志留系		12	2.7	68.2	179.3	80.3	51.6	58.2	80.3
	奥陶系		139	1.9	7.0	337.3	17.7	9.4	36.3	6.9
	寒武系		177	2.6	16.4	278.8	59.7	24.4	73.2	59.7

续表

统计项	统计项内容	样品数	最小值	中位数	最大值	算术平均值	几何平均值	标准离差	背景值
地层细分	元古宇	303	0.5	41.2	494.3	73.9	32.5	84.6	66.9
	太古宇	196	1.0	71.7	426.6	87.6	59.2	74.3	74.4
侵入岩细分	酸性岩	413	1.7	129.1	987.8	143.7	119.2	89.4	137.0
	中性岩	93	0.4	86.9	232.9	83.5	69.9	40.1	80.6
	基性岩	51	0.9	37.8	137.1	40.0	26.1	30.8	38.0
	超基性岩	14	0.5	8.7	103.1	27.2	10.1	37.7	27.2
侵入岩期次	燕山期	201	1.7	119.2	987.8	140.0	114.2	100.1	129.6
	海西期	132	0.5	106.0	309.5	117.4	80.3	75.6	117.4
	加里东期	20	6.2	46.7	169.6	61.5	43.4	46.1	61.5
	印支期	39	5.0	103.1	309.1	105.5	81.3	67.8	100.2
	元古宙	75	0.4	108.1	574.0	117.2	78.0	87.9	111.0
	太古宙	91	5.6	98.0	410.0	109.2	83.8	71.4	105.8
地层岩性	玄武岩	40	2.4	27.7	92.6	34.1	26.9	22.2	34.1
	安山岩	64	14.2	81.9	245.8	80.9	70.3	41.2	78.3
	流纹岩	53	32.8	138.1	481.5	159.0	136.8	89.1	152.8
	火山碎屑岩	14	3.9	111.4	156.0	97.7	74.2	47.0	97.7
	凝灰岩	30	5.7	145.1	299.0	149.5	125.7	71.8	149.5
	粗面岩	15	32.7	106.4	316.9	129.0	106.2	85.8	129.0
	石英砂岩	45	2.7	13.0	77.1	18.7	14.8	15.1	17.4
	长石石英砂岩	103	5.3	69.0	337.3	75.8	61.3	50.0	68.6
	长石砂岩	54	7.5	75.8	244.3	85.7	74.7	46.1	82.7
	砂岩	302	8.9	86.2	222.7	90.8	81.0	40.0	89.1
	粉砂质泥质岩	25	42.1	114.0	278.8	117.9	107.5	53.1	111.2
	钙质泥质岩	32	51.1	116.1	215.2	126.0	118.1	45.0	126.0
	泥质岩	138	5.0	115.9	304.3	120.7	95.5	63.5	120.7
	石灰岩	229	0.5	7.1	104.2	13.7	9.3	15.3	8.2
	白云岩	120	5.0	6.8	56.2	10.4	8.3	9.9	7.3
	泥灰岩	13	46.0	69.6	137.1	74.7	71.3	25.1	74.7
	硅质岩	5	7.9	9.9	101.6	31.9	18.5	40.2	31.9
	板岩	18	8.8	119.0	259.4	120.6	86.3	69.0	120.6
	千枚岩	11	39.1	179.2	315.1	152.4	125.3	85.2	152.4
	片岩	49	6.8	123.3	307.8	131.4	110.3	68.4	131.4
	片麻岩	122	4.1	83.4	426.6	106.9	84.0	75.6	97.9
	变粒岩	66	8.6	98.3	494.3	109.1	79.4	86.6	103.1
	麻粒岩	4	16.3	28.1	74.1	36.6	31.2	25.6	36.6

续表

统计项	统计项内容	样品数	最小值	中位数	最大值	算术平均值	几何平均值	标准离差	背景值
地层岩性	斜长角闪岩	42	5.1	22.2	314.0	44.7	26.3	61.8	30.1
	大理岩	26	0.5	5.0	52.3	8.4	4.1	12.9	4.3
	石英岩	18	4.2	34.5	134.0	39.6	27.3	34.0	39.6

表 7-5　秦祁昆造山带岩石中铷元素不同参数基准数据特征统计　（单位：10^{-6}）

统计项	统计项内容		样品数	最小值	中位数	最大值	算术平均值	几何平均值	标准离差	背景值
三大岩类	沉积岩		510	0.05	59.3	258.1	62.2	34.6	48.3	59.5
	变质岩		393	0.1	100.3	287.0	101.7	68.2	61.6	101.2
	岩浆岩	侵入岩	339	0.1	111.6	589.0	128.2	96.9	84.1	121.5
		火山岩	72	2.5	82.1	300.5	85.4	56.4	65.6	82.4
地层细分	古近系和新近系		61	4.2	67.1	133.9	71.6	61.4	31.5	71.6
	白垩系		85	5.1	72.7	233.8	81.9	67.9	46.9	78.2
	侏罗系		46	11.7	78.5	258.1	86.5	70.5	53.4	82.7
	三叠系		103	2.5	78.9	247.2	82.7	61.5	48.8	81.1
	二叠系		54	0.1	48.4	192.0	62.8	23.9	58.1	62.8
	石炭系		89	0.1	30.6	206.0	50.2	18.2	51.9	50.2
	泥盆系		92	0.05	91.9	300.5	96.4	56.2	68.2	96.4
	志留系		67	4.1	103.3	205.2	105.4	88.0	51.8	105.4
	奥陶系		65	1.3	59.6	194.4	77.0	41.6	65.9	77.0
	寒武系		59	1.3	44.6	275.4	61.8	31.1	59.7	58.1
	元古宇		164	0.2	72.0	277.5	78.5	40.9	63.3	74.8
	太古宇		29	0.3	88.6	264.3	100.4	72.3	58.2	100.4
侵入岩细分	酸性岩		244	16.0	129.0	589.0	148.2	127.6	84.5	140.2
	中性岩		61	16.8	90.1	322.7	99.0	87.5	52.8	91.9
	基性岩		25	2.5	36.3	139.6	47.6	28.4	42.6	47.6
	超基性岩		9	0.1	8.5	14.5	7.2	3.4	5.3	7.2
侵入岩期次	喜马拉雅期		1	189.9	189.9	189.9	189.9	189.9		
	燕山期		70	21.4	133.1	568.0	159.5	137.0	94.1	148.5
	海西期		62	8.7	108.1	271.4	114.7	95.4	60.6	114.7
	加里东期		91	0.1	100.5	589.0	127.7	84.5	95.7	122.6
	印支期		62	16.0	118.8	358.7	136.3	119.6	73.0	132.7
	元古宙		43	2.1	83.0	338.3	85.4	57.1	64.5	79.4
	太古宙		4	8.2	74.5	178.2	83.8	41.1	85.6	83.8
地层岩性	玄武岩		11	2.5	14.6	275.4	55.5	20.0	82.2	55.5
	安山岩		15	11.3	44.1	180.9	62.8	46.4	49.4	62.8

统计项	统计项内容	样品数	最小值	中位数	最大值	算术平均值	几何平均值	标准离差	背景值
地层岩性	流纹岩	24	30.2	114.1	273.3	117.3	104.3	55.8	117.3
	火山碎屑岩	6	24.9	108.0	300.5	124.2	95.0	96.7	124.2
	凝灰岩	14	5.3	65.0	125.9	58.2	39.8	40.8	58.2
	粗面岩	2	85.2	110.7	136.1	110.7	107.7	36.0	110.7
	石英砂岩	14	5.4	31.7	88.5	35.4	27.4	23.5	35.4
	长石石英砂岩	98	1.3	59.4	175.5	64.7	54.7	33.3	61.3
	长石砂岩	23	43.7	87.4	176.3	93.6	89.5	29.1	93.6
	砂岩	202	0.4	69.1	233.8	78.1	64.4	43.0	72.3
	粉砂质泥质岩	8	7.0	132.8	210.9	120.0	91.1	58.6	120.0
	钙质泥质岩	14	13.2	110.4	258.1	113.7	99.7	50.8	113.7
	泥质岩	25	24.3	110.8	206.0	112.2	99.0	50.7	112.2
	石灰岩	89	0.05	5.0	110.3	10.5	5.5	15.5	6.2
	白云岩	32	0.1	5.0	62.4	11.7	3.1	17.3	11.7
	泥灰岩	5	23.6	65.8	94.5	59.4	53.1	28.3	59.4
	硅质岩	9	3.3	6.0	18.8	7.2	6.4	4.5	7.2
	板岩	87	11.7	124.0	247.2	124.6	113.0	46.6	124.6
	千枚岩	47	11.0	118.1	198.1	120.0	108.7	45.0	120.0
	片岩	103	3.2	120.5	287.0	117.2	90.8	59.7	117.2
	片麻岩	79	3.2	96.6	277.5	108.3	92.3	56.0	106.1
	变粒岩	16	6.0	89.0	275.9	109.4	86.2	65.1	109.4
	斜长角闪岩	18	2.5	25.6	65.9	27.9	20.6	19.0	27.9
	大理岩	21	0.1	5.0	36.2	5.3	2.9	7.4	3.7
	石英岩	11	3.7	40.9	74.1	39.8	32.2	20.4	39.8

表 7-6 扬子克拉通岩石中铷元素不同参数基准数据特征统计 （单位：10^{-6}）

统计项	统计项内容		样品数	最小值	中位数	最大值	算术平均值	几何平均值	标准离差	背景值
三大岩类	沉积岩		1716	2.0	57.2	413.1	70.4	32.9	66.3	69.1
	变质岩		139	5.0	114.1	361.5	115.2	86.8	68.5	113.4
	岩浆岩	侵入岩	123	2.9	154.0	554.8	179.3	111.3	142.9	179.3
		火山岩	105	3.0	58.3	354.8	85.5	50.7	79.3	80.4
地层细分	古近系和新近系		27	5.7	74.3	197.8	78.1	64.7	41.9	78.1
	白垩系		123	2.5	78.1	233.3	83.7	67.6	46.5	81.3
	侏罗系		236	5.0	90.1	413.1	99.8	82.8	59.5	93.3
	三叠系		385	2.0	37.3	268.3	57.8	25.5	59.1	57.2
	二叠系		237	2.0	7.3	254.6	29.3	10.4	46.2	18.3

续表

统计项	统计项内容	样品数	最小值	中位数	最大值	算术平均值	几何平均值	标准离差	背景值
地层细分	石炭系	73	2.0	6.7	144.6	25.0	9.0	40.8	25.0
	泥盆系	98	2.0	16.4	237.2	49.1	20.6	61.6	47.2
	志留系	147	2.0	137.6	255.3	134.0	100.9	65.5	134.0
	奥陶系	148	2.3	58.1	338.4	88.1	39.9	88.3	88.1
	寒武系	193	2.0	50.1	254.4	66.9	32.7	63.3	66.9
	元古宇	305	2.0	95.9	361.5	94.5	55.3	70.6	92.9
	太古宇	3	49.4	52.0	129.9	77.1	69.4	45.7	77.1
侵入岩细分	酸性岩	96	5.3	199.7	554.8	217.6	164.4	138.3	217.6
	中性岩	15	19.2	50.4	149.1	60.9	51.3	38.2	60.9
	基性岩	11	2.9	17.6	56.1	23.1	14.0	20.8	23.1
	超基性岩	1	5.0	5.0	5.0	5.0	5.0		
侵入岩期次	燕山期	47	5.3	232.5	554.8	238.8	180.3	144.4	238.8
	海西期	3	5.0	56.1	482.2	181.1	51.3	262.0	181.1
	加里东期	5	14.6	214.2	246.1	167.3	118.4	95.9	167.3
	印支期	17	14.6	167.5	530.6	192.7	134.2	139.9	192.7
	元古宙	44	2.9	64.7	499.4	118.1	67.6	121.7	109.2
	太古宙	1	4.1	4.1	4.1	4.1	4.1		
地层岩性	玄武岩	47	3.0	29.9	110.4	33.6	24.1	24.8	31.9
	安山岩	5	8.6	60.1	98.5	65.1	49.6	36.9	65.1
	流纹岩	14	5.0	109.4	354.8	129.3	83.3	103.7	129.3
	火山碎屑岩	6	14.8	104.0	241.3	110.9	79.1	83.9	110.9
	凝灰岩	30	5.0	135.3	337.8	139.0	113.7	75.4	139.0
	粗面岩	2	192.2	208.0	223.7	208.0	207.4	22.3	208.0
	石英砂岩	55	3.4	10.6	75.6	16.0	12.3	13.9	14.9
	长石石英砂岩	162	2.0	58.1	296.4	64.7	55.3	38.0	59.1
	长石砂岩	108	26.8	92.2	197.8	97.0	90.0	36.3	97.0
	砂岩	359	4.8	93.0	237.9	97.6	86.2	42.8	96.8
	粉砂质泥质岩	7	71.0	128.3	255.3	147.3	137.0	60.5	147.3
	钙质泥质岩	70	46.1	133.6	201.4	138.6	134.6	31.8	138.6
	泥质岩	277	24.8	137.9	413.1	158.1	145.2	58.9	155.8
	石灰岩	461	2.0	5.0	110.5	11.1	6.2	15.5	5.7
	白云岩	194	2.5	6.5	98.3	12.9	8.8	15.7	7.6
	泥灰岩	23	11.6	78.7	127.7	79.7	70.6	34.1	79.7
	硅质岩	18	6.1	15.6	91.4	28.7	19.8	25.7	28.7
	板岩	73	18.9	128.7	267.7	135.3	124.5	50.8	135.3

统计项	统计项内容	样品数	最小值	中位数	最大值	算术平均值	几何平均值	标准离差	背景值
地层岩性	千枚岩	20	70.0	129.0	283.8	146.1	137.8	53.9	146.1
	片岩	18	5.0	87.8	314.2	105.0	76.9	75.4	105.0
	片麻岩	4	12.2	74.0	129.9	72.5	53.0	51.3	72.5
	变粒岩	2	33.5	197.5	361.5	197.5	110.0	231.9	197.5
	斜长角闪岩	2	19.1	34.3	49.4	34.3	30.7	21.4	34.3
	大理岩	1	37.6	37.6	37.6	37.6	37.6		
	石英岩	1	8.9	8.9	8.9	8.9	8.9		

表 7-7   华南造山带岩石中铷元素不同参数基准数据特征统计   （单位：10^{-6}）

统计项	统计项内容		样品数	最小值	中位数	最大值	算术平均值	几何平均值	标准离差	背景值
三大岩类	沉积岩		1016	2.0	93.2	353.1	97.7	48.8	79.4	97.0
	变质岩		172	5.8	135.4	413.8	137.9	110.3	74.4	133.6
	岩浆岩	侵入岩	416	4.8	224.7	1453.9	250.2	219.5	131.0	241.2
		火山岩	147	8.7	173.5	484.9	171.7	133.5	87.4	169.5
地层细分	古近系和新近系		39	8.6	33.4	219.9	70.1	43.9	61.0	70.1
	白垩系		155	15.4	129.4	396.6	141.5	126.4	67.0	136.9
	侏罗系		203	2.6	161.5	484.9	158.8	132.2	77.3	157.2
	三叠系		139	2.0	92.2	323.5	96.9	50.6	73.9	95.3
	二叠系		71	2.0	7.5	315.6	46.0	12.5	71.4	42.1
	石炭系		120	2.0	4.7	217.2	28.6	9.3	46.6	3.7
	泥盆系		216	2.0	49.4	353.1	78.7	31.4	82.3	77.5
	志留系		32	21.1	153.7	322.0	149.7	128.0	73.0	149.7
	奥陶系		57	5.3	136.5	342.9	144.4	120.2	72.0	144.4
	寒武系		145	2.0	117.4	322.6	131.7	93.2	80.3	131.7
	元古宇		132	5.8	130.5	352.4	135.8	117.3	64.6	132.6
	太古宇		3	69.1	103.6	104.6	92.4	90.8	20.2	92.4
侵入岩细分	酸性岩		388	8.4	228.5	1453.9	257.2	230.9	130.9	247.6
	中性岩		22	20.4	176.1	341.2	185.3	168.1	65.9	185.3
	基性岩		5	14.2	25.2	90.9	40.0	30.4	33.0	40.0
	超基性岩		1	4.8	4.8	4.8	4.8	4.8		
侵入岩期次	燕山期		273	48.7	224.4	1107.7	253.9	229.8	122.5	244.6
	海西期		19	14.2	189.3	419.0	208.8	178.0	97.3	208.8
	加里东期		48	91.4	222.9	1453.9	267.1	230.6	202.5	241.9
	印支期		57	8.4	232.4	457.4	243.7	213.5	93.9	243.7
	元古宙		6	4.8	130.0	227.0	115.7	63.0	91.1	115.7

续表

统计项	统计项内容	样品数	最小值	中位数	最大值	算术平均值	几何平均值	标准离差	背景值
	玄武岩	20	8.7	17.6	54.2	20.0	17.9	10.9	18.2
	安山岩	2	123.6	175.0	226.4	175.0	167.3	72.7	175.0
	流纹岩	46	137.6	203.0	484.9	217.5	207.6	73.9	211.5
	火山碎屑岩	1	187.1	187.1	187.1	187.1	187.1		
	凝灰岩	77	20.7	175.8	367.7	183.9	171.0	62.0	183.9
	石英砂岩	62	6.3	26.4	84.1	30.7	25.9	17.1	29.8
	长石石英砂岩	202	8.4	94.7	301.0	99.8	88.8	48.6	92.6
	长石砂岩	95	24.4	123.2	345.6	137.2	126.9	55.9	134.9
	砂岩	215	3.5	118.1	315.6	123.9	108.6	56.6	121.3
	粉砂质泥质岩	7	14.0	161.9	215.5	146.1	115.5	68.6	146.1
	钙质泥质岩	12	40.8	132.6	227.8	137.9	128.1	49.3	137.9
地层岩性	泥质岩	170	5.5	192.3	353.1	191.9	176.7	64.2	191.9
	石灰岩	207	2.0	3.0	121.1	8.3	4.6	14.6	3.9
	白云岩	42	3.2	4.6	27.1	6.1	5.4	4.1	5.5
	泥灰岩	4	49.8	81.9	95.8	77.4	75.1	20.0	77.4
	硅质岩	22	5.8	23.5	163.2	41.5	24.7	41.1	41.5
	板岩	57	20.5	145.4	369.3	151.2	139.0	60.7	147.3
	千枚岩	18	78.5	168.3	267.1	165.6	157.4	52.0	165.6
	片岩	38	58.4	147.5	413.8	161.1	148.0	72.2	154.3
	片麻岩	12	19.6	174.7	352.4	183.0	145.3	107.1	183.0
	变粒岩	16	69.3	133.4	223.0	132.9	127.1	41.5	132.9
	斜长角闪岩	2	51.6	58.7	65.7	58.7	58.2	10.0	58.7
	石英岩	7	39.2	102.3	161.6	91.2	81.1	45.1	91.2

表 7-8　塔里木克拉通岩石中铷元素不同参数基准数据特征统计（单位：10^{-6}）

统计项	统计项内容		样品数	最小值	中位数	最大值	算术平均值	几何平均值	标准离差	背景值
	沉积岩		160	0.4	39.8	207.4	47.9	23.8	42.5	43.8
三大岩类	变质岩		42	0.2	44.5	325.6	71.9	26.8	83.4	65.7
	岩浆岩	侵入岩	34	11.6	119.8	444.2	127.6	95.6	95.7	118.0
		火山岩	2	20.2	29.3	38.4	29.3	27.8	12.9	29.3
	古近系和新近系		29	7.6	54.5	103.9	55.8	46.5	29.7	55.8
	白垩系		11	14.5	58.0	156.3	60.8	48.2	43.4	60.8
地层细分	侏罗系		18	2.7	63.7	207.4	71.2	55.7	43.9	63.2
	三叠系		3	68.3	78.2	161.0	102.5	95.1	50.9	102.5
	二叠系		12	6.2	34.6	173.6	51.5	34.6	48.8	51.5

续表

统计项	统计项内容	样品数	最小值	中位数	最大值	算术平均值	几何平均值	标准离差	背景值
地层细分	石炭系	19	0.4	3.7	176.4	25.7	6.0	47.3	17.3
	泥盆系	18	2.3	44.8	140.6	50.4	33.2	36.5	50.4
	志留系	10	0.8	72.0	141.8	75.6	47.7	44.6	75.6
	奥陶系	10	2.4	10.5	125.4	27.8	13.0	38.6	27.8
	寒武系	17	0.5	2.0	73.0	11.4	3.0	20.1	7.5
	元古宇	26	0.2	49.7	325.6	75.6	33.5	87.3	75.6
	太古宇	6	0.4	7.3	243.7	60.8	10.1	98.1	60.8
侵入岩细分	酸性岩	30	11.6	126.2	444.2	138.3	109.0	96.4	127.8
	中性岩	2	70.8	77.2	83.6	77.2	76.9	9.1	77.2
	基性岩	2	13.6	16.9	20.1	16.9	16.5	4.6	16.9
侵入岩期次	海西期	16	11.6	129.8	405.3	135.0	105.2	92.0	135.0
	加里东期	4	44.8	62.1	121.2	72.5	67.5	33.6	72.5
	元古宙	11	13.6	139.3	444.2	151.9	104.6	118.8	151.9
	太古宙	2	33.6	58.6	83.6	58.6	53.0	35.3	58.6
地层岩性	玄武岩	1	20.2	20.2	20.2	20.2	20.2		
	流纹岩	1	38.4	38.4	38.4	38.4	38.4		
	石英砂岩	2	2.7	3.2	3.7	3.2	3.2	0.7	3.2
	长石石英砂岩	26	11.3	59.9	98.3	56.4	50.0	23.6	56.4
	长石砂岩	3	59.5	161.0	176.4	132.3	119.1	63.5	132.3
	砂岩	62	3.8	59.1	173.6	64.8	51.6	37.7	64.8
	钙质泥质岩	7	60.7	97.5	156.3	97.8	94.2	29.9	97.8
	泥质岩	2	38.1	122.7	207.4	122.7	88.8	119.8	122.7
	石灰岩	50	0.4	4.1	54.5	10.4	4.5	14.0	9.5
	白云岩	2	4.9	14.8	24.7	14.8	10.9	14.0	14.8
	冰碛岩	5	28.4	41.0	94.1	48.4	43.9	26.5	48.4
	千枚岩	1	102.6	102.6	102.6	102.6	102.6		
	片岩	11	20.2	104.9	130.4	87.4	76.5	38.0	87.4
	片麻岩	12	4.5	80.3	270.3	121.6	71.5	98.3	121.6
	斜长角闪岩	7	3.4	8.9	33.6	17.5	12.7	13.6	17.5
	大理岩	10	0.2	5.0	10.5	4.7	3.0	3.1	4.7
	石英岩	1	325.6	325.6	325.6	325.6	325.6		

表 7-9 松潘–甘孜造山带岩石中铷元素不同参数基准数据特征统计（单位：10^{-6}）

统计项	统计项内容		样品数	最小值	中位数	最大值	算术平均值	几何平均值	标准离差	背景值
三大岩类	沉积岩		237	0.3	62.7	223.1	61.9	40.6	41.9	60.0
	变质岩		189	2.7	123.1	289.5	120.0	98.0	58.5	120.0
	岩浆岩	侵入岩	69	3.6	115.0	480.1	136.2	88.7	102.6	131.2
		火山岩	20	4.7	69.9	301.3	82.8	60.1	66.6	71.3
地层细分	古近系和新近系		18	6.3	50.5	108.5	52.1	43.1	27.8	52.1
	白垩系		1	7.0	7.0	7.0	7.0	7.0		
	侏罗系		3	3.7	17.6	65.0	28.8	16.2	32.1	28.8
	三叠系		258	1.3	83.3	235.0	93.6	72.0	51.8	93.6
	二叠系		37	0.3	63.2	223.1	61.1	32.6	49.7	56.6
	石炭系		10	3.3	24.5	136.7	47.2	22.2	51.0	47.2
	泥盆系		27	1.6	51.8	247.4	77.0	35.7	73.6	77.0
	志留系		33	2.7	81.9	213.9	87.2	51.2	66.0	87.2
	奥陶系		8	9.2	127.9	211.6	116.9	76.7	86.1	116.9
	寒武系		12	7.6	106.7	219.2	118.5	94.9	61.4	118.5
	元古宇		34	5.0	72.0	289.5	90.2	67.2	66.1	84.2
侵入岩细分	酸性岩		48	12.6	140.5	480.1	159.8	129.0	96.7	153.0
	中性岩		15	3.6	94.6	400.4	110.3	64.5	102.5	110.3
	基性岩		1	29.0	29.0	29.0	29.0	29.0		
	超基性岩		5	4.3	5.7	16.6	9.2	7.9	5.7	9.2
侵入岩期次	燕山期		25	3.6	178.2	480.1	197.1	145.2	117.4	197.1
	海西期		8	4.3	34.4	201.7	61.1	29.4	68.8	61.1
	印支期		19	44.9	126.2	340.5	136.6	120.9	70.8	136.6
	元古宙		12	4.4	51.4	190.8	62.0	42.8	51.7	62.0
	太古宙		1	5.4	5.4	5.4	5.4	5.4		
地层岩性	玄武岩		7	4.7	30.8	42.7	29.0	23.8	14.3	29.0
	安山岩		1	44.1	44.1	44.1	44.1	44.1		
	流纹岩		7	51.8	99.1	146.7	95.9	90.5	33.9	95.9
	凝灰岩		3	85.1	99.1	100.4	94.9	94.6	8.5	94.9
	粗面岩		2	152.7	227.0	301.3	227.0	214.5	105.1	227.0
	石英砂岩		2	23.6	25.8	27.9	25.8	25.7	3.0	25.8
	长石石英砂岩		29	21.5	55.2	108.5	56.8	53.1	20.4	56.8
	长石砂岩		20	21.2	65.6	128.1	70.6	64.9	29.3	70.6
	砂岩		129	9.4	73.9	184.7	73.7	64.9	33.8	72.9
	粉砂质泥质岩		4	74.6	129.2	223.1	139.0	126.4	68.5	139.0

续表

统计项	统计项内容	样品数	最小值	中位数	最大值	算术平均值	几何平均值	标准离差	背景值
地层岩性	钙质泥质岩	3	83.0	104.3	137.3	108.2	105.9	27.4	108.2
	泥质岩	4	100.4	149.8	213.9	153.5	148.0	47.0	153.5
	石灰岩	35	1.3	3.7	104.0	12.2	5.5	21.3	9.5
	白云岩	11	0.3	5.9	28.5	10.5	6.8	8.6	10.5
	硅质岩	2	29.4	38.9	48.3	38.9	37.7	13.4	38.9
	板岩	118	9.2	135.3	289.5	128.5	114.0	52.2	127.2
	千枚岩	29	34.6	106.1	247.4	130.0	114.7	61.8	130.0
	片岩	29	9.0	95.9	237.2	103.1	82.2	59.0	103.1
	片麻岩	2	73.1	134.5	195.9	134.5	119.7	86.8	134.5
	变粒岩	3	25.1	107.4	177.1	103.2	78.2	76.1	103.2
	大理岩	5	2.7	5.4	9.2	5.6	5.1	2.8	5.6
	石英岩	1	73.3	73.3	73.3	73.3	73.3		

表 7-10　西藏-三江造山带岩石中铷元素不同参数基准数据特征统计（单位：10^{-6}）

统计项	统计项内容		样品数	最小值	中位数	最大值	算术平均值	几何平均值	标准离差	背景值
三大岩类	沉积岩		702	0.8	50.6	396.0	72.3	35.5	69.3	67.0
	变质岩		139	2.1	120.4	408.8	113.0	76.3	75.0	109.1
	岩浆岩	侵入岩	165	0.9	136.7	717.1	157.3	96.5	118.9	149.0
		火山岩	81	2.4	87.6	341.8	91.7	52.6	74.8	83.0
地层细分	古近系和新近系		115	1.7	68.0	316.2	79.0	49.7	62.2	77.0
	白垩系		142	1.2	52.7	341.8	72.5	41.1	67.8	62.8
	侏罗系		199	1.2	47.4	379.8	74.7	35.3	71.2	70.8
	三叠系		142	0.8	52.6	359.2	64.2	33.3	57.4	62.1
	二叠系		80	1.0	51.2	408.8	71.7	29.7	79.4	63.7
	石炭系		107	1.3	65.4	308.3	86.5	37.7	81.2	86.5
	泥盆系		23	2.8	65.6	247.6	90.7	54.2	72.5	90.7
	志留系		8	26.3	198.3	251.0	166.1	130.8	85.8	166.1
	奥陶系		9	26.3	163.3	396.0	173.1	143.0	101.9	173.1
	寒武系		16	6.9	164.4	309.9	147.9	103.6	85.5	147.9
	元古宇		36	26.1	119.9	295.7	110.8	89.4	66.8	110.8
	太古宇		1	61.0	61.0	61.0	61.0	61.0		
侵入岩细分	酸性岩		122	15.5	164.2	717.1	191.4	160.9	113.1	181.1
	中性岩		22	21.6	81.4	300.1	91.3	72.6	64.1	81.4
	基性岩		11	3.5	28.1	318.0	51.6	23.4	89.9	51.6
	超基性岩		10	0.9	1.6	5.0	1.9	1.7	1.2	1.9

续表

统计项	统计项内容	样品数	最小值	中位数	最大值	算术平均值	几何平均值	标准离差	背景值
侵入岩期次	喜马拉雅期	26	15.5	141.1	394.2	150.5	108.5	107.4	150.5
	燕山期	107	0.9	134.2	717.1	162.5	99.2	128.2	149.8
	海西期	4	100.6	144.9	226.8	154.3	147.9	52.7	154.3
	加里东期	6	8.0	124.8	274.5	142.9	94.0	99.0	142.9
	印支期	14	1.1	167.9	308.9	126.5	44.2	102.1	126.5
	元古宙	5	54.8	133.5	242.4	148.0	126.8	84.6	148.0
地层岩性	玄武岩	16	2.4	10.8	47.4	14.7	9.8	14.2	14.7
	安山岩	11	3.0	82.4	169.6	75.9	46.0	53.6	75.9
	流纹岩	27	3.6	111.5	329.0	124.8	89.8	78.7	124.8
	火山碎屑岩	7	2.5	166.2	201.9	148.1	93.5	67.9	148.1
	凝灰岩	18	38.0	85.1	148.2	82.6	78.1	27.5	82.6
	粗面岩	1	341.8	341.8	341.8	341.8	341.8		
	石英砂岩	33	3.0	25.3	171.4	30.6	22.1	31.2	26.2
	长石石英砂岩	150	5.7	52.2	345.7	64.4	52.5	47.8	52.9
	长石砂岩	47	7.8	128.5	396.0	145.1	114.8	88.2	145.1
	砂岩	179	2.0	87.1	293.9	95.6	75.2	59.0	94.4
	粉砂质泥质岩	24	47.0	127.6	379.8	143.6	127.8	72.2	133.3
	钙质泥质岩	22	18.2	120.4	207.2	108.5	86.3	60.9	108.5
	泥质岩	50	11.6	145.5	309.9	150.1	132.4	61.2	150.1
	石灰岩	173	0.8	4.3	130.0	14.0	6.0	22.4	3.6
	白云岩	20	1.3	4.7	10.3	4.6	3.9	2.4	4.6
	泥灰岩	4	55.6	65.7	94.0	70.2	68.5	18.3	70.2
	硅质岩	5	6.6	58.5	87.2	50.9	36.4	34.4	50.9
	板岩	53	3.1	122.1	408.8	116.7	87.2	76.3	111.1
	千枚岩	6	69.5	138.7	216.6	139.1	130.8	50.9	139.1
	片岩	35	3.4	140.5	353.3	146.1	119.0	62.5	140.0
	片麻岩	13	44.1	131.7	245.1	128.6	113.4	62.9	128.6
	麻粒岩	4	2.1	120.9	295.7	134.9	51.8	129.1	134.9
	斜长角闪岩	5	4.4	6.8	28.3	11.3	8.9	9.8	11.3
	大理岩	3	3.7	5.7	36.3	15.2	9.1	18.3	15.2
	石英岩	15	5.8	35.1	154.8	67.2	43.0	56.4	67.2

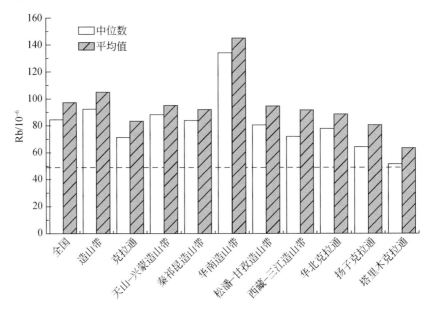

图 7-1 全国及一级大地构造单元岩石铷含量柱状图

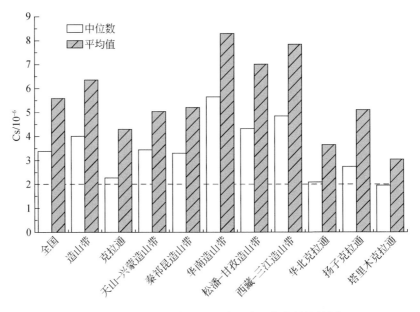

图 7-2 全国及一级大地构造单元岩石铯含量柱状图

表 7-11 天山–兴蒙造山带岩石中铯元素不同参数基准数据特征统计（单位：10^{-6}）

统计项	统计项内容		样品数	最小值	中位数	最大值	算术平均值	几何平均值	标准离差	背景值
三大岩类	沉积岩		807	0.04	3.45	79.05	4.75	3.07	5.24	3.85
	变质岩		373	0.04	4.07	40.40	5.59	3.40	5.49	4.91
	岩浆岩	侵入岩	917	0.04	3.47	40.32	4.63	3.33	4.37	3.65
		火山岩	823	0.13	3.13	405.29	5.64	2.99	16.61	3.40

续表

统计项	统计项内容	样品数	最小值	中位数	最大值	算术平均值	几何平均值	标准离差	背景值
地层细分	古近系和新近系	153	0.13	2.35	31.90	3.55	2.17	3.90	3.19
	白垩系	203	0.65	3.59	40.29	5.47	3.95	5.69	3.81
	侏罗系	411	0.21	4.40	405.29	7.76	4.67	22.18	4.94
	三叠系	32	1.32	4.53	24.29	6.80	4.98	5.73	6.24
	二叠系	275	0.06	4.37	88.63	6.10	3.92	8.24	4.98
	石炭系	353	0.04	1.99	51.83	3.38	2.02	4.41	2.63
	泥盆系	238	0.29	2.50	29.10	3.92	2.31	4.35	3.08
	志留系	81	0.37	3.22	79.05	4.93	2.93	8.99	4.00
	奥陶系	111	0.06	3.90	31.83	5.49	3.44	5.27	4.85
	寒武系	13	0.07	2.15	12.06	2.65	1.27	3.15	2.65
	元古宇	145	0.09	3.35	40.40	4.29	2.50	4.62	4.04
	太古宇	6	0.63	1.25	2.92	1.49	1.28	0.89	1.49
侵入岩细分	酸性岩	736	0.31	3.75	40.32	5.03	3.78	4.55	3.97
	中性岩	110	0.33	3.09	27.84	3.79	2.96	3.34	3.40
	基性岩	58	0.21	1.13	10.35	1.95	1.34	2.00	1.80
	超基性岩	13	0.04	0.52	4.35	0.80	0.41	1.13	0.51
侵入岩期次	燕山期	240	0.58	3.84	33.76	5.04	4.06	4.30	4.13
	海西期	534	0.04	3.41	40.32	4.58	3.13	4.54	3.66
	加里东期	37	0.44	3.44	12.76	4.00	3.04	3.11	4.00
	印支期	29	0.76	3.58	22.65	4.96	3.59	4.66	4.33
	元古宙	57	0.53	2.74	15.17	3.42	2.70	2.58	3.21
	太古宙	1	1.28	1.28	1.28	1.28	1.28		
地层岩性	玄武岩	96	0.18	0.91	88.63	3.37	1.20	11.01	0.95
	安山岩	181	0.13	2.16	40.29	3.80	2.31	5.31	2.51
	流纹岩	206	0.32	3.84	161.47	5.76	3.60	12.03	5.00
	火山碎屑岩	54	0.29	4.05	405.29	13.60	3.94	55.29	6.21
	凝灰岩	260	0.25	4.27	81.40	6.16	4.14	7.18	4.96
	粗面岩	21	0.70	3.37	7.89	3.60	2.75	2.41	3.60
	石英砂岩	8	0.95	2.05	3.83	2.33	2.09	1.09	2.33
	长石石英砂岩	118	0.87	3.05	24.52	4.23	3.42	3.42	3.86
	长石砂岩	108	0.56	3.83	21.38	4.52	3.64	3.24	3.86
	砂岩	396	0.35	3.60	79.05	4.99	3.36	5.90	3.92
	粉砂质泥质岩	31	0.42	7.57	31.90	9.28	7.25	6.33	8.52
	钙质泥质岩	14	2.49	8.05	16.90	8.27	7.29	4.07	8.27
	泥质岩	46	1.18	7.14	29.55	8.08	6.46	6.17	6.68

续表

统计项	统计项内容	样品数	最小值	中位数	最大值	算术平均值	几何平均值	标准离差	背景值
地层岩性	石灰岩	66	0.04	0.59	5.24	0.90	0.66	0.90	0.68
	白云岩	20	0.06	0.48	7.41	0.96	0.51	1.59	0.62
	硅质岩	7	0.48	1.85	6.79	2.80	1.90	2.36	2.80
	板岩	119	0.52	6.83	35.87	8.13	6.24	5.99	7.40
	千枚岩	18	0.96	7.65	16.11	7.73	6.24	4.24	7.73
	片岩	97	0.33	5.54	40.40	6.35	4.36	5.61	6.00
	片麻岩	45	0.36	3.45	11.05	3.74	2.91	2.61	3.74
	变粒岩	12	1.10	3.05	6.90	3.65	3.09	2.07	3.65
	斜长角闪岩	12	0.57	1.23	2.80	1.40	1.26	0.67	1.40
	大理岩	42	0.04	0.70	3.23	0.96	0.69	0.79	0.96
	石英岩	21	0.09	2.05	31.83	3.52	1.54	6.68	2.10

表 7-12　华北克拉通岩石中铯元素不同参数基准数据特征统计 （单位：10^{-6}）

统计项	统计项内容		样品数	最小值	中位数	最大值	算术平均值	几何平均值	标准离差	背景值
三大岩类	沉积岩		1061	0.10	2.10	37.75	3.98	2.35	4.74	2.89
	变质岩		361	0.06	1.92	29.42	3.67	2.11	4.26	2.27
	岩浆岩	侵入岩	571	0.04	2.09	70.65	3.21	2.08	4.91	2.25
		火山岩	217	0.11	2.28	22.71	3.22	2.22	3.04	2.72
地层细分	古近系和新近系		86	0.11	2.76	14.87	3.93	2.34	3.50	3.80
	白垩系		166	0.11	2.74	33.94	4.30	3.00	4.71	2.84
	侏罗系		246	0.27	3.30	37.75	4.70	3.28	4.82	3.95
	三叠系		80	0.66	3.12	16.85	4.30	3.42	3.20	4.14
	二叠系		107	0.36	3.43	22.75	4.20	3.09	3.56	3.71
	石炭系		98	0.26	3.36	37.70	5.74	3.38	6.38	4.96
	泥盆系		1	1.68	1.68	1.68	1.68	1.68		
	志留系		12	0.63	4.17	9.20	4.43	3.16	3.07	4.43
	奥陶系		139	0.10	0.84	20.79	1.49	1.01	2.60	0.82
	寒武系		177	0.30	1.38	23.44	4.21	2.13	5.25	3.82
	元古宇		303	0.10	1.44	29.42	3.80	1.98	4.90	2.48
	太古宇		196	0.14	1.66	14.32	2.50	1.75	2.30	2.05
侵入岩细分	酸性岩		413	0.04	2.17	54.23	3.40	2.28	4.49	2.47
	中性岩		93	0.05	2.07	18.99	2.50	1.84	2.34	2.23
	基性岩		51	0.05	1.36	70.65	3.27	1.41	9.79	1.92
	超基性岩		14	0.06	0.95	7.56	2.04	1.19	2.20	2.04

续表

统计项	统计项内容	样品数	最小值	中位数	最大值	算术平均值	几何平均值	标准离差	背景值
侵入岩期次	燕山期	201	0.31	2.25	27.21	3.14	2.42	3.06	2.49
	海西期	132	0.05	2.65	70.65	4.39	2.35	7.66	3.03
	加里东期	20	0.04	1.16	10.45	2.02	0.97	2.49	1.58
	印支期	39	0.61	2.34	13.93	3.36	2.47	2.95	3.08
	元古宙	75	0.05	1.80	15.26	2.48	1.81	2.44	1.99
	太古宙	91	0.07	1.50	8.34	1.85	1.43	1.42	1.53
地层岩性	玄武岩	40	0.11	0.88	3.57	1.12	0.84	0.85	1.12
	安山岩	64	0.69	1.82	22.71	3.29	2.27	3.57	2.98
	流纹岩	53	0.94	3.55	17.58	4.23	3.31	3.25	3.98
	火山碎屑岩	14	1.20	2.88	6.66	3.04	2.72	1.50	3.04
	凝灰岩	30	0.52	3.44	12.47	4.32	3.46	2.96	4.32
	粗面岩	15	0.31	2.48	9.16	2.90	2.16	2.14	2.90
	石英砂岩	45	0.36	0.98	6.39	1.30	1.09	1.10	0.98
	长石石英砂岩	103	0.27	2.02	37.70	3.15	2.14	4.92	2.22
	长石砂岩	54	0.12	2.15	28.91	3.88	2.55	4.97	3.41
	砂岩	302	0.11	3.40	31.86	4.76	3.56	4.03	4.32
	粉砂质泥质岩	25	2.68	5.57	33.94	8.04	6.43	6.83	6.96
	钙质泥质岩	32	1.45	8.37	23.44	9.32	7.98	4.92	9.32
	泥质岩	138	0.83	8.42	37.75	8.95	7.05	5.84	8.74
	石灰岩	229	0.10	0.87	4.72	1.19	1.02	0.76	0.97
	白云岩	120	0.50	0.76	6.92	0.98	0.87	0.76	0.78
	泥灰岩	13	3.09	4.06	16.59	5.31	4.69	3.62	4.37
	硅质岩	5	0.71	1.00	4.64	1.66	1.24	1.68	1.66
	板岩	18	0.45	7.85	20.79	7.30	4.95	5.17	7.30
	千枚岩	11	0.31	9.05	26.14	9.55	5.91	7.95	9.55
	片岩	49	0.64	6.61	29.42	7.58	5.41	5.81	7.13
	片麻岩	122	0.24	1.79	14.32	2.81	1.99	2.61	2.33
	变粒岩	66	0.14	2.16	20.82	3.61	2.46	3.72	3.35
	麻粒岩	4	0.70	2.16	4.74	2.44	1.87	1.86	2.44
	斜长角闪岩	42	0.06	1.13	8.78	1.68	1.20	1.56	1.50
	大理岩	26	0.10	0.70	4.39	0.83	0.52	0.92	0.68
	石英岩	18	0.14	1.00	3.24	1.41	1.05	0.97	1.41

表 7-13 秦祁昆造山带岩石中铯元素不同参数基准数据特征统计（单位：10^{-6}）

统计项	统计项内容		样品数	最小值	中位数	最大值	算术平均值	几何平均值	标准离差	背景值
三大岩类	沉积岩		510	0.01	2.72	66.75	4.59	2.50	6.54	3.29
	变质岩		393	0.21	5.09	32.06	5.84	3.77	4.87	5.36
	岩浆岩	侵入岩	339	0.29	3.47	67.96	5.86	3.50	8.43	3.86
		火山岩	72	0.21	2.62	22.71	3.83	2.43	4.04	2.94
地层细分	古近系和新近系		61	0.65	4.28	66.75	6.73	4.46	8.97	5.73
	白垩系		85	0.55	4.09	36.51	5.85	4.03	6.07	4.54
	侏罗系		46	0.86	3.53	65.85	8.17	4.27	12.90	4.35
	三叠系		103	0.27	4.93	32.06	5.49	3.94	4.48	5.07
	二叠系		54	0.05	2.03	19.83	3.80	1.95	4.24	3.50
	石炭系		89	0.02	1.84	37.36	3.80	1.61	5.07	3.42
	泥盆系		92	0.01	5.18	28.73	6.17	3.59	5.44	5.92
	志留系		67	0.51	5.56	14.64	6.05	4.79	3.75	6.05
	奥陶系		65	0.21	2.64	12.24	4.18	2.47	3.68	4.18
	寒武系		59	0.28	2.00	20.53	3.42	2.04	3.96	3.13
	元古宇		164	0.09	2.49	26.67	4.33	2.53	4.80	3.57
	太古宇		29	0.30	1.58	18.33	3.14	1.98	3.86	2.60
侵入岩细分	酸性岩		244	0.45	3.90	67.96	6.82	4.20	9.49	4.29
	中性岩		61	0.64	2.63	26.99	4.17	2.89	4.26	3.79
	基性岩		25	0.39	1.55	5.54	1.95	1.47	1.47	1.95
	超基性岩		9	0.29	1.09	9.75	2.14	1.10	3.05	2.14
侵入岩期次	喜马拉雅期		1	6.61	6.61	6.61	6.61	6.61		
	燕山期		70	0.74	2.33	67.96	5.50	2.88	10.74	2.77
	海西期		62	0.45	4.08	34.38	5.41	4.11	4.85	4.94
	加里东期		91	0.29	3.80	65.79	6.47	4.19	8.14	5.81
	印支期		62	0.66	4.72	45.85	8.22	5.01	10.72	4.32
	元古宙		43	0.29	1.36	20.81	2.85	1.64	4.16	2.02
	太古宙		4	0.60	1.34	2.80	1.52	1.31	0.94	1.52
地层岩性	玄武岩		11	0.21	0.96	14.69	3.28	1.40	4.59	3.28
	安山岩		15	0.26	1.77	13.33	3.15	1.92	3.75	3.15
	流纹岩		24	1.32	2.94	22.71	4.34	3.26	4.37	3.54
	火山碎屑岩		6	1.08	3.84	17.64	5.59	3.47	6.24	5.59
	凝灰岩		14	0.25	3.05	7.89	3.46	2.41	2.45	3.46
	粗面岩		2	2.66	3.32	3.98	3.32	3.26	0.93	3.32
	石英砂岩		14	0.27	1.39	2.30	1.30	1.14	0.60	1.30
	长石石英砂岩		98	0.28	2.27	11.71	2.71	2.31	1.77	2.41

续表

统计项	统计项内容	样品数	最小值	中位数	最大值	算术平均值	几何平均值	标准离差	背景值
	长石砂岩	23	1.49	4.09	10.69	4.43	3.74	2.69	4.43
	砂岩	202	0.06	4.47	65.85	6.20	4.36	7.39	4.72
	粉砂质泥质岩	8	1.16	8.53	22.60	10.38	7.58	7.57	10.38
	钙质泥质岩	14	1.85	10.95	66.75	15.17	11.25	15.80	11.20
	泥质岩	25	1.21	9.54	37.36	10.15	7.66	7.47	9.01
	石灰岩	89	0.01	0.86	8.17	1.23	0.75	1.47	0.89
	白云岩	32	0.02	0.67	2.18	0.78	0.46	0.62	0.78
	泥灰岩	5	0.81	4.53	5.89	3.82	3.11	2.13	3.82
地层岩性	硅质岩	9	0.21	0.68	1.24	0.66	0.60	0.29	0.66
	板岩	87	0.50	8.37	32.06	8.49	7.27	4.49	8.22
	千枚岩	47	0.87	7.24	13.12	6.81	5.89	3.05	6.81
	片岩	103	0.61	6.26	26.67	7.00	5.10	5.14	6.49
	片麻岩	79	0.35	2.29	23.22	4.60	2.75	5.17	3.73
	变粒岩	16	1.18	3.92	9.72	4.05	3.11	2.86	4.05
	斜长角闪岩	18	0.42	1.89	6.12	2.10	1.64	1.48	2.10
	大理岩	21	0.28	0.67	2.73	0.71	0.60	0.54	0.61
	石英岩	11	0.45	2.69	4.06	2.42	2.00	1.15	2.42

表 7-14 扬子克拉通岩石中铯元素不同参数基准数据特征统计 （单位：10^{-6}）

统计项	统计项内容		样品数	最小值	中位数	最大值	算术平均值	几何平均值	标准离差	背景值
三大岩类	沉积岩		1716	0.17	2.45	38.86	4.65	2.55	5.03	4.10
	变质岩		139	0.54	6.45	25.58	7.04	5.25	4.97	6.55
	岩浆岩	侵入岩	123	0.24	3.66	79.37	10.66	4.55	15.08	6.38
		火山岩	105	0.33	1.92	34.40	4.00	2.06	5.54	2.81
地层细分	古近系和新近系		27	0.52	6.67	36.90	7.99	5.39	7.38	6.88
	白垩系		123	0.49	4.89	38.86	6.44	4.54	6.11	5.50
	侏罗系		236	0.43	5.16	36.13	6.12	4.61	4.89	5.63
	三叠系		385	0.42	1.60	21.65	3.46	1.96	4.11	1.53
	二叠系		237	0.33	0.76	30.99	2.32	1.10	4.50	0.72
	石炭系		73	0.37	0.94	30.40	2.61	1.25	4.67	0.83
	泥盆系		98	0.35	1.04	24.04	3.34	1.65	4.52	3.12
	志留系		147	0.40	8.41	23.22	7.93	6.16	4.20	7.83
	奥陶系		148	0.49	2.43	28.01	5.33	2.73	5.90	5.18
	寒武系		193	0.42	2.27	22.15	4.00	2.34	3.89	3.90
	元古宇		305	0.17	4.84	25.58	5.90	3.63	5.09	5.44
	太古宇		3	1.54	1.73	2.35	1.87	1.85	0.42	1.87

统计项	统计项内容	样品数	最小值	中位数	最大值	算术平均值	几何平均值	标准离差	背景值
侵入岩细分	酸性岩	96	0.24	5.58	79.37	12.12	5.84	15.49	9.02
	中性岩	15	0.91	1.29	60.13	8.34	2.60	16.21	4.64
	基性岩	11	0.41	1.41	7.42	1.97	1.39	1.99	1.97
	超基性岩	1	0.36	0.36	0.36	0.36	0.36		
	燕山期	47	0.41	7.87	79.37	15.18	7.96	18.45	10.48
	海西期	3	0.36	1.41	47.75	16.50	2.88	27.07	16.50
	加里东期	5	0.24	9.02	18.10	8.74	4.79	6.46	8.74
	印支期	17	0.49	3.40	34.53	8.39	4.02	9.80	8.39
	元古宙	44	0.41	1.59	41.42	6.42	2.72	9.83	5.60
	太古宙	1	0.70	0.70	0.70	0.70	0.70		
地层岩性	玄武岩	47	0.33	0.76	24.79	1.62	0.92	3.73	1.12
	安山岩	5	0.87	4.44	5.16	3.57	3.03	1.73	3.57
	流纹岩	14	0.51	4.06	12.94	4.88	3.92	3.15	4.88
	火山碎屑岩	6	0.37	1.69	7.32	3.22	1.99	3.14	3.22
	凝灰岩	30	0.50	5.60	34.40	7.76	5.18	7.51	6.84
	粗面岩	2	1.92	2.37	2.82	2.37	2.33	0.63	2.37
	石英砂岩	55	0.37	0.86	7.80	1.07	0.89	1.03	0.95
	长石石英砂岩	162	0.40	2.39	29.35	3.69	2.72	3.86	2.91
	长石砂岩	108	0.92	5.82	38.86	6.48	5.06	5.10	5.88
	砂岩	359	0.38	5.44	36.90	6.05	4.76	4.43	5.47
	粉砂质泥质岩	7	3.53	9.63	30.99	12.24	10.19	8.80	12.24
	钙质泥质岩	70	2.62	10.32	17.84	9.88	9.13	3.52	9.88
	泥质岩	277	1.37	10.01	36.13	10.29	8.97	5.05	10.00
	石灰岩	461	0.39	0.80	22.15	1.10	0.90	1.31	0.84
	白云岩	194	0.17	0.67	10.35	0.98	0.79	1.02	0.65
	泥灰岩	23	1.06	5.11	17.18	5.22	4.38	3.38	4.67
	硅质岩	18	0.55	1.70	8.80	2.42	1.88	1.97	2.04
	板岩	73	1.32	8.11	25.24	8.54	7.51	4.30	8.11
	千枚岩	20	3.15	7.84	21.11	8.77	7.83	4.57	8.77
	片岩	18	0.54	2.90	16.56	5.05	3.52	4.53	5.05
	片麻岩	4	0.86	1.64	6.55	2.67	1.97	2.61	2.67
	变粒岩	2	1.65	13.61	25.58	13.61	6.50	16.92	13.61
	斜长角闪岩	2	1.10	1.73	2.35	1.73	1.61	0.88	1.73
	大理岩	1	2.86	2.86	2.86	2.86	2.86		
	石英岩	1	0.81	0.81	0.81	0.81	0.81		

表 7-15 华南造山带岩石中铯元素不同参数基准数据特征统计 （单位：10^{-6}）

统计项	统计项内容		样品数	最小值	中位数	最大值	算术平均值	几何平均值	标准离差	背景值
三大岩类	沉积岩		1016	0.07	5.27	233.70	7.77	4.09	11.40	5.97
	变质岩		172	0.37	7.11	331.66	10.79	6.65	26.31	8.91
	岩浆岩	侵入岩	416	0.60	6.57	64.21	9.36	6.52	8.97	7.44
		火山岩	147	0.38	4.47	29.72	5.74	3.95	4.88	4.92
地层细分	古近系和新近系		39	0.38	3.56	25.20	6.27	2.61	6.89	6.27
	白垩系		155	0.54	8.10	122.38	12.44	8.35	13.83	9.02
	侏罗系		203	0.39	5.43	47.95	7.94	5.59	7.64	6.52
	三叠系		139	0.54	6.07	36.34	7.23	4.46	6.31	6.59
	二叠系		71	0.52	1.42	33.71	4.65	1.99	7.08	2.32
	石炭系		120	0.07	0.77	19.18	2.63	1.22	3.94	0.78
	泥盆系		216	0.11	2.88	46.24	6.05	2.95	7.28	4.86
	志留系		32	1.74	7.13	15.38	7.67	6.62	3.74	7.67
	奥陶系		57	0.88	7.10	66.66	8.82	6.49	9.32	7.78
	寒武系		145	0.08	5.48	89.66	7.57	5.16	9.36	6.41
	元古宇		132	0.50	7.38	233.70	10.61	7.26	20.90	8.91
	太古宇		3	1.81	3.60	5.43	3.61	3.28	1.81	3.61
侵入岩细分	酸性岩		388	0.60	7.23	64.21	9.68	6.77	9.16	7.64
	中性岩		22	1.18	5.30	17.69	5.72	4.74	3.62	5.15
	基性岩		5	1.71	1.97	3.04	2.27	2.22	0.58	2.27
	超基性岩		1	0.75	0.75	0.75	0.75	0.75		
侵入岩期次	燕山期		273	0.91	4.96	64.21	7.70	5.40	8.30	6.00
	海西期		19	1.37	9.75	37.97	11.34	8.36	8.67	9.86
	加里东期		48	1.80	10.11	49.13	11.82	9.62	8.20	11.03
	印支期		57	0.60	11.18	52.04	13.57	10.26	10.11	12.28
	元古宙		6	0.75	2.38	13.60	5.03	2.68	5.54	5.03
地层岩性	玄武岩		20	0.38	0.56	10.00	1.13	0.69	2.12	0.66
	安山岩		2	6.94	8.85	10.76	8.85	8.64	2.70	8.85
	流纹岩		46	1.39	4.98	20.59	6.28	5.08	4.44	5.97
	火山碎屑岩		1	3.57	3.57	3.57	3.57	3.57		
	凝灰岩		77	1.35	4.78	29.72	6.56	5.22	5.11	6.01
	石英砂岩		62	0.27	1.53	6.40	1.70	1.50	0.93	1.62
	长石石英砂岩		202	1.01	4.77	48.73	6.33	5.01	5.29	5.25
	长石砂岩		95	2.36	7.30	36.28	9.43	7.94	6.09	9.14
	砂岩		215	0.70	8.37	233.70	12.66	8.89	19.26	8.81
	粉砂质泥质岩		7	0.39	9.03	25.87	9.50	5.85	8.17	9.50

统计项	统计项内容	样品数	最小值	中位数	最大值	算术平均值	几何平均值	标准离差	背景值
地层岩性	钙质泥质岩	12	2.15	12.76	45.45	17.57	13.79	12.90	17.57
	泥质岩	170	1.42	11.57	68.26	13.76	11.57	9.18	11.70
	石灰岩	207	0.08	0.76	10.34	1.09	0.85	1.13	0.76
	白云岩	42	0.07	0.63	1.34	0.70	0.63	0.27	0.70
	泥灰岩	4	3.55	5.01	7.80	5.34	5.07	2.01	5.34
	硅质岩	22	0.37	2.18	7.67	3.07	2.18	2.38	3.07
	板岩	57	1.42	7.56	331.66	16.37	8.51	44.66	10.74
	千枚岩	18	3.82	8.90	26.22	9.95	9.01	5.22	8.99
	片岩	38	1.76	8.16	26.36	9.77	8.26	5.93	9.77
	片麻岩	12	1.42	4.67	24.00	7.19	5.32	6.38	7.19
	变粒岩	16	1.74	9.67	27.92	10.36	8.43	6.47	10.36
	斜长角闪岩	2	1.92	2.33	2.74	2.33	2.29	0.58	2.33
	石英岩	7	1.64	6.82	17.60	6.78	4.80	5.74	6.78

表 7-16 塔里木克拉通岩石中铯元素不同参数基准数据特征统计 （单位：10^{-6}）

统计项	统计项内容		样品数	最小值	中位数	最大值	算术平均值	几何平均值	标准离差	背景值
三大岩类	沉积岩		160	0.28	1.89	49.99	3.04	1.80	4.50	2.75
	变质岩		42	0.30	2.02	17.45	3.00	1.71	3.48	2.65
	岩浆岩	侵入岩	34	0.75	2.39	6.56	3.10	2.55	1.86	3.10
		火山岩	2	1.21	2.76	4.32	2.76	2.28	2.20	2.76
地层细分	古近系和新近系		29	0.90	3.65	9.30	3.98	3.31	2.25	3.98
	白垩系		11	1.13	2.19	11.43	3.55	2.66	3.35	3.55
	侏罗系		18	0.57	2.43	49.99	6.09	3.36	11.18	3.51
	三叠系		3	2.36	6.22	10.19	6.26	5.31	3.92	6.26
	二叠系		12	0.62	1.93	8.05	2.89	2.25	2.24	2.89
	石炭系		19	0.28	0.57	8.09	1.48	0.82	2.11	1.12
	泥盆系		18	0.47	1.89	8.10	2.64	2.07	2.06	2.64
	志留系		10	0.33	2.97	7.56	3.71	2.75	2.51	3.71
	奥陶系		10	0.36	0.79	8.56	2.02	1.14	2.55	2.02
	寒武系		17	0.29	0.41	7.55	1.06	0.59	1.78	0.66
	元古宇		26	0.30	1.30	17.45	3.02	1.61	4.06	2.45
	太古宇		6	0.34	0.54	7.82	1.89	0.90	2.95	1.89
侵入岩细分	酸性岩		30	0.75	2.39	6.56	3.09	2.51	1.93	3.09
	中性岩		2	1.69	3.15	4.60	3.15	2.79	2.06	3.15
	基性岩		2	2.21	3.17	4.14	3.17	3.02	1.37	3.17

续表

统计项	统计项内容	样品数	最小值	中位数	最大值	算术平均值	几何平均值	标准离差	背景值
侵入岩期次	海西期	16	0.86	3.18	6.56	3.40	2.74	2.13	3.40
	加里东期	4	1.02	2.22	2.35	1.95	1.85	0.62	1.95
	元古宙	11	0.75	2.44	6.36	3.03	2.50	1.79	3.03
	太古宙	2	1.35	2.98	4.60	2.98	2.50	2.30	2.98
地层岩性	玄武岩	1	4.32	4.32	4.32	4.32	4.32		
	流纹岩	1	1.21	1.21	1.21	1.21	1.21		
	石英砂岩	2	0.44	0.50	0.57	0.50	0.50	0.09	0.50
	长石石英砂岩	26	0.64	2.19	6.22	2.55	2.23	1.40	2.55
	长石砂岩	3	3.70	8.09	10.19	7.33	6.73	3.31	7.33
	砂岩	62	0.45	2.60	8.69	3.80	3.02	2.48	3.80
	钙质泥质岩	7	3.02	6.98	11.43	7.28	6.77	2.73	7.28
	泥质岩	2	2.50	26.25	49.99	26.25	11.19	33.58	26.25
	石灰岩	50	0.28	0.51	4.48	0.95	0.68	0.97	0.88
	白云岩	2	0.47	1.06	1.65	1.06	0.88	0.83	1.06
	冰碛岩	5	1.01	1.30	1.64	1.28	1.26	0.25	1.28
	千枚岩	1	3.64	3.64	3.64	3.64	3.64		
	片岩	11	0.66	2.82	6.58	3.04	2.56	1.69	3.04
	片麻岩	12	0.43	2.13	17.45	4.99	3.02	5.07	4.99
	斜长角闪岩	7	0.43	1.17	4.42	1.77	1.18	1.70	1.77
	大理岩	10	0.30	0.51	2.04	0.65	0.56	0.51	0.65
	石英岩	1	10.16	10.16	10.16	10.16	10.16		

表 7-17 松潘-甘孜造山带岩石中铯元素不同参数基准数据特征统计（单位：10^{-6}）

统计项	统计项内容		样品数	最小值	中位数	最大值	算术平均值	几何平均值	标准离差	背景值
三大岩类	沉积岩		237	0.05	3.30	55.83	4.22	2.73	5.51	3.33
	变质岩		189	0.42	7.40	307.93	10.66	6.05	29.15	6.89
	岩浆岩	侵入岩	69	0.51	4.84	42.81	7.87	4.62	8.45	7.36
		火山岩	20	0.57	1.98	16.84	3.73	2.43	3.83	3.04
地层细分	古近系和新近系		18	0.61	3.10	11.58	3.62	2.60	3.09	3.62
	白垩系		1	0.75	0.75	0.75	0.75	0.75		
	侏罗系		3	0.55	0.87	3.48	1.64	1.19	1.61	1.64
	三叠系		258	0.33	4.89	55.83	6.16	4.52	5.74	5.44
	二叠系		37	0.05	3.14	151.56	7.87	2.57	24.53	3.87
	石炭系		10	0.45	2.69	16.84	4.53	2.19	5.32	4.53
	泥盆系		27	0.41	2.24	13.81	4.47	2.40	4.58	4.47

统计项	统计项内容	样品数	最小值	中位数	最大值	算术平均值	几何平均值	标准离差	背景值
地层细分	志留系	33	0.43	4.11	13.35	5.18	3.49	3.98	5.18
	奥陶系	8	0.59	5.14	9.74	5.06	3.64	3.39	5.06
	寒武系	12	0.66	6.07	12.75	6.22	5.10	3.36	6.22
	元古宇	34	0.53	2.67	307.93	19.02	3.45	63.73	3.54
侵入岩细分	酸性岩	48	0.66	5.17	42.81	8.92	5.37	9.30	8.19
	中性岩	15	0.67	6.24	22.44	6.91	4.62	5.92	6.91
	基性岩	1	0.89	0.89	0.89	0.89	0.89		
	超基性岩	5	0.51	1.15	6.10	2.16	1.50	2.26	2.16
	燕山期	25	0.89	11.21	42.81	12.56	8.74	10.05	11.30
	海西期	8	0.51	2.14	6.36	3.22	2.28	2.55	3.22
	印支期	19	2.15	5.64	30.34	8.37	6.29	7.61	8.37
	元古宙	12	0.66	1.18	3.68	1.41	1.25	0.84	1.41
	太古宙	1	1.94	1.94	1.94	1.94	1.94		
地层岩性	玄武岩	7	0.57	1.09	16.84	3.63	1.67	5.93	3.63
	安山岩	1	2.33	2.33	2.33	2.33	2.33		
	流纹岩	7	1.07	1.52	6.82	3.27	2.49	2.49	3.27
	凝灰岩	3	4.79	4.95	5.68	5.14	5.13	0.48	5.14
	粗面岩	2	1.04	4.24	7.44	4.24	2.78	4.52	4.24
	石英砂岩	2	1.17	1.25	1.32	1.25	1.24	0.11	1.25
	长石石英砂岩	29	1.03	2.55	7.98	2.89	2.69	1.26	2.71
	长石砂岩	20	1.22	4.20	10.00	4.40	3.99	1.97	4.40
	砂岩	129	0.33	4.08	55.83	4.98	3.82	5.47	4.59
	粉砂质泥质岩	4	0.97	8.25	30.37	11.96	4.60	14.06	11.96
	钙质泥质岩	3	1.17	4.53	44.16	16.62	6.16	23.91	16.62
	泥质岩	4	6.40	8.73	13.35	9.30	8.98	2.93	9.30
	石灰岩	35	0.37	0.75	5.39	1.13	0.85	1.04	1.00
	白云岩	11	0.05	0.60	1.87	0.73	0.56	0.46	0.73
	硅质岩	2	1.21	1.33	1.46	1.33	1.33	0.18	1.33
	板岩	118	0.42	7.84	307.93	13.30	7.12	36.56	7.38
	千枚岩	29	1.56	8.31	13.81	7.31	6.11	3.87	7.31
	片岩	29	1.40	5.18	12.75	6.00	5.10	3.22	6.00
	片麻岩	2	6.46	10.20	13.94	10.20	9.49	5.29	10.20
	变粒岩	3	1.71	8.13	19.13	9.66	6.43	8.81	9.66
	大理岩	5	0.42	0.47	0.66	0.52	0.51	0.10	0.52
	石英岩	1	5.07	5.07	5.07	5.07	5.07		

表 7-18　西藏–三江造山带岩石中铯元素不同参数基准数据特征统计（单位：10^{-6}）

统计项	统计项内容		样品数	最小值	中位数	最大值	算术平均值	几何平均值	标准离差	背景值
三大岩类	沉积岩		702	0.31	3.87	100.07	6.69	3.63	9.04	5.12
	变质岩		139	0.28	6.49	134.07	11.08	5.81	18.46	6.79
	岩浆岩	侵入岩	165	0.27	7.48	154.75	11.07	6.66	15.52	8.22
		火山岩	81	0.39	4.53	37.02	6.67	3.74	7.56	4.30
地层细分	古近系和新近系		115	0.32	5.15	31.67	6.71	4.47	5.66	6.32
	白垩系		142	0.35	3.83	75.86	7.35	4.26	9.89	6.07
	侏罗系		199	0.28	4.25	50.53	7.26	3.89	8.54	5.32
	三叠系		142	0.34	3.70	63.82	5.86	3.35	7.68	4.21
	二叠系		80	0.32	3.51	134.07	8.41	3.04	20.48	3.65
	石炭系		107	0.32	3.61	71.73	6.60	3.15	9.61	4.73
	泥盆系		23	0.61	2.86	15.89	4.78	3.11	4.55	4.78
	志留系		8	1.24	8.83	25.77	9.44	6.48	7.78	9.44
	奥陶系		9	2.64	9.73	31.58	12.46	8.78	10.47	12.46
	寒武系		16	0.81	8.25	35.72	10.22	7.00	8.54	10.22
	元古宇		36	1.47	6.48	82.51	11.10	6.69	15.41	9.06
	太古宇		1	4.60	4.60	4.60	4.60	4.60		
侵入岩细分	酸性岩		122	0.82	8.24	71.69	11.72	8.50	11.57	9.13
	中性岩		22	1.42	7.34	20.74	7.80	5.77	5.73	7.80
	基性岩		11	0.75	3.24	21.87	5.78	3.49	6.41	5.78
	超基性岩		10	0.27	0.42	154.75	16.21	0.95	48.69	16.21
侵入岩期次	喜马拉雅期		26	0.82	7.60	41.77	10.56	7.13	10.05	9.31
	燕山期		107	0.27	7.84	71.69	10.64	6.81	11.43	8.57
	海西期		4	2.67	7.43	12.97	7.62	6.61	4.22	7.62
	加里东期		6	0.75	5.97	8.18	5.22	4.00	3.12	5.22
	印支期		14	0.30	6.53	154.75	17.19	5.08	39.90	6.60
	元古宙		5	3.31	8.68	12.63	7.90	6.92	4.12	7.90
地层岩性	玄武岩		16	0.39	0.79	1.90	0.90	0.80	0.46	0.90
	安山岩		11	0.57	4.08	8.41	3.91	2.83	2.76	3.91
	流纹岩		27	1.85	5.22	22.27	6.75	5.26	5.44	6.75
	火山碎屑岩		7	0.52	11.37	31.67	13.23	8.49	9.90	13.23
	凝灰岩		18	1.71	7.38	35.43	9.09	6.48	8.36	7.54
	粗面岩		1	37.02	37.02	37.02	37.02	37.02		
	石英砂岩		33	0.48	1.50	9.12	2.27	1.62	2.08	2.05
	长石石英砂岩		150	0.43	3.62	42.63	5.61	4.12	6.09	3.82
	长石砂岩		47	1.50	7.33	71.73	11.53	7.91	12.49	10.22

统计项	统计项内容	样品数	最小值	中位数	最大值	算术平均值	几何平均值	标准离差	背景值
地层岩性	砂岩	179	0.32	6.66	66.95	8.52	6.14	7.88	7.13
	粉砂质泥质岩	24	0.61	10.61	22.68	11.09	9.34	5.45	11.09
	钙质泥质岩	22	1.43	11.61	75.86	16.14	10.18	18.62	13.29
	泥质岩	50	2.38	10.57	50.53	11.45	9.69	7.62	10.65
	石灰岩	173	0.31	1.10	100.07	2.78	1.26	8.70	0.97
	白云岩	20	0.34	0.55	1.57	0.64	0.60	0.28	0.59
	泥灰岩	4	2.86	4.32	15.43	6.73	5.33	5.86	6.73
	硅质岩	5	0.44	6.19	123.85	28.79	6.54	53.25	28.79
	板岩	53	0.36	6.48	82.51	9.74	6.36	12.25	8.34
	千枚岩	6	3.10	9.18	134.07	28.37	10.95	51.85	28.37
	片岩	35	0.53	6.66	46.12	9.63	6.54	9.55	8.56
	片麻岩	13	2.10	8.05	64.79	15.38	8.75	20.73	15.38
	变粒岩	4	0.28	7.42	35.73	12.71	3.86	16.40	12.71
	斜长角闪岩	5	0.55	1.19	7.04	2.19	1.38	2.73	2.19
	大理岩	3	0.61	0.62	3.04	1.42	1.05	1.40	1.42
	石英岩	15	1.12	3.25	20.92	7.16	4.24	6.85	7.16

（1）在天山-兴蒙造山带中分布：铷在侵入岩中含量最高，变质岩、火山岩、沉积岩依次降低；铷在侵入岩中含量从酸性岩到中性岩、基性岩、超基性岩依次降低；地层中侏罗系铷含量最高，太古宇最低；侵入岩中印支期铷含量最高；地层岩性中千枚岩和流纹岩铷含量最高，碳酸盐岩（石灰岩、白云岩）及其对应的变质岩（大理岩）铷含量最低。铯在变质岩中含量最高，侵入岩、沉积岩、火山岩依次降低；铯在侵入岩中含量从酸性岩到中性岩、基性岩、超基性岩依次降低；地层中三叠系铯含量最高，太古宇最低；侵入岩中燕山期铯含量最高；地层岩性中钙质泥质岩铯含量最高，碳酸盐岩（石灰岩、白云岩）及其对应的变质岩（大理岩）铯含量最低。

（2）在秦祁昆造山带中分布：铷在侵入岩中含量最高，变质岩、火山岩、沉积岩依次降低；铷在侵入岩中含量从酸性岩到中性岩、基性岩、超基性岩依次降低；地层中志留系铷含量最高，石炭系最低；侵入岩中喜马拉雅期铷含量最高；地层岩性中粉砂质泥质岩铷含量最高，碳酸盐岩（石灰岩、白云岩）及其对应的变质岩（大理岩）和硅质岩铷含量最低。铯在变质岩中含量最高，侵入岩、沉积岩、火山岩依次降低；铯在侵入岩中含量从酸性岩到中性岩、基性岩、超基性岩依次降低；地层中志留系铯含量最高，太古宇最低；侵入岩中喜马拉雅期铯含量最高；地层岩性中钙质泥质岩铯含量最高，碳酸盐岩（石灰岩、白云岩）及其对应的变质岩（大理岩）铯含量最低。

（3）在华南造山带中分布：铷在侵入岩中含量最高，变质岩、火山岩、沉积岩依次降低；铷在侵入岩中含量从酸性岩到中性岩、基性岩、超基性岩依次降低；地层中侏罗系铷含量最高，石炭系最低；侵入岩中印支期铷含量最高；地层岩性中流纹岩铷含量最高，碳酸盐岩（石灰岩、白云岩）铷含量最低。铯在变质岩中含量最高，侵入岩、沉积岩、火山岩依次降低；铯在侵入岩中含量从酸性岩到中性岩、基性岩、超基性岩依次降低；地层中白垩系铯含量最高，石炭系最低；侵入岩中印支期铯含量最高；地层岩性中钙质泥质岩和泥质岩铯含量最高，碳酸盐岩（石灰岩、白云岩）和玄武岩铯含量最低。

（4）在松潘-甘孜造山带中分布：铷在变质岩中含量最高，侵入岩、火山岩、沉积岩依次降低；铷在侵入岩中含量从酸性岩到中性岩、基性岩、超基性岩依次降低；地层中奥陶系铷含量最高，白垩系最低；侵入岩中燕山期铷含量最高；地层岩性中粗面岩铷含量最高，碳酸盐岩（石灰岩、白云岩）及其对应的变质岩（大理岩）铷含量最低。铯在变质岩中含量最高，侵入岩、沉积岩、火山岩依次降低；地层中寒武系铯含量最高，白垩系最低；侵入岩中燕山期铯含量最高；地层岩性中片麻岩铯含量最高，碳酸盐岩（石灰岩、白云岩）及其对应的变质岩（大理岩）铯含量最低。

（5）在西藏-三江造山带中分布：铷在侵入岩中含量最高，变质岩、火山岩、沉积岩依次降低；铷在侵入岩中含量从酸性岩到中性岩、基性岩、超基性岩依次降低；地层中志留系铷含量最高，侏罗系最低；侵入岩中印支期铷含量最高；地层岩性中粗面岩铷含量最高，碳酸盐岩（石灰岩、白云岩）及其对应的变质岩（大理岩）铷含量最低。铯在侵入岩中含量最高，变质岩、火山岩、沉积岩依次降低；铯在侵入岩中含量从酸性岩到中性岩、基性岩、超基性岩依次降低；地层中奥陶系铯含量最高，泥盆系最低；侵入岩中元古宇铯含量最高；地层岩性中粗面岩铯含量最高，白云岩、大理岩铯含量最低。

（6）在华北克拉通中分布：铷在岩浆岩中含量最高，变质岩次之，沉积岩最低；铷在侵入岩中含量从酸性岩到中性岩、基性岩、超基性岩依次降低；地层中泥盆系铷含量最高，奥陶系最低；侵入岩中燕山期铷含量最高；地层岩性中千枚岩铷含量最高，碳酸盐岩（石灰岩、白云岩）及其对应的变质岩（大理岩）铷含量最低。铯在火山岩中含量最高，沉积岩、侵入岩、变质岩依次降低，但变化不大；铯在侵入岩中含量从酸性岩到中性岩、基性岩、超基性岩依次降低；地层中志留系铯含量最高，奥陶系最低；侵入岩中海西期铯含量最高；地层岩性中千枚岩铯含量最高，碳酸盐岩（石灰岩、白云岩）及其对应的变质岩（大理岩）铯含量最低。

（7）在扬子克拉通中分布：铷在侵入岩中含量最高，变质岩、火山岩、沉积岩依次降低；铷在侵入岩中含量从酸性岩到中性岩、基性岩、超基性岩依次降低；地层中志留系铷含量最高，石炭系最低；侵入岩中燕山期铷含量最高；地层岩性中粗面岩铷含量最高，碳酸盐岩（石灰岩、白云岩）铷含量最低。铯在变质岩中含量最高，侵入岩、沉积岩、火山岩依次降低；地层中志留系铯含量最高，二叠系最低；侵入岩中加里东期铯含量最高；地层岩性中变粒岩和钙质泥质岩铯含量最高，碳酸盐岩（石灰岩、白云岩）和玄武岩铯含量最低。

（8）在塔里木克拉通中分布：铷在侵入岩中含量最高，变质岩、沉积岩、火山岩依次降低；铷在侵入岩中含量从酸性岩到中性岩、基性岩依次降低；地层中三叠系铷含量最高，寒武系最低；侵入岩中元古宇铷含量最高；地层岩性中石英岩铷含量最高，石英砂岩、石灰岩、大理岩铷含量最低。铯在岩浆岩中含量最高，变质岩次之，沉积岩最低；地层中三叠系铯含量最高，寒武系最低；侵入岩中海西期铯含量最高；地层岩性中泥质岩铯含量最高，石英砂岩、石灰岩和大理岩铯含量最低。

第二节　中国土壤铷、铯元素含量特征

一、中国土壤铷、铯元素含量总体特征

中国表层和深层土壤中的铷含量近似呈对数正态分布，但有部分离散值存在；铷元素表层样品和深层样品 95%（2.5%～97.5%）的数据分别变化于 48.2×10^{-6}～211×10^{-6} 和 46.3×10^{-6}～216×10^{-6}，基准值（中位数）分别为 95.5×10^{-6} 和 95.7×10^{-6}，低背景基线值（下四分位数）分别为 79.9×10^{-6} 和 78.5×10^{-6}，高背景基线值（上四分位数）分别为 115×10^{-6} 和 117×10^{-6}；低背景值高于地壳克拉克值（图 7-3）。

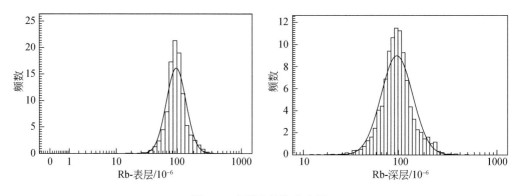

图 7-3　中国土壤铷直方图

中国表层和深层土壤中的铯含量近似呈对数正态分布，但有部分离散值存在；铯元素表层样品和深层样品 95%（2.5%～97.5%）的数据分别变化于 2.06×10^{-6}～22.9×10^{-6} 和 1.77×10^{-6}～22.5×10^{-6}，基准值（中位数）分别为 6.15×10^{-6} 和 5.88×10^{-6}，低背景基线值（下四分位数）分别为 4.28×10^{-6} 和 3.74×10^{-6}，高背景基线值（上四分位数）分别为 8.57×10^{-6} 和 8.64×10^{-6}；低背景值高于地壳克拉克值（图 7-4）。

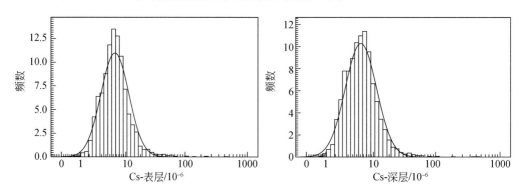

图 7-4　中国土壤铯直方图

二、中国不同大地构造单元土壤铷、铯元素含量

铷元素含量在八个一级大地构造单元内的统计参数见表 7-19 和图 7-5。中国表层土壤铷中位数排序：华南造山带＞西藏–三江造山带＞天山–兴蒙造山带＞全国＞松潘–甘孜造山带＞扬子克拉通＞秦祁昆造山带＞华北克拉通＞塔里木克拉通。深层土壤中位数排序：华南造山带＞西藏–三江造山带＞全国＞天山–兴蒙造山带＞扬子克拉通＞松潘–甘孜造山带＞秦祁昆造山带＞华北克拉通＞塔里木克拉通。

表 7-19　中国一级大地构造单元土壤铷基准值数据特征　　　　（单位：10^{-6}）

类型	层位	样品数	最小值	25%低背景	50%中位数	75%高背景	85%异常下限	最大值	算术平均值	几何平均值
全国	表层	3382	0.11	79.86	95.50	114.92	129.73	487.20	102.52	96.16
	深层	3380	12.34	78.48	95.70	116.61	133.90	477.85	103.18	96.27
造山带	表层	2160	4.62	82.33	100.55	122.04	143.49	487.20	108.76	101.29
	深层	2158	12.34	80.05	100.91	124.60	149.13	477.85	109.41	100.97
克拉通	表层	1222	0.11	76.54	88.97	102.70	111.40	322.56	91.49	87.73
	深层	1222	17.62	76.81	89.36	104.00	114.38	255.60	92.17	88.49
天山–兴蒙造山带	表层	909	29.10	80.53	95.79	110.00	116.93	240.18	95.42	92.60
	深层	907	25.36	75.06	94.95	109.14	118.00	234.07	93.39	89.53
华北克拉通	表层	613	37.11	79.55	89.25	100.13	106.92	202.62	90.77	89.06
	深层	613	23.66	78.58	89.05	102.06	111.77	202.62	90.95	88.66
塔里木克拉通	表层	209	7.43	75.53	85.54	97.05	106.86	200.11	87.41	83.70
	深层	209	17.62	76.82	86.87	97.31	104.98	181.66	87.40	84.77
秦祁昆造山带	表层	350	37.77	78.51	90.13	103.11	110.78	174.29	91.36	88.95
	深层	350	37.77	78.83	91.10	105.43	116.00	237.80	93.72	90.74
松潘–甘孜造山带	表层	202	38.80	77.65	94.80	112.47	121.08	242.20	95.38	90.68
	深层	202	23.90	77.52	92.95	111.51	120.15	242.20	95.32	90.59
西藏–三江造山带	表层	349	31.18	98.54	128.34	161.52	191.59	423.85	134.06	122.91
	深层	349	33.78	95.22	124.11	163.52	185.67	477.85	133.01	120.54
扬子克拉通	表层	399	0.11	70.27	90.80	110.95	122.09	322.56	94.75	87.87
	深层	399	21.41	71.70	94.30	112.05	126.23	255.60	96.57	90.28
华南造山带	表层	351	4.62	100.25	139.60	179.15	202.75	487.20	143.11	127.80
	深层	351	12.34	111.25	148.40	195.03	212.11	389.20	151.02	136.69

铯元素含量在八个一级大地构造单元内的统计参数见表 7-20 和图 7-6。中国表层土壤铯中位数排序：西藏–三江造山带＞华南造山带＞松潘–甘孜造山带＞扬子克拉通＞全国＞秦祁昆造山带＞天山–兴蒙造山带＞华北克拉通＞塔里木克拉通。深层样品中位数排序：西藏–三江造山带＞华南造山带＞松潘–甘孜造山带＞扬子克拉通＞全国＞秦祁昆造山带＞天

山-兴蒙造山带＞华北克拉通＞塔里木克拉通。

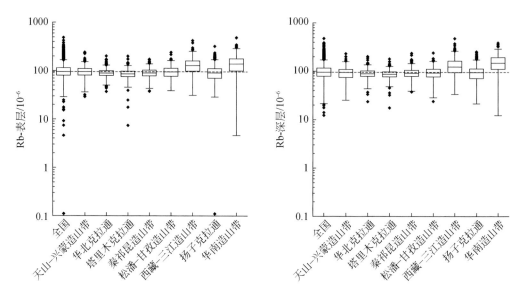

图 7-5   中国土壤铷元素箱图（一级大地构造单元）

表 7-20   中国一级大地构造单元土壤铯基准值数据特征   （单位：10⁻⁶）

类型	层位	样品数	最小值	25% 低背景	50% 中位数	75% 高背景	85% 异常下限	最大值	算术 平均值	几何 平均值
全国	表层	3382	0.01	4.28	6.15	8.57	10.59	455.27	7.83	6.20
	深层	3380	0.65	3.74	5.88	8.64	10.77	434.09	7.61	5.85
造山带	表层	2160	0.92	4.79	6.79	9.81	12.48	455.27	9.07	7.01
	深层	2158	0.91	4.14	6.48	9.68	12.52	434.09	8.76	6.53
克拉通	表层	1222	0.01	3.59	5.27	7.08	8.12	27.36	5.64	4.98
	深层	1222	0.65	3.28	5.05	7.06	8.53	26.51	5.58	4.81
天山-兴蒙造山带	表层	909	1.34	4.04	5.60	7.23	8.15	35.10	5.91	5.33
	深层	907	0.91	3.04	4.57	6.75	7.71	35.10	5.15	4.50
华北克拉通	表层	613	0.65	3.24	4.77	6.38	7.15	12.02	4.94	4.47
	深层	613	0.65	2.89	4.50	6.37	7.49	14.36	4.86	4.20
塔里木克拉通	表层	209	0.60	3.47	4.46	6.18	7.53	14.14	5.15	4.63
	深层	209	1.10	3.32	4.32	5.58	6.55	12.54	4.69	4.31
秦祁昆造山带	表层	350	1.12	4.24	5.89	7.90	8.60	14.51	6.16	5.62
	深层	350	0.97	4.07	5.74	7.76	8.97	17.61	6.11	5.50
松潘-甘孜造山带	表层	202	2.67	5.84	7.91	10.73	12.27	23.69	8.65	7.88
	深层	202	1.65	5.72	7.49	10.03	11.76	23.97	8.35	7.63
西藏-三江造山带	表层	349	2.24	8.22	12.89	20.66	27.36	455.27	19.74	13.58
	深层	349	2.29	7.68	12.13	19.55	26.54	434.09	19.20	12.89

类型	层位	样品数	最小值	25% 低背景	50% 中位数	75% 高背景	85% 异常下限	最大值	算术 平均值	几何 平均值
扬子克拉通	表层	399	0.01	4.71	6.41	8.43	9.67	27.36	6.96	6.12
	深层	399	1.09	4.69	6.69	8.78	9.95	26.51	7.15	6.27
华南造山带	表层	351	0.92	6.24	9.21	12.53	14.13	35.56	9.80	8.64
	深层	351	1.45	6.97	9.72	13.45	15.33	37.73	10.57	9.41

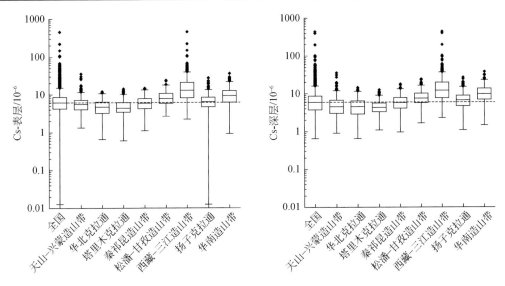

图 7-6　中国土壤铯元素箱图（一级大地构造单元）

三、中国不同自然地理景观土壤铷、铯元素含量

铷元素含量在 10 个地理景观的统计参数见表 7-21 和图 7-7。中国表层土壤铷中位数排序：低山丘陵＞森林沼泽＞中高山＞全国＞冲积平原＞高寒湖泊＞半干旱草原＞黄土＞喀斯特＞荒漠戈壁＞沙漠盆地。深层土壤中位数排序：低山丘陵＞森林沼泽＞中高山＞冲积平原＞喀斯特＞半干旱草原＞全国＞高寒湖泊＞黄土＞沙漠盆地＞荒漠戈壁。

表 7-21　中国自然地理景观土壤铷基准值数据特征　（单位：10^{-6}）

类型	层位	样品数	最小值	25% 低背景	50% 中位数	75% 高背景	85% 异常下限	最大值	算术 平均值	几何 平均值
全国	表层	3382	0.11	79.86	95.50	114.92	129.73	487.20	102.52	96.16
	深层	3380	12.34	78.48	95.70	116.61	133.90	477.85	103.18	96.27
低山丘陵	表层	633	4.62	89.90	109.79	151.20	178.25	487.20	124.15	113.28
	深层	633	12.34	91.25	114.60	158.84	193.15	389.20	128.40	117.17
冲积平原	表层	335	35.10	85.00	95.36	105.08	112.80	222.27	95.34	93.56
	深层	335	35.10	83.71	97.28	110.68	114.91	220.94	97.47	95.12

续表

类型	层位	样品数	最小值	25% 低背景	50% 中位数	75% 高背景	85% 异常下限	最大值	算术 平均值	几何 平均值
森林沼泽	表层	218	53.40	95.81	108.09	119.27	124.23	240.18	107.22	105.03
	深层	217	48.24	95.58	107.47	121.04	130.53	234.07	109.34	106.81
喀斯特	表层	126	22.90	69.10	87.20	111.20	125.42	211.00	93.48	86.86
	深层	126	39.40	71.24	96.20	123.35	137.36	227.70	101.29	94.23
黄土	表层	170	37.77	81.18	87.56	96.86	102.83	136.62	89.27	88.12
	深层	170	37.77	79.39	86.68	96.36	104.91	145.91	88.62	86.99
中高山	表层	923	0.11	80.75	97.90	119.06	139.82	423.85	106.18	98.65
	深层	923	21.41	80.35	97.78	120.21	142.00	477.85	106.56	99.05
高寒湖泊	表层	140	31.18	60.47	95.18	131.59	146.62	254.09	102.02	90.87
	深层	140	28.58	59.65	92.34	132.48	147.94	243.55	100.64	88.85
半干旱草原	表层	215	44.04	82.58	94.49	107.64	114.19	202.62	96.41	94.34
	深层	214	43.90	81.68	96.08	107.41	114.13	202.62	95.86	93.32
荒漠戈壁	表层	424	29.10	71.79	82.83	97.17	105.20	174.99	85.20	82.49
	深层	424	25.36	63.33	77.76	93.28	102.58	166.03	79.76	76.51
沙漠盆地	表层	198	7.43	74.03	82.52	93.06	102.43	142.76	84.46	81.60
	深层	198	17.62	73.17	81.32	92.72	98.86	158.05	83.26	81.07

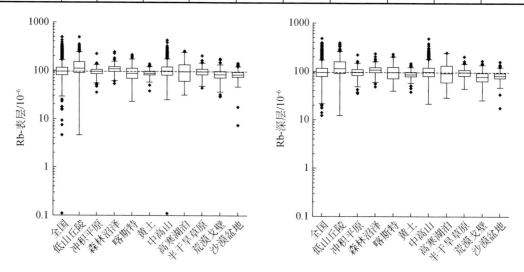

图 7-7 中国土壤铷元素箱图（自然地理景观）

铯元素含量在 10 个自然地理景观的统计参数见表 7-22 和图 7-8。中国表层土壤铯中位数排序：高寒湖泊＞中高山＞喀斯特＞低山丘陵＞森林沼泽＞全国＞冲积平原＞黄土＞荒漠戈壁＞半干旱草原＞沙漠盆地。深层样品中位数排序：高寒湖泊＞喀斯特＞中高山＞低山丘陵＞冲积平原＞全国＞森林沼泽＞黄土＞半干旱草原＞荒漠戈壁＞沙漠盆地。

表 7-22 中国自然地理景观土壤铯基准值数据特征 （单位：10^{-6}）

类型	层位	样品数	最小值	25% 低背景	50% 中位数	75% 高背景	85% 异常下限	最大值	算术 平均值	几何 平均值
全国	表层	3382	0.01	4.28	6.15	8.57	10.59	455.27	7.83	6.20
	深层	3380	0.65	3.74	5.88	8.64	10.77	434.09	7.61	5.85
低山丘陵	表层	633	0.65	4.48	6.69	10.08	11.86	35.56	7.68	6.48
	深层	633	0.65	4.33	6.97	10.76	12.91	37.73	8.06	6.60
冲积平原	表层	335	1.48	4.48	5.84	7.20	8.04	19.08	5.92	5.49
	深层	335	1.44	4.15	5.88	7.84	8.94	18.73	6.13	5.52
森林沼泽	表层	218	1.83	5.11	6.38	7.66	8.23	27.22	6.58	6.16
	深层	217	1.58	4.17	5.69	7.57	8.30	27.22	6.00	5.47
喀斯特	表层	126	2.01	5.86	7.34	9.41	12.16	22.51	8.30	7.54
	深层	126	2.58	6.62	8.00	10.74	13.72	19.59	8.96	8.19
黄土	表层	170	1.36	4.45	5.69	6.59	7.28	9.91	5.49	5.17
	深层	170	0.83	3.82	5.16	6.38	7.01	10.20	5.22	4.77
中高山	表层	923	0.01	5.19	7.41	10.79	14.12	219.36	10.08	7.76
	深层	923	1.09	4.99	7.13	10.25	13.23	396.07	9.81	7.39
高寒湖泊	表层	140	2.24	5.94	8.82	15.11	24.20	455.27	18.34	10.44
	深层	140	2.29	5.79	8.65	15.78	21.79	434.09	17.31	10.11
半干旱草原	表层	215	1.42	3.18	4.37	6.48	7.28	35.10	5.18	4.53
	深层	214	0.94	3.02	4.08	5.86	7.20	35.10	4.86	4.12
荒漠戈壁	表层	424	1.20	3.29	4.81	7.10	8.46	17.62	5.53	4.87
	深层	424	0.91	2.61	3.63	5.63	7.07	31.10	4.52	3.89
沙漠盆地	表层	198	0.60	2.64	3.85	5.49	7.26	14.14	4.53	3.94
	深层	198	0.78	2.64	3.47	4.77	5.91	13.48	4.06	3.61

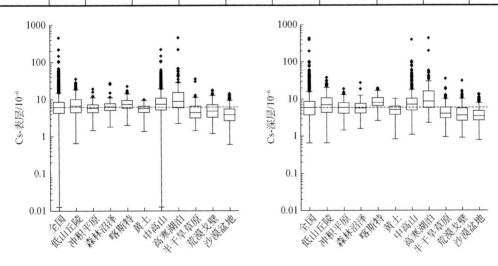

图 7-8 中国土壤铯元素箱图（自然地理景观）

四、中国不同土壤类型铷、铯元素含量

铷元素含量在 17 个主要土壤类型的统计参数见表 7-23 和图 7-9。中国表层土壤铷中位数排序：亚高山草原土带＞亚高山漠土带＞赤红壤带＞寒棕壤-漂灰土带＞红壤-黄壤带＞暗棕壤-黑土带＞亚高山草甸土带＞高山草原土带＞全国＞高山草甸土带＞棕壤-褐土带＞高山漠土带＞灰钙土-棕钙土带＞黄棕壤-黄褐土带＞黑钙土-栗钙土-黑垆土带＞高山-亚高山草甸土带＞高山棕钙土-栗钙土带＞灰漠土带。深层样品中位数排序：亚高山草原土带＞赤红壤带＞亚高山漠土带＞寒棕壤-漂灰土带＞红壤-黄壤带＞暗棕壤-黑土带＞亚高山草甸土带＞高山漠土带＞全国＞灰钙土-棕钙土带＞棕壤-褐土带＞高山草甸土带＞黄棕壤-黄褐土带＞高山草原土带＞高山-亚高山草甸土带＞黑钙土-栗钙土-黑垆土带＞高山棕钙土-栗钙土带＞灰漠土带。

表 7-23　中国主要土壤类型铷基准值数据特征　　　　（单位：10^{-6}）

类型	层位	样品数	最小值	25% 低背景	50% 中位数	75% 高背景	85% 异常下限	最大值	算术平均值	几何平均值
全国	表层	3382	0.11	79.86	95.50	114.92	129.73	487.20	102.52	96.16
	深层	3380	12.34	78.48	95.70	116.61	133.90	477.85	103.18	96.27
寒棕壤-漂灰土带	表层	35	61.47	103.37	112.64	119.24	120.34	137.29	108.92	107.45
	深层	35	48.24	99.06	109.07	120.11	128.57	149.07	108.47	106.22
暗棕壤-黑土带	表层	296	53.40	94.47	103.51	115.94	123.58	240.18	105.97	104.04
	深层	295	55.37	95.46	105.43	117.00	128.18	234.07	107.78	105.74
棕壤-褐土带	表层	333	46.86	84.74	95.42	105.64	111.77	172.71	96.06	94.46
	深层	333	23.66	84.19	94.38	109.41	117.80	189.58	97.38	95.07
黄棕壤-黄褐土带	表层	124	0.11	74.40	90.45	105.60	110.91	174.29	88.49	81.52
	深层	124	29.37	76.68	93.45	109.21	116.62	177.51	92.78	89.43
红壤-黄壤带	表层	575	22.90	78.10	105.07	146.70	178.16	487.20	118.79	107.38
	深层	575	21.41	80.00	108.80	154.45	190.15	477.85	122.77	110.04
赤红壤带	表层	204	4.62	84.18	126.67	166.48	187.81	330.40	128.75	111.91
	深层	204	12.34	91.25	127.95	170.80	199.70	341.20	132.82	117.91
黑钙土-栗钙土-黑垆土带	表层	360	37.11	80.67	89.63	101.15	108.37	202.62	91.29	89.53
	深层	360	33.43	77.91	88.06	101.41	109.86	202.62	90.51	88.20
灰钙土-棕钙土带	表层	90	49.97	85.22	91.71	102.45	112.89	162.60	95.09	93.58
	深层	89	49.97	83.32	94.94	105.77	111.65	151.90	95.27	93.41
灰漠土带	表层	356	29.10	70.03	81.85	94.18	103.50	169.55	82.78	80.25
	深层	356	25.36	62.56	75.68	91.95	102.11	166.03	78.05	74.70
高山-亚高山草甸土带	表层	119	45.22	75.99	87.23	100.79	107.98	144.41	88.83	86.75
	深层	119	47.28	74.99	89.10	102.21	106.85	158.05	89.60	87.39
高山棕钙土-栗钙土带	表层	338	7.43	75.27	85.45	100.91	111.81	200.11	88.65	85.22
	深层	338	17.62	71.47	84.61	98.02	106.82	218.03	86.50	83.45
高山漠土带	表层	49	43.16	84.84	94.61	103.21	110.32	139.30	95.18	93.02
	深层	49	48.07	89.15	97.11	116.44	122.89	237.80	102.44	99.31
亚高山草甸土带	表层	193	36.07	88.45	102.85	125.60	142.18	242.20	110.98	106.30
	深层	193	35.68	87.60	102.70	125.99	145.47	253.71	111.75	106.78

续表

类型	层位	样品数	最小值	25% 低背景	50% 中位数	75% 高背景	85% 异常下限	最大值	算术 平均值	几何 平均值
高山草甸土带	表层	84	31.18	70.96	95.47	117.62	144.53	280.98	106.22	96.55
	深层	84	33.78	70.99	93.49	118.75	144.61	306.61	103.45	93.81
高山草原土带	表层	120	35.70	70.14	97.19	128.48	151.24	254.09	104.40	93.17
	深层	120	28.58	63.15	93.06	132.48	154.42	264.46	103.49	91.41
亚高山漠土带	表层	18	92.76	118.33	131.04	150.60	158.14	186.46	133.20	131.08
	深层	18	87.16	110.26	123.57	150.21	154.95	167.05	128.06	125.93
亚高山草原土带	表层	88	65.10	110.12	132.81	163.55	190.91	381.07	143.79	136.34
	深层	88	44.00	104.76	129.45	164.95	193.12	377.14	145.23	135.69

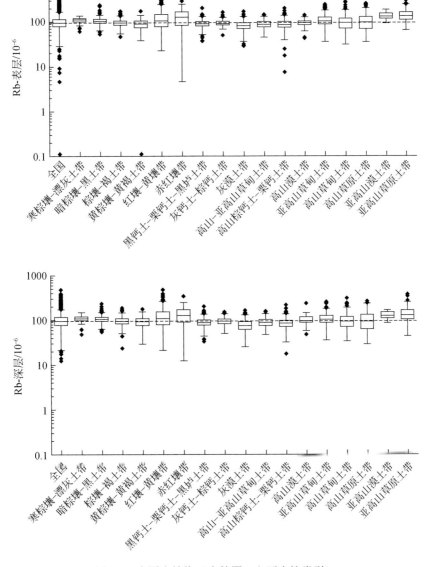

图 7-9　中国土壤铷元素箱图（主要土壤类型）

铯元素含量在 17 个主要土壤类型的统计参数见表 7-24 和图 7-10。中国表层土壤铯中位数排序：亚高山草原土带＞亚高山漠土带＞高山草甸土带＞高山草原土带＞亚高山草甸土带＞赤红壤带＞红壤-黄壤带＞寒棕壤-漂灰土带＞全国＞高山漠土带＞暗棕壤-黑土带＞灰钙土-棕钙土带＞棕壤-褐土带＞黄棕壤-黄褐土带＞高山棕钙土-栗钙土带＞高山-亚高山草甸土带＞灰漠土带＞黑钙土-栗钙土-黑垆土带。深层样品中位数排序：亚高山草原土带＞亚高山漠土带＞高山草原土带＞赤红壤带＞高山草甸土带＞亚高山草甸土带＞红壤-黄壤带＞黄棕壤-黄褐土带＞高山漠土带＞灰钙土-棕钙土带＞全国＞暗棕壤-黑土带＞棕壤-褐土带＞寒棕壤-漂灰土带＞高山-亚高山草甸土带＞高山棕钙土-栗钙土带＞黑钙土-栗钙土-黑垆土带＞灰漠土带。

表 7-24 中国主要土壤类型铯基准值数据特征 （单位：10^{-6}）

类型	层位	样品数	最小值	25%低背景	50%中位数	75%高背景	85%异常下限	最大值	算术平均值	几何平均值
全国	表层	3382	0.01	4.28	6.15	8.57	10.59	455.27	7.83	6.20
	深层	3380	0.65	3.74	5.88	8.64	10.77	434.09	7.61	5.85
寒棕壤-漂灰土带	表层	35	2.73	5.66	6.81	8.68	10.06	25.47	7.73	7.06
	深层	35	1.96	4.02	4.72	8.09	9.40	12.57	5.90	5.34
暗棕壤-黑土带	表层	296	1.48	4.67	5.89	7.11	7.76	27.22	5.92	5.52
	深层	295	1.57	3.85	5.52	7.09	7.98	27.22	5.69	5.17
棕壤-褐土带	表层	333	0.98	3.89	5.59	7.02	7.90	12.04	5.60	5.18
	深层	333	0.77	3.60	5.39	7.13	8.57	14.41	5.63	4.99
黄棕壤-黄褐土带	表层	124	0.01	4.25	5.50	7.32	8.00	14.92	5.88	5.12
	深层	124	0.97	4.51	6.36	8.40	9.21	14.49	6.43	5.67
红壤-黄壤带	表层	575	1.10	5.35	7.66	10.39	12.62	101.97	8.69	7.47
	深层	575	1.09	5.55	7.73	11.08	13.93	101.97	8.97	7.60
赤红壤带	表层	204	0.92	5.61	8.08	11.02	13.74	27.15	8.81	7.69
	深层	204	1.45	5.79	8.88	11.96	13.90	22.33	9.24	8.22
黑钙土-栗钙土-黑垆土带	表层	360	0.65	3.07	4.69	6.36	7.11	35.10	4.92	4.37
	深层	360	0.65	2.77	4.18	5.66	6.54	35.10	4.48	3.88
灰钙土-棕钙土带	表层	90	2.35	3.88	5.58	7.22	8.11	30.15	6.14	5.50
	深层	89	1.45	3.79	5.88	7.61	8.61	19.72	6.18	5.52
灰漠土带	表层	356	1.20	3.16	4.70	6.80	7.91	17.62	5.31	4.66
	深层	356	0.91	2.51	3.48	5.59	7.17	31.10	4.44	3.77
高山-亚高山草甸土带	表层	119	2.52	3.77	4.92	6.35	7.90	13.42	5.48	5.06
	深层	119	2.18	3.55	4.49	6.48	7.70	13.48	5.29	4.82
高山棕钙土-栗钙土带	表层	338	0.60	3.61	5.09	7.49	8.56	14.24	5.66	5.05
	深层	338	1.10	3.05	4.34	6.14	7.25	16.73	4.92	4.40
高山漠土带	表层	49	2.74	5.12	6.01	7.34	8.11	14.51	6.40	6.01
	深层	49	1.84	5.02	5.94	7.49	8.17	17.61	6.34	5.90
亚高山草甸土带	表层	193	2.71	6.68	8.84	11.65	13.36	39.54	9.94	8.99
	深层	193	2.74	6.46	8.41	11.59	13.71	46.81	9.85	8.78

续表

类型	层位	样品数	最小值	25% 低背景	50% 中位数	75% 高背景	85% 异常下限	最大值	算术 平均值	几何 平均值
高山草甸土带	表层	84	3.98	7.03	9.44	13.54	16.25	56.47	11.85	9.92
	深层	84	3.03	6.35	8.63	11.80	14.69	56.77	10.95	9.01
高山草原土带	表层	120	2.24	5.66	9.02	16.00	26.33	455.27	19.68	10.65
	深层	120	2.29	5.44	9.50	17.62	25.46	434.09	18.55	10.36
亚高山漠土带	表层	18	3.24	13.16	14.80	16.41	29.15	50.05	18.64	15.11
	深层	18	3.04	8.65	13.57	16.91	29.37	43.94	16.78	13.25
亚高山草原土带	表层	88	4.64	12.97	19.19	28.53	35.70	219.36	26.98	19.96
	深层	88	4.90	11.64	19.29	28.56	38.24	396.07	27.48	19.17

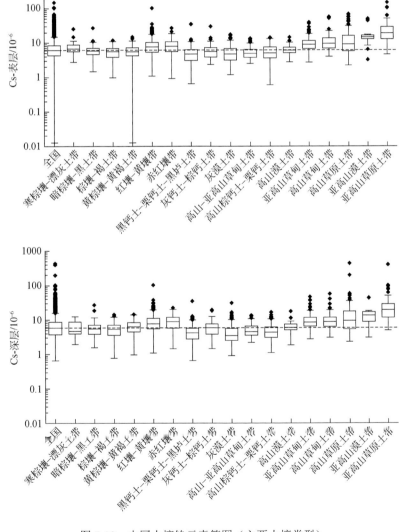

图 7-10　中国土壤铯元素箱图（主要土壤类型）

第三节　铷、铯元素空间分布与异常评价

　　铷、铯地球化学特征非常相似，在地质过程中密切伴生，空间分布较为一致。宏观上中国土壤（汇水域沉积物）表层样品和深层样品稀有元素铷空间分布较为一致，地球化学基准图较为相似；铯空间分布也较为一致，地球化学基准图也较为相似。低背景区主要分布在华北克拉通北缘及中部、天山造山带部分区域、松潘-甘孜造山带中部、上扬子部分区域；高背景区主要分布在华南造山带、改则-那曲造山带、喜马拉雅造山带、三江造山带（图7-11、图7-12、表7-25、表7-26）。

　　（1）华南（南岭）高值区（Rb06，Rb07，Rb08；Cs02，Cs03，Cs04，Cs05）：主要分布在中国南部，如浙江、江西、福建、广东等省，地质上包括华南褶皱系和江南古陆广大地区，有从雪峰期到喜马拉雅期的多次构造岩浆活动，特别是燕山期的岩浆活动与新华夏断裂构造和稀有金属成矿关系极为密切，是中国重要的稀有金属基地之一。当前已建成宜春钽铌矿（含锂、铷、铯）大型生产矿山。该区已知铷、铯矿床类型，为含钽、铌、锂、铷、铯的花岗岩型矿床，含铍、锂、钽、铌、铷、铯的伟晶岩型矿床，这两种类型是该区的主要工业类型矿床。江南地轴的幕阜山、灵山、闽北、武夷山隆起、湘桂赣褶皱带等，都是花岗岩型和伟晶岩型铷、铯矿床的主要远景地区。

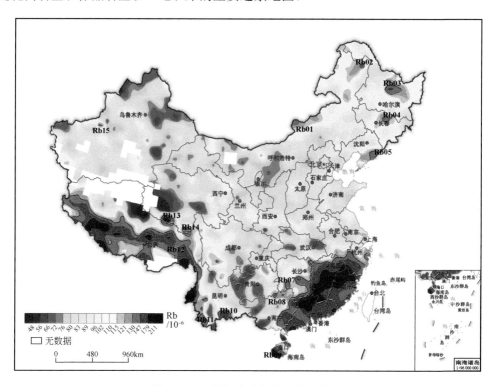

图 7-11　中国铷地球化学异常分布图

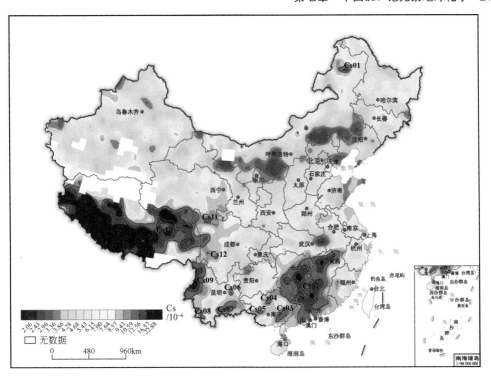

图 7-12　中国铯地球化学异常分布图

表 7-25　中国铷地球化学异常统计参数（对应图 7-11）

编号	面积/km²	点数/个	极小值/10⁻⁶	极大值/10⁻⁶	平均值/10⁻⁶	中位数/10⁻⁶	离差
Rb01	4801						
Rb02	2531	2	123	240	181	181	83.2
Rb03	17255	5	129	226	163	154	38.5
Rb04	4349	2	110	236	173	173	89.3
Rb05	7983	5	128	173	143	135	18.1
Rb06	573952	222	58	487	172	167	52.5
Rb07	4768	2	181	186	183	183	3.04
Rb08	2082						
Rb09	17719	10	111	293	202	214	53.0
Rb10	12285	5	133	323	201	170	74.7
Rb11	9963	4	138	247	205	217	46.9
Rb12	502505	149	65	424	167	160	52.9
Rb13	18405	3	116	281	223	271	92.4
Rb14	9274	2	160	194	177	177	24.3
Rb15	513						

表 7-26 中国铯地球化学异常统计参数（对应图 7-12）

编号	面积/km²	点数/个	极小值/10^{-6}	极大值/10^{-6}	平均值/10^{-6}	中位数/10^{-6}	离差
Cs01	10524	2	25.5	27.2	26.3	26.3	1.24
Cs02	362200	146	4.55	35.5	13.5	12.7	5.18
Cs03	14349	9	7.65	17.4	12.5	12.5	2.68
Cs04	3841	3	5.84	22.4	13.1	11.1	8.48
Cs05	1719	1	16.4	16.4	16.4	16.4	
Cs06	3888	2	15.8	22.8	19.3	19.3	4.94
Cs07	25181	9	4.58	27.1	14.1	13.2	6.16
Cs08	2823	2	14.1	17.7	15.9	15.9	2.54
Cs09	60437	35	6.02	102	14.6	11.0	15.8
Cs10	872898	249	4.64	455	24.1	15.4	36.8
Cs11	5364	2	11.3	13.7	12.5	12.5	1.69
Cs12	1253	1	14.8	14.8	14.8	14.8	

（2）滇西川西高值区（Rb11，Rb12 一部分；Cs08，Cs09，Cs12）：主要分布在云南西部和四川西部，为铍、锂（以锂为主伴生铷铯）稀有金属成矿远景区，地质上相当于三江褶皱系和松潘-甘孜褶皱系，以印支期构造岩浆活动为主。该成矿区川西带，北西-南东向延长约 700km，宽约 50km，是中国著名的铍、锂成矿带。已知矿床类型均属含铍、锂、钽、铌、铷（铯尚未发现矿床）花岗伟晶岩型。川滇成矿区由东向西可划分出 4 个稀有金属成矿带：①泸定-丹巴-可尔因含锂、铍、铌花岗伟晶岩成矿带；②九龙-康定-乾宁锂、铍、铌、钽花岗伟晶岩成矿带；③巴塘-石渠花岗伟晶岩成矿带；④龙陵-贡山含铍花岗伟晶岩成矿带。其中以①、②两个成矿带发现的矿床、矿点最多，特别是甲基卡矿区锂矿床规模最大，而且矿带已延伸到青海等地。该远景区属综合性稀有金属成矿带，由于自然地理条件差，当前研究程度不高，找矿前景潜力很大，除可进一步找到稀有金属伟晶岩矿床外，尚可找到花岗岩型稀有金属矿和钨锡石英脉型矿床。该成矿带是中国扩大铷、铯资源的最大远景区之一（王瑞江等，2015）。

（3）藏南高值区（Rb12；Cs10）：主要分布在青藏高原南部，与该地区广泛发育的淡色花岗岩有关，与滇西高值区连成一片。

（4）阿尔泰稀有金属成矿带及盐湖区铷铯地球化学异常较弱。

世界上除南极洲外，各大洲均发现和探明一定量的铷、铯储量及资源量。主要分布国家有加拿大、美国、巴西、津巴布韦、纳米比亚、莫桑比克、刚果（金）、俄罗斯、德国、葡萄牙、法国、约旦、澳大利亚等。我国铷、铯主要分布在江西、湖南、广东、四川、青海等省。江西省铷矿共有矿产地 5 个，主要分布于横峰葛源、于都县上坪、石城县海罗岭、石城姜坑里、宜春市新坊等地，主要与铌钽矿共生，少量与钨矿伴生。

第八章　中国钪元素地球化学

第一节　中国岩石钪元素含量特征

一、三大岩类中钪含量分布

钪在变质岩中含量最高，火山岩、沉积岩、侵入岩依次降低；侵入岩中基性岩钪含量最高，酸性岩最低；侵入岩中喜马拉雅期钪含量最高；地层岩性中麻粒岩和斜长角闪岩钪含量最高，碳酸盐岩（石灰岩、白云岩）及其对应的变质岩（大理岩）钪含量最低（表 8-1）。

表 8-1　全国岩石中钪元素不同参数基准数据特征统计　　（单位：10^{-6}）

统计项	统计项内容		样品数	最小值	中位数	最大值	算术平均值	几何平均值	标准离差	背景值
三大岩类	沉积岩		6209	0.003	6.59	57.98	7.96	4.09	7.24	7.50
	变质岩		1808	0.01	13.39	75.35	14.17	9.45	10.29	12.40
	岩浆岩	侵入岩	2634	0.09	4.83	85.90	8.44	5.37	9.67	5.62
		火山岩	1467	0.46	10.68	59.99	12.95	9.45	9.65	12.34
地层细分	古近系和新近系		528	0.19	9.34	48.46	10.88	8.16	7.53	10.37
	白垩系		886	0.04	7.23	51.88	8.35	6.26	5.80	7.99
	侏罗系		1362	0.14	7.19	50.17	8.60	6.45	6.02	8.34
	三叠系		1142	0.004	8.94	57.82	9.75	5.54	8.06	9.15
	二叠系		873	0.01	8.74	43.80	10.74	4.83	10.15	10.56
	石炭系		869	0.003	7.70	57.98	9.98	4.23	10.21	8.95
	泥盆系		713	0.08	8.16	59.99	10.04	4.80	9.32	9.56
	志留系		390	0.14	12.46	47.41	12.24	9.30	6.94	11.69
	奥陶系		547	0.02	5.22	47.54	8.51	3.41	9.30	7.80
	寒武系		632	0.05	7.16	42.82	8.29	3.68	7.79	7.99
	元古宇		1145	0.01	9.62	67.76	10.81	5.28	9.92	9.49
	太古宇		244	0.33	10.25	60.05	13.84	7.94	13.29	12.47
侵入岩细分	酸性岩		2077	0.09	3.87	20.74	5.05	3.98	3.57	4.73
	中性岩		340	0.50	14.12	47.98	14.68	11.94	8.40	14.05

统计项	统计项内容	样品数	最小值	中位数	最大值	算术平均值	几何平均值	标准离差	背景值
侵入岩细分	基性岩	164	9.05	32.92	85.90	34.41	32.06	13.24	32.67
	超基性岩	53	0.50	15.46	58.09	20.96	15.90	14.55	20.96
侵入岩期次	喜马拉雅期	27	1.34	6.86	31.48	11.71	8.33	9.04	11.71
	燕山期	963	0.12	4.01	44.84	5.97	4.33	5.79	4.70
	海西期	778	0.22	5.66	75.41	9.43	5.96	10.17	6.62
	加里东期	211	0.24	6.80	50.30	10.59	7.06	10.33	7.75
	印支期	237	0.09	5.52	61.99	8.44	5.85	8.81	6.30
	元古宙	253	0.50	4.82	85.90	11.71	6.35	14.48	6.64
	太古宙	100	0.47	3.71	75.38	10.18	4.85	14.44	3.16
地层岩性	玄武岩	238	2.77	24.36	51.88	25.50	24.15	8.13	25.39
	安山岩	279	3.91	15.62	59.99	16.74	15.35	7.29	16.06
	流纹岩	378	0.46	5.10	22.35	6.14	4.99	3.97	5.81
	火山碎屑岩	88	1.61	6.62	37.82	9.79	6.93	8.24	9.47
	凝灰岩	432	0.50	7.78	48.29	10.28	7.69	7.88	9.57
	粗面岩	43	1.90	9.53	32.77	11.01	9.39	6.20	10.49
	石英砂岩	221	0.01	1.54	14.83	1.84	1.33	1.64	1.69
	长石石英砂岩	888	0.01	4.91	41.95	5.37	4.42	3.13	5.29
	长石砂岩	458	0.39	8.54	22.48	8.66	7.57	3.90	8.57
	砂岩	1844	0.28	10.20	57.82	11.25	9.65	6.42	10.29
	粉砂质泥质岩	106	1.38	14.65	38.96	15.08	14.37	4.38	14.77
	钙质泥质岩	174	0.37	14.55	38.73	14.99	14.02	5.09	14.46
	泥质岩	712	6.95	17.32	57.98	17.92	17.20	5.52	17.28
	石灰岩	1310	0.004	0.58	29.54	1.35	0.76	2.11	0.64
	白云岩	441	0.003	0.50	18.18	0.98	0.56	1.62	0.45
	泥灰岩	49	3.62	7.06	13.04	7.26	6.94	2.16	7.26
	硅质岩	68	0.08	2.22	11.06	3.61	2.09	3.26	3.61
	冰碛岩	5	7.53	8.13	8.54	8.08	8.07	0.36	8.08
	板岩	525	0.50	15.54	46.26	15.76	14.58	5.99	15.28
	千枚岩	150	1.01	16.01	33.74	15.51	14.52	4.90	15.36
	片岩	380	1.65	15.08	56.51	16.86	14.69	9.20	15.17
	片麻岩	289	0.36	8.11	44.28	10.15	7.17	7.70	9.54
	变粒岩	119	0.42	9.30	45.63	11.79	8.82	8.84	10.39
	麻粒岩	4	13.51	57.09	60.05	46.93	40.32	22.33	46.93
	斜长角闪岩	88	10.06	38.19	75.35	38.11	36.65	10.13	37.68
	大理岩	108	0.05	0.52	38.83	1.38	0.64	3.98	1.03
	石英岩	75	0.01	4.06	11.64	4.48	2.52	3.40	4.48

二、不同时代地层中钪含量分布

钪含量的中位数在地层中志留系最高，奥陶系最低；从高到低依次为：志留系、太古宇、元古宇、古近系和新近系、三叠系、二叠系、泥盆系、石炭系、白垩系、侏罗系、寒武系、奥陶系（表 8-1）。

三、不同大地构造单元中钪含量分布

表 8-2～表 8-9 给出了不同大地构造单元钪的含量数据，图 8-1 给出了各大地构造单元钪平均含量与地壳克拉克值的对比。

表 8-2　天山–兴蒙造山带岩石中钪元素不同参数基准数据特征统计 （单位：10^{-6}）

统计项	统计项内容		样品数	最小值	中位数	最大值	算术平均值	几何平均值	标准离差	背景值
三大岩类	沉积岩		807	0.08	8.69	50.06	9.97	6.80	7.35	9.37
	变质岩		373	0.06	13.26	60.80	13.74	8.31	10.52	12.45
	岩浆岩	侵入岩	917	0.48	4.80	75.41	8.27	5.38	9.29	5.40
		火山岩	823	0.50	10.84	59.99	12.75	9.43	9.31	12.09
地层细分	古近系和新近系		153	1.38	12.99	31.29	12.95	10.63	6.93	12.95
	白垩系		203	0.64	7.26	51.88	8.97	6.72	6.86	8.34
	侏罗系		411	0.51	6.68	50.06	8.29	6.50	6.08	7.91
	三叠系		32	1.99	10.41	34.86	11.89	9.41	7.95	11.89
	二叠系		275	0.16	11.08	43.69	12.21	8.76	8.59	11.21
	石炭系		353	0.15	12.34	42.53	13.66	9.22	9.62	13.57
	泥盆系		238	0.08	15.23	59.99	15.43	10.36	10.22	14.96
	志留系		81	0.14	12.07	47.41	13.61	10.00	9.71	11.75
	奥陶系		111	0.32	12.06	47.54	13.31	8.12	10.56	12.71
	寒武系		13	0.11	7.02	15.11	6.76	3.82	4.59	6.76
	元古宇		145	0.06	9.04	60.80	10.96	5.07	11.50	8.85
	太古宇		6	0.33	15.03	40.90	15.03	5.56	14.96	15.03
侵入岩细分	酸性岩		736	0.48	3.74	20.74	4.98	3.98	3.52	4.51
	中性岩		110	4.47	15.47	43.04	16.37	14.68	7.32	15.89
	基性岩		58	9.05	33.24	75.41	33.46	30.80	13.91	32.73
	超基性岩		13	0.50	11.46	31.58	13.59	10.32	8.07	13.59
侵入岩期次	燕山期		240	0.48	3.65	41.77	5.12	3.87	5.06	4.01
	海西期		534	0.68	5.72	75.41	9.41	6.11	10.26	6.74
	加里东期		37	2.20	7.68	43.04	12.28	8.40	10.79	12.28
	印支期		29	1.48	4.30	52.24	8.14	5.28	10.33	6.57

续表

统计项	统计项内容	样品数	最小值	中位数	最大值	算术平均值	几何平均值	标准离差	背景值
侵入岩期次	元古宙	57	0.76	3.82	47.01	8.22	4.83	9.86	7.53
	太古宙	1	15.91	15.91	15.91	15.91	15.91		
地层岩性	玄武岩	96	2.77	22.62	51.88	24.57	22.88	8.56	24.28
	安山岩	181	3.91	16.17	59.99	17.34	16.14	6.98	16.55
	流纹岩	206	0.50	5.14	22.35	6.15	4.92	4.18	5.71
	火山碎屑岩	54	1.80	5.63	32.91	9.06	6.51	7.84	8.61
	凝灰岩	260	0.62	9.08	48.29	11.25	8.49	8.33	10.59
	粗面岩	21	2.74	8.25	32.77	10.61	8.92	6.98	9.50
	石英砂岩	8	0.51	2.91	4.94	2.63	1.98	1.75	2.63
	长石石英砂岩	118	0.36	4.76	27.18	5.18	4.29	3.34	4.99
	长石砂岩	108	0.42	6.78	16.29	6.82	5.89	3.25	6.82
	砂岩	396	0.30	11.36	50.06	12.89	11.06	7.21	12.03
	粉砂质泥质岩	31	9.25	16.10	38.96	16.03	15.50	4.93	15.26
	钙质泥质岩	14	9.85	14.19	38.73	16.32	15.21	7.58	16.32
	泥质岩	46	6.95	15.66	38.89	16.05	15.18	5.65	15.54
	石灰岩	66	0.08	0.74	7.39	1.31	0.83	1.42	1.21
	白云岩	20	0.11	0.47	9.10	1.12	0.60	1.99	0.70
	硅质岩	7	0.35	2.31	10.86	3.21	1.90	3.62	3.21
	板岩	119	1.77	15.27	40.10	15.78	14.60	6.08	15.22
	千枚岩	18	9.69	17.06	33.74	17.16	16.29	5.89	17.16
	片岩	97	2.12	14.21	47.54	17.04	14.46	10.12	16.72
	片麻岩	45	1.60	12.06	34.27	12.04	8.99	8.15	12.04
	变粒岩	12	2.26	7.90	17.38	8.12	6.57	4.99	8.12
	斜长角闪岩	12	29.71	38.91	60.80	41.64	40.16	11.90	41.64
	大理岩	42	0.14	0.52	3.81	0.77	0.54	0.80	0.62
	石英岩	21	0.06	3.94	10.31	4.40	2.29	3.50	4.40

表 8-3　华北克拉通岩石中锗元素不同参数基准数据特征统计　（单位：10^{-6}）

统计项	统计项内容		样品数	最小值	中位数	最大值	算术平均值	几何平均值	标准离差	背景值
三大岩类	沉积岩		1061	0.01	4.83	57.98	6.94	3.10	7.32	6.41
	变质岩		361	0.01	10.97	60.05	14.24	7.58	13.07	13.33
	岩浆岩	侵入岩	571	0.09	3.81	71.52	8.46	4.54	10.90	4.68
		火山岩	217	0.50	10.26	49.18	11.33	8.00	8.21	11.03
地层细分	古近系和新近系		86	0.50	13.82	48.46	14.41	11.42	8.77	13.40
	白垩系		166	0.06	6.25	24.66	7.86	5.77	5.69	7.86

续表

统计项	统计项内容	样品数	最小值	中位数	最大值	算术平均值	几何平均值	标准离差	背景值
地层细分	侏罗系	246	0.38	7.77	50.17	9.08	6.91	6.71	8.59
	三叠系	80	0.50	9.22	18.58	8.97	7.37	4.67	8.97
	二叠系	107	0.01	7.84	32.75	9.30	5.98	6.63	9.08
	石炭系	98	0.06	12.24	57.98	12.48	7.41	10.34	11.02
	泥盆系	1	10.84	10.84	10.84	10.84	10.84		
	志留系	12	0.26	11.70	20.93	11.24	7.65	6.51	11.24
	奥陶系	139	0.02	0.50	43.28	1.76	0.68	4.88	0.50
	寒武系	177	0.05	1.58	36.16	6.18	2.03	8.13	5.87
	元古宇	303	0.01	2.66	46.30	7.52	2.45	9.43	6.59
	太古宇	196	0.40	11.39	60.05	15.29	9.30	13.82	13.63
侵入岩细分	酸性岩	413	0.09	2.89	20.38	3.63	2.77	2.86	3.00
	中性岩	93	0.74	13.28	47.53	13.47	10.92	8.12	12.33
	基性岩	51	14.41	31.98	71.52	32.95	31.15	11.36	32.18
	超基性岩	14	7.28	22.90	58.09	28.59	24.11	16.61	28.59
侵入岩期次	燕山期	201	0.28	3.72	44.84	6.54	4.07	7.51	3.94
	海西期	132	0.22	3.92	43.92	8.36	4.53	9.77	5.57
	加里东期	20	0.24	8.04	42.78	12.67	5.88	13.43	12.67
	印支期	39	0.09	3.80	61.99	12.29	5.68	15.60	10.98
	元古宙	75	0.50	3.81	71.52	9.58	4.89	13.11	5.79
	太古宙	91	0.47	3.42	58.09	8.87	4.50	12.42	3.20
地层岩性	玄武岩	40	11.36	19.98	36.69	20.65	20.19	4.61	20.24
	安山岩	64	3.98	12.67	49.18	14.45	12.93	7.34	13.90
	流纹岩	53	0.59	3.71	15.38	4.46	3.50	3.33	3.85
	火山碎屑岩	14	1.61	5.36	24.43	7.35	5.04	6.96	7.35
	凝灰岩	30	0.50	3.47	24.10	5.39	3.71	4.99	4.74
	粗面岩	15	1.90	11.88	20.61	12.59	10.95	5.74	12.59
	石英砂岩	45	0.01	0.50	12.62	1.03	0.58	1.88	0.76
	长石石英砂岩	103	0.01	3.24	41.95	3.82	2.37	4.53	3.44
	长石砂岩	54	0.39	6.04	15.92	5.88	4.75	3.56	5.88
	砂岩	302	0.50	8.80	29.78	9.20	8.03	4.49	9.13
	粉砂质泥质岩	25	9.09	13.66	22.25	14.07	13.82	2.79	14.07
	钙质泥质岩	32	2.67	13.37	36.16	14.89	13.18	7.31	14.89
	泥质岩	138	7.15	17.05	57.98	18.16	16.95	7.73	17.07
	石灰岩	229	0.02	0.50	12.65	1.27	0.74	1.77	0.50
	白云岩	120	0.05	0.50	18.18	0.97	0.55	2.14	0.50

续表

统计项	统计项内容	样品数	最小值	中位数	最大值	算术平均值	几何平均值	标准离差	背景值
地层岩性	泥灰岩	13	3.90	6.66	12.19	6.74	6.49	2.02	6.74
	硅质岩	5	0.17	0.33	7.09	2.82	0.89	3.54	2.82
	板岩	18	7.14	14.87	38.99	17.12	15.46	8.63	17.12
	千枚岩	11	1.81	16.68	19.72	14.15	12.01	5.93	14.15
	片岩	49	2.15	16.23	41.63	16.43	14.15	8.00	15.91
	片麻岩	122	0.36	7.89	37.06	9.59	6.31	7.76	9.37
	变粒岩	66	0.42	10.02	41.61	12.54	9.13	9.31	12.09
	麻粒岩	4	13.51	57.09	60.05	46.93	40.32	22.33	46.93
	斜长角闪岩	42	10.06	38.27	53.89	37.84	36.30	9.66	37.84
	大理岩	26	0.05	0.51	7.15	1.21	0.66	1.70	0.97
	石英岩	18	0.01	1.48	11.06	2.86	0.99	3.63	2.86

表 8-4 秦祁昆造山带岩石中钪元素不同参数基准数据特征统计（单位：10^{-6}）

统计项	统计项内容		样品数	最小值	中位数	最大值	算术平均值	几何平均值	标准离差	背景值
三大岩类	沉积岩		510	0.003	5.74	49.59	7.59	4.19	7.25	6.70
	变质岩		393	0.08	14.03	51.53	14.71	9.93	10.61	12.37
	岩浆岩	侵入岩	339	0.70	6.00	75.38	10.16	6.39	11.58	6.63
		火山岩	72	1.83	13.51	46.63	16.58	12.32	11.78	16.58
地层细分	古近系和新近系		61	1.17	6.92	19.76	7.49	6.04	4.34	7.49
	白垩系		85	0.79	8.90	23.97	9.35	7.89	5.07	9.35
	侏罗系		46	1.16	5.53	21.30	7.78	5.71	5.66	7.78
	三叠系		103	0.25	10.07	49.59	10.51	7.34	7.97	9.39
	二叠系		54	0.13	3.41	39.24	7.54	3.27	8.57	6.94
	石炭系		89	0.003	3.73	45.00	8.17	3.07	9.70	7.75
	泥盆系		92	0.50	11.27	32.48	10.86	6.47	8.07	10.86
	志留系		67	0.68	12.33	40.65	12.81	10.84	6.49	12.38
	奥陶系		65	0.18	15.53	47.29	14.94	8.15	11.70	14.94
	寒武系		59	0.06	9.58	42.82	11.44	4.71	10.79	11.44
	元古宇		164	0.02	11.99	51.53	14.63	7.94	13.05	14.63
	太古宇		29	0.34	4.72	16.14	6.76	4.38	5.25	6.76
侵入岩细分	酸性岩		244	0.75	4.47	19.95	5.82	4.65	3.91	5.60
	中性岩		61	0.70	12.27	47.98	13.65	9.44	10.90	11.92
	基性岩		25	17.57	34.77	75.38	37.83	35.49	14.37	37.83
	超基性岩		9	5.34	26.84	49.73	27.49	21.52	17.11	27.49

续表

统计项	统计项内容	样品数	最小值	中位数	最大值	算术平均值	几何平均值	标准离差	背景值
侵入岩期次	喜马拉雅期	1	6.69	6.69	6.69	6.69	6.69		
	燕山期	70	0.87	3.18	17.99	4.71	3.60	3.91	4.16
	海西期	62	1.30	8.61	49.73	11.65	8.32	10.46	9.23
	加里东期	91	0.70	6.67	50.30	11.52	7.41	11.42	8.69
	印支期	62	0.75	5.57	25.62	6.91	5.51	4.77	6.60
	元古宙	43	1.37	7.87	67.91	17.12	9.45	18.26	17.12
	太古宙	4	1.74	20.57	75.38	29.56	10.86	34.97	29.56
地层岩性	玄武岩	11	18.19	33.52	46.63	32.98	31.55	9.99	32.98
	安山岩	15	4.87	18.33	43.86	19.14	16.94	9.65	19.14
	流纹岩	24	2.39	7.95	15.48	7.95	7.01	3.79	7.95
	火山碎屑岩	6	1.83	8.62	17.18	8.56	6.34	6.24	8.56
	凝灰岩	14	2.72	23.76	31.31	20.64	16.39	10.12	20.64
	粗面岩	2	3.01	6.57	10.13	6.57	5.52	5.04	6.57
	石英砂岩	14	0.89	1.89	4.93	2.43	2.11	1.34	2.43
	长石石英砂岩	98	0.06	4.37	11.39	4.84	3.85	2.75	4.84
	长石砂岩	23	2.42	9.01	18.56	9.27	8.31	4.16	9.27
	砂岩	202	0.51	9.72	49.59	10.79	8.68	7.37	9.73
	粉砂质泥质岩	8	8.45	14.56	26.32	16.04	15.24	5.48	16.04
	钙质泥质岩	14	9.42	12.69	31.34	13.81	13.18	5.35	12.46
	泥质岩	25	9.17	16.51	39.25	18.12	16.78	7.82	18.12
	石灰岩	89	0.02	0.59	26.03	1.44	0.80	2.91	1.16
	白云岩	32	0.003	0.50	5.36	1.24	0.64	1.44	1.24
	泥灰岩	5	3.62	5.36	9.30	5.68	5.37	2.23	5.68
	硅质岩	9	0.08	0.79	3.78	1.13	0.67	1.14	1.13
	板岩	87	3.89	14.83	38.05	15.35	14.43	5.31	15.09
	千枚岩	47	5.53	16.24	33.25	15.65	14.73	5.38	15.27
	片岩	103	1.65	16.87	51.53	18.77	16.14	10.68	18.45
	片麻岩	79	0.70	7.72	44.28	10.12	7.37	7.79	9.69
	变粒岩	16	1.00	6.57	36.67	10.28	7.11	9.11	10.28
	斜长角闪岩	18	16.13	39.68	51.53	38.63	37.66	7.74	38.63
	大理岩	21	0.18	0.50	38.83	2.62	0.70	8.34	0.81
	石英岩	11	0.42	4.39	6.94	4.12	3.16	2.34	4.12

表 8-5　扬子克拉通岩石中钪元素不同参数基准数据特征统计　（单位：10^{-6}）

统计项	统计项内容		样品数	最小值	中位数	最大值	算术平均值	几何平均值	标准离差	背景值
三大岩类	沉积岩		1716	0.01	5.93	42.07	7.81	3.67	7.34	7.55
	变质岩		139	0.15	15.97	50.71	15.53	12.45	8.62	14.34
	岩浆岩	侵入岩	123	0.62	5.14	55.04	9.80	5.93	11.80	5.18
		火山岩	105	0.46	22.69	43.80	19.57	15.33	10.81	19.57
地层细分	古近系和新近系		27	1.08	7.20	26.04	9.41	7.42	6.59	9.41
	白垩系		123	0.27	7.46	25.14	8.24	6.51	4.87	8.11
	侏罗系		236	0.50	10.01	21.32	10.19	8.77	4.81	10.19
	三叠系		385	0.12	3.93	33.87	7.64	3.30	8.14	7.58
	二叠系		237	0.15	2.18	43.80	11.78	3.04	13.41	11.78
	石炭系		73	0.18	0.81	32.48	3.35	1.20	5.88	0.71
	泥盆系		98	0.23	1.72	24.65	4.86	1.97	6.30	4.65
	志留系		147	0.26	12.99	21.20	11.78	9.05	5.49	11.78
	奥陶系		148	0.18	4.64	21.83	7.61	3.63	7.25	7.61
	寒武系		193	0.08	4.29	20.47	6.55	3.08	6.20	6.55
	元古宇		305	0.01	11.35	67.76	11.19	5.98	8.94	10.57
	太古宇		3	2.37	6.76	40.31	16.48	8.64	20.76	16.48
侵入岩细分	酸性岩		96	0.62	3.95	18.87	5.15	4.15	3.59	4.57
	中性岩		15	4.68	13.43	30.50	14.91	12.81	7.94	14.91
	基性岩		11	24.83	41.12	55.04	41.01	39.90	9.70	41.01
	超基性岩		1	37.12	37.12	37.12	37.12	37.12		
侵入岩期次	燕山期		47	0.62	3.83	35.82	5.88	4.19	6.63	4.30
	海西期		3	2.68	29.73	37.12	23.18	14.36	18.13	23.18
	加里东期		5	3.87	6.76	12.03	7.89	7.33	3.23	7.89
	印支期		17	1.49	3.44	20.48	4.89	3.88	4.43	3.92
	元古宙		44	1.16	9.43	55.04	15.11	9.28	15.33	15.11
	太古宙		1	35.56	35.56	35.56	35.56	35.56		
地层岩性	玄武岩		47	22.69	28.06	43.80	29.16	28.82	4.70	28.84
	安山岩		5	10.78	15.75	19.42	15.75	15.43	3.39	15.75
	流纹岩		14	0.46	6.28	15.70	7.10	5.40	4.36	7.10
	火山碎屑岩		6	2.51	13.17	28.60	15.36	12.03	9.69	15.36
	凝灰岩		30	1.37	10.61	29.30	12.08	9.91	7.13	12.08
	粗面岩		2	5.36	8.13	10.90	8.13	7.64	3.91	8.13
	石英砂岩		55	0.31	1.49	5.46	1.62	1.36	0.99	1.55
	长石石英砂岩		162	0.56	5.17	12.99	5.48	4.89	2.52	5.48
	长石砂岩		108	2.40	10.31	22.48	10.28	9.63	3.52	10.05

续表

统计项	统计项内容	样品数	最小值	中位数	最大值	算术平均值	几何平均值	标准离差	背景值
地层岩性	砂岩	359	0.98	11.18	31.80	11.75	10.42	5.58	10.84
	粉砂质泥质岩	7	11.47	14.24	19.11	15.32	15.08	2.97	15.32
	钙质泥质岩	70	8.68	15.10	22.74	14.90	14.64	2.76	14.90
	泥质岩	277	7.98	17.22	42.07	17.92	17.29	5.03	17.26
	石灰岩	461	0.12	0.77	7.97	1.29	0.85	1.37	0.88
	白云岩	194	0.01	0.50	8.79	1.09	0.61	1.49	0.53
	泥灰岩	23	4.08	7.98	13.04	7.82	7.46	2.38	7.82
	硅质岩	18	0.15	3.80	10.97	4.27	2.84	3.42	4.27
	板岩	73	4.35	17.60	46.26	17.90	16.68	6.86	16.89
	千枚岩	20	8.62	15.68	24.59	15.20	14.61	4.30	15.20
	片岩	18	7.12	17.58	50.71	18.74	16.77	10.16	16.86
	片麻岩	4	2.37	6.13	11.07	6.42	5.59	3.61	6.42
	变粒岩	2	5.49	9.30	13.11	9.30	8.48	5.39	9.30
	斜长角闪岩	2	35.60	37.95	40.31	37.95	37.88	3.33	37.95
	大理岩	1	3.36	3.36	3.36	3.36	3.36		
	石英岩	1	9.73	9.73	9.73	9.73	9.73		

表 8-6　华南造山带岩石中钪元素不同参数基准数据特征统计　（单位：10^{-6}）

统计项	统计项内容		样品数	最小值	中位数	最大值	算术平均值	几何平均值	标准离差	背景值
三大岩类	沉积岩		1016	0.02	7.55	31.37	8.26	4.21	6.80	8.11
	变质岩		172	0.55	11.97	34.95	12.38	10.36	5.89	12.24
	岩浆岩	侵入岩	416	0.68	4.60	36.27	5.88	4.80	4.38	5.36
		火山岩	147	1.57	5.76	28.20	7.84	6.35	5.66	7.70
地层细分	古近系和新近系		39	2.40	12.88	44.06	13.58	11.13	8.54	12.77
	白垩系		155	0.04	7.41	19.89	7.72	6.55	3.90	7.64
	侏罗系		203	0.26	5.70	28.51	7.32	5.67	5.48	7.02
	三叠系		139	0.15	10.48	52.47	10.96	5.91	8.48	10.66
	二叠系		71	0.02	1.29	28.27	6.22	1.77	7.85	6.22
	石炭系		120	0.08	0.51	24.34	3.44	0.95	5.69	2.37
	泥盆系		216	0.11	4.24	24.83	6.60	2.77	6.78	6.60
	志留系		32	1.89	14.04	22.64	12.95	11.58	5.22	12.95
	奥陶系		57	0.58	10.49	25.21	10.99	8.97	5.52	10.99
	寒武系		145	0.33	10.99	31.37	11.61	8.54	6.36	11.47
	元古宇		132	0.62	12.87	28.71	12.99	11.61	5.17	12.87
	太古宇		3	3.58	6.28	10.27	6.71	6.13	3.37	6.71

续表

统计项	统计项内容	样品数	最小值	中位数	最大值	算术平均值	几何平均值	标准离差	背景值
侵入岩细分	酸性岩	388	0.68	4.40	17.30	5.30	4.52	3.09	5.22
	中性岩	22	1.66	9.29	21.70	10.80	9.33	5.38	10.80
	基性岩	5	9.62	34.96	36.27	28.06	25.27	11.59	28.06
	超基性岩	1	11.11	11.11	11.11	11.11	11.11		
侵入岩期次	燕山期	273	0.68	3.89	23.53	4.87	4.14	3.09	4.26
	海西期	19	2.45	8.14	36.27	8.83	7.13	7.35	7.31
	加里东期	48	1.12	6.37	21.11	7.08	6.16	3.74	6.78
	印支期	57	1.57	6.91	21.70	7.28	6.05	4.41	7.03
	元古宙	6	4.76	8.44	15.16	8.99	8.28	3.96	8.99
地层岩性	玄武岩	20	14.21	18.03	28.20	19.00	18.76	3.29	19.00
	安山岩	2	13.71	15.53	17.36	15.53	15.43	2.58	15.53
	流纹岩	46	1.57	4.86	12.68	5.43	5.08	2.04	5.27
	火山碎屑岩	1	21.24	21.24	21.24	21.24	21.24		
	凝灰岩	77	2.38	5.33	19.89	6.07	5.34	3.53	5.36
	石英砂岩	62	0.33	1.89	5.75	2.15	1.87	1.13	2.09
	长石石英砂岩	202	0.63	6.61	15.20	6.57	5.87	2.87	6.53
	长石砂岩	95	1.74	10.99	17.87	10.72	10.10	3.12	10.72
	砂岩	215	0.28	10.48	31.37	10.73	9.61	4.61	10.41
	粉砂质泥质岩	7	5.21	13.95	17.05	12.14	11.18	4.71	12.14
	钙质泥质岩	12	10.29	13.54	19.81	14.74	14.43	3.17	14.74
	泥质岩	170	9.18	18.39	30.83	18.41	18.06	3.63	18.34
	石灰岩	207	0.02	0.40	8.02	0.80	0.49	1.10	0.45
	白云岩	42	0.08	0.30	1.92	0.44	0.35	0.35	0.40
	泥灰岩	4	5.98	7.35	8.66	7.34	7.24	1.34	7.34
	硅质岩	22	0.55	3.00	11.06	4.45	2.98	3.52	4.45
	板岩	57	6.64	14.26	23.32	14.72	14.20	3.90	14.72
	千枚岩	18	10.79	15.99	21.98	15.62	15.29	3.22	15.62
	片岩	38	2.86	13.41	23.00	13.51	12.48	4.90	13.51
	片麻岩	12	3.58	7.45	21.96	9.26	7.95	5.56	9.26
	变粒岩	16	4.26	8.61	23.75	10.61	9.65	5.34	10.61
	斜长角闪岩	2	26.28	30.62	34.95	30.62	30.31	6.13	30.62
	石英岩	7	4.37	6.61	11.44	7.82	7.41	2.72	7.82

表 8-7 塔里木克拉通岩石中钪元素不同参数基准数据特征统计 （单位：10^{-6}）

统计项	统计项内容		样品数	最小值	中位数	最大值	算术平均值	几何平均值	标准离差	背景值
三大岩类	沉积岩		160	0.03	4.98	44.84	6.29	3.47	6.56	5.53
	变质岩		42	0.46	10.56	38.91	12.84	6.73	11.50	12.84
	岩浆岩	侵入岩	34	0.70	3.88	31.25	5.42	3.88	5.89	4.64
		火山岩	2	9.64	14.98	20.33	14.98	14.00	7.56	14.98
地层细分	古近系和新近系		29	1.20	5.93	17.92	6.47	5.29	3.85	6.47
	白垩系		11	1.86	5.22	17.34	6.32	4.82	5.23	6.32
	侏罗系		18	1.66	8.11	15.51	8.09	7.04	3.90	8.09
	三叠系		3	4.13	9.09	9.66	7.63	7.13	3.04	7.63
	二叠系		12	0.91	4.88	20.33	6.39	4.81	5.35	6.39
	石炭系		19	0.03	0.72	13.12	2.33	0.91	3.67	2.33
	泥盆系		18	0.66	4.97	44.84	7.93	5.15	9.90	5.76
	志留系		10	0.20	7.79	13.42	7.60	5.44	3.92	7.60
	奥陶系		10	0.63	2.25	10.40	3.67	2.31	3.45	3.67
	寒武系		17	0.13	0.38	22.02	3.13	0.76	5.98	1.94
	元古宇		26	0.41	8.41	37.04	9.59	6.39	7.78	8.49
	太古宇		6	0.46	0.60	7.42	2.70	1.26	3.36	2.70
侵入岩细分	酸性岩		30	0.70	3.80	12.97	4.23	3.53	2.53	3.92
	中性岩		2	1.36	2.86	4.37	2.86	2.44	2.13	2.86
	基性岩		2	20.65	25.95	31.25	25.95	25.41	7.50	25.95
侵入岩期次	海西期		16	0.70	3.80	12.97	4.11	3.29	2.86	3.52
	加里东期		4	2.07	4.37	6.99	4.45	3.89	2.50	4.45
	元古宙		11	2.06	3.91	31.25	7.97	5.20	9.36	7.97
	太古宙		2	0.99	2.68	4.37	2.68	2.08	2.39	2.68
地层岩性	玄武岩		1	20.33	20.33	20.33	20.33	20.33		
	流纹岩		1	9.64	9.64	9.64	9.64	9.64		
	石英砂岩		2	0.70	1.18	1.66	1.18	1.08	0.68	1.18
	长石石英砂岩		26	0.88	6.45	9.97	5.77	5.00	2.66	5.77
	长石砂岩		3	3.71	4.13	7.13	4.99	4.78	1.86	4.99
	砂岩		62	2.48	7.58	44.84	9.56	7.68	8.11	7.74
	钙质泥质岩		7	12.15	13.67	17.92	14.52	14.33	2.41	14.52
	泥质岩		2	9.92	10.68	11.43	10.68	10.65	1.07	10.68
	石灰岩		50	0.03	0.78	7.45	1.58	0.84	1.88	1.46
	白云岩		2	0.72	1.77	2.82	1.77	1.42	1.49	1.77
	冰碛岩		5	7.53	8.13	8.54	8.08	8.07	0.36	8.08
	千枚岩		1	14.47	14.47	14.47	14.47	14.47		

统计项	统计项内容	样品数	最小值	中位数	最大值	算术平均值	几何平均值	标准离差	背景值
地层岩性	片岩	11	7.42	11.79	26.94	13.48	12.40	6.29	13.48
	片麻岩	12	1.34	9.20	33.48	11.47	8.35	9.53	11.47
	斜长角闪岩	7	19.00	32.55	38.91	30.82	29.96	7.47	30.82
	大理岩	10	0.46	0.65	12.80	1.94	0.91	3.83	1.94
	石英岩	1	3.75	3.75	3.75	3.75	3.75		

表 8-8 松潘-甘孜造山带岩石中钪元素不同参数基准数据特征统计（单位：10^{-6}）

统计项	统计项内容		样品数	最小值	中位数	最大值	算术平均值	几何平均值	标准离差	背景值
三大岩类	沉积岩		237	0.17	8.07	57.82	8.67	5.28	7.92	7.27
	变质岩		189	0.37	15.45	29.61	14.71	12.90	5.35	14.71
	岩浆岩	侵入岩	69	0.50	7.62	85.90	11.64	7.39	12.77	10.54
		火山岩	20	2.23	10.98	37.78	16.25	11.95	11.83	16.25
地层细分	古近系和新近系		18	0.55	5.79	26.38	6.37	4.39	5.74	5.19
	白垩系		1	0.68	0.68	0.68	0.68	0.68		
	侏罗系		3	0.61	3.90	7.19	3.90	2.57	3.29	3.90
	三叠系		258	0.17	10.80	57.82	11.91	9.35	7.40	11.10
	二叠系		37	0.30	11.62	32.68	13.29	7.77	9.52	13.29
	石炭系		10	0.36	5.17	33.26	9.42	3.31	11.12	9.42
	泥盆系		27	0.26	6.18	34.75	9.52	4.12	9.67	9.52
	志留系		33	0.30	11.77	25.40	10.66	6.49	7.10	10.66
	奥陶系		8	0.69	14.71	27.52	12.76	7.21	9.69	12.76
	寒武系		12	0.53	15.22	18.50	13.84	11.23	4.90	13.84
	元古宇		34	0.29	10.72	27.64	11.08	7.89	6.78	11.08
侵入岩细分	酸性岩		48	0.55	4.60	14.85	5.81	4.81	3.50	5.81
	中性岩		15	0.50	18.79	30.64	19.47	15.81	7.30	19.47
	基性岩		1	85.90	85.90	85.90	85.90	85.90		
	超基性岩		5	22.41	30.84	35.78	29.20	28.62	6.36	29.20
侵入岩期次	燕山期		25	0.50	6.37	27.91	8.16	5.69	6.75	8.16
	海西期		8	0.55	22.52	34.33	17.89	10.41	12.84	17.89
	印支期		19	2.71	7.98	26.90	9.20	7.44	6.54	9.20
	元古宙		12	1.61	8.43	85.90	16.59	8.69	23.30	16.59
	太古宙		1	35.78	35.78	35.78	35.78	35.78		
地层岩性	玄武岩		7	26.44	31.09	37.78	31.06	30.85	3.91	31.06
	安山岩		1	5.41	5.41	5.41	5.41	5.41		
	流纹岩		7	2.23	6.92	11.09	6.42	5.52	3.39	6.42

续表

统计项	统计项内容	样品数	最小值	中位数	最大值	算术平均值	几何平均值	标准离差	背景值
地层岩性	凝灰岩	3	10.40	10.88	14.59	11.95	11.82	2.29	11.95
	粗面岩	2	6.24	10.75	15.25	10.75	9.75	6.37	10.75
	石英砂岩	2	0.91	1.82	2.72	1.82	1.58	1.27	1.82
	长石石英砂岩	29	0.56	5.29	10.85	5.30	4.51	2.55	5.30
	长石砂岩	20	4.69	8.64	11.53	8.22	7.95	2.06	8.22
	砂岩	129	1.36	9.79	57.82	11.70	9.87	8.38	9.35
	粉砂质泥质岩	4	1.38	13.32	16.98	11.25	8.01	6.91	11.25
	钙质泥质岩	3	6.41	19.11	34.75	20.09	16.21	14.19	20.09
	泥质岩	4	14.94	16.77	19.38	16.97	16.89	1.84	16.97
	石灰岩	35	0.17	0.61	5.82	1.20	0.75	1.38	1.07
	白云岩	11	0.29	0.64	2.17	0.80	0.63	0.65	0.80
	硅质岩	2	1.65	2.98	4.31	2.98	2.66	1.88	2.98
	板岩	118	1.61	15.19	27.84	14.97	14.14	4.52	14.97
	千枚岩	29	7.18	16.25	26.26	15.76	15.25	3.99	15.76
	片岩	29	5.59	16.08	29.61	16.11	14.95	5.94	16.11
	片麻岩	2	8.11	12.36	16.62	12.36	11.61	6.02	12.36
	变粒岩	3	9.99	18.98	19.46	16.14	15.45	5.34	16.14
	大理岩	5	0.37	0.42	0.69	0.48	0.47	0.13	0.48
	石英岩	1	7.54	7.54	7.54	7.54	7.54		

表 8-9　西藏-三江造山带岩石中钪元素不同参数基准数据特征统计（单位：10^{-6}）

统计项	统计项内容		样品数	最小值	中位数	最大值	算术平均值	几何平均值	标准离差	背景值
三大岩类	沉积岩		702	0.004	5.75	37.99	7.55	4.08	6.76	7.19
	变质岩		139	0.32	13.01	75.35	14.14	10.12	10.92	12.29
	岩浆岩	侵入岩	165	0.12	7.90	45.27	10.49	7.80	8.16	9.09
		火山岩	81	2.12	11.93	46.22	15.83	12.21	11.48	15.83
地层细分	古近系和新近系		115	0.19	6.41	37.82	8.55	5.93	7.08	7.52
	白垩系		142	0.14	6.75	35.38	8.44	5.16	6.97	7.89
	侏罗系		199	0.14	7.47	28.92	8.38	4.77	6.64	8.17
	三叠系		142	0.004	8.12	44.68	9.79	5.00	8.88	8.56
	二叠系		80	0.10	7.53	37.05	10.19	4.67	9.53	10.19
	石炭系		107	0.09	5.76	56.69	10.32	4.30	12.47	6.73
	泥盆系		23	0.21	5.97	20.16	7.51	4.28	6.34	7.51
	志留系		8	1.62	13.91	22.62	13.04	9.65	7.75	13.04
	奥陶系		9	2.52	5.49	16.32	7.96	6.31	5.65	7.96

续表

统计项	统计项内容	样品数	最小值	中位数	最大值	算术平均值	几何平均值	标准离差	背景值
地层细分	寒武系	16	0.63	14.85	24.10	13.37	9.57	7.44	13.37
	元古宇	36	1.04	8.72	29.55	9.74	7.27	6.86	9.74
	太古宇	1	7.89	7.89	7.89	7.89	7.89		
侵入岩细分	酸性岩	122	0.12	6.74	18.90	7.74	6.17	4.65	7.74
	中性岩	22	4.60	16.66	32.07	15.81	13.91	7.38	15.81
	基性岩	11	18.74	32.24	45.27	31.52	30.63	7.67	31.52
	超基性岩	10	5.06	9.28	17.18	9.21	8.42	4.10	9.21
侵入岩期次	喜马拉雅期	26	1.34	7.57	31.48	11.90	8.40	9.17	11.90
	燕山期	107	0.12	7.77	39.58	9.91	7.58	7.29	8.62
	海西期	4	5.55	10.72	13.62	10.15	9.66	3.36	10.15
	加里东期	6	4.20	7.61	45.27	13.57	9.16	15.82	13.57
	印支期	14	2.93	10.93	35.58	13.09	10.55	9.62	13.09
	元古宙	5	1.67	4.62	17.83	6.49	4.50	6.60	6.49
地层岩性	玄武岩	16	20.76	32.20	46.22	33.34	32.18	8.97	33.34
	安山岩	11	11.30	16.33	33.52	18.68	17.54	7.56	18.68
	流纹岩	27	2.80	7.89	21.88	8.31	7.21	4.64	8.31
	火山碎屑岩	7	4.46	13.90	37.82	14.95	12.21	10.96	14.95
	凝灰岩	18	2.12	10.15	20.08	11.10	9.83	4.65	11.10
	粗面岩	1	10.79	10.79	10.79	10.79	10.79		
	石英砂岩	33	0.21	1.84	14.83	2.31	1.58	2.53	1.92
	长石石英砂岩	150	0.67	4.91	12.95	5.16	4.53	2.48	5.10
	长石砂岩	47	1.67	7.50	20.56	8.30	7.09	4.43	8.30
	砂岩	179	1.47	10.64	37.99	11.46	10.06	6.24	10.57
	粉砂质泥质岩	24	7.52	15.63	26.20	16.03	15.57	3.94	16.03
	钙质泥质岩	22	0.37	15.65	22.03	14.88	12.62	4.90	14.88
	泥质岩	50	8.15	17.32	37.05	17.59	17.05	4.56	17.19
	石灰岩	173	0.004	0.78	29.54	2.18	0.93	3.98	0.96
	白云岩	20	0.09	0.41	2.10	0.55	0.39	0.53	0.55
	泥灰岩	4	6.78	7.49	8.54	7.58	7.55	0.73	7.58
	硅质岩	5	0.78	2.88	6.69	3.56	2.76	2.46	3.56
	板岩	53	0.50	15.86	44.68	15.82	13.25	8.32	14.75
	千枚岩	6	1.01	11.82	16.99	11.53	8.70	5.78	11.53
	片岩	35	5.48	14.55	56.51	15.67	14.18	8.51	14.46
	片麻岩	13	1.08	8.65	19.41	9.43	7.23	5.84	9.43
	变粒岩	4	4.48	13.30	45.63	19.18	13.52	18.37	19.18

续表

统计项	统计项内容	样品数	最小值	中位数	最大值	算术平均值	几何平均值	标准离差	背景值
地层岩性	斜长角闪岩	5	29.55	36.17	75.35	43.32	40.80	18.53	43.32
	大理岩	3	0.32	0.40	4.17	1.63	0.81	2.20	1.63
	石英岩	15	0.47	4.69	11.64	4.73	3.74	2.93	4.73

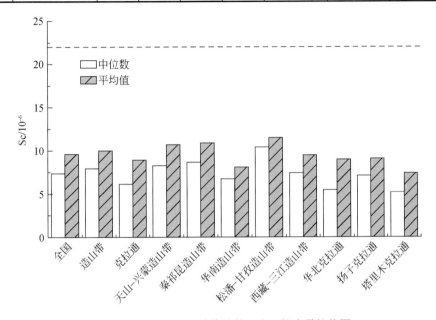

图 8-1 全国及一级大地构造单元岩石钪含量柱状图

（1）在天山–兴蒙造山带中分布：钪在变质岩中含量最高，火山岩、沉积岩、侵入岩依次降低；侵入岩中基性岩钪含量最高，酸性岩最低；地层中泥盆系钪含量最高，侏罗系最低；侵入岩中太古宇钪含量最高；地层岩性中斜长角闪岩钪含量最高，碳酸盐岩（石灰岩、白云岩）及其对应的变质岩（大理岩）钪含量最低。

（2）在秦祁昆造山带中分布：钪在变质岩中含量最高，火山岩、侵入岩、沉积岩依次降低；侵入岩中基性岩钪含量最高，酸性岩最低；地层中奥陶系钪含量最高，二叠系最低；侵入岩中太古宇钪含量最高；地层岩性中斜长角闪岩钪含量最高，碳酸盐岩（石灰岩、白云岩）及其对应的变质岩（大理岩）和硅质岩钪含量最低。

（3）在华南造山带中分布：钪在变质岩中含量最高，沉积岩、火山岩、侵入岩依次降低；侵入岩中基性岩钪含量最高，酸性岩最低；地层中志留系钪含量最高，石炭系最低；侵入岩中元古宇钪含量最高；地层岩性中斜长角闪岩钪含量最高，碳酸盐岩（石灰岩、白云岩）钪含量最低。

（4）在松潘–甘孜造山带中分布：钪在变质岩中含量最高，火山岩、沉积岩、侵入岩依次降低；侵入岩中基性岩钪含量最高，酸性岩最低；地层中寒武系钪含量最高，白垩系最低；侵入岩中太古宇钪含量最高；地层岩性中玄武岩钪含量最高，碳酸盐岩（石灰岩、白云岩）及其对应的变质岩（大理岩）钪含量最低。

（5）在西藏–三江造山带中分布：钪在变质岩中含量最高，火山岩、侵入岩、沉积岩依次降低；侵入岩中基性岩钪含量最高，酸性岩最低；地层中寒武系钪含量最高，奥陶系最低；侵入岩中印支期钪含量最高；地层岩性中斜长角闪岩和玄武岩钪含量最高，碳酸盐岩（石灰岩、白云岩）及其对应的变质岩（大理岩）钪含量最低。

（6）在华北克拉通中分布：钪在变质岩中含量最高，火山岩、沉积岩、侵入岩依次降低；侵入岩中基性岩钪含量最高，酸性岩最低；地层中古近系和新近系钪含量最高，奥陶系最低；侵入岩中加里东期钪含量最高；地层岩性中麻粒岩钪含量最高，硅质岩和碳酸盐岩（石灰岩、白云岩）及其对应的变质岩（大理岩）钪含量最低。

（7）在扬子克拉通中分布：钪在火山岩中含量最高，变质岩、沉积岩、侵入岩依次降低；侵入岩中基性岩钪含量最高，酸性岩最低；地层中志留系钪含量最高，石炭系最低；侵入岩中太古宇钪含量最高；地层岩性中斜长角闪岩钪含量最高，碳酸盐岩（石灰岩、白云岩）钪含量最低。

（8）在塔里木克拉通中分布：钪在火山岩中含量最高，变质岩、沉积岩、侵入岩依次降低；侵入岩中基性岩钪含量最高，酸性岩最低；地层中三叠系钪含量最高，寒武系最低；侵入岩中加里东期钪含量最高；地层岩性中斜长角闪岩钪含量最高，碳酸盐岩（石灰岩、白云岩）及其对应的变质岩（大理岩）钪含量最低。

第二节　中国土壤钪元素含量特征

一、中国土壤钪元素含量总体特征

中国表层和深层土壤中的钪含量近似呈对数正态分布，但有部分离散值存在；钪元素表层样品和深层样品 95%（2.5%～97.5%）的数据分别变化于 3.07×10^{-6}～17.9×10^{-6} 和 2.74×10^{-6}～17.8×10^{-6}，基准值（中位数）分别为 9.70×10^{-6} 和 9.37×10^{-6}，低背景基线值（下四分位数）分别为 7.27×10^{-6} 和 6.84×10^{-6}，高背景基线值（上四分位数）分别为 12.0×10^{-6} 和 11.9×10^{-6}；高背景值低于地壳克拉克值（图8-2）。

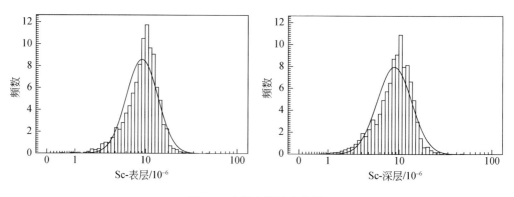

图 8-2　中国土壤钪直方图

二、中国不同大地构造单元土壤钪元素含量

钪元素含量在八个一级大地构造单元内的统计参数见表 8-10 和图 8-3。中国表层土壤钪中位数排序：扬子克拉通＞松潘−甘孜造山带＞秦祁昆造山带＞天山−兴蒙造山带＞全国＞华北克拉通＞华南造山带＞西藏−三江造山带＞塔里木克拉通。深层土壤中位数排序：扬子克拉通＞华南造山带＞松潘−甘孜造山带＞秦祁昆造山带＞全国＞华北克拉通＞天山−兴蒙造山带＞塔里木克拉通＞西藏−三江造山带。

表 8-10　中国一级大地构造单元土壤钪基准值数据特征　　（单位：10^{-6}）

类型	层位	样品数	最小值	25%低背景	50%中位数	75%高背景	85%异常下限	最大值	算术平均值	几何平均值
全国	表层	3382	0.50	7.27	9.70	12.00	13.32	48.57	9.81	9.01
	深层	3380	0.77	6.84	9.37	11.93	13.38	48.57	9.57	8.66
造山带	表层	2160	0.81	7.00	9.62	12.21	13.55	31.59	9.75	8.89
	深层	2158	0.77	6.58	9.18	11.93	13.39	33.83	9.41	8.44
克拉通	表层	1222	0.50	7.61	9.78	11.70	12.92	48.57	9.94	9.23
	深层	1222	1.09	7.35	9.62	11.93	13.36	48.57	9.85	9.05
天山−兴蒙造山带	表层	909	1.00	7.04	9.89	12.76	14.46	30.16	10.01	8.97
	深层	907	0.84	5.72	8.74	12.25	13.72	29.94	9.13	7.90
华北克拉通	表层	613	1.55	7.16	9.59	11.23	12.01	24.23	9.23	8.62
	深层	613	1.09	6.46	9.26	11.35	12.63	26.89	9.10	8.30
塔里木克拉通	表层	209	0.93	7.20	8.48	10.18	11.23	21.73	8.83	8.40
	深层	209	1.92	7.00	8.26	9.65	10.36	21.73	8.40	8.07
秦祁昆造山带	表层	350	2.90	8.01	9.90	11.80	12.77	19.51	9.91	9.45
	深层	350	2.65	7.68	9.57	11.76	12.89	23.73	9.81	9.30
松潘−甘孜造山带	表层	202	3.33	8.24	10.07	12.10	12.87	18.51	9.98	9.49
	深层	202	2.52	8.24	10.14	11.88	13.07	18.51	9.94	9.41
西藏−三江造山带	表层	349	2.39	5.60	8.50	10.80	12.21	20.82	8.61	7.82
	深层	349	2.10	5.40	8.00	10.45	11.98	23.84	8.30	7.48
扬子克拉通	表层	399	0.50	8.00	11.09	13.45	15.19	48.57	11.60	10.70
	深层	399	2.15	9.27	11.28	13.72	15.47	48.57	11.77	10.98
华南造山带	表层	351	0.81	6.71	9.52	12.60	13.90	31.59	9.88	8.97
	深层	351	0.77	7.76	10.15	12.77	14.20	33.83	10.51	9.63

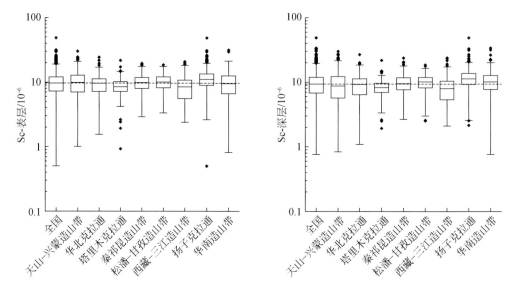

图 8-3　中国土壤钪元素箱图（一级大地构造单元）

三、中国不同自然地理景观土壤钪元素含量

钪元素含量在 10 个自然地理景观的统计参数见表 8-11 和图 8-4。中国表层土壤钪中位数排序：喀斯特＞荒漠戈壁＞中高山＞冲积平原＞全国＞黄土＞低山丘陵＞森林沼泽＞沙漠盆地＞半干旱草原＞高寒湖泊。深层土壤中位数排序：喀斯特＞中高山＞冲积平原＞低山丘陵＞荒漠戈壁＞黄土＞全国＞森林沼泽＞沙漠盆地＞半干旱草原＞高寒湖泊。

表 8-11　中国自然地理景观土壤钪基准值数据特征　　　　（单位：10⁻⁶）

类型	层位	样品数	最小值	25% 低背景	50% 中位数	75% 高背景	85% 异常下限	最大值	算术 平均值	几何 平均值
全国	表层	3382	0.50	7.27	9.70	12.00	13.32	48.57	9.81	9.01
	深层	3380	0.77	6.84	9.37	11.93	13.38	48.57	9.57	8.66
低山丘陵	表层	633	0.81	7.16	9.66	11.93	13.04	29.72	9.68	8.96
	深层	633	0.77	7.14	9.90	12.38	13.71	33.83	9.88	9.01
冲积平原	表层	335	1.00	7.68	10.00	11.63	12.64	19.74	9.68	8.93
	深层	335	0.84	7.33	9.98	12.35	13.83	20.07	9.89	8.91
森林沼泽	表层	218	2.36	7.50	9.36	11.18	12.33	16.33	9.28	8.78
	深层	217	1.50	5.37	8.74	11.43	12.43	27.26	8.60	7.63
喀斯特	表层	126	2.84	8.74	11.21	13.88	15.34	31.59	11.66	10.80
	深层	126	3.82	9.91	11.73	14.02	16.25	31.59	12.34	11.65
黄土	表层	170	3.10	8.43	9.68	10.83	11.52	15.15	9.49	9.19
	深层	170	2.65	7.69	9.44	10.59	11.69	15.91	9.15	8.68

续表

类型	层位	样品数	最小值	25% 低背景	50% 中位数	75% 高背景	85% 异常下限	最大值	算术 平均值	几何 平均值
中高山	表层	923	0.50	8.52	10.39	12.66	14.53	48.57	10.90	10.19
	深层	923	2.15	8.13	10.10	12.56	14.12	48.57	10.63	9.89
高寒湖泊	表层	140	2.39	4.46	5.66	8.10	9.56	13.76	6.34	5.83
	深层	140	2.10	4.27	5.73	8.08	9.43	12.91	6.21	5.70
半干旱草原	表层	215	1.21	4.37	6.47	9.45	10.70	24.23	7.19	6.34
	深层	214	1.07	4.24	5.99	8.81	10.31	26.89	6.72	5.80
荒漠戈壁	表层	424	1.79	8.02	10.94	13.75	15.01	22.62	11.03	10.32
	深层	424	1.79	7.14	9.59	12.64	14.14	26.33	9.94	9.19
沙漠盆地	表层	198	0.93	5.80	7.77	9.51	10.84	21.73	7.81	7.09
	深层	198	1.47	5.44	7.38	9.10	9.84	21.73	7.34	6.73

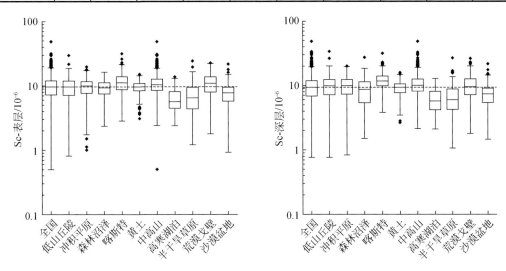

图 8-4　中国土壤钪元素箱图（自然地理景观）

四、中国不同土壤类型钪元素含量

钪元素含量在 17 个主要土壤类型的统计参数见表 8-12 和图 8-5。中国表层土壤钪中位数排序：黄棕壤-黄褐土带＞灰漠土带＞红壤-黄壤带＞棕壤-褐土带＞亚高山草甸土带＞赤红壤带＞高山棕钙土-栗钙土带＞全国＞亚高山漠土带＞暗棕壤-黑土带＞高山漠土带＞亚高山草原土带＞高山草甸土带＞高山-亚高山草甸土带＞灰钙土-棕钙土带＞寒棕壤-漂灰土带＞黑钙土-栗钙土-黑垆土带＞高山草原土带。深层土壤中位数排序：黄棕壤-黄褐土带＞红壤-黄壤带＞棕壤-褐土带＞亚高山草甸土带＞赤红壤带＞灰漠土带＞全国＞高山棕钙土-栗钙土带＞高山-亚高山草甸土带＞暗棕壤-黑土带＞高山漠土带＞亚高山漠土带＞灰钙土-棕钙土带＞高山草甸土带＞亚高山草原土带＞黑钙土-栗钙土-黑垆土带＞寒棕壤–漂灰土带＞高山草原土带。

表 8-12　中国主要土壤类型铊基准值数据特征　　　　　（单位：10^{-6}）

类型	层位	样品数	最小值	25%低背景	50%中位数	75%高背景	85%异常下限	最大值	算术平均值	几何平均值
全国	表层	3382	0.50	7.27	9.70	12.00	13.32	48.57	9.81	9.01
	深层	3380	0.77	6.84	9.37	11.93	13.38	48.57	9.57	8.66
寒棕壤–漂灰土带	表层	35	3.65	6.84	7.88	9.44	10.25	14.96	8.11	7.75
	深层	35	2.95	3.88	6.39	9.21	10.13	12.97	6.75	6.06
暗棕壤–黑土带	表层	296	1.00	6.79	9.42	11.16	12.12	16.33	8.97	8.23
	深层	295	0.84	5.95	8.86	11.38	12.55	27.26	8.63	7.58
棕壤–褐土带	表层	333	2.00	8.61	10.29	11.75	12.67	18.26	10.28	9.92
	深层	333	1.80	8.42	10.25	12.35	13.64	20.07	10.29	9.68
黄棕壤–黄褐土带	表层	124	0.50	9.76	11.40	12.90	14.37	18.76	11.43	10.91
	深层	124	3.13	10.12	12.14	14.40	15.31	20.60	12.13	11.66
红壤–黄壤带	表层	575	1.16	8.06	10.43	12.86	14.44	48.57	10.83	10.04
	深层	575	2.15	8.38	10.58	12.99	14.46	48.57	11.01	10.22
赤红壤带	表层	204	0.81	6.80	10.07	13.21	15.20	31.59	10.38	9.28
	深层	204	0.77	7.69	10.06	13.32	14.99	33.83	10.77	9.71
黑钙土–栗钙土–黑垆土带	表层	360	1.13	4.81	7.59	9.71	10.52	24.23	7.59	6.80
	深层	360	1.07	4.33	6.69	9.28	10.29	26.89	6.93	6.01
灰钙土–棕钙土带	表层	90	1.96	5.45	8.61	10.61	11.26	15.35	8.31	7.55
	深层	89	1.95	5.75	8.72	10.51	11.52	16.52	8.36	7.60
灰漠土带	表层	356	1.79	8.04	11.38	13.99	15.56	24.49	11.24	10.33
	深层	356	1.79	6.68	9.88	13.65	14.89	26.86	10.37	9.27
高山–亚高山草甸土带	表层	119	2.90	7.10	8.69	11.79	13.00	20.20	9.43	8.83
	深层	119	2.98	6.97	9.02	10.52	11.86	18.35	9.07	8.56
高山棕钙土–栗钙土带	表层	338	0.93	7.66	9.75	12.48	14.44	30.16	10.32	9.60
	深层	338	1.92	7.41	9.07	11.23	12.50	29.94	9.55	9.01
高山漠土带	表层	49	4.69	8.63	9.40	10.78	12.38	16.90	9.85	9.54
	深层	49	5.25	7.99	8.77	10.02	10.74	16.14	9.02	8.78
亚高山草甸土带	表层	193	4.35	8.86	10.29	12.18	12.85	18.51	10.58	10.25
	深层	193	4.28	8.63	10.23	12.21	13.13	18.51	10.44	10.07
高山草甸土带	表层	84	2.39	5.95	8.71	10.19	10.78	14.17	8.16	7.65
	深层	84	2.10	5.56	8.65	10.60	11.14	23.25	8.24	7.54
高山草原土带	表层	120	2.39	4.49	6.07	8.23	9.56	11.92	6.47	5.98
	深层	120	2.25	4.40	5.84	8.23	9.25	12.38	6.34	5.86

续表

类型	层位	样品数	最小值	25% 低背景	50% 中位数	75% 高背景	85% 异常下限	最大值	算术 平均值	几何 平均值
亚高山漠土带	表层	18	5.51	7.92	9.68	12.16	12.86	13.90	9.89	9.59
	深层	18	5.48	7.15	8.74	10.11	11.18	13.10	8.96	8.71
亚高山草原土带	表层	88	2.99	6.11	8.91	12.04	13.41	20.82	9.29	8.34
	深层	88	2.73	6.12	8.13	11.61	13.52	23.84	8.97	8.04

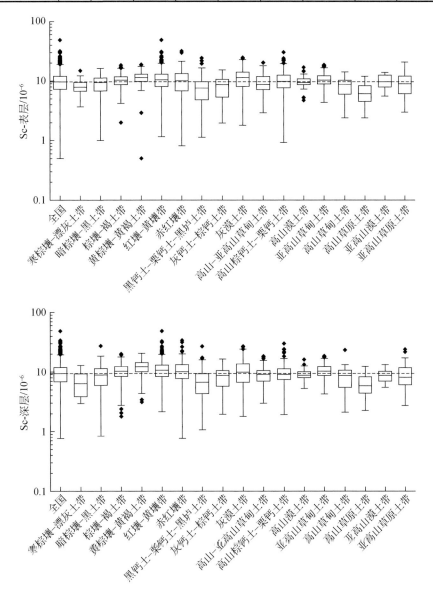

图 8-5　中国土壤钪元素箱图（主要土壤类型）

第三节 钪元素空间分布与异常评价

　　自然界钪极度分散，独立矿床很少，一般在提炼铝土矿、铀矿、钛铁矿等的过程中综合回收钪。全球范围内钪（Sc）金属资源丰富，主要集中于俄罗斯、中国、乌克兰、美国、菲律宾、澳大利亚等国家，但易选取、高品位的钪矿床非常稀缺。钪金属资源属于中国优势关键矿产资源，其储量占全球的33%，且中国供给全球90%的钪金属，主要分布在广西（占总储量的90%）、江西（9%）和浙江（1%）。未计入储量的钪资源较丰富，主要集中在四川攀枝花钒钛磁铁矿和内蒙古白云鄂博铌稀土铁矿中。其他伴生钪矿产地有福建将乐新路口、江西大余盘古山、广东连平锯板坑和云南腾冲等地钨锡矿；广西藤县、合浦的钛铁矿及平果铝土矿也含有一定量的钪。依据钪矿床成因类型，可以分为两大类：第一大类为与内生成矿作用相关的钪矿床，包括花岗伟晶岩型钪矿床，碱性-超基性岩型磷、稀土（Sc）矿床，基性-超基性岩型钒、钛、铁（Sc）矿床；第二大类为与外生成矿作用相关的钪矿床，包括沉积型钪矿床、风化淋滤型钪矿床。其中，在与内生成矿作用相关的碱性-超基性岩型磷、稀土（Sc）矿床和基性-超基性岩型钒、钛、铁（Sc）矿床中，钪金属主要作为副产品被回收利用，是全球钪金属的主要来源；而与外生成矿作用相关的沉积型钪矿床和风化淋滤型钪矿床开采成本较低，其中钪以离子态形式赋存、易选取、回收率高。

　　宏观上中国土壤（汇水域沉积物）表层样品和深层样品稀有元素钪空间分布较为一致，地球化学基准图较为相似。钪高值区主要分布在中国西北部（新疆北部）、南部（云南、四

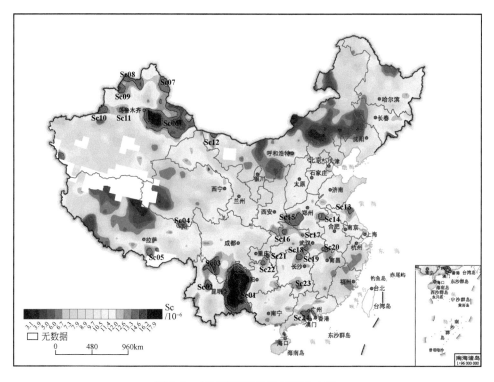

图8-6　中国钪地球化学异常分布图

川、贵州、广东、广西等），低值区主要分布在内蒙古、青海、西藏、浙江、福建等地。以累积频率 85% 为异常下限，共圈定 24 处钪地球化学异常。滇中和攀西地区高值区主要与晚二叠世峨眉山地幔柱活动相关的基性-超基性岩侵入体有关，不仅形成规模巨大的钒钛磁铁矿矿床，成为中国重要的铁矿石基地，而且该区域也是钪伴生成矿的有利地区；江西、广西、广东、湖南等地钪高值区主要与风化淋滤型稀土（Sc）矿床有关；黔中-渝南，桂中钪高值区主要与铝土矿有关（图 8-6、表 8-13）。

表 8-13　中国钪地球化学异常统计参数（对应图 8-6）

编号	面积/km^2	点数/个	极小值/10^{-6}	极大值/10^{-6}	平均值/10^{-6}	中位数/10^{-6}	离差
Sc01	173810	59	7.92	48.6	18.1	17.2	6.49
Sc02	9148	2	18.1	22.4	20.3	20.3	3.08
Sc03	28400	12	9.21	20.7	15.5	15.4	3.42
Sc04	6574	3	14.2	18.2	16.8	18.0	2.27
Sc05	165237	1	17.8	17.8	17.8	17.8	
Sc06	19195	88	4.32	30.1	15.8	15.5	4.17
Sc07	20349	9	6.99	22.0	15.1	14.8	4.31
Sc08	9534	10	11.1	19.9	15.2	15.2	2.70
Sc09	9813	4	13.4	18.0	15.9	16.0	1.97
Sc10	6287	7	11.8	16.9	14.5	15.0	1.77
Sc11	5649						
Sc12	6086	2	16.8	17.0	16.9	16.9	0.17
Sc13	25403	1	15.4	15.4	15.4	15.4	
Sc14	5473	2	16.3	16.5	16.4	16.4	0.15
Sc15	2112	9	12.2	18.8	15.6	15.2	2.13
Sc16	3157	2	13.9	15.2	14.6	14.6	0.91
Sc17	874	1	16.6	16.6	16.6	16.6	
Sc18	2309	1	15.5	15.5	15.5	15.5	
Sc19	4466	2	14.9	17.4	16.2	16.2	1.72
Sc20	1400	3	14.6	17.5	16.4	17.0	1.53
Sc21	2454	2	9.50	25.1	17.3	17.3	11.0
Sc22	4081	2	15.7	15.9	15.8	15.8	0.13
Sc23	1817	1	14.7	14.7	14.7	14.7	
Sc24	12079	15	9.37	18.5	14.3	15.2	2.97

第九章 中国硒元素地球化学

硒属于稀散元素之一，是半金属，性质与硫相似，但金属性更强。硒在自然界通常极难形成工业富集，甚至硒的独立矿物也很少，主要来源于综合性含硒矿床。同时，硒又是自然界分布很广的元素之一，尽管在各种地球化学样品中含量甚微，但由于其特性所决定的对生物圈的毒害作用和营养作用以及在地质找矿中的指示作用，硒资源的利用和开发越来越受到人们的重视。

中国是一个缺硒大国，土壤中达到世界卫生组织规定的最低限的 0.1×10^{-6} 临界值的县只有 1/3，即中国 2/3 地区属缺硒地区。中国粮食主要种植地东北平原、华北平原、长江三角洲均为低硒地区，难从食物中达到补硒的目的，从而造成全国性食物缺硒。据《中华人民共和国地方病与环境图集》（中华人民共和国地方病与环境图集编纂委员会，1989）揭示，从东北三省至西南的云贵高原有一条低硒带，把克山病等高发病率的原因归结为这一地区的硒缺乏。我国实际缺硒面积到底有多大？是否存在从东北至西南的一条缺硒带？缺硒和富硒土壤分布在哪？全国性土壤地球化学基准数据将对这些问题提供答案。

第一节 中国岩石硒元素含量特征

一、三大岩类中硒含量分布

中国岩石硒含量地球化学参数见表 9-1。

（1）全国三大岩类硒平均含量：全国三大岩类硒元素 95%样品变化范围为 0.007×10^{-6}~1.85×10^{-6}，平均含量为 0.14×10^{-6}，背景值（剔除大于 3 倍离差的离群值）为 0.11×10^{-6}。

（2）岩浆岩中硒含量：含量变化范围为 0.007×10^{-6}~0.32×10^{-6}，中位数是 0.02×10^{-6}，算数平均值是 0.05×10^{-6}；几何平均值是 0.02×10^{-6}。

侵入岩中硒含量：岩浆岩的侵入岩中含量变化范围为 0.007×10^{-6}~0.187×10^{-6}，中位数是 0.024×10^{-6}，算数平均值是 0.041×10^{-6}；几何平均值是 0.027×10^{-6}。酸性侵入岩中位数是 0.02×10^{-6}，算数平均值是 0.03×10^{-6}；中性侵入岩中位数是 0.03×10^{-6}，算数平均值是 0.05×10^{-6}；基性侵入岩中位数是 0.07×10^{-6}，算数平均值是 0.11×10^{-6}；超基性侵入岩中位数是 0.07×10^{-6}，算数平均值是 0.11×10^{-6}。

火山岩中硒含量：火山岩中含量变化范围为 0.007×10^{-6}~0.32×10^{-6}，中位数是 0.028×10^{-6}，算数平均值是 0.067×10^{-6}，几何平均值是 0.033×10^{-6}。

（3）沉积岩中硒含量：沉积岩中硒含量变化范围为 0.013×10^{-6}~0.926×10^{-6}，中位数

是 $0.047×10^{-6}$，算数平均值是 $0.177×10^{-6}$，几何平均值是 $0.059×10^{-6}$。

（4）变质岩中硒含量：变质岩中硒含量变化范围为 $0.04×10^{-6}$～$1.85×10^{-6}$，中位数是 $0.057×10^{-6}$，算数平均值是 $0.283×10^{-6}$；几何平均值是 $0.071×10^{-6}$。

从以上数据可以看出：硒在变质岩中含量最高，沉积岩、火山岩、侵入岩依次降低；侵入岩硒含量基性岩最高，酸性岩最低；侵入岩加里东期硒含量最高；沉积岩中硅质岩硒含量最高，白云岩硒含量最低；变质岩中板岩中硒含量最高，其次是千枚岩，大理岩中最低；地层中石炭系硒含量最高，侏罗系最低（图 9-1、图 9-2）。

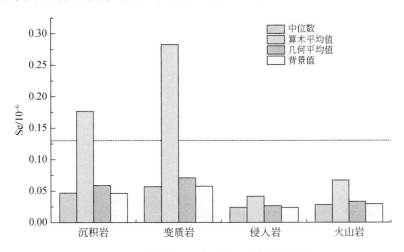

图 9-1　全国岩石三大岩类硒含量柱状图

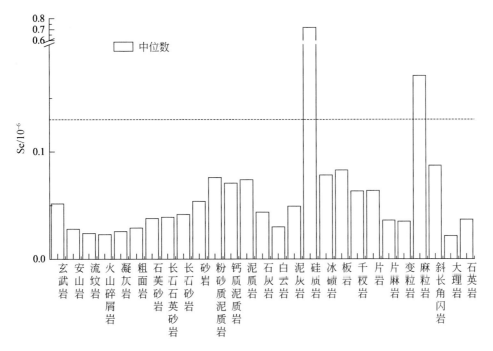

图 9-2　全国岩石主要岩类硒含量柱状图

二、不同时代地层中硒含量分布

硒含量的中位数在地层中石炭系最高，侏罗系最低；从高到低依次为：石炭系、二叠系、志留系、古近系和新近系、三叠系、寒武系、泥盆系、元古宇、太古宇、奥陶系、白垩系、侏罗系（表 9-1、图 9-3）。

表 9-1　全国岩石中硒元素不同参数基准数据特征统计　（单位：10^{-6}）

统计项	统计项内容		样品数	最小值	中位数	最大值	算术平均值	几何平均值	标准离差	背景值
三大岩类	沉积岩		6209	0.003	0.047	161.600	0.177	0.059	2.146	0.046
	变质岩		1808	0.004	0.057	23.001	0.283	0.071	1.330	0.057
	岩浆岩	侵入岩	2634	0.001	0.024	2.502	0.041	0.027	0.082	0.024
		火山岩	1467	0.002	0.028	7.850	0.067	0.033	0.246	0.029
地层细分	古近系和新近系		528	0.006	0.050	3.868	0.124	0.058	0.342	0.050
	白垩系		886	0.003	0.037	7.923	0.092	0.041	0.355	0.039
	侏罗系		1362	0.002	0.029	7.850	0.081	0.036	0.293	0.029
	三叠系		1142	0.003	0.049	15.002	0.116	0.059	0.466	0.048
	二叠系		873	0.003	0.068	161.600	0.508	0.086	5.611	0.071
	石炭系		869	0.003	0.069	32.002	0.258	0.084	1.359	0.073
	泥盆系		713	0.006	0.049	12.892	0.164	0.063	0.611	0.047
	志留系		390	0.003	0.057	8.096	0.208	0.072	0.712	0.053
	奥陶系		547	0.008	0.039	6.402	0.109	0.048	0.352	0.036
	寒武系		632	0.010	0.049	40.090	0.419	0.075	2.214	0.044
	元古宇		1145	0.004	0.042	78.880	0.266	0.052	2.580	0.046
	太古宇		244	0.007	0.041	1.011	0.071	0.046	0.091	0.041
侵入岩细分	酸性岩		2077	0.001	0.022	2.502	0.032	0.023	0.072	0.022
	中性岩		340	0.004	0.033	1.000	0.055	0.036	0.092	0.036
	基性岩		164	0.004	0.074	0.667	0.104	0.072	0.101	0.091
	超基性岩		53	0.004	0.069	0.781	0.118	0.071	0.150	0.105
侵入岩期次	喜马拉雅期		27	0.010	0.019	0.388	0.067	0.029	0.110	0.067
	燕山期		963	0.003	0.021	1.017	0.032	0.022	0.066	0.020
	海西期		778	0.002	0.027	0.667	0.044	0.029	0.065	0.026
	加里东期		211	0.002	0.030	0.781	0.045	0.031	0.064	0.031
	印支期		237	0.005	0.025	2.502	0.057	0.031	0.171	0.047
	元古宙		253	0.001	0.025	0.358	0.039	0.028	0.043	0.027
	太古宙		100	0.002	0.026	0.846	0.051	0.030	0.099	0.024
地层岩性	玄武岩		238	0.009	0.052	2.600	0.100	0.058	0.226	0.056
	安山岩		279	0.002	0.028	0.810	0.056	0.032	0.098	0.029
	流纹岩		378	0.002	0.024	7.850	0.068	0.026	0.414	0.023
	火山碎屑岩		88	0.007	0.023	1.002	0.046	0.026	0.110	0.035
	凝灰岩		432	0.003	0.026	1.532	0.062	0.032	0.134	0.027

续表

统计项	统计项内容	样品数	最小值	中位数	最大值	算术平均值	几何平均值	标准离差	背景值
地层岩性	粗面岩	43	0.003	0.029	0.262	0.044	0.030	0.052	0.029
	石英砂岩	221	0.008	0.038	32.002	0.242	0.045	2.166	0.098
	长石石英砂岩	888	0.004	0.039	161.600	0.316	0.048	5.461	0.134
	长石砂岩	458	0.003	0.042	3.502	0.114	0.051	0.324	0.048
	砂岩	1844	0.003	0.054	13.502	0.142	0.063	0.458	0.052
	粉砂质泥质岩	106	0.009	0.076	0.727	0.129	0.077	0.146	0.073
	钙质泥质岩	174	0.006	0.071	7.923	0.209	0.089	0.649	0.073
	泥质岩	712	0.010	0.074	7.632	0.262	0.096	0.633	0.069
	石灰岩	1310	0.003	0.044	11.200	0.139	0.055	0.447	0.041
	白云岩	441	0.004	0.030	2.102	0.060	0.036	0.149	0.031
	泥灰岩	49	0.018	0.049	0.682	0.100	0.062	0.132	0.055
	硅质岩	68	0.019	0.717	22.002	2.238	0.538	4.093	0.776
	冰碛岩	5	0.060	0.078	0.095	0.077	0.076	0.013	0.077
	板岩	525	0.007	0.083	23.001	0.402	0.101	1.714	0.088
	千枚岩	150	0.010	0.063	8.096	0.245	0.081	0.817	0.055
	片岩	380	0.009	0.064	8.002	0.156	0.072	0.515	0.072
	片麻岩	289	0.008	0.036	1.101	0.061	0.041	0.099	0.041
	变粒岩	119	0.004	0.035	1.176	0.081	0.042	0.162	0.039
	麻粒岩	4	0.032	0.171	0.311	0.171	0.130	0.116	0.171
	斜长角闪岩	88	0.012	0.087	0.342	0.104	0.080	0.072	0.102
	大理岩	108	0.005	0.022	0.406	0.039	0.025	0.057	0.025
	石英岩	75	0.009	0.037	5.197	0.137	0.046	0.600	0.068

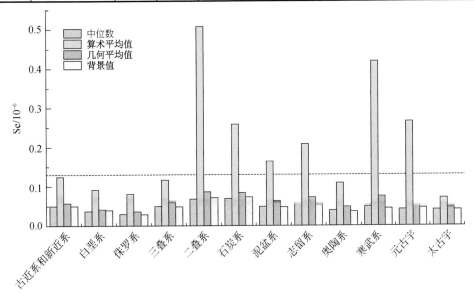

图 9-3　全国岩石不同时代地层硒含量柱状图

三、不同大地构造单元中硒含量分布

表 9-2～表 9-9 给出了不同大地构造单元硒的含量数据，图 9-4 给出了各大地构造单元平均含量与地壳克拉克值的对比。

表 9-2　天山-兴蒙造山带岩石中硒元素不同参数基准数据特征统计　（单位：10^{-6}）

统计项	统计项内容		样品数	最小值	中位数	最大值	算术平均值	几何平均值	标准离差	背景值
三大岩类	沉积岩		807	0.004	0.075	7.923	0.208	0.083	0.521	0.085
	变质岩		373	0.004	0.049	8.002	0.193	0.062	0.734	0.053
	岩浆岩	侵入岩	917	0.001	0.023	0.667	0.036	0.023	0.055	0.022
		火山岩	823	0.002	0.029	2.157	0.064	0.032	0.144	0.030
地层细分	古近系和新近系		153	0.006	0.052	3.868	0.211	0.066	0.589	0.059
	白垩系		203	0.003	0.023	7.923	0.113	0.031	0.574	0.074
	侏罗系		411	0.002	0.025	2.835	0.083	0.029	0.268	0.024
	三叠系		32	0.009	0.044	1.253	0.137	0.061	0.237	0.101
	二叠系		275	0.004	0.059	4.227	0.186	0.072	0.439	0.059
	石炭系		353	0.011	0.072	19.947	0.194	0.083	1.082	0.070
	泥盆系		238	0.006	0.054	4.340	0.142	0.067	0.331	0.072
	志留系		81	0.005	0.058	5.032	0.167	0.068	0.564	0.106
	奥陶系		111	0.008	0.044	2.983	0.135	0.056	0.343	0.044
	寒武系		13	0.011	0.048	7.839	1.099	0.093	2.576	1.099
	元古宇		145	0.004	0.040	8.002	0.203	0.051	0.800	0.039
	太古宇		6	0.014	0.035	0.260	0.094	0.050	0.107	0.094
侵入岩细分	酸性岩		736	0.001	0.020	0.489	0.027	0.020	0.033	0.021
	中性岩		110	0.005	0.034	0.457	0.050	0.037	0.054	0.040
	基性岩		58	0.014	0.081	0.667	0.116	0.079	0.121	0.098
	超基性岩		13	0.019	0.067	0.567	0.117	0.069	0.157	0.117
侵入岩期次	燕山期		240	0.003	0.015	0.173	0.022	0.017	0.021	0.017
	海西期		534	0.003	0.025	0.667	0.042	0.027	0.064	0.025
	加里东期		37	0.003	0.032	0.172	0.041	0.030	0.036	0.037
	印支期		29	0.005	0.021	0.116	0.028	0.022	0.023	0.024
	元古宙		57	0.001	0.016	0.216	0.029	0.019	0.034	0.026
	太古宙		1	0.457	0.457	0.457	0.457	0.457		
地层岩性	玄武岩		96	0.009	0.047	2.157	0.081	0.047	0.220	0.059
	安山岩		181	0.002	0.031	0.755	0.061	0.034	0.103	0.031
	流纹岩		206	0.002	0.026	1.502	0.056	0.026	0.128	0.026

续表

统计项	统计项内容	样品数	最小值	中位数	最大值	算术平均值	几何平均值	标准离差	背景值
地层岩性	火山碎屑岩	54	0.007	0.021	0.179	0.033	0.023	0.036	0.022
	凝灰岩	260	0.003	0.028	1.532	0.073	0.034	0.162	0.029
	粗面岩	21	0.003	0.022	0.262	0.050	0.026	0.071	0.050
	石英砂岩	8	0.024	0.103	0.927	0.234	0.114	0.306	0.234
	长石石英砂岩	118	0.005	0.041	4.227	0.186	0.057	0.544	0.049
	长石砂岩	108	0.007	0.051	2.230	0.111	0.055	0.240	0.054
	砂岩	396	0.008	0.087	4.524	0.210	0.097	0.441	0.101
	粉砂质泥质岩	31	0.026	0.078	0.481	0.139	0.097	0.129	0.139
	钙质泥质岩	14	0.044	0.167	7.923	1.016	0.275	2.111	0.484
	泥质岩	46	0.014	0.153	3.609	0.347	0.147	0.679	0.144
	石灰岩	66	0.004	0.061	2.207	0.195	0.073	0.388	0.077
	白云岩	20	0.004	0.039	0.326	0.078	0.042	0.097	0.078
	硅质岩	7	0.047	0.847	7.839	1.621	0.459	2.788	1.621
	板岩	119	0.014	0.096	5.816	0.289	0.101	0.780	0.120
	千枚岩	18	0.013	0.046	0.418	0.091	0.057	0.111	0.091
	片岩	97	0.011	0.050	8.002	0.177	0.063	0.812	0.096
	片麻岩	45	0.014	0.042	0.300	0.058	0.047	0.049	0.053
	变粒岩	12	0.004	0.026	0.206	0.044	0.024	0.058	0.044
	斜长角闪岩	12	0.028	0.063	0.260	0.106	0.077	0.088	0.106
	大理岩	42	0.005	0.021	0.406	0.042	0.024	0.067	0.033
	石英岩	21	0.009	0.037	0.390	0.068	0.044	0.085	0.052

表 9-3　华北克拉通岩石中硒元素不同参数基准数据特征统计 （单位：10^{-6}）

统计项	统计项内容		样品数	最小值	中位数	最大值	算术平均值	几何平均值	标准离差	背景值
三大岩类	沉积岩		1061	0.008	0.035	3.601	0.084	0.043	0.228	0.033
	变质岩		361	0.007	0.042	2.402	0.085	0.048	0.169	0.051
	岩浆岩	侵入岩	571	0.002	0.025	0.929	0.042	0.029	0.069	0.025
		火山岩	217	0.006	0.025	0.422	0.037	0.028	0.044	0.026
地层细分	古近系和新近系		86	0.015	0.045	0.225	0.057	0.046	0.042	0.049
	白垩系		166	0.013	0.034	2.097	0.072	0.040	0.183	0.034
	侏罗系		246	0.006	0.029	1.128	0.057	0.036	0.097	0.030
	三叠系		80	0.011	0.038	0.627	0.067	0.044	0.092	0.038
	二叠系		107	0.015	0.041	2.801	0.087	0.047	0.271	0.062
	石炭系		98	0.015	0.122	3.601	0.329	0.125	0.598	0.152
	泥盆系		1	0.182	0.182	0.182	0.182	0.182		

统计项	统计项内容	样品数	最小值	中位数	最大值	算术平均值	几何平均值	标准离差	背景值
地层细分	志留系	12	0.010	0.055	0.388	0.094	0.056	0.108	0.094
	奥陶系	139	0.009	0.022	1.461	0.045	0.027	0.129	0.034
	寒武系	177	0.010	0.031	1.778	0.066	0.037	0.182	0.034
	元古宇	303	0.008	0.030	0.662	0.058	0.038	0.080	0.034
	太古宇	196	0.007	0.042	1.011	0.076	0.047	0.097	0.061
侵入岩细分	酸性岩	413	0.002	0.023	0.846	0.030	0.025	0.045	0.023
	中性岩	93	0.004	0.029	0.929	0.049	0.033	0.100	0.040
	基性岩	51	0.014	0.073	0.502	0.101	0.069	0.098	0.093
	超基性岩	14	0.027	0.055	0.316	0.109	0.079	0.096	0.109
侵入岩期次	燕山期	201	0.004	0.023	0.929	0.036	0.026	0.071	0.022
	海西期	132	0.008	0.027	0.316	0.038	0.030	0.040	0.028
	加里东期	20	0.009	0.036	0.150	0.047	0.036	0.036	0.047
	印支期	39	0.015	0.027	0.387	0.053	0.035	0.075	0.035
	元古宙	75	0.006	0.025	0.258	0.043	0.031	0.050	0.029
	太古宙	91	0.002	0.025	0.846	0.044	0.028	0.091	0.036
地层岩性	玄武岩	40	0.013	0.035	0.422	0.048	0.037	0.064	0.039
	安山岩	64	0.011	0.023	0.279	0.036	0.027	0.043	0.024
	流纹岩	53	0.006	0.026	0.213	0.032	0.027	0.028	0.028
	火山碎屑岩	14	0.011	0.020	0.069	0.025	0.022	0.015	0.022
	凝灰岩	30	0.011	0.022	0.313	0.035	0.025	0.055	0.025
	粗面岩	15	0.015	0.031	0.115	0.043	0.037	0.029	0.043
	石英砂岩	45	0.014	0.030	0.139	0.039	0.034	0.024	0.036
	长石石英砂岩	103	0.015	0.037	3.063	0.106	0.046	0.361	0.042
	长石砂岩	54	0.008	0.040	0.391	0.056	0.043	0.058	0.050
	砂岩	302	0.010	0.036	0.791	0.069	0.043	0.112	0.035
	粉砂质泥质岩	25	0.015	0.056	0.616	0.101	0.064	0.128	0.079
	钙质泥质岩	32	0.019	0.045	1.128	0.125	0.066	0.212	0.093
	泥质岩	138	0.017	0.086	3.601	0.228	0.100	0.475	0.084
	石灰岩	229	0.010	0.026	0.565	0.041	0.031	0.054	0.029
	白云岩	120	0.010	0.025	0.481	0.032	0.026	0.043	0.028
	泥灰岩	13	0.024	0.036	0.122	0.050	0.043	0.033	0.050
	硅质岩	5	0.020	0.021	1.502	0.333	0.067	0.654	0.333
	板岩	18	0.015	0.086	2.402	0.293	0.105	0.567	0.168
	千枚岩	11	0.012	0.060	0.221	0.073	0.052	0.064	0.073
	片岩	49	0.009	0.073	0.444	0.110	0.068	0.114	0.110

续表

统计项	统计项内容	样品数	最小值	中位数	最大值	算术平均值	几何平均值	标准离差	背景值
地层岩性	片麻岩	122	0.008	0.033	0.339	0.051	0.037	0.053	0.037
	变粒岩	66	0.007	0.035	0.292	0.062	0.041	0.063	0.052
	麻粒岩	4	0.032	0.171	0.311	0.171	0.130	0.116	0.171
	斜长角闪岩	42	0.012	0.105	0.342	0.116	0.087	0.077	0.116
	大理岩	26	0.009	0.020	0.211	0.033	0.023	0.041	0.026
	石英岩	18	0.013	0.036	0.150	0.057	0.044	0.044	0.057

表 9-4　秦祁昆造山带岩石中硒元素不同参数基准数据特征统计 （单位：10^{-6}）

统计项	统计项内容		样品数	最小值	中位数	最大值	算术平均值	几何平均值	标准离差	背景值
三大岩类	沉积岩		510	0.003	0.044	6.303	0.135	0.054	0.444	0.047
	变质岩		393	0.010	0.056	23.001	0.333	0.072	1.669	0.054
	岩浆岩	侵入岩	339	0.002	0.025	0.781	0.042	0.028	0.063	0.027
		火山岩	72	0.009	0.032	1.002	0.081	0.043	0.145	0.042
地层细分	古近系和新近系		61	0.014	0.062	0.947	0.108	0.066	0.150	0.054
	白垩系		85	0.014	0.039	3.601	0.148	0.053	0.515	0.048
	侏罗系		46	0.015	0.042	2.101	0.148	0.060	0.350	0.104
	三叠系		103	0.005	0.036	0.493	0.053	0.038	0.060	0.040
	二叠系		54	0.010	0.037	0.847	0.086	0.045	0.151	0.044
	石炭系		89	0.003	0.061	6.303	0.300	0.082	0.864	0.072
	泥盆系		92	0.008	0.041	1.351	0.100	0.053	0.199	0.055
	志留系		67	0.003	0.068	6.401	0.433	0.095	1.185	0.064
	奥陶系		65	0.013	0.061	1.251	0.152	0.070	0.252	0.059
	寒武系		59	0.016	0.109	23.001	1.163	0.140	4.003	0.096
	元古宇		164	0.009	0.050	1.692	0.123	0.058	0.246	0.052
	太古宇		29	0.014	0.039	0.094	0.039	0.035	0.018	0.037
侵入岩细分	酸性岩		244	0.002	0.021	0.196	0.030	0.023	0.027	0.024
	中性岩		61	0.011	0.034	0.565	0.056	0.037	0.077	0.047
	基性岩		25	0.024	0.056	0.297	0.086	0.067	0.072	0.086
	超基性岩		9	0.014	0.095	0.781	0.164	0.092	0.236	0.164
侵入岩期次	喜马拉雅期		1	0.019	0.019	0.019	0.019	0.019		
	燕山期		70	0.011	0.021	0.136	0.027	0.023	0.021	0.022
	海西期		62	0.002	0.025	0.565	0.055	0.031	0.081	0.047
	加里东期		91	0.002	0.031	0.781	0.049	0.031	0.087	0.041
	印支期		62	0.006	0.019	0.179	0.031	0.023	0.031	0.021
	元古宙		43	0.011	0.033	0.160	0.046	0.035	0.037	0.043
	太古宙		4	0.015	0.025	0.270	0.084	0.039	0.124	0.084

统计项	统计项内容	样品数	最小值	中位数	最大值	算术平均值	几何平均值	标准离差	背景值
地层岩性	玄武岩	11	0.068	0.108	0.647	0.196	0.150	0.176	0.196
	安山岩	15	0.014	0.024	0.097	0.037	0.031	0.025	0.037
	流纹岩	24	0.009	0.026	0.185	0.047	0.033	0.047	0.047
	火山碎屑岩	6	0.013	0.030	1.002	0.188	0.044	0.399	0.188
	凝灰岩	14	0.015	0.029	0.189	0.055	0.039	0.054	0.055
	粗面岩	2	0.024	0.036	0.048	0.036	0.034	0.017	0.036
	石英砂岩	14	0.021	0.065	2.298	0.222	0.073	0.598	0.063
	长石石英砂岩	98	0.012	0.038	0.825	0.064	0.043	0.098	0.042
	长石砂岩	23	0.003	0.037	1.353	0.115	0.048	0.274	0.059
	砂岩	202	0.008	0.040	3.601	0.120	0.055	0.353	0.044
	粉砂质泥质岩	8	0.011	0.067	0.089	0.060	0.051	0.027	0.060
	钙质泥质岩	14	0.028	0.094	0.565	0.135	0.099	0.135	0.102
	泥质岩	25	0.020	0.100	6.303	0.700	0.161	1.511	0.467
	石灰岩	89	0.003	0.044	1.187	0.108	0.051	0.200	0.063
	白云岩	32	0.010	0.029	0.364	0.069	0.040	0.097	0.060
	泥灰岩	5	0.031	0.078	0.559	0.171	0.093	0.222	0.171
	硅质岩	9	0.038	1.251	2.456	1.204	0.670	0.887	1.204
	板岩	87	0.012	0.069	23.001	0.814	0.096	3.372	0.066
	千枚岩	47	0.012	0.068	4.302	0.312	0.092	0.828	0.066
	片岩	103	0.013	0.072	5.201	0.211	0.087	0.575	0.076
	片麻岩	79	0.013	0.035	1.101	0.074	0.040	0.169	0.034
	变粒岩	16	0.011	0.039	1.176	0.234	0.068	0.392	0.234
	斜长角闪岩	18	0.022	0.084	0.269	0.098	0.077	0.068	0.098
	大理岩	21	0.010	0.023	0.317	0.041	0.026	0.067	0.027
	石英岩	11	0.014	0.030	0.083	0.034	0.030	0.019	0.034

表 9-5　扬子克拉通岩石中硒元素不同参数基准数据特征统计　（单位：10^{-6}）

统计项	统计项内容		样品数	最小值	中位数	最大值	算术平均值	几何平均值	标准离差	背景值
三大岩类	沉积岩		1716	0.008	0.050	161.600	0.280	0.064	4.013	0.046
	变质岩		139	0.013	0.069	14.502	0.704	0.110	2.176	0.066
	岩浆岩	侵入岩	123	0.009	0.024	0.560	0.038	0.026	0.061	0.024
		火山岩	105	0.010	0.058	7.850	0.195	0.068	0.800	0.088
地层细分	古近系和新近系		27	0.017	0.052	0.343	0.086	0.064	0.080	0.076
	白垩系		123	0.016	0.056	0.496	0.079	0.061	0.077	0.061
	侏罗系		236	0.012	0.033	7.850	0.102	0.042	0.527	0.035
	三叠系		385	0.011	0.050	1.382	0.108	0.062	0.168	0.050

统计项	统计项内容	样品数	最小值	中位数	最大值	算术平均值	几何平均值	标准离差	背景值
地层细分	二叠系	237	0.013	0.136	161.600	1.252	0.163	10.594	0.572
	石炭系	73	0.015	0.102	32.002	0.643	0.108	3.731	0.207
	泥盆系	98	0.011	0.049	2.656	0.140	0.057	0.350	0.041
	志留系	147	0.016	0.048	1.736	0.110	0.058	0.207	0.046
	奥陶系	148	0.008	0.046	1.202	0.075	0.049	0.123	0.040
	寒武系	193	0.013	0.055	40.090	0.569	0.096	2.990	0.364
	元古宇	305	0.010	0.046	78.880	0.609	0.060	4.855	0.051
	太古宇	3	0.045	0.078	0.101	0.075	0.071	0.028	0.075
侵入岩细分	酸性岩	96	0.009	0.021	0.107	0.026	0.022	0.018	0.022
	中性岩	15	0.018	0.030	0.092	0.045	0.037	0.029	0.045
	基性岩	11	0.022	0.068	0.358	0.091	0.066	0.095	0.091
	超基性岩	1	0.560	0.560	0.560	0.560	0.560		
侵入岩期次	燕山期	47	0.010	0.023	0.107	0.031	0.026	0.024	0.025
	海西期	3	0.025	0.070	0.560	0.218	0.099	0.297	0.218
	加里东期	5	0.013	0.024	0.028	0.021	0.020	0.007	0.021
	印支期	17	0.009	0.019	0.078	0.026	0.022	0.017	0.022
	元古宙	44	0.010	0.024	0.358	0.039	0.027	0.054	0.031
	太古宙	1	0.130	0.130	0.130	0.130	0.130		
地层岩性	玄武岩	47	0.021	0.149	2.600	0.187	0.114	0.368	0.134
	安山岩	5	0.024	0.042	0.810	0.205	0.077	0.340	0.205
	流纹岩	14	0.010	0.023	7.850	0.607	0.038	2.086	0.050
	火山碎屑岩	6	0.016	0.067	0.224	0.085	0.056	0.080	0.085
	凝灰岩	30	0.013	0.043	0.222	0.052	0.042	0.042	0.046
	粗面岩	2	0.022	0.023	0.023	0.023	0.022	0.001	0.023
	石英砂岩	55	0.013	0.051	32.002	0.658	0.059	4.305	0.078
	长石石英砂岩	162	0.013	0.046	161.600	1.181	0.057	12.719	0.185
	长石砂岩	108	0.012	0.037	3.402	0.118	0.046	0.436	0.046
	砂岩	359	0.008	0.050	6.320	0.132	0.059	0.428	0.049
	粉砂质泥质岩	7	0.018	0.088	0.392	0.195	0.119	0.172	0.195
	钙质泥质岩	70	0.024	0.067	0.691	0.139	0.091	0.133	0.072
	泥质岩	277	0.013	0.055	7.632	0.263	0.086	0.683	0.047
	石灰岩	461	0.010	0.057	11.200	0.199	0.077	0.620	0.048
	白云岩	194	0.011	0.033	2.102	0.071	0.039	0.201	0.036
	泥灰岩	23	0.018	0.049	0.682	0.114	0.067	0.154	0.088
	硅质岩	18	0.055	1.690	14.502	3.622	1.185	4.579	3.622

续表

统计项	统计项内容	样品数	最小值	中位数	最大值	算术平均值	几何平均值	标准离差	背景值
地层岩性	板岩	73	0.015	0.074	8.284	0.388	0.093	1.277	0.066
	千枚岩	20	0.027	0.054	0.784	0.103	0.067	0.165	0.067
	片岩	18	0.013	0.049	0.143	0.058	0.046	0.041	0.058
	片麻岩	4	0.027	0.062	0.089	0.060	0.054	0.029	0.060
	变粒岩	2	0.021	0.037	0.054	0.037	0.034	0.023	0.037
	斜长角闪岩	2	0.101	0.107	0.112	0.107	0.106	0.008	0.107
	大理岩	1	0.056	0.056	0.056	0.056	0.056		
	石英岩	1	0.611	0.611	0.611	0.611	0.611		

表 9-6　华南造山带岩石中硒元素不同参数基准数据特征统计　（单位：10^{-6}）

统计项	统计项内容		样品数	最小值	中位数	最大值	算术平均值	几何平均值	标准离差	背景值
三大岩类	沉积岩		1016	0.010	0.052	13.502	0.183	0.066	0.722	0.051
	变质岩		172	0.014	0.083	22.002	0.685	0.124	2.479	0.090
	岩浆岩	侵入岩	416	0.009	0.023	2.502	0.044	0.028	0.132	0.024
		火山岩	147	0.009	0.020	0.350	0.033	0.024	0.041	0.021
地层细分	古近系和新近系		39	0.023	0.054	1.525	0.131	0.065	0.261	0.094
	白垩系		155	0.011	0.037	3.302	0.069	0.039	0.264	0.048
	侏罗系		203	0.009	0.024	2.802	0.059	0.030	0.207	0.024
	三叠系		139	0.014	0.054	15.002	0.228	0.069	1.273	0.121
	二叠系		71	0.017	0.154	22.002	0.933	0.169	3.124	0.131
	石炭系		120	0.013	0.071	6.402	0.284	0.095	0.723	0.103
	泥盆系		216	0.015	0.048	12.892	0.222	0.063	1.002	0.049
	志留系		32	0.028	0.123	1.872	0.235	0.133	0.355	0.183
	奥陶系		57	0.012	0.073	6.402	0.270	0.082	0.883	0.160
	寒武系		145	0.015	0.076	15.002	0.344	0.101	1.320	0.242
	元古宇		132	0.010	0.062	15.002	0.342	0.081	1.485	0.057
	太古宇		3	0.032	0.035	0.067	0.045	0.042	0.019	0.045
侵入岩细分	酸性岩		388	0.009	0.023	2.502	0.043	0.027	0.136	0.024
	中性岩		22	0.014	0.031	0.207	0.051	0.038	0.050	0.044
	基性岩		5	0.033	0.108	0.176	0.111	0.098	0.052	0.111
	超基性岩		1	0.069	0.069	0.069	0.069	0.069		
侵入岩期次	燕山期		273	0.009	0.020	0.596	0.028	0.022	0.041	0.021
	海西期		19	0.017	0.041	0.182	0.053	0.041	0.048	0.053
	加里东期		48	0.014	0.033	0.266	0.045	0.036	0.044	0.031
	印支期		57	0.014	0.038	2.502	0.117	0.052	0.333	0.074
	元古宙		6	0.014	0.028	0.069	0.037	0.032	0.023	0.037

续表

统计项	统计项内容	样品数	最小值	中位数	最大值	算术平均值	几何平均值	标准离差	背景值
地层岩性	玄武岩	20	0.023	0.045	0.350	0.072	0.052	0.079	0.058
	安山岩	2	0.015	0.023	0.030	0.023	0.021	0.010	0.023
	流纹岩	46	0.009	0.019	0.189	0.029	0.021	0.036	0.020
	火山碎屑岩	1	0.042	0.042	0.042	0.042	0.042		
	凝灰岩	77	0.010	0.019	0.138	0.024	0.021	0.018	0.021
	石英砂岩	62	0.015	0.037	2.802	0.132	0.044	0.426	0.037
	长石石英砂岩	202	0.012	0.045	12.892	0.188	0.055	1.007	0.047
	长石砂岩	95	0.010	0.047	3.502	0.143	0.062	0.405	0.056
	砂岩	215	0.012	0.055	13.502	0.202	0.065	0.964	0.049
	粉砂质泥质岩	7	0.025	0.061	0.409	0.113	0.069	0.137	0.113
	钙质泥质岩	12	0.025	0.085	0.652	0.170	0.105	0.195	0.170
	泥质岩	170	0.014	0.086	4.602	0.241	0.106	0.483	0.082
	石灰岩	207	0.013	0.049	5.602	0.171	0.065	0.529	0.052
	白云岩	42	0.017	0.041	1.002	0.084	0.050	0.156	0.061
	泥灰岩	4	0.025	0.047	0.106	0.056	0.049	0.035	0.056
	硅质岩	22	0.080	1.309	22.002	2.812	0.846	5.383	1.898
	板岩	57	0.014	0.088	15.002	0.705	0.142	2.277	0.450
	千枚岩	18	0.030	0.065	0.675	0.150	0.092	0.176	0.150
	片岩	38	0.015	0.072	0.652	0.143	0.085	0.174	0.143
	片麻岩	12	0.023	0.048	0.256	0.071	0.054	0.065	0.071
	变粒岩	16	0.018	0.024	0.100	0.036	0.030	0.025	0.036
	斜长角闪岩	2	0.069	0.074	0.080	0.074	0.074	0.008	0.074
	石英岩	7	0.054	0.109	5.197	0.876	0.211	1.909	0.876

表 9-7　塔里木克拉通岩石中硒元素不同参数基准数据特征统计　（单位：10^{-6}）

统计项	统计项内容		样品数	最小值	中位数	最大值	算术平均值	几何平均值	标准离差	背景值
三大岩类	沉积岩		160	0.005	0.076	1.787	0.138	0.083	0.211	0.089
	变质岩		42	0.021	0.060	0.287	0.083	0.063	0.065	0.078
	岩浆岩	侵入岩	34	0.009	0.032	0.139	0.044	0.036	0.031	0.041
		火山岩	2	0.076	0.110	0.144	0.110	0.105	0.048	0.110
地层细分	古近系和新近系		29	0.026	0.127	1.126	0.186	0.112	0.232	0.153
	白垩系		11	0.025	0.074	1.787	0.248	0.101	0.515	0.248
	侏罗系		18	0.039	0.107	1.060	0.203	0.130	0.247	0.152
	三叠系		3	0.045	0.048	0.143	0.079	0.067	0.056	0.079
	二叠系		12	0.030	0.097	0.144	0.088	0.076	0.042	0.088
	石炭系		19	0.010	0.076	0.826	0.180	0.089	0.235	0.180

续表

统计项	统计项内容	样品数	最小值	中位数	最大值	算术平均值	几何平均值	标准离差	背景值
地层细分	泥盆系	18	0.032	0.068	0.318	0.102	0.080	0.081	0.102
	志留系	10	0.022	0.063	0.231	0.084	0.065	0.068	0.084
	奥陶系	10	0.044	0.117	0.214	0.116	0.104	0.053	0.116
	寒武系	17	0.023	0.034	0.148	0.050	0.041	0.037	0.050
	元古宇	26	0.010	0.064	0.287	0.077	0.063	0.055	0.068
	太古宇	6	0.021	0.032	0.243	0.069	0.045	0.086	0.069
侵入岩细分	酸性岩	30	0.009	0.032	0.139	0.040	0.033	0.028	0.036
	中性岩	2	0.023	0.066	0.110	0.066	0.050	0.062	0.066
	基性岩	2	0.079	0.084	0.089	0.084	0.084	0.007	0.084
侵入岩期次	海西期	16	0.018	0.034	0.110	0.042	0.037	0.026	0.042
	加里东期	4	0.009	0.021	0.056	0.027	0.020	0.022	0.027
	元古宙	11	0.024	0.034	0.139	0.058	0.047	0.040	0.058
	太古宙	2	0.023	0.027	0.032	0.027	0.027	0.006	0.027
地层岩性	玄武岩	1	0.144	0.144	0.144	0.144	0.144		
	流纹岩	1	0.076	0.076	0.076	0.076	0.076		
	石英砂岩	2	0.078	0.569	1.060	0.569	0.287	0.694	0.569
	长石石英砂岩	26	0.015	0.064	0.197	0.073	0.062	0.042	0.073
	长石砂岩	3	0.010	0.045	0.096	0.050	0.035	0.043	0.050
	砂岩	62	0.023	0.093	1.787	0.168	0.106	0.261	0.120
	钙质泥质岩	7	0.048	0.168	0.650	0.272	0.186	0.229	0.272
	泥质岩	2	0.090	0.165	0.240	0.165	0.147	0.106	0.165
	石灰岩	50	0.010	0.045	0.826	0.116	0.067	0.163	0.080
	白云岩	2	0.064	0.068	0.072	0.068	0.068	0.005	0.068
	冰碛岩	5	0.060	0.078	0.095	0.077	0.076	0.013	0.077
	千枚岩	1	0.089	0.089	0.089	0.089	0.089		
	片岩	11	0.034	0.115	0.287	0.127	0.102	0.085	0.127
	片麻岩	12	0.029	0.068	0.172	0.083	0.068	0.053	0.083
	斜长角闪岩	7	0.023	0.063	0.105	0.066	0.057	0.033	0.066
	大理岩	10	0.021	0.032	0.211	0.049	0.037	0.057	0.049
	石英岩	1	0.046	0.046	0.046	0.046	0.046		

表 9-8 松潘–甘孜造山带岩石中硒元素不同参数基准数据特征统计 （单位：10^{-6}）

统计项	统计项内容	样品数	最小值	中位数	最大值	算术平均值	几何平均值	标准离差	背景值
三大岩类	沉积岩	237	0.007	0.046	2.002	0.094	0.052	0.169	0.053
	变质岩	189	0.010	0.090	8.096	0.227	0.094	0.768	0.111

续表

统计项	统计项内容		样品数	最小值	中位数	最大值	算术平均值	几何平均值	标准离差	背景值
三大岩类	岩浆岩	侵入岩	69	0.010	0.019	1.000	0.041	0.023	0.119	0.026
		火山岩	20	0.006	0.036	0.602	0.090	0.046	0.136	0.063
地层细分	古近系和新近系		18	0.012	0.071	0.191	0.077	0.057	0.053	0.077
	白垩系		1	0.034	0.034	0.034	0.034	0.034		
	侏罗系		3	0.039	0.045	0.055	0.046	0.046	0.008	0.046
	三叠系		258	0.006	0.064	0.998	0.114	0.067	0.136	0.080
	二叠系		37	0.013	0.065	0.274	0.097	0.067	0.078	0.097
	石炭系		10	0.010	0.094	2.002	0.271	0.089	0.609	0.271
	泥盆系		27	0.013	0.068	1.568	0.261	0.089	0.405	0.210
	志留系		33	0.011	0.056	8.096	0.365	0.075	1.397	0.124
	奥陶系		8	0.014	0.028	0.111	0.041	0.031	0.034	0.041
	寒武系		12	0.019	0.073	6.587	0.666	0.108	1.872	0.127
	元古宇		34	0.010	0.036	0.161	0.051	0.040	0.038	0.051
侵入岩细分	酸性岩		48	0.010	0.017	0.064	0.019	0.018	0.009	0.018
	中性岩		15	0.010	0.044	1.000	0.108	0.046	0.248	0.045
	基性岩		1	0.027	0.027	0.027	0.027	0.027		
	超基性岩		5	0.017	0.025	0.101	0.044	0.035	0.035	0.044
侵入岩期次	燕山期		25	0.010	0.017	1.000	0.059	0.021	0.196	0.020
	海西期		8	0.017	0.028	0.122	0.042	0.035	0.034	0.042
	印支期		19	0.010	0.016	0.064	0.024	0.020	0.016	0.024
	元古宙		12	0.012	0.019	0.063	0.026	0.022	0.017	0.026
	太古宙		1	0.101	0.101	0.101	0.101	0.101		
地层岩性	玄武岩		7	0.020	0.106	0.274	0.114	0.089	0.082	0.114
	安山岩		1	0.076	0.076	0.076	0.076	0.076		
	流纹岩		7	0.006	0.016	0.098	0.029	0.019	0.032	0.029
	凝灰岩		3	0.034	0.038	0.602	0.224	0.091	0.327	0.224
	粗面岩		2	0.022	0.024	0.026	0.024	0.024	0.003	0.024
	石英砂岩		2	0.016	0.023	0.030	0.023	0.022	0.010	0.023
	长石石英砂岩		29	0.009	0.039	0.620	0.077	0.043	0.121	0.058
	长石砂岩		20	0.021	0.061	0.263	0.082	0.061	0.072	0.082
	砂岩		129	0.007	0.052	0.665	0.096	0.058	0.115	0.061
	粉砂质泥质岩		4	0.009	0.012	0.156	0.047	0.021	0.072	0.047
	钙质泥质岩		3	0.015	0.068	0.207	0.097	0.059	0.099	0.097
	泥质岩		4	0.034	0.044	0.116	0.060	0.053	0.038	0.060
	石灰岩		35	0.009	0.043	2.002	0.137	0.050	0.356	0.082

续表

统计项	统计项内容	样品数	最小值	中位数	最大值	算术平均值	几何平均值	标准离差	背景值
地层岩性	白云岩	11	0.011	0.023	0.243	0.042	0.026	0.067	0.042
	硅质岩	2	0.029	0.499	0.970	0.499	0.167	0.666	0.499
	板岩	118	0.015	0.112	6.587	0.215	0.112	0.613	0.160
	千枚岩	29	0.010	0.070	8.096	0.476	0.101	1.505	0.204
	片岩	29	0.014	0.044	0.254	0.071	0.052	0.064	0.071
	片麻岩	2	0.033	0.132	0.230	0.132	0.087	0.140	0.132
	变粒岩	3	0.051	0.070	0.093	0.071	0.069	0.021	0.071
	大理岩	5	0.018	0.029	0.074	0.037	0.032	0.023	0.037
	石英岩	1	0.059	0.059	0.059	0.059	0.059		

表 9-9　西藏–三江造山带岩石中硒元素不同参数基准数据特征统计　（单位：10^{-6}）

统计项	统计项内容		样品数	最小值	中位数	最大值	算术平均值	几何平均值	标准离差	背景值
三大岩类	沉积岩		702	0.003	0.037	1.817	0.089	0.044	0.163	0.037
	变质岩		139	0.007	0.053	1.002	0.109	0.059	0.154	0.073
	岩浆岩	侵入岩	165	0.004	0.024	1.017	0.062	0.031	0.112	0.020
		火山岩	81	0.004	0.029	0.494	0.056	0.033	0.081	0.032
地层细分	古近系和新近系		115	0.006	0.040	0.503	0.066	0.042	0.084	0.038
	白垩系		142	0.004	0.035	0.727	0.075	0.039	0.119	0.035
	侏罗系		199	0.005	0.034	1.082	0.078	0.041	0.138	0.036
	三叠系		142	0.003	0.049	1.537	0.104	0.055	0.167	0.069
	二叠系		80	0.003	0.050	1.002	0.131	0.055	0.217	0.048
	石炭系		107	0.004	0.042	1.817	0.093	0.043	0.200	0.039
	泥盆系		23	0.010	0.030	1.520	0.133	0.046	0.320	0.070
	志留系		8	0.027	0.071	0.350	0.119	0.079	0.120	0.119
	奥陶系		9	0.008	0.032	0.074	0.034	0.028	0.023	0.034
	寒武系		16	0.018	0.039	0.312	0.107	0.065	0.109	0.107
	元古宇		36	0.010	0.027	0.293	0.068	0.037	0.082	0.068
	太古宇		1	0.062	0.062	0.062	0.062	0.062		
侵入岩细分	酸性岩		122	0.004	0.020	1.017	0.053	0.026	0.114	0.045
	中性岩		22	0.011	0.031	0.405	0.076	0.038	0.117	0.076
	基性岩		11	0.004	0.070	0.304	0.111	0.065	0.101	0.111
	超基性岩		10	0.004	0.076	0.225	0.090	0.058	0.075	0.090
侵入岩期次	喜马拉雅期		26	0.010	0.019	0.388	0.069	0.030	0.112	0.069
	燕山期		107	0.004	0.024	1.017	0.058	0.028	0.122	0.049
	海西期		4	0.024	0.118	0.292	0.138	0.090	0.124	0.138

续表

统计项	统计项内容	样品数	最小值	中位数	最大值	算术平均值	几何平均值	标准离差	背景值
侵入岩期次	加里东期	6	0.011	0.017	0.132	0.034	0.021	0.048	0.034
	印支期	14	0.016	0.073	0.282	0.092	0.067	0.077	0.092
	元古	5	0.011	0.020	0.111	0.039	0.028	0.041	0.039
地层岩性	玄武岩	16	0.018	0.042	0.197	0.053	0.043	0.044	0.043
	安山岩	11	0.011	0.028	0.161	0.045	0.034	0.042	0.045
	流纹岩	27	0.007	0.026	0.349	0.039	0.026	0.064	0.028
	火山碎屑岩	7	0.016	0.023	0.083	0.034	0.030	0.023	0.034
	凝灰岩	18	0.004	0.035	0.494	0.099	0.038	0.138	0.099
	粗面岩	1	0.058	0.058	0.058	0.058	0.058		
	石英砂岩	33	0.008	0.022	0.158	0.036	0.028	0.031	0.032
	长石石英砂岩	150	0.004	0.030	0.396	0.051	0.033	0.066	0.032
	长石砂岩	47	0.006	0.026	1.537	0.140	0.043	0.284	0.071
	砂岩	179	0.003	0.057	1.520	0.111	0.057	0.180	0.050
	粉砂质泥质岩	24	0.010	0.082	0.727	0.169	0.091	0.197	0.169
	钙质泥质岩	22	0.006	0.037	0.975	0.107	0.047	0.208	0.065
	泥质岩	50	0.010	0.060	1.817	0.143	0.067	0.273	0.109
	石灰岩	173	0.003	0.030	0.726	0.069	0.037	0.110	0.034
	白云岩	20	0.011	0.029	0.190	0.043	0.035	0.038	0.035
	泥灰岩	4	0.018	0.146	0.236	0.136	0.091	0.107	0.136
	硅质岩	5	0.019	0.050	0.096	0.052	0.046	0.028	0.052
	板岩	53	0.007	0.060	1.002	0.124	0.066	0.191	0.075
	千枚岩	6	0.018	0.120	0.499	0.171	0.099	0.180	0.171
	片岩	35	0.009	0.102	0.701	0.149	0.079	0.158	0.132
	片麻岩	13	0.016	0.032	0.174	0.045	0.035	0.043	0.035
	变粒岩	4	0.027	0.123	0.211	0.121	0.083	0.102	0.121
	斜长角闪岩	5	0.018	0.099	0.195	0.095	0.071	0.070	0.095
	大理岩	3	0.016	0.016	0.019	0.017	0.017	0.002	0.017
	石英岩	15	0.012	0.022	0.165	0.038	0.030	0.038	0.029

（1）在天山-兴蒙造山带中分布：硒在沉积岩中含量最高，变质岩、火山岩、侵入岩依次降低；侵入岩硒含量基性岩最高，酸性岩最低；侵入岩太古宇硒含量最高；地层中石炭系硒含量最高，白垩系最低；地层岩性中硅质岩硒含量最高，大理岩含量最低。

（2）在秦祁昆造山带中分布：硒在变质岩中含量最高，沉积岩、火山岩、侵入岩依次降低；侵入岩硒含量超基性岩最高，酸性岩最低；侵入岩元古宇硒含量最高；地层中寒武系硒含量最高，三叠系最低；地层岩性中硅质岩硒含量最高，大理岩含量最低。

（3）在华南造山带中分布：硒在变质岩中含量最高，沉积岩、侵入岩、火山岩依次降低；侵入岩硒含量基性岩最高，酸性岩最低；侵入岩海西期硒含量最高；地层中二叠系硒含量最高，侏罗系最低；地层岩性中硅质岩硒含量最高，凝灰岩硒含量最低。

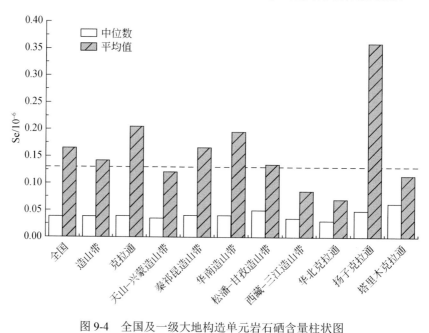

图 9-4 全国及一级大地构造单元岩石硒含量柱状图

（4）在松潘-甘孜造山带中分布：硒在变质岩中含量最高，沉积岩、火山岩、侵入岩依次降低；侵入岩硒含量中性岩最高，酸性岩最低；侵入岩太古宇硒含量最高；地层中石炭系硒含量最高，奥陶系最低；地层岩性中硅质岩硒含量最高，粉砂质泥质岩硒含量最低。

（5）在西藏-三江造山带中分布：硒在变质岩中含量最高，沉积岩、火山岩、侵入岩依次降低；侵入岩硒含量超基性岩最高，酸性岩最低；侵入岩海西期硒含量最高；地层中侏罗系硒含量最高，元古宇最低；地层岩性中泥灰岩硒含量最高，粗面岩硒含量最低。

（6）在华北克拉通中分布：硒在变质岩中含量最高，沉积岩、火山岩、侵入岩依次降低；侵入岩硒含量基性岩最高，酸性岩最低；侵入岩加里东期硒含量最高；地层中泥盆系硒含量最高，奥陶系最低；地层岩性中麻粒岩硒含量最高，大理岩和火山碎屑岩硒含量最低。

（7）在扬子克拉通中分布：硒在变质岩中含量最高，火山岩、沉积岩、侵入岩依次降低；侵入岩硒含量超基性岩最高，酸性岩最低；侵入岩太古宇硒含量最高；地层中二叠系硒含量最高，侏罗系最低；地层岩性中硅质岩硒含量最高，粗面岩硒含量最低。

（8）在塔里木克拉通中分布：硒在火山岩中含量最高，沉积岩、变质岩、侵入岩依次降低；侵入岩硒含量基性岩最高，酸性岩最低；侵入岩海西期硒含量最高；地层中古近系和新近系硒含量最高，太古宇最低；地层岩性中石英砂岩硒含量最高，凝灰岩硒含量最低。

第二节 中国土壤硒元素含量特征

一、中国土壤硒元素含量总体特征

中国表层和深层土壤中的硒含量呈对数正态分布，但有极少量离群值存在（图 9-5）。硒元素在全国土壤表层和深层样品 95%（2.5%～97.5%）的数据分别变化于 $0.041\times10^{-6}\sim$ 0.705×10^{-6} 和 $0.030\times10^{-6}\sim0.602\times10^{-6}$；中位数分别是 0.171×10^{-6} 和 0.128×10^{-6}，算数平均值分别是 0.235×10^{-6} 和 0.183×10^{-6}；几何平均值分别是 0.174×10^{-6} 和 0.132×10^{-6}。统计数据表明浅层数据明显大于深层数据，硒元素在表层土壤中富集。Bowen（1979）发布世界范围内土壤中位数 0.4×10^{-6}，其数据范围 $0.01\times10^{-6}\sim12\times10^{-6}$。美国大陆连片地区土壤（A 层）硒元素含量数据范围 $<0.1\times10^{-6}\sim4.3\times10^{-6}$，算术平均值 0.39×10^{-6}，几何平均值 0.26×10^{-6}（Shacklette and Boerngen，1984）。

从上述统计值来看，中国表层（A 层）土壤总体含量（中位数 0.171×10^{-6}，算数平均值 0.235×10^{-6}，几何平均值 0.174×10^{-6}），略高于世界卫生组织规定的土壤最低临界值 0.1×10^{-6}，但明显低于全球土壤硒含量（中位数 0.4×10^{-6}）和美国大陆土壤含量（算术平均值 0.39×10^{-6}，几何平均值 0.26×10^{-6}）平均水平。因此，不能说明中国是相对缺硒大国的结论。

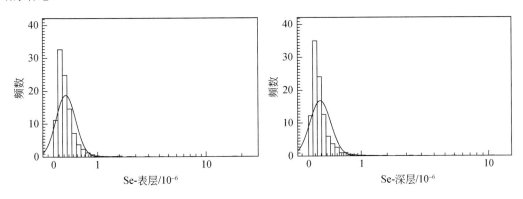

图 9-5 中国土壤硒直方图

二、中国不同大地构造单元土壤中硒元素含量

硒元素含量在八个一级大地构造单元内的统计参数见表 9-10 和图 9-6。表层样品中位数排序：华南造山带＞扬子克拉通＞松潘-甘孜造山带＞全国＞秦祁昆造山带＞华北克拉通＞天山-兴蒙造山带＞塔里木克拉通＞西藏-三江造山带。深层样品中位数排序：华南造山带＞扬子克拉通＞松潘-甘孜造山带＞秦祁昆造山带＞全国＞天山-兴蒙造山带＞塔里木克拉通＞华北克拉通＞西藏-三江造山带。

表 9-10　中国一级大地构造单元土壤硒基准值数据特征　　　　（单位：10^{-6}）

类型	层位	样品数	最小值	25% 低背景	50% 中位数	75% 高背景	85% 异常下限	最大值	算术 平均值	几何 平均值
全国	表层	3382	0.010	0.110	0.171	0.271	0.352	16.240	0.235	0.174
	深层	3380	0.008	0.082	0.128	0.206	0.274	10.740	0.183	0.132
造山带	表层	2160	0.010	0.110	0.166	0.260	0.338	16.240	0.232	0.169
	深层	2158	0.008	0.084	0.136	0.217	0.284	10.740	0.193	0.136
克拉通	表层	1222	0.021	0.112	0.181	0.288	0.364	2.320	0.240	0.183
	深层	1222	0.015	0.080	0.116	0.189	0.250	2.770	0.165	0.125
天山-兴蒙造山带	表层	909	0.011	0.106	0.157	0.238	0.294	7.800	0.200	0.152
	深层	907	0.008	0.070	0.123	0.188	0.236	2.970	0.158	0.112
华北克拉通	表层	613	0.021	0.104	0.158	0.248	0.296	2.320	0.202	0.160
	深层	613	0.015	0.070	0.098	0.140	0.172	2.770	0.127	0.101
塔里木克拉通	表层	209	0.040	0.081	0.119	0.173	0.220	0.696	0.147	0.124
	深层	209	0.038	0.075	0.102	0.147	0.181	0.581	0.122	0.107
秦祁昆造山带	表层	350	0.010	0.116	0.157	0.224	0.277	16.240	0.252	0.168
	深层	350	0.036	0.096	0.136	0.186	0.247	10.740	0.221	0.147
松潘-甘孜造山带	表层	202	0.047	0.122	0.171	0.254	0.311	3.370	0.227	0.181
	深层	202	0.043	0.114	0.171	0.248	0.308	3.370	0.218	0.173
西藏-三江造山带	表层	349	0.023	0.072	0.108	0.172	0.232	0.830	0.144	0.113
	深层	349	0.019	0.068	0.096	0.156	0.207	1.796	0.142	0.105
扬子克拉通	表层	399	0.039	0.186	0.280	0.390	0.517	2.180	0.347	0.276
	深层	399	0.028	0.118	0.190	0.306	0.403	1.702	0.245	0.189
华南造山带	表层	351	0.052	0.212	0.302	0.479	0.557	2.552	0.382	0.317
	深层	351	0.030	0.143	0.228	0.370	0.463	2.440	0.291	0.227

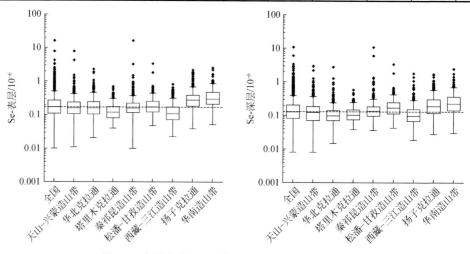

图 9-6　中国土壤硒元素箱图（一级大地构造单元）

三、中国不同土壤类型硒元素含量

硒元素含量在 17 个主要土壤类型的统计参数见表 9-11 和图 9-7。中国表层土壤硒中位数排序：赤红壤带＞红壤–黄壤带＞黄棕壤–黄褐土带＞棕壤–褐土带＞灰漠土带＞亚高山草甸土带＞全国＞灰钙土–棕钙土带＞高山棕钙土–栗钙土带＞暗棕壤–黑土带＞亚高山漠土带＞亚高山草原土带＞高山漠土带＞高山–亚高山草甸土带＞黑钙土–栗钙土–黑垆土带＞高山草甸土带＞高山草原土带＞寒棕壤–漂灰土带。深层土壤中位数排序：赤红壤带＞红壤–黄壤带＞亚高山草甸土带＞灰钙土–棕钙土带＞灰漠土带＞全国＞亚高山漠土带＞高山棕钙土–栗钙土带＞高山漠土带＞黄棕壤–黄褐土带＞高山草甸土带＞高山–亚高山草甸土带＞亚高山草原土带＞暗棕壤–黑土带＞棕壤–褐土带＞高山草原土带＞黑钙土–栗钙土–黑垆土带＞寒棕壤–漂灰土带。

表 9-11　中国主要土壤类型硒基准值数据特征　　　　（单位：10^{-6}）

类型	层位	样品数	最小值	25% 低背景	50% 中位数	75% 高背景	85% 异常下限	最大值	算术 平均值	几何 平均值
全国	表层	3382	0.010	0.110	0.171	0.271	0.352	16.240	0.235	0.174
	深层	3380	0.008	0.082	0.128	0.206	0.274	10.740	0.183	0.132
寒棕壤–漂灰土带	表层	35	0.032	0.052	0.087	0.142	0.157	0.509	0.114	0.090
	深层	35	0.013	0.028	0.049	0.133	0.164	0.249	0.085	0.059
暗棕壤–黑土带	表层	296	0.011	0.100	0.150	0.203	0.247	1.084	0.164	0.135
	深层	295	0.008	0.051	0.102	0.166	0.209	0.513	0.121	0.092
棕壤–褐土带	表层	333	0.031	0.142	0.195	0.271	0.338	2.320	0.241	0.199
	深层	333	0.025	0.074	0.100	0.142	0.174	2.770	0.131	0.104
黄棕壤–黄褐土带	表层	124	0.010	0.164	0.236	0.295	0.358	3.240	0.290	0.233
	深层	124	0.030	0.080	0.119	0.188	0.247	6.020	0.211	0.128
红壤–黄壤带	表层	575	0.039	0.178	0.274	0.416	0.549	2.552	0.353	0.275
	深层	575	0.028	0.122	0.190	0.319	0.412	1.702	0.250	0.196
赤红壤带	表层	204	0.072	0.195	0.302	0.457	0.525	1.662	0.350	0.291
	深层	204	0.034	0.150	0.236	0.377	0.485	2.440	0.312	0.243
黑钙土–栗钙土– 黑垆土带	表层	360	0.015	0.077	0.118	0.184	0.246	0.845	0.147	0.116
	深层	360	0.011	0.060	0.090	0.138	0.170	2.190	0.120	0.090
灰钙土–棕钙土带	表层	90	0.042	0.116	0.164	0.248	0.337	16.240	0.472	0.185
	深层	89	0.046	0.102	0.154	0.274	0.383	10.740	0.417	0.183
灰漠土带	表层	356	0.027	0.119	0.180	0.271	0.330	4.280	0.227	0.178
	深层	356	0.032	0.095	0.143	0.204	0.258	1.264	0.168	0.141
高山–亚高山草甸土带	表层	119	0.040	0.094	0.132	0.185	0.244	0.711	0.167	0.141
	深层	119	0.044	0.082	0.104	0.150	0.172	0.730	0.133	0.113
高山棕钙土–栗钙土带	表层	338	0.032	0.098	0.148	0.214	0.265	0.696	0.175	0.148
	深层	338	0.036	0.081	0.125	0.187	0.233	0.758	0.152	0.128
高山漠土带	表层	49	0.056	0.108	0.125	0.159	0.226	0.654	0.158	0.141
	深层	49	0.050	0.102	0.120	0.156	0.191	0.666	0.152	0.135
亚高山草甸土带	表层	193	0.032	0.118	0.172	0.254	0.336	3.370	0.238	0.179
	深层	193	0.026	0.106	0.162	0.254	0.337	3.370	0.230	0.165

类型	层位	样品数	最小值	25%低背景	50%中位数	75%高背景	85%异常下限	最大值	算术平均值	几何平均值
高山草甸土带	表层	84	0.042	0.078	0.113	0.147	0.167	0.319	0.122	0.111
	深层	84	0.040	0.074	0.115	0.149	0.174	0.305	0.118	0.107
高山草原土带	表层	120	0.032	0.074	0.094	0.141	0.159	0.396	0.111	0.099
	深层	120	0.036	0.074	0.092	0.131	0.158	0.333	0.106	0.096
亚高山漠土带	表层	18	0.072	0.091	0.140	0.169	0.183	0.335	0.150	0.136
	深层	18	0.062	0.083	0.126	0.153	0.168	0.453	0.137	0.121
亚高山草原土带	表层	88	0.023	0.060	0.127	0.254	0.299	0.650	0.176	0.121
	深层	88	0.019	0.056	0.103	0.226	0.286	1.796	0.196	0.117

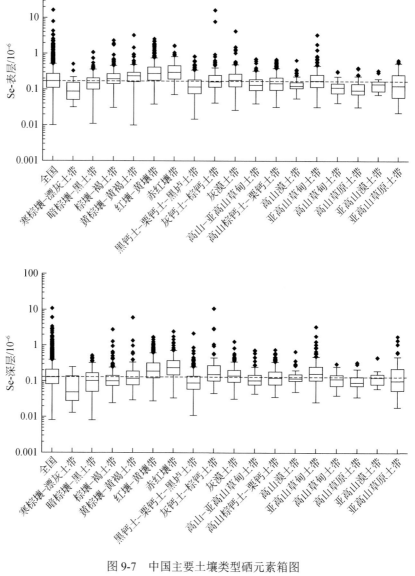

图 9-7　中国主要土壤类型硒元素箱图

四、中国不同自然地理景观土壤硒元素含量

硒元素含量在 10 个自然地理景观的统计参数见表 9-12 和图 9-8。中国表层土壤硒中位数排序：喀斯特＞低山丘陵＞冲积平原＞荒漠戈壁＞全国＞中高山＞森林沼泽＞黄土＞半干旱草原＞沙漠盆地＞高寒湖泊。深层土壤中位数排序：喀斯特＞低山丘陵＞荒漠戈壁＞中高山＞全国＞森林沼泽＞黄土＞冲积平原＞半干旱草原＞高寒湖泊＞沙漠盆地。

表 9-12　中国自然地理景观土壤硒基准值数据特征　　　（单位：10^{-6}）

类型	层位	样品数	最小值	25% 低背景	50% 中位数	75% 高背景	85% 异常下限	最大值	算术 平均值	几何 平均值
全国	表层	3382	0.010	0.110	0.171	0.271	0.352	16.240	0.235	0.174
	深层	3380	0.008	0.082	0.128	0.206	0.274	10.740	0.183	0.132
低山丘陵	表层	633	0.010	0.156	0.238	0.368	0.471	2.230	0.296	0.236
	深层	633	0.015	0.090	0.150	0.256	0.350	2.440	0.212	0.153
冲积平原	表层	335	0.011	0.129	0.188	0.258	0.308	1.862	0.210	0.170
	深层	335	0.008	0.063	0.096	0.148	0.190	0.941	0.123	0.094
森林沼泽	表层	218	0.030	0.110	0.159	0.220	0.249	0.541	0.168	0.145
	深层	217	0.013	0.057	0.122	0.176	0.231	0.513	0.133	0.103
喀斯特	表层	126	0.122	0.294	0.390	0.559	0.693	2.552	0.485	0.420
	深层	126	0.066	0.191	0.286	0.442	0.488	1.432	0.327	0.278
黄土	表层	170	0.031	0.108	0.149	0.247	0.324	16.240	0.308	0.169
	深层	170	0.027	0.086	0.115	0.152	0.193	10.740	0.207	0.119
中高山	表层	923	0.023	0.108	0.160	0.254	0.330	4.280	0.228	0.169
	深层	923	0.019	0.094	0.140	0.222	0.295	6.020	0.203	0.149
高寒湖泊	表层	140	0.032	0.073	0.093	0.142	0.162	0.396	0.111	0.098
	深层	140	0.036	0.070	0.090	0.133	0.159	0.333	0.107	0.096
半干旱草原	表层	215	0.015	0.073	0.119	0.214	0.274	7.800	0.200	0.127
	深层	214	0.011	0.060	0.096	0.156	0.234	2.970	0.187	0.104
荒漠戈壁	表层	424	0.033	0.124	0.180	0.260	0.324	1.512	0.216	0.180
	深层	424	0.032	0.103	0.148	0.210	0.265	1.264	0.173	0.148
沙漠盆地	表层	198	0.022	0.073	0.100	0.152	0.197	0.706	0.128	0.106
	深层	198	0.022	0.065	0.087	0.126	0.161	0.472	0.107	0.092

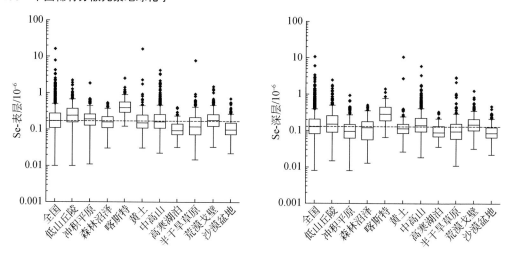

图9-8   中国不同自然地理景观土壤硒元素箱图

五、中国主要河流流域硒元素含量

硒元素含量在32个主要河流流域的统计参数见表9-13和图9-9。表层土壤中位数排序：珠江流域＞桂东南诸河流域＞鸭绿江流域＞长江流域＞海南岛流域＞东南沿海流域＞淮河流域＞海河流域＞准噶尔内流区＞元江-红河流域＞河西走廊-阿拉善内流＞伊犁河流域＞全国＞山东半岛诸河流域＞黑龙江流域＞黄河流域＞图们江流域＞辽东半岛诸河流域＞独龙江流域＞柴达木内流区＞塔里木内流区＞怒江流域＞澜沧江流域＞滦洒流域＞额尔齐斯内流区＞内蒙古内流区＞辽西诸河流域＞鄂尔多斯内流区＞雅鲁藏布江流域＞森格藏布流域＞羌塘高原内流区＞辽河流域＞绥芬河流域。深层土壤中位数排序：桂东南诸河流域＞珠江流域＞长江流域＞海南岛流域＞东南沿海流域＞河西走廊-阿拉善内流＞元江-红河流域＞准噶尔内流区＞鸭绿江流域＞全国＞怒江流域＞鄂尔多斯内流区＞辽东半岛诸河流域＞柴达木内流区＞澜沧江流域＞黄河流域＞塔里木内流区＞独龙江流域＞海河流域＞森格藏布流域＞内蒙古内流区＞黑龙江流域＞伊犁河流域＞滦洒流域＞羌塘高原内流区＞雅鲁藏布江流域＞淮河流域＞辽西诸河流域＞额尔齐斯内流区＞山东半岛诸河流域＞图们江流域＞辽河流域＞绥芬河流域。

表 9-13   中国主要河流流域硒基准值数据特征   （单位：10^{-6}）

流域	层位	样品数	最小值	25% 低背景	50% 中位数	75% 高背景	85% 异常下限	最大值	算术 平均值	几何 平均值
全国	表层	3382	0.010	0.110	0.171	0.271	0.352	16.240	0.235	0.174
	深层	3380	0.008	0.082	0.128	0.206	0.274	10.740	0.183	0.132
长江流域	表层	663	0.010	0.161	0.244	0.382	0.491	3.370	0.329	0.253
	深层	663	0.028	0.121	0.186	0.301	0.391	6.020	0.256	0.191

续表

流域	层位	样品数	最小值	25% 低背景	50% 中位数	75% 高背景	85% 异常下限	最大值	算术 平均值	几何 平均值
黑龙江流域	表层	349	0.012	0.100	0.154	0.210	0.247	0.541	0.162	0.138
	深层	348	0.008	0.048	0.101	0.166	0.210	0.513	0.119	0.090
黄河流域	表层	306	0.027	0.104	0.146	0.214	0.276	16.240	0.245	0.155
	深层	306	0.027	0.084	0.116	0.160	0.200	10.740	0.174	0.120
珠江流域	表层	134	0.112	0.289	0.405	0.558	0.672	2.552	0.485	0.419
	深层	134	0.066	0.205	0.307	0.460	0.492	1.432	0.339	0.288
雅鲁藏布江流域	表层	111	0.023	0.060	0.107	0.192	0.269	0.650	0.153	0.111
	深层	111	0.019	0.055	0.089	0.184	0.264	1.796	0.164	0.102
海河流域	表层	102	0.040	0.147	0.209	0.332	0.387	2.320	0.263	0.218
	深层	102	0.044	0.083	0.106	0.150	0.190	2.770	0.163	0.119
东南沿海流域	表层	91	0.068	0.181	0.228	0.281	0.321	0.502	0.238	0.221
	深层	91	0.030	0.107	0.162	0.230	0.285	0.684	0.180	0.154
淮河流域	表层	86	0.031	0.178	0.217	0.252	0.268	0.564	0.220	0.206
	深层	86	0.026	0.061	0.088	0.108	0.127	0.250	0.089	0.079
辽河流域	表层	83	0.011	0.042	0.080	0.152	0.239	0.845	0.137	0.088
	深层	83	0.012	0.036	0.066	0.131	0.160	0.697	0.094	0.064
澜沧江流域	表层	56	0.045	0.078	0.130	0.238	0.328	0.588	0.181	0.142
	深层	56	0.038	0.075	0.116	0.194	0.275	0.716	0.174	0.132
怒江流域	表层	45	0.042	0.112	0.134	0.190	0.229	0.830	0.169	0.146
	深层	45	0.036	0.112	0.128	0.204	0.224	0.830	0.162	0.140
山东半岛诸河流域	表层	39	0.050	0.116	0.162	0.220	0.251	0.697	0.186	0.163
	深层	39	0.025	0.062	0.080	0.113	0.134	1.279	0.128	0.088
伊犁河流域	表层	35	0.060	0.138	0.169	0.255	0.322	0.625	0.212	0.185
	深层	35	0.044	0.079	0.097	0.149	0.211	0.601	0.140	0.112
元江-红河流域	表层	29	0.072	0.098	0.182	0.260	0.356	0.638	0.212	0.172
	深层	29	0.034	0.098	0.152	0.224	0.271	0.638	0.185	0.151
海南岛流域	表层	26	0.094	0.170	0.231	0.468	0.600	1.650	0.381	0.280
	深层	26	0.068	0.125	0.175	0.367	0.795	2.440	0.433	0.244
滦河流域	表层	26	0.030	0.103	0.129	0.195	0.246	0.344	0.155	0.137
	深层	26	0.036	0.067	0.094	0.126	0.175	0.235	0.108	0.095

续表

流域	层位	样品数	最小值	25% 低背景	50% 中位数	75% 高背景	85% 异常下限	最大值	算术 平均值	几何 平均值
桂东南诸河流域	表层	20	0.102	0.257	0.350	0.532	0.642	0.916	0.414	0.357
	深层	20	0.148	0.225	0.322	0.492	0.628	1.208	0.415	0.353
辽西诸河流域	表层	19	0.059	0.092	0.118	0.240	0.252	0.402	0.159	0.137
	深层	19	0.028	0.056	0.088	0.114	0.141	0.240	0.096	0.082
鸭绿江流域	表层	16	0.094	0.228	0.275	0.427	0.452	1.084	0.355	0.297
	深层	16	0.078	0.123	0.142	0.213	0.240	0.324	0.167	0.153
辽东半岛诸河流域	表层	14	0.060	0.113	0.140	0.202	0.276	0.348	0.168	0.150
	深层	14	0.044	0.079	0.121	0.175	0.197	0.224	0.125	0.112
森格藏布流域	表层	13	0.032	0.076	0.096	0.176	0.247	0.580	0.171	0.125
	深层	13	0.034	0.080	0.102	0.170	0.231	0.620	0.170	0.121
独龙江流域	表层	8	0.092	0.105	0.135	0.179	0.180	0.231	0.144	0.138
	深层	8	0.048	0.069	0.112	0.155	0.155	0.198	0.113	0.100
图们江流域	表层	8	0.053	0.097	0.142	0.163	0.170	0.195	0.129	0.118
	深层	8	0.032	0.043	0.071	0.096	0.130	0.165	0.080	0.069
绥芬河流域	表层	3	0.030	0.049	0.068	0.093	0.103	0.117	0.072	0.062
	深层	3	0.036	0.043	0.051	0.114	0.139	0.176	0.088	0.068
塔里木内流区	表层	330	0.040	0.094	0.133	0.207	0.256	0.696	0.167	0.142
	深层	330	0.038	0.081	0.113	0.170	0.216	0.758	0.142	0.121
准噶尔内流区	表层	198	0.033	0.119	0.191	0.287	0.362	4.280	0.245	0.185
	深层	198	0.033	0.095	0.148	0.195	0.241	0.480	0.161	0.139
河西走廊-阿拉善内流	表层	180	0.027	0.126	0.175	0.261	0.309	1.312	0.206	0.176
	深层	180	0.042	0.108	0.153	0.250	0.290	1.264	0.191	0.160
内蒙古内流区	表层	129	0.021	0.074	0.117	0.218	0.302	7.800	0.230	0.128
	深层	128	0.022	0.068	0.102	0.183	0.296	2.970	0.236	0.119
羌塘高原内流区	表层	124	0.032	0.074	0.095	0.144	0.168	0.396	0.116	0.101
	深层	124	0.030	0.072	0.093	0.136	0.161	0.453	0.110	0.097
柴达木内流区	表层	101	0.032	0.097	0.132	0.178	0.212	0.706	0.156	0.136
	深层	101	0.036	0.088	0.120	0.164	0.182	0.606	0.138	0.122
额尔齐斯内流区	表层	26	0.036	0.094	0.122	0.275	0.308	0.711	0.186	0.143
	深层	26	0.032	0.067	0.083	0.132	0.153	0.711	0.117	0.091
鄂尔多斯内流区	表层	12	0.048	0.094	0.110	0.142	0.150	0.192	0.117	0.111
	深层	12	0.058	0.080	0.126	0.144	0.198	0.302	0.136	0.119

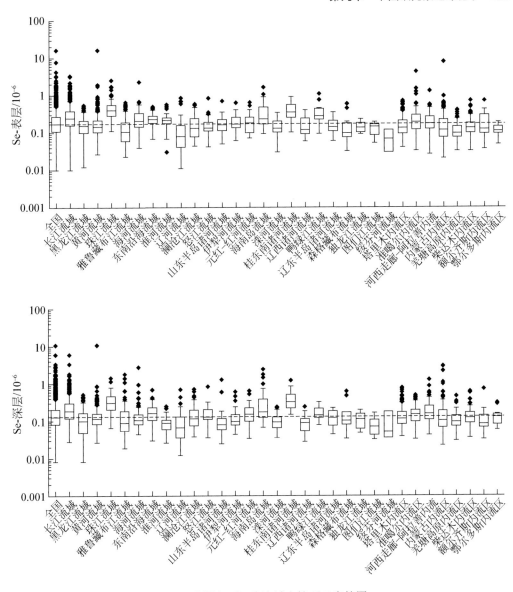

图 9-9　中国主要河流流域土壤硒元素箱图

六、中国省级行政区划硒元素含量

硒元素含量在 31 个行政区划的统计参数见表 9-14 和图 9-10。表层土壤中位数排序：贵州＞湖南＞广西＞广东＞上海＞山西＞浙江＞湖北＞天津＞安徽＞河南＞江苏＞海南＞江西＞重庆＞福建＞云南＞四川＞宁夏＞山东＞河北＞辽宁＞甘肃＞全国＞吉林＞新疆＞黑龙＞陕西＞青海＞内蒙古＞北京＞西藏。深层土壤中位数排序：湖南＞贵州＞广西＞广东＞重庆＞湖北＞云南＞四川＞海南＞天津＞福建＞甘肃＞宁夏＞浙江＞江西＞全国＞上海＞新疆＞青海＞山西＞陕西＞黑龙＞辽宁＞河南＞内蒙古＞安徽＞北京＞河北＞江苏＞西藏＞吉林＞山东。

表 9-14 中国省级行政区划硒基准值数据特征 （单位：10^{-6}）

地区	层位	样品数	最小值	25% 低背景	50% 中位数	75% 高背景	85% 异常下限	最大值	算术 平均值	几何 平均值
全国（不含港澳台）	表层	3382	0.010	0.110	0.171	0.271	0.352	16.240	0.235	0.174
	深层	3380	0.008	0.082	0.128	0.206	0.274	10.740	0.183	0.132
安徽	表层	46	0.118	0.183	0.237	0.309	0.361	0.616	0.260	0.242
	深层	46	0.026	0.057	0.100	0.167	0.232	0.516	0.131	0.097
北京	表层	5	0.072	0.078	0.104	0.144	0.181	0.236	0.127	0.115
	深层	5	0.076	0.094	0.098	0.110	0.153	0.218	0.119	0.111
重庆	表层	30	0.059	0.143	0.212	0.319	0.390	1.762	0.296	0.221
	深层	30	0.028	0.110	0.192	0.287	0.370	1.112	0.241	0.186
福建	表层	51	0.052	0.159	0.212	0.271	0.282	0.410	0.213	0.197
	深层	51	0.030	0.105	0.160	0.200	0.231	0.420	0.165	0.144
甘肃	表层	170	0.044	0.131	0.172	0.254	0.322	16.240	0.318	0.191
	深层	170	0.052	0.117	0.160	0.256	0.309	10.740	0.277	0.179
广东	表层	77	0.102	0.256	0.368	0.468	0.529	0.830	0.374	0.339
	深层	77	0.062	0.170	0.264	0.404	0.485	1.208	0.311	0.263
广西	表层	84	0.112	0.281	0.379	0.586	0.665	1.662	0.463	0.406
	深层	84	0.066	0.202	0.282	0.407	0.488	0.856	0.318	0.272
贵州	表层	61	0.076	0.352	0.480	0.688	0.748	2.552	0.583	0.490
	深层	61	0.070	0.210	0.320	0.486	0.596	1.432	0.385	0.324
海南	表层	26	0.094	0.170	0.231	0.468	0.600	1.650	0.381	0.280
	深层	26	0.068	0.125	0.175	0.367	0.795	2.440	0.433	0.244
河北	表层	82	0.040	0.119	0.177	0.250	0.328	0.691	0.206	0.173
	深层	82	0.036	0.075	0.094	0.128	0.162	0.594	0.116	0.101
河南	表层	58	0.094	0.191	0.239	0.299	0.398	1.910	0.293	0.251
	深层	58	0.042	0.085	0.103	0.139	0.163	0.655	0.125	0.108
黑龙江	表层	182	0.022	0.105	0.149	0.199	0.244	0.541	0.162	0.140
	深层	181	0.008	0.054	0.112	0.163	0.188	0.513	0.120	0.094
湖北	表层	62	0.010	0.148	0.250	0.359	0.552	3.240	0.391	0.258
	深层	62	0.058	0.129	0.184	0.296	0.384	6.020	0.368	0.208
湖南	表层	69	0.158	0.340	0.466	0.604	0.718	2.230	0.543	0.477
	深层	69	0.078	0.234	0.342	0.464	0.499	1.232	0.379	0.326
吉林	表层	76	0.012	0.113	0.155	0.230	0.256	1.084	0.182	0.149
	深层	76	0.022	0.052	0.088	0.156	0.195	0.355	0.113	0.090

续表

地区	层位	样品数	最小值	25% 低背景	50% 中位数	75% 高背景	85% 异常下限	最大值	算术 平均值	几何 平均值
江苏	表层	32	0.068	0.188	0.235	0.264	0.304	0.451	0.233	0.221
	深层	32	0.032	0.064	0.090	0.110	0.143	0.246	0.096	0.084
江西	表层	67	0.070	0.177	0.232	0.292	0.376	0.720	0.255	0.231
	深层	67	0.048	0.095	0.144	0.206	0.252	0.412	0.165	0.143
辽宁	表层	57	0.036	0.110	0.170	0.256	0.293	0.696	0.207	0.168
	深层	57	0.021	0.068	0.110	0.178	0.192	0.439	0.123	0.103
内蒙古	表层	446	0.011	0.072	0.125	0.214	0.268	7.800	0.176	0.121
	深层	445	0.011	0.056	0.100	0.170	0.238	2.970	0.160	0.098
宁夏	表层	24	0.092	0.142	0.189	0.257	0.274	0.824	0.217	0.191
	深层	24	0.086	0.126	0.156	0.185	0.341	0.432	0.190	0.169
青海	表层	213	0.032	0.094	0.128	0.173	0.208	0.706	0.149	0.132
	深层	213	0.036	0.086	0.121	0.168	0.190	0.606	0.138	0.123
山东	表层	75	0.031	0.139	0.184	0.232	0.271	0.697	0.194	0.174
	深层	75	0.025	0.066	0.083	0.106	0.124	1.279	0.109	0.086
山西	表层	53	0.053	0.158	0.280	0.390	0.418	2.320	0.338	0.264
	深层	53	0.044	0.092	0.118	0.163	0.229	2.770	0.191	0.131
陕西	表层	80	0.027	0.098	0.143	0.190	0.284	1.760	0.209	0.151
	深层	80	0.027	0.084	0.113	0.143	0.182	1.348	0.146	0.116
上海	表层	2	0.250	0.281	0.311	0.342	0.354	0.372	0.311	0.305
	深层	2	0.118	0.122	0.126	0.130	0.132	0.134	0.126	0.126
四川	表层	189	0.039	0.146	0.205	0.300	0.377	3.370	0.264	0.211
	深层	189	0.049	0.127	0.178	0.274	0.350	3.370	0.237	0.187
天津	表层	7	0.120	0.185	0.244	0.289	0.309	0.319	0.233	0.221
	深层	7	0.096	0.157	0.166	0.264	0.338	0.941	0.292	0.221
西藏	表层	275	0.023	0.066	0.102	0.160	0.199	0.650	0.134	0.106
	深层	275	0.019	0.066	0.090	0.145	0.186	1.796	0.135	0.100
新疆	表层	593	0.033	0.102	0.151	0.232	0.301	4.280	0.195	0.156
	深层	593	0.032	0.085	0.122	0.175	0.217	0.758	0.146	0.124
云南	表层	157	0.056	0.120	0.200	0.314	0.364	2.180	0.263	0.203
	深层	157	0.034	0.112	0.180	0.256	0.317	1.148	0.217	0.175
浙江	表层	33	0.092	0.190	0.268	0.346	0.354	0.484	0.261	0.242
	深层	33	0.054	0.096	0.146	0.196	0.236	0.382	0.154	0.135

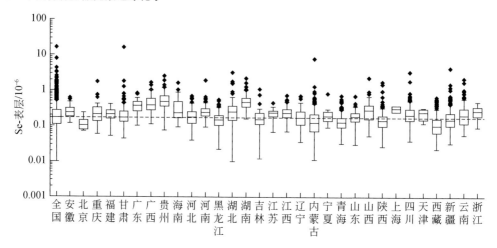

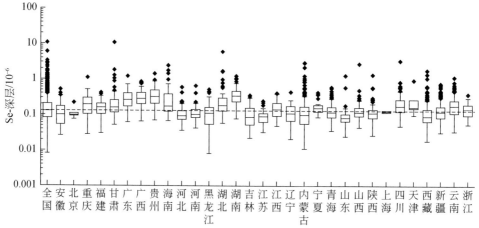

图 9-10　中国省级行政区划（不含港澳台）硒元素箱图

第三节　硒元素空间分布与异常评价

一、中国土壤硒空间分布地质背景

宏观上中国表层土壤和深层土壤硒元素空间分布较为一致，地球化学基准图较为相似。中国土壤硒分布最显著的特征是华南、华中高，东北、青藏低（图 9-11）。

硒低值区（$P<25$，$<0.11\times10^{-6}$），相当于世界卫生组织规定的土壤最低限 0.1×10^{-6} 临界值，总面积大约 $200\times10^{4}\text{km}^{2}$，占全国面积大约 21%。主要分布在西藏、新疆南部、内蒙古-辽宁-吉林交界地区、内蒙古中部-陕西北部交界地区，内蒙古北部。

硒高值区（$P>75$，$>0.27\times10^{-6}$），总面积大约 $250\times10^{4}\text{km}^{2}$，占全国面积大约 25%。主要分布在中国中南部的湖北、湖南、贵州、广西、广东、昆明、四川、重庆连片交界区，其次分布在河北、河南、陕西连片交界区、长江中下游的江西-安徽-江苏-上海连片区，其他地区仅有零星分布。这与上一节阐述的扬子地台和华南造山带是富硒土壤的主要来源相一致，高硒含量归因于富硒的母岩（Fordyce，2013）。

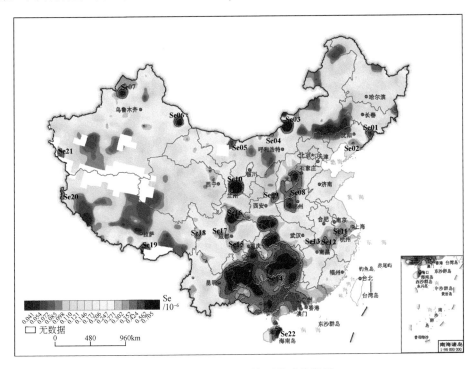

图 9-11　中国表层土壤硒地球化学图

中华人民共和国地方病与环境图集编纂委员会（1989）编制的《中华人民共和国地方病与环境图集》揭示从东北三省至西南的云贵高原有一条低硒带，把克山病等高发病率的原因归结为这一地区谷物缺硒。本次 3382 件网格化土壤采样，发现这条北东向分布的低硒带总体上是存在的，但呈不连续的片状分布在西藏-新疆南部-青海西南部、内蒙古东部和内蒙古中部 3 个片区，是从内蒙古东部到青藏高原，而不是从东北三省至云贵高原。土壤中硒能否被谷物吸收，取决于硒在土壤中的有效态，谷物中是否存在这一低硒带有待进一步证实。

硒的分布主要受地质背景、地貌和土壤类型等局部因素以及人类活动影响（Wang and Gao，2001；Hartikainen，2005）。中国表层土壤和深层土壤硒元素空间分布高度一致，深层土壤主要继承基岩风化产物，未受人类活动干扰，说明土壤中硒主要来源于基岩。中国土壤硒分布最显著的特征是华南、华中高，东北、青藏低。例如，在陕西紫阳，基岩由碳质板岩、火山岩和灰-黑色页岩组成（Cui et al.，2017；Tian et al.，2016）。黑色页岩硒含量高达 303×10^{-6}，平均值 16×10^{-6}；这一数值是上地壳硒含量的 324 倍（Long and Luo，2017）。同样的湖北恩施渔塘坝的黑色页岩中硒含量范围是 $114 \times 10^{-6} \sim 26054 \times 10^{-6}$，平均值 1853×10^{-6}（Zhu et al.，2014），贵州开阳的黑色页岩中硒含量也高达 $2 \times 10^{-6} \sim 76 \times 10^{-6}$（Ren and Yang，2014）。大面积连续的硒高值区发育在中国南方，包括贵州、湖南、广东、广西、重庆等。在华南，大面积的低温成矿域和广泛分布的黑色页岩为土壤高硒提供了地质背景。华南地区面积约 $100 \times 10^4 km^2$ 的大面积低温成矿域，是金、汞、锑、砷、铅、锌、银及硒、铊等多种分散元素的重要生产基地（Hu et al.，2002，2007；Huang et al.，2011）。云南-贵州-广西低温卡林型金矿成矿带是世界上著名的两条卡林型金矿带之一，占中国黄金储量的 20%左右（王砚耕等，1994；Hu et al.，2002）；四川–云南–贵州铅锌成矿带是我国主要的铅、锌、银及锗、镓、硒、镉等多种分散元素的生产基地。硒作为伴生元素存在于这些矿床中。中国南方下寒武统牛蹄塘组黑色页岩富含多金属硫化物层，而硫化物层含有约 10%的有机质，Mo-Ni-Se-Re-Os-As-Hg-Sb 极为富集（Fan et al.，1973，1984；Coveney et al.，1992；Mao et al.，2002）。同时，中国南方 7 省市（贵州、云南、四川、重庆、湖南、湖北、广东）和广西壮族自治区分布着约 505800km^2 的碳酸盐岩（Jiang et al.，2014），在中国十大景观中喀斯特地区土壤硒含量最高（见上一节中国土壤硒的含量）。

二、中国土壤硒富集区及评价

硒异常富集区以累积频率 85%（0.35×10^{-6}）为异常下限，共圈定 22 处硒地球化学异常富集区（图 9-11），总面积大约 $115 \times 10^4 km^2$，占全国面积约 12%。异常富集区主要集中在湖北省西部的恩施、陕西省南部的紫阳、安徽省的宁国、贵州省的开阳等（表 9-15）。

表 9-15　中国土壤硒地球化学异常统计参数

编号	分布地区	面积/km^2	样品数/个	最大值/10^{-6}	最小值/10^{-6}	中位数/10^{-6}	平均值/10^{-6}	离差
Se01	吉林东南部	8444	3	0.29	1.08	0.70	0.74	0.40
Se02	辽宁中部	603						
Se03	内蒙古二连浩特等地	24274	8	0.10	7.80	1.18	0.19	2.68
Se04	内蒙古呼和浩特以北，靠近中蒙边界地区	1812						
Se05	内蒙古额济纳旗东部	9255	3	0.32	1.31	0.68	0.42	0.55
Se06	新疆哈密北部	14748	7	0.20	4.27	0.87	0.30	1.50
Se07	新疆塔城等地	21638	13	0.25	1.51	0.57	0.38	0.41
Se08	山西南部、河北西部、河南中北部	85721	29	0.14	2.32	0.53	0.41	0.48
Se09	陕西西安东北	9528	4	0.08	1.76	0.60	0.28	0.79
Se10	甘肃兰州等地	35963	15	0.12	16.24	1.30	0.24	4.13
Se11	江浙皖交界处	6122	3	0.35	0.48	0.39	0.35	0.08
Se12	安徽南部与江西北部交界处	8224	2	0.41	0.55	0.48	0.48	0.10
Se13	湖北与江西交界处	1960	2	0.47	0.57	0.52	0.52	0.07
Se14	华中、华南	826298	276	0.09	3.24	0.56	0.46	0.40
Se15	四川东部	12125	8	0.16	1.86	0.55	0.33	0.57
Se16	甘肃南部与四川北部交界处	47742	21	0.11	3.37	0.61	0.38	0.75
Se17	四川成都西侧	915	2	0.25	0.59	0.42	0.42	0.24
Se18	川西等地	2871	1	0.67	0.67	0.67	0.67	
Se19	西藏藏南部分地区	8328	3	0.44	0.65	0.53	0.51	0.11
Se20	西藏阿里曲松乡等地	4169	1	0.58	0.58	0.58	0.58	
Se21	新疆喀什等地	7317	2	0.33	0.65	0.49	0.49	0.23
Se22	海南岛	17760	13	0.10	1.65	0.56	0.48	0.47

《土地质量地球化学评价规范》(DZ/T 0295—2016)划分了土壤硒等级:缺乏≤$0.125×10^{-6}$;边缘>$0.125×10^{-6}$~$0.175×10^{-6}$;适量>$0.175×10^{-6}$~$0.40×10^{-6}$;高>$0.40×10^{-6}$~$3.0×10^{-6}$;过剩>$3.0×10^{-6}$。以土壤硒等级为色阶绘制中国土壤硒地球化学分布图(图9-12)。中国土壤高硒含量(>$0.40×10^{-6}$~$3.0×10^{-6}$),总面积大约$110×10^{4}km^{2}$,占全国面积约11%,主要分布在华南、华中,零星分布在新疆、内蒙古、河南等地;硒缺乏地区(≤$0.125×10^{-6}$),总面积大约$300×10^{4}km^{2}$,占全国面积约31%,主要分布在中国东北、西藏、青海等地。

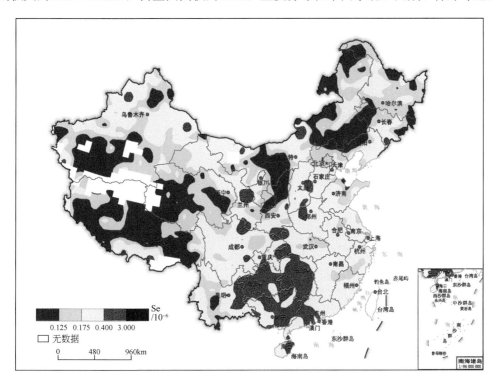

图9-12　中国土壤硒地球化学图

三、中国主要平原粮食主产区硒含量

硒元素含量在9个主要平原粮食主产区土壤中含量统计参数见表9-16和图9-13。表层样品中位数排序:广西平原>珠三角地区>成都平原>长江中下游地区>华北平原>关中平原>全国>三江平原>东北平原>河套平原。深层样品中位数排序:珠三角地区>广西平原>成都平原>长江中下游地区>全国>三江平原>华北平原>关中平原>东北平原>河套平原。

总体来看:①只有河套平原的平均值、中位数、背景值都低于世界卫生组织规定的最低临界值$0.1×10^{-6}$,其他平原粮食主产区都高于这一临界值;②东北平原有25%的数据,即25%的面积(每个数据代表的面积几乎一致),硒含量值低于临界值$0.1×10^{-6}$;③广西平原、珠江三角洲平原有50%的面积硒含量超过$0.4×10^{-6}$,整体是富硒的。

表 9-16   中国 9 个主要平原粮食主产区土壤中硒含量统计参数   （单位：10^{-6}）

主产区	土壤层位	25%低背景	50%中位数	75%高背景	85%异常下限	算术平均值	几何平均值	背景值
全国	表层	0.110	0.171	0.271	0.352	0.235	0.174	0.184
	深层	0.082	0.128	0.206	0.274	0.183	0.132	0.136
华北平原	表层	0.180	0.223	0.263	0.293	0.237	0.220	0.216
	深层	0.074	0.098	0.124	0.154	0.119	0.097	0.095
东北平原	表层	0.067	0.130	0.191	0.252	0.152	0.113	0.133
	深层	0.036	0.074	0.127	0.165	0.095	0.067	0.077
长江中下游平原	表层	0.236	0.283	0.350	0.387	0.300	0.282	0.294
	深层	0.079	0.132	0.204	0.303	0.164	0.130	0.164
三江平原	表层	0.114	0.164	0.188	0.200	0.165	0.152	0.157
	深层	0.054	0.122	0.148	0.177	0.116	0.098	0.116
珠江三角洲平原	表层	0.424	0.454	0.522	0.574	0.464	0.453	0.464
	深层	0.338	0.432	0.488	0.558	0.417	0.381	0.417
成都平原	表层	0.168	0.290	0.387	0.503	0.306	0.261	0.306
	深层	0.142	0.213	0.363	0.408	0.257	0.217	0.257
广西平原	表层	0.285	0.496	0.640	0.753	0.546	0.444	0.546
	深层	0.198	0.287	0.442	0.488	0.324	0.267	0.324
河套平原	表层	0.048	0.053	0.123	0.144	0.081	0.070	0.081
	深层	0.040	0.051	0.096	0.119	0.072	0.062	0.072
关中平原	表层	0.135	0.172	0.422	0.522	0.314	0.225	0.314
	深层	0.059	0.088	0.116	0.127	0.087	0.072	0.087

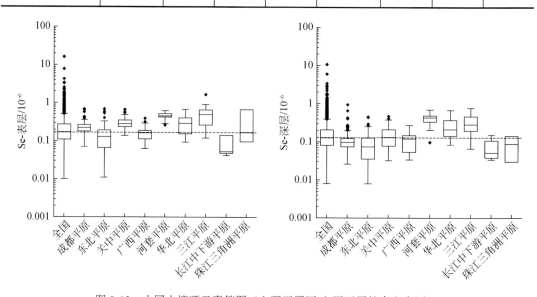

图 9-13   中国土壤硒元素箱图（主要平原区/主要平原粮食主产区）

　　总体而言，无论是按照世界卫生组织标准（0.1×10^{-6}），低于 25%累积频率标准（0.11×10^{-6}），土地质量地球化学评价规范（0.125×10^{-6}），中国缺硒土地面积不超过 1/3。但我国粮食主产区的三江平原、东北平原、华北平原是硒适量区，河套平原是缺硒区，珠江三角洲平原、广西平原、成都平原、长江中下游平原是富硒区。

第十章　中国碲元素地球化学

第一节　中国岩石碲元素含量特征

一、三大岩类中碲含量分布

碲在变质岩中含量最高，沉积岩、火山岩、侵入岩依次降低；侵入岩碲含量从超基性岩到酸性岩依次降低；侵入岩喜马拉雅期碲含量最高；地层岩性中粉砂质泥质岩碲含量最高，碳酸盐岩（石灰岩、白云岩）及其对应的变质岩（大理岩）碲含量最低（表 10-1）。

表 10-1　全国岩石中碲元素不同参数基准数据特征统计　　（单位：10^{-6}）

统计项	统计项内容		样品数	最小值	中位数	最大值	算术平均值	几何平均值	标准离差	背景值
三大岩类	沉积岩		6209	0.0001	0.026	1.267	0.036	0.027	0.044	0.029
	变质岩		1808	0.0003	0.033	2.723	0.045	0.033	0.074	0.036
	岩浆岩	侵入岩	2634	0.002	0.017	3.748	0.025	0.018	0.094	0.017
		火山岩	1467	0.003	0.020	8.120	0.037	0.023	0.234	0.020
地层细分	古近系和新近系		528	0.008	0.026	0.483	0.035	0.029	0.032	0.030
	白垩系		886	0.009	0.028	0.259	0.034	0.029	0.024	0.030
	侏罗系		1362	0.006	0.024	8.120	0.044	0.028	0.243	0.028
	三叠系		1142	0.002	0.029	0.330	0.036	0.028	0.030	0.033
	二叠系		873	0.0001	0.024	0.746	0.038	0.025	0.053	0.028
	石炭系		869	0.002	0.023	5.817	0.046	0.027	0.206	0.026
	泥盆系		713	0.003	0.028	0.600	0.041	0.030	0.048	0.031
	志留系		390	0.005	0.040	0.387	0.048	0.038	0.043	0.040
	奥陶系		547	0.003	0.023	0.694	0.034	0.023	0.045	0.025
	寒武系		632	0.005	0.022	0.316	0.031	0.023	0.032	0.024
	元古宇		1145	0.002	0.026	0.920	0.037	0.027	0.046	0.029
	太古宇		244	0.004	0.020	2.723	0.038	0.022	0.175	0.027
侵入岩细分	酸性岩		2077	0.002	0.016	3.748	0.024	0.017	0.102	0.016
	中性岩		340	0.002	0.017	1.206	0.026	0.018	0.068	0.022

续表

统计项	统计项内容	样品数	最小值	中位数	最大值	算术平均值	几何平均值	标准离差	背景值
侵入岩细分	基性岩	164	0.007	0.021	0.381	0.027	0.022	0.033	0.022
	超基性岩	53	0.007	0.023	0.102	0.028	0.024	0.018	0.025
侵入岩期次	喜马拉雅期	27	0.012	0.023	0.123	0.034	0.028	0.025	0.031
	燕山期	963	0.002	0.017	1.206	0.024	0.018	0.055	0.017
	海西期	778	0.007	0.016	2.298	0.024	0.018	0.086	0.016
	加里东期	211	0.004	0.018	0.149	0.021	0.018	0.015	0.018
	印支期	237	0.002	0.018	3.748	0.038	0.018	0.244	0.022
	元古宙	253	0.002	0.017	0.240	0.021	0.017	0.022	0.018
	太古宙	100	0.004	0.013	0.100	0.017	0.013	0.013	0.016
地层岩性	玄武岩	238	0.003	0.020	0.101	0.021	0.020	0.010	0.020
	安山岩	279	0.008	0.017	0.145	0.022	0.019	0.017	0.017
	流纹岩	378	0.009	0.019	8.120	0.060	0.023	0.454	0.020
	火山碎屑岩	88	0.010	0.021	0.139	0.027	0.023	0.019	0.023
	凝灰岩	432	0.006	0.023	0.960	0.040	0.028	0.065	0.023
	粗面岩	43	0.011	0.019	0.081	0.023	0.020	0.014	0.022
	石英砂岩	221	0.004	0.019	0.516	0.024	0.019	0.037	0.019
	长石石英砂岩	888	0.003	0.024	0.600	0.031	0.026	0.034	0.025
	长石砂岩	458	0.005	0.029	0.920	0.039	0.031	0.058	0.030
	砂岩	1844	0.006	0.033	1.267	0.041	0.034	0.045	0.035
	粉砂质泥质岩	106	0.006	0.055	0.230	0.058	0.051	0.031	0.054
	钙质泥质岩	174	0.008	0.051	0.384	0.057	0.050	0.035	0.052
	泥质岩	712	0.007	0.053	0.746	0.063	0.052	0.052	0.054
	石灰岩	1310	0.0001	0.015	0.694	0.019	0.014	0.033	0.014
	白云岩	441	0.005	0.019	0.448	0.021	0.018	0.024	0.019
	泥灰岩	49	0.009	0.028	0.355	0.040	0.029	0.052	0.033
	硅质岩	68	0.008	0.037	0.397	0.066	0.043	0.072	0.061
	冰碛岩	5	0.023	0.035	0.041	0.034	0.034	0.007	0.034
	板岩	525	0.004	0.050	0.328	0.057	0.049	0.037	0.051
	千枚岩	150	0.013	0.047	0.316	0.056	0.046	0.045	0.046
	片岩	380	0.003	0.035	2.723	0.051	0.035	0.142	0.044
	片麻岩	289	0.004	0.020	0.198	0.025	0.020	0.022	0.020
	变粒岩	119	0.008	0.022	0.388	0.033	0.025	0.040	0.030
	麻粒岩	4	0.016	0.024	0.054	0.030	0.027	0.017	0.030
	斜长角闪岩	88	0.005	0.025	0.170	0.027	0.024	0.019	0.026
	大理岩	108	0.007	0.017	0.114	0.019	0.017	0.012	0.018
	石英岩	75	0.0003	0.020	0.327	0.037	0.022	0.054	0.021

二、不同时代地层中碲含量分布

碲含量的中位数在地层中志留系最高，太古宇最低；从高到低依次为：志留系、三叠系、泥盆系、白垩系、元古宇、古近系和新近系、侏罗系、二叠系、奥陶系、石炭系、寒武系、太古宇（表10-1）。

三、不同大地构造单元中碲含量分布

表10-2～表10-9给出了不同大地构造单元碲的含量数据，图10-1给出了各大地构造单元平均含量与地壳克拉克值的对比。

表 10-2　天山-兴蒙造山带岩石中碲元素不同参数基准数据特征统计（单位：10^{-6}）

统计项	统计项内容		样品数	最小值	中位数	最大值	算术平均值	几何平均值	标准离差	背景值
三大岩类	沉积岩		807	0.005	0.030	0.920	0.042	0.033	0.044	0.035
	变质岩		373	0.009	0.033	0.272	0.041	0.033	0.032	0.037
	岩浆岩	侵入岩	917	0.007	0.016	2.298	0.025	0.018	0.086	0.017
		火山岩	823	0.008	0.020	3.494	0.035	0.023	0.127	0.020
地层细分	古近系和新近系		153	0.011	0.021	0.169	0.032	0.026	0.026	0.027
	白垩系		203	0.009	0.022	0.259	0.032	0.026	0.028	0.025
	侏罗系		411	0.008	0.022	3.494	0.040	0.024	0.180	0.023
	三叠系		32	0.011	0.042	0.268	0.057	0.043	0.050	0.050
	二叠系		275	0.008	0.029	0.160	0.038	0.031	0.024	0.036
	石炭系		353	0.010	0.028	5.817	0.058	0.032	0.310	0.041
	泥盆系		238	0.005	0.030	0.355	0.044	0.033	0.041	0.033
	志留系		81	0.010	0.028	0.213	0.042	0.031	0.039	0.032
	奥陶系		111	0.009	0.031	0.173	0.038	0.031	0.028	0.032
	寒武系		13	0.014	0.023	0.272	0.049	0.030	0.070	0.030
	元古宇		145	0.010	0.024	0.920	0.042	0.028	0.082	0.026
	太古宇		6	0.022	0.028	0.071	0.036	0.033	0.018	0.036
侵入岩细分	酸性岩		736	0.007	0.016	2.298	0.026	0.018	0.096	0.016
	中性岩		110	0.009	0.018	0.194	0.024	0.021	0.019	0.022
	基性岩		58	0.011	0.019	0.152	0.023	0.021	0.019	0.021
	超基性岩		13	0.010	0.021	0.045	0.027	0.024	0.014	0.027
侵入岩期次	燕山期		240	0.010	0.018	0.946	0.027	0.020	0.063	0.018
	海西期		534	0.008	0.016	2.298	0.025	0.018	0.103	0.016
	加里东期		37	0.007	0.016	0.034	0.017	0.016	0.006	0.017
	印支期		29	0.011	0.018	0.130	0.026	0.020	0.028	0.017

续表

统计项	统计项内容	样品数	最小值	中位数	最大值	算术平均值	几何平均值	标准离差	背景值
侵入岩期次	元古宙	57	0.009	0.016	0.050	0.017	0.016	0.009	0.015
	太古宙	1	0.049	0.049	0.049	0.049	0.049		
地层岩性	玄武岩	96	0.008	0.016	0.050	0.019	0.018	0.008	0.017
	安山岩	181	0.008	0.017	0.127	0.022	0.019	0.018	0.018
	流纹岩	206	0.009	0.019	3.494	0.044	0.022	0.243	0.027
	火山碎屑岩	54	0.011	0.021	0.139	0.028	0.024	0.020	0.026
	凝灰岩	260	0.009	0.025	0.436	0.044	0.031	0.058	0.024
	粗面岩	21	0.011	0.019	0.081	0.025	0.021	0.017	0.022
	石英砂岩	8	0.018	0.025	0.109	0.037	0.030	0.030	0.037
	长石石英砂岩	118	0.009	0.023	0.213	0.032	0.025	0.033	0.024
	长石砂岩	108	0.010	0.026	0.920	0.038	0.027	0.087	0.029
	砂岩	396	0.008	0.035	0.210	0.044	0.037	0.030	0.039
	粉砂质泥质岩	31	0.012	0.063	0.101	0.059	0.053	0.024	0.059
	钙质泥质岩	14	0.020	0.054	0.169	0.062	0.055	0.037	0.062
	泥质岩	46	0.010	0.065	0.212	0.075	0.064	0.045	0.072
	石灰岩	66	0.005	0.021	0.084	0.026	0.022	0.017	0.023
	白云岩	20	0.014	0.021	0.033	0.021	0.021	0.005	0.021
	硅质岩	7	0.034	0.065	0.272	0.085	0.064	0.085	0.085
	板岩	119	0.013	0.051	0.268	0.056	0.049	0.033	0.050
	千枚岩	18	0.019	0.040	0.103	0.047	0.042	0.023	0.047
	片岩	97	0.011	0.034	0.176	0.042	0.033	0.032	0.035
	片麻岩	45	0.010	0.019	0.098	0.024	0.021	0.016	0.022
	变粒岩	12	0.011	0.025	0.074	0.031	0.028	0.018	0.031
	斜长角闪岩	12	0.011	0.023	0.040	0.024	0.022	0.009	0.024
	大理岩	42	0.009	0.020	0.040	0.021	0.020	0.006	0.021
	石英岩	21	0.011	0.028	0.087	0.031	0.026	0.020	0.031

表 10-3 华北克拉通岩石中碲元素不同参数基准数据特征统计 （单位：10^{-6}）

统计项	统计项内容		样品数	最小值	中位数	最大值	算术平均值	几何平均值	标准离差	背景值
三大岩类	沉积岩		1061	0.002	0.020	1.267	0.030	0.021	0.050	0.022
	变质岩		361	0.002	0.021	2.723	0.037	0.023	0.145	0.029
	岩浆岩	侵入岩	571	0.002	0.014	0.381	0.018	0.014	0.022	0.014
		火山岩	217	0.006	0.016	0.100	0.019	0.017	0.010	0.017
地层细分	古近系和新近系		86	0.010	0.026	0.258	0.031	0.026	0.028	0.028
	白垩系		166	0.009	0.020	0.094	0.025	0.022	0.015	0.023

续表

统计项	统计项内容	样品数	最小值	中位数	最大值	算术平均值	几何平均值	标准离差	背景值
地层细分	侏罗系	246	0.006	0.018	0.171	0.026	0.021	0.022	0.020
	三叠系	80	0.006	0.026	0.074	0.028	0.024	0.015	0.027
	二叠系	107	0.002	0.022	0.161	0.030	0.024	0.023	0.027
	石炭系	98	0.006	0.031	1.267	0.064	0.035	0.135	0.051
	泥盆系	1	0.047	0.047	0.047	0.047	0.047		
	志留系	12	0.009	0.031	0.094	0.039	0.030	0.028	0.039
	奥陶系	139	0.003	0.011	0.397	0.019	0.012	0.039	0.013
	寒武系	177	0.005	0.017	0.111	0.023	0.019	0.017	0.023
	元古宇	303	0.002	0.018	0.448	0.027	0.020	0.035	0.020
	太古宇	196	0.004	0.020	2.723	0.042	0.022	0.195	0.028
侵入岩细分	酸性岩	413	0.002	0.014	0.122	0.014	0.012	0.010	0.013
	中性岩	93	0.004	0.015	0.182	0.021	0.016	0.024	0.016
	基性岩	51	0.007	0.021	0.381	0.032	0.023	0.055	0.025
	超基性岩	14	0.012	0.031	0.100	0.034	0.030	0.021	0.029
侵入岩期次	燕山期	201	0.002	0.013	0.182	0.016	0.012	0.020	0.012
	海西期	132	0.007	0.017	0.381	0.020	0.017	0.033	0.018
	加里东期	20	0.009	0.019	0.037	0.019	0.018	0.007	0.019
	印支期	39	0.002	0.016	0.100	0.021	0.017	0.017	0.019
	元古宙	75	0.002	0.013	0.122	0.017	0.013	0.016	0.015
	太古宙	91	0.004	0.012	0.100	0.016	0.013	0.013	0.015
地层岩性	玄武岩	40	0.010	0.020	0.030	0.020	0.019	0.005	0.020
	安山岩	64	0.009	0.015	0.053	0.017	0.016	0.007	0.015
	流纹岩	53	0.010	0.016	0.100	0.021	0.018	0.015	0.019
	火山碎屑岩	14	0.010	0.015	0.036	0.016	0.015	0.008	0.016
	凝灰岩	30	0.006	0.016	0.059	0.018	0.016	0.010	0.016
	粗面岩	15	0.013	0.019	0.040	0.020	0.019	0.007	0.020
	石英砂岩	45	0.004	0.010	0.045	0.013	0.011	0.008	0.012
	长石石英砂岩	103	0.005	0.016	0.059	0.019	0.017	0.010	0.016
	长石砂岩	54	0.005	0.019	0.197	0.023	0.019	0.025	0.020
	砂岩	302	0.006	0.025	1.267	0.032	0.025	0.073	0.028
	粉砂质泥质岩	25	0.030	0.051	0.103	0.050	0.048	0.015	0.048
	钙质泥质岩	32	0.010	0.042	0.105	0.043	0.038	0.021	0.041
	泥质岩	138	0.007	0.046	0.371	0.062	0.047	0.054	0.047
	石灰岩	229	0.002	0.011	0.397	0.015	0.012	0.027	0.013
	白云岩	120	0.005	0.022	0.448	0.027	0.021	0.043	0.021

续表

统计项	统计项内容	样品数	最小值	中位数	最大值	算术平均值	几何平均值	标准离差	背景值
地层岩性	硅质岩	5	0.010	0.014	0.060	0.022	0.016	0.022	0.022
	板岩	18	0.011	0.043	0.137	0.055	0.043	0.040	0.055
	千枚岩	11	0.017	0.030	0.065	0.035	0.032	0.016	0.035
	片岩	49	0.011	0.040	2.723	0.098	0.039	0.384	0.043
	片麻岩	122	0.004	0.018	0.112	0.023	0.019	0.018	0.019
	变粒岩	66	0.008	0.019	0.388	0.032	0.023	0.049	0.026
	麻粒岩	4	0.016	0.024	0.054	0.030	0.027	0.017	0.030
	斜长角闪岩	42	0.008	0.024	0.170	0.027	0.023	0.025	0.024
	大理岩	26	0.007	0.016	0.030	0.016	0.015	0.006	0.016
	石英岩	18	0.002	0.016	0.093	0.020	0.014	0.021	0.016

表 10-4　秦祁昆造山带岩石中碲元素不同参数基准数据特征统计（单位：10^{-6}）

统计项	统计项内容		样品数	最小值	中位数	最大值	算术平均值	几何平均值	标准离差	背景值
三大岩类	沉积岩		510	0.002	0.027	0.387	0.032	0.026	0.030	0.028
	变质岩		393	0.005	0.036	0.327	0.046	0.036	0.038	0.041
	岩浆岩	侵入岩	339	0.002	0.017	0.240	0.020	0.016	0.019	0.017
		火山岩	72	0.010	0.020	0.106	0.028	0.023	0.022	0.020
地层细分	古近系和新近系		61	0.017	0.032	0.125	0.038	0.035	0.020	0.037
	白垩系		85	0.010	0.031	0.072	0.033	0.030	0.014	0.033
	侏罗系		46	0.009	0.027	0.138	0.036	0.029	0.025	0.033
	三叠系		103	0.003	0.030	0.117	0.036	0.031	0.022	0.032
	二叠系		54	0.005	0.023	0.197	0.034	0.027	0.030	0.031
	石炭系		89	0.002	0.021	0.355	0.036	0.024	0.047	0.027
	泥盆系		92	0.003	0.033	0.108	0.038	0.030	0.024	0.038
	志留系		67	0.015	0.038	0.387	0.054	0.043	0.052	0.049
	奥陶系		65	0.010	0.033	0.136	0.039	0.032	0.026	0.037
	寒武系		59	0.008	0.028	0.316	0.046	0.032	0.049	0.041
	元古宇		164	0.007	0.028	0.327	0.038	0.029	0.039	0.029
	太古宇		29	0.005	0.017	0.054	0.021	0.017	0.013	0.021
侵入岩细分	酸性岩		244	0.004	0.016	0.240	0.020	0.016	0.021	0.016
	中性岩		61	0.002	0.015	0.058	0.017	0.014	0.011	0.014
	基性岩		25	0.007	0.025	0.042	0.025	0.023	0.009	0.025
	超基性岩		9	0.009	0.020	0.102	0.029	0.022	0.028	0.029

统计项	统计项内容	样品数	最小值	中位数	最大值	算术平均值	几何平均值	标准离差	背景值
侵入岩期次	喜马拉雅期	1	0.015	0.015	0.015	0.015	0.015		
	燕山期	70	0.004	0.013	0.057	0.015	0.012	0.010	0.014
	海西期	62	0.007	0.017	0.059	0.019	0.017	0.009	0.017
	加里东期	91	0.004	0.018	0.102	0.020	0.018	0.014	0.017
	印支期	62	0.002	0.015	0.046	0.017	0.014	0.009	0.016
	元古宙	43	0.007	0.022	0.240	0.034	0.023	0.044	0.023
	太古宙	4	0.015	0.025	0.030	0.024	0.023	0.008	0.024
地层岩性	玄武岩	11	0.015	0.021	0.101	0.035	0.028	0.030	0.035
	安山岩	15	0.012	0.020	0.073	0.023	0.020	0.015	0.019
	流纹岩	24	0.010	0.020	0.078	0.026	0.022	0.019	0.026
	火山碎屑岩	6	0.016	0.025	0.106	0.041	0.032	0.035	0.041
	凝灰岩	14	0.012	0.020	0.068	0.028	0.024	0.019	0.028
	粗面岩	2	0.014	0.020	0.026	0.020	0.019	0.008	0.020
	石英砂岩	14	0.016	0.019	0.027	0.020	0.020	0.005	0.020
	长石石英砂岩	98	0.010	0.022	0.072	0.024	0.023	0.010	0.023
	长石砂岩	23	0.010	0.028	0.050	0.030	0.028	0.011	0.030
	砂岩	202	0.007	0.032	0.387	0.038	0.033	0.030	0.036
	粉砂质泥质岩	8	0.029	0.042	0.115	0.049	0.045	0.028	0.049
	钙质泥质岩	14	0.025	0.060	0.138	0.066	0.061	0.031	0.066
	泥质岩	25	0.009	0.054	0.204	0.060	0.049	0.039	0.054
	石灰岩	89	0.002	0.015	0.355	0.022	0.015	0.040	0.015
	白云岩	32	0.012	0.020	0.041	0.022	0.021	0.007	0.022
	泥灰岩	5	0.012	0.030	0.042	0.028	0.026	0.012	0.028
	硅质岩	9	0.016	0.068	0.092	0.056	0.047	0.031	0.056
	板岩	87	0.021	0.056	0.197	0.061	0.054	0.030	0.059
	千枚岩	47	0.017	0.045	0.316	0.056	0.047	0.046	0.050
	片岩	103	0.010	0.040	0.247	0.050	0.042	0.035	0.046
	片麻岩	79	0.005	0.021	0.198	0.029	0.021	0.031	0.022
	变粒岩	16	0.012	0.026	0.138	0.043	0.032	0.039	0.043
	斜长角闪岩	18	0.016	0.027	0.064	0.031	0.029	0.013	0.031
	大理岩	21	0.008	0.017	0.056	0.019	0.017	0.010	0.017
	石英岩	11	0.014	0.025	0.327	0.053	0.030	0.091	0.053

表 10-5 扬子克拉通岩石中碲元素不同参数基准数据特征统计 （单位：10^{-6}）

统计项	统计项内容		样品数	最小值	中位数	最大值	算术平均值	几何平均值	标准离差	背景值
三大岩类	沉积岩		1716	0.0001	0.026	0.746	0.035	0.025	0.040	0.030
	变质岩		139	0.003	0.046	0.172	0.048	0.040	0.029	0.045
	岩浆岩	侵入岩	123	0.004	0.018	0.270	0.024	0.021	0.026	0.019
		火山岩	105	0.003	0.024	8.120	0.114	0.027	0.794	0.037
地层细分	古近系和新近系		27	0.016	0.038	0.074	0.039	0.036	0.014	0.039
	白垩系		123	0.011	0.035	0.178	0.041	0.036	0.022	0.038
	侏罗系		236	0.008	0.036	8.120	0.080	0.038	0.529	0.045
	三叠系		385	0.003	0.020	0.275	0.029	0.021	0.028	0.024
	二叠系		237	0.0001	0.019	0.746	0.040	0.020	0.080	0.016
	石炭系		73	0.003	0.015	0.100	0.022	0.016	0.019	0.021
	泥盆系		98	0.005	0.022	0.187	0.032	0.024	0.029	0.026
	志留系		147	0.005	0.045	0.384	0.052	0.041	0.047	0.044
	奥陶系		148	0.004	0.026	0.213	0.035	0.025	0.036	0.027
	寒武系		193	0.005	0.021	0.242	0.029	0.022	0.031	0.023
	元古宇		305	0.003	0.035	0.373	0.039	0.031	0.031	0.035
	太古宇		3	0.019	0.020	0.028	0.022	0.022	0.005	0.022
侵入岩细分	酸性岩		96	0.004	0.018	0.270	0.025	0.021	0.029	0.019
	中性岩		15	0.007	0.017	0.048	0.020	0.018	0.010	0.020
	基性岩		11	0.013	0.024	0.042	0.024	0.023	0.007	0.024
	超基性岩		1	0.017	0.017	0.017	0.017	0.017		
侵入岩期次	燕山期		47	0.013	0.018	0.270	0.026	0.021	0.038	0.021
	海西期		3	0.017	0.019	0.021	0.019	0.019	0.002	0.019
	加里东期		5	0.015	0.018	0.029	0.020	0.020	0.006	0.020
	印支期		17	0.013	0.016	0.127	0.025	0.020	0.027	0.019
	元古宙		44	0.004	0.021	0.066	0.023	0.021	0.011	0.022
	太古宙		1	0.028	0.028	0.028	0.028	0.028		
地层岩性	玄武岩		47	0.003	0.022	0.028	0.022	0.021	0.004	0.022
	安山岩		5	0.020	0.045	0.066	0.040	0.036	0.019	0.040
	流纹岩		14	0.013	0.029	8.120	0.618	0.043	2.160	0.041
	火山碎屑岩		6	0.019	0.025	0.038	0.026	0.026	0.007	0.026
	凝灰岩		30	0.015	0.025	0.960	0.062	0.030	0.171	0.031
	粗面岩		2	0.019	0.038	0.057	0.038	0.033	0.027	0.038
	石英砂岩		55	0.010	0.020	0.516	0.033	0.022	0.071	0.024
	长石石英砂岩		162	0.003	0.027	0.444	0.036	0.029	0.040	0.028

续表

统计项	统计项内容	样品数	最小值	中位数	最大值	算术平均值	几何平均值	标准离差	背景值
地层岩性	长石砂岩	108	0.011	0.037	0.191	0.042	0.038	0.025	0.038
	砂岩	359	0.008	0.037	0.178	0.040	0.036	0.019	0.039
	粉砂质泥质岩	7	0.051	0.064	0.077	0.065	0.064	0.008	0.065
	钙质泥质岩	70	0.013	0.057	0.384	0.063	0.056	0.044	0.058
	泥质岩	277	0.010	0.051	0.746	0.061	0.050	0.059	0.052
	石灰岩	461	0.0001	0.012	0.242	0.017	0.012	0.026	0.012
	白云岩	194	0.005	0.017	0.068	0.018	0.016	0.008	0.017
	泥灰岩	23	0.014	0.026	0.355	0.044	0.028	0.071	0.029
	硅质岩	18	0.009	0.030	0.172	0.045	0.034	0.040	0.038
	板岩	73	0.005	0.049	0.116	0.052	0.047	0.022	0.052
	千枚岩	20	0.015	0.039	0.091	0.044	0.040	0.019	0.044
	片岩	18	0.003	0.029	0.135	0.046	0.029	0.041	0.046
	片麻岩	4	0.017	0.020	0.048	0.026	0.024	0.015	0.026
	变粒岩	2	0.017	0.049	0.081	0.049	0.037	0.045	0.049
	斜长角闪岩	2	0.028	0.033	0.038	0.033	0.033	0.007	0.033
	大理岩	1	0.007	0.007	0.007	0.007	0.007		
	石英岩	1	0.130	0.130	0.130	0.130	0.130		

表 10-6　华南造山带岩石中碲元素不同参数基准数据特征统计　（单位：10^{-6}）

统计项	统计项内容		样品数	最小值	中位数	最大值	算术平均值	几何平均值	标准离差	背景值
三大岩类	沉积岩		1016	0.002	0.028	0.616	0.038	0.029	0.044	0.031
	变质岩		172	0.008	0.037	0.397	0.055	0.041	0.058	0.037
	岩浆岩	侵入岩	416	0.012	0.019	3.748	0.037	0.021	0.195	0.018
		火山岩	147	0.014	0.020	0.392	0.028	0.023	0.036	0.021
地层细分	古近系和新近系		39	0.014	0.024	0.085	0.031	0.027	0.017	0.029
	白垩系		155	0.015	0.032	0.161	0.038	0.034	0.022	0.034
	侏罗系		203	0.014	0.022	0.616	0.036	0.027	0.055	0.024
	三叠系		139	0.002	0.038	0.155	0.041	0.031	0.029	0.039
	二叠系		71	0.003	0.021	0.534	0.053	0.024	0.086	0.046
	石炭系		120	0.002	0.020	0.103	0.026	0.021	0.020	0.020
	泥盆系		216	0.005	0.027	0.600	0.044	0.029	0.069	0.029
	志留系		32	0.019	0.038	0.117	0.043	0.039	0.021	0.041
	奥陶系		57	0.008	0.032	0.217	0.042	0.034	0.035	0.039
	寒武系		145	0.005	0.026	0.175	0.034	0.028	0.024	0.031

续表

统计项	统计项内容	样品数	最小值	中位数	最大值	算术平均值	几何平均值	标准离差	背景值
地层细分	元古宇	132	0.012	0.040	0.317	0.051	0.041	0.047	0.039
	太古宇	3	0.015	0.024	0.056	0.032	0.028	0.022	0.032
侵入岩细分	酸性岩	388	0.012	0.018	3.748	0.035	0.021	0.193	0.025
	中性岩	22	0.014	0.020	1.206	0.073	0.023	0.253	0.019
	基性岩	5	0.017	0.021	0.066	0.029	0.025	0.021	0.029
	超基性岩	1	0.022	0.022	0.022	0.022	0.022		
侵入岩期次	燕山期	273	0.012	0.018	1.206	0.029	0.021	0.080	0.018
	海西期	19	0.014	0.019	0.031	0.020	0.020	0.005	0.020
	加里东期	48	0.015	0.019	0.149	0.025	0.021	0.023	0.018
	印支期	57	0.014	0.019	3.748	0.094	0.023	0.496	0.029
	元古宙	6	0.014	0.018	0.037	0.021	0.019	0.009	0.021
地层岩性	玄武岩	20	0.014	0.018	0.038	0.020	0.019	0.006	0.019
	安山岩	2	0.016	0.018	0.020	0.018	0.018	0.003	0.018
	流纹岩	46	0.014	0.020	0.392	0.035	0.024	0.061	0.028
	火山碎屑岩	1	0.027	0.027	0.027	0.027	0.027		
	凝灰岩	77	0.014	0.021	0.106	0.026	0.024	0.014	0.025
	石英砂岩	62	0.014	0.021	0.094	0.024	0.022	0.012	0.023
	长石石英砂岩	202	0.015	0.025	0.600	0.034	0.028	0.048	0.026
	长石砂岩	95	0.015	0.031	0.171	0.040	0.035	0.025	0.035
	砂岩	215	0.015	0.037	0.616	0.047	0.038	0.060	0.037
	粉砂质泥质岩	7	0.028	0.039	0.230	0.066	0.048	0.073	0.066
	钙质泥质岩	12	0.039	0.050	0.075	0.054	0.053	0.013	0.054
	泥质岩	170	0.017	0.061	0.576	0.064	0.058	0.046	0.061
	石灰岩	207	0.002	0.016	0.055	0.015	0.013	0.009	0.014
	白云岩	42	0.007	0.016	0.033	0.018	0.016	0.007	0.018
	泥灰岩	4	0.027	0.054	0.094	0.057	0.051	0.029	0.057
	硅质岩	22	0.008	0.059	0.397	0.099	0.059	0.101	0.099
	板岩	57	0.019	0.043	0.317	0.059	0.048	0.054	0.043
	千枚岩	18	0.022	0.052	0.304	0.072	0.058	0.063	0.059
	片岩	38	0.015	0.034	0.116	0.038	0.034	0.021	0.036
	片麻岩	12	0.015	0.020	0.056	0.029	0.026	0.017	0.029
	变粒岩	16	0.010	0.022	0.059	0.027	0.024	0.014	0.027
	斜长角闪岩	2	0.018	0.020	0.022	0.020	0.020	0.003	0.020
	石英岩	7	0.017	0.029	0.218	0.052	0.032	0.073	0.052

表 10-7　塔里木克拉通岩石中碲元素不同参数基准数据特征统计　（单位：10^{-6}）

统计项	统计项内容		样品数	最小值	中位数	最大值	算术平均值	几何平均值	标准离差	背景值
三大岩类	沉积岩		160	0.012	0.026	0.124	0.033	0.028	0.020	0.029
	变质岩		42	0.009	0.018	0.111	0.025	0.022	0.018	0.023
	岩浆岩	侵入岩	34	0.010	0.016	0.038	0.017	0.016	0.006	0.016
		火山岩	2	0.014	0.035	0.055	0.035	0.028	0.029	0.035
地层细分	古近系和新近系		29	0.020	0.034	0.064	0.036	0.034	0.012	0.036
	白垩系		11	0.020	0.034	0.100	0.039	0.035	0.023	0.039
	侏罗系		18	0.013	0.035	0.086	0.036	0.032	0.020	0.036
	三叠系		3	0.016	0.034	0.037	0.029	0.027	0.011	0.029
	二叠系		12	0.014	0.027	0.052	0.027	0.026	0.009	0.027
	石炭系		19	0.013	0.017	0.069	0.021	0.019	0.015	0.019
	泥盆系		18	0.018	0.026	0.121	0.033	0.029	0.024	0.028
	志留系		10	0.018	0.054	0.124	0.058	0.051	0.030	0.058
	奥陶系		10	0.015	0.022	0.073	0.030	0.026	0.019	0.030
	寒武系		17	0.012	0.016	0.085	0.026	0.021	0.022	0.026
	元古宇		26	0.009	0.020	0.063	0.025	0.022	0.015	0.025
	太古宇		6	0.014	0.017	0.023	0.017	0.017	0.003	0.017
侵入岩细分	酸性岩		30	0.010	0.015	0.038	0.016	0.016	0.006	0.016
	中性岩		2	0.017	0.022	0.027	0.022	0.021	0.007	0.022
	基性岩		2	0.016	0.017	0.017	0.017	0.016	0.001	0.017
侵入岩期次	海西期		16	0.011	0.015	0.038	0.017	0.016	0.007	0.016
	加里东期		4	0.012	0.014	0.018	0.015	0.014	0.003	0.015
	元古宙		11	0.010	0.016	0.027	0.017	0.016	0.005	0.017
	太古宙		2	0.012	0.014	0.017	0.014	0.014	0.003	0.014
地层岩性	玄武岩		1	0.014	0.014	0.014	0.014	0.014		
	流纹岩		1	0.055	0.055	0.055	0.055	0.055		
	石英砂岩		2	0.013	0.016	0.018	0.016	0.015	0.004	0.016
	长石石英砂岩		26	0.018	0.029	0.124	0.034	0.030	0.021	0.030
	长石砂岩		3	0.016	0.020	0.034	0.023	0.022	0.009	0.023
	砂岩		62	0.019	0.034	0.121	0.040	0.036	0.021	0.039
	钙质泥质岩		7	0.042	0.051	0.100	0.057	0.055	0.020	0.057
	泥质岩		2	0.035	0.060	0.085	0.060	0.055	0.035	0.060
	石灰岩		50	0.012	0.018	0.052	0.020	0.019	0.008	0.018
	白云岩		2	0.020	0.021	0.021	0.021	0.020	0.001	0.021
	冰碛岩		5	0.023	0.035	0.041	0.034	0.034	0.007	0.034

续表

统计项	统计项内容	样品数	最小值	中位数	最大值	算术平均值	几何平均值	标准离差	背景值
地层岩性	千枚岩	1	0.053	0.053	0.053	0.053	0.053		
	片岩	11	0.010	0.023	0.063	0.030	0.026	0.016	0.030
	片麻岩	12	0.009	0.017	0.111	0.026	0.020	0.028	0.018
	斜长角闪岩	7	0.018	0.026	0.050	0.029	0.027	0.011	0.029
	大理岩	10	0.012	0.017	0.025	0.017	0.016	0.003	0.017
	石英岩	1	0.012	0.012	0.012	0.012	0.012		

表 10-8　松潘–甘孜造山带岩石中碲元素不同参数基准数据特征统计（单位：10^{-6}）

统计项	统计项内容		样品数	最小值	中位数	最大值	算术平均值	几何平均值	标准离差	背景值
三大岩类	沉积岩		237	0.003	0.028	0.178	0.031	0.026	0.020	0.028
	变质岩		189	0.004	0.050	0.328	0.057	0.045	0.045	0.050
	岩浆岩	侵入岩	69	0.007	0.016	0.153	0.021	0.018	0.019	0.019
		火山岩	20	0.014	0.025	0.048	0.027	0.025	0.010	0.027
地层细分	古近系和新近系		18	0.008	0.036	0.066	0.034	0.027	0.019	0.034
	白垩系		1	0.021	0.021	0.021	0.021	0.021		
	侏罗系		3	0.016	0.028	0.033	0.025	0.024	0.008	0.025
	三叠系		258	0.005	0.037	0.150	0.043	0.037	0.026	0.041
	二叠系		37	0.003	0.028	0.328	0.042	0.029	0.054	0.034
	石炭系		10	0.007	0.022	0.042	0.022	0.019	0.010	0.022
	泥盆系		27	0.007	0.032	0.076	0.033	0.027	0.020	0.033
	志留系		33	0.005	0.028	0.247	0.039	0.026	0.043	0.032
	奥陶系		8	0.008	0.021	0.044	0.023	0.020	0.012	0.023
	寒武系		12	0.010	0.038	0.249	0.065	0.039	0.077	0.065
	元古宇		34	0.004	0.034	0.326	0.050	0.035	0.059	0.042
侵入岩细分	酸性岩		48	0.011	0.016	0.047	0.018	0.017	0.007	0.016
	中性岩		15	0.010	0.018	0.153	0.030	0.022	0.036	0.021
	基性岩		1	0.043	0.043	0.043	0.043	0.043		
	超基性岩		5	0.007	0.021	0.025	0.017	0.015	0.008	0.017
侵入岩期次	燕山期		25	0.010	0.016	0.153	0.021	0.017	0.028	0.016
	海西期		8	0.007	0.019	0.064	0.025	0.019	0.020	0.025
	印支期		19	0.014	0.016	0.030	0.018	0.018	0.004	0.018
	元古宙		12	0.011	0.019	0.047	0.024	0.022	0.012	0.024
	太古宙		1	0.021	0.021	0.021	0.021	0.021		
地层岩性	玄武岩		7	0.015	0.028	0.034	0.025	0.024	0.006	0.025
	安山岩		1	0.020	0.020	0.020	0.020	0.020		

统计项	统计项内容	样品数	最小值	中位数	最大值	算术平均值	几何平均值	标准离差	背景值
地层岩性	流纹岩	7	0.014	0.033	0.048	0.031	0.028	0.015	0.031
	凝灰岩	3	0.022	0.027	0.035	0.028	0.027	0.006	0.028
	粗面岩	2	0.015	0.018	0.021	0.018	0.018	0.004	0.018
	石英砂岩	2	0.015	0.016	0.018	0.016	0.016	0.002	0.016
	长石石英砂岩	29	0.008	0.026	0.084	0.030	0.026	0.018	0.028
	长石砂岩	20	0.021	0.033	0.178	0.042	0.036	0.035	0.035
	砂岩	129	0.008	0.032	0.104	0.034	0.031	0.016	0.033
	粉砂质泥质岩	4	0.006	0.025	0.070	0.031	0.021	0.029	0.031
	钙质泥质岩	3	0.008	0.025	0.075	0.036	0.025	0.035	0.036
	泥质岩	4	0.047	0.072	0.089	0.070	0.068	0.020	0.070
	石灰岩	35	0.003	0.016	0.053	0.018	0.015	0.012	0.017
	白云岩	11	0.007	0.012	0.023	0.014	0.013	0.004	0.014
	硅质岩	2	0.010	0.035	0.059	0.035	0.025	0.035	0.035
	板岩	118	0.004	0.055	0.328	0.061	0.051	0.040	0.055
	千枚岩	29	0.015	0.054	0.247	0.065	0.054	0.049	0.058
	片岩	29	0.007	0.028	0.326	0.044	0.029	0.060	0.034
	片麻岩	2	0.020	0.037	0.054	0.037	0.033	0.024	0.037
	变粒岩	3	0.026	0.027	0.088	0.047	0.040	0.035	0.047
	大理岩	5	0.007	0.010	0.022	0.012	0.011	0.006	0.012
	石英岩	1	0.137	0.137	0.137	0.137	0.137		

表 10-9　西藏–三江造山带岩石中碲元素不同参数基准数据特征统计（单位：10^{-6}）

统计项	统计项内容		样品数	最小值	中位数	最大值	算术平均值	几何平均值	标准离差	背景值
三大岩类	沉积岩		702	0.005	0.029	0.704	0.041	0.030	0.055	0.032
	变质岩		139	0.0003	0.029	0.293	0.040	0.029	0.040	0.031
	岩浆岩	侵入岩	165	0.005	0.020	0.198	0.027	0.023	0.023	0.021
		火山岩	81	0.014	0.022	0.483	0.037	0.027	0.056	0.031
地层细分	古近系和新近系		115	0.010	0.027	0.483	0.039	0.030	0.052	0.028
	白垩系		142	0.014	0.029	0.221	0.039	0.031	0.031	0.033
	侏罗系		199	0.010	0.031	0.293	0.044	0.035	0.039	0.039
	三叠系		142	0.005	0.031	0.330	0.040	0.031	0.037	0.035
	二叠系		80	0.005	0.025	0.144	0.031	0.025	0.023	0.030
	石炭系		107	0.005	0.023	0.704	0.044	0.027	0.082	0.025
	泥盆系		23	0.007	0.033	0.119	0.034	0.029	0.022	0.030
	志留系		8	0.030	0.060	0.098	0.061	0.056	0.025	0.061

续表

统计项	统计项内容	样品数	最小值	中位数	最大值	算术平均值	几何平均值	标准离差	背景值
地层细分	奥陶系	9	0.017	0.031	0.694	0.107	0.044	0.220	0.107
	寒武系	16	0.005	0.023	0.039	0.021	0.018	0.012	0.021
	元古宇	36	0.008	0.018	0.250	0.033	0.023	0.043	0.027
	太古宇	1	0.031	0.031	0.031	0.031	0.031		
侵入岩细分	酸性岩	122	0.005	0.018	0.198	0.025	0.021	0.023	0.019
	中性岩	22	0.013	0.022	0.155	0.036	0.028	0.032	0.030
	基性岩	11	0.015	0.029	0.069	0.034	0.031	0.017	0.034
	超基性岩	10	0.019	0.028	0.034	0.026	0.026	0.004	0.026
侵入岩期次	喜马拉雅期	26	0.012	0.024	0.123	0.035	0.029	0.026	0.031
	燕山期	107	0.005	0.018	0.198	0.027	0.022	0.025	0.022
	海西期	4	0.018	0.021	0.042	0.025	0.024	0.011	0.025
	加里东期	6	0.013	0.020	0.029	0.020	0.019	0.006	0.020
	印支期	14	0.013	0.023	0.034	0.023	0.022	0.005	0.023
	元古宙	5	0.010	0.023	0.048	0.024	0.020	0.015	0.024
地层岩性	玄武岩	16	0.018	0.021	0.055	0.024	0.023	0.009	0.022
	安山岩	11	0.015	0.020	0.145	0.031	0.023	0.038	0.031
	流纹岩	27	0.014	0.022	0.483	0.043	0.026	0.089	0.026
	火山碎屑岩	7	0.015	0.020	0.039	0.024	0.022	0.009	0.024
	凝灰岩	18	0.015	0.033	0.133	0.051	0.039	0.038	0.051
	粗面岩	1	0.018	0.018	0.018	0.018	0.018		
	石英砂岩	33	0.007	0.023	0.079	0.025	0.023	0.013	0.024
	长石石英砂岩	150	0.008	0.028	0.262	0.032	0.028	0.028	0.028
	长石砂岩	47	0.013	0.023	0.666	0.051	0.030	0.103	0.038
	砂岩	179	0.010	0.041	0.704	0.048	0.039	0.055	0.042
	粉砂质泥质岩	24	0.018	0.059	0.169	0.066	0.058	0.035	0.066
	钙质泥质岩	22	0.014	0.053	0.141	0.052	0.044	0.031	0.052
	泥质岩	50	0.016	0.054	0.267	0.061	0.052	0.040	0.057
	石灰岩	173	0.005	0.018	0.694	0.032	0.021	0.066	0.018
	白云岩	20	0.007	0.016	0.047	0.019	0.016	0.011	0.019
	泥灰岩	4	0.040	0.067	0.090	0.066	0.063	0.024	0.066
	硅质岩	5	0.021	0.038	0.075	0.041	0.037	0.021	0.041
	板岩	53	0.016	0.039	0.293	0.047	0.038	0.041	0.042
	千枚岩	6	0.013	0.044	0.221	0.068	0.044	0.077	0.068

续表

统计项	统计项内容	样品数	最小值	中位数	最大值	算术平均值	几何平均值	标准离差	背景值
地层岩性	片岩	35	0.008	0.025	0.106	0.038	0.031	0.028	0.038
	片麻岩	13	0.005	0.026	0.044	0.024	0.020	0.013	0.024
	变粒岩	4	0.020	0.024	0.038	0.026	0.025	0.008	0.026
	斜长角闪岩	5	0.005	0.028	0.046	0.025	0.019	0.016	0.025
	大理岩	3	0.007	0.007	0.114	0.043	0.018	0.062	0.043
	石英岩	15	0.0003	0.015	0.250	0.033	0.015	0.061	0.018

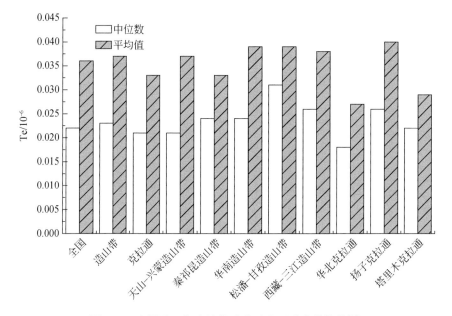

图 10-1 全国及一级大地构造单元岩石碲含量柱状图

（1）在天山-兴蒙造山带中分布：碲在变质岩中含量最高，沉积岩、火山岩、侵入岩依次降低；侵入岩碲含量从超基性岩到酸性岩依次降低；侵入岩太古宇碲含量最高；地层中三叠系碲含量最高，古近系和新近系最低；地层岩性中硅质岩碲含量最高，玄武岩碲含量最低。

（2）在秦祁昆造山带中分布：碲在变质岩中含量最高，沉积岩、火山岩、侵入岩依次降低；侵入岩碲含量基性岩最高，中性岩最低；侵入岩太古宇碲含量最高；地层中志留系碲含量最高，太古宇最低；地层岩性中硅质岩碲含量最高，石灰岩、白云岩含量最低。

（3）在华南造山带中分布：碲在变质岩中含量最高，沉积岩、火山岩、侵入岩依次降低；侵入岩碲含量从超基性岩到酸性岩依次降低；地层中元古宇碲含量最高，石炭系最低；地层岩性中泥质岩碲含量最高，碳酸盐岩（石灰岩和白云岩）碲含量最低。

（4）在松潘-甘孜造山带中分布：碲在变质岩中含量最高，沉积岩、火山岩、侵入岩依次降低；侵入岩碲含量基性岩最高，酸性岩最低；侵入岩太古宇碲含量最高；地层中寒武系碲含量最高，白垩系最低；地层岩性中石英岩碲含量最高，大理岩碲含量最低。

（5）在西藏-三江造山带中分布：碲在变质岩和沉积岩中含量最高，火山岩、侵入岩依次降低；侵入岩碲含量基性岩最高，酸性岩最低；侵入岩喜马拉雅期碲含量最高；地层中志留系碲含量最高，元古宇最低；地层岩性中泥灰岩碲含量最高，大理岩碲含量最低。

（6）在华北克拉通中分布：碲在变质岩中含量最高，沉积岩、火山岩、侵入岩依次降低；侵入岩碲含量从超基性岩到酸性岩依次降低；侵入岩加里东期碲含量最高；地层中泥盆系碲含量最高，奥陶系最低；地层岩性中粉砂质泥质岩碲含量最高，石英砂岩碲含量最低。

（7）在扬子克拉通中分布：碲在变质岩中含量最高，沉积岩、火山岩、侵入岩依次降低；侵入岩碲含量基性岩最高，中性岩最低；侵入岩太古宇碲含量最高；地层中志留系碲含量最高，石炭系最低；地层岩性中石英岩碲含量最高，大理岩碲含量最低。

（8）在塔里木克拉通中分布：碲在火山岩中含量最高，沉积岩、变质岩、侵入岩依次降低；侵入岩碲含量中性岩最高，酸性岩最低；侵入岩元古宇碲含量最高；地层中志留系碲含量最高，寒武系最低；地层岩性中泥质岩碲含量最高，石英岩碲含量最低。

第二节　中国土壤碲元素含量特征

一、中国土壤碲元素含量总体特征

中国表层和深层土壤中的碲含量近似呈对数正态分布，但有少量离群值存在（图 10-2）；碲元素表层样品和深层样品 95%（2.5%～97.5%）的数据分别变化于 $0.019 \times 10^{-6} \sim 0.096 \times 10^{-6}$ 和 $0.017 \times 10^{-6} \sim 0.095 \times 10^{-6}$，基准值（中位数）分别为 0.041×10^{-6} 和 0.040×10^{-6}；表层和深层样品的低背景基线值（下四分位数）分别为 0.032×10^{-6} 和 0.030×10^{-6}，高背景基线值（上四分位数）分别为 0.053×10^{-6} 和 0.052×10^{-6}；低背景值远高于中国东部地壳克拉克值。

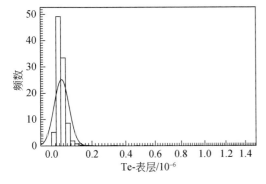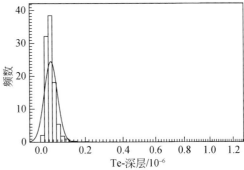

图 10-2　中国土壤碲直方图

二、中国不同大地构造单元土壤碲元素含量

碲元素含量在八个一级大地构造单元内的统计参数见表 10-10 和图 10-3。表层土壤中位数排序：扬子克拉通＞华南造山带＞松潘-甘孜造山带＞秦祁昆造山带＞全国＞天山-兴蒙造山带＞西藏-三江造山带＞华北克拉通＞塔里木克拉通。深层土壤中位数排序：华南造山带＞扬子克拉通＞松潘-甘孜造山带＞秦祁昆造山带＞全国＞天山-兴蒙造山带＞西藏-三江造山带＞华北克拉通＞塔里木克拉通。

表 10-10　中国一级大地构造单元土壤碲基准值数据特征　　（单位：10^{-6}）

类型	层位	样品数	最小值	25% 低背景	50% 中位数	75% 高背景	85% 异常下限	最大值	算术 平均值	几何 平均值
全国	表层	3382	0.011	0.032	0.041	0.053	0.062	1.289	0.047	0.042
	深层	3380	0.007	0.030	0.040	0.052	0.060	1.013	0.044	0.040
造山带	表层	2160	0.011	0.032	0.042	0.054	0.063	1.289	0.048	0.042
	深层	2158	0.010	0.031	0.040	0.053	0.062	1.013	0.046	0.041
克拉通	表层	1222	0.012	0.032	0.040	0.051	0.059	0.547	0.044	0.040
	深层	1222	0.007	0.028	0.038	0.050	0.058	0.635	0.042	0.038
天山-兴蒙造山带	表层	909	0.011	0.031	0.040	0.050	0.057	0.153	0.042	0.039
	深层	907	0.010	0.029	0.038	0.049	0.054	0.173	0.040	0.037
华北克拉通	表层	613	0.012	0.030	0.037	0.045	0.050	0.547	0.040	0.037
	深层	613	0.007	0.026	0.034	0.044	0.049	0.635	0.037	0.034
塔里木克拉通	表层	209	0.016	0.026	0.032	0.039	0.043	0.074	0.034	0.032
	深层	209	0.016	0.025	0.029	0.037	0.042	0.074	0.032	0.030
秦祁昆造山带	表层	350	0.011	0.033	0.041	0.050	0.056	0.929	0.048	0.041
	深层	350	0.016	0.033	0.040	0.049	0.055	1.013	0.045	0.040
松潘-甘孜造山带	表层	202	0.016	0.038	0.046	0.055	0.063	0.333	0.050	0.046
	深层	202	0.016	0.037	0.046	0.056	0.063	0.333	0.050	0.046
西藏-三江造山带	表层	349	0.013	0.029	0.039	0.056	0.067	0.345	0.047	0.040
	深层	349	0.010	0.027	0.038	0.053	0.066	0.298	0.045	0.039
扬子克拉通	表层	399	0.016	0.043	0.052	0.063	0.071	0.397	0.057	0.053
	深层	399	0.015	0.041	0.051	0.063	0.071	0.397	0.055	0.051
华南造山带	表层	351	0.015	0.036	0.051	0.071	0.086	1.289	0.066	0.053
	深层	351	0.015	0.037	0.051	0.071	0.083	0.697	0.060	0.052

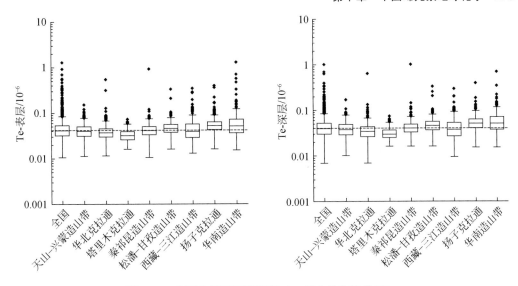

图 10-3　中国土壤碲元素箱图（一级大地构造单元）

三、中国不同自然地理景观土壤碲元素含量

碲元素含量在 10 个地理景观的统计参数见表 10-11 和图 10-4。表层土壤中位数排序：喀斯特＞中高山＞低山丘陵＞森林沼泽＞荒漠戈壁＞全国＞黄土＞冲积平原＞半干旱草原＞高寒湖泊＞沙漠盆地。深层土壤中位数排序：喀斯特＞中高山＞低山丘陵＞森林沼泽＞冲积平原＞全国＞黄土＞荒漠戈壁＞高寒湖泊＞半干旱草原＞沙漠盆地。

表 10-11　中国自然地理景观土壤碲基准值数据特征　　　　（单位：10^{-6}）

类型	层位	样品数	最小值	25%低背景	50%中位数	75%高背景	85%异常下限	最大值	算术平均值	几何平均值
全国	表层	3382	0.011	0.032	0.041	0.053	0.062	1.289	0.047	0.042
	深层	3380	0.007	0.030	0.040	0.052	0.060	1.013	0.044	0.040
低山丘陵	表层	633	0.014	0.035	0.044	0.060	0.071	1.289	0.054	0.046
	深层	633	0.009	0.033	0.043	0.059	0.069	0.347	0.049	0.044
冲积平原	表层	335	0.012	0.034	0.040	0.049	0.053	0.083	0.042	0.040
	深层	335	0.012	0.031	0.040	0.048	0.053	0.090	0.040	0.038
森林沼泽	表层	218	0.018	0.035	0.043	0.050	0.054	0.316	0.045	0.042
	深层	217	0.015	0.032	0.042	0.050	0.057	0.173	0.044	0.041
喀斯特	表层	126	0.024	0.044	0.055	0.072	0.092	0.697	0.068	0.059
	深层	126	0.027	0.048	0.057	0.077	0.091	0.697	0.069	0.061
黄土	表层	170	0.012	0.035	0.040	0.046	0.050	0.928	0.049	0.040
	深层	170	0.010	0.031	0.037	0.044	0.048	1.013	0.047	0.037

续表

类型	层位	样品数	最小值	25% 低背景	50% 中位数	75% 高背景	85% 异常下限	最大值	算术 平均值	几何 平均值
中高山	表层	923	0.011	0.035	0.045	0.057	0.066	0.929	0.051	0.045
	深层	923	0.010	0.034	0.044	0.056	0.065	0.397	0.049	0.044
高寒湖泊	表层	140	0.013	0.027	0.033	0.040	0.050	0.123	0.036	0.034
	深层	140	0.012	0.027	0.032	0.042	0.048	0.110	0.036	0.034
半干旱草原	表层	215	0.011	0.024	0.032	0.039	0.045	0.128	0.034	0.032
	深层	214	0.010	0.023	0.030	0.039	0.046	0.134	0.033	0.031
荒漠戈壁	表层	424	0.013	0.032	0.042	0.054	0.062	0.108	0.044	0.041
	深层	424	0.012	0.029	0.036	0.047	0.055	0.087	0.040	0.037
沙漠盆地	表层	198	0.012	0.023	0.029	0.036	0.041	0.075	0.030	0.029
	深层	198	0.007	0.021	0.026	0.033	0.038	0.069	0.028	0.027

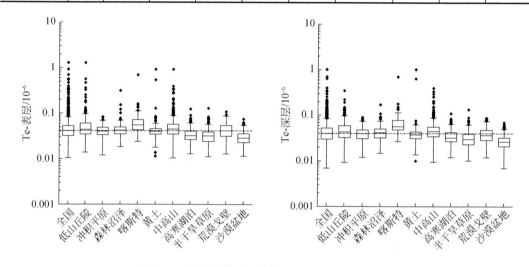

图 10-4　中国土壤碲元素箱图（自然地理景观）

四、中国不同土壤类型碲元素含量

碲元素含量在 17 个主要土壤类型的统计参数见表 10-12 和图 10-5。表层土壤中位数排序：亚高山草原土带＞红壤-黄壤带＞亚高山草甸土带＞黄棕壤-黄褐土带＞赤红壤带＞灰漠土带＞寒棕壤-漂灰土带＞棕壤-褐土带＞全国＞高山草甸土带＞暗棕壤-黑土带＞亚高山漠土带＞灰钙土-棕钙土带＞高山漠土带＞高山棕钙土-栗钙土带＞高山-亚高山草甸土带＞黑钙土-栗钙土-黑垆土带＞高山草原土带。深层土壤中位数排序：亚高山草原土带＞红壤-黄壤带＞亚高山草甸土带＞赤红壤带＞黄棕壤-黄褐土带＞高山草甸土带＞全国＞灰钙土-棕钙土带＞暗棕壤-黑土带＞棕壤-褐土带＞亚高山漠土带＞灰漠土带＞寒棕壤-漂灰土带＞高山漠土带＞高山棕钙土-栗钙土带＞高山-亚高山草甸土带＞高山草原土带＞黑钙土–栗钙土–黑垆土带。

表 10-12 中国主要土壤类型碲基准值数据特征 （单位：10^{-6}）

类型	层位	样品数	最小值	25% 低背景	50% 中位数	75% 高背景	85% 异常下限	最大值	算术 平均值	几何 平均值
全国	表层	3382	0.011	0.032	0.041	0.053	0.062	1.289	0.047	0.042
	深层	3380	0.007	0.030	0.040	0.052	0.060	1.013	0.044	0.040
寒棕壤–漂灰土带	表层	35	0.023	0.030	0.042	0.052	0.054	0.070	0.042	0.040
	深层	35	0.019	0.030	0.037	0.052	0.054	0.066	0.040	0.038
暗棕壤–黑土带	表层	296	0.016	0.032	0.040	0.048	0.052	0.316	0.042	0.039
	深层	295	0.014	0.030	0.039	0.048	0.054	0.173	0.041	0.038
棕壤–褐土带	表层	333	0.016	0.035	0.041	0.049	0.055	0.929	0.048	0.042
	深层	333	0.009	0.030	0.038	0.048	0.053	0.635	0.042	0.038
黄棕壤–黄褐土带	表层	124	0.022	0.039	0.047	0.056	0.064	0.120	0.050	0.048
	深层	124	0.018	0.037	0.044	0.054	0.059	0.154	0.048	0.045
红壤–黄壤带	表层	575	0.015	0.041	0.052	0.065	0.076	0.563	0.060	0.053
	深层	575	0.010	0.040	0.052	0.065	0.074	0.347	0.056	0.051
赤红壤带	表层	204	0.015	0.031	0.046	0.067	0.081	1.289	0.062	0.048
	深层	204	0.015	0.035	0.046	0.067	0.081	0.697	0.057	0.048
黑钙土–栗钙土– 黑垆土带	表层	360	0.011	0.024	0.033	0.041	0.044	0.128	0.033	0.031
	深层	360	0.007	0.023	0.030	0.039	0.044	0.134	0.032	0.030
灰钙土–棕钙土带	表层	90	0.019	0.029	0.037	0.046	0.052	0.928	0.049	0.038
	深层	89	0.017	0.031	0.039	0.047	0.053	1.013	0.050	0.039
灰漠土带	表层	356	0.013	0.032	0.043	0.054	0.062	0.103	0.044	0.041
	深层	356	0.012	0.028	0.037	0.050	0.058	0.087	0.040	0.038
高山–亚高山草甸土带	表层	119	0.021	0.029	0.033	0.040	0.044	0.088	0.035	0.034
	深层	119	0.017	0.027	0.033	0.040	0.046	0.070	0.035	0.033
高山棕钙土–栗钙土带	表层	338	0.011	0.028	0.036	0.048	0.056	0.108	0.040	0.037
	深层	338	0.016	0.027	0.034	0.044	0.049	0.111	0.037	0.035
高山漠土带	表层	49	0.020	0.032	0.037	0.042	0.051	0.069	0.039	0.037
	深层	49	0.019	0.030	0.036	0.042	0.048	0.068	0.037	0.036
亚高山草甸土带	表层	193	0.016	0.041	0.050	0.060	0.066	0.397	0.055	0.049
	深层	193	0.016	0.039	0.048	0.059	0.067	0.397	0.054	0.048
高山草甸土带	表层	84	0.016	0.035	0.041	0.048	0.051	0.086	0.041	0.040
	深层	84	0.012	0.032	0.041	0.048	0.050	0.254	0.042	0.039
高山草原土带	表层	120	0.013	0.026	0.032	0.040	0.048	0.123	0.036	0.033
	深层	120	0.013	0.027	0.032	0.040	0.048	0.110	0.035	0.033

续表

类型	层位	样品数	最小值	25% 低背景	50% 中位数	75% 高背景	85% 异常下限	最大值	算术 平均值	几何 平均值
亚高山漠土带	表层	18	0.014	0.032	0.038	0.051	0.060	0.070	0.041	0.038
	深层	18	0.019	0.030	0.037	0.042	0.048	0.074	0.038	0.036
亚高山草原土带	表层	88	0.014	0.034	0.055	0.075	0.088	0.290	0.061	0.051
	深层	88	0.013	0.032	0.054	0.074	0.089	0.298	0.060	0.050

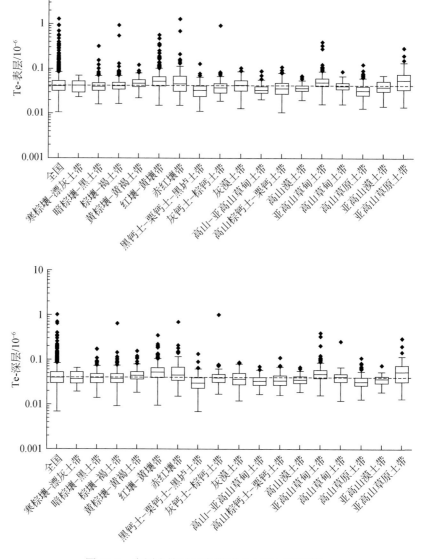

图 10-5　中国土壤碲元素箱图（主要土壤类型）

第三节　碲元素空间分布与异常评价

　　碲是稀散金属之一，独立矿床罕见，主要与黄铁矿、黄铜矿、闪锌矿等共生，主要碲矿物有碲铅矿、碲铋矿、辉碲铋矿以及碲金矿、碲铜矿等。我国现已探明伴生碲的储量在世界处于第三位。伴生碲矿资源较为丰富，全国已发现伴生碲矿产地约30处，保有储量近14000t。碲矿区散布于全国16个省区，但储量主要集中于广东（占全国总量的42%）、江西（41%）和甘肃（11%）3省。中国碲矿资源一直以来集中在热液型多金属矿床、夕卡岩型铜矿床和岩浆铜镍硫化物型矿床中，分别占中国伴生碲储量的44.77%、43.89%和11.34%。广东曲江大宝山、江西九江城门山铜矿（占全国伴生碲储量的23.6%）、甘肃金川白家嘴子为中国3个大型-特大型伴生碲矿床，三者储量之和为全国伴生碲储量的94%。1991年8月，全球第一例独立碲矿在中国四川省石棉县大水沟发现，使中国成为碲矿资源大国。该矿床位于扬子地台西缘，产出于中下三叠统变质岩系构成的穹窿体的东北端。主要容矿围岩为中下三叠统中部的一套片岩，碲矿脉主要充填在片岩的压扭性断裂。碲元素低背景区主要分布在天山-兴蒙造山带中东部、华北克拉通西部和北部、塔里木克拉通、昆仑造山带及西藏造山带部分区域；高背景区主要分布在豫西台隆、喜马拉雅造山带、松潘-甘孜造山带东部、扬子克拉通及华南造山带。扬子克拉通和华南造山带，可能与该区域属中低温成矿域，发育硫化物矿床有关；松潘-甘孜造山带东部，可能与该区寒武系碳质硅质岩、碳质板岩有关，如川甘交界拉尔玛矿床；其他区域如豫西台隆、喜马拉雅造山带、辽东台隆等处也有碲的地球化学异常分布。以累积频率85%为异常下限，共圈定28处碲地球化学异常（图10-6、表10-13）。

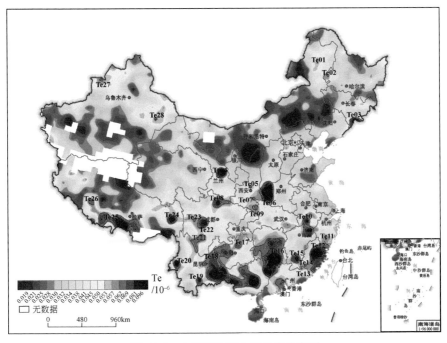

图10-6　中国碲地球化学异常分布图

表 10-13　中国碲地球化学异常统计参数（对应图 10-6）

编号	面积/km²	点数/个	极小值/10⁻⁶	极大值/10⁻⁶	平均值/10⁻⁶	中位数/10⁻⁶	离差
Te01	91						
Te02	707	1	0.060	0.060	0.060	0.060	
Te03	6425	1	0.040	0.040	0.040	0.040	
Te04	17549	8	0.020	0.920	0.146	0.040	0.313
Te05	931	1	0.120	0.120	0.120	0.120	
Te06	46976	15	0.030	0.920	0.141	0.050	0.250
Te07	1158	1	0.110	0.110	0.110	0.110	
Te08	20267	10	0.020	0.330	0.084	0.060	0.089
Te09	4047	2	0.070	0.080	0.075	0.075	0.007
Te10	30108	7	0.040	0.360	0.130	0.060	0.118
Te11	453						
Te12	63003	18	0.020	0.470	0.094	0.080	0.097
Te13	685						
Te14	229	1	0.080	0.080	0.080	0.080	
Te15	13510	17	0.030	0.130	0.069	0.070	0.023
Te16	145454	49	0.030	0.560	0.090	0.070	0.086
Te17	5932	1	0.130	0.130	0.130	0.130	
Te18	208630	70	0.030	1.280	0.097	0.070	0.164
Te19	6678	2	0.060	0.210	0.135	0.135	0.106
Te20	8717	1	0.340	0.340	0.340	0.340	
Te21	19281	10	0.050	0.160	0.085	0.075	0.043
Te22	19218	8	0.020	0.390	0.103	0.060	0.119
Te23	1134	1	0.090	0.090	0.090	0.090	
Te24	12231	4	0.040	0.270	0.118	0.080	0.106
Te25	79440	35	0.020	0.290	0.084	0.070	0.049
Te26	5337	4	0.060	0.090	0.073	0.070	0.013
Te27	1613	1	0.070	0.070	0.070	0.070	
Te28	988	1	0.090	0.090	0.090	0.090	

第十一章　中国镓元素地球化学

第一节　中国岩石镓元素含量特征

一、三大岩类中镓含量分布

镓在火山岩和变质岩中含量接近，侵入岩次之，沉积岩最低；侵入岩中性岩镓含量最高，基性岩和酸性岩次之，超基性岩最低；侵入岩燕山期镓含量最高；地层岩性中泥质岩镓含量最高，碳酸盐岩（石灰岩、白云岩）及其对应的变质岩（大理岩）镓含量最低（表 11-1）。

表 11-1　全国岩石中镓元素不同参数基准数据特征统计　　（单位：10^{-6}）

统计项	统计项内容		样品数	最小值	中位数	最大值	算术平均值	几何平均值	标准离差	背景值
三大岩类	沉积岩		6209	0.02	12.05	66.52	11.68	5.96	8.91	11.54
	变质岩		1808	0.16	19.18	49.81	18.00	14.19	7.28	17.94
	岩浆岩	侵入岩	2634	0.04	18.48	47.24	18.68	17.85	4.24	18.73
		火山岩	1467	0.80	19.21	46.44	19.48	19.01	4.18	19.32
地层细分	古近系和新近系		528	0.07	15.24	44.31	14.92	12.30	7.28	14.62
	白垩系		886	0.05	15.49	43.36	14.74	12.39	6.28	14.66
	侏罗系		1362	0.01	17.58	52.14	16.60	13.95	6.51	16.55
	三叠系		1142	0.02	13.70	35.50	12.97	7.52	8.52	12.97
	二叠系		873	0.08	16.36	62.43	14.30	6.47	10.56	13.98
	石炭系		869	0.07	13.85	66.52	12.15	5.39	9.57	11.89
	泥盆系		713	0.11	13.93	41.07	12.04	6.09	8.84	11.96
	志留系		390	0.09	17.44	34.34	16.75	13.14	7.37	16.75
	奥陶系		547	0.13	10.63	40.48	11.27	4.92	10.12	11.27
	寒武系		632	0.08	10.57	38.66	11.02	5.01	9.62	11.02
	元古宇		1145	0.04	17.01	49.81	14.54	7.98	9.32	14.43
	太古宇		244	0.19	19.11	32.89	17.70	14.90	5.90	17.70
侵入岩细分	酸性岩		2077	0.04	18.26	47.24	18.60	18.15	3.70	18.44
	中性岩		340	0.15	20.36	44.52	20.60	19.95	4.32	20.57

统计项	统计项内容	样品数	最小值	中位数	最大值	算术平均值	几何平均值	标准离差	背景值
侵入岩细分	基性岩	164	9.56	18.69	30.45	18.93	18.43	4.30	18.93
	超基性岩	53	0.14	7.74	25.51	9.00	4.17	8.11	9.00
侵入岩期次	喜马拉雅期	27	12.45	18.60	28.47	19.05	18.60	4.31	19.05
	燕山期	963	0.14	18.74	39.49	19.05	18.22	4.14	19.05
	海西期	778	0.53	18.22	47.24	18.36	17.68	4.02	18.43
	加里东期	211	0.43	18.16	44.99	18.81	18.00	5.00	18.34
	印支期	237	0.51	18.64	30.45	18.32	17.53	3.79	18.51
	元古宙	253	0.04	18.67	44.46	18.88	17.90	4.50	18.95
	太古宙	100	1.82	17.65	26.73	17.79	17.07	4.29	17.95
地层岩性	玄武岩	238	11.93	20.78	33.81	21.22	20.83	4.01	21.11
	安山岩	279	7.63	20.51	38.91	20.30	20.02	3.35	20.23
	流纹岩	378	1.12	17.93	42.03	18.12	17.58	4.30	17.90
	火山碎屑岩	88	11.88	18.59	43.31	18.89	18.55	3.98	18.61
	凝灰岩	432	0.80	18.86	46.44	19.20	18.76	3.97	18.99
	粗面岩	43	11.80	20.39	43.36	21.11	20.53	5.56	20.58
	石英砂岩	221	0.31	3.03	18.27	3.31	2.66	2.35	3.09
	长石石英砂岩	888	0.10	10.51	33.66	10.76	9.85	4.22	10.64
	长石砂岩	458	3.59	16.46	41.07	16.68	16.09	4.39	16.44
	砂岩	1844	0.28	15.74	41.60	15.40	14.29	5.14	15.33
	粉砂质泥质岩	106	14.76	21.39	31.60	21.88	21.63	3.37	21.88
	钙质泥质岩	174	6.27	18.60	29.35	18.71	18.35	3.53	18.72
	泥质岩	712	9.31	24.33	66.52	24.63	23.81	6.55	24.04
	石灰岩	1310	0.02	0.70	23.25	1.56	0.77	2.38	0.79
	白云岩	441	0.08	0.50	18.82	1.20	0.64	1.91	0.51
	泥灰岩	49	4.06	9.47	13.45	9.14	8.79	2.43	9.14
	硅质岩	68	0.25	2.92	19.74	5.34	3.08	5.02	5.34
	冰碛岩	5	11.39	12.08	19.07	13.52	13.26	3.19	13.52
	板岩	525	1.00	20.96	43.85	20.71	19.94	5.14	20.70
	千枚岩	150	8.15	20.71	32.23	21.04	20.50	4.62	21.04
	片岩	380	9.50	20.21	49.81	20.68	20.11	5.03	20.51
	片麻岩	289	5.36	19.09	32.89	19.08	18.68	3.79	19.03
	变粒岩	119	9.39	18.52	45.91	18.98	18.50	4.57	18.75
	麻粒岩	4	20.54	21.38	21.61	21.23	21.22	0.47	21.23
	斜长角闪岩	88	10.30	18.94	29.87	18.76	18.36	3.80	18.76
	大理岩	108	0.16	0.53	9.92	1.13	0.66	1.56	0.56
	石英岩	75	0.50	9.28	21.82	8.80	6.28	5.41	8.80

二、不同时代地层中镓含量分布

镓含量的中位数在地层中太古宇最高，寒武系最低；从高到低依次为：太古宇、侏罗系、志留系、元古宇、二叠系、白垩系、古近系和新近系、泥盆系、石炭系、三叠系、奥陶系、寒武系（表 11-1）。

三、不同大地构造单元中镓含量分布

表 11-2～表 11-9 给出了不同大地构造单元镓的含量数据，图 11-1 给出了各大地构造单元平均含量与地壳克拉克值的对比。

表 11-2　天山-兴蒙造山带岩石中镓元素不同参数基准数据特征统计　　（单位：10^{-6}）

统计项	统计项内容		样品数	最小值	中位数	最大值	算术平均值	几何平均值	标准离差	背景值
三大岩类	沉积岩		807	0.04	16.06	41.07	14.77	11.06	6.63	14.74
	变质岩		373	0.16	18.67	32.12	16.99	12.24	7.37	16.99
	岩浆岩	侵入岩	917	0.18	18.67	32.84	18.74	18.01	3.92	18.87
		火山岩	823	1.12	19.18	46.44	19.31	18.93	3.78	19.18
地层细分	古近系和新近系		153	3.00	18.78	38.91	17.90	16.55	5.95	17.77
	白垩系		203	1.82	18.47	33.45	17.90	17.24	4.18	17.97
	侏罗系		411	1.38	18.96	36.33	18.66	17.96	4.42	18.75
	三叠系		32	3.72	17.19	29.12	16.22	14.50	6.48	16.22
	二叠系		275	0.23	18.91	46.44	17.68	14.74	6.51	17.58
	石炭系		353	0.07	17.03	31.93	15.38	11.92	6.07	15.38
	泥盆系		238	0.16	17.10	41.07	16.26	12.60	6.40	16.06
	志留系		81	0.23	16.97	34.34	16.54	14.16	5.60	16.31
	奥陶系		111	0.19	17.80	33.06	16.76	13.05	7.26	16.76
	寒武系		13	0.13	13.54	19.54	11.35	5.75	7.40	11.35
	元古宇		145	0.04	17.66	31.60	14.64	7.79	8.98	14.64
	太古宇		6	11.43	16.69	20.69	16.53	16.16	3.72	16.53
侵入岩细分	酸性岩		736	0.18	18.52	32.84	18.78	18.39	3.37	18.70
	中性岩		110	7.00	20.40	28.68	20.47	20.16	3.39	20.60
	基性岩		58	9.56	18.27	30.45	18.05	17.31	4.51	18.05
	超基性岩		13	0.53	1.54	17.88	4.90	2.34	6.17	4.90
侵入岩期次	燕山期		240	13.01	19.51	29.43	19.78	19.53	3.20	19.74
	海西期		534	0.53	18.32	32.84	18.41	17.61	4.01	18.58
	加里东期		37	12.15	18.37	24.99	18.55	18.30	3.15	18.55
	印支期		29	11.74	18.52	30.45	18.08	17.73	3.72	17.64

续表

统计项	统计项内容	样品数	最小值	中位数	最大值	算术平均值	几何平均值	标准离差	背景值
侵入岩期次	元古宙	57	12.09	19.31	27.07	19.05	18.74	3.38	19.05
	太古宙	1	7.00	7.00	7.00	7.00	7.00		
地层岩性	玄武岩	96	12.12	19.80	28.35	19.67	19.39	3.31	19.67
	安山岩	181	11.94	20.86	38.91	20.42	20.14	3.42	20.25
	流纹岩	206	1.12	18.52	33.45	18.14	17.61	3.91	18.07
	火山碎屑岩	54	13.37	18.71	26.13	18.85	18.67	2.60	18.85
	凝灰岩	260	11.33	19.30	46.44	19.55	19.19	4.04	19.22
	粗面岩	21	14.55	18.97	22.73	19.00	18.89	2.11	19.00
	石英砂岩	8	1.38	3.02	11.18	4.40	3.56	3.24	4.40
	长石石英砂岩	118	4.45	13.24	33.66	13.53	12.81	4.56	13.19
	长石砂岩	108	8.19	17.27	41.07	17.63	17.16	4.37	17.13
	砂岩	396	1.58	17.10	34.34	16.47	15.61	4.74	16.43
	粉砂质泥质岩	31	14.76	20.17	31.60	20.07	19.88	2.95	19.69
	钙质泥质岩	14	11.51	16.03	19.27	15.93	15.71	2.68	15.93
	泥质岩	46	9.87	19.59	28.79	19.62	19.24	3.81	19.62
	石灰岩	66	0.04	0.55	6.24	1.29	0.69	1.59	0.65
	白云岩	20	0.13	0.50	11.28	1.31	0.62	2.52	0.78
	硅质岩	7	0.84	4.07	14.99	5.02	3.27	5.01	5.02
	板岩	119	8.37	20.50	32.12	20.89	20.48	4.05	20.99
	千枚岩	18	12.49	19.39	25.86	19.34	18.82	4.54	19.34
	片岩	97	9.95	19.54	31.67	19.50	19.14	3.75	19.38
	片麻岩	45	13.17	18.61	26.43	18.83	18.60	2.97	18.83
	变粒岩	12	16.62	18.68	21.46	18.77	18.71	1.59	18.77
	斜长角闪岩	12	11.68	19.56	22.99	18.49	18.20	3.24	18.49
	大理岩	42	0.16	0.53	6.51	1.04	0.66	1.29	0.69
	石英岩	21	0.50	13.15	21.82	11.31	7.77	6.07	11.31

表 11-3　华北克拉通岩石中镓元素不同参数基准数据特征统计　　（单位：10^{-6}）

统计项	统计项内容		样品数	最小值	中位数	最大值	算术平均值	几何平均值	标准离差	背景值
三大岩类	沉积岩		1061	0.14	11.36	66.52	11.16	5.47	9.56	10.88
	变质岩		361	0.16	19.11	45.91	17.64	13.64	7.40	17.49
	岩浆岩	侵入岩	571	0.04	18.84	39.49	18.99	18.17	4.35	19.02
		火山岩	217	0.80	20.41	43.36	20.68	19.98	4.74	20.47
地层细分	古近系和新近系		86	0.98	20.10	44.31	18.90	16.94	7.50	18.07
	白垩系		166	1.90	15.49	43.36	15.44	13.88	6.50	15.13

续表

统计项	统计项内容	样品数	最小值	中位数	最大值	算术平均值	几何平均值	标准离差	背景值
地层细分	侏罗系	246	2.12	18.89	38.81	18.43	17.38	5.51	18.34
	三叠系	80	1.72	15.97	34.09	16.07	14.79	5.94	15.84
	二叠系	107	0.37	16.06	44.66	16.54	13.72	8.41	16.28
	石炭系	98	0.37	17.24	66.52	18.71	12.95	12.42	17.82
	泥盆系	1	20.29	20.29	20.29	20.29	20.29		
	志留系	12	0.39	17.82	27.37	15.99	10.60	8.38	15.99
	奥陶系	139	0.22	0.76	37.01	2.62	1.04	5.62	0.74
	寒武系	177	0.14	2.16	29.35	7.06	2.81	8.18	7.06
	元古宇	303	0.16	6.20	45.91	10.41	4.03	10.41	10.17
	太古宇	196	0.22	19.16	30.54	17.97	15.74	5.58	19.03
侵入岩细分	酸性岩	413	0.04	18.24	39.49	18.56	17.76	4.20	18.44
	中性岩	93	5.22	20.81	31.77	20.99	20.61	3.52	21.04
	基性岩	51	11.88	19.02	27.98	20.18	19.72	4.27	20.18
	超基性岩	14	1.82	13.86	25.51	13.84	11.48	6.67	13.84
侵入岩期次	燕山期	201	1.00	19.66	39.49	20.11	19.50	4.35	19.92
	海西期	132	2.61	17.68	25.51	17.80	17.42	3.23	17.91
	加里东期	20	12.39	18.77	24.53	19.04	18.82	2.86	19.04
	印支期	39	1.99	19.12	28.42	18.53	17.49	4.81	18.97
	元古宙	75	0.04	18.66	31.13	19.14	17.21	5.30	19.40
	太古宙	91	1.82	17.86	26.73	18.09	17.43	4.10	18.27
地层岩性	玄武岩	40	11.93	22.27	29.30	22.34	22.06	3.45	22.61
	安山岩	64	14.01	20.83	28.27	20.87	20.72	2.51	20.87
	流纹岩	53	4.46	18.88	42.03	19.78	18.86	6.13	19.25
	火山碎屑岩	14	13.40	17.36	21.68	17.48	17.32	2.44	17.48
	凝灰岩	30	0.80	19.04	25.31	19.43	17.80	4.78	20.07
	粗面岩	15	16.62	22.01	43.36	24.41	23.62	7.17	24.41
	石英砂岩	45	0.49	1.68	16.25	2.45	1.82	2.50	2.14
	长石石英砂岩	103	0.55	10.45	25.15	10.37	9.21	4.42	10.22
	长石砂岩	54	3.59	14.94	23.23	14.36	13.59	4.18	14.36
	砂岩	302	1.90	15.79	29.34	15.37	14.53	4.68	15.37
	粉砂质泥质岩	25	18.70	22.34	29.13	23.18	22.98	3.17	23.18
	钙质泥质岩	32	6.27	17.13	29.35	17.40	16.82	4.37	17.40
	泥质岩	138	9.31	24.56	66.52	25.25	23.88	8.71	24.72
	石灰岩	229	0.14	0.85	12.67	1.62	1.06	1.78	0.89
	白云岩	120	0.16	0.55	18.82	1.19	0.67	2.11	0.57

统计项	统计项内容	样品数	最小值	中位数	最大值	算术平均值	几何平均值	标准离差	背景值
地层岩性	泥灰岩	13	4.24	7.87	12.17	8.18	7.93	2.04	8.18
	硅质岩	5	0.80	0.92	9.01	4.04	2.16	4.38	4.04
	板岩	18	11.00	20.01	43.85	20.91	20.03	7.03	19.56
	千枚岩	11	14.72	22.20	29.80	21.92	21.49	4.41	21.92
	片岩	49	13.56	22.39	32.88	22.88	22.38	4.86	22.88
	片麻岩	122	5.36	19.26	28.74	18.99	18.56	3.81	19.10
	变粒岩	66	11.82	18.57	45.91	19.62	19.06	5.27	19.21
	麻粒岩	4	20.54	21.38	21.61	21.23	21.22	0.47	21.23
	斜长角闪岩	42	11.49	19.01	26.09	18.71	18.35	3.62	18.71
	大理岩	26	0.16	0.50	5.43	1.15	0.72	1.39	0.98
	石英岩	18	0.69	3.64	13.45	5.45	3.56	4.57	5.45

表 11-4　秦祁昆造山带岩石中镓元素不同参数基准数据特征统计　　（单位：10^{-6}）

统计项	统计项内容		样品数	最小值	中位数	最大值	算术平均值	几何平均值	标准离差	背景值
三大岩类	沉积岩		510	0.08	10.67	34.28	10.25	6.06	6.91	10.21
	变质岩		393	0.19	19.12	49.81	18.40	14.41	7.35	18.26
	岩浆岩	侵入岩	339	0.43	18.63	44.52	19.06	18.37	4.46	18.75
		火山岩	72	9.34	17.16	43.31	17.87	17.31	5.00	17.11
地层细分	古近系和新近系		61	0.73	10.05	22.11	10.66	8.88	5.25	10.66
	白垩系		85	0.68	14.31	28.90	13.70	12.36	5.09	13.70
	侏罗系		46	2.38	12.56	28.21	12.67	10.84	6.45	12.67
	三叠系		103	0.17	15.21	29.58	14.26	10.72	6.84	14.26
	二叠系		54	0.08	10.25	28.80	10.57	4.50	8.88	10.57
	石炭系		89	0.13	8.53	38.88	9.96	3.91	9.35	9.63
	泥盆系		92	0.24	15.94	33.83	13.94	8.92	8.60	13.94
	志留系		67	0.97	16.97	32.73	17.06	15.22	6.81	17.06
	奥陶系		65	0.13	15.23	35.22	14.73	9.12	8.70	14.73
	寒武系		59	0.10	14.24	33.81	11.85	6.31	8.94	11.85
	元古宇		164	0.04	17.69	49.81	16.26	10.64	8.15	15.89
	太古宇		29	0.19	19.41	32.89	18.78	15.42	6.07	19.45
侵入岩细分	酸性岩		244	12.42	18.40	33.54	18.69	18.45	3.11	18.54
	中性岩		61	9.80	20.01	44.52	21.15	20.37	6.48	19.72
	基性岩		25	9.86	19.26	28.27	19.41	18.81	4.70	19.41
	超基性岩		9	0.43	17.92	24.18	13.96	7.61	9.83	13.96
侵入岩期次	喜马拉雅期		1	16.81	16.81	16.81	16.81	16.81		
	燕山期		70	12.42	19.82	33.54	19.80	19.40	4.07	19.60

续表

统计项	统计项内容	样品数	最小值	中位数	最大值	算术平均值	几何平均值	标准离差	背景值
侵入岩期次	海西期	62	9.80	18.72	35.74	19.12	18.81	3.64	18.85
	加里东期	91	0.43	18.31	44.52	19.12	17.73	6.07	18.14
	印支期	62	13.24	18.53	23.61	18.63	18.46	2.53	18.63
	元古宙	43	1.83	19.11	25.42	18.71	17.83	4.18	19.11
	太古宙	4	9.86	14.18	21.80	15.01	14.22	5.65	15.01
地层岩性	玄武岩	11	12.22	16.60	33.81	18.92	18.21	6.01	18.92
	安山岩	15	11.95	18.38	28.90	19.01	18.59	4.24	19.01
	流纹岩	24	9.34	16.10	24.20	16.33	16.00	3.31	16.33
	火山碎屑岩	6	11.88	17.17	43.31	20.84	19.02	11.30	20.84
	凝灰岩	14	11.31	18.20	20.63	17.36	17.17	2.51	17.36
	粗面岩	2	11.80	16.53	21.25	16.53	15.84	6.68	16.53
	石英砂岩	14	2.36	4.69	6.93	4.51	4.24	1.54	4.51
	长石石英砂岩	98	0.10	9.38	18.97	9.79	8.78	3.73	9.79
	长石砂岩	23	10.11	16.18	19.63	15.86	15.61	2.71	15.86
	砂岩	202	0.50	13.85	25.42	13.35	12.13	4.75	13.35
	粉砂质泥质岩	8	16.64	19.93	24.95	20.23	20.04	2.95	20.23
	钙质泥质岩	14	12.56	17.53	21.78	17.33	17.12	2.70	17.33
	泥质岩	25	10.70	20.25	34.28	20.46	19.54	6.12	20.46
	石灰岩	89	0.13	0.70	17.31	1.61	0.81	2.71	1.07
	白云岩	32	0.08	0.50	7.13	1.58	0.72	2.04	1.58
	泥灰岩	5	4.06	7.48	10.44	7.17	6.75	2.64	7.17
	硅质岩	9	0.25	0.86	4.61	1.17	0.74	1.38	1.17
	板岩	87	6.93	20.76	38.88	20.72	19.96	5.46	20.51
	千枚岩	47	11.81	20.08	32.23	20.74	20.17	4.95	20.74
	片岩	103	9.95	20.00	49.81	21.01	20.34	5.81	20.52
	片麻岩	79	12.28	19.20	32.89	19.57	19.21	3.90	19.40
	变粒岩	16	10.02	17.59	23.71	17.31	17.01	3.19	17.31
	斜长角闪岩	18	12.23	18.41	24.16	18.43	18.16	3.12	18.43
	大理岩	21	0.19	0.53	4.54	0.91	0.55	1.24	0.91
	石英岩	11	0.70	11.29	16.80	9.23	6.80	5.61	9.23

表 11-5　扬子克拉通岩石中镓元素不同参数基准数据特征统计　　（单位：10^{-6}）

统计项	统计项内容	样品数	最小值	中位数	最大值	算术平均值	几何平均值	标准离差	背景值
三大岩类	沉积岩	1716	0.09	9.65	62.43	10.96	4.73	9.79	10.71
	变质岩	139	0.55	20.96	31.54	19.27	16.71	7.02	19.27

续表

统计项	统计项内容		样品数	最小值	中位数	最大值	算术平均值	几何平均值	标准离差	背景值
三大岩类	岩浆岩	侵入岩	123	11.01	18.81	31.85	19.47	19.17	3.44	19.36
		火山岩	105	13.95	21.70	33.66	22.15	21.66	4.65	22.15
地层细分	古近系和新近系		27	1.54	11.99	23.42	12.19	10.52	5.62	12.19
	白垩系		123	0.23	11.81	26.03	12.25	10.17	5.83	12.25
	侏罗系		236	0.52	16.73	29.59	16.09	14.46	6.07	16.09
	三叠系		385	0.11	6.27	32.94	9.44	4.06	9.12	9.44
	二叠系		237	0.10	2.49	62.43	12.87	2.83	14.44	12.66
	石炭系		73	0.09	0.85	44.04	4.64	1.17	8.66	0.82
	泥盆系		98	0.14	2.90	30.55	6.41	2.39	7.79	6.16
	志留系		147	0.15	18.67	29.99	17.00	12.89	7.71	17.00
	奥陶系		148	0.18	6.80	40.48	11.09	4.79	10.90	11.09
	寒武系		193	0.19	6.23	29.58	9.42	4.09	9.09	9.42
	元古宇		305	0.15	17.92	31.54	15.14	8.38	9.14	15.14
	太古宇		3	16.06	17.58	21.88	18.51	18.35	3.02	18.51
侵入岩细分	酸性岩		96	11.01	18.70	31.85	19.47	19.17	3.54	19.34
	中性岩		15	16.70	19.47	26.43	20.57	20.39	2.84	20.57
	基性岩		11	12.96	19.26	22.41	18.06	17.79	3.15	18.06
	超基性岩		1	17.97	17.97	17.97	17.97	17.97		
侵入岩期次	燕山期		47	13.00	19.47	31.85	20.36	20.04	3.73	20.11
	海西期		3	17.97	19.45	24.64	20.69	20.50	3.50	20.69
	加里东期		5	14.38	19.95	24.53	19.19	18.80	4.27	19.19
	印支期		17	11.01	18.71	25.01	18.65	18.38	3.16	18.65
	元古宙		44	12.96	18.15	27.35	19.03	18.77	3.22	19.03
	太古宙		1	18.45	18.45	18.45	18.45	18.45		
地层岩性	玄武岩		47	15.33	25.64	33.66	24.70	24.44	3.50	24.70
	安山岩		5	15.74	18.95	21.67	18.90	18.79	2.25	18.90
	流纹岩		14	15.26	18.89	31.34	20.03	19.64	4.36	20.03
	火山碎屑岩		6	14.82	20.63	27.59	20.69	20.17	5.04	20.69
	凝灰岩		30	13.95	19.40	32.09	20.06	19.59	4.63	20.06
	粗面岩		2	14.20	17.95	21.70	17.95	17.55	5.31	17.95
	石英砂岩		55	0.31	2.05	7.06	2.50	2.07	1.48	2.41
	长石石英砂岩		162	0.18	9.07	22.54	9.75	9.02	3.55	9.47
	长石砂岩		108	7.12	16.13	30.90	15.99	15.49	3.85	15.85
	砂岩		359	1.04	16.26	41.60	15.94	14.68	5.49	15.82
	粉砂质泥质岩		7	19.22	23.95	27.58	23.86	23.68	3.06	23.86

续表

统计项	统计项内容	样品数	最小值	中位数	最大值	算术平均值	几何平均值	标准离差	背景值
地层岩性	钙质泥质岩	70	11.47	19.79	26.46	19.75	19.48	3.23	19.75
	泥质岩	277	10.97	24.31	62.43	24.90	24.14	6.45	24.04
	石灰岩	461	0.09	0.87	11.60	1.52	0.83	1.87	0.95
	白云岩	194	0.15	0.52	11.34	1.36	0.71	1.98	0.67
	泥灰岩	23	4.49	9.89	13.45	9.74	9.38	2.53	9.74
	硅质岩	18	0.55	5.26	17.46	6.23	4.19	5.30	6.23
	板岩	73	10.82	22.37	31.54	21.80	21.30	4.42	21.80
	千枚岩	20	11.61	22.28	26.69	21.38	21.08	3.41	21.38
	片岩	18	9.50	19.79	30.13	21.57	20.83	5.56	21.57
	片麻岩	4	11.42	18.08	21.88	17.37	16.85	4.65	17.37
	变粒岩	2	12.47	15.36	18.25	15.36	15.09	4.09	15.36
	斜长角闪岩	2	17.58	21.65	25.72	21.65	21.26	5.76	21.65
	大理岩	1	4.43	4.43	4.43	4.43	4.43		
	石英岩	1	11.21	11.21	11.21	11.21	11.21		

表 11-6　华南造山带岩石中镓元素不同参数基准数据特征统计　　（单位：10^{-6}）

统计项	统计项内容		样品数	最小值	中位数	最大值	算术平均值	几何平均值	标准离差	背景值
三大岩类	沉积岩		1016	0.05	12.60	52.14	12.56	6.03	9.42	12.52
	变质岩		172	0.50	19.84	34.63	18.77	16.04	7.20	18.77
	岩浆岩	侵入岩	416	3.83	18.03	44.99	18.36	18.04	3.54	18.18
		火山岩	147	12.63	17.55	29.24	17.98	17.75	2.96	17.78
地层细分	古近系和新近系		39	5.53	17.55	41.68	17.38	16.01	7.37	16.09
	白垩系		155	0.05	15.84	27.94	15.12	13.73	5.04	15.12
	侏罗系		203	0.22	16.80	52.14	16.66	14.87	6.54	16.48
	三叠系		139	0.12	14.99	35.50	13.95	7.52	9.33	13.95
	二叠系		71	0.09	1.60	31.67	8.01	1.86	9.89	8.01
	石炭系		120	0.11	0.51	34.39	4.52	0.97	7.79	0.36
	泥盆系		216	0.11	6.50	32.99	9.43	3.58	9.40	9.43
	志留系		32	2.53	20.48	32.83	19.56	17.53	7.53	19.56
	奥陶系		57	0.80	18.13	39.66	17.77	14.77	8.58	17.77
	寒武系		143	0.32	16.48	38.66	16.94	12.40	8.91	16.94
	元古宇		132	0.76	19.87	31.82	19.40	17.93	5.70	19.95
	太古宇		3	13.60	16.96	19.45	16.67	16.49	2.94	16.67
侵入岩细分	酸性岩		388	11.39	17.83	44.99	18.15	17.88	3.35	17.87
	中性岩		22	16.89	21.11	28.23	22.06	21.82	3.34	22.06

统计项	统计项内容	样品数	最小值	中位数	最大值	算术平均值	几何平均值	标准离差	背景值
侵入岩细分	基性岩	5	15.64	23.20	24.71	21.02	20.71	3.92	21.02
	超基性岩	1	3.83	3.83	3.83	3.83	3.83		
侵入岩期次	燕山期	273	11.39	17.74	35.04	18.11	17.83	3.33	17.85
	海西期	19	15.64	18.91	24.98	19.15	19.01	2.39	19.15
	加里东期	48	12.54	17.89	44.99	18.58	18.12	4.97	18.02
	印支期	57	12.91	19.02	27.53	19.04	18.83	2.89	19.04
	元古宙	6	3.83	16.10	19.11	14.50	12.97	5.49	14.50
地层岩性	玄武岩	20	16.31	19.56	29.24	19.99	19.85	2.59	19.50
	安山岩	2	17.47	18.55	19.63	18.55	18.52	1.53	18.55
	流纹岩	46	12.63	16.59	23.14	17.08	16.88	2.69	17.08
	火山碎屑岩	1	23.61	23.61	23.61	23.61	23.61		
	凝灰岩	77	12.73	17.16	27.94	17.96	17.75	2.94	17.83
	石英砂岩	62	0.46	3.85	7.06	3.81	3.42	1.53	3.81
	长石石英砂岩	202	4.55	11.41	23.05	11.80	11.19	3.81	11.80
	长石砂岩	95	8.19	17.01	30.12	17.34	16.90	3.92	17.21
	砂岩	215	0.28	16.52	30.61	15.94	14.73	5.12	16.02
	粉砂质泥质岩	7	16.73	22.86	25.85	22.06	21.81	3.48	22.06
	钙质泥质岩	12	14.01	20.63	24.53	20.30	20.06	3.12	20.30
	泥质岩	170	11.50	25.73	52.14	25.95	25.52	4.74	25.72
	石灰岩	207	0.05	0.35	10.85	0.91	0.45	1.50	0.45
	白云岩	42	0.13	0.32	2.17	0.52	0.39	0.44	0.47
	泥灰岩	4	7.93	10.48	12.24	10.28	10.10	2.24	10.28
	硅质岩	22	0.50	2.78	19.74	6.37	3.79	5.75	6.37
	板岩	57	10.32	21.19	33.55	21.45	20.82	5.12	21.45
	千枚岩	18	14.42	24.74	30.99	24.06	23.73	3.93	24.06
	片岩	38	12.65	20.51	34.63	20.67	20.04	5.27	20.67
	片麻岩	12	13.26	19.17	31.28	19.63	19.05	5.16	19.63
	变粒岩	16	14.99	19.28	21.78	18.62	18.42	2.80	18.62
	斜长角闪岩	2	17.40	19.03	20.66	19.03	18.96	2.30	19.03
	石英岩	7	6.85	9.28	16.56	10.79	10.18	3.99	10.79

表 11-7　塔里木克拉通岩石中镓元素不同参数基准数据特征统计　　　（单位：10^{-6}）

统计项	统计项内容	样品数	最小值	中位数	最大值	算术平均值	几何平均值	标准离差	背景值
三大岩类	沉积岩	160	0.08	7.53	23.10	8.19	4.43	6.25	8.19
	变质岩	42	0.22	16.95	29.87	14.10	8.59	8.04	14.10

续表

统计项	统计项内容		样品数	最小值	中位数	最大值	算术平均值	几何平均值	标准离差	背景值
三大岩类	岩浆岩	侵入岩	34	11.37	17.18	47.24	19.43	18.39	7.87	17.24
		火山岩	2	18.48	19.59	20.71	19.59	19.56	1.58	19.59
地层细分	古近系和新近系		29	1.35	8.93	16.78	8.18	6.86	4.26	8.18
	白垩系		11	2.88	5.87	23.10	8.85	7.36	6.37	8.85
	侏罗系		18	1.73	12.39	17.98	11.03	9.59	4.88	11.03
	三叠系		3	12.24	17.10	19.11	16.15	15.87	3.53	16.15
	二叠系		12	1.19	7.45	22.70	9.76	7.37	6.96	9.76
	石炭系		19	0.14	0.80	18.48	3.93	1.06	6.40	3.93
	泥盆系		18	0.90	7.37	17.78	8.61	6.60	5.42	8.61
	志留系		10	0.09	12.52	18.88	11.65	7.51	5.59	11.65
	奥陶系		10	0.43	2.62	15.39	4.42	2.36	4.79	4.42
	寒武系		17	0.08	0.32	19.02	3.43	0.66	6.53	3.43
	元古宇		26	0.40	16.46	25.33	14.05	9.70	6.86	14.05
	太古宇		6	0.22	1.16	17.58	5.83	1.71	7.96	5.83
侵入岩细分	酸性岩		30	11.37	16.92	47.24	19.40	18.25	8.32	16.88
	中性岩		2	19.81	20.55	21.29	20.55	20.53	1.05	20.55
	基性岩		2	14.90	18.82	22.74	18.82	18.40	5.55	18.82
侵入岩期次	海西期		16	11.51	17.18	47.24	19.83	18.55	8.93	18.00
	加里东期		4	11.37	15.19	20.87	15.66	15.30	3.91	15.66
	元古宙		11	14.08	17.51	44.46	20.55	19.45	8.48	20.55
	太古宙		2	16.80	18.30	19.81	18.30	18.24	2.13	18.30
地层岩性	玄武岩		1	20.71	20.71	20.71	20.71	20.71		
	流纹岩		1	18.48	18.48	18.48	18.48	18.48		
	石英砂岩		2	1.23	1.48	1.73	1.48	1.46	0.35	1.48
	长石石英砂岩		26	1.41	10.05	13.58	8.68	7.62	3.88	8.68
	长石砂岩		3	10.15	17.32	19.11	15.53	14.98	4.74	15.53
	砂岩		62	3.23	10.45	22.70	11.46	10.31	5.01	11.46
	钙质泥质岩		7	14.91	15.79	23.10	17.10	16.93	2.82	17.10
	泥质岩		2	12.66	15.32	17.98	15.32	15.09	3.77	15.32
	石灰岩		30	0.08	0.63	8.19	1.75	0.81	2.19	1.75
	白云岩		2	0.90	2.24	3.57	2.24	1.79	1.89	2.24
	冰碛岩		5	11.39	12.08	19.07	13.52	13.26	3.19	13.52
	千枚岩		1	17.68	17.68	17.68	17.68	17.68		
	片岩		11	11.82	17.53	25.33	17.76	17.40	3.78	17.76
	片麻岩		12	13.42	17.18	22.06	17.45	17.28	2.56	17.45

续表

统计项	统计项内容	样品数	最小值	中位数	最大值	算术平均值	几何平均值	标准离差	背景值
地层岩性	斜长角闪岩	7	10.30	17.41	29.87	19.29	18.05	7.32	19.29
	大理岩	10	0.22	0.84	9.92	1.70	0.88	2.92	1.70
	石英岩	1	17.52	17.52	17.52	17.52	17.52		

表 11-8　松潘–甘孜造山带岩石中镓元素不同参数基准数据特征统计 （单位：10^{-6}）

统计项	统计项内容		样品数	最小值	中位数	最大值	算术平均值	几何平均值	标准离差	背景值
三大岩类	沉积岩		237	0.02	12.89	33.04	12.16	7.48	7.23	12.16
	变质岩		189	0.18	20.29	32.01	19.49	17.26	6.02	20.09
	岩浆岩	侵入岩	69	0.15	18.02	22.78	17.30	16.07	3.86	17.55
		火山岩	20	7.63	20.12	29.44	20.03	19.23	5.38	20.03
地层细分	古近系和新近系		18	0.72	9.35	24.41	10.92	9.04	5.60	10.92
	白垩系		1	0.87	0.87	0.87	0.87	0.87		
	侏罗系		3	0.46	3.73	10.48	4.89	2.61	5.11	4.89
	三叠系		258	0.02	15.55	33.04	16.10	13.17	6.47	16.10
	二叠系		37	0.17	16.73	29.48	15.58	8.74	8.64	15.58
	石炭系		10	0.29	6.64	27.09	10.67	3.57	11.31	10.67
	泥盆系		27	0.13	11.53	30.09	11.93	4.77	10.19	11.93
	志留系		33	0.18	15.81	28.57	14.25	8.45	8.87	14.25
	奥陶系		8	0.94	20.12	31.31	16.95	11.16	11.01	16.95
	寒武系		12	0.57	20.11	26.54	18.60	14.74	6.97	18.60
	元古宇		34	0.27	19.45	32.01	18.95	14.67	7.59	18.95
侵入岩细分	酸性岩		48	8.75	18.11	22.78	17.76	17.45	3.22	17.76
	中性岩		15	0.15	18.61	21.21	17.43	13.53	4.91	18.66
	基性岩		1	18.27	18.27	18.27	18.27	18.27		
	超基性岩		5	8.94	10.44	16.20	12.22	11.84	3.49	12.22
侵入岩期次	燕山期		25	0.15	19.40	22.78	18.48	15.73	4.54	19.24
	海西期		8	8.75	13.82	16.72	13.08	12.62	3.62	13.08
	印支期		19	13.18	18.40	21.77	17.73	17.52	2.74	17.73
	元古宙		12	14.45	17.11	21.54	17.32	17.21	2.10	17.32
	太古宙		1	10.44	10.44	10.44	10.44	10.44		
地层岩性	玄武岩		7	21.22	23.46	27.09	23.66	23.59	2.05	23.66
	安山岩		1	7.63	7.63	7.63	7.63	7.63		
	流纹岩		7	13.30	16.98	29.44	18.64	18.13	5.13	18.64
	凝灰岩		3	15.13	15.49	20.69	17.10	16.92	3.11	17.10
	粗面岩		2	17.90	22.75	27.60	22.75	22.22	6.86	22.75

续表

统计项	统计项内容	样品数	最小值	中位数	最大值	算术平均值	几何平均值	标准离差	背景值
地层岩性	石英砂岩	2	3.20	3.75	4.30	3.75	3.71	0.78	3.75
	长石石英砂岩	29	5.31	10.23	24.41	11.13	10.41	4.38	10.65
	长石砂岩	20	8.76	13.50	22.19	13.75	13.41	3.17	13.75
	砂岩	129	3.33	14.62	33.04	15.30	14.48	5.04	14.91
	粉砂质泥质岩	4	20.14	22.05	27.61	22.96	22.80	3.24	22.96
	钙质泥质岩	3	17.09	20.08	20.35	19.18	19.12	1.81	19.18
	泥质岩	4	19.49	23.33	28.57	23.68	23.41	4.15	23.68
	石灰岩	35	0.02	0.46	8.96	1.31	0.56	1.99	1.08
	白云岩	11	0.23	0.50	3.64	1.09	0.70	1.17	1.09
	硅质岩	2	3.65	5.66	7.68	5.66	5.29	2.85	5.66
	板岩	118	5.67	20.93	31.84	20.04	19.27	5.06	20.04
	千枚岩	29	8.15	19.79	30.09	20.37	19.73	4.93	20.37
	片岩	29	9.91	21.15	32.01	20.77	20.09	4.98	20.77
	片麻岩	2	17.52	20.06	22.60	20.06	19.90	3.59	20.06
	变粒岩	3	15.19	22.80	23.35	20.45	20.07	4.56	20.45
	大理岩	5	0.18	0.42	0.94	0.46	0.38	0.32	0.46
	石英岩	1	10.32	10.32	10.32	10.32	10.32		

表 11-9　西藏-三江造山带岩石中镓元素不同参数基准数据特征统计　　（单位：10^{-6}）

统计项	统计项内容		样品数	最小值	中位数	最大值	算术平均值	几何平均值	标准离差	背景值
三大岩类	沉积岩		702	0.02	10.23	36.61	11.11	5.68	8.46	11.07
	变质岩		139	0.21	17.61	33.28	17.45	14.61	7.34	17.45
	岩浆岩	侵入岩	165	0.14	17.65	32.26	17.22	14.49	5.72	17.22
		火山岩	81	10.01	18.02	28.51	18.45	17.97	4.23	18.45
地层细分	古近系和新近系		115	0.07	12.54	28.36	12.36	8.95	6.96	12.36
	白垩系		142	0.09	12.96	30.89	12.30	7.63	8.15	12.30
	侏罗系		199	0.01	13.09	30.23	12.25	6.38	8.57	12.25
	三叠系		142	0.02	12.22	30.70	12.39	6.50	8.56	12.39
	二叠系		80	0.12	14.27	27.79	12.10	5.30	8.95	12.10
	石炭系		107	0.11	15.43	29.10	12.55	6.25	8.98	12.55
	泥盆系		23	0.26	9.47	25.26	11.66	6.68	8.78	11.66
	志留系		8	1.97	21.16	32.02	18.44	13.79	10.49	18.44
	奥陶系		9	3.87	19.00	24.07	16.43	14.43	7.21	16.43
	寒武系		16	0.97	21.68	36.61	19.35	14.09	10.63	19.35
	元古宇		36	2.50	14.74	26.07	14.51	12.03	7.61	14.51
	太古宇		1	12.50	12.50	12.50	12.50	12.50		

续表

统计项	统计项内容	样品数	最小值	中位数	最大值	算术平均值	几何平均值	标准离差	背景值
侵入岩细分	酸性岩	122	2.19	17.83	32.26	18.31	17.73	4.18	18.33
	中性岩	22	7.73	18.84	25.71	18.81	18.16	4.52	18.81
	基性岩	11	15.35	16.87	17.93	16.66	16.64	0.88	16.66
	超基性岩	10	0.14	0.83	4.15	1.10	0.64	1.21	1.10
侵入岩期次	喜马拉雅期	26	12.45	18.73	28.47	19.13	18.68	4.38	19.13
	燕山期	107	0.14	17.57	32.26	16.91	13.80	5.91	16.91
	海西期	4	15.62	18.16	21.68	18.40	18.24	2.84	18.40
	加里东期	6	15.50	17.07	25.71	18.45	18.15	3.88	18.45
	印支期	14	0.51	17.02	22.92	14.26	9.71	7.31	14.26
	元古宙	5	10.00	19.72	23.51	18.56	17.85	5.11	18.56
地层岩性	玄武岩	16	15.42	18.76	28.51	19.51	19.22	3.65	19.51
	安山岩	11	12.52	18.70	24.15	18.88	18.62	3.20	18.88
	流纹岩	27	10.64	15.65	27.48	17.00	16.48	4.52	17.00
	火山碎屑岩	7	12.54	19.17	22.09	18.17	17.82	3.77	18.17
	凝灰岩	18	10.01	20.68	25.00	19.39	18.93	4.06	19.39
	粗面岩	1	27.95	27.95	27.95	27.95	27.95		
	石英砂岩	33	0.62	3.51	18.27	4.21	3.27	3.66	3.38
	长石石英砂岩	150	2.38	8.62	23.25	9.47	8.66	4.01	9.37
	长石砂岩	47	7.74	18.91	30.35	19.16	18.29	5.61	19.16
	砂岩	179	1.91	15.75	29.98	15.05	13.88	5.30	15.05
	粉砂质泥质岩	24	16.02	22.25	30.70	22.59	22.35	3.34	22.59
	钙质泥质岩	22	13.03	19.50	25.92	19.49	19.29	2.83	19.49
	泥质岩	50	15.68	24.32	36.61	24.12	23.68	4.59	24.12
	石灰岩	173	0.02	0.63	23.25	2.43	0.81	4.32	0.52
	白云岩	20	0.09	0.43	1.80	0.46	0.35	0.39	0.39
	泥灰岩	4	9.47	10.21	10.78	10.17	10.15	0.60	10.17
	硅质岩	5	1.89	7.10	10.32	6.80	5.76	3.64	6.80
	板岩	53	1.00	19.42	33.28	19.43	17.62	6.73	19.43
	千枚岩	6	13.65	20.22	25.89	20.52	20.12	4.30	20.52
	片岩	35	12.95	20.05	32.46	20.32	19.81	4.72	20.32
	片麻岩	13	9.80	20.64	25.34	19.08	18.43	4.82	19.08
	变粒岩	4	9.39	17.91	26.07	17.82	16.39	7.99	17.82
	斜长角闪岩	5	13.78	19.73	23.06	18.97	18.66	3.68	18.97
	大理岩	3	0.21	0.28	5.08	1.86	0.67	2.79	1.86
	石英岩	15	0.72	7.15	13.45	7.22	6.04	3.55	7.22

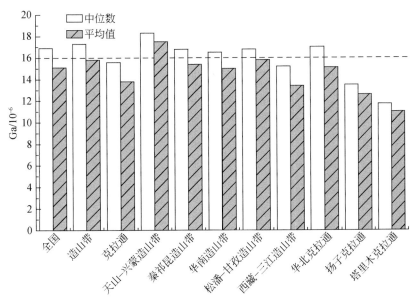

图 11-1　全国及一级大地构造单元岩石镓含量柱状图

（1）在天山-兴蒙造山带中分布：镓在火山岩中含量最高，变质岩和侵入岩次之，沉积岩最低；侵入岩中性岩镓含量最高，基性岩和酸性岩次之，超基性岩最低；侵入岩燕山期镓含量最高；地层中侏罗系镓含量最高，寒武系最低；地层岩性中安山岩和粉砂质泥质岩镓含量最高，碳酸盐岩（石灰岩、白云岩）及其对应的变质岩（大理岩）镓含量最低。

（2）在秦祁昆造山带中分布：镓在变质岩中含量最高，侵入岩和火山岩次之，沉积岩最低；侵入岩中性岩镓含量最高，基性岩和酸性岩次之，超基性岩最低；侵入岩燕山期镓含量最高；地层中太古宇镓含量最高，石炭系最低；地层岩性中板岩和泥质岩镓含量最高，碳酸盐岩（石灰岩、白云岩）及其对应的变质岩（大理岩）和硅质岩镓含量最低。

（3）在华南造山带中分布：镓在变质岩中含量最高，侵入岩和火山岩次之，沉积岩最低；侵入岩基性岩镓含量最高，中性岩、酸性岩、超基性岩依次降低；侵入岩印支期镓含量最高；地层中志留系镓含量最高，石炭系最低；地层岩性中泥质岩镓含量最高，碳酸盐岩（石灰岩、白云岩）镓含量最低。

（4）在松潘-甘孜造山带中分布：镓在火山岩和变质岩中含量接近，侵入岩次之，沉积岩最低；侵入岩中性岩镓含量最高，基性岩和酸性岩次之，超基性岩最低；侵入岩燕山期镓含量最高；地层中志留系镓含量最高，石炭系最低；地层岩性中玄武岩和泥质岩镓含量最高，碳酸盐岩（石灰岩、白云岩）及其对应的变质岩（大理岩）和硅质岩镓含量最低。

（5）在西藏-三江造山带中分布：镓在火山岩中含量最高，变质岩和侵入岩次之，沉积岩最低；侵入岩中性岩镓含量最高，基性岩和酸性岩次之，超基性岩最低；侵入岩元古宇镓含量最高；地层中寒武系镓含量最高，泥盆系最低；地层岩性中粗面岩和泥质岩镓含量最高，碳酸盐岩（石灰岩、白云岩）镓含量最低。

（6）在华北克拉通中分布：镓在火山岩中含量最高，变质岩和侵入岩次之，沉积岩最低；侵入岩中性岩镓含量最高，基性岩和酸性岩次之，超基性岩最低；侵入岩燕山期镓含量最高；地层中泥盆系镓含量最高，奥陶系最低；地层岩性中泥质岩镓含量最高，碳酸盐岩（石灰岩、白云岩）及其对应的变质岩（大理岩）和硅质岩镓含量最低。

（7）在扬子克拉通中分布：镓在火山岩中含量最高，变质岩和侵入岩次之，沉积岩最低；侵入岩中性岩镓含量最高，基性岩和酸性岩次之，超基性岩最低；侵入岩加里东期镓含量最高；地层中志留系镓含量最高，石炭系最低；地层岩性中玄武岩和泥质岩镓含量最高，碳酸盐岩（石灰岩、白云岩）镓含量最低。

（8）在塔里木克拉通中分布：镓在火山岩中含量最高，侵入岩和变质岩次之，沉积岩最低；侵入岩中性岩镓含量最高，基性岩和酸性岩次之，超基性岩最低；侵入岩太古宇镓含量最高；地层中三叠系镓含量最高，寒武系最低；地层岩性中玄武岩镓含量最高，石灰岩和大理岩镓含量最低。

第二节　中国土壤镓元素含量特征

一、中国土壤镓元素含量总体特征

中国表层和深层土壤中的镓含量近似呈对数正态分布，但表层样品有少量离群值存在（图 11-2）；镓元素表层样品和深层样品 95%（2.5%～97.5%）的数据分别变化于 $7.02 \times 10^{-6} \sim 24.4 \times 10^{-6}$ 和 $6.85 \times 10^{-6} \sim 24.6 \times 10^{-6}$；基准值（中位数）分别为 15.0×10^{-6} 和 14.9×10^{-6}；低背景基线值（下四分位数）分别为 12.4×10^{-6} 和 12.1×10^{-6}，高背景基线值（上四分位数）分别为 17.7×10^{-6} 和 17.7×10^{-6}；中位数略低于地壳克拉克值。

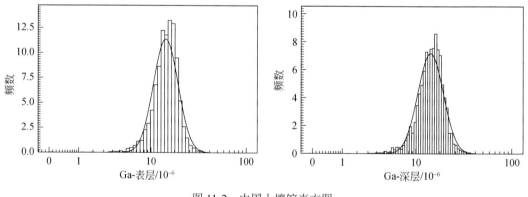

图 11-2　中国土壤镓直方图

二、中国不同大地构造单元土壤镓元素含量

镓元素含量在八个一级大地构造单元内的统计参数见表 11-10 和图 11-3。表层样品中位数排序：华南造山带＞扬子克拉通＞天山-兴蒙造山带＞全国＞松潘-甘孜造山带＞华北克拉通＞西藏-三江造山带＞秦祁昆造山带＞塔里木克拉通。深层样品中位数排序：华南造山带＞扬子克拉通＞天山-兴蒙造山带＞全国＞松潘-甘孜造山带＞华北克拉通＞西藏-三

江造山带＞秦祁昆造山带＞塔里木克拉通。

表 11-10　中国一级大地构造单元土壤镓基准值数据特征　（单位：10^{-6}）

类型	层位	样品数	最小值	25%低背景	50%中位数	75%高背景	85%异常下限	最大值	算术平均值	几何平均值
全国	表层	3382	0.04	12.42	15.02	17.68	19.10	42.13	15.14	14.47
	深层	3380	2.74	12.11	14.87	17.70	19.25	42.13	15.07	14.38
造山带	表层	2160	1.77	12.51	15.22	18.03	19.38	42.13	15.29	14.59
	深层	2158	2.74	12.21	15.03	17.85	19.51	42.13	15.18	14.44
克拉通	表层	1222	0.04	12.31	14.67	17.20	18.58	36.65	14.87	14.26
	深层	1222	3.10	11.83	14.42	17.42	18.90	36.65	14.86	14.28
天山-兴蒙造山带	表层	909	5.09	13.28	15.81	18.14	19.21	34.42	15.58	15.07
	深层	907	4.49	12.50	15.26	17.77	19.07	27.22	15.06	14.49
华北克拉通	表层	613	5.40	12.52	14.57	16.77	17.82	26.25	14.57	14.18
	深层	613	4.94	11.98	14.33	16.98	18.18	36.07	14.52	14.04
塔里木克拉通	表层	209	1.11	10.73	11.94	13.69	15.20	21.86	12.24	11.84
	深层	209	3.10	10.83	11.83	13.26	14.08	18.51	12.04	11.80
秦祁昆造山带	表层	350	4.55	11.62	13.43	15.78	17.02	25.93	13.81	13.43
	深层	350	4.55	11.77	13.52	15.93	16.98	29.83	13.88	13.48
松潘-甘孜造山带	表层	202	5.16	12.41	14.65	16.91	18.20	23.21	14.30	13.75
	深层	202	3.88	12.09	14.51	16.64	18.22	27.40	14.28	13.71
西藏-三江造山带	表层	349	3.36	10.99	14.38	17.43	19.19	27.74	14.38	13.43
	深层	349	3.31	11.10	14.25	16.86	19.14	30.39	14.03	13.07
扬子克拉通	表层	399	0.04	13.64	16.44	19.10	20.82	36.65	16.72	15.85
	深层	399	3.37	13.86	16.98	19.43	21.08	36.65	16.86	16.22
华南造山带	表层	351	1.77	13.67	17.17	20.75	23.37	42.13	17.48	16.33
	深层	351	2.74	14.56	17.70	21.99	24.37	42.13	18.46	17.43

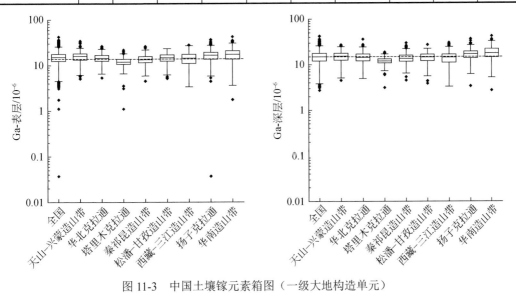

图 11-3　中国土壤镓元素箱图（一级大地构造单元）

三、中国不同自然地理景观土壤镓元素含量

镓元素含量在 10 个自然地理景观的统计参数见表 11-11 和图 11-4。表层样品中位数排序：森林沼泽＞低山丘陵＞喀斯特＞冲积平原＞中高山＞全国＞荒漠戈壁＞黄土＞半干旱草原＞沙漠盆地＞高寒湖泊。深层样品中位数排序：森林沼泽＞低山丘陵＞喀斯特＞冲积平原＞中高山＞全国＞荒漠戈壁＞黄土＞半干旱草原＞沙漠盆地＞高寒湖泊。

表 11-11　中国自然地理景观土壤镓基准值数据特征　　　　（单位：10^{-6}）

类型	层位	样品数	最小值	25% 低背景	50% 中位数	75% 高背景	85% 异常下限	最大值	算术 平均值	几何 平均值
全国	表层	3382	0.04	12.42	15.02	17.68	19.10	42.13	15.14	14.47
	深层	3380	2.74	12.11	14.87	17.70	19.25	42.13	15.07	14.38
低山丘陵	表层	633	1.77	14.36	16.94	19.36	21.51	34.84	17.10	16.37
	深层	633	2.74	14.58	17.20	19.88	22.02	36.06	17.52	16.77
冲积平原	表层	335	5.32	13.32	15.42	17.41	18.81	28.63	15.37	14.94
	深层	335	5.96	13.11	15.74	18.17	19.90	27.52	15.73	15.18
森林沼泽	表层	218	6.10	16.64	18.12	19.66	20.38	34.42	18.11	17.84
	深层	217	8.39	16.07	18.05	19.98	20.96	36.07	17.98	17.69
喀斯特	表层	126	4.13	12.71	16.22	19.24	20.85	42.13	16.05	15.09
	深层	126	5.26	13.28	16.82	20.00	21.90	42.13	17.04	16.27
黄土	表层	170	4.55	12.34	13.50	15.14	16.42	18.82	13.65	13.41
	深层	170	4.55	11.83	13.13	14.67	16.18	20.63	13.28	12.96
中高山	表层	923	0.04	12.80	15.09	17.56	19.05	36.65	15.35	14.74
	深层	923	3.37	12.58	14.95	17.30	18.68	36.65	15.17	14.67
高寒湖泊	表层	140	3.36	7.26	10.02	12.95	14.71	21.19	10.36	9.60
	深层	140	3.31	7.05	10.22	12.66	14.32	21.87	10.21	9.38
半干旱草原	表层	215	6.11	10.68	13.07	15.26	16.78	22.70	13.15	12.73
	深层	214	4.94	10.35	12.81	15.01	16.43	23.48	12.84	12.35
荒漠戈壁	表层	424	5.09	11.78	14.25	16.82	18.21	27.09	14.48	14.06
	深层	424	4.49	11.34	13.43	16.08	17.19	23.43	13.71	13.29
沙漠盆地	表层	198	1.11	10.01	11.76	13.27	14.78	21.73	11.83	11.38
	深层	198	3.10	10.06	11.30	12.99	13.71	22.31	11.45	11.14

四、中国不同土壤类型镓元素含量

镓元素含量在 17 个主要土壤类型的统计参数见图 11-5 和表 11-12。表层样品中位数排序：寒棕壤-漂灰土带＞暗棕壤-黑土带＞赤红壤带＞红壤-黄壤带＞黄棕壤-黄褐土带＞棕

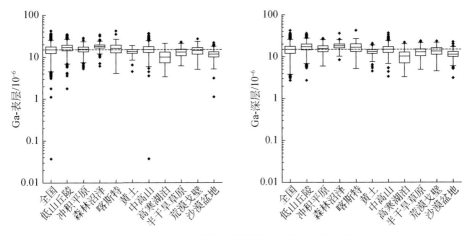

图 11-4　中国土壤镓元素箱图（自然地理景观）

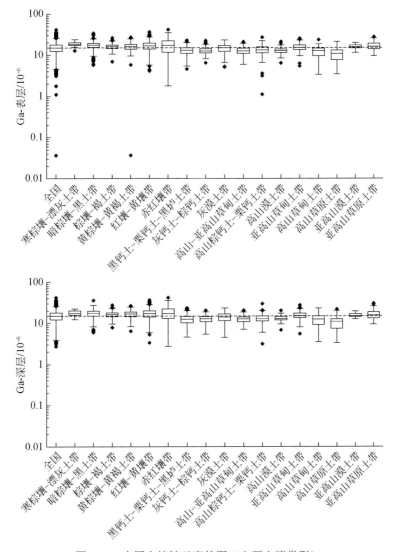

图 11-5　中国土壤镓元素箱图（主要土壤类型）

壤-褐土带＞亚高山草原土带＞亚高山漠土带＞亚高山草甸土带＞全国＞灰漠土带＞高山棕钙土-栗钙土带＞黑钙土-栗钙土-黑垆土带＞高山草甸土带＞高山漠土带＞灰钙土-棕钙土带＞高山-亚高山草甸土带＞高山草原土带。深层样品中位数排序：暗棕壤-黑土带＞赤红壤带＞红壤-黄壤带＞寒棕壤-漂灰土带＞黄棕壤-黄褐土带＞棕壤-褐土带＞亚高山草原土带＞亚高山草甸土带＞亚高山漠土带＞全国＞漠土带＞高山漠土带＞灰钙土-棕钙土带＞高山棕钙土-栗钙土带＞高山-亚高山草甸土带＞黑钙土-栗钙土-黑垆土带＞高山草甸土带＞高山草原土带。

表 11-12　中国主要土壤类型镓基准值数据特征　　　　（单位：10^{-6}）

类型	层位	样品数	最小值	25%低背景	50%中位数	75%高背景	85%异常下限	最大值	算术平均值	几何平均值
全国	表层	3382	0.04	12.42	15.02	17.68	19.10	42.13	15.14	14.47
	深层	3380	2.74	12.11	14.87	17.70	19.25	42.13	15.07	14.38
寒棕壤-漂灰土带	表层	35	12.84	17.31	18.48	20.08	20.33	23.90	18.67	18.54
	深层	35	12.21	15.71	17.07	20.10	21.18	22.55	17.65	17.45
暗棕壤-黑土带	表层	296	5.72	15.39	17.60	19.27	20.39	34.42	17.16	16.66
	深层	295	5.96	14.89	17.54	19.82	20.86	36.07	17.27	16.77
棕壤-褐土带	表层	333	6.94	14.57	16.07	17.56	18.49	26.25	16.13	15.95
	深层	333	7.85	14.27	16.16	18.04	19.13	27.62	16.15	15.87
黄棕壤-黄褐土带	表层	124	0.04	13.82	16.15	18.22	19.25	27.21	16.07	15.08
	深层	124	6.39	14.37	16.91	18.90	20.44	26.57	16.85	16.43
红壤-黄壤带	表层	575	4.13	13.97	16.78	19.59	21.20	36.65	16.95	16.28
	深层	575	3.37	14.14	17.12	19.91	21.59	36.65	17.23	16.54
赤红壤带	表层	204	1.77	11.84	17.17	22.13	24.82	42.13	17.34	15.72
	深层	204	2.74	12.99	17.19	22.18	24.96	42.13	17.86	16.46
黑钙土-栗钙土-黑垆土带	表层	360	4.55	11.08	12.96	14.90	16.16	22.70	12.98	12.58
	深层	360	4.55	10.19	12.50	14.46	15.84	23.48	12.51	12.02
灰钙土-棕钙土带	表层	90	6.45	11.14	12.45	14.07	15.02	22.42	12.82	12.53
	深层	89	5.37	10.79	12.79	14.60	15.94	20.62	12.82	12.47
灰漠土带	表层	356	5.09	12.30	14.81	16.97	18.31	23.44	14.66	14.22
	深层	356	4.49	11.41	14.25	16.73	17.77	23.43	14.09	13.59
高山-亚高山草甸土带	表层	119	5.87	10.90	12.39	14.43	15.86	20.99	12.80	12.48
	深层	119	7.01	10.77	12.62	14.11	15.72	20.48	12.70	12.40

续表

类型	层位	样品数	最小值	25%低背景	50%中位数	75%高背景	85%异常下限	最大值	算术平均值	几何平均值
高山棕钙土-栗钙土带	表层	338	1.11	11.17	13.22	15.66	17.28	27.09	13.54	13.04
	深层	338	3.10	11.18	12.76	14.82	15.93	29.83	13.02	12.70
高山漠土带	表层	49	6.37	11.43	12.68	13.91	15.22	21.22	12.89	12.65
	深层	49	6.78	11.83	12.91	14.55	15.13	20.29	13.08	12.89
亚高山草甸土带	表层	193	5.39	13.42	15.22	17.38	18.31	25.44	15.44	15.13
	深层	193	5.45	13.59	15.16	17.42	18.58	27.40	15.53	15.21
高山草甸土带	表层	84	3.36	9.58	12.72	14.42	15.42	23.71	12.15	11.54
	深层	84	3.48	9.17	12.42	14.94	15.73	23.00	12.06	11.33
高山草原土带	表层	120	3.43	7.65	10.79	13.08	14.43	21.19	10.64	9.89
	深层	120	3.31	7.44	10.85	12.52	14.32	21.87	10.52	9.73
亚高山漠土带	表层	18	11.37	14.76	15.80	17.30	18.09	20.09	16.00	15.86
	深层	18	12.63	14.36	14.90	16.36	16.93	19.64	15.39	15.29
亚高山草原土带	表层	88	9.57	13.79	16.01	19.01	22.06	27.74	16.68	16.16
	深层	88	9.38	13.25	15.51	18.65	20.75	30.39	16.31	15.78

第三节　镓元素空间分布与异常评价

　　自然界中的镓分布比较分散，多以伴生矿存在，主要赋存在铝土矿中，少量存在于锡矿、钨矿和铅锌矿中。富镓矿床分为铝土矿床、铅锌矿床、煤和明矾石矿床（涂光炽等，2004），其特征随主矿种而定。铝土矿中的镓是世界镓资源的最主要来源。宏观上中国土壤（汇水域沉积物）表层样品和深层样品镓元素空间分布较为一致，地球化学基准图较为相似。镓元素低背景区主要分布在华北克拉通西北部、塔里木克拉通、秦祁昆造山带西部、松潘-甘孜造山带西部及西藏-三江造山带北部区域；高背景区主要分布在额尔古纳造山带、吉黑造山带、辽东台隆、扬子克拉通及华南造山带部分区域。以累积频率85%为异常下限，共圈定21处镓地球化学异常。镓资源储量较多的地区除内蒙古外，还有广西、贵州、河南、山西、云南5省区。广西、贵州、河南、山西、吉林、山东等省区的镓主要存在于铝土矿中，云南、黑龙江等省的镓主要存在于锡矿或煤矿中，湖南等省的镓主要存在于闪锌矿中。四川攀枝花的镓主要赋存在钒钛磁铁矿中。镓在人和动物体内属微量元素，它是否为人体必需元素，目前尚无定论。镓可以选择性聚集在活的瘤组织内，起到抗癌作用，是人们发现的继铂之后第二种治疗癌症的有效元素。镓还能抑制骨的再吸收和提高骨钙含量从而改善骨强度（图11-6、表11-13）。

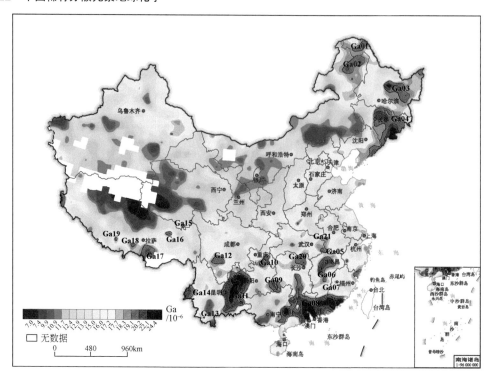

图 11-6　中国镓地球化学异常分布图

表 11-13　中国镓地球化学异常统计参数（对于图 11-6）

编号	面积/km²	点数/个	极小值/10⁻⁶	极大值/10⁻⁶	平均值/10⁻⁶	中位数/10⁻⁶	离差
Ga01	11713	4	18.1	21.9	20.2	20.4	1.91
Ga02	34604	10	18.3	25.9	21.0	20.1	2.51
Ga03	45010	15	16.7	34.4	21.0	20.5	4.01
Ga04	106394	39	17.0	32.2	20.6	20.1	3.18
Ga05	3799	2	20.5	27.2	23.9	23.9	4.74
Ga06	31419	9	17.7	28.6	23.4	23.9	3.72
Ga07	599						
Ga08	190607	75	12.5	35.0	22.9	22.6	5.38
Ga09	17451	5	16.4	23.4	21.7	23.2	3.01
Ga10	10863	7	14.7	36.1	21.7	19.0	7.50
Ga11	129514	42	11.5	42.1	23.4	23.0	5.71
Ga12	12622	5	18.3	26.2	21.7	20.8	2.92
Ga13	124						
Ga14	14428	7	19.6	24.7	21.7	21.1	2.10
Ga15	1454	2	19.2	25.4	22.3	22.3	4.38
Ga16	3224	1	25.2	25.2	25.2	25.2	
Ga17	22005	5	17.0	27.7	21.5	21.5	4.28
Ga18	1873	4	18.3	25.8	22.6	23.2	3.63
Ga19	1004	3	14.9	24.1	21.0	24.0	5.26
Ga20	12645	4	20.1	24.1	22.2	22.2	1.66
Ga21	837	1	21.8	21.8	21.8	21.8	

第十二章 中国锗元素地球化学

第一节 中国岩石锗元素含量特征

一、三大岩类中锗含量分布

锗在变质岩中含量最高，侵入岩和火山岩次之，沉积岩最低；侵入岩基性岩锗含量最高，超基性岩最低；侵入岩燕山期和加里东期锗含量最高；地层岩性中泥质岩锗含量最高，碳酸盐岩（石灰岩、白云岩）及其对应的变质岩（大理岩）锗含量最低（表 12-1）。

表 12-1 全国岩石中锗元素不同参数基准数据特征统计 （单位：10^{-6}）

统计项	统计项内容		样品数	最小值	中位数	最大值	算术平均值	几何平均值	标准离差	背景值
三大岩类	沉积岩		6209	0.01	1.08	23.34	1.04	0.72	0.80	0.99
	变质岩		1808	0.001	1.39	12.52	1.42	1.21	0.71	1.37
	岩浆岩	侵入岩	2634	0.04	1.20	4.33	1.25	1.19	0.39	1.22
		火山岩	1467	0.06	1.18	5.64	1.23	1.17	0.41	1.18
地层细分	古近系和新近系		528	0.10	1.13	23.34	1.16	1.05	1.04	1.12
	白垩系		886	0.06	1.12	8.57	1.19	1.08	0.56	1.12
	侏罗系		1362	0.06	1.16	11.18	1.22	1.10	0.62	1.15
	三叠系		1142	0.05	1.12	4.63	1.03	0.75	0.60	1.02
	二叠系		873	0.01	1.15	12.52	1.09	0.72	0.85	1.02
	石炭系		869	0.02	1.12	5.90	1.03	0.68	0.73	0.98
	泥盆系		713	0.03	1.22	6.30	1.14	0.80	0.71	1.13
	志留系		390	0.001	1.45	3.82	1.42	1.19	0.59	1.40
	奥陶系		547	0.02	0.98	7.40	0.94	0.55	0.79	0.91
	寒武系		632	0.04	1.01	11.54	1.02	0.61	0.94	0.97
	元古宇		1145	0.01	1.33	8.66	1.31	0.95	0.82	1.27
	太古宇		244	0.02	1.06	4.16	1.11	0.99	0.49	1.07
侵入岩细分	酸性岩		2077	0.04	1.21	4.33	1.26	1.20	0.39	1.23
	中性岩		340	0.11	1.17	4.20	1.18	1.14	0.33	1.16

统计项	统计项内容	样品数	最小值	中位数	最大值	算术平均值	几何平均值	标准离差	背景值
侵入岩细分	基性岩	164	0.49	1.26	2.58	1.32	1.28	0.34	1.27
	超基性岩	53	0.21	0.97	2.36	1.07	0.97	0.47	1.07
侵入岩期次	喜马拉雅期	27	0.86	1.20	2.01	1.24	1.21	0.29	1.24
	燕山期	963	0.11	1.22	4.20	1.26	1.20	0.38	1.24
	海西期	778	0.48	1.21	4.33	1.25	1.20	0.36	1.21
	加里东期	211	0.28	1.22	3.63	1.27	1.21	0.43	1.22
	印支期	237	0.04	1.20	2.87	1.25	1.20	0.36	1.22
	元古宙	253	0.17	1.13	3.05	1.24	1.18	0.44	1.18
	太古宙	100	0.34	1.04	3.13	1.07	1.01	0.40	1.03
地层岩性	玄武岩	238	0.68	1.24	3.65	1.29	1.26	0.34	1.24
	安山岩	279	0.12	1.15	3.44	1.20	1.15	0.36	1.15
	流纹岩	378	0.28	1.14	3.86	1.19	1.13	0.40	1.15
	火山碎屑岩	88	0.15	1.13	3.22	1.27	1.19	0.47	1.20
	凝灰岩	432	0.06	1.19	5.64	1.25	1.18	0.46	1.20
	粗面岩	43	0.49	1.10	1.89	1.09	1.06	0.26	1.07
	石英砂岩	221	0.10	0.96	11.18	1.10	0.95	0.93	0.96
	长石石英砂岩	888	0.09	1.18	23.34	1.28	1.18	0.90	1.19
	长石砂岩	458	0.12	1.29	4.77	1.34	1.27	0.44	1.30
	砂岩	1844	0.06	1.22	8.57	1.28	1.18	0.56	1.22
	粉砂质泥质岩	106	0.12	1.44	3.10	1.43	1.26	0.55	1.41
	钙质泥质岩	174	0.16	1.33	4.28	1.37	1.31	0.41	1.36
	泥质岩	712	0.06	1.68	7.89	1.71	1.59	0.68	1.65
	石灰岩	1310	0.01	0.16	10.18	0.27	0.18	0.43	0.17
	白云岩	441	0.01	0.14	8.66	0.26	0.17	0.53	0.16
	泥灰岩	49	0.18	0.62	1.38	0.62	0.58	0.22	0.60
	硅质岩	68	0.18	0.82	12.52	1.26	0.82	1.98	0.85
	冰碛岩	5	1.07	1.22	1.30	1.19	1.18	0.10	1.19
	板岩	525	0.17	1.58	6.30	1.63	1.55	0.53	1.58
	千枚岩	150	0.46	1.60	4.35	1.70	1.61	0.57	1.67
	片岩	380	0.60	1.54	4.22	1.64	1.56	0.55	1.55
	片麻岩	289	0.49	1.16	2.96	1.20	1.15	0.36	1.18
	变粒岩	119	0.46	1.14	4.84	1.23	1.14	0.55	1.17
	麻粒岩	4	0.92	1.32	1.80	1.34	1.28	0.48	1.34
	斜长角闪岩	88	0.92	1.44	3.39	1.48	1.44	0.41	1.42
	大理岩	108	0.001	0.16	1.89	0.25	0.14	0.32	0.16
	石英岩	75	0.42	1.19	3.04	1.28	1.19	0.52	1.26

二、不同时代地层中锗含量分布

锗含量的中位数在地层中志留系最高，奥陶系最低；从高到低依次为：志留系、元古宇、泥盆系、侏罗系、二叠系、古近系和新近系、白垩系、石炭系、三叠系、太古宇、寒武系、奥陶系（表 12-1）。

三、不同大地构造单元中锗含量分布

表 12-2～表 12-9 给出了不同大地构造单元锗的含量数据，图 12-1 给出了各大地构造单元平均含量与地壳克拉克值的对比。

表 12-2　天山–兴蒙造山带岩石中锗元素不同参数基准数据特征统计　　（单位：10^{-6}）

统计项	统计项内容		样品数	最小值	中位数	最大值	算术平均值	几何平均值	标准离差	背景值
三大岩类	沉积岩		807	0.01	1.25	11.18	1.24	1.02	0.70	1.18
	变质岩		373	0.01	1.36	3.82	1.29	1.03	0.56	1.27
	岩浆岩	侵入岩	917	0.11	1.22	4.33	1.26	1.21	0.37	1.23
		火山岩	823	0.13	1.18	4.88	1.22	1.17	0.39	1.19
地层细分	古近系和新近系		153	0.13	1.15	2.28	1.17	1.12	0.29	1.15
	白垩系		203	0.16	1.12	2.96	1.20	1.13	0.41	1.15
	侏罗系		411	0.15	1.18	11.18	1.25	1.16	0.68	1.17
	三叠系		32	0.57	1.37	2.09	1.35	1.31	0.34	1.35
	二叠系		275	0.01	1.29	6.12	1.28	1.07	0.65	1.21
	石炭系		353	0.02	1.24	4.39	1.22	1.05	0.50	1.20
	泥盆系		238	0.03	1.31	3.42	1.26	1.07	0.53	1.22
	志留系		81	0.02	1.37	3.82	1.36	1.20	0.52	1.36
	奥陶系		111	0.05	1.38	4.00	1.35	1.16	0.58	1.30
	寒武系		13	0.09	1.39	1.92	1.13	0.77	0.64	1.13
	元古宇		145	0.01	1.28	3.39	1.18	0.78	0.73	1.15
	太古宇		6	0.62	0.97	3.11	1.32	1.13	0.93	1.32
侵入岩细分	酸性岩		736	0.11	1.24	4.33	1.27	1.22	0.37	1.24
	中性岩		110	0.13	1.21	3.13	1.24	1.19	0.34	1.19
	基性岩		58	0.49	1.20	1.96	1.23	1.20	0.27	1.23
	超基性岩		13	0.21	0.80	2.36	1.00	0.85	0.62	1.00
侵入岩期次	燕山期		240	0.13	1.20	3.32	1.21	1.16	0.34	1.20
	海西期		534	0.48	1.24	4.33	1.27	1.23	0.36	1.24
	加里东期		37	0.28	1.24	2.19	1.28	1.23	0.32	1.31
	印支期		29	0.49	1.26	2.16	1.28	1.24	0.31	1.28

续表

统计项	统计项内容	样品数	最小值	中位数	最大值	算术平均值	几何平均值	标准离差	背景值
侵入岩期次	元古宙	57	0.77	1.12	2.86	1.27	1.22	0.44	1.17
	太古宙	1	3.13	3.13	3.13	3.13	3.13		
地层岩性	玄武岩	96	0.68	1.20	2.14	1.23	1.21	0.26	1.22
	安山岩	181	0.13	1.15	3.44	1.19	1.14	0.38	1.14
	流纹岩	206	0.28	1.15	3.33	1.18	1.12	0.40	1.14
	火山碎屑岩	54	0.15	1.18	3.14	1.25	1.18	0.42	1.21
	凝灰岩	260	0.28	1.24	4.88	1.27	1.22	0.43	1.23
	粗面岩	21	0.68	1.13	1.58	1.14	1.12	0.22	1.14
	石英砂岩	8	0.49	1.23	11.18	2.94	1.65	3.79	2.94
	长石石英砂岩	118	0.28	1.27	6.12	1.36	1.27	0.65	1.27
	长石砂岩	108	0.63	1.21	2.99	1.26	1.21	0.38	1.18
	砂岩	396	0.14	1.29	4.00	1.33	1.25	0.48	1.27
	粉砂质泥质岩	31	0.83	1.56	2.58	1.57	1.52	0.38	1.57
	钙质泥质岩	14	0.16	1.29	1.65	1.24	1.14	0.35	1.33
	泥质岩	46	0.80	1.48	3.35	1.56	1.50	0.46	1.49
	石灰岩	66	0.01	0.16	1.40	0.23	0.15	0.23	0.19
	白云岩	20	0.03	0.14	1.17	0.22	0.16	0.25	0.17
	硅质岩	7	0.21	0.78	2.73	1.05	0.82	0.81	1.05
	板岩	119	0.74	1.41	3.82	1.45	1.41	0.38	1.43
	千枚岩	18	0.89	1.43	2.31	1.44	1.39	0.38	1.44
	片岩	97	0.78	1.45	2.58	1.50	1.45	0.38	1.50
	片麻岩	45	0.68	1.37	1.81	1.34	1.31	0.27	1.34
	变粒岩	12	0.81	1.08	2.06	1.20	1.15	0.39	1.20
	斜长角闪岩	12	1.15	1.52	3.39	1.78	1.67	0.77	1.78
	大理岩	42	0.01	0.09	0.82	0.17	0.10	0.19	0.15
	石英岩	21	0.62	1.37	2.00	1.30	1.23	0.44	1.30

表 12-3　华北克拉通岩石中锗元素不同参数基准数据特征统计　　　　（单位：10^{-6}）

统计项	统计项内容		样品数	最小值	中位数	最大值	算术平均值	几何平均值	标准离差	背景值
三大岩类	沉积岩		1061	0.01	0.91	8.66	0.98	0.60	0.89	0.87
	变质岩		361	0.02	1.14	11.54	1.27	1.05	0.86	1.12
	岩浆岩	侵入岩	571	0.17	1.10	4.20	1.13	1.07	0.39	1.09
		火山岩	217	0.17	1.14	3.22	1.18	1.13	0.38	1.13
地层细分	古近系和新近系		86	0.10	1.14	3.06	1.19	1.11	0.40	1.17
	白垩系		166	0.36	1.00	4.48	1.07	0.99	0.49	1.00
	侏罗系		246	0.26	1.10	7.90	1.26	1.12	0.84	1.08

续表

统计项	统计项内容	样品数	最小值	中位数	最大值	算术平均值	几何平均值	标准离差	背景值
地层细分	三叠系	80	0.10	0.98	1.92	1.03	0.98	0.31	1.04
	二叠系	107	0.06	1.18	2.66	1.23	1.11	0.45	1.22
	石炭系	98	0.06	1.38	5.90	1.51	1.14	1.03	1.36
	泥盆系	1	0.97	0.97	0.97	0.97	0.97		
	志留系	12	0.02	1.27	3.45	1.51	0.95	1.03	1.51
	奥陶系	139	0.02	0.10	7.40	0.29	0.15	0.71	0.11
	寒武系	177	0.04	0.28	11.54	0.83	0.37	1.18	0.77
	元古宇	303	0.01	0.98	8.66	1.15	0.71	1.02	1.06
	太古宇	196	0.02	1.02	4.16	1.09	0.99	0.47	1.05
侵入岩细分	酸性岩	413	0.17	1.08	3.05	1.11	1.04	0.39	1.06
	中性岩	93	0.48	1.12	4.20	1.13	1.10	0.38	1.10
	基性岩	51	0.90	1.22	2.58	1.29	1.26	0.32	1.24
	超基性岩	14	0.82	1.25	1.84	1.24	1.21	0.31	1.24
侵入岩期次	燕山期	201	0.34	1.12	4.20	1.15	1.10	0.37	1.12
	海西期	132	0.50	1.10	2.98	1.13	1.08	0.40	1.07
	加里东期	20	0.50	0.88	1.65	0.95	0.91	0.32	0.95
	印支期	39	0.19	1.14	2.63	1.25	1.16	0.47	1.25
	元古宙	75	0.17	1.08	3.05	1.15	1.09	0.40	1.13
	太古宙	91	0.34	1.02	2.82	1.03	0.98	0.34	1.01
地层岩性	玄武岩	40	0.84	1.14	3.08	1.18	1.15	0.34	1.14
	安山岩	64	0.88	1.16	2.34	1.20	1.18	0.23	1.18
	流纹岩	53	0.43	1.10	2.48	1.18	1.11	0.40	1.15
	火山碎屑岩	14	0.82	1.10	3.22	1.37	1.24	0.75	1.37
	凝灰岩	30	0.17	1.12	2.87	1.16	1.06	0.48	1.10
	粗面岩	15	0.80	1.00	1.33	1.05	1.03	0.19	1.05
	石英砂岩	45	0.10	0.86	5.31	1.13	0.91	0.96	1.03
	长石石英砂岩	103	0.18	1.05	5.49	1.16	1.06	0.61	1.07
	长石砂岩	54	0.52	1.05	4.77	1.20	1.11	0.63	1.13
	砂岩	302	0.10	1.06	7.90	1.23	1.09	0.77	1.09
	粉砂质泥质岩	25	1.06	1.50	3.10	1.59	1.52	0.54	1.59
	钙质泥质岩	32	0.42	1.32	2.22	1.36	1.27	0.46	1.36
	泥质岩	138	0.06	1.64	7.40	1.76	1.52	0.99	1.59
	石灰岩	229	0.02	0.12	1.50	0.20	0.15	0.21	0.15
	白云岩	120	0.01	0.14	8.66	0.42	0.19	0.97	0.14
	泥灰岩	13	0.30	0.64	1.38	0.65	0.61	0.27	0.65

统计项	统计项内容	样品数	最小值	中位数	最大值	算术平均值	几何平均值	标准离差	背景值
地层岩性	硅质岩	5	0.58	1.30	11.54	3.39	1.72	4.66	3.39
	板岩	18	0.85	1.79	3.01	1.94	1.83	0.65	1.94
	千枚岩	11	0.62	1.78	4.35	1.81	1.57	1.03	1.81
	片岩	49	0.60	1.54	3.88	1.74	1.58	0.81	1.74
	片麻岩	122	0.49	1.01	2.66	1.07	1.03	0.29	1.05
	变粒岩	66	0.46	1.02	4.84	1.15	1.04	0.66	1.03
	麻粒岩	4	0.92	1.32	1.80	1.34	1.28	0.48	1.34
	斜长角闪岩	42	0.92	1.44	3.04	1.45	1.42	0.34	1.41
	大理岩	26	0.02	0.16	1.62	0.30	0.18	0.40	0.19
	石英岩	18	0.51	0.89	2.64	1.15	1.03	0.61	1.15

表 12-4　秦祁昆造山带岩石中锗元素不同参数基准数据特征统计 （单位：10^{-6}）

统计项	统计项内容		样品数	最小值	中位数	最大值	算术平均值	几何平均值	标准离差	背景值
三大岩类	沉积岩		510	0.06	1.08	8.57	1.02	0.75	0.71	0.96
	变质岩		393	0.12	1.41	4.22	1.45	1.29	0.61	1.41
	岩浆岩	侵入岩	339	0.46	1.18	2.73	1.22	1.18	0.31	1.18
		火山岩	72	0.79	1.19	3.86	1.32	1.26	0.48	1.28
地层细分	古近系和新近系		61	0.22	0.98	1.58	0.98	0.92	0.30	0.98
	白垩系		85	0.06	1.14	8.57	1.30	1.12	0.97	1.22
	侏罗系		46	0.18	1.21	2.58	1.29	1.20	0.47	1.29
	三叠系		103	0.06	1.14	2.17	1.10	0.96	0.41	1.10
	二叠系		54	0.06	1.14	2.05	1.03	0.70	0.63	1.03
	石炭系		89	0.06	1.06	3.86	0.88	0.51	0.72	0.84
	泥盆系		92	0.06	1.34	3.00	1.25	0.93	0.70	1.25
	志留系		67	0.20	1.43	2.96	1.47	1.35	0.55	1.47
	奥陶系		65	0.10	1.21	2.38	1.22	1.01	0.56	1.22
	寒武系		59	0.10	1.22	7.22	1.36	0.96	1.20	1.26
	元古宇		164	0.06	1.33	3.35	1.34	1.10	0.66	1.32
	太古宇		29	0.19	1.32	1.94	1.28	1.16	0.46	1.28
侵入岩细分	酸性岩		244	0.70	1.16	2.73	1.20	1.17	0.28	1.18
	中性岩		61	0.46	1.18	1.86	1.17	1.14	0.28	1.17
	基性岩		25	1.01	1.34	2.46	1.50	1.45	0.40	1.50
	超基性岩		9	0.51	1.28	2.19	1.25	1.10	0.63	1.25
侵入岩期次	喜马拉雅期		1	0.90	0.90	0.90	0.90	0.90		
	燕山期		70	0.70	1.17	1.95	1.16	1.14	0.26	1.15

续表

统计项	统计项内容	样品数	最小值	中位数	最大值	算术平均值	几何平均值	标准离差	背景值
侵入岩期次	海西期	62	0.78	1.18	1.86	1.21	1.20	0.21	1.20
	加里东期	91	0.46	1.22	2.73	1.23	1.19	0.33	1.22
	印支期	62	0.72	1.15	1.69	1.17	1.15	0.20	1.17
	元古宙	43	0.51	1.26	2.60	1.33	1.25	0.50	1.33
	太古宙	4	0.98	1.37	1.82	1.39	1.34	0.41	1.39
地层岩性	玄武岩	11	0.79	1.20	1.99	1.20	1.17	0.32	1.20
	安山岩	15	0.90	1.24	2.32	1.34	1.30	0.37	1.34
	流纹岩	24	0.80	1.13	3.86	1.37	1.28	0.64	1.26
	火山碎屑岩	6	0.89	1.19	1.96	1.31	1.25	0.43	1.31
	凝灰岩	14	0.88	1.16	2.38	1.34	1.29	0.43	1.34
	粗面岩	2	0.98	1.03	1.07	1.03	1.02	0.06	1.03
	石英砂岩	14	0.78	1.04	1.96	1.11	1.08	0.30	1.11
	长石石英砂岩	98	0.20	1.18	7.22	1.26	1.19	0.67	1.20
	长石砂岩	23	0.12	1.10	1.81	1.08	0.91	0.45	1.08
	砂岩	202	0.06	1.18	8.57	1.25	1.13	0.70	1.17
	粉砂质泥质岩	8	0.66	1.17	1.88	1.23	1.17	0.39	1.23
	钙质泥质岩	14	0.18	1.28	2.02	1.30	1.18	0.42	1.30
	泥质岩	25	0.58	1.43	2.32	1.41	1.34	0.46	1.41
	石灰岩	89	0.06	0.18	2.17	0.30	0.20	0.39	0.18
	白云岩	32	0.06	0.17	1.53	0.26	0.19	0.27	0.22
	泥灰岩	5	0.42	0.58	0.80	0.58	0.56	0.15	0.58
	硅质岩	9	0.22	0.37	0.90	0.45	0.39	0.25	0.45
	板岩	87	0.17	1.56	3.61	1.68	1.59	0.55	1.66
	千枚岩	47	0.81	1.58	4.03	1.62	1.54	0.56	1.57
	片岩	103	0.74	1.60	4.22	1.71	1.62	0.60	1.59
	片麻岩	79	0.68	1.28	2.96	1.28	1.22	0.41	1.24
	变粒岩	16	0.84	1.17	1.88	1.26	1.23	0.31	1.26
	斜长角闪岩	18	0.92	1.42	1.91	1.36	1.34	0.25	1.36
	大理岩	21	0.12	0.23	1.89	0.40	0.27	0.46	0.32
	石英岩	11	0.78	1.06	2.25	1.20	1.15	0.39	1.20

表 12-5　扬子克拉通岩石中锗元素不同参数基准数据特征统计　（单位：10^{-6}）

统计项	统计项内容		样品数	最小值	中位数	最大值	算术平均值	几何平均值	标准离差	背景值
三大岩类	沉积岩		1716	0.02	0.95	23.34	0.94	0.59	0.91	0.91
	变质岩		139	0.18	1.76	6.30	1.73	1.54	0.75	1.69
	岩浆岩	侵入岩	123	0.04	1.23	3.52	1.31	1.22	0.47	1.25
		火山岩	105	0.49	1.31	5.64	1.42	1.33	0.60	1.36

统计项	统计项内容	样品数	最小值	中位数	最大值	算术平均值	几何平均值	标准离差	背景值
地层细分	古近系和新近系	27	0.35	1.15	23.34	1.92	1.15	4.30	1.10
	白垩系	123	0.18	1.07	3.30	1.14	1.02	0.54	1.07
	侏罗系	236	0.06	1.22	7.31	1.26	1.16	0.58	1.21
	三叠系	385	0.05	0.64	2.87	0.76	0.46	0.63	0.75
	二叠系	237	0.05	0.43	7.89	0.86	0.43	0.95	0.76
	石炭系	73	0.04	0.16	2.60	0.43	0.23	0.54	0.40
	泥盆系	98	0.05	0.84	6.30	0.89	0.50	0.88	0.83
	志留系	147	0.02	1.60	2.26	1.43	1.21	0.55	1.43
	奥陶系	148	0.05	0.69	2.45	0.87	0.55	0.70	0.87
	寒武系	193	0.07	0.54	2.51	0.81	0.51	0.68	0.81
	元古宇	305	0.07	1.52	5.64	1.39	1.00	0.84	1.35
	太古宇	3	0.80	0.90	1.28	0.99	0.97	0.25	0.99
侵入岩细分	酸性岩	96	0.04	1.22	3.52	1.32	1.22	0.50	1.24
	中性岩	15	0.58	1.11	1.58	1.11	1.07	0.32	1.11
	基性岩	11	1.15	1.50	2.16	1.50	1.48	0.28	1.50
	超基性岩	1	1.09	1.09	1.09	1.09	1.09		
侵入岩期次	燕山期	47	0.70	1.29	3.52	1.35	1.29	0.46	1.30
	海西期	3	1.09	1.21	1.52	1.27	1.26	0.22	1.27
	加里东期	5	0.77	0.98	2.50	1.29	1.17	0.71	1.29
	印支期	17	0.04	1.19	2.87	1.29	1.06	0.56	1.29
	元古宙	44	0.58	1.18	2.98	1.27	1.20	0.46	1.23
	太古宙	1	1.21	1.21	1.21	1.21	1.21		
地层岩性	玄武岩	47	0.97	1.38	3.30	1.43	1.39	0.40	1.39
	安山岩	5	1.03	1.21	1.99	1.45	1.40	0.44	1.45
	流纹岩	14	0.70	1.26	2.52	1.34	1.27	0.47	1.34
	火山碎屑岩	6	0.72	1.13	1.72	1.20	1.14	0.41	1.20
	凝灰岩	30	0.49	1.33	5.64	1.52	1.36	0.90	1.38
	粗面岩	2	0.49	0.62	0.76	0.62	0.61	0.19	0.62
	石英砂岩	55	0.12	0.88	2.59	0.94	0.87	0.38	0.91
	长石石英砂岩	162	0.09	1.16	23.34	1.36	1.18	1.79	1.23
	长石砂岩	108	0.55	1.35	2.60	1.38	1.33	0.39	1.37
	砂岩	359	0.26	1.23	3.30	1.28	1.21	0.44	1.26
	粉砂质泥质岩	7	1.02	1.54	2.06	1.61	1.58	0.34	1.61
	钙质泥质岩	70	0.76	1.38	2.02	1.39	1.36	0.26	1.39
	泥质岩	277	0.54	1.74	7.89	1.74	1.64	0.69	1.67

续表

统计项	统计项内容	样品数	最小值	中位数	最大值	算术平均值	几何平均值	标准离差	背景值
地层岩性	石灰岩	461	0.02	0.16	1.26	0.20	0.17	0.15	0.18
	白云岩	194	0.06	0.15	0.93	0.20	0.17	0.14	0.17
	泥灰岩	23	0.18	0.65	0.92	0.61	0.58	0.19	0.61
	硅质岩	18	0.18	0.78	1.92	0.84	0.67	0.54	0.84
	板岩	73	0.18	1.90	6.30	1.99	1.88	0.71	1.93
	千枚岩	20	0.95	1.87	3.13	1.92	1.83	0.61	1.92
	片岩	18	1.00	1.78	2.25	1.69	1.64	0.38	1.69
	片麻岩	4	0.80	0.91	1.55	1.04	1.01	0.34	1.04
	变粒岩	2	1.34	1.62	1.89	1.62	1.59	0.39	1.62
	斜长角闪岩	2	1.12	1.20	1.28	1.20	1.20	0.11	1.20
	大理岩	1	0.57	0.57	0.57	0.57	0.57		
	石英岩	1	0.42	0.42	0.42	0.42	0.42		

表 12-6 华南造山带岩石中锗元素不同参数基准数据特征统计 （单位：10^{-6}）

统计项	统计项内容		样品数	最小值	中位数	最大值	算术平均值	几何平均值	标准离差	背景值
三大岩类	沉积岩		1016	0.05	1.21	6.61	1.14	0.80	0.72	1.12
	变质岩		172	0.31	1.48	4.00	1.53	1.43	0.54	1.50
	岩浆岩	侵入岩	416	0.35	1.36	3.63	1.41	1.36	0.40	1.37
		火山岩	147	0.46	1.17	2.04	1.16	1.13	0.26	1.15
地层细分	古近系和新近系		39	0.82	1.31	3.71	1.37	1.33	0.45	1.31
	白垩系		155	0.47	1.26	6.61	1.36	1.29	0.56	1.30
	侏罗系		203	0.26	1.10	2.92	1.14	1.09	0.35	1.12
	三叠系		139	0.05	1.27	3.08	1.15	0.79	0.68	1.15
	二叠系		71	0.05	0.32	4.28	0.79	0.40	0.81	0.74
	石炭系		120	0.05	0.22	2.79	0.53	0.29	0.59	0.52
	泥盆系		216	0.07	1.09	3.21	1.08	0.68	0.79	1.08
	志留系		32	0.72	1.54	3.79	1.60	1.52	0.56	1.53
	奥陶系		57	0.12	1.59	3.05	1.56	1.45	0.52	1.56
	寒武系		145	0.09	1.37	3.43	1.37	1.12	0.63	1.35
	元古宇		132	0.50	1.57	5.11	1.59	1.51	0.54	1.56
	太古宇		3	0.67	1.13	1.49	1.10	1.04	0.41	1.10
侵入岩细分	酸性岩		388	0.35	1.37	3.63	1.42	1.37	0.41	1.39
	中性岩		22	0.63	1.15	1.86	1.15	1.12	0.26	1.15
	基性岩		5	0.79	1.43	1.64	1.35	1.31	0.33	1.35
	超基性岩		1	1.27	1.27	1.27	1.27	1.27		

续表

统计项	统计项内容	样品数	最小值	中位数	最大值	算术平均值	几何平均值	标准离差	背景值
侵入岩期次	燕山期	273	0.35	1.37	3.28	1.40	1.35	0.38	1.38
	海西期	19	0.99	1.46	2.07	1.47	1.44	0.28	1.47
	加里东期	48	0.78	1.32	3.63	1.47	1.39	0.58	1.36
	印支期	57	0.73	1.23	2.48	1.34	1.29	0.35	1.32
	元古宙	6	0.69	1.27	2.32	1.34	1.26	0.54	1.34
地层岩性	玄武岩	20	1.01	1.32	1.58	1.30	1.29	0.15	1.30
	安山岩	2	1.15	1.17	1.18	1.17	1.16	0.02	1.17
	流纹岩	46	0.46	1.16	2.04	1.17	1.14	0.29	1.17
	火山碎屑岩	1	1.03	1.03	1.03	1.03	1.03		
	凝灰岩	77	0.58	1.09	2.01	1.12	1.09	0.25	1.11
	石英砂岩	62	0.26	1.01	2.34	1.06	0.98	0.39	1.04
	长石石英砂岩	202	0.46	1.23	3.71	1.29	1.23	0.45	1.24
	长石砂岩	95	0.84	1.52	3.12	1.55	1.50	0.39	1.53
	砂岩	215	0.29	1.29	6.61	1.39	1.31	0.61	1.32
	粉砂质泥质岩	7	1.00	1.43	2.92	1.53	1.45	0.64	1.53
	钙质泥质岩	12	1.14	1.65	4.28	1.84	1.71	0.86	1.84
	泥质岩	170	0.74	1.75	2.94	1.79	1.74	0.40	1.79
	石灰岩	207	0.05	0.16	1.39	0.19	0.15	0.17	0.16
	白云岩	42	0.07	0.14	0.29	0.15	0.14	0.06	0.15
	泥灰岩	4	0.40	0.73	1.16	0.75	0.69	0.34	0.75
	硅质岩	22	0.31	0.84	2.59	1.03	0.89	0.58	1.03
	板岩	57	0.93	1.71	3.43	1.76	1.69	0.52	1.73
	千枚岩	18	1.20	1.62	2.67	1.75	1.70	0.42	1.75
	片岩	38	1.04	1.49	4.00	1.62	1.56	0.50	1.55
	片麻岩	12	0.67	1.12	1.57	1.17	1.14	0.27	1.17
	变粒岩	16	0.59	1.37	1.91	1.35	1.30	0.34	1.35
	斜长角闪岩	2	1.19	1.57	1.95	1.57	1.52	0.54	1.57
	石英岩	7	1.04	1.19	1.40	1.24	1.23	0.15	1.24

表 12-7　塔里木克拉通岩石中锗元素不同参数基准数据特征统计　　　（单位：10^{-6}）

统计项	统计项内容		样品数	最小值	中位数	最大值	算术平均值	几何平均值	标准离差	背景值
三大岩类	沉积岩		160	0.08	0.98	1.96	0.91	0.69	0.52	0.91
	变质岩		42	0.14	1.20	3.44	1.22	0.95	0.71	1.17
	岩浆岩	侵入岩	34	0.68	1.19	2.86	1.22	1.17	0.42	1.17
		火山岩	2	1.14	1.20	1.26	1.20	1.20	0.08	1.20

续表

统计项	统计项内容	样品数	最小值	中位数	最大值	算术平均值	几何平均值	标准离差	背景值
地层细分	古近系和新近系	29	0.21	0.96	1.67	0.91	0.83	0.35	0.91
	白垩系	11	0.43	1.11	1.56	1.05	0.99	0.32	1.05
	侏罗系	18	0.19	1.22	1.64	1.11	1.00	0.41	1.11
	三叠系	3	1.32	1.35	1.48	1.38	1.38	0.08	1.38
	二叠系	12	0.29	1.13	1.76	1.10	1.02	0.35	1.10
	石炭系	19	0.08	0.25	1.38	0.50	0.31	0.49	0.50
	泥盆系	18	0.14	1.24	1.70	1.19	1.05	0.44	1.19
	志留系	10	0.14	1.58	1.85	1.41	1.21	0.51	1.41
	奥陶系	10	0.14	0.27	1.96	0.50	0.34	0.55	0.50
	寒武系	17	0.12	0.16	1.32	0.34	0.23	0.37	0.34
	元古宇	26	0.19	1.25	3.44	1.28	1.02	0.71	1.19
	太古宇	6	0.14	0.39	1.71	0.65	0.44	0.62	0.65
侵入岩细分	酸性岩	30	0.68	1.19	2.86	1.23	1.17	0.44	1.18
	中性岩	2	0.95	1.12	1.29	1.12	1.11	0.24	1.12
	基性岩	2	0.99	1.16	1.34	1.16	1.15	0.25	1.16
侵入岩期次	海西期	16	0.74	1.20	2.86	1.25	1.18	0.50	1.14
	加里东期	4	0.82	0.95	1.21	0.98	0.97	0.17	0.98
	元古宙	11	0.97	1.28	2.09	1.34	1.31	0.34	1.34
	太古宙	2	0.68	0.99	1.29	0.99	0.94	0.43	0.99
地层岩性	玄武岩	1	1.26	1.26	1.26	1.26	1.26		
	流纹岩	1	1.14	1.14	1.14	1.14	1.14		
	石英砂岩	2	1.01	1.12	1.24	1.12	1.12	0.16	1.12
	长石石英砂岩	26	0.85	1.22	1.65	1.25	1.23	0.24	1.25
	长石砂岩	3	1.27	1.28	1.32	1.29	1.29	0.03	1.29
	砂岩	62	0.66	1.13	1.96	1.19	1.15	0.34	1.19
	钙质泥质岩	7	1.07	1.42	1.67	1.40	1.39	0.23	1.40
	泥质岩	2	0.19	0.46	0.74	0.46	0.37	0.39	0.46
	石灰岩	50	0.08	0.21	0.90	0.28	0.24	0.20	0.27
	白云岩	2	0.14	0.27	0.39	0.27	0.24	0.18	0.27
	冰碛岩	5	1.07	1.22	1.30	1.19	1.18	0.10	1.19
	千枚岩	1	1.09	1.09	1.09	1.09	1.09		
	片岩	11	0.86	1.69	3.44	1.71	1.58	0.73	1.71
	片麻岩	12	0.56	1.20	1.97	1.29	1.22	0.44	1.29
	斜长角闪岩	7	1.42	1.55	2.04	1.63	1.61	0.21	1.63
	大理岩	10	0.14	0.20	0.64	0.29	0.26	0.17	0.29
	石英岩	1	1.73	1.73	1.73	1.73	1.73		

表 12-8 松潘–甘孜造山带岩石中锗元素不同参数基准数据特征统计 （单位：10^{-6}）

统计项	统计项内容		样品数	最小值	中位数	最大值	算术平均值	几何平均值	标准离差	背景值
三大岩类	沉积岩		237	0.05	1.15	4.04	1.03	0.78	0.55	1.02
	变质岩		189	0.001	1.59	3.17	1.57	1.37	0.48	1.60
	岩浆岩	侵入岩	69	0.11	1.23	2.18	1.21	1.16	0.31	1.22
		火山岩	20	0.06	1.32	3.65	1.34	1.13	0.67	1.22
地层细分	古近系和新近系		18	0.27	0.96	1.34	0.99	0.94	0.25	0.99
	白垩系		1	1.13	1.13	1.13	1.13	1.13		
	侏罗系		3	0.31	1.25	1.72	1.09	0.87	0.72	1.09
	三叠系		258	0.08	1.33	4.04	1.29	1.12	0.49	1.28
	二叠系		37	0.04	1.25	2.61	1.22	0.87	0.70	1.22
	石炭系		10	0.05	1.22	3.65	1.20	0.68	1.08	1.20
	泥盆系		27	0.05	1.15	2.87	1.09	0.64	0.85	1.09
	志留系		33	0.001	1.23	2.56	1.24	0.73	0.78	1.24
	奥陶系		8	0.04	1.34	1.68	1.14	0.78	0.61	1.14
	寒武系		12	0.06	1.62	3.17	1.48	0.91	0.93	1.48
	元古宇		34	0.07	1.44	2.27	1.37	1.17	0.52	1.37
侵入岩细分	酸性岩		48	0.62	1.24	2.18	1.22	1.18	0.31	1.20
	中性岩		15	0.11	1.21	1.56	1.17	1.05	0.35	1.25
	基性岩		1	1.72	1.72	1.72	1.72	1.72		
	超基性岩		5	0.97	1.28	1.35	1.19	1.18	0.17	1.19
侵入岩期次	燕山期		25	0.11	1.27	2.18	1.23	1.13	0.38	1.23
	海西期		8	0.97	1.19	1.82	1.24	1.22	0.27	1.24
	印支期		19	0.74	1.23	1.70	1.22	1.19	0.27	1.22
	元古宙		12	0.62	1.20	1.72	1.16	1.12	0.30	1.16
	太古宙		1	1.35	1.35	1.35	1.35	1.35		
地层岩性	玄武岩		7	1.25	1.50	3.65	1.81	1.70	0.82	1.81
	安山岩		1	1.13	1.13	1.13	1.13	1.13		
	流纹岩		7	0.90	1.25	1.58	1.26	1.23	0.28	1.26
	凝灰岩		3	0.06	0.93	1.05	0.68	0.38	0.54	0.68
	粗面岩		2	0.76	1.07	1.38	1.07	1.03	0.44	1.07
	石英砂岩		2	0.45	0.98	1.52	0.98	0.83	0.76	0.98
	长石石英砂岩		29	0.12	1.11	1.99	1.06	0.90	0.41	1.06
	长石砂岩		20	0.92	1.27	1.94	1.31	1.28	0.26	1.31
	砂岩		129	0.10	1.26	4.04	1.23	1.13	0.44	1.24
	粉砂质泥质岩		4	0.22	0.89	1.42	0.86	0.71	0.49	0.86
	钙质泥质岩		3	0.72	1.15	1.25	1.04	1.01	0.28	1.04

续表

统计项	统计项内容	样品数	最小值	中位数	最大值	算术平均值	几何平均值	标准离差	背景值
地层岩性	泥质岩	4	1.35	1.58	2.14	1.66	1.64	0.34	1.66
	石灰岩	35	0.05	0.14	1.72	0.34	0.21	0.39	0.29
	白云岩	11	0.05	0.12	0.33	0.14	0.12	0.08	0.14
	硅质岩	2	0.99	1.07	1.15	1.07	1.07	0.11	1.07
	板岩	118	0.35	1.57	2.61	1.53	1.48	0.36	1.52
	千枚岩	29	0.46	1.83	2.87	1.83	1.74	0.50	1.83
	片岩	29	0.94	1.66	3.17	1.70	1.64	0.48	1.65
	片麻岩	2	1.48	1.77	2.06	1.77	1.75	0.41	1.77
	变粒岩	3	1.09	1.87	1.95	1.64	1.58	0.48	1.64
	大理岩	5	0.001	0.04	0.06	0.03	0.02	0.02	0.03
	石英岩	1	2.16	2.16	2.16	2.16	2.16		

表 12-9 西藏-三江造山带岩石中锗元素不同参数基准数据特征统计 （单位：10^{-6}）

统计项	统计项内容		样品数	最小值	中位数	最大值	算术平均值	几何平均值	标准离差	背景值
三大岩类	沉积岩		702	0.08	1.11	10.18	1.05	0.81	0.67	1.01
	变质岩		139	0.02	1.40	12.52	1.51	1.32	1.05	1.43
	岩浆岩	侵入岩	165	0.16	1.20	2.69	1.25	1.18	0.38	1.24
		火山岩	81	0.12	1.17	2.36	1.20	1.13	0.35	1.19
地层细分	古近系和新近系		115	0.12	1.09	2.36	1.08	0.97	0.41	1.04
	白垩系		142	0.09	1.14	2.17	1.11	0.95	0.45	1.11
	侏罗系		199	0.08	1.17	3.26	1.09	0.92	0.49	1.08
	三叠系		142	0.10	1.15	4.63	1.07	0.82	0.63	1.05
	二叠系		80	0.08	1.14	12.52	1.14	0.74	1.41	0.99
	石炭系		107	0.02	1.17	3.24	1.11	0.83	0.64	1.07
	泥盆系		23	0.12	1.25	2.02	1.14	0.91	0.57	1.14
	志留系		8	0.22	1.69	1.89	1.38	1.09	0.69	1.38
	奥陶系		9	0.45	1.56	4.44	1.64	1.38	1.14	1.64
	寒武系		16	0.09	1.61	2.52	1.48	1.15	0.70	1.48
	元古宇		36	0.16	1.39	2.41	1.32	1.17	0.55	1.32
	太古宇		1	1.14	1.14	1.14	1.14	1.14		
侵入岩细分	酸性岩		122	0.16	1.22	2.69	1.29	1.22	0.36	1.29
	中性岩		22	0.88	1.18	1.97	1.24	1.21	0.26	1.24
	基性岩		11	0.88	1.07	2.30	1.36	1.29	0.50	1.36
	超基性岩		10	0.57	0.67	0.82	0.69	0.68	0.08	0.69

统计项	统计项内容	样品数	最小值	中位数	最大值	算术平均值	几何平均值	标准离差	背景值
侵入岩期次	喜马拉雅期	26	0.86	1.21	2.01	1.25	1.22	0.29	1.25
	燕山期	107	0.16	1.20	2.69	1.25	1.17	0.40	1.24
	海西期	4	1.13	1.24	1.35	1.24	1.24	0.09	1.24
	加里东期	6	1.07	1.20	2.14	1.35	1.30	0.41	1.35
	印支期	14	0.57	1.30	2.30	1.26	1.20	0.43	1.26
	元古宙	5	0.94	0.98	1.64	1.12	1.09	0.29	1.12
地层岩性	玄武岩	16	1.13	1.35	1.66	1.34	1.34	0.15	1.34
	安山岩	11	0.12	0.97	2.36	1.04	0.87	0.54	1.04
	流纹岩	27	0.58	1.14	1.66	1.10	1.07	0.27	1.10
	火山碎屑岩	7	0.76	1.28	1.78	1.31	1.26	0.38	1.31
	凝灰岩	18	0.74	1.19	1.92	1.19	1.15	0.35	1.19
	粗面岩	1	1.89	1.89	1.89	1.89	1.89		
	石英砂岩	33	0.58	0.96	1.52	0.97	0.94	0.22	0.97
	长石石英砂岩	150	0.18	1.17	4.44	1.22	1.17	0.43	1.18
	长石砂岩	47	0.76	1.25	3.24	1.28	1.23	0.41	1.24
	砂岩	179	0.10	1.19	2.52	1.21	1.14	0.35	1.21
	粉砂质泥质岩	24	0.12	1.31	2.17	1.15	0.82	0.68	1.15
	钙质泥质岩	22	0.69	1.24	1.64	1.25	1.23	0.22	1.25
	泥质岩	50	0.12	1.54	3.26	1.47	1.35	0.52	1.43
	石灰岩	173	0.08	0.26	10.18	0.63	0.35	0.97	0.52
	白云岩	20	0.09	0.12	1.52	0.24	0.17	0.32	0.17
	泥灰岩	4	0.22	0.53	0.74	0.50	0.46	0.23	0.50
	硅质岩	5	0.78	1.40	12.52	3.51	1.94	5.04	3.51
	板岩	53	0.40	1.29	2.18	1.38	1.32	0.40	1.38
	千枚岩	6	1.25	1.48	1.93	1.50	1.49	0.24	1.50
	片岩	35	0.94	1.55	2.37	1.58	1.54	0.40	1.58
	片麻岩	13	0.90	1.40	2.41	1.44	1.40	0.39	1.44
	变粒岩	4	1.02	1.49	2.06	1.52	1.44	0.54	1.52
	斜长角闪岩	5	0.99	1.40	1.79	1.37	1.35	0.29	1.37
	大理岩	3	0.02	0.02	0.25	0.10	0.05	0.13	0.10
	石英岩	15	0.78	1.26	3.04	1.47	1.36	0.63	1.47

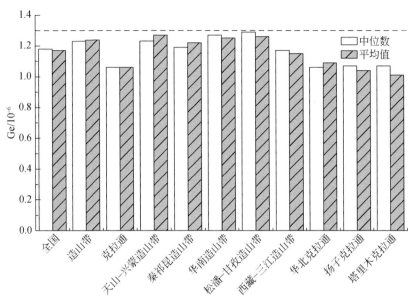

图 12-1　全国及一级大地构造单元岩石锗含量柱状图

（1）在天山–兴蒙造山带中分布：锗在变质岩中含量最高，沉积岩、侵入岩、火山岩依次降低；侵入岩酸性岩锗含量最高，超基性岩最低；侵入岩太古宇锗含量最高；地层中寒武系锗含量最高，太古宇最低；地层岩性中粉砂质泥质岩和泥质岩锗含量最高，碳酸盐岩（石灰岩、白云岩）及其对应的变质岩（大理岩）锗含量最低。

（2）在秦祁昆造山带中分布：锗在变质岩中含量最高，侵入岩和火山岩次之，沉积岩最低；侵入岩基性岩锗含量最高，酸性岩最低；侵入岩太古宇锗含量最高；地层中志留系锗含量最高，古近系和新近系最低；地层岩性中片岩、千枚岩和板岩锗含量最高，碳酸盐岩（石灰岩、白云岩）及其对应的变质岩（大理岩）锗含量最低。

（3）在华南造山带中分布：锗在变质岩中含量最高，侵入岩、沉积岩、火山岩依次降低；侵入岩基性岩锗含量最高，中性岩最低；侵入岩海西期锗含量最高；地层中奥陶系锗含量最高，石炭系最低；地层岩性中泥质岩锗含量最高，碳酸盐岩（石灰岩、白云岩）锗含量最低。

（4）在松潘–甘孜造山带中分布：锗在变质岩中含量最高，侵入岩和火山岩次之，沉积岩最低；侵入岩基性岩锗含量最高，中性岩最低；侵入岩太古宇锗含量最高；地层中寒武系锗含量最高，古近系和新近系最低；地层岩性中变粒岩、千枚岩泥质岩锗含量最高，碳酸盐岩（石灰岩、白云岩）及其对应的变质岩（大理岩）锗含量最低。

（5）在西藏–三江造山带中分布：锗在变质岩中含量最高，侵入岩和火山岩次之，沉积岩最低；侵入岩酸性岩锗含量最高，超基性岩最低；侵入岩印支期锗含量最高；地层中志留系锗含量最高，古近系和新近系最低；地层岩性中粗面岩锗含量最高，碳酸盐岩（石灰岩、白云岩）及其对应的变质岩（大理岩）锗含量最低。

（6）在华北克拉通中分布：锗在变质岩和火山岩中含量最高，侵入岩次之，沉积岩最低；侵入岩超基性岩锗含量最高，酸性岩最低；侵入岩印支期锗含量最高；地层中志留系锗含量最高，奥陶系最低；地层岩性中板岩和千枚岩锗含量最高，碳酸盐岩（石灰岩、白云岩）及其对应的变质岩（大理岩）锗含量最低。

（7）在扬子克拉通中分布：锗在变质岩中含量最高，侵入岩和火山岩次之，沉积岩最低；侵入岩基性岩锗含量最高，超基性岩最低；侵入岩燕山期锗含量最高；地层中志留系锗含量最高，石炭系最低；地层岩性中板岩和千枚岩锗含量最高，碳酸盐岩（石灰岩、白云岩）锗含量最低。

（8）在塔里木克拉通中分布：锗在变质岩和火山岩中含量最高，侵入岩次之，沉积岩最低；侵入岩酸性岩锗含量最高，中性岩最低；侵入岩元古宇锗含量最高；地层中志留系锗含量最高，寒武系最低；地层岩性中片岩锗含量最高，碳酸盐岩（石灰岩、白云岩）及其对应的变质岩（大理岩）锗含量最低。

第二节　中国土壤锗元素含量特征

一、中国土壤锗元素含量总体特征

中国表层和深层土壤中的锗含量呈对数正态分布，但有极少量离群值存在（图 12-2）；锗元素表层样品和深层样品 95%（2.5%～97.5%）的数据分别变化于 $0.84 \times 10^{-6} \sim 1.94 \times 10^{-6}$ 和 $0.84 \times 10^{-6} \sim 1.91 \times 10^{-6}$，基准值（中位数）分别为 1.29×10^{-6} 和 1.28×10^{-6}；表层和深层样品的低背景基线值（下四分位数）分别为 1.14×10^{-6} 和 1.12×10^{-6}，高背景基线值（上四分位数）分别为 1.46×10^{-6} 和 1.46×10^{-6}；中位数和地壳克拉克值相当。

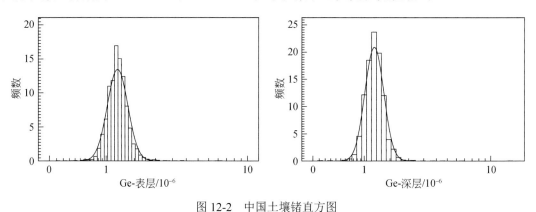

图 12-2　中国土壤锗直方图

二、中国不同大地构造单元土壤锗元素含量

锗元素含量在八个一级大地构造单元内的统计参数见表 12-10 和图 12-3。表层样品中位数排序：华南造山带＞扬子克拉通＞松潘-甘孜造山带＞西藏-三江造山带＞全国＞秦祁昆造山带＞华北克拉通＞天山-兴蒙造山带＞塔里木克拉通。深层样品中位数排序：扬子克拉通＞华南造山带＞松潘-甘孜造山带＞西藏-三江造山带＞全国＞秦祁昆造山带＞华北克

拉通＞天山-兴蒙造山带＞塔里木克拉通。

表 12-10 中国一级大地构造单元土壤锗基准值数据特征 （单位：10⁻⁶）

类型	层位	样品数	最小值	25% 低背景	50% 中位数	75% 高背景	85% 异常下限	最大值	算术 平均值	几何 平均值
全国	表层	3382	0.10	1.14	1.29	1.46	1.56	6.88	1.32	1.28
	深层	3380	0.08	1.12	1.28	1.46	1.55	13.27	1.31	1.27
造山带	表层	2160	0.10	1.14	1.29	1.46	1.56	6.88	1.32	1.29
	深层	2158	0.12	1.13	1.29	1.46	1.56	13.27	1.32	1.28
克拉通	表层	1222	0.21	1.11	1.29	1.46	1.56	2.81	1.31	1.28
	深层	1222	0.08	1.09	1.26	1.44	1.54	4.65	1.29	1.25
天山-兴蒙造山带	表层	909	0.52	1.08	1.20	1.34	1.41	3.24	1.21	1.19
	深层	907	0.25	1.06	1.18	1.33	1.41	2.23	1.20	1.18
华北克拉通	表层	613	0.37	1.09	1.26	1.40	1.48	2.81	1.26	1.24
	深层	613	0.64	1.08	1.24	1.37	1.44	3.43	1.23	1.21
塔里木克拉通	表层	209	0.21	0.99	1.10	1.23	1.27	1.71	1.09	1.07
	深层	209	0.08	0.97	1.09	1.22	1.28	1.48	1.08	1.05
秦祁昆造山带	表层	350	0.10	1.12	1.26	1.37	1.47	3.03	1.25	1.23
	深层	350	0.69	1.13	1.26	1.39	1.48	2.18	1.27	1.25
松潘-甘孜造山带	表层	202	0.55	1.28	1.42	1.55	1.64	2.01	1.41	1.39
	深层	202	0.58	1.27	1.42	1.56	1.64	4.14	1.43	1.40
西藏-三江造山带	表层	349	0.49	1.21	1.37	1.57	1.70	6.88	1.46	1.40
	深层	349	0.46	1.21	1.37	1.56	1.70	13.27	1.46	1.39
扬子克拉通	表层	399	0.46	1.32	1.46	1.64	1.79	2.62	1.50	1.47
	深层	399	0.62	1.28	1.46	1.64	1.77	4.65	1.49	1.46
华南造山带	表层	351	0.37	1.30	1.46	1.65	1.78	3.56	1.48	1.45
	深层	351	0.12	1.31	1.46	1.62	1.70	2.52	1.48	1.45

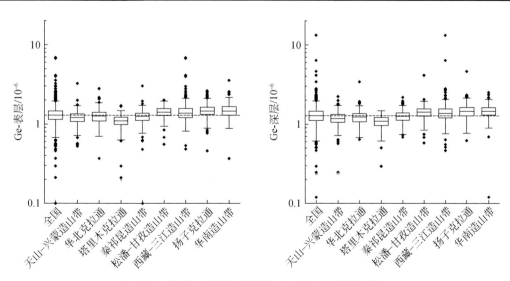

图 12-3 中国土壤锗元素箱图（一级大地构造单元）

三、中国不同自然地理景观土壤锗元素含量

锗元素含量在 10 个自然地理景观的统计参数见表 12-11 和图 12-4。表层样品中位数排序：喀斯特＞低山丘陵＞中高山＞冲积平原＞黄土＞全国＞森林沼泽＞高寒湖泊＞荒漠戈壁＞沙漠盆地＞半干旱草原。深层样品中位数排序：喀斯特＞低山丘陵＞中高山＞森林沼泽＞冲积平原＞全国＞黄土＞高寒湖泊＞荒漠戈壁＞半干旱草原＞沙漠盆地。

表 12-11　中国自然地理景观土壤锗基准值数据特征　　　　　（单位：10^{-6}）

类型	层位	样品数	最小值	25% 低背景	50% 中位数	75% 高背景	85% 异常下限	最大值	算术 平均值	几何 平均值
全国	表层	3382	0.10	1.14	1.29	1.46	1.56	6.88	1.32	1.28
	深层	3380	0.08	1.12	1.28	1.46	1.55	13.27	1.31	1.27
低山丘陵	表层	633	0.37	1.22	1.39	1.57	1.69	3.24	1.41	1.38
	深层	633	0.12	1.22	1.40	1.56	1.66	3.43	1.40	1.36
冲积平原	表层	335	0.10	1.14	1.33	1.46	1.53	2.81	1.31	1.28
	深层	335	0.62	1.14	1.29	1.44	1.52	2.14	1.29	1.27
森林沼泽	表层	218	0.77	1.18	1.28	1.41	1.46	1.75	1.29	1.28
	深层	217	0.25	1.14	1.30	1.43	1.52	2.23	1.29	1.27
喀斯特	表层	126	0.46	1.29	1.46	1.66	1.84	3.56	1.51	1.47
	深层	126	0.96	1.29	1.47	1.64	1.80	2.35	1.50	1.47
黄土	表层	170	0.77	1.22	1.30	1.40	1.46	2.11	1.30	1.29
	深层	170	0.74	1.16	1.26	1.35	1.42	1.69	1.25	1.24
中高山	表层	923	0.48	1.22	1.36	1.54	1.64	6.88	1.41	1.37
	深层	923	0.58	1.20	1.36	1.54	1.64	13.27	1.41	1.37
高寒湖泊	表层	140	0.49	1.16	1.25	1.41	1.50	6.72	1.31	1.26
	深层	140	0.46	1.15	1.25	1.37	1.46	6.38	1.30	1.25
半干旱草原	表层	215	0.57	0.98	1.08	1.20	1.31	1.69	1.11	1.09
	深层	214	0.57	0.98	1.08	1.22	1.32	1.59	1.11	1.09
荒漠戈壁	表层	424	0.68	1.04	1.18	1.29	1.34	1.98	1.17	1.15
	深层	424	0.60	1.00	1.14	1.27	1.33	1.96	1.14	1.12
沙漠盆地	表层	198	0.21	0.98	1.09	1.22	1.26	1.61	1.08	1.06
	深层	198	0.08	0.97	1.08	1.22	1.28	1.48	1.08	1.05

四、中国不同土壤类型锗元素含量

锗元素含量在 17 个主要土壤类型的统计参数见图 12-5 和表 12-12。表层样品中位数排序：亚高山草原土带＞红壤-黄壤带＞亚高山草甸土带＞赤红壤带＞黄棕壤-黄褐土带＞棕

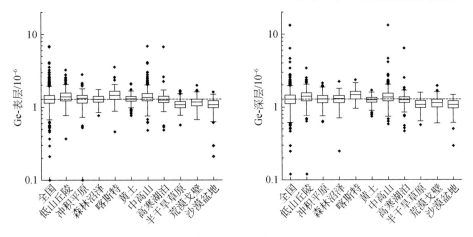

图 12-4　中国土壤锗元素箱图（自然地理景观）

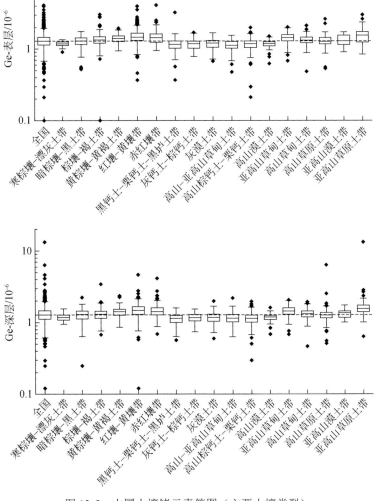

图 12-5　中国土壤锗元素箱图（主要土壤类型）

壤-褐土带＞高山草甸土带＞暗棕壤-黑土带＞亚高山漠土带＞全国＞高山草原土带＞灰漠土带＞高山漠土带＞灰钙土-棕钙土带＞高山棕钙土-栗钙土带＞寒棕壤-漂灰土带＞黑钙土-栗钙土-黑垆土带＞高山-亚高山草甸土带。深层样品中位数排序：亚高山草原土带＞红壤-黄壤带＞亚高山草甸土带＞黄棕壤-黄褐土带＞赤红壤带＞亚高山漠土带＞高山草甸土带＞棕壤-褐土带＞暗棕壤-黑土带＞全国＞高山草原土带＞高山漠土带＞寒棕壤-漂灰土带＞灰漠土带＞灰钙土-棕钙土带＞高山-亚高山草甸土带＞黑钙土-栗钙土-黑垆土带＞高山棕钙土-栗钙土带。

表 12-12　中国主要土壤类型锗基准值数据特征　　　（单位：10^{-6}）

类型	层位	样品数	最小值	25%低背景	50%中位数	75%高背景	85%异常下限	最大值	算术平均值	几何平均值
全国	表层	3382	0.10	1.14	1.29	1.46	1.56	6.88	1.32	1.28
	深层	3380	0.08	1.12	1.28	1.46	1.55	13.27	1.31	1.27
寒棕壤-漂灰土带	表层	35	0.91	1.12	1.18	1.25	1.28	1.36	1.17	1.17
	深层	35	0.95	1.09	1.18	1.27	1.30	1.55	1.20	1.19
暗棕壤-黑土带	表层	296	0.52	1.16	1.30	1.43	1.51	1.75	1.28	1.26
	深层	295	0.25	1.12	1.29	1.45	1.53	2.23	1.28	1.26
棕壤-褐土带	表层	333	0.10	1.20	1.33	1.47	1.56	3.03	1.35	1.32
	深层	333	0.68	1.15	1.31	1.44	1.51	3.43	1.30	1.28
黄棕壤-黄褐土带	表层	124	0.94	1.27	1.40	1.52	1.57	1.94	1.39	1.38
	深层	124	0.86	1.26	1.42	1.53	1.61	2.34	1.42	1.40
红壤-黄壤带	表层	575	0.37	1.32	1.46	1.66	1.80	3.98	1.51	1.48
	深层	575	0.12	1.30	1.48	1.66	1.80	4.65	1.50	1.47
赤红壤带	表层	204	0.95	1.24	1.44	1.62	1.70	4.10	1.46	1.43
	深层	204	0.69	1.28	1.42	1.60	1.65	4.14	1.45	1.42
黑钙土-栗钙土-黑垆土带	表层	360	0.37	1.02	1.16	1.29	1.35	3.24	1.16	1.14
	深层	360	0.57	1.00	1.14	1.26	1.33	1.59	1.14	1.12
灰钙土-棕钙土带	表层	90	0.78	1.02	1.18	1.28	1.33	1.69	1.15	1.14
	深层	89	0.74	1.05	1.16	1.29	1.37	1.54	1.17	1.16
灰漠土带	表层	356	0.68	1.06	1.20	1.31	1.37	1.67	1.19	1.17
	深层	356	0.60	1.04	1.18	1.31	1.36	1.98	1.17	1.16
高山-亚高山草甸土带	表层	119	0.48	1.02	1.12	1.27	1.32	1.54	1.13	1.11
	深层	119	0.63	1.02	1.14	1.29	1.34	2.18	1.16	1.14

续表

类型	层位	样品数	最小值	25% 低背景	50% 中位数	75% 高背景	85% 异常下限	最大值	算术 平均值	几何 平均值
高山棕钙土-栗钙土带	表层	338	0.21	1.04	1.18	1.29	1.36	1.98	1.16	1.14
	深层	338	0.08	1.01	1.14	1.27	1.32	1.96	1.13	1.11
高山漠土带	表层	49	0.62	1.10	1.19	1.25	1.29	1.50	1.17	1.16
	深层	49	0.69	1.09	1.19	1.25	1.27	1.60	1.18	1.17
亚高山草甸土带	表层	193	0.68	1.29	1.44	1.57	1.64	2.01	1.43	1.41
	深层	193	0.68	1.30	1.44	1.59	1.64	2.06	1.44	1.43
高山草甸土带	表层	84	0.49	1.21	1.31	1.44	1.50	2.11	1.33	1.31
	深层	84	0.46	1.19	1.32	1.44	1.51	1.93	1.32	1.30
高山草原土带	表层	120	0.53	1.17	1.27	1.44	1.52	6.72	1.34	1.28
	深层	120	0.51	1.16	1.26	1.37	1.48	6.38	1.30	1.25
亚高山漠土带	表层	18	0.90	1.17	1.29	1.53	1.60	1.72	1.34	1.32
	深层	18	1.00	1.19	1.36	1.43	1.46	1.74	1.34	1.33
亚高山草原土带	表层	88	0.84	1.25	1.54	1.73	1.91	6.88	1.61	1.53
	深层	88	0.64	1.40	1.55	1.72	1.86	13.27	1.70	1.56

第三节　锗元素空间分布与异常评价

锗具有亲石、亲硫、亲铁、亲有机的化学性质，很难独立成矿，一般以分散状态分布于其他元素组成的矿物中，成为多金属矿床的伴生成分，比如含硫化物的铅（Pb）、锌（Zn）、铜（Cu）、银（Ag）、金（Au）矿床以及某些特定的煤矿。锗资源在全球分布非常集中，主要分布在中国、美国和俄罗斯。中国独立的锗矿床有云南临沧超大型锗矿床和内蒙古乌兰图嘎超大型锗矿床。宏观上中国土壤（汇水域沉积物）表层样品和深层样品锗元素空间分布较为一致，地球化学基准图较为相似，总体上为南高北低的态势。锗元素低背景区主要分布在天山-兴蒙造山带、华北克拉通北部、塔里木克拉通及昆仑造山带；高背景区主要分布在辽东台隆、豫西台隆、华南造山带、扬子克拉通、松潘-甘孜造山带东部及西藏-三江造山带部分区域。以累积频率85%为异常下限，共圈定21处锗地球化学异常。云南锗资源较丰富，主要分布在铅锌矿和含锗褐煤中，含锗铅锌矿主要分布在会泽县，会泽县是我国主要的铅锌锗生产基地，也是川滇黔成矿三角区富锗铅锌矿的典型代表。云南会泽、罗平形成锗的地球化学高值区，与该区发育含锗的闪锌矿、方铅矿、黄铁矿等有关。滇西褐煤矿中，现已发现锗资源具备工业开采价值的矿区有4个，包括帮卖（大寨和中寨）、腊东（白塔）矿区、芒回矿区、等嘎矿区（图12-6、表12-13）。

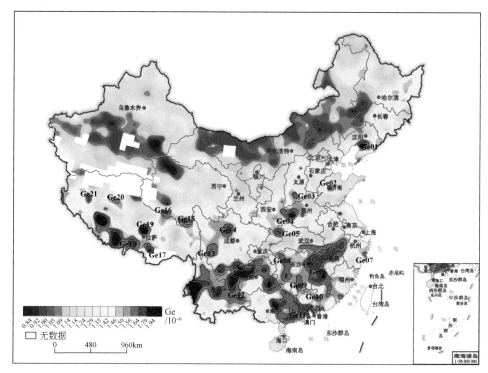

图 12-6 中国锗地球化学异常分布图

表 12-13 中国锗地球化学异常统计参数（对应图 12-6）

编号	面积/km²	点数/个	极小值/10⁻⁶	极大值/10⁻⁶	平均值/10⁻⁶	中位数/10⁻⁶	离差
Ge01	14476	7	1.54	2.81	1.87	1.63	0.46
Ge02	2004	1	2.78	2.78	2.78	2.78	
Ge03	3980	1	1.87	1.87	1.87	1.87	
Ge04	23216	9	1.42	3.03	1.76	1.63	0.49
Ge05	10595	5	1.52	2.14	1.90	1.94	0.24
Ge06	185245	72	1.32	2.56	1.71	1.71	0.23
Ge07	2202						
Ge08	30381	9	1.60	2.00	1.74	1.68	0.14
Ge09	14838	5	1.40	1.98	1.71	1.74	0.21
Ge10	2662	3	1.46	1.97	1.68	1.62	0.26
Ge11	140010	62	0.94	3.56	1.71	1.67	0.38
Ge12	319873	109	1.10	3.98	1.80	1.76	0.39
Ge13	18876	7	1.54	1.90	1.66	1.62	0.12
Ge14	20161	8	1.46	2.01	1.76	1.84	0.21
Ge15	14065	4	1.70	1.80	1.75	1.75	0.04
Ge16	9163	3	1.51	2.11	1.79	1.74	0.30
Ge17	13200	2	1.04	2.99	2.02	2.02	1.38
Ge18	107127	40	1.10	6.72	1.85	1.69	0.86
Ge19	17175	6	1.47	6.87	2.50	1.53	2.15
Ge20	4256	2	1.57	1.66	1.62	1.62	0.06
Ge21	5910	1	2.60	2.60	2.60	2.60	

第十三章　中国铟元素地球化学

第一节　中国岩石铟元素含量特征

一、三大岩类中铟含量分布

铟在变质岩中含量最高，火山岩、侵入岩、沉积岩依次降低；侵入岩基性岩铟含量最高，超基性岩最低；侵入岩喜马拉雅期铟含量最高；地层岩性中麻粒岩铟含量最高，碳酸盐岩（石灰岩、白云岩）及其对应的变质岩（大理岩）铟含量最低（表13-1）。

表 13-1　全国岩石中铟元素不同参数基准数据特征统计　　（单位：10^{-6}）

统计项	统计项内容		样品数	最小值	中位数	最大值	算术平均值	几何平均值	标准离差	背景值
三大岩类	沉积岩		6209	0.0001	0.035	0.958	0.040	0.023	0.038	0.038
	变质岩		1808	0.0001	0.063	0.355	0.061	0.047	0.035	0.059
	岩浆岩	侵入岩	2634	0.001	0.039	1.902	0.046	0.036	0.049	0.041
		火山岩	1467	0.004	0.057	1.150	0.063	0.055	0.046	0.058
地层细分	古近系和新近系		528	0.001	0.044	0.233	0.046	0.038	0.027	0.045
	白垩系		886	0.001	0.041	0.126	0.043	0.035	0.023	0.042
	侏罗系		1362	0.0005	0.046	1.150	0.051	0.040	0.044	0.047
	三叠系		1142	0.0002	0.041	0.512	0.045	0.028	0.036	0.044
	二叠系		873	0.0001	0.048	0.577	0.053	0.026	0.052	0.047
	石炭系		869	0.0001	0.039	2.206	0.044	0.022	0.083	0.038
	泥盆系		713	0.0004	0.040	0.197	0.042	0.025	0.032	0.041
	志留系		390	0.001	0.059	0.396	0.058	0.047	0.033	0.057
	奥陶系		547	0.001	0.029	0.198	0.039	0.020	0.036	0.038
	寒武系		632	0.0004	0.035	0.849	0.042	0.022	0.047	0.040
	元古宇		1145	0.0001	0.056	0.958	0.055	0.032	0.050	0.052
	太古宇		244	0.001	0.045	0.195	0.048	0.036	0.031	0.048
侵入岩细分	酸性岩		2077	0.001	0.034	0.501	0.041	0.032	0.032	0.037
	中性岩		340	0.003	0.055	1.902	0.067	0.055	0.105	0.061

续表

统计项	统计项内容	样品数	最小值	中位数	最大值	算术平均值	几何平均值	标准离差	背景值
侵入岩细分	基性岩	164	0.009	0.065	0.141	0.068	0.062	0.026	0.068
	超基性岩	53	0.001	0.030	0.132	0.038	0.020	0.035	0.038
侵入岩期次	喜马拉雅期	27	0.011	0.048	0.091	0.048	0.041	0.024	0.048
	燕山期	963	0.001	0.038	1.902	0.048	0.036	0.070	0.041
	海西期	778	0.002	0.038	0.338	0.043	0.034	0.031	0.041
	加里东期	211	0.001	0.046	0.222	0.051	0.041	0.033	0.048
	印支期	237	0.004	0.040	0.247	0.045	0.037	0.028	0.042
	元古宙	253	0.003	0.044	0.231	0.050	0.038	0.036	0.046
	太古宙	100	0.004	0.024	0.149	0.034	0.024	0.030	0.030
地层岩性	玄武岩	238	0.022	0.073	0.478	0.077	0.073	0.034	0.076
	安山岩	279	0.021	0.056	0.275	0.059	0.056	0.022	0.056
	流纹岩	378	0.007	0.053	0.450	0.059	0.050	0.041	0.053
	火山碎屑岩	88	0.015	0.047	0.187	0.052	0.047	0.027	0.048
	凝灰岩	432	0.004	0.054	1.150	0.064	0.054	0.066	0.054
	粗面岩	43	0.025	0.052	0.115	0.056	0.053	0.019	0.054
	石英砂岩	221	0.001	0.011	0.069	0.013	0.010	0.010	0.012
	长石石英砂岩	888	0.002	0.028	0.958	0.033	0.027	0.038	0.029
	长石砂岩	458	0.006	0.046	0.197	0.049	0.044	0.022	0.048
	砂岩	1844	0.001	0.048	0.577	0.050	0.045	0.028	0.049
	粉砂质泥质岩	106	0.015	0.069	0.159	0.070	0.067	0.019	0.069
	钙质泥质岩	174	0.010	0.068	0.849	0.073	0.066	0.064	0.067
	泥质岩	712	0.010	0.085	0.386	0.089	0.084	0.033	0.084
	石灰岩	1310	0.0001	0.005	0.167	0.008	0.005	0.011	0.005
	白云岩	441	0.0002	0.004	0.084	0.007	0.005	0.008	0.005
	泥灰岩	49	0.017	0.036	0.061	0.037	0.035	0.010	0.037
	硅质岩	68	0.001	0.014	0.108	0.020	0.012	0.019	0.018
	冰碛岩	5	0.030	0.032	0.055	0.037	0.037	0.010	0.037
	板岩	525	0.017	0.071	0.198	0.072	0.068	0.025	0.071
	千枚岩	150	0.004	0.077	0.179	0.075	0.070	0.023	0.075
	片岩	380	0.010	0.072	0.201	0.075	0.070	0.029	0.073
	片麻岩	289	0.002	0.045	0.248	0.047	0.038	0.029	0.046
	变粒岩	119	0.001	0.054	0.355	0.059	0.047	0.044	0.052
	麻粒岩	4	0.043	0.088	0.097	0.079	0.075	0.025	0.079
	斜长角闪岩	88	0.036	0.074	0.279	0.083	0.077	0.038	0.077
	大理岩	108	0.001	0.004	0.048	0.007	0.005	0.008	0.007
	石英岩	75	0.0001	0.024	0.245	0.034	0.020	0.036	0.030

二、不同时代地层中铟含量分布

铟含量的中位数在地层中志留系最高，奥陶系最低；从高到低依次为：志留系、元古宇、二叠系、侏罗系、太古宇、古近系和新近系、白垩系、三叠系、泥盆系、石炭系、寒武系、奥陶系（表 13-1）。

三、不同大地构造单元中铟含量分布

表 13-2～表 13-9 给出了不同大地构造单元铟的含量数据，图 13-1 给出了各大地构造单元平均含量与地壳克拉克值的对比。

表 13-2　天山-兴蒙造山带岩石中铟元素不同参数基准数据特征统计　（单位：10^{-6}）

统计项	统计项内容		样品数	最小值	中位数	最大值	算术平均值	几何平均值	标准离差	背景值
三大岩类	沉积岩		807	0.0002	0.044	0.958	0.048	0.034	0.049	0.043
	变质岩		373	0.0001	0.060	0.279	0.060	0.044	0.038	0.057
	岩浆岩	侵入岩	917	0.003	0.039	0.338	0.046	0.037	0.032	0.042
		火山岩	823	0.007	0.056	1.150	0.061	0.054	0.049	0.056
地层细分	古近系和新近系		153	0.006	0.061	0.137	0.056	0.049	0.023	0.055
	白垩系		203	0.003	0.046	0.125	0.047	0.041	0.020	0.046
	侏罗系		411	0.003	0.047	1.150	0.053	0.045	0.059	0.050
	三叠系		32	0.013	0.053	0.328	0.070	0.052	0.072	0.053
	二叠系		275	0.002	0.059	0.577	0.064	0.050	0.050	0.059
	石炭系		353	0.0002	0.050	2.206	0.058	0.040	0.119	0.052
	泥盆系		238	0.001	0.055	0.197	0.054	0.043	0.027	0.053
	志留系		81	0.004	0.054	0.396	0.056	0.046	0.045	0.052
	奥陶系		111	0.001	0.059	0.193	0.059	0.044	0.034	0.058
	寒武系		13	0.002	0.038	0.168	0.044	0.023	0.044	0.044
	元古宇		145	0.0001	0.051	0.958	0.060	0.030	0.089	0.054
	太古宇		6	0.004	0.052	0.096	0.045	0.025	0.035	0.045
侵入岩细分	酸性岩		736	0.003	0.034	0.338	0.042	0.034	0.030	0.037
	中性岩		110	0.028	0.060	0.233	0.069	0.063	0.032	0.061
	基性岩		58	0.009	0.064	0.140	0.066	0.059	0.030	0.066
	超基性岩		13	0.003	0.006	0.076	0.021	0.012	0.023	0.021
侵入岩期次	燕山期		240	0.003	0.041	0.233	0.050	0.040	0.035	0.043
	海西期		534	0.003	0.038	0.338	0.045	0.036	0.031	0.041
	加里东期		37	0.005	0.048	0.123	0.049	0.042	0.024	0.047
	印支期		29	0.006	0.039	0.150	0.046	0.037	0.032	0.043

统计项	统计项内容		样品数	最小值	中位数	最大值	算术平均值	几何平均值	标准离差	背景值
侵入岩期次	元古宙		57	0.005	0.035	0.141	0.046	0.036	0.031	0.044
	太古宙		1	0.047	0.047	0.047	0.047	0.047		
地层岩性	玄武岩		96	0.022	0.067	0.139	0.068	0.065	0.018	0.067
	安山岩		181	0.021	0.057	0.147	0.058	0.056	0.016	0.057
	流纹岩		206	0.007	0.054	0.450	0.059	0.051	0.039	0.054
	火山碎屑岩		54	0.022	0.048	0.143	0.052	0.049	0.021	0.051
	凝灰岩		260	0.014	0.055	1.150	0.064	0.054	0.076	0.060
	粗面岩		21	0.025	0.050	0.087	0.051	0.049	0.015	0.051
	石英砂岩		8	0.004	0.014	0.038	0.016	0.013	0.011	0.016
	长石英砂岩		118	0.003	0.030	0.958	0.044	0.029	0.093	0.030
	长石砂岩		108	0.008	0.040	0.197	0.045	0.040	0.025	0.042
	砂岩		396	0.003	0.051	0.577	0.054	0.047	0.039	0.050
	粉砂质泥质岩		31	0.015	0.067	0.126	0.069	0.066	0.019	0.069
	钙质泥质岩		14	0.044	0.060	0.069	0.059	0.059	0.007	0.059
	泥质岩		46	0.037	0.071	0.142	0.070	0.068	0.018	0.069
	石灰岩		66	0.0002	0.004	0.045	0.007	0.004	0.009	0.004
	白云岩		20	0.001	0.004	0.045	0.007	0.004	0.010	0.005
	硅质岩		7	0.005	0.018	0.049	0.020	0.017	0.014	0.020
	板岩		119	0.020	0.072	0.168	0.074	0.070	0.023	0.073
	千枚岩		18	0.045	0.077	0.110	0.077	0.074	0.021	0.077
	片岩		97	0.010	0.070	0.193	0.072	0.067	0.028	0.070
	片麻岩		45	0.006	0.046	0.248	0.050	0.040	0.037	0.045
	变粒岩		12	0.016	0.054	0.088	0.052	0.047	0.020	0.052
	斜长角闪岩		12	0.047	0.074	0.279	0.102	0.085	0.076	0.102
	大理岩		42	0.001	0.006	0.027	0.008	0.006	0.006	0.007
	石英岩		21	0.0001	0.030	0.245	0.039	0.016	0.053	0.028

表 13-3　华北克拉通岩石中铟元素不同参数基准数据特征统计　（单位：10^{-6}）

统计项	统计项内容		样品数	最小值	中位数	最大值	算术平均值	几何平均值	标准离差	背景值
三大岩类	沉积岩		1061	0.0004	0.027	0.849	0.035	0.020	0.042	0.031
	变质岩		361	0.001	0.048	0.292	0.051	0.035	0.035	0.049
	岩浆岩	侵入岩	571	0.001	0.029	1.902	0.040	0.028	0.083	0.037
		火山岩	217	0.004	0.054	0.478	0.060	0.051	0.042	0.054
地层细分	古近系和新近系		86	0.005	0.056	0.233	0.059	0.050	0.035	0.054
	白垩系		166	0.006	0.033	0.119	0.039	0.032	0.023	0.038

续表

统计项	统计项内容	样品数	最小值	中位数	最大值	算术平均值	几何平均值	标准离差	背景值
地层细分	侏罗系	246	0.005	0.048	0.271	0.050	0.043	0.030	0.047
	三叠系	80	0.006	0.043	0.084	0.044	0.039	0.019	0.044
	二叠系	107	0.003	0.040	0.171	0.048	0.037	0.032	0.046
	石炭系	98	0.002	0.054	0.478	0.066	0.041	0.065	0.059
	泥盆系	1	0.035	0.035	0.035	0.035	0.035		
	志留系	12	0.006	0.054	0.099	0.053	0.042	0.030	0.053
	奥陶系	139	0.001	0.005	0.110	0.010	0.006	0.017	0.005
	寒武系	177	0.001	0.015	0.849	0.033	0.016	0.069	0.029
	元古宇	303	0.0004	0.020	0.292	0.036	0.016	0.041	0.034
	太古宇	196	0.001	0.045	0.195	0.049	0.037	0.031	0.048
侵入岩细分	酸性岩	413	0.001	0.023	0.188	0.029	0.022	0.026	0.024
	中性岩	93	0.013	0.046	1.902	0.072	0.049	0.193	0.052
	基性岩	51	0.019	0.061	0.141	0.063	0.058	0.025	0.061
	超基性岩	14	0.006	0.053	0.132	0.055	0.041	0.036	0.055
侵入岩期次	燕山期	201	0.003	0.033	1.902	0.050	0.032	0.135	0.040
	海西期	132	0.003	0.027	0.141	0.032	0.024	0.023	0.030
	加里东期	20	0.001	0.042	0.104	0.040	0.027	0.029	0.040
	印支期	39	0.007	0.035	0.118	0.036	0.029	0.023	0.034
	元古宙	75	0.003	0.029	0.188	0.039	0.028	0.032	0.037
	太古宙	91	0.004	0.023	0.149	0.033	0.023	0.030	0.024
地层岩性	玄武岩	40	0.040	0.069	0.478	0.079	0.071	0.067	0.069
	安山岩	64	0.028	0.052	0.159	0.057	0.054	0.021	0.056
	流纹岩	53	0.013	0.044	0.271	0.059	0.046	0.048	0.055
	火山碎屑岩	14	0.017	0.030	0.065	0.034	0.031	0.014	0.034
	凝灰岩	30	0.004	0.050	0.134	0.052	0.041	0.031	0.052
	粗面岩	15	0.036	0.054	0.099	0.062	0.059	0.019	0.062
	石英砂岩	45	0.001	0.004	0.062	0.007	0.005	0.010	0.006
	长石石英砂岩	103	0.003	0.020	0.078	0.022	0.019	0.013	0.021
	长石砂岩	54	0.006	0.033	0.104	0.035	0.029	0.021	0.034
	砂岩	302	0.002	0.042	0.162	0.044	0.039	0.020	0.043
	粉砂质泥质岩	25	0.050	0.064	0.104	0.068	0.067	0.012	0.068
	钙质泥质岩	32	0.010	0.056	0.849	0.083	0.059	0.141	0.058
	泥质岩	138	0.023	0.076	0.281	0.087	0.079	0.041	0.079
	石灰岩	229	0.001	0.007	0.070	0.010	0.007	0.010	0.008
	白云岩	120	0.0004	0.005	0.049	0.007	0.005	0.008	0.006

统计项	统计项内容	样品数	最小值	中位数	最大值	算术平均值	几何平均值	标准离差	背景值
地层岩性	泥灰岩	13	0.022	0.029	0.048	0.032	0.031	0.009	0.032
	硅质岩	5	0.001	0.004	0.032	0.012	0.005	0.014	0.012
	板岩	18	0.036	0.069	0.123	0.076	0.074	0.021	0.076
	千枚岩	11	0.007	0.077	0.099	0.064	0.053	0.029	0.064
	片岩	49	0.021	0.072	0.193	0.072	0.066	0.031	0.070
	片麻岩	122	0.002	0.037	0.110	0.040	0.031	0.025	0.040
	变粒岩	66	0.001	0.044	0.292	0.052	0.040	0.040	0.048
	麻粒岩	4	0.043	0.088	0.097	0.079	0.075	0.025	0.079
	斜长角闪岩	42	0.047	0.075	0.195	0.081	0.077	0.027	0.078
	大理岩	26	0.002	0.005	0.025	0.007	0.006	0.006	0.007
	石英岩	18	0.003	0.011	0.085	0.020	0.014	0.021	0.017

表 13-4 秦祁昆造山带岩石中铟元素不同参数基准数据特征统计　　　　（单位：10^{-6}）

统计项	统计项内容		样品数	最小值	中位数	最大值	算术平均值	几何平均值	标准离差	背景值
三大岩类	沉积岩		510	0.0001	0.030	0.159	0.033	0.020	0.025	0.032
	变质岩		393	0.001	0.064	0.179	0.062	0.048	0.031	0.061
	岩浆岩	侵入岩	339	0.003	0.039	0.231	0.046	0.037	0.034	0.042
		火山岩	72	0.015	0.054	0.187	0.056	0.050	0.028	0.054
地层细分	古近系和新近系		61	0.003	0.032	0.087	0.034	0.028	0.019	0.034
	白垩系		85	0.005	0.043	0.107	0.041	0.037	0.018	0.041
	侏罗系		46	0.001	0.035	0.097	0.037	0.028	0.024	0.037
	三叠系		103	0.002	0.044	0.108	0.043	0.033	0.024	0.043
	二叠系		54	0.0005	0.020	0.096	0.032	0.016	0.030	0.032
	石炭系		89	0.0001	0.025	0.159	0.032	0.013	0.034	0.031
	泥盆系		92	0.0004	0.048	0.125	0.045	0.031	0.029	0.045
	志留系		67	0.005	0.055	0.179	0.058	0.051	0.028	0.056
	奥陶系		65	0.002	0.055	0.103	0.050	0.034	0.030	0.050
	寒武系		59	0.001	0.045	0.165	0.045	0.026	0.037	0.043
	元古宇		164	0.001	0.059	0.158	0.056	0.038	0.034	0.055
	太古宇		29	0.002	0.054	0.121	0.055	0.040	0.033	0.055
侵入岩细分	酸性岩		244	0.003	0.034	0.231	0.039	0.032	0.026	0.035
	中性岩		61	0.013	0.050	0.222	0.063	0.052	0.046	0.051
	基性岩		25	0.038	0.076	0.124	0.078	0.075	0.024	0.078
	超基性岩		9	0.004	0.076	0.118	0.061	0.034	0.045	0.061
侵入岩期次	喜马拉雅期		1	0.040	0.040	0.040	0.040	0.040		
	燕山期		70	0.003	0.031	0.159	0.035	0.029	0.024	0.033

续表

统计项	统计项内容	样品数	最小值	中位数	最大值	算术平均值	几何平均值	标准离差	背景值
侵入岩期次	海西期	62	0.017	0.043	0.212	0.052	0.046	0.032	0.050
	加里东期	91	0.004	0.042	0.222	0.050	0.039	0.040	0.044
	印支期	62	0.009	0.036	0.082	0.037	0.033	0.017	0.037
	元古宙	43	0.008	0.048	0.231	0.060	0.047	0.042	0.056
	太古宙	4	0.020	0.053	0.080	0.052	0.044	0.032	0.052
地层岩性	玄武岩	11	0.054	0.074	0.126	0.078	0.075	0.022	0.078
	安山岩	15	0.038	0.053	0.088	0.055	0.053	0.012	0.055
	流纹岩	24	0.021	0.050	0.117	0.051	0.044	0.028	0.051
	火山碎屑岩	6	0.015	0.046	0.187	0.061	0.043	0.063	0.061
	凝灰岩	14	0.021	0.053	0.077	0.050	0.047	0.015	0.050
	粗面岩	2	0.027	0.044	0.061	0.044	0.041	0.024	0.044
	石英砂岩	14	0.003	0.011	0.030	0.012	0.010	0.007	0.012
	长石石英砂岩	98	0.002	0.024	0.107	0.027	0.023	0.016	0.026
	长石砂岩	23	0.018	0.044	0.114	0.048	0.045	0.019	0.045
	砂岩	202	0.001	0.044	0.130	0.043	0.037	0.020	0.043
	粉砂质泥质岩	8	0.046	0.058	0.159	0.072	0.067	0.036	0.072
	钙质泥质岩	14	0.031	0.066	0.087	0.061	0.059	0.015	0.061
	泥质岩	25	0.010	0.065	0.121	0.068	0.063	0.023	0.068
	石灰岩	89	0.0001	0.003	0.105	0.008	0.004	0.014	0.005
	白云岩	32	0.001	0.004	0.065	0.008	0.004	0.012	0.006
	泥灰岩	5	0.018	0.030	0.034	0.027	0.026	0.007	0.027
	硅质岩	9	0.002	0.003	0.011	0.004	0.004	0.003	0.004
	板岩	87	0.021	0.066	0.165	0.064	0.060	0.022	0.062
	千枚岩	47	0.032	0.068	0.179	0.070	0.066	0.025	0.068
	片岩	103	0.031	0.076	0.158	0.080	0.076	0.025	0.079
	片麻岩	79	0.005	0.052	0.165	0.055	0.046	0.029	0.054
	变粒岩	16	0.009	0.056	0.089	0.055	0.048	0.022	0.055
	斜长角闪岩	18	0.045	0.069	0.141	0.076	0.073	0.027	0.076
	大理岩	21	0.001	0.003	0.048	0.006	0.004	0.011	0.004
	石英岩	11	0.005	0.029	0.075	0.036	0.026	0.026	0.036

表 13-5　扬子克拉通岩石中铟元素不同参数基准数据特征统计　（单位：10^{-6}）

统计项	统计项内容		样品数	最小值	中位数	最大值	算术平均值	几何平均值	标准离差	背景值
三大岩类	沉积岩		1716	0.0001	0.033	0.386	0.041	0.021	0.038	0.039
	变质岩		139	0.001	0.080	0.201	0.077	0.064	0.036	0.076
	岩浆岩	侵入岩	123	0.003	0.045	0.220	0.052	0.043	0.034	0.048
		火山岩	105	0.014	0.088	0.335	0.089	0.080	0.041	0.086

续表

统计项	统计项内容	样品数	最小值	中位数	最大值	算术平均值	几何平均值	标准离差	背景值
地层细分	古近系和新近系	27	0.009	0.040	0.089	0.044	0.039	0.019	0.044
	白垩系	123	0.002	0.041	0.118	0.043	0.036	0.023	0.043
	侏罗系	236	0.007	0.049	0.172	0.053	0.047	0.023	0.052
	三叠系	385	0.0002	0.023	0.129	0.037	0.019	0.035	0.037
	二叠系	237	0.0001	0.015	0.386	0.058	0.015	0.070	0.053
	石炭系	73	0.0002	0.006	0.111	0.019	0.008	0.028	0.018
	泥盆系	98	0.001	0.015	0.110	0.026	0.013	0.028	0.026
	志留系	147	0.001	0.065	0.111	0.061	0.049	0.027	0.061
	奥陶系	148	0.001	0.025	0.126	0.039	0.021	0.035	0.039
	寒武系	193	0.001	0.024	0.113	0.033	0.018	0.031	0.033
	元古宇	305	0.001	0.069	0.335	0.063	0.040	0.043	0.061
	太古宇	3	0.012	0.027	0.089	0.042	0.030	0.041	0.042
侵入岩细分	酸性岩	96	0.003	0.042	0.220	0.048	0.038	0.033	0.046
	中性岩	15	0.034	0.061	0.171	0.064	0.058	0.035	0.056
	基性岩	11	0.039	0.071	0.136	0.075	0.071	0.025	0.075
	超基性岩	1	0.058	0.058	0.058	0.058	0.058		
	燕山期	47	0.008	0.035	0.126	0.045	0.037	0.028	0.045
	海西期	3	0.054	0.058	0.071	0.061	0.061	0.009	0.061
	加里东期	5	0.040	0.047	0.132	0.076	0.066	0.045	0.076
	印支期	17	0.008	0.034	0.083	0.037	0.031	0.022	0.037
	元古宙	44	0.003	0.062	0.220	0.065	0.053	0.040	0.061
	太古宙	1	0.063	0.063	0.063	0.063	0.063		
地层岩性	玄武岩	47	0.065	0.104	0.131	0.102	0.101	0.015	0.102
	安山岩	5	0.043	0.070	0.087	0.065	0.062	0.019	0.065
	流纹岩	14	0.014	0.053	0.178	0.070	0.056	0.049	0.070
	火山碎屑岩	6	0.039	0.056	0.124	0.073	0.066	0.037	0.073
	凝灰岩	30	0.021	0.071	0.335	0.085	0.073	0.059	0.076
	粗面岩	2	0.038	0.045	0.052	0.045	0.044	0.010	0.045
	石英砂岩	55	0.001	0.012	0.069	0.014	0.012	0.010	0.013
	长石石英砂岩	162	0.002	0.029	0.119	0.033	0.029	0.017	0.030
	长石砂岩	108	0.021	0.054	0.111	0.055	0.052	0.018	0.054
	砂岩	359	0.003	0.055	0.248	0.056	0.051	0.024	0.055
	粉砂质泥质岩	7	0.056	0.093	0.109	0.088	0.087	0.018	0.088
	钙质泥质岩	70	0.040	0.074	0.123	0.075	0.074	0.015	0.074
	泥质岩	277	0.034	0.086	0.386	0.094	0.089	0.038	0.085

续表

统计项	统计项内容	样品数	最小值	中位数	最大值	算术平均值	几何平均值	标准离差	背景值
地层岩性	石灰岩	461	0.0001	0.005	0.101	0.008	0.005	0.009	0.006
	白云岩	194	0.0002	0.005	0.041	0.008	0.005	0.008	0.005
	泥灰岩	23	0.017	0.040	0.061	0.040	0.038	0.010	0.040
	硅质岩	18	0.001	0.021	0.108	0.024	0.015	0.024	0.019
	板岩	73	0.028	0.084	0.134	0.084	0.080	0.022	0.084
	千枚岩	20	0.039	0.082	0.110	0.085	0.083	0.017	0.085
	片岩	18	0.040	0.084	0.201	0.100	0.091	0.046	0.100
	片麻岩	4	0.012	0.028	0.046	0.028	0.025	0.014	0.028
	变粒岩	2	0.065	0.110	0.155	0.110	0.100	0.064	0.110
	斜长角闪岩	2	0.089	0.095	0.100	0.095	0.094	0.008	0.095
	大理岩	1	0.027	0.027	0.027	0.027	0.027		
	石英岩	1	0.149	0.149	0.149	0.149	0.149		

表 13-6 华南造山带岩石中铟元素不同参数基准数据特征统计 （单位：10^{-6}）

统计项	统计项内容		样品数	最小值	中位数	最大值	算术平均值	几何平均值	标准离差	背景值
三大岩类	沉积岩		1016	0.0001	0.043	0.355	0.045	0.025	0.036	0.044
	变质岩		172	0.002	0.069	0.355	0.070	0.059	0.038	0.068
	岩浆岩	侵入岩	416	0.004	0.049	0.501	0.054	0.043	0.042	0.049
		火山岩	147	0.025	0.052	0.405	0.066	0.056	0.051	0.056
地层细分	古近系和新近系		39	0.018	0.049	0.144	0.053	0.048	0.025	0.050
	白垩系		155	0.009	0.048	0.124	0.051	0.046	0.022	0.050
	侏罗系		203	0.002	0.048	0.405	0.059	0.046	0.052	0.051
	三叠系		139	0.001	0.053	0.512	0.055	0.032	0.053	0.052
	二叠系		71	0.0001	0.010	0.131	0.033	0.009	0.039	0.033
	石炭系		120	0.0003	0.005	0.107	0.018	0.006	0.026	0.003
	泥盆系		216	0.0004	0.024	0.125	0.036	0.017	0.035	0.036
	志留系		32	0.007	0.071	0.117	0.066	0.059	0.026	0.066
	奥陶系		57	0.005	0.058	0.198	0.062	0.051	0.036	0.060
	寒武系		145	0.002	0.056	0.145	0.060	0.045	0.032	0.060
	元古宇		132	0.002	0.074	0.355	0.075	0.067	0.036	0.073
	太古宇		3	0.019	0.036	0.051	0.039	0.035	0.021	0.039
侵入岩细分	酸性岩		388	0.004	0.048	0.501	0.053	0.042	0.042	0.048
	中性岩		22	0.021	0.058	0.140	0.067	0.060	0.034	0.067
	基性岩		5	0.038	0.077	0.109	0.076	0.071	0.029	0.076
	超基性岩		1	0.019	0.019	0.019	0.019	0.019		

续表

统计项	统计项内容	样品数	最小值	中位数	最大值	算术平均值	几何平均值	标准离差	背景值
侵入岩期次	燕山期	273	0.004	0.042	0.501	0.050	0.039	0.046	0.044
	海西期	19	0.025	0.059	0.113	0.057	0.052	0.025	0.057
	加里东期	48	0.011	0.055	0.131	0.059	0.053	0.025	0.059
	印支期	57	0.013	0.060	0.247	0.063	0.056	0.036	0.058
	元古宙	6	0.019	0.044	0.055	0.042	0.040	0.013	0.042
地层岩性	玄武岩	20	0.041	0.054	0.112	0.060	0.057	0.019	0.060
	安山岩	2	0.057	0.166	0.275	0.166	0.125	0.154	0.166
	流纹岩	46	0.025	0.052	0.290	0.067	0.057	0.049	0.058
	火山碎屑岩	1	0.094	0.094	0.094	0.094	0.094		
	凝灰岩	77	0.027	0.051	0.405	0.064	0.055	0.053	0.053
	石英砂岩	62	0.001	0.014	0.045	0.015	0.012	0.008	0.014
	长石石英砂岩	202	0.009	0.037	0.157	0.038	0.034	0.018	0.036
	长石砂岩	95	0.018	0.059	0.160	0.061	0.058	0.019	0.060
	砂岩	215	0.003	0.055	0.355	0.057	0.052	0.028	0.056
	粉砂质泥质岩	7	0.040	0.090	0.097	0.074	0.069	0.025	0.074
	钙质泥质岩	12	0.050	0.074	0.114	0.076	0.075	0.016	0.076
	泥质岩	170	0.045	0.092	0.145	0.094	0.092	0.017	0.094
	石灰岩	207	0.0001	0.003	0.042	0.005	0.003	0.007	0.003
	白云岩	42	0.0004	0.004	0.009	0.004	0.004	0.002	0.004
	泥灰岩	4	0.031	0.047	0.059	0.046	0.045	0.013	0.046
	硅质岩	22	0.002	0.015	0.061	0.024	0.017	0.019	0.024
	板岩	57	0.017	0.072	0.198	0.078	0.073	0.029	0.076
	千枚岩	18	0.062	0.085	0.119	0.090	0.088	0.016	0.090
	片岩	38	0.044	0.070	0.153	0.077	0.073	0.026	0.077
	片麻岩	12	0.019	0.056	0.105	0.059	0.054	0.025	0.059
	变粒岩	16	0.031	0.074	0.355	0.087	0.074	0.073	0.070
	斜长角闪岩	2	0.068	0.068	0.068	0.068	0.068	0.000	0.068
	石英岩	7	0.022	0.041	0.071	0.043	0.041	0.015	0.043

表 13-7　塔里木克拉通岩石中铟元素不同参数基准数据特征统计　　（单位：10^{-6}）

统计项	统计项内容		样品数	最小值	中位数	最大值	算术平均值	几何平均值	标准离差	背景值
三大岩类	沉积岩		160	0.0004	0.024	0.113	0.027	0.016	0.022	0.025
	变质岩		42	0.002	0.047	0.123	0.044	0.029	0.030	0.044
	岩浆岩	侵入岩	34	0.007	0.024	0.196	0.040	0.028	0.042	0.031
		火山岩	2	0.056	0.067	0.078	0.067	0.066	0.015	0.067

续表

统计项	统计项内容	样品数	最小值	中位数	最大值	算术平均值	几何平均值	标准离差	背景值
地层细分	古近系和新近系	29	0.006	0.027	0.101	0.030	0.025	0.019	0.027
	白垩系	11	0.007	0.020	0.080	0.026	0.019	0.023	0.026
	侏罗系	18	0.005	0.035	0.084	0.036	0.031	0.019	0.036
	三叠系	3	0.030	0.041	0.044	0.038	0.038	0.008	0.038
	二叠系	12	0.005	0.022	0.113	0.038	0.026	0.034	0.038
	石炭系	19	0.001	0.004	0.056	0.013	0.006	0.017	0.013
	泥盆系	18	0.005	0.023	0.077	0.028	0.022	0.019	0.028
	志留系	10	0.001	0.038	0.054	0.036	0.025	0.016	0.036
	奥陶系	10	0.001	0.010	0.050	0.016	0.010	0.016	0.016
	寒武系	17	0.0004	0.003	0.066	0.012	0.004	0.021	0.012
	元古宇	26	0.003	0.040	0.095	0.042	0.031	0.024	0.042
	太古宇	6	0.002	0.006	0.054	0.015	0.008	0.020	0.015
侵入岩细分	酸性岩	30	0.007	0.023	0.196	0.038	0.026	0.044	0.025
	中性岩	2	0.020	0.042	0.063	0.042	0.035	0.031	0.042
	基性岩	2	0.050	0.067	0.084	0.067	0.065	0.024	0.067
侵入岩期次	海西期	16	0.010	0.021	0.196	0.037	0.026	0.045	0.026
	加里东期	4	0.011	0.015	0.027	0.017	0.016	0.007	0.017
	元古宙	11	0.009	0.046	0.170	0.058	0.044	0.045	0.058
	太古宙	2	0.007	0.013	0.020	0.013	0.011	0.009	0.013
地层岩性	玄武岩	1	0.078	0.078	0.078	0.078	0.078		
	流纹岩	1	0.056	0.056	0.056	0.056	0.056		
	石英砂岩	2	0.005	0.006	0.007	0.006	0.006	0.001	0.006
	长石石英砂岩	26	0.007	0.027	0.040	0.025	0.023	0.011	0.025
	长石砂岩	3	0.033	0.034	0.044	0.037	0.037	0.006	0.037
	砂岩	62	0.009	0.035	0.113	0.037	0.033	0.020	0.036
	钙质泥质岩	7	0.047	0.054	0.101	0.063	0.061	0.020	0.063
	泥质岩	2	0.039	0.044	0.048	0.044	0.043	0.007	0.044
	石灰岩	50	0.0004	0.004	0.031	0.007	0.004	0.008	0.007
	白云岩	2	0.004	0.044	0.084	0.044	0.019	0.057	0.044
	冰碛岩	5	0.030	0.032	0.055	0.037	0.037	0.010	0.037
	千枚岩	1	0.054	0.054	0.054	0.054	0.054		
	片岩	11	0.017	0.058	0.081	0.055	0.050	0.020	0.055
	片麻岩	12	0.009	0.044	0.094	0.047	0.041	0.022	0.047
	斜长角闪岩	7	0.036	0.063	0.123	0.070	0.065	0.031	0.070
	大理岩	10	0.002	0.005	0.028	0.007	0.005	0.008	0.007
	石英岩	1	0.081	0.081	0.081	0.081	0.081		

表 13-8 松潘-甘孜造山带岩石中铟元素不同参数基准数据特征统计　　　（单位：10^{-6}）

统计项	统计项内容		样品数	最小值	中位数	最大值	算术平均值	几何平均值	标准离差	背景值
三大岩类	沉积岩		237	0.0004	0.035	0.216	0.037	0.025	0.027	0.035
	变质岩		189	0.001	0.072	0.138	0.068	0.060	0.026	0.068
	岩浆岩	侵入岩	69	0.002	0.044	0.090	0.044	0.038	0.019	0.044
		火山岩	20	0.026	0.077	0.205	0.081	0.073	0.039	0.074
地层细分	古近系和新近系		18	0.002	0.027	0.054	0.029	0.024	0.012	0.029
	白垩系		1	0.003	0.003	0.003	0.003	0.003		
	侏罗系		3	0.005	0.017	0.033	0.018	0.014	0.014	0.018
	三叠系		258	0.0004	0.045	0.128	0.052	0.043	0.026	0.052
	二叠系		37	0.001	0.046	0.216	0.056	0.034	0.043	0.052
	石炭系		10	0.001	0.021	0.105	0.033	0.015	0.036	0.033
	泥盆系		27	0.001	0.036	0.104	0.043	0.021	0.037	0.043
	志留系		33	0.001	0.054	0.112	0.054	0.032	0.037	0.054
	奥陶系		8	0.005	0.060	0.110	0.052	0.036	0.036	0.052
	寒武系		12	0.004	0.070	0.099	0.063	0.052	0.027	0.063
	元古宇		34	0.003	0.068	0.205	0.071	0.057	0.039	0.067
侵入岩细分	酸性岩		48	0.002	0.037	0.090	0.039	0.034	0.019	0.039
	中性岩		15	0.003	0.049	0.082	0.052	0.046	0.017	0.052
	基性岩		1	0.083	0.083	0.083	0.083	0.083		
	超基性岩		5	0.037	0.054	0.059	0.051	0.051	0.009	0.051
侵入岩期次	燕山期		25	0.003	0.045	0.084	0.045	0.040	0.018	0.045
	海西期		8	0.002	0.046	0.059	0.040	0.031	0.019	0.040
	印支期		19	0.016	0.037	0.082	0.037	0.034	0.016	0.037
	元古宙		12	0.014	0.057	0.090	0.053	0.045	0.025	0.053
	太古宙		1	0.051	0.051	0.051	0.051	0.051		
地层岩性	玄武岩		7	0.073	0.085	0.110	0.090	0.089	0.013	0.090
	安山岩		1	0.026	0.026	0.026	0.026	0.026		
	流纹岩		7	0.032	0.070	0.205	0.087	0.074	0.058	0.087
	凝灰岩		3	0.045	0.054	0.071	0.057	0.056	0.013	0.057
	粗面岩		2	0.070	0.093	0.115	0.093	0.090	0.032	0.093
	石英砂岩		2	0.009	0.010	0.012	0.010	0.010	0.002	0.010
	长石石英砂岩		29	0.014	0.026	0.053	0.029	0.027	0.011	0.029
	长石砂岩		20	0.022	0.037	0.093	0.041	0.039	0.015	0.038
	砂岩		129	0.017	0.041	0.216	0.048	0.044	0.025	0.044
	粉砂质泥质岩		4	0.021	0.055	0.075	0.052	0.046	0.026	0.052
	钙质泥质岩		3	0.027	0.065	0.084	0.059	0.053	0.029	0.059

续表

统计项	统计项内容	样品数	最小值	中位数	最大值	算术平均值	几何平均值	标准离差	背景值
地层岩性	泥质岩	4	0.075	0.090	0.093	0.087	0.087	0.008	0.087
	石灰岩	35	0.0004	0.003	0.030	0.006	0.004	0.008	0.006
	白云岩	11	0.001	0.005	0.020	0.007	0.005	0.006	0.007
	硅质岩	2	0.009	0.015	0.021	0.015	0.014	0.008	0.015
	板岩	118	0.021	0.070	0.138	0.068	0.064	0.022	0.067
	千枚岩	29	0.004	0.074	0.112	0.076	0.069	0.023	0.079
	片岩	29	0.024	0.077	0.124	0.076	0.071	0.025	0.076
	片麻岩	2	0.052	0.084	0.116	0.084	0.078	0.045	0.084
	变粒岩	3	0.051	0.098	0.099	0.082	0.079	0.027	0.082
	大理岩	5	0.001	0.002	0.005	0.003	0.002	0.002	0.003
	石英岩	1	0.060	0.060	0.060	0.060	0.060		

表 13-9　西藏–三江造山带岩石中铟元素不同参数基准数据特征统计　　　（单位：10^{-6}）

统计项	统计项内容		样品数	最小值	中位数	最大值	算术平均值	几何平均值	标准离差	背景值
三大岩类	沉积岩		702	0.0005	0.030	0.286	0.036	0.021	0.029	0.035
	变质岩		139	0.002	0.060	0.178	0.059	0.048	0.032	0.057
	岩浆岩	侵入岩	165	0.001	0.043	0.117	0.044	0.036	0.024	0.044
		火山岩	81	0.015	0.054	0.122	0.055	0.051	0.022	0.055
地层细分	古近系和新近系		115	0.001	0.033	0.101	0.037	0.028	0.022	0.037
	白垩系		142	0.001	0.034	0.126	0.037	0.024	0.026	0.036
	侏罗系		199	0.0005	0.037	0.286	0.041	0.024	0.036	0.039
	三叠系		142	0.001	0.037	0.144	0.041	0.025	0.030	0.040
	二叠系		80	0.001	0.044	0.161	0.042	0.023	0.032	0.041
	石炭系		107	0.001	0.042	0.135	0.042	0.025	0.033	0.042
	泥盆系		23	0.002	0.033	0.103	0.040	0.024	0.031	0.040
	志留系		8	0.015	0.070	0.110	0.068	0.055	0.037	0.068
	奥陶系		9	0.011	0.028	0.091	0.041	0.033	0.030	0.041
	寒武系		16	0.005	0.075	0.106	0.067	0.051	0.036	0.067
	元古宇		36	0.006	0.046	0.112	0.049	0.040	0.028	0.049
	太古宇		1	0.032	0.032	0.032	0.032	0.032		
侵入岩细分	酸性岩		122	0.008	0.041	0.117	0.043	0.037	0.021	0.042
	中性岩		22	0.026	0.055	0.112	0.060	0.057	0.021	0.060
	基性岩		11	0.052	0.062	0.083	0.067	0.066	0.012	0.067
	超基性岩		10	0.001	0.005	0.018	0.006	0.005	0.005	0.006

续表

统计项	统计项内容	样品数	最小值	中位数	最大值	算术平均值	几何平均值	标准离差	背景值
侵入岩期次	喜马拉雅期	26	0.011	0.049	0.091	0.048	0.041	0.024	0.048
	燕山期	107	0.001	0.041	0.117	0.043	0.034	0.024	0.042
	海西期	4	0.041	0.063	0.067	0.058	0.057	0.012	0.058
	加里东期	6	0.022	0.056	0.077	0.051	0.046	0.023	0.051
	印支期	14	0.004	0.052	0.080	0.045	0.034	0.025	0.045
	元古宙	5	0.019	0.029	0.087	0.037	0.031	0.028	0.037
地层岩性	玄武岩	16	0.047	0.074	0.107	0.076	0.074	0.017	0.076
	安山岩	11	0.032	0.062	0.086	0.057	0.054	0.020	0.057
	流纹岩	27	0.017	0.040	0.094	0.045	0.042	0.020	0.045
	火山碎屑岩	7	0.033	0.060	0.069	0.055	0.053	0.016	0.055
	凝灰岩	18	0.015	0.048	0.122	0.052	0.047	0.024	0.052
	粗面岩	1	0.050	0.050	0.050	0.050	0.050		
	石英砂岩	33	0.003	0.014	0.067	0.016	0.013	0.013	0.014
	长石石英砂岩	150	0.003	0.025	0.106	0.029	0.025	0.016	0.027
	长石砂岩	47	0.010	0.041	0.078	0.043	0.039	0.017	0.043
	砂岩	179	0.010	0.046	0.104	0.048	0.044	0.020	0.048
	粉砂质泥质岩	24	0.042	0.070	0.094	0.069	0.068	0.013	0.069
	钙质泥质岩	22	0.016	0.067	0.286	0.072	0.061	0.053	0.062
	泥质岩	50	0.033	0.081	0.161	0.082	0.079	0.023	0.081
	石灰岩	173	0.0005	0.004	0.167	0.012	0.005	0.019	0.008
	白云岩	20	0.001	0.003	0.009	0.004	0.003	0.002	0.004
	泥灰岩	4	0.034	0.039	0.044	0.039	0.039	0.005	0.039
	硅质岩	5	0.011	0.019	0.037	0.021	0.019	0.010	0.021
	板岩	53	0.022	0.062	0.178	0.067	0.060	0.031	0.064
	千枚岩	6	0.044	0.054	0.070	0.055	0.054	0.010	0.055
	片岩	35	0.023	0.067	0.176	0.070	0.065	0.027	0.067
	片麻岩	13	0.009	0.040	0.105	0.054	0.043	0.033	0.054
	变粒岩	4	0.015	0.057	0.071	0.050	0.043	0.026	0.050
	斜长角闪岩	5	0.064	0.103	0.135	0.099	0.096	0.027	0.099
	大理岩	3	0.002	0.004	0.021	0.009	0.006	0.010	0.009
	石英岩	15	0.003	0.022	0.084	0.027	0.021	0.020	0.027

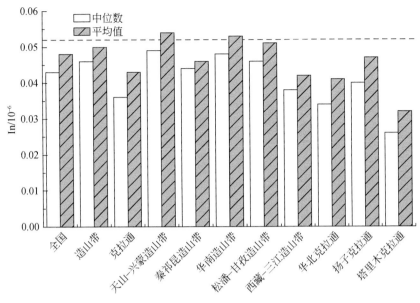

图 13-1　全国及一级大地构造单元岩石铟含量柱状图

（1）在天山–兴蒙造山带中分布：铟在变质岩中含量最高，火山岩、沉积岩、侵入岩依次降低；侵入岩基性岩铟含量最高，超基性岩最低；侵入岩加里东期铟含量最高；地层中古近系和新近系铟含量最高，寒武系最低；地层岩性中千枚岩铟含量最高，碳酸盐岩（石灰岩、白云岩）及其对应的变质岩（大理岩）铟含量最低。

（2）在秦祁昆造山带中分布：铟在变质岩中含量最高，火山岩、侵入岩、沉积岩依次降低；侵入岩基性岩和超基性岩铟含量最高，酸性岩最低；侵入岩太古宇铟含量最高；地层中元古宇铟含量最高，二叠系最低；地层岩性中片岩铟含量最高，硅质岩和碳酸盐岩（石灰岩、白云岩）及其对应的变质岩（大理岩）铟含量最低。

（3）在华南造山带中分布：铟在变质岩中含量最高，火山岩、侵入岩、沉积岩依次降低；侵入岩基性岩铟含量最高，超基性岩最低；侵入岩印支期铟含量最高；地层中元古宇铟含量最高，石炭系最低；地层岩性中安山岩铟含量最高，碳酸盐岩（石灰岩、白云岩）铟含量最低。

（4）在松潘–甘孜造山带中分布：铟在火山岩中含量最高，变质岩、侵入岩、沉积岩依次降低；侵入岩基性岩铟含量最高，酸性岩最低；侵入岩元古宇铟含量最高；地层中寒武系铟含量最高，白垩系最低；地层岩性中变粒岩铟含量最高，碳酸盐岩（石灰岩、白云岩）及其对应的变质岩（大理岩）铟含量最低。

（5）在西藏–三江造山带中分布：铟在变质岩中含量最高，火山岩、侵入岩、沉积岩依次降低；侵入岩基性岩铟含量最高，超基性岩最低；侵入岩海西期铟含量最高；地层中寒武系铟含量最高，奥陶系最低；地层岩性中斜长角闪岩铟含量最高，硅质岩和碳酸盐岩（石灰岩、白云岩）及其对应的变质岩（大理岩）铟含量最低。

（6）在华北克拉通中分布：铟在火山岩中含量最高，变质岩、侵入岩、沉积岩依次降低；侵入岩基性岩铟含量最高，酸性岩最低；侵入岩加里东期铟含量最高；地层中古近系和新近系铟含量最高，奥陶系最低；地层岩性中麻粒岩铟含量最高，硅质岩和碳酸盐岩（石灰岩、白云岩）及其对应的变质岩（大理岩）铟含量最低。

（7）在扬子克拉通中分布：铟在火山岩中含量最高，变质岩、侵入岩、沉积岩依次降低；侵入岩基性岩铟含量最高，酸性岩最低；侵入岩太古宇铟含量最高；地层中志留系铟含量最高，奥陶系最低；地层岩性中石英岩、变粒岩铟含量最高，碳酸盐岩（石灰岩、白云岩）及其对应的变质岩（大理岩）铟含量最低。

（8）在塔里木克拉通中分布：铟在火山岩中含量最高，变质岩、侵入岩、沉积岩依次降低；侵入岩基性岩铟含量最高，酸性岩最低；侵入岩元古宇铟含量最高；地层中三叠系铟含量最高，寒武系最低；地层岩性中石英岩铟含量最高，石灰岩、大理岩铟含量最低。

第二节　中国土壤铟元素含量特征

一、中国土壤铟元素含量总体特征

中国表层和深层土壤中的铟含量近似呈对数正态分布，但有少量离群值存在（图 13-2）；铟元素表层样品和深层样品 95%（2.5%～97.5%）的数据分别变化于 0.015×10^{-6}～0.106×10^{-6} 和 0.014×10^{-6}～0.096×10^{-6}，基准值（中位数）分别为 0.046×10^{-6} 和 0.043×10^{-6}；表层和深层样品的低背景基线值（下四分位数）分别为 0.035×10^{-6} 和 0.032×10^{-6}，高背景基线值（上四分位数）分别为 0.057×10^{-6} 和 0.056×10^{-6}；地壳克拉克值介于中位数和高背景值之间。

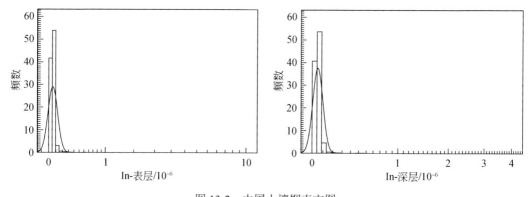

图 13-2　中国土壤铟直方图

二、中国不同大地构造单元土壤铟元素含量

铟元素含量在八个一级大地构造单元内的统计参数见表 13-10 和图 13-3。表层土壤中位数排序：华南造山带＞扬子克拉通＞松潘-甘孜造山带＞全国＞天山-兴蒙造山带＞西藏-三江造山带＞秦祁昆造山带＞华北克拉通＞塔里木克拉通。深层土壤中位数排序：华南造山带＞扬子克拉通＞松潘-甘孜造山带＞全国＞秦祁昆造山带＞西藏-三江造山带＞天山-

兴蒙造山带＞华北克拉通＞塔里木克拉通。

表 13-10 中国一级大地构造单元土壤铟基准值数据特征 （单位：10^{-6}）

类型	层位	样品数	最小值	25% 低背景	50% 中位数	75% 高背景	85% 异常下限	最大值	算术 平均值	几何 平均值
全国	表层	3382	0.001	0.035	0.046	0.057	0.064	6.662	0.054	0.044
	深层	3380	0.004	0.032	0.043	0.056	0.064	3.717	0.048	0.041
造山带	表层	2160	0.001	0.036	0.047	0.057	0.065	6.662	0.057	0.045
	深层	2158	0.005	0.032	0.044	0.057	0.064	1.902	0.049	0.042
克拉通	表层	1222	0.004	0.034	0.044	0.055	0.062	0.548	0.047	0.043
	深层	1222	0.004	0.031	0.042	0.054	0.062	3.717	0.047	0.040
天山–兴蒙造山带	表层	909	0.006	0.034	0.045	0.053	0.058	0.141	0.044	0.040
	深层	907	0.006	0.028	0.040	0.051	0.058	0.092	0.040	0.036
华北克拉通	表层	613	0.007	0.030	0.040	0.048	0.053	0.430	0.041	0.037
	深层	613	0.004	0.026	0.037	0.047	0.053	0.117	0.038	0.034
塔里木克拉通	表层	209	0.004	0.029	0.036	0.044	0.047	0.075	0.037	0.035
	深层	209	0.010	0.029	0.034	0.040	0.043	0.074	0.035	0.034
秦祁昆造山带	表层	350	0.001	0.035	0.043	0.051	0.055	0.624	0.046	0.041
	深层	350	0.013	0.034	0.042	0.049	0.055	0.514	0.043	0.040
松潘–甘孜造山带	表层	202	0.015	0.040	0.048	0.057	0.062	0.290	0.050	0.046
	深层	202	0.013	0.039	0.046	0.055	0.061	0.220	0.048	0.045
西藏–三江造山带	表层	349	0.011	0.031	0.044	0.056	0.064	1.380	0.049	0.041
	深层	349	0.009	0.029	0.041	0.054	0.061	0.787	0.046	0.039
扬子克拉通	表层	399	0.011	0.048	0.057	0.071	0.079	0.548	0.063	0.058
	深层	399	0.011	0.046	0.057	0.067	0.075	3.717	0.068	0.056
华南造山带	表层	351	0.010	0.051	0.066	0.086	0.103	6.662	0.116	0.070
	深层	351	0.005	0.054	0.068	0.086	0.097	1.902	0.082	0.068

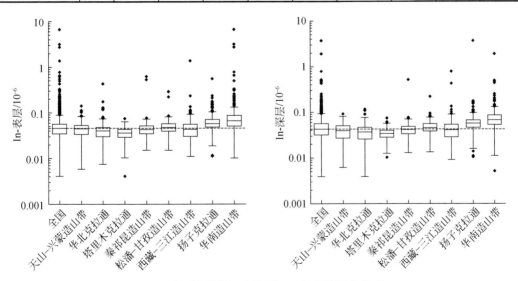

图 13-3 中国土壤铟元素箱图（一级大地构造单元）

三、中国不同自然地理景观土壤铟元素含量

铟元素含量在 10 个自然地理景观的统计参数见表 13-11 和图 13-4。表层土壤中位数排序：喀斯特＞低山丘陵＞中高山＞森林沼泽＞冲积平原＞全国＞荒漠戈壁＞黄土＞沙漠盆地＞高寒湖泊＞半干旱草原。深层土壤中位数排序：喀斯特＞低山丘陵＞中高山＞森林沼泽＞冲积平原＞全国＞荒漠戈壁＞黄土＞沙漠盆地＞高寒湖泊＞半干旱草原。

表 13-11　中国自然地理景观土壤铟基准值数据特征　　　　（单位：10^{-6}）

类型	层位	样品数	最小值	25% 低背景	50% 中位数	75% 高背景	85% 异常下限	最大值	算术 平均值	几何 平均值
全国	表层	3382	0.001	0.035	0.046	0.057	0.064	6.662	0.054	0.044
	深层	3380	0.004	0.032	0.043	0.056	0.064	3.717	0.048	0.041
低山丘陵	表层	633	0.010	0.042	0.054	0.071	0.081	0.773	0.063	0.055
	深层	633	0.005	0.041	0.055	0.070	0.080	1.902	0.061	0.052
冲积平原	表层	335	0.006	0.036	0.046	0.054	0.060	0.081	0.046	0.043
	深层	335	0.007	0.034	0.045	0.056	0.062	0.094	0.045	0.041
森林沼泽	表层	218	0.012	0.042	0.047	0.056	0.058	0.121	0.048	0.047
	深层	217	0.011	0.034	0.046	0.056	0.060	0.110	0.045	0.042
喀斯特	表层	126	0.021	0.050	0.065	0.079	0.096	6.662	0.174	0.072
	深层	126	0.024	0.050	0.063	0.083	0.095	0.494	0.078	0.068
黄土	表层	170	0.011	0.034	0.040	0.045	0.050	0.624	0.044	0.039
	深层	170	0.009	0.031	0.037	0.043	0.046	0.514	0.040	0.036
中高山	表层	923	0.001	0.039	0.048	0.058	0.065	1.380	0.054	0.048
	深层	923	0.011	0.038	0.046	0.057	0.063	3.717	0.054	0.046
高寒湖泊	表层	140	0.012	0.022	0.030	0.039	0.046	0.110	0.033	0.030
	深层	140	0.009	0.022	0.030	0.039	0.044	0.081	0.032	0.029
半干旱草原	表层	215	0.007	0.020	0.029	0.042	0.047	0.080	0.032	0.029
	深层	214	0.004	0.019	0.027	0.042	0.046	0.077	0.030	0.027
荒漠戈壁	表层	424	0.008	0.032	0.043	0.053	0.059	0.113	0.044	0.041
	深层	424	0.008	0.028	0.037	0.048	0.054	0.092	0.039	0.036
沙漠盆地	表层	198	0.004	0.023	0.032	0.039	0.045	0.063	0.032	0.029
	深层	198	0.006	0.022	0.030	0.036	0.040	0.072	0.030	0.027

四、中国不同土壤类型铟元素含量

铟元素含量在 17 个主要土壤类型的统计参数见图 13-5 和表 13-12。表层土壤中位数排序：赤红壤带＞红壤-黄壤带＞亚高山草甸土带＞黄棕壤-黄褐土带＞暗棕壤-黑土带＞寒

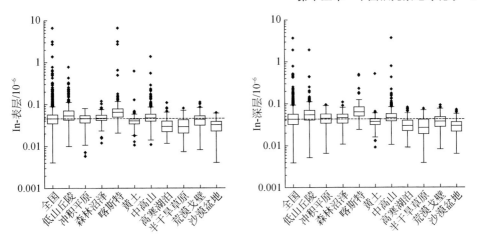

图 13-4　中国土壤铟元素箱图（自然地理景观）

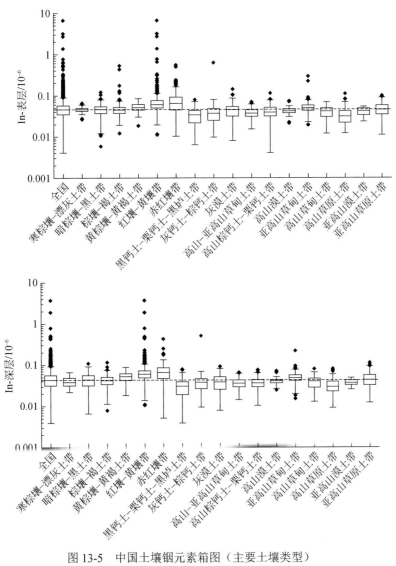

图 13-5　中国土壤铟元素箱图（主要土壤类型）

棕壤-漂灰土带＞全国＞灰漠土带＞亚高山草原土带＞棕壤-褐土带＞亚高山漠土带＞高山漠土带＞高山草甸土带＞高山棕钙土-栗钙土带＞高山-亚高山草甸土带＞灰钙土-棕钙土带＞黑钙土-栗钙土-黑垆土带＞高山草原土带。深层土壤中位数排序：赤红壤带＞红壤-黄壤带＞黄棕壤-黄褐土带＞亚高山草甸土带＞暗棕壤-黑土带＞亚高山草原土带＞全国＞棕壤-褐土带＞高山漠土带＞高山草甸土带＞灰漠土带＞寒棕壤-漂灰土带＞灰钙土-棕钙土带＞亚高山漠土带＞高山棕钙土-栗钙土带＞高山-亚高山草甸土带＞黑钙土-栗钙土-黑垆土带＞高山草原土带。

表 13-12　中国主要土壤类型铟基准值数据特征　　　　　　（单位：10^{-6}）

类型	层位	样品数	最小值	25%低背景	50%中位数	75%高背景	85%异常下限	最大值	算术平均值	几何平均值
全国	表层	3382	0.001	0.035	0.046	0.057	0.064	6.662	0.054	0.044
	深层	3380	0.004	0.032	0.043	0.056	0.064	3.717	0.048	0.041
寒棕壤-漂灰土带	表层	35	0.026	0.043	0.046	0.049	0.050	0.066	0.046	0.045
	深层	35	0.022	0.033	0.039	0.048	0.051	0.066	0.041	0.039
暗棕壤-黑土带	表层	296	0.006	0.037	0.046	0.054	0.057	0.121	0.045	0.042
	深层	295	0.007	0.032	0.044	0.056	0.061	0.110	0.043	0.039
棕壤-褐土带	表层	333	0.012	0.037	0.045	0.052	0.057	0.530	0.049	0.045
	深层	333	0.008	0.034	0.042	0.051	0.056	0.117	0.043	0.041
黄棕壤-黄褐土带	表层	124	0.019	0.045	0.051	0.061	0.064	0.084	0.053	0.051
	深层	124	0.018	0.043	0.053	0.061	0.065	0.089	0.052	0.051
红壤-黄壤带	表层	575	0.011	0.050	0.060	0.076	0.083	6.662	0.093	0.064
	深层	575	0.011	0.049	0.060	0.072	0.083	3.717	0.076	0.061
赤红壤带	表层	204	0.010	0.045	0.065	0.092	0.109	0.548	0.077	0.063
	深层	204	0.005	0.048	0.066	0.086	0.098	0.430	0.071	0.062
黑钙土-栗钙土-黑垆土带	表层	360	0.006	0.022	0.034	0.043	0.046	0.079	0.033	0.030
	深层	360	0.004	0.019	0.031	0.039	0.044	0.079	0.030	0.027
灰钙土-棕钙土带	表层	90	0.010	0.025	0.037	0.048	0.051	0.624	0.043	0.034
	深层	89	0.010	0.027	0.038	0.046	0.050	0.514	0.042	0.035
灰漠土带	表层	356	0.008	0.032	0.045	0.054	0.059	0.141	0.044	0.040
	深层	356	0.008	0.026	0.039	0.052	0.056	0.092	0.039	0.036
高山-亚高山草甸土带	表层	119	0.015	0.031	0.037	0.045	0.051	0.070	0.038	0.037
	深层	119	0.014	0.030	0.036	0.043	0.048	0.066	0.037	0.035

续表

类型	层位	样品数	最小值	25%低背景	50%中位数	75%高背景	85%异常下限	最大值	算术平均值	几何平均值
高山棕钙土-栗钙土带	表层	338	0.001	0.032	0.039	0.051	0.056	0.113	0.041	0.039
	深层	338	0.010	0.030	0.036	0.044	0.048	0.077	0.038	0.036
高山漠土带	表层	49	0.021	0.037	0.042	0.047	0.051	0.073	0.043	0.042
	深层	49	0.025	0.037	0.041	0.044	0.047	0.072	0.041	0.041
亚高山草甸土带	表层	193	0.019	0.043	0.050	0.057	0.062	0.290	0.052	0.050
	深层	193	0.015	0.042	0.049	0.057	0.062	0.220	0.051	0.048
高山草甸土带	表层	84	0.012	0.030	0.041	0.049	0.053	0.069	0.040	0.037
	深层	84	0.013	0.029	0.040	0.047	0.052	0.080	0.038	0.036
高山草原土带	表层	120	0.012	0.022	0.031	0.042	0.045	0.110	0.034	0.031
	深层	120	0.009	0.023	0.030	0.039	0.044	0.081	0.033	0.030
亚高山漠土带	表层	18	0.023	0.034	0.042	0.048	0.049	0.053	0.041	0.040
	深层	18	0.026	0.033	0.037	0.042	0.045	0.049	0.037	0.037
亚高山草原土带	表层	88	0.011	0.034	0.045	0.057	0.070	0.098	0.047	0.043
	深层	88	0.012	0.033	0.044	0.057	0.067	0.114	0.046	0.042

第三节　铟元素空间分布与异常评价

铟分散性较强但富集成矿具有很强的规律性，多伴生在锌、铅、铝等矿中，主要富集在硫化矿中，特别是闪锌矿内。世界探明铟储量中约18.4%分布在加拿大，17.7%集中在美国，日本和秘鲁各占约4%。中国铟储量居世界第一，占世界50%左右，已查明铟资源储量0.96×10^4t，主要分布在铅锌矿床和铜多金属矿床中，分布于15个省区，主要集中在云南（占全国铟总储量的40%）、广西（31.4%）、内蒙古（8.2%）、青海（7.8%）、广东（7%），如云南马关县都龙锡锌矿，广西南丹县锡多金属矿，内蒙古铜锡银铅锌多金属矿，青海海西州锡铁山，广东锡铅锌矿，黑龙江多金属矿，湖南银铅锌多金属矿，新疆彩霞山铅锌矿等。从地球化学基准图上可以看出：铟表现为北低南高的趋势，铟元素低背景区主要分布在天山-兴蒙造山带中部、华北克拉通西北部、塔里木克拉通、昆仑造山带、西藏-三江造山带西部区域；高背景区主要分布在华南造山带、扬子克拉通及三江造山带，可能与该区域发育热液硫化物矿床有关，铟在该成矿作用中富集。云南个旧、大厂锡-铜-锌-铟矿床含铟铁闪锌矿、黄铜矿中广泛富集铟元素。以累积频率85%为异常下限，共圈定16处铟地球化学异常，集中分布在中国南方各省区，零星分布在北方吉林、新疆等地（图13-6、表13-13）。

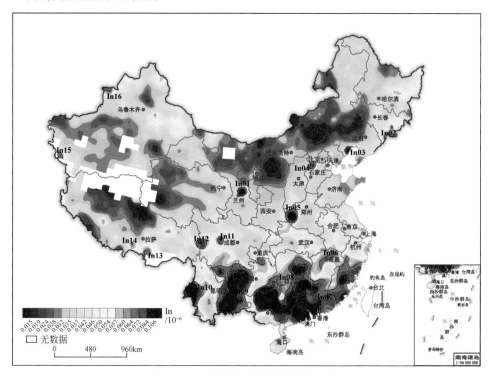

图 13-6 中国铟地球化学异常分布图

表 13-13 中国铟地球化学异常统计参数（对应图 13-6）

编号	面积/km²	点数/个	极小值/10⁻⁶	极大值/10⁻⁶	平均值/10⁻⁶	中位数/10⁻⁶	离差
In01	11517	7	0.020	0.620	0.120	0.040	0.221
In02	2682						
In03	5081	1	0.060	0.060	0.060	0.060	
In04	7766	3	0.040	0.170	0.110	0.120	0.066
In05	23428	6	0.040	0.520	0.132	0.060	0.191
In06	12228	5	0.070	0.080	0.074	0.070	0.005
In07	576800	219	0.020	6.660	0.146	0.070	0.526
In08	6676	3	0.070	0.080	0.077	0.080	0.006
In09	236755	83	0.030	0.540	0.098	0.080	0.077
In10	42450	19	0.040	1.370	0.147	0.070	0.299
In11	6172	5	0.040	0.280	0.100	0.050	0.102
In12	13388	4	0.040	0.220	0.100	0.070	0.082
In13	5635	3	0.060	0.080	0.070	0.070	0.010
In14	413						
In15	3754	1	0.070	0.070	0.070	0.070	
In16	5117	4	0.050	0.080	0.068	0.070	0.015

第十四章　中国铊元素地球化学

第一节　中国岩石铊元素含量特征

一、三大岩类中铊含量分布

铊在侵入岩中含量最高，变质岩、火山岩、沉积岩依次降低；侵入岩铊含量从酸性岩到超基性岩依次降低；侵入岩燕山期铊含量最高；地层岩性中泥质岩铊含量最高，碳酸盐岩（石灰岩、白云岩）及其对应的变质岩（大理岩）铊含量最低（表 14-1）。

表 14-1　全国岩石中铊元素不同参数基准数据特征统计　　（单位：10^{-6}）

统计项	统计项内容		样品数	最小值	中位数	最大值	算术平均值	几何平均值	标准离差	背景值
三大岩类	沉积岩		6209	0.004	0.345	21.318	0.412	0.236	0.466	0.374
	变质岩		1808	0.005	0.531	4.429	0.579	0.402	0.437	0.523
	岩浆岩	侵入岩	2634	0.009	0.695	5.461	0.798	0.592	0.566	0.748
		火山岩	1467	0.010	0.418	8.550	0.552	0.343	0.542	0.480
地层细分	古近系和新近系		528	0.015	0.356	2.485	0.396	0.265	0.308	0.377
	白垩系		886	0.012	0.485	21.318	0.576	0.434	0.795	0.552
	侏罗系		1362	0.011	0.540	8.550	0.629	0.474	0.494	0.574
	三叠系		1142	0.004	0.379	2.821	0.423	0.265	0.332	0.406
	二叠系		873	0.004	0.269	5.475	0.377	0.192	0.442	0.311
	石炭系		869	0.004	0.204	7.223	0.328	0.164	0.437	0.272
	泥盆系		713	0.004	0.252	2.735	0.362	0.197	0.357	0.328
	志留系		390	0.015	0.561	3.820	0.593	0.445	0.399	0.563
	奥陶系		547	0.004	0.247	4.697	0.384	0.196	0.422	0.349
	寒武系		632	0.008	0.353	3.527	0.457	0.225	0.479	0.403
	元古宇		1145	0.005	0.430	7.145	0.487	0.273	0.474	0.434
	太古宇		244	0.010	0.356	1.989	0.433	0.300	0.357	0.376
侵入岩细分	酸性岩		2077	0.020	0.800	5.461	0.913	0.760	0.560	0.860
	中性岩		340	0.011	0.429	2.993	0.500	0.406	0.347	0.449

续表

统计项	统计项内容	样品数	最小值	中位数	最大值	算术平均值	几何平均值	标准离差	背景值
侵入岩细分	基性岩	164	0.013	0.141	1.088	0.194	0.130	0.187	0.160
	超基性岩	53	0.009	0.040	0.583	0.072	0.040	0.118	0.044
侵入岩期次	喜马拉雅期	27	0.083	0.825	3.749	0.948	0.661	0.827	0.840
	燕山期	963	0.015	0.844	5.461	0.969	0.788	0.612	0.899
	海西期	778	0.009	0.585	2.967	0.655	0.472	0.450	0.617
	加里东期	211	0.019	0.674	5.138	0.803	0.573	0.647	0.719
	印支期	237	0.024	0.787	2.451	0.865	0.669	0.519	0.858
	元古宙	253	0.011	0.487	3.079	0.616	0.423	0.504	0.553
	太古宙	100	0.015	0.465	1.724	0.494	0.383	0.325	0.469
地层岩性	玄武岩	238	0.014	0.076	1.307	0.118	0.085	0.129	0.088
	安山岩	279	0.023	0.246	1.853	0.311	0.231	0.246	0.283
	流纹岩	378	0.015	0.702	8.550	0.808	0.638	0.646	0.725
	火山碎屑岩	88	0.010	0.535	3.400	0.650	0.444	0.550	0.597
	凝灰岩	432	0.020	0.622	4.106	0.696	0.518	0.513	0.625
	粗面岩	43	0.034	0.447	2.650	0.650	0.443	0.615	0.602
	石英砂岩	221	0.021	0.119	0.982	0.154	0.116	0.135	0.131
	长石石英砂岩	888	0.014	0.382	4.697	0.464	0.385	0.341	0.401
	长石砂岩	458	0.070	0.522	4.955	0.602	0.517	0.406	0.529
	砂岩	1844	0.013	0.450	21.318	0.505	0.412	0.578	0.462
	粉砂质泥质岩	106	0.051	0.674	2.219	0.680	0.594	0.335	0.654
	钙质泥质岩	174	0.058	0.675	1.765	0.677	0.613	0.262	0.671
	泥质岩	712	0.022	0.740	3.400	0.758	0.649	0.399	0.724
	石灰岩	1310	0.004	0.052	1.354	0.090	0.055	0.119	0.054
	白云岩	441	0.004	0.041	1.043	0.069	0.041	0.103	0.041
	泥灰岩	49	0.108	0.344	7.223	0.494	0.346	0.992	0.354
	硅质岩	68	0.019	0.214	2.916	0.477	0.235	0.618	0.315
	冰碛岩	5	0.141	0.183	0.408	0.223	0.208	0.106	0.223
	板岩	525	0.035	0.619	4.429	0.685	0.577	0.447	0.613
	千枚岩	150	0.139	0.669	2.131	0.686	0.616	0.315	0.667
	片岩	380	0.024	0.628	2.592	0.662	0.530	0.389	0.630
	片麻岩	289	0.052	0.508	2.420	0.600	0.483	0.392	0.538
	变粒岩	119	0.016	0.503	3.019	0.608	0.443	0.469	0.542
	麻粒岩	4	0.089	0.178	0.227	0.168	0.159	0.058	0.168
	斜长角闪岩	88	0.024	0.150	1.641	0.215	0.158	0.230	0.185
	大理岩	108	0.005	0.034	0.576	0.057	0.036	0.074	0.033
	石英岩	75	0.010	0.296	2.423	0.391	0.245	0.392	0.363

二、不同时代地层中铊含量分布

铊含量的中位数在地层中志留系最高，石炭系最低；从高到低依次为：志留系、侏罗系、白垩系、元古宇、三叠系、太古宇、古近系和新近系、寒武系、二叠系、泥盆系、奥陶系、石炭系（表 14-1）。

三、不同大地构造单元中铊含量分布

表 14-2～表 14-9 给出了不同大地构造单元铊的含量数据，图 14-1 给出了各大地构造单元平均含量与地壳克拉克值的对比。

表 14-2　天山–兴蒙造山带岩石中铊元素不同参数基准数据特征统计　（单位：10^{-6}）

统计项	统计项内容		样品数	最小值	中位数	最大值	算术平均值	几何平均值	标准离差	背景值
三大岩类	沉积岩		807	0.009	0.394	5.475	0.439	0.311	0.372	0.404
	变质岩		373	0.007	0.492	3.737	0.539	0.352	0.444	0.495
	岩浆岩	侵入岩	917	0.009	0.633	3.661	0.701	0.528	0.461	0.653
		火山岩	823	0.010	0.397	4.106	0.510	0.324	0.490	0.435
地层细分	古近系和新近系		153	0.023	0.246	1.115	0.337	0.208	0.280	0.337
	白垩系		203	0.040	0.511	2.772	0.573	0.477	0.359	0.528
	侏罗系		411	0.020	0.569	4.106	0.651	0.526	0.461	0.577
	三叠系		32	0.064	0.438	2.376	0.539	0.395	0.465	0.480
	二叠系		275	0.012	0.457	5.475	0.545	0.382	0.528	0.465
	石炭系		353	0.009	0.235	3.231	0.327	0.207	0.361	0.282
	泥盆系		238	0.010	0.222	2.735	0.331	0.197	0.361	0.273
	志留系		81	0.015	0.398	3.820	0.502	0.347	0.519	0.423
	奥陶系		111	0.029	0.431	1.256	0.449	0.336	0.281	0.449
	寒武系		13	0.011	0.326	3.527	0.538	0.192	0.922	0.289
	元古宇		145	0.014	0.536	2.336	0.562	0.324	0.447	0.550
	太古宇		6	0.070	0.163	0.302	0.178	0.162	0.080	0.178
侵入岩细分	酸性岩		736	0.020	0.713	3.661	0.793	0.673	0.448	0.737
	中性岩		110	0.075	0.381	1.705	0.443	0.366	0.286	0.421
	基性岩		58	0.013	0.093	0.984	0.165	0.097	0.200	0.114
	超基性岩		13	0.009	0.022	0.127	0.032	0.024	0.032	0.032
侵入岩期次	燕山期		240	0.096	0.744	3.661	0.836	0.747	0.432	0.777
	海西期		534	0.009	0.562	2.967	0.634	0.446	0.456	0.585
	加里东期		37	0.019	0.627	2.319	0.644	0.486	0.435	0.598
	印支期		29	0.024	0.749	1.978	0.820	0.599	0.529	0.820

续表

统计项	统计项内容	样品数	最小值	中位数	最大值	算术平均值	几何平均值	标准离差	背景值
侵入岩期次	元古宙	57	0.075	0.737	2.989	0.801	0.647	0.502	0.762
	太古宙	1	0.198	0.198	0.198	0.198	0.198		
地层岩性	玄武岩	96	0.015	0.075	0.506	0.124	0.088	0.121	0.084
	安山岩	181	0.023	0.225	1.544	0.278	0.202	0.223	0.258
	流纹岩	206	0.015	0.657	3.231	0.734	0.580	0.517	0.641
	火山碎屑岩	54	0.010	0.490	3.400	0.653	0.432	0.581	0.601
	凝灰岩	260	0.020	0.506	4.106	0.616	0.438	0.531	0.525
	粗面岩	21	0.034	0.372	1.238	0.440	0.315	0.328	0.440
	石英砂岩	8	0.065	0.163	0.448	0.223	0.184	0.145	0.223
	长石石英砂岩	118	0.107	0.523	3.820	0.594	0.510	0.410	0.567
	长石砂岩	108	0.070	0.541	1.834	0.568	0.497	0.291	0.537
	砂岩	396	0.027	0.358	5.475	0.419	0.323	0.390	0.367
	粉砂质泥质岩	31	0.051	0.653	0.911	0.585	0.509	0.227	0.585
	钙质泥质岩	14	0.058	0.505	0.878	0.456	0.371	0.219	0.456
	泥质岩	46	0.057	0.495	1.385	0.476	0.405	0.251	0.455
	石灰岩	66	0.009	0.047	0.744	0.105	0.057	0.145	0.062
	白云岩	20	0.011	0.041	0.685	0.085	0.047	0.149	0.054
	硅质岩	7	0.118	0.215	2.226	0.596	0.352	0.763	0.596
	板岩	119	0.051	0.552	3.737	0.643	0.516	0.531	0.550
	千枚岩	18	0.161	0.607	1.365	0.630	0.555	0.307	0.630
	片岩	97	0.039	0.585	1.736	0.604	0.474	0.362	0.592
	片麻岩	45	0.073	0.638	1.240	0.635	0.546	0.304	0.635
	变粒岩	12	0.232	0.745	1.269	0.712	0.640	0.310	0.712
	斜长角闪岩	12	0.072	0.140	0.398	0.177	0.157	0.098	0.177
	大理岩	42	0.007	0.039	0.224	0.057	0.040	0.052	0.053
	石英岩	21	0.010	0.375	1.363	0.420	0.239	0.380	0.420

表 14-3　华北克拉通岩石中铊元素不同参数基准数据特征统计　　　　（单位：10^{-6}）

统计项	统计项内容		样品数	最小值	中位数	最大值	算术平均值	几何平均值	标准离差	背景值
三大岩类	沉积岩		1061	0.006	0.317	7.223	0.358	0.202	0.391	0.331
	变质岩		361	0.007	0.368	3.019	0.474	0.301	0.419	0.418
	岩浆岩	侵入岩	571	0.011	0.549	5.461	0.639	0.485	0.478	0.578
		火山岩	217	0.015	0.376	2.650	0.471	0.322	0.401	0.409
地层细分	古近系和新近系		86	0.015	0.346	1.010	0.347	0.217	0.265	0.347
	白垩系		166	0.012	0.451	2.798	0.527	0.434	0.376	0.452

续表

统计项	统计项内容	样品数	最小值	中位数	最大值	算术平均值	几何平均值	标准离差	背景值
地层细分	侏罗系	246	0.061	0.439	2.138	0.513	0.433	0.306	0.481
	三叠系	80	0.051	0.487	1.159	0.521	0.475	0.205	0.512
	二叠系	107	0.036	0.390	1.803	0.435	0.340	0.296	0.422
	石炭系	98	0.019	0.348	7.223	0.500	0.296	0.764	0.431
	泥盆系	1	0.761	0.761	0.761	0.761	0.761		
	志留系	12	0.018	0.485	0.899	0.506	0.375	0.287	0.506
	奥陶系	139	0.010	0.047	4.697	0.123	0.057	0.409	0.089
	寒武系	177	0.014	0.095	1.644	0.262	0.128	0.310	0.237
	元古宇	303	0.006	0.186	3.019	0.365	0.159	0.434	0.322
	太古宇	196	0.017	0.342	1.989	0.417	0.296	0.347	0.347
侵入岩细分	酸性岩	413	0.029	0.669	5.461	0.752	0.625	0.498	0.688
	中性岩	93	0.011	0.434	1.327	0.450	0.385	0.227	0.431
	基性岩	51	0.023	0.169	0.674	0.194	0.152	0.132	0.184
	超基性岩	14	0.015	0.074	0.583	0.163	0.083	0.203	0.163
侵入岩期次	燕山期	201	0.029	0.608	5.461	0.731	0.579	0.595	0.645
	海西期	132	0.017	0.607	2.160	0.672	0.509	0.410	0.660
	加里东期	20	0.073	0.278	1.040	0.393	0.303	0.275	0.393
	印支期	39	0.030	0.583	1.864	0.576	0.418	0.395	0.542
	元古宙	75	0.011	0.519	2.233	0.569	0.415	0.391	0.547
	太古宙	91	0.015	0.471	1.724	0.509	0.404	0.323	0.482
地层岩性	玄武岩	40	0.015	0.069	0.493	0.101	0.076	0.098	0.078
	安山岩	64	0.065	0.298	0.872	0.340	0.293	0.189	0.340
	流纹岩	53	0.213	0.637	2.138	0.741	0.639	0.432	0.714
	火山碎屑岩	14	0.098	0.543	0.931	0.514	0.441	0.254	0.514
	凝灰岩	30	0.087	0.648	1.404	0.657	0.573	0.312	0.657
	粗面岩	15	0.197	0.416	2.650	0.657	0.479	0.689	0.657
	石英砂岩	45	0.021	0.065	0.302	0.096	0.075	0.072	0.096
	长石石英砂岩	103	0.028	0.390	4.697	0.468	0.359	0.507	0.427
	长石砂岩	54	0.075	0.434	1.729	0.521	0.448	0.314	0.498
	砂岩	302	0.041	0.454	1.287	0.466	0.422	0.197	0.447
	粉砂质泥质岩	25	0.192	0.611	1.059	0.600	0.557	0.212	0.600
	钙质泥质岩	32	0.236	0.647	1.030	0.658	0.625	0.199	0.658
	泥质岩	138	0.061	0.656	2.798	0.622	0.520	0.338	0.606
	石灰岩	229	0.010	0.050	0.399	0.075	0.055	0.071	0.058
	白云岩	120	0.006	0.043	0.788	0.065	0.044	0.087	0.042

统计项	统计项内容	样品数	最小值	中位数	最大值	算术平均值	几何平均值	标准离差	背景值
地层岩性	泥灰岩	13	0.195	0.329	7.223	0.846	0.384	1.919	0.315
	硅质岩	5	0.034	0.042	0.562	0.164	0.086	0.227	0.164
	板岩	18	0.108	0.601	2.412	0.769	0.595	0.554	0.769
	千枚岩	11	0.173	0.778	1.970	0.796	0.641	0.521	0.796
	片岩	49	0.056	0.660	1.597	0.717	0.609	0.363	0.717
	片麻岩	122	0.062	0.422	1.989	0.506	0.408	0.355	0.440
	变粒岩	66	0.032	0.454	3.019	0.526	0.368	0.464	0.487
	麻粒岩	4	0.089	0.178	0.227	0.168	0.159	0.058	0.168
	斜长角闪岩	42	0.024	0.155	1.641	0.241	0.155	0.309	0.179
	大理岩	26	0.007	0.030	0.576	0.072	0.037	0.122	0.051
	石英岩	18	0.027	0.142	0.687	0.204	0.140	0.180	0.204

表 14-4　秦祁昆造山带岩石中铊元素不同参数基准数据特征统计　（单位：10^{-6}）

统计项	统计项内容		样品数	最小值	中位数	最大值	算术平均值	几何平均值	标准离差	背景值
三大岩类	沉积岩		510	0.004	0.365	2.869	0.387	0.243	0.309	0.364
	变质岩		393	0.005	0.542	2.821	0.566	0.404	0.381	0.534
	岩浆岩	侵入岩	339	0.019	0.605	3.837	0.726	0.551	0.528	0.667
		火山岩	72	0.048	0.434	1.853	0.510	0.355	0.417	0.438
地层细分	古近系和新近系		61	0.034	0.436	1.302	0.467	0.406	0.225	0.453
	白垩系		85	0.047	0.417	1.049	0.446	0.387	0.221	0.446
	侏罗系		46	0.121	0.539	1.853	0.595	0.480	0.398	0.567
	三叠系		103	0.015	0.493	2.821	0.528	0.394	0.376	0.481
	二叠系		54	0.010	0.342	2.869	0.408	0.190	0.471	0.361
	石炭系		89	0.004	0.225	0.982	0.289	0.139	0.269	0.289
	泥盆系		92	0.005	0.498	1.794	0.492	0.320	0.347	0.465
	志留系		67	0.045	0.591	2.581	0.628	0.519	0.393	0.598
	奥陶系		65	0.019	0.397	1.779	0.429	0.283	0.332	0.408
	寒武系		59	0.014	0.298	1.377	0.385	0.231	0.355	0.385
	元古宇		164	0.010	0.375	2.420	0.449	0.265	0.383	0.395
	太古宇		29	0.010	0.513	1.726	0.554	0.417	0.344	0.512
侵入岩细分	酸性岩		244	0.099	0.736	3.837	0.845	0.711	0.536	0.774
	中性岩		61	0.171	0.472	2.418	0.538	0.465	0.367	0.449
	基性岩		25	0.037	0.205	1.088	0.269	0.176	0.255	0.235
	超基性岩		9	0.019	0.051	0.086	0.049	0.043	0.025	0.049
侵入岩期次	喜马拉雅期		1	1.143	1.143	1.143	1.143	1.143		
	燕山期		70	0.130	0.753	3.539	0.872	0.735	0.585	0.797

续表

统计项	统计项内容	样品数	最小值	中位数	最大值	算术平均值	几何平均值	标准离差	背景值
侵入岩期次	海西期	62	0.066	0.614	1.717	0.680	0.564	0.383	0.680
	加里东期	91	0.019	0.549	3.837	0.734	0.504	0.617	0.700
	印支期	62	0.118	0.655	2.451	0.763	0.650	0.465	0.708
	元古宙	43	0.023	0.331	2.193	0.489	0.324	0.439	0.448
	太古宙	4	0.093	0.424	0.974	0.479	0.303	0.437	0.479
地层岩性	玄武岩	11	0.048	0.113	1.307	0.308	0.170	0.383	0.308
	安山岩	15	0.073	0.201	1.853	0.393	0.264	0.451	0.289
	流纹岩	24	0.247	0.662	1.779	0.732	0.655	0.360	0.732
	火山碎屑岩	6	0.095	0.563	1.794	0.693	0.463	0.622	0.693
	凝灰岩	14	0.050	0.346	0.758	0.330	0.254	0.219	0.330
	粗面岩	2	0.489	0.537	0.586	0.537	0.535	0.069	0.537
	石英砂岩	14	0.069	0.229	0.557	0.257	0.215	0.153	0.257
	长石石英砂岩	98	0.014	0.389	1.520	0.405	0.354	0.198	0.393
	长石砂岩	23	0.277	0.499	2.039	0.567	0.519	0.338	0.500
	砂岩	202	0.013	0.442	1.677	0.469	0.404	0.241	0.458
	粉砂质泥质岩	8	0.076	0.701	1.353	0.701	0.567	0.357	0.701
	钙质泥质岩	14	0.127	0.711	1.765	0.795	0.696	0.390	0.795
	泥质岩	25	0.141	0.593	2.869	0.695	0.588	0.509	0.605
	石灰岩	89	0.004	0.047	0.969	0.090	0.049	0.149	0.046
	白云岩	32	0.010	0.030	0.374	0.071	0.040	0.086	0.061
	泥灰岩	5	0.174	0.388	0.591	0.364	0.333	0.164	0.364
	硅质岩	9	0.054	0.123	0.511	0.200	0.145	0.180	0.200
	板岩	87	0.080	0.632	2.821	0.663	0.594	0.342	0.638
	千枚岩	47	0.167	0.638	1.291	0.652	0.600	0.250	0.652
	片岩	103	0.024	0.647	2.581	0.644	0.505	0.377	0.625
	片麻岩	79	0.052	0.542	2.420	0.633	0.521	0.409	0.566
	变粒岩	16	0.083	0.425	1.663	0.567	0.455	0.383	0.567
	斜长角闪岩	18	0.031	0.151	0.473	0.210	0.162	0.148	0.210
	大理岩	21	0.005	0.022	0.122	0.033	0.025	0.028	0.029
	石英岩	11	0.062	0.239	0.356	0.236	0.209	0.101	0.236

表 14-5　扬子克拉通岩石中铊元素不同参数基准数据特征统计　（单位：10^{-6}）

统计项	统计项内容		样品数	最小值	中位数	最大值	算术平均值	几何平均值	标准离差	背景值
三大岩类	沉积岩		1716	0.004	0.292	3.400	0.369	0.196	0.359	0.343
	变质岩		139	0.019	0.540	2.916	0.603	0.473	0.418	0.531
	岩浆岩	侵入岩	123	0.024	0.791	3.079	0.888	0.580	0.697	0.870
		火山岩	105	0.014	0.198	2.056	0.430	0.236	0.459	0.385

续表

统计项	统计项内容	样品数	最小值	中位数	最大值	算术平均值	几何平均值	标准离差	背景值
地层细分	古近系和新近系	27	0.035	0.405	1.050	0.459	0.366	0.257	0.459
	白垩系	123	0.037	0.414	1.182	0.447	0.376	0.236	0.441
	侏罗系	236	0.050	0.520	3.400	0.577	0.483	0.367	0.539
	三叠系	385	0.010	0.187	1.750	0.278	0.148	0.281	0.263
	二叠系	237	0.004	0.077	2.644	0.167	0.079	0.292	0.082
	石炭系	73	0.004	0.063	2.135	0.176	0.070	0.308	0.149
	泥盆系	98	0.004	0.111	2.129	0.264	0.116	0.344	0.245
	志留系	147	0.017	0.680	1.864	0.652	0.518	0.339	0.636
	奥陶系	148	0.004	0.280	2.916	0.393	0.215	0.394	0.375
	寒武系	193	0.008	0.299	3.202	0.453	0.210	0.538	0.339
	元古宇	305	0.005	0.457	7.145	0.475	0.283	0.508	0.435
	太古宇	3	0.248	0.375	0.609	0.411	0.384	0.183	0.411
侵入岩细分	酸性岩	96	0.087	0.942	3.079	1.069	0.827	0.677	1.069
	中性岩	15	0.113	0.221	1.053	0.334	0.266	0.275	0.334
	基性岩	11	0.031	0.124	0.368	0.144	0.101	0.118	0.144
	超基性岩	1	0.024	0.024	0.024	0.024	0.024		
侵入岩期次	燕山期	47	0.087	1.071	2.671	1.188	0.929	0.696	1.188
	海西期	3	0.024	0.267	2.065	0.785	0.237	1.115	0.785
	加里东期	5	0.148	0.969	1.293	0.860	0.688	0.460	0.860
	印支期	17	0.100	0.917	2.086	0.914	0.682	0.595	0.914
	元古宙	44	0.031	0.338	3.079	0.593	0.345	0.656	0.536
	太古宙	1	0.130	0.130	0.130	0.130	0.130		
地层岩性	玄武岩	47	0.014	0.106	0.215	0.106	0.089	0.057	0.106
	安山岩	5	0.134	0.421	0.628	0.402	0.359	0.180	0.402
	流纹岩	14	0.068	0.640	2.016	0.737	0.521	0.556	0.737
	火山碎屑岩	6	0.077	0.344	1.193	0.546	0.335	0.517	0.546
	凝灰岩	30	0.053	0.686	1.796	0.701	0.581	0.380	0.701
	粗面岩	2	1.318	1.687	2.056	1.687	1.646	0.522	1.687
	石英砂岩	55	0.022	0.088	0.900	0.118	0.085	0.129	0.104
	长石石英砂岩	162	0.025	0.322	2.644	0.380	0.317	0.295	0.312
	长石砂岩	108	0.169	0.459	1.058	0.488	0.454	0.188	0.483
	砂岩	359	0.020	0.477	2.469	0.499	0.430	0.260	0.482
	粉砂质泥质岩	7	0.338	0.715	1.399	0.807	0.722	0.401	0.807
	钙质泥质岩	70	0.150	0.726	1.319	0.728	0.691	0.221	0.728
	泥质岩	277	0.103	0.743	3.400	0.758	0.657	0.426	0.689

续表

统计项	统计项内容	样品数	最小值	中位数	最大值	算术平均值	几何平均值	标准离差	背景值
地层岩性	石灰岩	461	0.004	0.059	0.842	0.092	0.058	0.105	0.064
	白云岩	194	0.004	0.042	1.043	0.080	0.045	0.124	0.043
	泥灰岩	23	0.108	0.334	0.851	0.360	0.318	0.182	0.360
	硅质岩	18	0.019	0.374	2.916	0.623	0.284	0.787	0.623
	板岩	73	0.193	0.573	2.112	0.649	0.593	0.304	0.605
	千枚岩	20	0.307	0.565	1.159	0.624	0.587	0.233	0.624
	片岩	18	0.060	0.363	1.602	0.461	0.356	0.360	0.394
	片麻岩	4	0.062	0.429	0.741	0.415	0.289	0.314	0.415
	变粒岩	2	0.142	1.034	1.925	1.034	0.523	1.261	1.034
	斜长角闪岩	2	0.126	0.251	0.375	0.251	0.217	0.176	0.251
	大理岩	1	0.132	0.132	0.132	0.132	0.132		
	石英岩	1	0.062	0.062	0.062	0.062	0.062		

表 14-6　华南造山带岩石中铊元素不同参数基准数据特征统计　（单位：10^{-6}）

统计项	统计项内容		样品数	最小值	中位数	最大值	算术平均值	几何平均值	标准离差	背景值
三大岩类	沉积岩		1016	0.004	0.501	21.318	0.547	0.295	0.780	0.514
	变质岩		172	0.039	0.691	4.429	0.825	0.652	0.565	0.747
	岩浆岩	侵入岩	416	0.029	1.163	5.298	1.254	1.115	0.597	1.204
		火山岩	147	0.023	1.016	8.550	1.062	0.743	0.830	1.010
地层细分	古近系和新近系		39	0.023	0.290	1.130	0.388	0.213	0.346	0.388
	白垩系		155	0.107	0.737	21.318	0.958	0.750	1.697	0.826
	侏罗系		203	0.065	0.925	8.550	0.994	0.809	0.731	0.957
	三叠系		139	0.004	0.566	1.530	0.542	0.314	0.401	0.542
	二叠系		71	0.007	0.072	1.647	0.293	0.098	0.418	0.273
	石炭系		120	0.005	0.065	2.651	0.199	0.073	0.351	0.065
	泥盆系		216	0.006	0.259	1.588	0.371	0.188	0.356	0.346
	志留系		32	0.095	0.707	1.540	0.700	0.590	0.366	0.700
	奥陶系		57	0.024	0.626	1.913	0.742	0.607	0.419	0.742
	寒武系		145	0.016	0.612	2.394	0.698	0.510	0.424	0.686
	元古宇		132	0.049	0.618	4.429	0.732	0.608	0.516	0.627
	太古宇		3	0.437	1.132	1.336	0.968	0.871	0.471	0.968
侵入岩细分	酸性岩		388	0.130	1.182	5.298	1.291	1.177	0.590	1.239
	中性岩		22	0.105	0.900	1.645	0.892	0.788	0.369	0.892
	基性岩		5	0.082	0.171	0.326	0.184	0.163	0.097	0.184
	超基性岩		1	0.029	0.029	0.029	0.029	0.029		

续表

统计项	统计项内容	样品数	最小值	中位数	最大值	算术平均值	几何平均值	标准离差	背景值
侵入岩期次	燕山期	273	0.228	1.167	5.298	1.270	1.150	0.597	1.214
	海西期	19	0.171	1.036	2.061	1.170	1.060	0.453	1.170
	加里东期	48	0.419	1.030	5.138	1.262	1.115	0.766	1.180
	印支期	57	0.130	1.278	2.168	1.254	1.151	0.432	1.254
	元古宙	6	0.029	0.573	1.044	0.538	0.307	0.426	0.538
地层岩性	玄武岩	20	0.023	0.062	0.173	0.075	0.064	0.045	0.075
	安山岩	2	0.841	1.176	1.511	1.176	1.127	0.474	1.176
	流纹岩	46	0.663	1.208	8.550	1.394	1.208	1.174	1.235
	火山碎屑岩	1	0.784	0.784	0.784	0.784	0.784		
	凝灰岩	77	0.142	1.103	2.397	1.117	1.031	0.417	1.100
	石英砂岩	62	0.035	0.138	0.767	0.169	0.143	0.119	0.153
	长石石英砂岩	202	0.063	0.506	1.527	0.553	0.484	0.290	0.527
	长石砂岩	95	0.151	0.590	2.593	0.692	0.628	0.362	0.645
	砂岩	215	0.023	0.664	21.318	0.812	0.636	1.455	0.716
	粉砂质泥质岩	7	0.348	0.733	1.839	0.914	0.795	0.533	0.914
	钙质泥质岩	12	0.166	0.757	1.249	0.748	0.681	0.288	0.748
	泥质岩	170	0.022	0.931	1.832	0.937	0.855	0.330	0.937
	石灰岩	207	0.004	0.049	0.991	0.074	0.045	0.099	0.047
	白云岩	42	0.006	0.027	0.111	0.033	0.026	0.024	0.032
	泥灰岩	4	0.298	0.365	0.446	0.369	0.365	0.063	0.369
	硅质岩	22	0.039	0.170	2.651	0.517	0.247	0.654	0.416
	板岩	57	0.107	0.760	4.429	0.923	0.783	0.657	0.860
	千枚岩	18	0.376	0.803	1.467	0.810	0.767	0.279	0.810
	片岩	38	0.205	0.698	2.592	0.889	0.777	0.507	0.843
	片麻岩	12	0.152	0.962	1.738	0.994	0.840	0.502	0.994
	变粒岩	16	0.457	0.680	2.208	0.818	0.738	0.458	0.726
	斜长角闪岩	2	0.243	0.316	0.388	0.316	0.307	0.103	0.316
	石英岩	7	0.241	0.513	1.073	0.569	0.482	0.337	0.569

表 14-7　塔里木克拉通岩石中铊元素不同参数基准数据特征统计　　（单位：10^{-6}）

统计项	统计项内容		样品数	最小值	中位数	最大值	算术平均值	几何平均值	标准离差	背景值
三大岩类	沉积岩		160	0.009	0.212	2.273	0.278	0.173	0.265	0.261
	变质岩		42	0.012	0.333	2.423	0.440	0.219	0.532	0.392
	岩浆岩	侵入岩	34	0.106	0.580	2.489	0.639	0.522	0.434	0.583
		火山岩	2	0.144	0.174	0.203	0.174	0.171	0.041	0.174

统计项	统计项内容	样品数	最小值	中位数	最大值	算术平均值	几何平均值	标准离差	背景值
地层细分	古近系和新近系	29	0.071	0.337	0.727	0.344	0.298	0.171	0.344
	白垩系	11	0.095	0.268	0.793	0.338	0.282	0.216	0.338
	侏罗系	18	0.039	0.400	1.088	0.402	0.332	0.229	0.402
	三叠系	3	0.393	0.412	0.795	0.533	0.505	0.227	0.533
	二叠系	12	0.045	0.196	0.834	0.299	0.212	0.249	0.299
	石炭系	19	0.018	0.065	2.273	0.227	0.086	0.512	0.113
	泥盆系	18	0.023	0.218	0.764	0.261	0.196	0.181	0.261
	志留系	10	0.016	0.351	0.701	0.387	0.291	0.202	0.387
	奥陶系	10	0.024	0.074	0.598	0.142	0.088	0.173	0.142
	寒武系	17	0.009	0.027	0.249	0.057	0.034	0.067	0.057
	元古宇	26	0.012	0.304	2.423	0.458	0.237	0.587	0.380
	太古宇	6	0.015	0.043	1.542	0.370	0.086	0.612	0.370
侵入岩细分	酸性岩	30	0.106	0.651	2.489	0.677	0.563	0.444	0.614
	中性岩	2	0.515	0.542	0.570	0.542	0.542	0.039	0.542
	基性岩	2	0.123	0.170	0.216	0.170	0.163	0.066	0.170
侵入岩期次	海西期	16	0.106	0.601	1.194	0.636	0.550	0.299	0.636
	加里东期	4	0.251	0.293	0.712	0.387	0.352	0.218	0.387
	元古宙	11	0.123	0.734	2.489	0.777	0.584	0.641	0.777
	太古宙	2	0.253	0.384	0.515	0.384	0.361	0.185	0.384
地层岩性	玄武岩	1	0.203	0.203	0.203	0.203	0.203		
	流纹岩	1	0.144	0.144	0.144	0.144	0.144		
	石英砂岩	2	0.031	0.035	0.039	0.035	0.035	0.006	0.035
	长石石英砂岩	26	0.082	0.336	0.595	0.316	0.280	0.132	0.316
	长石砂岩	3	0.308	0.795	2.273	1.125	0.823	1.023	1.125
	砂岩	62	0.035	0.331	0.834	0.357	0.302	0.188	0.357
	钙质泥质岩	7	0.295	0.546	0.793	0.540	0.521	0.149	0.540
	泥质岩	2	0.110	0.599	1.088	0.599	0.346	0.691	0.599
	石灰岩	50	0.009	0.053	0.338	0.080	0.053	0.077	0.074
	白云岩	2	0.068	0.088	0.107	0.088	0.085	0.028	0.088
	冰碛岩	5	0.141	0.183	0.408	0.223	0.208	0.106	0.223
	千枚岩	1	0.448	0.448	0.448	0.448	0.448		
	片岩	11	0.148	0.495	0.599	0.454	0.429	0.130	0.454
	片麻岩	12	0.086	0.479	1.733	0.752	0.512	0.618	0.752
	斜长角闪岩	7	0.066	0.161	0.261	0.158	0.146	0.066	0.158
	大理岩	10	0.012	0.040	0.156	0.049	0.037	0.042	0.049
	石英岩	1	2.423	2.423	2.423	2.423	2.423		

表 14-8 松潘-甘孜造山带岩石中铊元素不同参数基准数据特征统计 （单位：10^{-6}）

统计项	统计项内容		样品数	最小值	中位数	最大值	算术平均值	几何平均值	标准离差	背景值
三大岩类	沉积岩		237	0.017	0.357	1.346	0.363	0.269	0.238	0.342
	变质岩		189	0.023	0.634	1.949	0.612	0.510	0.316	0.586
	岩浆岩	侵入岩	69	0.024	0.667	2.369	0.732	0.496	0.555	0.732
		火山岩	20	0.040	0.371	1.821	0.439	0.305	0.401	0.366
地层细分	古近系和新近系		18	0.090	0.348	0.731	0.344	0.308	0.158	0.344
	白垩系		1	0.053	0.053	0.053	0.053	0.053		
	侏罗系		3	0.092	0.366	1.346	0.601	0.356	0.659	0.601
	三叠系		258	0.020	0.458	1.241	0.494	0.415	0.247	0.491
	二叠系		37	0.017	0.345	1.499	0.364	0.212	0.334	0.333
	石炭系		10	0.045	0.151	0.659	0.250	0.153	0.234	0.250
	泥盆系		27	0.022	0.443	1.062	0.430	0.264	0.331	0.430
	志留系		33	0.023	0.392	0.997	0.429	0.264	0.325	0.429
	奥陶系		8	0.060	0.512	0.946	0.534	0.386	0.365	0.534
	寒武系		12	0.077	0.690	1.935	0.740	0.609	0.444	0.740
	元古宇		34	0.018	0.330	1.949	0.454	0.310	0.431	0.363
侵入岩细分	酸性岩		48	0.109	0.713	2.369	0.865	0.707	0.546	0.865
	中性岩		15	0.042	0.487	1.719	0.569	0.372	0.464	0.569
	基性岩		1	0.144	0.144	0.144	0.144	0.144		
	超基性岩		5	0.024	0.051	0.089	0.054	0.050	0.024	0.054
侵入岩期次	燕山期		25	0.043	0.901	2.369	1.072	0.837	0.622	1.072
	海西期		8	0.024	0.181	0.921	0.312	0.161	0.325	0.312
	印支期		19	0.267	0.667	2.148	0.745	0.664	0.416	0.667
	元古宙		12	0.042	0.296	0.970	0.313	0.232	0.251	0.313
	太古宙		1	0.051	0.051	0.051	0.051	0.051		
地层岩性	玄武岩		7	0.040	0.116	0.235	0.127	0.112	0.065	0.127
	安山岩		1	0.224	0.224	0.224	0.224	0.224		
	流纹岩		7	0.301	0.585	0.837	0.540	0.509	0.197	0.540
	凝灰岩		3	0.445	0.447	0.744	0.545	0.529	0.172	0.545
	粗面岩		2	0.417	1.119	1.821	1.119	0.871	0.993	1.119
	石英砂岩		2	0.174	0.184	0.194	0.184	0.184	0.014	0.184
	长石石英砂岩		29	0.136	0.357	0.525	0.323	0.306	0.100	0.323
	长石砂岩		20	0.076	0.339	0.696	0.374	0.337	0.153	0.374
	砂岩		129	0.077	0.404	1.231	0.428	0.386	0.192	0.411
	粉砂质泥质岩		4	0.452	0.713	1.246	0.781	0.720	0.364	0.781
	钙质泥质岩		3	0.472	0.878	1.004	0.785	0.747	0.278	0.785

续表

统计项	统计项内容	样品数	最小值	中位数	最大值	算术平均值	几何平均值	标准离差	背景值
地层岩性	泥质岩	4	0.571	0.744	0.985	0.761	0.745	0.183	0.761
	石灰岩	35	0.020	0.068	1.346	0.125	0.072	0.227	0.089
	白云岩	11	0.017	0.048	0.167	0.062	0.047	0.047	0.062
	硅质岩	2	0.152	0.393	0.634	0.393	0.310	0.341	0.393
	板岩	118	0.082	0.656	1.949	0.654	0.579	0.316	0.614
	千枚岩	29	0.139	0.739	1.241	0.651	0.580	0.281	0.651
	片岩	29	0.089	0.557	1.030	0.526	0.441	0.269	0.526
	片麻岩	2	0.435	0.650	0.865	0.650	0.613	0.304	0.650
	变粒岩	3	0.220	0.376	1.038	0.545	0.441	0.434	0.545
	大理岩	5	0.023	0.025	0.077	0.042	0.036	0.025	0.042
	石英岩	1	0.475	0.475	0.475	0.475	0.475		

表 14-9　西藏-三江造山带岩石中铊元素不同参数基准数据特征统计　（单位：10^{-6}）

统计项	统计项内容		样品数	最小值	中位数	最大值	算术平均值	几何平均值	标准离差	背景值
三大岩类	沉积岩		702	0.006	0.304	4.955	0.436	0.245	0.438	0.379
	变质岩		139	0.016	0.668	2.286	0.661	0.482	0.434	0.602
	岩浆岩	侵入岩	165	0.015	0.778	3.749	0.885	0.584	0.678	0.827
		火山岩	81	0.023	0.403	2.485	0.511	0.305	0.473	0.435
地层细分	古近系和新近系		115	0.015	0.363	2.485	0.484	0.322	0.411	0.408
	白垩系		142	0.013	0.290	2.610	0.431	0.264	0.414	0.369
	侏罗系		199	0.011	0.307	2.407	0.446	0.252	0.417	0.408
	三叠系		142	0.009	0.318	2.241	0.407	0.234	0.368	0.381
	二叠系		80	0.006	0.283	2.286	0.414	0.197	0.458	0.335
	石炭系		107	0.013	0.352	1.853	0.482	0.252	0.439	0.469
	泥盆系		23	0.031	0.324	1.388	0.480	0.306	0.392	0.480
	志留系		8	0.094	0.879	1.256	0.773	0.581	0.433	0.773
	奥陶系		9	0.211	0.942	2.124	1.030	0.871	0.566	1.030
	寒武系		16	0.057	0.875	1.974	0.869	0.613	0.568	0.869
	元古宇		36	0.156	0.647	1.793	0.648	0.547	0.363	0.615
	太古宇		1	0.493	0.493	0.493	0.493	0.493		
侵入岩细分	酸性岩		122	0.083	0.916	3.749	1.071	0.894	0.637	1.015
	中性岩		22	0.130	0.421	2.993	0.564	0.417	0.597	0.449
	基性岩		11	0.041	0.162	0.870	0.237	0.165	0.235	0.237
	超基性岩		10	0.015	0.026	0.118	0.034	0.027	0.031	0.034

续表

统计项	统计项内容	样品数	最小值	中位数	最大值	算术平均值	几何平均值	标准离差	背景值
侵入岩期次	喜马拉雅期	26	0.083	0.816	3.749	0.941	0.647	0.842	0.828
	燕山期	107	0.015	0.707	3.270	0.893	0.582	0.678	0.850
	海西期	4	0.398	0.869	1.400	0.884	0.803	0.419	0.884
	加里东期	6	0.080	0.718	1.435	0.730	0.535	0.481	0.730
	印支期	14	0.026	0.916	1.780	0.729	0.382	0.563	0.729
	元古宙	5	0.360	0.647	1.663	0.948	0.795	0.607	0.948
地层岩性	玄武岩	16	0.024	0.054	0.211	0.074	0.063	0.049	0.074
	安山岩	11	0.023	0.400	0.742	0.372	0.256	0.231	0.372
	流纹岩	27	0.032	0.763	1.717	0.713	0.541	0.427	0.713
	火山碎屑岩	7	0.056	0.773	2.485	0.931	0.633	0.750	0.931
	凝灰岩	18	0.134	0.343	0.874	0.422	0.376	0.214	0.422
	粗面岩	1	2.152	2.152	2.152	2.152	2.152		
	石英砂岩	33	0.032	0.175	0.982	0.207	0.166	0.181	0.183
	长石石英砂岩	150	0.052	0.305	1.750	0.418	0.341	0.322	0.332
	长石砂岩	47	0.073	0.723	4.955	0.930	0.702	0.814	0.842
	砂岩	179	0.052	0.512	2.138	0.552	0.444	0.349	0.536
	粉砂质泥质岩	24	0.173	0.702	2.219	0.759	0.664	0.421	0.696
	钙质泥质岩	22	0.156	0.659	1.119	0.596	0.501	0.310	0.596
	泥质岩	50	0.100	0.811	2.407	0.824	0.727	0.391	0.791
	石灰岩	173	0.006	0.048	1.354	0.111	0.060	0.164	0.069
	白云岩	20	0.009	0.027	0.100	0.035	0.027	0.027	0.035
	泥灰岩	4	0.344	0.384	0.523	0.409	0.403	0.079	0.409
	硅质岩	5	0.045	0.456	0.713	0.452	0.323	0.277	0.452
	板岩	53	0.035	0.598	2.286	0.644	0.484	0.436	0.613
	千枚岩	6	0.393	0.859	2.131	0.948	0.817	0.617	0.948
	片岩	35	0.030	0.803	1.974	0.835	0.696	0.381	0.835
	片麻岩	13	0.267	0.747	1.132	0.698	0.639	0.279	0.698
	变粒岩	4	0.016	0.731	1.793	0.818	0.349	0.743	0.818
	斜长角闪岩	5	0.095	0.128	0.195	0.131	0.127	0.041	0.131
	大理岩	3	0.035	0.038	0.270	0.114	0.071	0.135	0.114
	石英岩	15	0.079	0.490	1.264	0.484	0.364	0.344	0.484

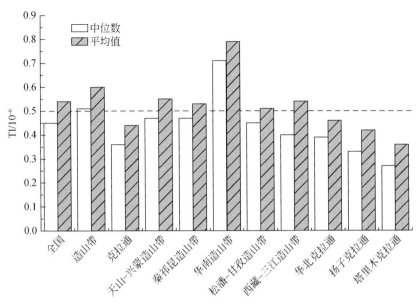

图 14-1　全国及一级大地构造单元岩石铊含量柱状图

（1）在天山-兴蒙造山带中分布：铊在侵入岩中含量最高，变质岩、火山岩、沉积岩依次降低；侵入岩铊含量从酸性岩到超基性岩依次降低；侵入岩印支期铊含量最高；地层中志留系铊含量最高，太古宇最低；地层岩性中变粒岩铊含量最高，碳酸盐岩（石灰岩、白云岩）及其对应的变质岩（大理岩）铊含量最低。

（2）在秦祁昆造山带中分布：铊在侵入岩中含量最高，变质岩、火山岩、沉积岩依次降低；侵入岩铊含量从酸性岩到超基性岩依次降低；侵入岩喜马拉雅期铊含量最高；地层中志留系铊含量最高，石炭系最低；地层岩性中钙质泥质岩和粉砂质泥质岩铊含量最高，碳酸盐岩（石灰岩、白云岩）及其对应的变质岩（大理岩）铊含量最低。

（3）在华南造山带中分布：铊在侵入岩中含量最高，火山岩、变质岩、沉积岩依次降低；侵入岩铊含量从酸性岩到超基性岩依次降低；侵入岩印支期铊含量最高；地层中太古宇铊含量最高，石炭系最低；地层岩性中流纹岩、安山岩铊含量最高，碳酸盐岩（石灰岩、白云岩）铊含量最低。

（4）在松潘-甘孜造山带中分布：铊在侵入岩中含量最高，变质岩、沉积岩、火山岩依次降低；侵入岩铊含量从酸性岩到超基性岩依次降低；侵入岩燕山期铊含量最高；地层中寒武系铊含量最高，白垩系最低；地层岩性中粗面岩铊含量最高，碳酸盐岩（石灰岩、白云岩）及其对应的变质岩（大理岩）铊含量最低。

（5）在西藏-三江造山带中分布：铊在侵入岩中含量最高，变质岩、火山岩、沉积岩依次降低；侵入岩铊含量从酸性岩到超基性岩依次降低；侵入岩印支期铊含量最高；地层中奥陶系铊含量最高，二叠系最低；地层岩性中粗面岩铊含量最高，其次是泥质岩，碳酸盐岩（石灰岩、白云岩）及其对应的变质岩（大理岩）铊含量最低。

（6）在华北克拉通中分布：铊在侵入岩中含量最高，火山岩、变质岩、沉积岩依次降低；侵入岩铊含量从酸性岩到超基性岩依次降低；侵入岩燕山期铊含量最高；地层中泥盆系铊含量最高，奥陶系最低；地层岩性中千枚岩铊含量最高，碳酸盐岩（石灰岩、白云岩）

及其对应的变质岩（大理岩）和硅质岩铊含量最低。

（7）在扬子克拉通中分布：铊在侵入岩中含量最高，变质岩、沉积岩、火山岩依次降低；侵入岩铊含量从酸性岩到超基性岩依次降低；侵入岩燕山期铊含量最高；地层中志留系铊含量最高，石炭系最低；地层岩性中粗面岩铊含量最高，碳酸盐岩（石灰岩、白云岩）和石英岩铊含量最低。

（8）在塔里木克拉通中分布：铊在侵入岩中含量最高，变质岩、沉积岩、火山岩依次降低；侵入岩铊含量从酸性岩到超基性岩依次降低；侵入岩元古宇铊含量最高；地层中三叠系铊含量最高，寒武系最低；地层岩性中石英岩铊含量最高，石英砂岩和碳酸盐岩（石灰岩、白云岩）及其对应的变质岩（大理岩）铊含量最低。

第二节　中国土壤铊元素含量特征

一、中国土壤铊元素含量总体特征

中国表层和深层土壤中的铊含量呈对数正态分布，但有极少量离群值存在（图 14-2）；铊元素表层样品和深层样品 95%（2.5%～97.5%）的数据分别变化于 $0.32\times10^{-6}\sim1.34\times10^{-6}$ 和 $0.29\times10^{-6}\sim1.39\times10^{-6}$，基准值（中位数）分别为 0.62×10^{-6} 和 0.62×10^{-6}；表层和深层样品的低背景基线值（下四分位数）分别为 0.51×10^{-6} 和 0.50×10^{-6}，高背景基线值（上四分位数）分别为 0.74×10^{-6} 和 0.76×10^{-6}；低背景值与地壳克拉克值相当。

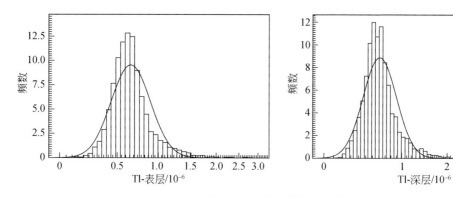

图 14-2　中国土壤铊直方图

二、中国不同大地构造单元土壤铊元素含量

铊元素含量在八个一级大地构造单元内的统计参数见表 14-10 和图 14-3。表层土壤中位数排序：华南造山带＞西藏-三江造山带＞天山-兴蒙造山带＞全国＞松潘-甘孜造山带＞秦祁昆造山带＞扬子克拉通＞华北克拉通＞塔里木克拉通。深层土壤中位数排序：华南造山带＞西藏-三江造山带＞全国＞松潘-甘孜造山带＞天山-兴蒙造山带＞扬子克拉通＞秦

祁昆造山带＞华北克拉通＞塔里木克拉通。

表 14-10　中国一级大地构造单元土壤铊基准值数据特征　　　（单位：10^{-6}）

类型	层位	样品数	最小值	25%低背景	50%中位数	75%高背景	85%异常下限	最大值	算术平均值	几何平均值
全国	表层	3382	0.06	0.51	0.62	0.74	0.84	2.80	0.66	0.63
	深层	3380	0.14	0.50	0.62	0.76	0.88	4.05	0.67	0.62
造山带	表层	2160	0.06	0.53	0.65	0.80	0.94	2.80	0.71	0.66
	深层	2158	0.14	0.52	0.65	0.81	0.97	4.05	0.71	0.65
克拉通	表层	1222	0.13	0.49	0.58	0.67	0.73	2.23	0.59	0.57
	深层	1222	0.14	0.49	0.57	0.67	0.73	1.72	0.59	0.56
天山－兴蒙造山带	表层	909	0.19	0.51	0.62	0.71	0.77	1.47	0.61	0.59
	深层	907	0.14	0.47	0.61	0.72	0.78	1.45	0.61	0.58
华北克拉通	表层	613	0.23	0.52	0.59	0.65	0.69	1.42	0.59	0.58
	深层	613	0.23	0.51	0.58	0.66	0.69	1.42	0.59	0.57
塔里木克拉通	表层	209	0.13	0.45	0.52	0.60	0.67	1.07	0.54	0.52
	深层	209	0.20	0.46	0.52	0.59	0.66	1.07	0.53	0.52
秦祁昆造山带	表层	350	0.28	0.52	0.60	0.69	0.73	2.80	0.62	0.60
	深层	350	0.20	0.52	0.60	0.70	0.76	1.78	0.62	0.60
松潘－甘孜造山带	表层	202	0.17	0.51	0.61	0.70	0.76	2.34	0.62	0.59
	深层	202	0.19	0.49	0.61	0.70	0.79	4.05	0.63	0.59
西藏－三江造山带	表层	349	0.27	0.63	0.79	1.00	1.12	2.65	0.85	0.78
	深层	349	0.25	0.60	0.78	0.99	1.15	3.03	0.84	0.77
扬子克拉通	表层	399	0.19	0.46	0.59	0.75	0.83	2.23	0.62	0.58
	深层	399	0.14	0.44	0.59	0.76	0.84	1.72	0.62	0.57
华南造山带	表层	351	0.06	0.66	0.91	1.19	1.29	2.61	0.94	0.86
	深层	351	0.18	0.70	0.94	1.22	1.36	2.59	0.98	0.90

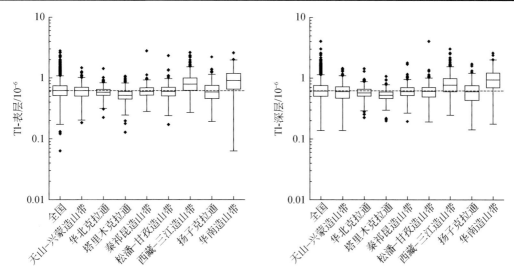

图 14-3　中国土壤铊元素箱图（一级大地构造单元）

三、中国不同自然地理景观土壤铊元素含量

铊元素含量在 10 个地理景观的统计参数见表 14-11 和图 14-4。表层土壤中位数排序：森林沼泽＞低山丘陵＞高寒湖泊＞半干旱草原＞中高山＞喀斯特＞冲积平原＞全国＞黄土＞沙漠盆地＞荒漠戈壁。深层土壤中位数排序：森林沼泽＞低山丘陵＞喀斯特＞半干旱草原＞高寒湖泊＞冲积平原＞中高山＞全国＞黄土＞沙漠盆地＞荒漠戈壁。

表 14-11 中国自然地理景观土壤铊基准值数据特征 （单位：10^{-6}）

类型	层位	样品数	最小值	25% 低背景	50% 中位数	75% 高背景	85% 异常下限	最大值	算术 平均值	几何 平均值
全国	表层	3382	0.06	0.51	0.62	0.74	0.84	2.80	0.66	0.63
	深层	3380	0.14	0.50	0.62	0.76	0.88	4.05	0.67	0.62
低山丘陵	表层	633	0.06	0.57	0.70	0.97	1.18	2.61	0.80	0.73
	深层	633	0.18	0.58	0.70	1.00	1.17	2.59	0.81	0.75
冲积平原	表层	335	0.22	0.54	0.62	0.69	0.73	1.38	0.62	0.60
	深层	335	0.19	0.54	0.62	0.70	0.75	1.18	0.62	0.61
森林沼泽	表层	218	0.33	0.64	0.73	0.81	0.86	1.47	0.73	0.71
	深层	217	0.38	0.64	0.73	0.85	0.92	1.45	0.76	0.74
喀斯特	表层	126	0.23	0.49	0.62	0.80	0.94	1.39	0.66	0.62
	深层	126	0.23	0.49	0.64	0.88	1.00	1.56	0.70	0.64
黄土	表层	170	0.28	0.54	0.60	0.66	0.71	2.80	0.62	0.60
	深层	170	0.28	0.53	0.58	0.64	0.68	1.69	0.59	0.58
中高山	表层	923	0.17	0.52	0.63	0.76	0.89	2.65	0.68	0.63
	深层	923	0.14	0.51	0.62	0.78	0.90	4.05	0.68	0.63
高寒湖泊	表层	140	0.24	0.46	0.63	0.89	1.00	1.79	0.70	0.64
	深层	140	0.24	0.45	0.62	0.87	0.98	1.55	0.68	0.62
半干旱草原	表层	215	0.31	0.55	0.63	0.70	0.74	1.42	0.63	0.62
	深层	214	0.26	0.53	0.63	0.71	0.76	1.42	0.63	0.62
荒漠戈壁	表层	424	0.19	0.44	0.52	0.60	0.65	1.09	0.53	0.51
	深层	424	0.14	0.40	0.48	0.56	0.64	1.13	0.49	0.47
沙漠盆地	表层	198	0.13	0.46	0.53	0.60	0.65	1.07	0.54	0.52
	深层	198	0.20	0.46	0.52	0.58	0.64	0.94	0.53	0.52

四、中国不同土壤类型铊元素含量

铊元素含量在 17 个主要土壤类型的统计参数见表 14-12 和图 14-5。表层土壤中位数排序：赤红壤带＞亚高山草原土带＞亚高山漠土带＞寒棕壤-漂灰土带＞红壤-黄壤带＞暗棕

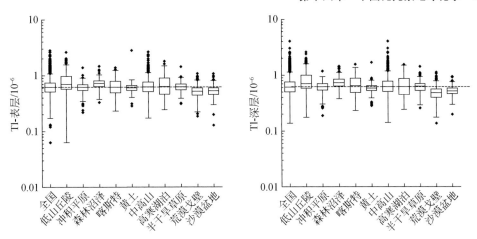

图 14-4　中国土壤铊元素箱图（自然地理景观）

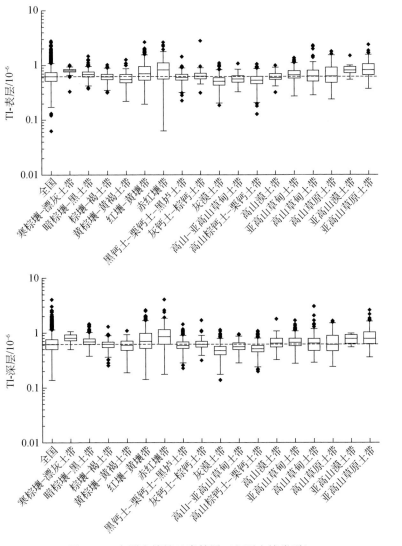

图 14-5　中国土壤铊元素箱图（主要土壤类型）

壤–黑土带＞亚高山草甸土带＞高山草原土带＞高山草甸土带＞灰钙土–棕钙土带＞棕壤–褐土带＞全国＞黑钙土–栗钙土–黑垆土带＞高山漠土带＞高山–亚高山草甸土带＞黄棕壤–黄褐土带＞高山棕钙土–栗钙土带＞灰漠土带。深层土壤中位数排序：赤红壤带＞寒棕壤–漂灰土带＞亚高山漠土带＞亚高山草原土带＞红壤–黄壤带＞暗棕壤–黑土带＞亚高山草甸土带＞高山漠土带＞高山草甸土带＞棕壤–褐土带＞灰钙土–棕钙土带＞全国＞高山草原土带＞黄棕壤–黄褐土带＞黑钙土–栗钙土–黑垆土带＞高山–亚高山草甸土带＞高山棕钙土–栗钙土带＞灰漠土带。

表 14-12　中国主要土壤类型铊基准值数据特征　　（单位：10^{-6}）

类型	层位	样品数	最小值	25%低背景	50%中位数	75%高背景	85%异常下限	最大值	算术平均值	几何平均值
全国	表层	3382	0.06	0.51	0.62	0.74	0.84	2.80	0.66	0.63
	深层	3380	0.14	0.50	0.62	0.76	0.88	4.05	0.67	0.62
寒棕壤–漂灰土带	表层	35	0.33	0.76	0.79	0.84	0.88	1.01	0.79	0.78
	深层	35	0.50	0.74	0.80	0.92	0.97	1.06	0.81	0.80
暗棕壤–黑土带	表层	296	0.38	0.62	0.68	0.75	0.81	1.47	0.69	0.68
	深层	295	0.38	0.61	0.69	0.78	0.84	1.45	0.71	0.70
棕壤–褐土带	表层	333	0.32	0.55	0.62	0.69	0.72	1.02	0.62	0.61
	深层	333	0.25	0.54	0.62	0.68	0.73	1.29	0.62	0.61
黄棕壤–黄褐土带	表层	124	0.22	0.48	0.55	0.68	0.73	1.25	0.58	0.56
	深层	124	0.19	0.48	0.59	0.71	0.77	1.09	0.59	0.56
红壤–黄壤带	表层	575	0.19	0.53	0.70	0.94	1.11	2.65	0.77	0.70
	深层	575	0.14	0.52	0.70	0.98	1.14	2.59	0.77	0.70
赤红壤带	表层	204	0.06	0.56	0.82	1.10	1.24	2.61	0.86	0.76
	深层	204	0.18	0.62	0.85	1.13	1.31	4.05	0.90	0.80
黑钙土–栗钙土–黑垆土带	表层	360	0.23	0.53	0.60	0.68	0.72	1.42	0.61	0.60
	深层	360	0.23	0.52	0.59	0.68	0.71	1.42	0.61	0.59
灰钙土–棕钙土带	表层	90	0.31	0.56	0.63	0.71	0.74	2.80	0.66	0.64
	深层	89	0.31	0.55	0.62	0.70	0.76	1.69	0.65	0.63
灰漠土带	表层	356	0.19	0.43	0.51	0.59	0.64	1.09	0.52	0.50
	深层	356	0.14	0.40	0.48	0.56	0.63	1.13	0.49	0.47
高山–亚高山草甸土带	表层	119	0.33	0.49	0.56	0.64	0.68	1.07	0.57	0.55
	深层	119	0.28	0.49	0.56	0.65	0.70	0.94	0.57	0.56
高山棕钙土–栗钙土带	表层	338	0.13	0.46	0.53	0.62	0.68	1.05	0.54	0.53
	深层	338	0.20	0.45	0.51	0.59	0.68	1.08	0.53	0.51
高山漠土带	表层	49	0.32	0.55	0.59	0.70	0.76	0.99	0.63	0.61
	深层	49	0.32	0.55	0.65	0.79	0.90	1.78	0.70	0.67

续表

类型	层位	样品数	最小值	25%低背景	50%中位数	75%高背景	85%异常下限	最大值	算术平均值	几何平均值
亚高山草甸土带	表层	193	0.27	0.58	0.66	0.79	0.89	1.36	0.70	0.67
	深层	193	0.28	0.58	0.67	0.79	0.90	1.68	0.70	0.67
高山草甸土带	表层	84	0.29	0.51	0.63	0.80	0.97	2.29	0.73	0.66
	深层	84	0.29	0.48	0.65	0.78	0.91	3.03	0.71	0.65
高山草原土带	表层	120	0.24	0.49	0.63	0.90	1.01	1.79	0.71	0.65
	深层	120	0.24	0.47	0.61	0.88	1.04	1.64	0.70	0.63
亚高山漠土带	表层	18	0.55	0.73	0.81	0.93	0.98	1.49	0.84	0.82
	深层	18	0.55	0.65	0.79	0.92	0.93	0.98	0.78	0.77
亚高山草原土带	表层	88	0.37	0.67	0.82	1.05	1.15	2.37	0.89	0.83
	深层	88	0.36	0.63	0.79	1.02	1.15	2.60	0.88	0.82

第三节 铊元素空间分布与异常评价

铊在地壳中是典型的分散元素，主要以同价类质同象、异价类质同象存在于一些矿物中，还以胶体吸附状态和独立铊矿物形式存在。铊在结晶化学及地球化学性质上具有亲石和亲硫的两重性，前者表现为与 K、Rb、Cs 紧密共生，后者使它与 Pb、Fe、Zn 等元素的硫化物有密切关系。因此铊在自然地质作用中的行为表现为固定的双重性特点：一方面是典型的分散元素，分散于其他矿物中，另一方面在特定的地球化学条件下，又可形成独立的铊矿物。中国铊资源十分丰富，储量位居世界前列，主要分布在云南、广东、甘肃、湖北、广西、辽宁、湖南等 7 个省区，其中云南和贵州占全国铊储量的 90% 左右。从地球化学基准图上可以看出，铊元素低背景区主要分布在天山-兴蒙造山带西部、华北克拉通、塔里木克拉通、昆仑造山带等；高背景区主要分布在华南造山带、西藏-三江造山带。以累积频率 85% 为异常下限，共圈定 19 处铊地球化学异常，集中分布在华南、西藏、滇西等地。铊的独立矿床仅见中国报道，已知有贵州滥木厂汞铊矿床、云南南华砷铊矿床和安徽香泉铊矿床。滥木厂汞铊矿床位于黔西南拗陷区，扬子准地台西南缘，濒临华南褶皱带北西端，属地台型沉积区；中国西南 100 多万平方千米的低温热液改造矿床成矿域中，属于典型的低温改造矿床。云南南华砷铊矿床位于华南地台滇东凹陷褶皱带东偏南西部分，近马龙河褶皱带。矿区构造受红河大断裂的影响，构造线呈北西方向。安徽和县香泉独立铊矿床位于扬子地块东北缘的滁-巢前陆褶冲带中的锋带部位，与前陆盆地相毗邻，铊含量很高，而其他金属元素均未发生有经济价值的富集。除 3 个独立的铊矿床外，铊主要以伴生矿广泛存在于铅锌矿等多金属矿床中，如超大型的广东云浮黄铁矿、凡口铅锌矿、云南兰坪含铊铅锌矿、广西益兰含铊汞矿、贵州戈塘含铊锑金矿、四川东北寨含铊金砷矿和安徽城门山含铊铅矿床等（图 14-6、表 14-13）。

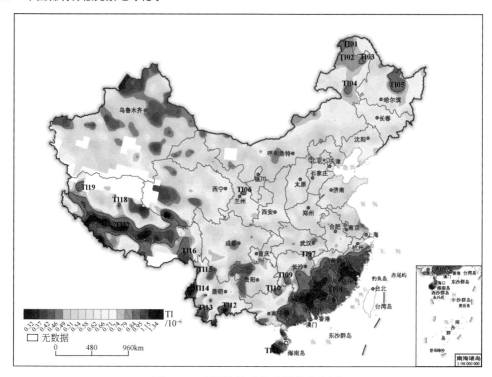

图 14-6 中国铊地球化学异常分布图

表 14-13 中国铊地球化学异常统计参数

编号	面积/km²	点数/个	极小值/10⁻⁶	极大值/10⁻⁶	平均值/10⁻⁶	中位数/10⁻⁶	离差
Tl01	13222	3	0.76	0.93	0.84	0.84	0.09
Tl02	223						
Tl03	6398	3	0.81	1.46	1.03	0.83	0.37
Tl04	7564	6	0.82	1.01	0.90	0.88	0.08
Tl05	44935	16	0.76	1.26	0.96	0.95	0.14
Tl06	2266	1	2.79	2.79	2.79	2.79	
Tl07	2002	1	1.40	1.40	1.40	1.40	
Tl08	569547	222	0.45	2.60	1.09	1.07	0.32
Tl09	6203	3	0.69	1.28	1.07	1.25	0.33
Tl10	5720	2	0.98	1.18	1.08	1.08	0.14
Tl11	20981	14	0.47	1.92	1.15	1.14	0.40
Tl12	15283	8	0.29	2.22	1.10	1.07	0.55
Tl13	16468	7	0.33	2.33	1.25	1.41	0.65
Tl14	20167	7	0.99	2.65	1.44	1.23	0.60
Tl15	2182	2	0.64	1.43	1.04	1.04	0.56
Tl16	39878	9	0.68	1.31	0.99	0.99	0.19
Tl17	389499	111	0.57	2.37	1.09	0.99	0.35
Tl18	1227	1	1.23	1.23	1.23	1.23	
Tl19	10190	2	0.62	1.48	1.05	1.05	0.61

第十五章　中国锶元素地球化学

第一节　中国岩石锶元素含量特征

一、三大岩类中锶含量分布

锶在火山岩中含量最高，侵入岩、沉积岩、变质岩依次降低；侵入岩锶含量中性岩最高，超基性岩最低；侵入岩太古宇锶含量最高；地层岩性中安山岩锶含量最高，石英砂岩锶含量最低（表 15-1）。

表 15-1　全国岩石中锶元素不同参数基准数据特征统计　　（单位：10^{-6}）

统计项	统计项内容		样品数	最小值	中位数	最大值	算术平均值	几何平均值	标准离差	背景值
三大岩类	沉积岩		6209	0.001	134	23188	250	121	555	147
	变质岩		1808	0.4	121	3150	200	110	256	131
	岩浆岩	侵入岩	2634	0.4	194	4896	281	162	298	241
		火山岩	1467	0.2	252	6870	349	214	358	320
地层细分	古近系和新近系		528	3	207	11601	350	207	621	288
	白垩系		886	0.2	172	16210	286	164	654	194
	侏罗系		1362	2	156	2967	241	141	272	182
	三叠系		1142	1	145	23188	332	153	864	142
	二叠系		873	1	163	3189	294	159	380	194
	石炭系		869	2	191	10796	306	172	492	228
	泥盆系		713	0.001	134	3534	218	100	304	160
	志留系		390	3	83	1980	153	84	211	82
	奥陶系		547	3	126	3698	189	107	248	150
	寒武系		632	0.4	83	4808	196	87	352	137
	元古宇		1145	0.1	78	4358	160	72	287	87
	太古宇		244	4	293	2981	381	253	364	334
侵入岩细分	酸性岩		2077	0.4	157	2996	223	136	213	199
	中性岩		340	5	476	4896	542	401	444	487

统计项	统计项内容	样品数	最小值	中位数	最大值	算术平均值	几何平均值	标准离差	背景值
侵入岩细分	基性岩	164	23	372	2713	477	354	391	409
	超基性岩	53	2	30	2831	246	43	475	196
侵入岩期次	喜马拉雅期	27	26	177	859	288	188	246	288
	燕山期	963	0.4	155	2996	251	133	297	206
	海西期	778	2	231	1699	293	184	251	275
	加里东期	211	3	209	1167	287	166	251	282
	印支期	237	3	181	2241	274	159	298	230
	元古宙	253	2	242	1343	306	193	263	281
	太古宙	100	5	292	4896	398	245	570	302
地层岩性	玄武岩	238	1	430	2728	467	372	310	440
	安山岩	279	17	538	2197	579	483	327	560
	流纹岩	378	0.2	130	2612	195	116	220	150
	火山碎屑岩	88	3	186	6870	361	178	763	286
	凝灰岩	432	3	185	2835	258	158	261	225
	粗面岩	43	34	410	2063	479	376	348	442
	石英砂岩	221	0.1	16	436	31	16	53	18
	长石石英砂岩	888	0.001	60	872	84	52	89	68
	长石砂岩	458	1	113	2970	162	98	211	128
	砂岩	1844	1	166	16210	239	156	445	184
	粉砂质泥质岩	106	9	102	2967	192	116	334	165
	钙质泥质岩	174	25	152	1067	220	168	179	163
	泥质岩	712	0.4	78	5519	134	69	250	84
	石灰岩	1310	40	318	23188	556	353	958	349
	白云岩	441	13	65	2330	92	67	141	68
	泥灰岩	49	21	265	5376	630	298	1077	254
	硅质岩	68	2	21	631	53	24	107	26
	冰碛岩	5	107	171	203	159	155	38	159
	板岩	525	0.4	102	1331	136	87	133	117
	千枚岩	150	3	83	960	122	80	135	92
	片岩	380	3	109	1200	156	101	154	114
	片麻岩	289	4	290	2981	375	253	341	347
	变粒岩	119	6	203	2321	271	194	258	254
	麻粒岩	4	119	184	449	234	206	147	234
	斜长角闪岩	88	24	228	2375	332	242	320	308
	大理岩	108	28	141	3150	309	168	494	163
	石英岩	75	2	22	514	52	22	90	26

二、不同时代地层中锶含量分布

锶含量的中位数在地层中太古宇最高，元古宇最低；从高到低依次为：太古宇、古近系和新近系、石炭系、白垩系、二叠系、侏罗系、三叠系、泥盆系、奥陶系、志留系、寒武系、元古宇（表 15-1）。

三、不同大地构造单元中锶含量分布

表 15-2～表 15-9 给出了不同大地构造单元锶的含量数据，图 15-1 给出了各大地构造单元平均含量与地壳克拉克值的对比。

表 15-2　天山–兴蒙造山带岩石中锶元素不同参数基准数据特征统计　　（单位：10^{-6}）

统计项	统计项内容		样品数	最小值	中位数	最大值	算术平均值	几何平均值	标准离差	背景值
三大岩类	沉积岩		807	6	192	5519	295	197	372	211
	变质岩		373	8	156	3150	228	150	266	186
	岩浆岩	侵入岩	917	3	198	1699	270	159	249	246
		火山岩	823	2	278	6870	370	240	380	345
地层细分	古近系和新近系		153	6	275	5519	430	274	542	397
	白垩系		203	18	230	6870	376	241	544	344
	侏罗系		411	2	212	1719	301	192	272	275
	三叠系		32	15	112	595	184	115	175	184
	二叠系		275	10	174	1218	249	178	211	219
	石炭系		353	8	261	4090	338	234	343	285
	泥盆系		238	8	236	2026	330	232	306	265
	志留系		81	11	165	1311	235	154	227	204
	奥陶系		111	9	162	1327	228	152	209	218
	寒武系		13	42	104	627	158	113	161	158
	元古宇		145	8	149	3315	305	157	470	205
	太古宇		6	143	484	735	442	382	226	442
侵入岩细分	酸性岩		736	3	157	1048	218	132	198	195
	中性岩		110	15	490	1307	510	418	263	503
	基性岩		58	96	372	1699	474	377	355	412
	超基性岩		13	4	18	1363	254	45	454	254
侵入岩期次	燕山期		240	3	131	972	219	122	216	210
	海西期		534	4	219	1699	287	172	260	265

续表

统计项	统计项内容	样品数	最小值	中位数	最大值	算术平均值	几何平均值	标准离差	背景值
侵入岩期次	加里东期	37	7	322	934	360	261	229	360
	印支期	29	13	117	724	174	102	185	174
	元古宙	57	9	295	1006	339	243	243	339
	太古宙	1	16	16	16	16	16		
地层岩性	玄武岩	96	79	495	1723	543	448	323	531
	安山岩	181	91	560	2197	598	513	329	569
	流纹岩	206	2	141	788	191	130	165	171
	火山碎屑岩	54	29	183	6870	395	180	938	272
	凝灰岩	260	4	218	1523	286	190	240	268
	粗面岩	21	135	341	950	418	374	206	418
	石英砂岩	8	20	47	249	71	51	76	71
	长石石英砂岩	118	6	109	570	128	99	93	118
	长石砂岩	108	8	166	783	211	166	158	178
	砂岩	396	13	240	1934	321	243	273	265
	粉砂质泥质岩	31	36	131	1087	175	135	186	144
	钙质泥质岩	14	72	332	1067	371	291	265	371
	泥质岩	46	31	163	5519	314	174	796	198
	石灰岩	66	46	448	4090	685	473	697	547
	白云岩	20	24	68	420	98	75	92	81
	硅质岩	7	13	36	627	126	52	223	126
	板岩	119	23	150	937	187	148	142	172
	千枚岩	18	32	137	960	182	131	206	136
	片岩	97	11	151	720	188	138	152	156
	片麻岩	45	110	301	954	337	281	208	337
	变粒岩	12	32	375	739	362	260	247	362
	斜长角闪岩	12	49	238	855	318	228	246	318
	大理岩	42	41	178	3150	366	189	597	298
	石英岩	21	8	28	514	85	35	140	64

表 15-3　华北克拉通岩石中锶元素不同参数基准数据特征统计　　（单位：10^{-6}）

统计项	统计项内容		样品数	最小值	中位数	最大值	算术平均值	几何平均值	标准离差	背景值
三大岩类	沉积岩		1061	0.1	167	2970	211	137	202	190
	变质岩		361	2	195	2321	294	165	302	252
	岩浆岩	侵入岩	571	4	292	4896	388	238	425	327
		火山岩	217	4	411	2835	441	262	391	403

续表

统计项	统计项内容	样品数	最小值	中位数	最大值	算术平均值	几何平均值	标准离差	背景值
地层细分	古近系和新近系	86	5	307	2728	408	288	357	381
	白垩系	166	18	281	2970	358	274	340	317
	侏罗系	246	2	239	1390	319	208	258	302
	三叠系	80	6	208	554	222	187	110	218
	二叠系	107	9	105	1160	161	103	190	123
	石炭系	98	5	148	2835	209	129	308	181
	泥盆系	1	557	557	557	557	557		
	志留系	12	60	177	1200	276	182	325	276
	奥陶系	139	18	157	1112	209	162	171	183
	寒武系	177	6	228	1224	236	145	201	226
	元古宇	303	0.1	62	1986	133	60	205	63
	太古宇	196	20	311	2321	388	273	332	342
侵入岩细分	酸性岩	413	4	234	2996	298	192	281	263
	中性岩	93	13	594	4896	721	520	677	568
	基性岩	51	70	377	1676	489	372	372	466
	超基性岩	14	5	331	2831	486	157	726	305
侵入岩期次	燕山期	201	4	279	2996	408	225	460	334
	海西期	132	19	288	1314	337	240	252	329
	加里东期	20	131	481	1167	538	458	295	538
	印支期	39	19	209	2241	435	220	503	387
	元古宙	75	19	286	1050	329	226	261	329
	太古宙	91	5	293	4896	412	258	591	306
地层岩性	玄武岩	40	98	550	2728	602	514	406	548
	安山岩	64	17	592	1535	614	508	309	614
	流纹岩	53	4	116	1054	211	108	225	195
	火山碎屑岩	14	24	294	1787	391	249	437	283
	凝灰岩	30	7	179	2835	293	112	522	205
	粗面岩	15	34	417	825	446	336	284	446
	石英砂岩	45	0.1	15	171	22	13	28	19
	长石石英砂岩	103	11	108	495	127	89	103	124
	长石砂岩	54	32	212	2970	284	201	401	233
	砂岩	302	13	228	2398	273	209	217	248
	粉砂质泥质岩	25	23	85	469	153	111	122	153
	钙质泥质岩	32	25	189	649	220	164	161	220
	泥质岩	138	9	126	848	169	115	151	142

续表

统计项	统计项内容	样品数	最小值	中位数	最大值	算术平均值	几何平均值	标准离差	背景值
地层岩性	石灰岩	229	43	264	1112	286	243	163	271
	白云岩	120	13	55	602	67	53	63	63
	泥灰岩	13	90	310	852	342	280	219	342
	硅质岩	5	6	15	118	34	19	47	34
	板岩	18	3	78	447	142	67	149	142
	千枚岩	11	8	78	581	150	82	176	150
	片岩	49	6	72	1200	204	101	246	184
	片麻岩	122	20	349	1986	432	305	339	411
	变粒岩	66	30	280	2321	319	231	307	288
	麻粒岩	4	119	184	449	234	206	147	234
	斜长角闪岩	42	24	200	995	274	202	242	274
	大理岩	26	28	102	1206	188	123	242	147
	石英岩	18	2	21	257	40	19	61	28

表 15-4　秦祁昆造山带岩石中锶元素不同参数基准数据特征统计　（单位：10^{-6}）

统计项	统计项内容		样品数	最小值	中位数	最大值	算术平均值	几何平均值	标准离差	背景值
三大岩类	沉积岩		510	18	171	11601	302	175	627	179
	变质岩		393	4	119	2981	203	120	281	123
	岩浆岩	侵入岩	339	2	244	1393	320	214	260	298
		火山岩	72	3	204	1072	280	181	243	268
地层细分	古近系和新近系		61	21	187	11601	448	207	1471	262
	白垩系		85	29	236	1268	317	227	277	265
	侏罗系		46	21	109	739	185	124	175	172
	三叠系		103	19	210	3045	373	223	529	206
	二叠系		54	20	122	2806	211	126	396	162
	石炭系		89	29	147	1739	312	179	359	281
	泥盆系		92	7	164	2461	265	165	369	191
	志留系		67	21	98	813	151	108	149	126
	奥陶系		65	13	115	665	165	114	143	137
	寒武系		59	5	146	2302	212	120	332	176
	元古宇		164	4	122	1014	185	121	179	135
	太古宇		29	4	137	2981	364	148	591	270
侵入岩细分	酸性岩		244	7	211	1231	271	193	206	257
	中性岩		61	5	429	1343	494	349	324	494
	基性岩		25	23	313	1393	405	258	342	405
	超基性岩		9	2	155	852	245	70	302	245

续表

统计项	统计项内容	样品数	最小值	中位数	最大值	算术平均值	几何平均值	标准离差	背景值
侵入岩期次	喜马拉雅期	1	140	140	140	140	140		
	燕山期	70	7	262	1393	342	201	320	326
	海西期	62	29	241	860	307	249	187	307
	加里东期	91	5	259	893	316	201	248	316
	印支期	62	13	306	1055	343	263	220	331
	元古宙	43	2	216	1343	300	168	318	275
	太古宙	4	59	110	240	130	115	77	130
地层岩性	玄武岩	11	60	171	415	193	168	111	193
	安山岩	15	62	393	1072	445	340	299	445
	流纹岩	24	4	185	765	254	148	247	254
	火山碎屑岩	6	3	123	199	112	61	81	112
	凝灰岩	14	42	211	739	246	190	183	246
	粗面岩	2	322	553	784	553	502	327	553
	石英砂岩	14	19	37	123	45	40	26	45
	长石石英砂岩	98	18	92	237	99	86	50	99
	长石砂岩	23	49	197	487	207	176	115	207
	砂岩	202	19	196	1199	237	190	168	210
	粉砂质泥质岩	8	89	149	331	170	157	79	170
	钙质泥质岩	14	96	288	577	290	248	159	290
	泥质岩	25	42	174	1411	233	159	276	184
	石灰岩	89	61	508	11601	795	466	1332	672
	白云岩	32	20	112	1081	151	98	200	121
	泥灰岩	5	21	295	2471	848	323	1029	848
	硅质岩	9	5	26	79	30	24	21	30
	板岩	87	11	129	1331	166	114	191	129
	千枚岩	47	19	87	837	129	93	134	113
	片岩	103	4	101	827	143	102	139	104
	片麻岩	79	4	236	2981	371	214	416	338
	变粒岩	16	6	118	399	123	92	91	105
	斜长角闪岩	18	159	247	2375	377	277	508	259
	大理岩	21	42	134	1589	265	156	372	199
	石英岩	11	5	38	174	54	32	53	54

表 15-5　扬子克拉通岩石中锶元素不同参数基准数据特征统计　（单位：10^{-6}）

统计项	统计项内容	样品数	最小值	中位数	最大值	算术平均值	几何平均值	标准离差	背景值
三大岩类	沉积岩	1716	1	108	23188	292	116	801	107
	变质岩	139	0.4	49	2704	96	40	243	77

续表

统计项	统计项内容		样品数	最小值	中位数	最大值	算术平均值	几何平均值	标准离差	背景值
三大岩类	岩浆岩	侵入岩	123	3	130	1536	219	116	240	202
		火山岩	105	1	237	2612	329	167	372	282
地层细分	古近系和新近系		27	10	118	564	151	106	131	136
	白垩系		123	3	113	4541	172	104	416	136
	侏罗系		236	3	125	2612	181	120	256	141
	三叠系		385	1	169	23188	524	199	1387	172
	二叠系		237	1	285	3189	458	222	523	351
	石炭系		73	5	147	10796	458	166	1279	314
	泥盆系		98	3	51	3534	131	50	390	64
	志留系		147	4	56	1980	127	67	234	55
	奥陶系		148	3	109	3698	204	104	373	153
	寒武系		193	3	78	4808	239	100	539	79
	元古宇		305	0.4	49	4358	119	46	332	53
	太古宇		3	217	307	484	336	318	136	336
侵入岩细分	酸性岩		96	3	96	674	152	85	154	128
	中性岩		15	75	459	1536	493	398	346	419
	基性岩		11	82	232	1045	417	307	322	417
	超基性岩		1	443	443	443	443	443		
侵入岩期次	燕山期		47	3	130	1536	225	115	288	196
	海西期		3	52	443	498	331	226	243	331
	加里东期		5	8	25	248	81	35	103	81
	印支期		17	3	121	562	183	85	188	183
	元古宙		44	3	149	720	229	137	212	229
	太古宙		1	580	580	580	580	580		
地层岩性	玄武岩		47	1	441	947	413	324	200	413
	安山岩		5	202	281	1111	429	342	384	429
	流纹岩		14	1	34	2612	313	55	703	136
	火山碎屑岩		6	45	437	772	398	278	275	398
	凝灰岩		30	3	93	532	119	71	116	105
	粗面岩		2	432	1247	2063	1247	944	1153	1247
	石英砂岩		55	1	19	436	35	18	69	19
	长石石英砂岩		162	1	45	475	62	41	61	52
	长石砂岩		108	1	71	411	100	67	85	84
	砂岩		359	1	105	4541	145	95	260	109
	粉砂质泥质岩		7	20	83	139	79	64	47	79

续表

统计项	统计项内容	样品数	最小值	中位数	最大值	算术平均值	几何平均值	标准离差	背景值
地层岩性	钙质泥质岩	70	32	135	332	145	131	64	145
	泥质岩	277	1	67	1096	105	65	124	71
	石灰岩	461	57	433	23188	762	458	1379	552
	白云岩	194	18	67	2330	98	70	177	86
	泥灰岩	23	52	212	5376	715	270	1368	503
	硅质岩	18	3	22	631	73	31	144	40
	板岩	73	0.4	49	403	67	34	71	62
	千枚岩	20	10	48	140	55	45	35	55
	片岩	18	3	56	395	82	43	97	64
	片麻岩	4	33	281	484	270	188	186	270
	变粒岩	2	21	199	378	199	89	252	199
	斜长角闪岩	2	107	162	217	162	153	78	162
	大理岩	1	2704	2704	2704	2704	2704		
	石英岩	1	15	15	15	15	15		

表 15-6　华南造山带岩石中锶元素不同参数基准数据特征统计　　　　（单位：10^{-6}）

统计项	统计项内容		样品数	最小值	中位数	最大值	算术平均值	几何平均值	标准离差	背景值
三大岩类	沉积岩		1016	0.001	77	3361	168	60	315	81
	变质岩		172	2	47	989	88	44	111	73
	岩浆岩	侵入岩	416	0.4	103	1375	159	91	173	111
		火山岩	147	0.2	156	979	196	119	176	169
地层细分	古近系和新近系		39	3	222	666	234	119	192	234
	白垩系		155	0.2	113	692	148	94	128	121
	侏罗系		203	3	82	2967	140	66	252	99
	三叠系		139	1	97	3361	267	93	506	94
	二叠系		71	1	113	2536	363	109	569	110
	石炭系		120	3	137	2052	267	134	320	212
	泥盆系		216	0.001	64	1595	127	44	183	73
	志留系		32	3	18	235	33	18	53	18
	奥陶系		57	3	19	577	41	18	83	32
	寒武系		145	0.4	32	849	79	30	134	33
	元古宇		132	3	70	989	97	52	117	82
	太古宇		3	157	234	282	224	218	63	224
侵入岩细分	酸性岩		388	0.4	98	748	136	83	133	104
	中性岩		22	19	480	900	445	329	247	445

续表

统计项	统计项内容	样品数	最小值	中位数	最大值	算术平均值	几何平均值	标准离差	背景值
侵入岩细分	基性岩	5	285	557	1375	721	624	432	721
	超基性岩	1	4	4	4	4	4		
侵入岩期次	燕山期	273	0.4	107	1375	161	88	179	115
	海西期	19	44	136	608	224	161	191	224
	加里东期	48	3	81	445	99	64	86	85
	印支期	57	18	104	820	174	115	170	162
	元古宙	6	4	112	900	224	87	335	224
地层岩性	玄武岩	20	95	362	643	366	334	138	366
	安山岩	2	301	328	354	328	327	38	328
	流纹岩	46	0.2	106	692	154	84	151	130
	火山碎屑岩	1	979	979	979	979	979		
	凝灰岩	77	3	127	850	165	108	152	139
	石英砂岩	62	1	9	134	14	9	18	12
	长石石英砂岩	202	0.001	26	541	47	23	61	30
	长石砂岩	95	3	55	447	72	41	78	53
	砂岩	215	1	111	951	148	84	150	120
	粉砂质泥质岩	7	10	107	2967	638	171	1062	638
	钙质泥质岩	12	90	138	534	190	166	124	190
	泥质岩	170	0.4	50	876	82	34	114	59
	石灰岩	207	61	254	2889	453	300	491	303
	白云岩	42	22	66	448	79	67	65	70
	泥灰岩	4	192	397	3361	1087	540	1525	1087
	硅质岩	22	2	14	135	25	14	31	20
	板岩	57	3	30	347	61	37	69	45
	千枚岩	18	3	39	205	52	33	50	43
	片岩	38	3	60	298	97	62	81	97
	片麻岩	12	57	152	989	214	149	254	143
	变粒岩	16	109	204	370	196	186	69	196
	斜长角闪岩	2	207	360	514	360	326	217	360
	石英岩	7	3	9	23	11	8	8	11

表 15-7　塔里木克拉通岩石中锶元素不同参数基准数据特征统计 （单位：10^{-6}）

统计项	统计项内容	样品数	最小值	中位数	最大值	算术平均值	几何平均值	标准离差	背景值
三大岩类	沉积岩	160	28	183	16210	374	193	1294	274
	变质岩	42	43	259	1225	360	242	306	360

续表

统计项	统计项内容		样品数	最小值	中位数	最大值	算术平均值	几何平均值	标准离差	背景值
三大岩类	岩浆岩	侵入岩	34	3	345	970	325	184	250	325
		火山岩	2	111	333	555	333	248	314	333
地层细分	古近系和新近系		29	82	210	1166	291	237	243	260
	白垩系		11	46	131	16210	1607	198	4844	146
	侏罗系		18	33	113	508	182	127	162	182
	三叠系		3	38	84	138	87	76	50	87
	二叠系		12	28	287	555	264	183	186	264
	石炭系		19	28	375	2342	450	304	498	345
	泥盆系		18	33	114	632	161	113	159	161
	志留系		10	44	104	442	156	119	133	156
	奥陶系		10	52	436	732	403	325	204	403
	寒武系		17	77	182	1406	344	258	322	278
	元古宇		26	49	158	1491	237	160	291	187
	太古宇		6	43	266	732	347	223	300	347
侵入岩细分	酸性岩		30	3	311	970	296	160	250	296
	中性岩		2	577	603	630	603	603	37	603
	基性岩		2	375	483	590	483	470	151	483
侵入岩期次	海西期		16	3	326	725	299	149	239	299
	加里东期		4	37	330	651	337	225	251	337
	元古宙		11	17	236	970	298	173	290	298
	太古宙		2	546	588	630	588	587	59	588
地层岩性	玄武岩		1	555	555	555	555	555		
	流纹岩		1	111	111	111	111	111		
	石英砂岩		2	28	177	325	177	96	210	177
	长石石英砂岩		26	28	75	286	87	74	59	80
	长石砂岩		3	84	131	224	146	135	71	146
	砂岩		62	33	182	16210	511	196	2042	254
	钙质泥质岩		7	153	244	595	331	289	182	331
	泥质岩		2	50	291	527	291	172	333	291
	石灰岩		50	88	313	2342	412	315	387	372
	白云岩		2	104	146	188	146	140	60	146
	冰碛岩		5	107	171	203	159	155	38	159
	千枚岩		1	142	142	142	142	142		
	片岩		11	56	201	588	238	184	179	238
	片麻岩		12	53	369	1225	418	271	393	418

续表

统计项	统计项内容	样品数	最小值	中位数	最大值	算术平均值	几何平均值	标准离差	背景值
地层岩性	斜长角闪岩	7	174	697	900	577	496	286	577
	大理岩	10	43	257	732	325	215	267	325
	石英岩	1	49	49	49	49	49		

表 15-8　松潘–甘孜造山带岩石中锶元素不同参数基准数据特征统计　　（单位：10^{-6}）

统计项	统计项内容		样品数	最小值	中位数	最大值	算术平均值	几何平均值	标准离差	背景值
三大岩类	沉积岩		237	5	154	2171	241	162	286	157
	变质岩		189	14	110	640	139	112	103	122
	岩浆岩	侵入岩	69	2	242	1670	282	181	258	262
		火山岩	20	22	196	923	230	166	197	193
地层细分	古近系和新近系		18	77	179	944	355	250	303	355
	白垩系		1	329	329	329	329	329		
	侏罗系		3	26	210	235	157	109	114	157
	三叠系		258	5	123	2171	189	133	248	130
	二叠系		37	9	179	640	219	157	154	219
	石炭系		10	44	241	387	237	197	127	237
	泥盆系		27	14	146	1428	219	141	278	173
	志留系		33	21	112	730	158	112	162	141
	奥陶系		8	21	83	217	107	83	72	107
	寒武系		12	30	82	314	119	92	96	119
	元古宇		34	22	151	450	171	141	97	171
侵入岩细分	酸性岩		48	15	199	909	255	186	200	241
	中性岩		15	166	364	1670	423	361	354	334
	基性岩		1	771	771	771	771	771		
	超基性岩		5	2	30	54	24	13	22	24
侵入岩期次	燕山期		25	50	267	626	264	219	147	264
	海西期		8	2	59	245	98	39	99	98
	印支期		19	46	255	1670	354	252	369	281
	元古宙		12	15	350	909	368	207	295	368
	太古宙		1	54	54	54	54	54		
地层岩性	玄武岩		7	222	336	373	313	309	53	313
	安山岩		1	180	180	180	180	180		
	流纹岩		7	22	132	241	119	89	85	119
	凝灰岩		3	92	157	161	137	132	39	137
	粗面岩		2	55	489	923	489	224	614	489

续表

统计项	统计项内容	样品数	最小值	中位数	最大值	算术平均值	几何平均值	标准离差	背景值
地层岩性	石英砂岩	2	21	31	40	31	29	13	31
	长石石英砂岩	29	21	85	872	135	96	164	109
	长石砂岩	20	21	139	277	144	123	71	144
	砂岩	129	5	161	1633	221	170	210	170
	粉砂质泥质岩	4	9	571	1149	575	171	615	575
	钙质泥质岩	3	96	146	779	340	222	381	340
	泥质岩	4	58	84	240	117	100	83	117
	石灰岩	35	56	329	2171	472	322	480	422
	白云岩	11	44	72	730	140	92	199	140
	硅质岩	2	14	57	100	57	37	61	57
	板岩	118	17	102	465	124	105	79	116
	千枚岩	29	18	112	613	146	111	126	130
	片岩	29	41	129	428	170	136	111	170
	片麻岩	2	97	186	275	186	164	126	186
	变粒岩	3	72	203	450	241	187	192	241
	大理岩	5	81	175	640	247	191	223	247
	石英岩	1	33	33	33	33	33		

表 15-9　西藏–三江造山带岩石中锶元素不同参数基准数据特征统计　　（单位：10^{-6}）

统计项	统计项内容		样品数	最小值	中位数	最大值	算术平均值	几何平均值	标准离差	背景值
三大岩类	沉积岩		702	1	121	2935	207	112	265	134
	变质岩		139	2	107	680	140	83	126	130
	岩浆岩	侵入岩	165	2	167	2713	229	135	263	214
		火山岩	81	17	170	1377	277	192	261	251
地层细分	古近系和新近系		115	8	150	1377	250	147	263	231
	白垩系		142	6	131	2062	200	115	239	187
	侏罗系		199	4	123	2935	217	126	298	162
	三叠系		142	1	134	1378	205	116	240	157
	二叠系		80	6	117	749	176	119	163	169
	石炭系		107	2	98	1759	204	95	287	125
	泥盆系		23	6	69	733	121	62	166	93
	志留系		8	4	35	182	72	37	74	72
	奥陶系		9	7	70	286	135	69	121	135
	寒武系		16	4	53	878	183	72	248	183
	元古宇		36	1	96	821	190	70	238	190
	太古宇		1	63	63	63	63	63		

统计项	统计项内容	样品数	最小值	中位数	最大值	算术平均值	几何平均值	标准离差	背景值
侵入岩细分	酸性岩	122	11	160	856	209	146	164	203
	中性岩	22	11	221	859	289	206	208	289
	基性岩	11	154	226	2713	525	325	748	525
	超基性岩	10	2	9	74	14	8	21	14
侵入岩期次	喜马拉雅期	26	26	206	859	294	190	249	294
	燕山期	107	2	162	630	204	128	163	204
	海西期	4	63	175	375	197	162	135	197
	加里东期	6	11	202	414	186	110	149	186
	印支期	14	3	122	298	135	73	96	135
	元古宙	5	140	196	573	287	248	182	287
地层岩性	玄武岩	16	67	144	673	214	172	164	214
	安山岩	11	55	352	1377	393	295	354	393
	流纹岩	27	26	124	853	175	126	176	149
	火山碎屑岩	7	17	152	189	135	111	58	135
	凝灰岩	18	98	380	1283	467	377	303	467
	粗面岩	1	571	571	571	571	571		
	石英砂岩	33	1	17	277	40	19	63	33
	长石石英砂岩	150	4	54	847	75	48	103	57
	长石砂岩	47	11	142	2062	217	128	330	177
	砂岩	179	2	130	2935	218	139	281	203
	粉砂质泥质岩	24	31	83	241	100	88	52	100
	钙质泥质岩	22	27	146	865	281	173	274	281
	泥质岩	50	1	94	901	150	76	189	96
	石灰岩	173	40	276	1759	371	290	302	306
	白云岩	20	38	66	216	76	69	41	68
	泥灰岩	4	173	344	514	344	316	152	344
	硅质岩	5	18	60	143	60	45	51	60
	板岩	53	4	146	552	172	114	125	164
	千枚岩	6	11	108	384	143	91	132	143
	片岩	35	3	73	412	98	70	78	89
	片麻岩	13	89	127	332	167	151	81	167
	变粒岩	4	120	153	218	161	157	42	161
	斜长角闪岩	5	71	348	680	402	314	250	402
	大理岩	3	66	86	250	134	112	101	134
	石英岩	15	2	17	288	41	14	72	23

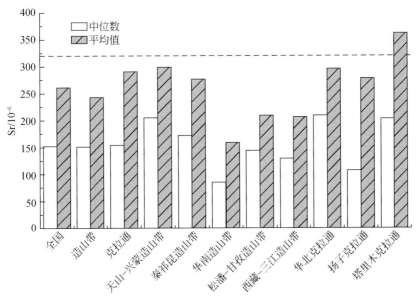

图 15-1　全国及一级大地构造单元岩石锶含量柱状图

（1）在天山-兴蒙造山带中分布：锶在火山岩中含量最高，侵入岩、沉积岩、变质岩依次降低；侵入岩锶含量中性岩最高，超基性岩最低；侵入岩加里东期锶含量最高；地层中太古宇锶含量最高，寒武系最低；地层岩性中安山岩锶含量最高，石英岩锶含量最低。

（2）在秦祁昆造山带中分布：锶在侵入岩中含量最高，火山岩、沉积岩、变质岩依次降低；侵入岩锶含量中性岩最高，超基性岩最低；侵入岩印支期锶含量最高；地层中白垩系锶含量最高，志留系最低；地层岩性中粗面岩锶含量最高，硅质岩锶含量最低。

（3）在华南造山带中分布：锶在火山岩中含量最高，侵入岩、沉积岩、变质岩依次降低；侵入岩锶含量基性岩最高，超基性岩最低；侵入岩海西期锶含量最高；地层中太古宇锶含量最高，志留系最低；地层岩性中火山碎屑岩锶含量最高，石英岩锶含量最低。

（4）在松潘-甘孜造山带中分布：锶在侵入岩中含量最高，火山岩、沉积岩、变质岩依次降低；侵入岩锶含量中性岩最高，超基性岩最低；侵入岩元古宇锶含量最高；地层中白垩系锶含量最高，寒武系最低；地层岩性中粉砂质泥质岩锶含量最高，石英砂岩、石英岩锶含量最低。

（5）在西藏-三江造山带中分布：锶在火山岩中含量最高，侵入岩、沉积岩、变质岩依次降低；侵入岩锶含量基性岩最高，超基性岩最低；侵入岩喜马拉雅期锶含量最高；地层中古近系和新近系锶含量最高，志留系最低；地层岩性中粗面岩锶含量最高，石英砂岩、石英岩锶含量最低。

（6）在华北克拉通中分布：锶在火山岩中含量最高，侵入岩、变质岩、沉积岩依次降低；侵入岩锶含量中性岩最高，酸性岩最低；侵入岩太古宇锶含量最高；地层中泥盆系锶含量最高，元古宇最低；地层岩性中安山岩锶含量最高，石英砂岩和硅质岩锶含量最低。

（7）在扬子克拉通中分布：锶在火山岩中含量最高，侵入岩、沉积岩、变质岩依次降低；侵入岩锶含量中性岩最高，酸性岩最低；侵入岩太古宇锶含量最高；地层中太古宇锶含量最高，元古宇最低；地层岩性中大理岩、粗面岩锶含量最高，石英岩锶含量最低。

（8）在塔里木克拉通中分布：锶在侵入岩中含量最高，火山岩、变质岩、沉积岩依次降低；侵入岩锶含量中性岩最高，酸性岩最低；侵入岩太古宇锶含量最高；地层中奥陶系锶含量最高，三叠系最低；地层岩性中斜长角闪岩锶含量最高，石英岩、长石石英砂岩锶含量最低。

第二节　中国土壤锶元素含量特征

一、中国土壤锶元素含量总体特征

中国表层和深层土壤中的锶含量近似呈对数正态分布，但有少量离群值存在（图 15-2）；锶元素表层样品和深层样品 95%（2.5%～97.5%）的数据分别变化于 23.6×10^{-6}～494×10^{-6} 和 23.6×10^{-6}～523×10^{-6}，基准值（中位数）分别为 197×10^{-6} 和 197×10^{-6}；表层和深层样品的低背景基线值（下四分位数）分别为 117×10^{-6} 和 116×10^{-6}，高背景基线值（上四分位数）分别为 261×10^{-6} 和 264×10^{-6}；异常下限值略低于地壳克拉克值。

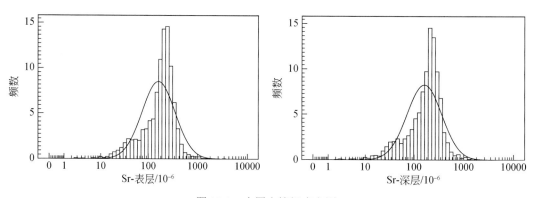

图 15-2　中国土壤锶直方图

二、中国不同大地构造单元土壤锶元素含量

锶元素含量在八个一级大地构造单元内的统计参数见表 15-10 和图 15-3。表层土壤中位数排序：塔里木克拉通＞秦祁昆造山带＞天山-兴蒙造山带＞华北克拉通＞全国＞西藏-三江造山带＞松潘-甘孜造山带＞扬子克拉通＞华南造山带。深层土壤中位数排序：塔里木克拉通＞天山-兴蒙造山带＞秦祁昆造山带＞华北克拉通＞全国＞西藏-三江造山带＞松潘-甘孜造山带＞扬子克拉通＞华南造山带。

表 15-10 中国一级大地构造单元土壤锶基准值数据特征 （单位：10⁻⁶）

类型	层位	样品数	最小值	25% 低背景	50% 中位数	75% 高背景	85% 异常下限	最大值	算术 平均值	几何 平均值
全国	表层	3382	3	117	197	261	300	3258	206	162
	深层	3380	2	116	197	264	310	1939	208	161
造山带	表层	2160	3	112	193	261	301	1890	203	156
	深层	2158	2	111	192	267	313	1638	206	156
克拉通	表层	1222	3	123	204	261	300	3258	210	171
	深层	1222	3	123	203	259	302	1939	212	170
天山-兴蒙造山带	表层	909	73	190	234	291	331	1451	256	239
	深层	907	34	189	235	304	343	1451	262	240
华北克拉通	表层	613	83	188	222	274	319	3258	248	230
	深层	613	83	186	220	273	345	1138	252	232
塔里木克拉通	表层	209	143	240	270	316	349	1391	301	284
	深层	209	117	234	259	306	343	1939	300	276
秦祁昆造山带	表层	350	55	184	238	290	332	1890	265	235
	深层	350	61	177	232	294	339	1495	263	234
松潘-甘孜造山带	表层	202	22	92	135	183	227	611	151	131
	深层	202	24	96	133	183	215	727	152	131
西藏-三江造山带	表层	349	16	107	160	226	270	1236	188	155
	深层	349	3	105	154	228	281	1638	193	155
扬子克拉通	表层	399	3	53	85	131	159	834	105	84
	深层	399	3	49	83	131	161	834	104	82
华南造山带	表层	351	3	25	40	64	80	290	49	39
	深层	351	2	25	40	62	82	191	48	38

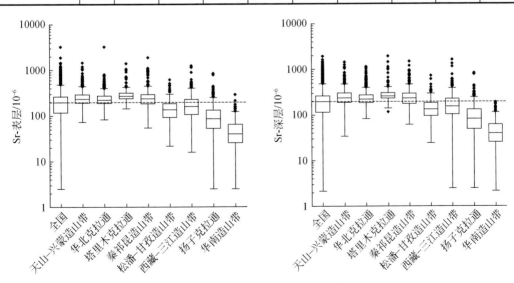

图 15-3 中国土壤锶元素箱图（一级大地构造单元）

三、中国不同自然地理景观土壤锶元素含量

锶元素含量在 10 个自然地理景观的统计参数见表 15-11 和图 15-4。表层土壤中位数排序：荒漠戈壁＞沙漠盆地＞半干旱草原＞黄土＞森林沼泽＞全国＞高寒湖泊＞冲积平原＞中高山＞低山丘陵＞喀斯特。深层土壤中位数排序：荒漠戈壁＞沙漠盆地＞半干旱草原＞黄土＞森林沼泽＞全国＞冲积平原＞高寒湖泊＞中高山＞低山丘陵＞喀斯特。

表 15-11　中国土壤自然地理景观锶基准值数据特征　　　　　（单位：10^{-6}）

类型	层位	样品数	最小值	25%低背景	50%中位数	75%高背景	85%异常下限	最大值	算术平均值	几何平均值
全国	表层	3382	3	117	197	261	300	3258	206	162
	深层	3380	2	116	197	264	310	1939	208	161
低山丘陵	表层	633	3	40	87	200	247	929	134	86
	深层	633	2	38	87	192	245	812	133	84
冲积平原	表层	335	38	137	189	219	241	510	186	173
	深层	335	38	136	195	227	254	523	189	174
森林沼泽	表层	218	98	176	210	260	292	556	223	214
	深层	217	91	177	213	271	298	482	225	215
喀斯特	表层	126	4	28	43	65	75	214	52	41
	深层	126	5	27	44	63	74	226	52	41
黄土	表层	170	111	201	228	264	291	900	246	235
	深层	170	86	203	227	264	287	1016	250	236
中高山	表层	923	3	107	175	241	282	1890	191	158
	深层	923	3	107	174	241	283	1146	191	157
高寒湖泊	表层	140	55	140	191	269	327	1236	236	199
	深层	140	56	141	195	276	348	1638	245	201
半干旱草原	表层	215	104	186	246	318	352	1080	270	250
	深层	214	88	192	240	307	365	1432	279	251
荒漠戈壁	表层	424	73	226	265	317	366	3258	297	270
	深层	424	34	212	268	343	380	1451	298	271
沙漠盆地	表层	198	83	220	260	322	364	1104	296	271
	深层	198	83	214	257	320	356	1939	313	274

四、中国不同土壤类型锶元素含量

锶元素含量在 17 个主要土壤类型的统计参数见图 15-5 和表 15-12。表层样品中位数排序：高山-亚高山草甸土带＞高山棕钙土-栗钙土带＞高山漠土带＞亚高山漠土带＞灰漠土

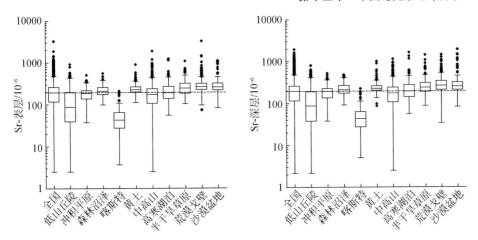

图 15-4　中国土壤锶元素箱图（自然地理景观）

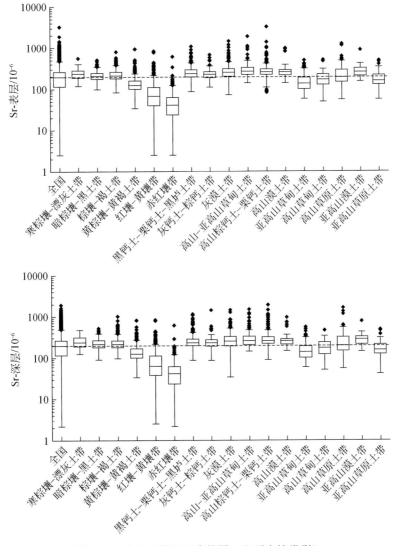

图 15-5　中国土壤锶元素箱图（主要土壤类型）

带＞黑钙土-栗钙土-黑垆土带＞寒棕壤-漂灰土带＞灰钙土-棕钙土带＞棕壤-褐土带＞暗棕壤-黑土带＞全国＞高山草原土带＞高山草甸土带＞亚高山草原土带＞亚高山草甸土带＞黄棕壤-黄褐土带＞红壤-黄壤带＞赤红壤带。深层样品中位数排序：亚高山漠土带＞高山棕钙土-栗钙土带＞高山漠土带＞高山-亚高山草甸土带＞灰漠土带＞寒棕壤-漂灰土带＞黑钙土-栗钙土-黑垆土带＞灰钙土-棕钙土带＞暗棕壤-黑土带＞棕壤-褐土带＞高山草原土带＞全国＞高山草甸土带＞亚高山草原土带＞亚高山草甸土带＞黄棕壤-黄褐土带＞红壤-黄壤带＞赤红壤带。

表 15-12　中国主要土壤类型锶基准值数据特征　　　（单位：10^{-6}）

类型	层位	样品数	最小值	25% 低背景	50% 中位数	75% 高背景	85% 异常下限	最大值	算术 平均值	几何 平均值
全国	表层	3382	3	117	197	261	300	3258	206	162
	深层	3380	2	116	197	264	310	1939	208	161
寒棕壤-漂灰土带	表层	35	119	192	237	278	315	556	250	239
	深层	35	125	191	237	310	332	482	259	245
暗棕壤-黑土带	表层	296	98	177	208	245	288	510	220	212
	深层	295	91	181	216	266	292	523	224	215
棕壤-褐土带	表层	333	83	180	212	260	319	801	237	222
	深层	333	97	180	215	262	331	1016	243	225
黄棕壤-黄褐土带	表层	124	34	101	125	159	265	929	162	138
	深层	124	34	100	125	167	250	812	160	136
红壤-黄壤带	表层	575	3	40	68	111	147	834	88	67
	深层	575	3	38	64	112	147	834	87	66
赤红壤带	表层	204	3	24	41	63	80	611	53	38
	深层	204	2	23	42	62	83	611	52	37
黑钙土-栗钙土-黑垆土带	表层	360	87	200	238	292	332	1080	261	245
	深层	360	87	197	233	285	345	1138	263	241
灰钙土-棕钙土带	表层	90	111	189	229	264	313	673	245	232
	深层	89	86	190	230	275	305	1432	260	238
灰漠土带	表层	356	73	203	256	306	356	1451	277	254
	深层	356	34	193	253	326	369	1451	278	253
高山-亚高山草甸土带	表层	119	141	225	268	329	374	1890	318	284
	深层	119	143	209	258	332	388	1495	315	279

续表

类型	层位	样品数	最小值	25% 低背景	50% 中位数	75% 高背景	85% 异常下限	最大值	算术 平均值	几何 平均值
高山棕钙土-栗钙土带	表层	338	83	224	259	306	349	3258	291	265
	深层	338	89	220	259	320	362	1939	297	268
高山漠土带	表层	49	141	215	258	292	332	975	304	274
	深层	49	148	210	259	284	323	955	292	265
亚高山草甸土带	表层	193	58	100	135	189	233	498	155	139
	深层	193	60	101	139	192	235	554	158	141
高山草甸土带	表层	84	49	128	170	228	259	509	182	166
	深层	84	51	122	173	236	277	462	184	167
高山草原土带	表层	120	55	149	194	288	368	1236	250	210
	深层	120	56	148	199	319	375	1638	260	213
亚高山漠土带	表层	18	154	207	257	315	399	889	298	269
	深层	18	142	221	281	321	396	776	305	281
亚高山草原土带	表层	88	57	130	159	219	231	493	178	164
	深层	88	41	125	154	210	232	483	174	158

第三节　锶元素空间分布与异常评价

锶就其丰度来讲，比铜、铅、锌和锡更丰富，但地壳中锶资源丰富却分散，大都以痕量元素分布在造岩矿物和副矿物中，难以富集成为独立矿物。就世界范围来看，目前已探明的锶矿几乎全为天青石，菱锶矿极少。中国天青石资源丰富，已探明的天青石锶矿床以大型、特大型单一锶矿为主，储量约占总储量的87%。天青石矿区主要分布在青海、湖北、重庆、江苏、云南、陕西和新疆等7个省区。其中青海共4个矿区，分布在东昆仑褶皱系的柴达木拗陷，储量为1477.99×10^4t，占全国储量的95%。大风山天青石矿位于柴达木盆地西缘，是其中规模最大的天青石矿，天青石储量居全国首位，约占全国储量的60%（薛天星，1999；王瑞江等，2015）。菱锶矿只在铜梁、大足、渠县有一定的储量。从地球化学基准图上可以看出，锶表现为北高南低的趋势，锶元素低背景区主要分布在松潘-甘孜造山带、西藏-三江造山带、扬子克拉通及华南造山带；高背景区主要分布在天山-兴蒙造山带、华北克拉通北部、塔里木克拉通。以累积频率85%为异常下限，共圈定43处锶地球化学异常。柴达木盆地西北部锶成矿区位于大浪滩-大风山-察汗斯拉图一带，是我国最大的陆相湖泊化学沉积型天青石矿床成矿区，现已发现大风山、尖顶山两个特大型天青石矿床（图15-6、表15-13）。

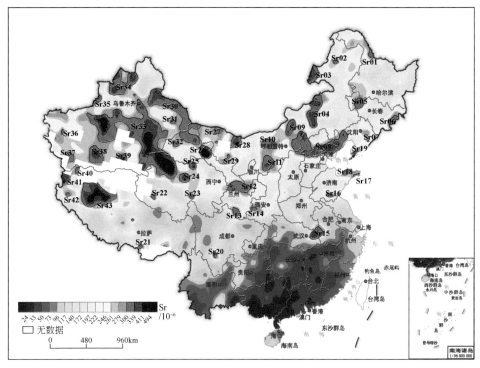

图 15-6   中国锶地球化学异常分布图

表 15-13   中国锶地球化学异常统计参数（对应图 15-6）

编号	面积/km²	点数/个	极小值/10⁻⁶	极大值/10⁻⁶	平均值/10⁻⁶	中位数/10⁻⁶	离差
Sr01	5039	1	371	371	371	371	
Sr02	2546	2	314	556	435	435	171
Sr03	18422	7	266	493	385	391	83.5
Sr04	47947	18	138	1080	415	351	231
Sr05	11757	7	219	510	349	307	117
Sr06	7121	5	224	469	347	337	88.6
Sr07	303						
Sr08	119730	58	175	801	356	339	119
Sr09	17284	8	187	673	415	419	170
Sr10	18343	10	265	623	378	365	103
Sr11	24086	7	273	446	370	391	62.4
Sr12	30530	14	186	900	354	313	184
Sr13	6671	2	393	413	403	403	13.9
Sr14	2566	1	433	433	433	433	
Sr15	17965	8	128	929	432	428	238
Sr16	2885	2	416	515	465	465	69.4
Sr17	1568						

续表

编号	面积/km²	点数/个	极小值/10⁻⁶	极大值/10⁻⁶	平均值/10⁻⁶	中位数/10⁻⁶	离差
Sr18	5814	5	223	491	356	394	116
Sr19	3578	2	561	580	570	570	13.7
Sr20	2305	3	228	774	481	442	275
Sr21	1661	1	493	493	493	493	
Sr22	2515	2	354	398	376	376	30.9
Sr23	2513	2	471	509	490	490	26.6
Sr24	12990	4	231	685	449	439	206
Sr25	7114	1	771	771	771	771	
Sr26	21070	9	150	3258	582	224	1012
Sr27	7763	3	260	407	317	283	79.3
Sr28	17013	7	227	1451	430	255	451
Sr29	1320						
Sr30	133643	63	194	1028	347	310	138
Sr31	2640	1	646	646	646	646	
Sr32	3790	2	375	530	453	453	109
Sr33	401445	148	152	1890	389	315	245
Sr34	66366	35	243	759	372	335	126
Sr35	6604	3	405	452	429	429	23.7
Sr36	1432	2	350	422	386	386	51.4
Sr37	8277	3	295	345	324	332	26.0
Sr38	32729	10	266	915	367	312	196
Sr39	8272	3	208	833	424	233	354
Sr40	4399						
Sr41	11220	3	238	889	470	284	363
Sr42	2509	2	416	422	419	419	3.81
Sr43	92876	23	138	1236	427	348	320

第十六章　中国钡元素地球化学

第一节　中国岩石钡元素含量特征

一、三大岩类中钡含量分布

钡在火山岩中含量最高，侵入岩、变质岩、沉积岩依次降低；侵入岩钡含量中性岩最高，超基性岩最低；侵入岩太古宇钡含量最高；地层岩性中粗面岩钡含量最高，碳酸盐岩（石灰岩、白云岩）及其对应的变质岩（大理岩）钡含量最低（表16-1）。

表 16-1　全国岩石中钡元素不同参数基准数据特征统计　　（单位：10^{-6}）

统计项	统计项内容		样品数	最小值	中位数	最大值	算术平均值	几何平均值	标准离差	背景值
三大岩类	沉积岩		6209	0.02	324	15586	401	171	569	338
	变质岩		1808	2	509	27039	654	402	1186	504
	岩浆岩	侵入岩	2634	0.02	543	5070	618	421	498	558
		火山岩	1467	1	561	3724	643	459	462	605
地层细分	古近系和新近系		528	0.02	411	3540	488	367	353	446
	白垩系		886	0.02	482	11350	594	405	557	528
	侏罗系		1362	0.02	527	6527	607	414	487	552
	三叠系		1142	0.02	314	7109	335	172	327	316
	二叠系		873	0.02	315	2770	359	150	339	328
	石炭系		869	0.02	217	3945	293	117	314	263
	泥盆系		713	0.02	284	2733	335	146	343	299
	志留系		390	3	506	7403	597	401	599	498
	奥陶系		547	3	291	15586	440	145	991	302
	寒武系		632	1	327	24526	681	173	1866	364
	元古宇		1145	2	477	27039	595	274	1196	458
	太古宇		244	8	583	3510	694	460	557	613
侵入岩细分	酸性岩		2077	1	551	3598	604	437	426	561
	中性岩		340	103	698	4982	873	681	697	748
	基性岩		164	3	211	3500	408	214	539	281
	超基性岩		53	0.02	28	5070	201	37	709	108

续表

统计项	统计项内容	样品数	最小值	中位数	最大值	算术平均值	几何平均值	标准离差	背景值
侵入岩期次	喜马拉雅期	27	11	410	1894	455	305	371	399
	燕山期	963	0.02	532	4982	614	407	501	553
	海西期	778	3	495	3107	542	376	398	506
	加里东期	211	2	573	3831	621	451	468	563
	印支期	237	21	576	3827	646	466	487	615
	元古宙	253	4	647	2881	744	520	543	663
	太古宙	100	8	773	5070	935	622	857	760
地层岩性	玄武岩	238	1	338	2064	412	272	349	354
	安山岩	279	37	756	3540	757	589	473	728
	流纹岩	378	8	626	2308	652	471	426	622
	火山碎屑岩	88	30	525	2462	614	475	411	564
	凝灰岩	432	15	578	3076	653	479	454	618
	粗面岩	43	28	964	3724	1075	858	669	1012
	石英砂岩	221	9	91	12855	246	92	995	94
	长石石英砂岩	888	3	371	7403	443	346	388	400
	长石砂岩	458	17	538	5092	634	528	452	573
	砂岩	1844	3	448	11350	548	434	522	476
	粉砂质泥质岩	106	83	463	1912	555	488	301	524
	钙质泥质岩	174	52	392	2500	439	384	284	403
	泥质岩	712	5	488	4542	575	469	400	520
	石灰岩	1310	0.02	21	6016	82	21	296	19
	白云岩	441	0.02	16	15586	157	19	1096	14
	泥灰岩	49	26	146	4791	341	194	696	249
	硅质岩	68	7	222	27039	1351	244	4036	214
	冰碛岩	5	399	778	1609	911	819	463	911
	板岩	525	21	515	24526	705	518	1443	502
	千枚岩	150	26	600	5471	671	572	505	639
	片岩	380	13	538	4793	617	482	462	549
	片麻岩	289	12	708	3510	832	667	541	750
	变粒岩	119	29	627	4671	704	548	548	632
	麻粒岩	4	176	234	549	298	269	171	298
	斜长角闪岩	88	30	156	2013	242	166	276	186
	大理岩	108	2	26	1093	84	30	166	25
	石英岩	75	6	326	3035	398	247	408	362

二、不同时代地层中钡含量分布

钡含量的中位数在地层中太古宇最高，石炭系最低；从高到低依次为：太古宇、侏罗系、志留系、白垩系、元古宇、古近系和新近系、寒武系、二叠系、三叠系、奥陶系、泥盆系、石炭系（表 16-1）。

三、不同大地构造单元中钡含量分布

表 16-2～表 16-9 给出了不同大地构造单元钡的含量数据，图 16-1 给出了各大地构造单元平均含量与地壳克拉克值的对比。

表 16-2 天山-兴蒙造山带岩石中钡元素不同参数基准数据特征统计 （单位：10^{-6}）

统计项	统计项内容		样品数	最小值	中位数	最大值	算术平均值	几何平均值	标准离差	背景值
三大岩类	沉积岩		807	2	400	12855	488	319	667	429
	变质岩		373	2	435	3061	491	296	429	430
	岩浆岩	侵入岩	917	3	492	3831	546	378	410	513
		火山岩	823	3	561	3076	610	442	413	585
地层细分	古近系和新近系		153	56	447	2176	550	450	382	488
	白垩系		203	21	669	11350	771	619	837	719
	侏罗系		411	15	654	2238	667	532	375	644
	三叠系		32	25	488	1239	485	393	270	485
	二叠系		275	2	480	1769	518	353	330	513
	石炭系		353	5	334	1713	371	242	274	350
	泥盆系		238	2	331	2308	388	247	334	353
	志留系		81	3	366	3144	462	313	469	387
	奥陶系		111	7	388	12855	616	332	1279	505
	寒武系		13	5	391	3061	703	182	955	703
	元古宇		145	2	458	2693	484	255	416	451
	太古宇		6	314	858	1546	885	764	483	885
侵入岩细分	酸性岩		736	8	507	2437	556	408	371	533
	中性岩		110	103	564	3831	673	540	542	582
	基性岩		58	3	149	3107	289	140	454	239
	超基性岩		13	4	15	281	46	22	74	26
侵入岩期次	燕山期		240	8	552	3289	602	433	414	580
	海西期		534	3	445	3107	491	338	364	464
	加里东期		37	34	552	3831	721	513	711	635
	印支期		29	36	289	1694	461	286	439	461

续表

统计项	统计项内容	样品数	最小值	中位数	最大值	算术平均值	几何平均值	标准离差	背景值
侵入岩期次	元古宙	57	11	736	2028	795	620	419	795
	太古宙	1	103	103	103	103	103		
地层岩性	玄武岩	96	3	304	2064	421	250	413	359
	安山岩	181	37	679	2176	674	524	418	657
	流纹岩	206	14	605	2308	619	467	370	611
	火山碎屑岩	54	30	525	1940	591	459	378	566
	凝灰岩	260	15	595	3076	629	463	434	579
	粗面岩	21	28	787	1429	765	617	336	765
	石英砂岩	8	37	237	12855	1767	230	4482	1767
	长石石英砂岩	118	40	441	1626	485	398	277	475
	长石砂岩	108	80	561	1393	608	537	282	608
	砂岩	396	8	426	11350	528	410	643	458
	粉砂质泥质岩	31	156	390	1635	487	435	287	449
	钙质泥质岩	14	121	312	610	345	321	129	345
	泥质岩	46	77	380	973	426	385	189	426
	石灰岩	66	6	27	1358	93	34	206	32
	白云岩	20	2	19	922	90	27	205	46
	硅质岩	7	139	346	3061	803	482	1030	803
	板岩	119	61	519	3031	603	505	466	502
	千枚岩	18	64	520	1092	500	418	254	500
	片岩	97	18	419	1467	444	343	262	423
	片麻岩	45	65	637	2693	704	577	467	658
	变粒岩	12	138	747	1546	754	648	381	754
	斜长角闪岩	12	32	92	366	148	108	116	148
	大理岩	42	2	24	378	49	21	76	41
	石英岩	21	6	388	1311	432	246	341	432

表 16-3　华北克拉通岩石中钡元素不同参数基准数据特征统计　　（单位：10^{-6}）

统计项	统计项内容		样品数	最小值	中位数	最大值	算术平均值	几何平均值	标准离差	背景值
三大岩类	沉积岩		1061	4	309	6562	397	159	501	353
	变质岩		361	4	523	4671	605	388	500	547
	岩浆岩	侵入岩	571	8	744	5070	844	604	641	774
		火山岩	217	8	746	2324	773	566	478	766
地层细分	古近系和新近系		86	8	487	1814	576	452	349	562
	白垩系		166	13	643	2957	712	599	412	667

统计项	统计项内容	样品数	最小值	中位数	最大值	算术平均值	几何平均值	标准离差	背景值
地层细分	侏罗系	246	21	668	6527	733	557	561	709
	三叠系	80	41	641	1473	629	567	255	618
	二叠系	107	16	453	1909	500	374	347	447
	石炭系	98	5	288	3945	392	227	466	356
	泥盆系	1	1889	1889	1889	1889	1889		
	志留系	12	4	509	1116	577	349	344	577
	奥陶系	139	4	19	2324	99	23	328	18
	寒武系	177	5	44	1912	169	55	286	100
	元古字	303	5	219	6562	384	136	644	277
	太古字	196	8	570	2727	641	441	478	585
侵入岩细分	酸性岩	413	8	742	3598	829	628	567	777
	中性岩	93	176	1026	4339	1156	973	741	1000
	基性岩	51	21	314	2178	490	299	483	456
	超基性岩	14	10	88	5070	510	100	1327	159
侵入岩期次	燕山期	201	8	788	4039	853	630	598	799
	海西期	132	10	615	2955	705	499	505	688
	加里东期	20	93	696	2178	788	629	496	788
	印支期	39	59	636	3323	809	526	679	742
	元古宙	75	32	743	2799	923	671	650	923
	太古宙	91	24	809	5070	1000	703	870	812
地层岩性	玄武岩	40	44	476	1467	582	480	351	582
	安山岩	64	296	1007	1934	982	896	385	982
	流纹岩	53	8	641	1999	648	388	474	648
	火山碎屑岩	14	114	604	1071	604	509	312	604
	凝灰岩	30	22	563	1738	621	379	475	621
	粗面岩	15	402	1266	2324	1295	1124	629	1295
	石英砂岩	45	9	68	6562	295	78	991	153
	长石石英砂岩	103	36	492	1825	547	429	353	521
	长石砂岩	54	178	664	2957	722	622	449	680
	砂岩	302	99	606	6527	681	566	580	605
	粉砂质泥质岩	25	255	498	1912	611	546	342	557
	钙质泥质岩	32	153	378	1025	439	393	221	439
	泥质岩	138	5	358	2324	428	321	307	414
	石灰岩	229	4	24	377	42	23	58	25
	白云岩	120	5	16	771	48	20	111	16

续表

统计项	统计项内容	样品数	最小值	中位数	最大值	算术平均值	几何平均值	标准离差	背景值
地层岩性	泥灰岩	13	93	113	500	206	169	145	206
	硅质岩	5	24	27	305	114	63	127	114
	板岩	18	79	498	825	490	410	227	490
	千枚岩	11	409	523	931	626	600	191	626
	片岩	49	58	546	2170	705	593	423	674
	片麻岩	122	48	719	2301	816	685	461	804
	变粒岩	66	30	617	4671	708	539	640	599
	麻粒岩	4	176	234	549	298	269	171	298
	斜长角闪岩	42	55	175	2013	280	190	334	238
	大理岩	26	4	25	963	122	36	221	88
	石英岩	18	20	195	799	279	164	241	279

表 16-4　秦祁昆造山带岩石中钡元素不同参数基准数据特征统计　（单位：10^{-6}）

统计项	统计项内容		样品数	最小值	中位数	最大值	算术平均值	几何平均值	标准离差	背景值
三大岩类	沉积岩		510	0.02	370	11564	443	224	647	364
	变质岩		393	5	540	24526	800	465	1679	549
	岩浆岩	侵入岩	339	2	666	4982	754	571	538	659
		火山岩	72	61	540	2501	730	492	622	730
地层细分	古近系和新近系		61	108	396	963	439	400	192	439
	白垩系		85	33	533	3444	745	567	594	713
	侏罗系		46	46	480	2630	620	478	510	531
	三叠系		103	0.02	407	1190	442	286	259	442
	二叠系		54	2	308	1020	305	129	247	305
	石炭系		89	2	243	1661	287	106	316	248
	泥盆系		92	5	404	2733	447	270	410	381
	志留系		67	38	557	2845	662	542	467	571
	奥陶系		65	10	421	2462	512	302	504	413
	寒武系		59	3	482	24526	1627	410	4292	441
	元古宇		164	3	470	4593	590	330	604	507
	太古宇		29	25	900	3510	1095	683	884	1095
侵入岩细分	酸性岩		244	13	671	2719	714	595	381	680
	中性岩		61	150	881	4982	1089	837	845	1024
	基性岩		25	46	289	2600	512	319	572	425
	超基性岩		9	2	75	952	248	73	354	248
侵入岩期次	喜马拉雅期		1	593	593	593	593	593		
	燕山期		70	29	778	4982	945	654	805	886

续表

统计项	统计项内容	样品数	最小值	中位数	最大值	算术平均值	几何平均值	标准离差	背景值
侵入岩期次	海西期	62	63	644	1944	673	576	342	634
	加里东期	91	2	601	2122	656	491	412	640
	印支期	62	80	749	1473	772	676	356	772
	元古宙	43	15	650	2881	790	504	658	741
	太古宙	4	174	293	671	357	304	234	357
地层岩性	玄武岩	11	70	146	976	375	234	348	375
	安山岩	15	61	637	1998	774	556	541	774
	流纹岩	24	184	727	2196	921	725	641	921
	火山碎屑岩	6	102	851	2462	898	540	857	898
	凝灰岩	14	101	336	2501	490	342	600	335
	粗面岩	2	715	1251	1788	1251	1130	759	1251
	石英砂岩	14	41	176	554	234	167	184	234
	长石石英砂岩	98	3	470	1794	492	395	315	447
	长石砂岩	23	236	663	1819	690	621	346	639
	砂岩	202	3	448	4593	544	427	482	452
	粉砂质泥质岩	8	112	546	835	531	458	252	531
	钙质泥质岩	14	83	429	752	434	402	138	434
	泥质岩	25	73	439	2630	515	407	475	427
	石灰岩	89	0.02	35	1209	88	29	158	75
	白云岩	32	2	29	11564	514	40	2044	158
	泥灰岩	5	145	256	487	269	247	132	269
	硅质岩	9	80	400	2771	623	347	836	623
	板岩	87	175	475	24526	1140	572	3325	460
	千枚岩	47	196	564	5471	771	621	795	669
	片岩	103	15	565	4793	683	522	635	560
	片麻岩	79	49	901	3510	1056	827	688	1024
	变粒岩	16	47	524	1408	540	418	341	540
	斜长角闪岩	18	30	159	1247	245	161	291	186
	大理岩	21	5	29	1093	102	37	240	53
	石英岩	11	24	329	741	412	298	258	412

表 16-5　扬子克拉通岩石中钡元素不同参数基准数据特征统计　（单位：10^{-6}）

统计项	统计项内容	样品数	最小值	中位数	最大值	算术平均值	几何平均值	标准离差	背景值
三大岩类	沉积岩	1716	0.20	276	15586	397	137	719	291
	变质岩	139	13	582	27039	1098	534	2821	567

续表

统计项	统计项内容		样品数	最小值	中位数	最大值	算术平均值	几何平均值	标准离差	背景值
三大岩类	岩浆岩	侵入岩	123	4	377	1630	446	305	333	436
		火山岩	105	28	472	3724	628	440	560	549
地层细分	古近系和新近系		27	57	362	799	378	327	192	378
	白垩系		123	4	398	3039	474	357	388	399
	侏罗系		236	31	508	5523	611	459	587	481
	三叠系		385	2	125	7109	233	86	428	200
	二叠系		237	0.20	45	2770	201	53	319	147
	石炭系		73	1	17	627	68	22	125	18
	泥盆系		98	3	57	776	165	57	200	158
	志留系		147	4	513	7403	656	428	748	520
	奥陶系		148	4	352	15586	517	187	1365	415
	寒武系		193	3	334	18775	887	186	2223	320
	元古宇		305	3	543	27039	775	307	2082	522
	太古宇		3	259	479	592	443	419	169	443
侵入岩细分	酸性岩		96	4	383	1630	455	302	343	443
	中性岩		15	155	549	1212	583	520	288	583
	基性岩		11	37	166	506	194	161	125	194
	超基性岩		1	235	235	235	235	235		
侵入岩期次	燕山期		47	16	419	1212	458	310	339	458
	海西期		3	153	235	506	298	263	185	298
	加里东期		5	42	379	623	342	217	271	342
	印支期		17	36	294	1630	448	287	417	448
	元古宙		44	4	398	1375	478	334	324	478
	太古宙		1	274	274	274	274	274		
地层岩性	玄武岩		47	28	398	1296	408	325	259	389
	安山岩		5	90	667	2087	988	643	801	988
	流纹岩		14	51	776	1563	739	481	491	739
	火山碎屑岩		6	352	561	1614	734	627	484	734
	凝灰岩		30	45	534	1874	661	512	426	661
	粗面岩		2	703	2213	3724	2213	1618	2136	2213
	石英砂岩		55	9	51	3275	162	59	470	105
	长石石英砂岩		162	5	346	7403	471	329	658	360
	长石砂岩		108	72	494	5092	618	504	559	577
	砂岩		359	11	471	5523	589	456	564	470
	粉砂质泥质岩		7	237	505	760	510	486	157	510

统计项	统计项内容	样品数	最小值	中位数	最大值	算术平均值	几何平均值	标准离差	背景值
地层岩性	钙质泥质岩	70	52	404	2500	498	429	376	440
	泥质岩	277	70	530	4542	612	507	466	528
	石灰岩	461	0.20	21	6016	120	26	466	21
	白云岩	194	1	16	15586	227	22	1419	21
	泥灰岩	23	26	141	4791	475	200	1000	279
	硅质岩	18	17	145	27039	3853	392	7313	2489
	板岩	73	173	607	4046	745	634	583	632
	千枚岩	20	295	653	1277	704	656	270	704
	片岩	18	13	547	2239	637	439	504	543
	片麻岩	4	188	535	766	506	450	243	506
	变粒岩	2	246	347	448	347	332	143	347
	斜长角闪岩	2	116	187	259	187	173	101	187
	大理岩	1	185	185	185	185	185		
	石英岩	1	38	38	38	38	38		

表 16-6　华南造山带岩石中钡元素不同参数基准数据特征统计　　　　（单位：10^{-6}）

统计项	统计项内容		样品数	最小值	中位数	最大值	算术平均值	几何平均值	标准离差	背景值
三大岩类	沉积岩		1016	0.40	361	3806	409	171	393	377
	变质岩		172	7	634	4702	787	596	676	632
	岩浆岩	侵入岩	416	1	430	2121	469	319	347	433
		火山岩	147	14	564	2662	687	499	489	673
地层细分	古近系和新近系		39	80	325	1351	363	303	240	337
	白垩系		155	14	446	1783	537	439	321	522
	侏罗系		203	31	537	2662	630	474	426	613
	三叠系		139	3	301	874	287	147	212	287
	二叠系		71	3	52	812	162	46	217	162
	石炭系		120	1	18	1092	121	25	219	14
	泥盆系		216	0.40	204	1781	275	89	303	254
	志留系		32	84	693	1360	669	553	350	669
	奥陶系		57	28	554	4082	692	517	655	567
	寒武系		145	4	634	2659	725	474	483	681
	元古宇		132	67	629	4702	822	666	700	632
	太古宇		3	1037	1116	1171	1108	1107	67	1108
侵入岩细分	酸性岩		388	1	417	1634	444	305	313	426
	中性岩		22	149	715	1867	862	733	489	862

统计项	统计项内容	样品数	最小值	中位数	最大值	算术平均值	几何平均值	标准离差	背景值
侵入岩细分	基性岩	5	86	361	2121	761	443	829	761
	超基性岩	1	22	22	22	22	22		
侵入岩期次	燕山期	273	1	382	2121	450	283	371	409
	海西期	19	86	490	1346	527	444	303	527
	加里东期	48	22	488	1134	455	348	261	455
	印支期	57	33	548	1683	554	457	307	534
	元古宙	6	22	533	847	505	338	280	505
地层岩性	玄武岩	20	108	325	567	296	266	133	296
	安山岩	2	663	810	957	810	796	208	810
	流纹岩	46	14	634	1783	694	487	471	694
	火山碎屑岩	1	516	516	516	516	516		
	凝灰岩	77	53	794	2662	782	586	522	758
	石英砂岩	62	24	101	700	146	105	141	112
	长石石英砂岩	202	41	375	2090	431	359	275	410
	长石砂岩	95	125	582	3806	684	590	475	618
	砂岩	215	15	465	2814	545	455	351	508
	粉砂质泥质岩	7	207	704	1351	708	623	357	708
	钙质泥质岩	12	216	386	720	383	364	134	383
	泥质岩	170	36	637	2659	707	613	371	695
	石灰岩	207	0.40	10	631	32	12	75	13
	白云岩	42	2	8	112	13	8	19	10
	泥灰岩	4	136	158	195	162	160	31	162
	硅质岩	22	7	191	4082	415	173	845	240
	板岩	57	194	657	4702	933	757	838	632
	千枚岩	18	449	773	1936	790	739	345	722
	片岩	38	301	676	2577	780	709	406	732
	片麻岩	12	154	675	1171	706	618	336	706
	变粒岩	16	235	698	1987	882	768	494	882
	斜长角闪岩	2	332	332	332	332	332	0	332
	石英岩	7	283	458	3035	836	583	985	836

表 16-7　塔里木克拉通岩石中钡元素不同参数基准数据特征统计　　　（单位：10⁻⁶）

统计项	统计项内容	样品数	最小值	中位数	最大值	算术平均值	几何平均值	标准离差	背景值
三大岩类	沉积岩	160	1	318	1609	351	185	307	305
	变质岩	42	8	396	1809	397	228	359	363

续表

统计项	统计项内容		样品数	最小值	中位数	最大值	算术平均值	几何平均值	标准离差	背景值
三大岩类	岩浆岩	侵入岩	34	12	510	1331	525	349	362	525
		火山岩	2	320	450	580	450	431	184	450
地层细分	古近系和新近系		29	39	305	720	316	268	154	316
	白垩系		11	199	350	679	344	321	143	344
	侏罗系		18	21	357	550	353	299	147	353
	三叠系		3	333	507	858	566	526	267	566
	二叠系		12	43	327	1148	469	345	334	469
	石炭系		19	9	28	1191	203	65	303	149
	泥盆系		18	9	329	891	350	229	236	350
	志留系		10	23	447	802	467	361	230	467
	奥陶系		10	3	75	417	111	56	127	111
	寒武系		17	1	18	1157	138	27	286	75
	元古宇		26	31	458	1609	560	394	395	560
	太古宇		6	8	91	808	267	112	327	267
侵入岩细分	酸性岩		30	12	527	1331	558	374	365	558
	中性岩		2	291	456	621	456	425	233	456
	基性岩		2	80	105	131	105	102	36	105
侵入岩期次	海西期		16	12	527	1245	520	339	325	520
	加里东期		4	93	667	1331	690	484	506	690
	元古宙		11	28	408	1094	446	292	352	446
	太古宙		2	291	331	371	331	329	57	331
地层岩性	玄武岩		1	580	580	580	580	580		
	流纹岩		1	320	320	320	320	320		
	石英砂岩		2	21	51	81	51	42	42	51
	长石石英砂岩		26	115	339	1191	441	378	277	441
	长石砂岩		3	199	369	858	475	398	343	475
	砂岩		62	9	388	1305	440	355	261	426
	钙质泥质岩		7	241	403	511	405	395	91	405
	泥质岩		2	282	330	377	330	326	67	330
	石灰岩		50	1	40	981	129	45	199	112
	白云岩		2	19	89	159	89	54	100	89
	冰碛岩		5	399	778	1609	911	819	463	911
	千枚岩		1	638	638	638	638	638		
	片岩		11	112	463	808	508	457	205	508
	片麻岩		12	12	551	1809	621	390	495	621

续表

统计项	统计项内容	样品数	最小值	中位数	最大值	算术平均值	几何平均值	标准离差	背景值
地层岩性	斜长角闪岩	7	59	130	489	233	176	178	233
	大理岩	10	8	69	430	117	61	143	117
	石英岩	1	215	215	215	215	215		

表 16-8 松潘–甘孜造山带岩石中钡元素不同参数基准数据特征统计　（单位：10^{-6}）

统计项	统计项内容		样品数	最小值	中位数	最大值	算术平均值	几何平均值	标准离差	背景值
三大岩类	沉积岩		237	0.02	310	2186	333	202	268	301
	变质岩		189	6	485	3991	509	425	337	490
	岩浆岩	侵入岩	69	5	631	3827	639	452	496	592
		火山岩	20	121	538	3540	764	547	778	618
地层细分	古近系和新近系		18	174	432	3540	735	521	837	570
	白垩系		1	38	38	38	38	38		
	侏罗系		3	34	46	175	85	65	78	85
	三叠系		258	6	365	1091	379	310	183	371
	二叠系		37	6	343	852	339	220	208	339
	石炭系		10	0.02	154	618	226	42	243	226
	泥盆系		27	4	315	1265	409	172	355	409
	志留系		33	7	390	3991	521	230	727	412
	奥陶系		8	27	388	856	451	293	334	451
	寒武系		12	6	614	1309	628	418	384	628
	元古宇		34	9	655	1691	595	463	307	562
侵入岩细分	酸性岩		48	80	690	1366	657	575	290	657
	中性岩		15	212	555	3827	763	571	873	544
	基性岩		1	941	941	941	941	941		
	超基性岩		5	5	8	105	41	19	48	41
侵入岩期次	燕山期		25	80	736	1366	664	552	329	664
	海西期		8	5	158	977	260	95	326	260
	印支期		19	260	613	3827	748	608	764	577
	元古宙		12	241	693	1199	717	654	296	717
	太古宙		1	8	8	8	8	8		
地层岩性	玄武岩		7	121	271	555	297	262	153	297
	安山岩		1	3540	3540	3540	3540	3540		
	流纹岩		7	429	730	1691	802	734	415	802
	凝灰岩		3	381	426	729	512	491	189	512
	粗面岩		2	842	1255	1667	1255	1185	583	1255

统计项	统计项内容	样品数	最小值	中位数	最大值	算术平均值	几何平均值	标准离差	背景值
地层岩性	石英砂岩	2	108	141	174	141	137	47	141
	长石石英砂岩	29	49	307	1880	371	288	333	317
	长石砂岩	20	150	308	959	365	328	188	334
	砂岩	129	29	356	2186	411	362	244	397
	粉砂质泥质岩	4	462	729	746	666	654	137	666
	钙质泥质岩	3	167	277	466	303	278	151	303
	泥质岩	4	313	488	600	472	454	148	472
	石灰岩	35	0.02	34	292	53	23	70	34
	白云岩	11	4	13	78	23	16	22	23
	硅质岩	2	90	329	568	329	226	338	329
	板岩	118	154	470	3991	506	453	372	476
	千枚岩	29	204	615	1265	573	529	222	548
	片岩	29	65	502	1297	525	448	261	525
	片麻岩	2	320	508	696	508	472	266	508
	变粒岩	3	707	845	943	832	826	119	832
	大理岩	5	6	9	105	31	17	42	31
	石英岩	1	335	335	335	335	335		

表 16-9　西藏-三江造山带岩石中钡元素不同参数基准数据特征统计　（单位：10^{-6}）

统计项	统计项内容		样品数	最小值	中位数	最大值	算术平均值	几何平均值	标准离差	背景值
三大岩类	沉积岩		702	0.02	235	4393	313	123	341	267
	变质岩		139	7	439	2139	476	339	344	441
	岩浆岩	侵入岩	165	0.02	400	3500	477	308	395	450
		火山岩	81	1	499	1297	472	307	314	472
地层细分	古近系和新近系		115	0.02	388	1146	436	258	304	436
	白垩系		142	0.02	220	2687	303	120	329	240
	侏罗系		199	0.02	263	4393	328	134	421	254
	三叠系		142	0.02	250	1416	295	128	251	271
	二叠系		80	0.02	246	1339	295	116	273	270
	石炭系		107	0.02	205	1229	316	138	301	308
	泥盆系		23	0.02	291	1921	463	165	524	463
	志留系		8	90	599	758	533	454	232	533
	奥陶系		9	133	509	880	505	456	208	505
	寒武系		16	18	502	1736	578	342	489	578
	元古宇		36	105	459	2139	507	399	391	460
	太古宇		1	413	413	413	413	413		

续表

统计项	统计项内容	样品数	最小值	中位数	最大值	算术平均值	几何平均值	标准离差	背景值
侵入岩细分	酸性岩	122	11	490	1894	527	413	314	516
	中性岩	22	115	342	821	404	358	208	404
	基性岩	11	31	228	3500	477	170	1010	477
	超基性岩	10	0.02	24	40	22	12	11	22
侵入岩期次	喜马拉雅期	26	11	388	1894	449	297	377	392
	燕山期	107	0.02	390	1207	448	305	285	448
	海西期	4	629	855	1327	916	880	306	916
	加里东期	6	43	431	821	415	268	328	415
	印支期	14	21	481	1016	490	242	397	490
	元古宙	5	137	400	871	407	332	289	407
地层岩性	玄武岩	16	1	109	606	157	71	170	157
	安山岩	11	39	458	975	442	291	314	442
	流纹岩	27	79	510	1050	526	428	298	526
	火山碎屑岩	7	44	514	749	474	371	229	474
	凝灰岩	18	188	570	1098	631	585	239	631
	粗面岩	1	1297	1297	1297	1297	1297		
	石英砂岩	33	26	117	491	157	123	117	157
	长石石英砂岩	150	49	235	1670	307	249	231	259
	长石砂岩	47	17	446	2687	626	427	541	582
	砂岩	179	13	357	4393	427	339	391	383
	粉砂质泥质岩	24	83	386	1187	542	458	321	542
	钙质泥质岩	22	70	286	984	377	301	257	377
	泥质岩	50	60	509	1139	520	460	230	520
	石灰岩	173	0.02	26	1263	78	12	145	42
	白云岩	20	0.02	6	70	14	6	19	14
	泥灰岩	4	123	236	540	284	234	197	284
	硅质岩	5	73	156	381	190	162	120	190
	板岩	53	21	396	1339	436	344	266	418
	千枚岩	6	26	424	1206	490	299	416	490
	片岩	35	16	656	2139	701	545	430	659
	片麻岩	13	261	507	988	524	487	219	524
	变粒岩	4	29	619	867	534	312	361	534
	斜长角闪岩	5	31	117	322	141	110	108	141
	大理岩	3	7	9	194	70	23	107	70
	石英岩	15	93	278	957	319	268	214	319

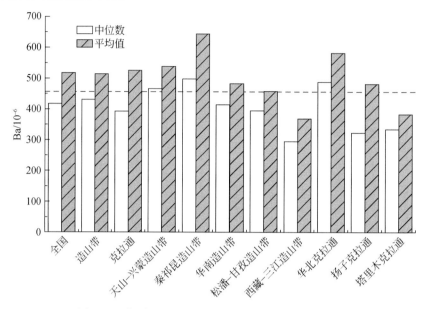

图 16-1　全国及一级大地构造单元岩石钡含量柱状图

（1）在天山-兴蒙造山带中分布：钡在火山岩中含量最高，侵入岩、变质岩、沉积岩依次降低；侵入岩钡含量中性岩最高，超基性岩最低；侵入岩元古宇钡含量最高；地层中太古宇钡含量最高，泥盆系最低；地层岩性中粗面岩钡含量最高，碳酸盐岩（石灰岩、白云岩）及其对应的变质岩（大理岩）钡含量最低。

（2）在秦祁昆造山带中分布：钡在侵入岩中含量最高，火山岩、变质岩、沉积岩依次降低；侵入岩钡含量中性岩最高，超基性岩最低；侵入岩燕山期钡含量最高；地层中太古宇钡含量最高，石炭系最低；地层岩性中粗面岩钡含量最高，碳酸盐岩（石灰岩、白云岩）及其对应的变质岩（大理岩）钡含量最低。

（3）在华南造山带中分布：钡在变质岩中含量最高，火山岩、侵入岩、沉积岩依次降低；侵入岩钡含量中性岩最高，超基性岩最低；侵入岩印支期钡含量最高；地层中太古宇钡含量最高，石炭系最低；地层岩性中安山岩钡含量最高，碳酸盐岩（石灰岩、白云岩）钡含量最低。

（4）在松潘-甘孜造山带中分布：钡在侵入岩中含量最高，火山岩、变质岩、沉积岩依次降低；侵入岩钡含量基性岩最高，基性岩最低；侵入岩燕山期钡含量最高；地层中元古宇钡含量最高，白垩系最低；地层岩性中安山岩、粗面岩钡含量最高，碳酸盐岩（石灰岩、白云岩）及其对应的变质岩（大理岩）钡含量最低。

（5）在西藏-三江造山带中分布：钡在火山岩中含量最高，变质岩、侵入岩、沉积岩依次降低；侵入岩钡含量酸性岩最高，基性岩最低；侵入岩海西期钡含量最高；地层中志留系钡含量最高，石炭系最低；地层岩性中粗面岩钡含量最高，碳酸盐岩（石灰岩、白云岩）及其对应的变质岩（大理岩）钡含量最低。

（6）在华北克拉通中分布：钡在火山岩和侵入岩中含量最高，变质岩、沉积岩依次降低；侵入岩钡含量中性岩最高，超基性岩最低；侵入岩太古宇钡含量最高；地层中泥盆系钡含量最高，奥陶系最低；地层岩性中粗面岩钡含量最高，碳酸盐岩（石灰岩、白云岩）

及其对应的变质岩（大理岩）和硅质岩钡含量最低。

（7）在扬子克拉通中分布：钡在变质岩中含量最高，火山岩、侵入岩、沉积岩依次降低；侵入岩钡含量中性岩最高，基性岩最低；侵入岩燕山期钡含量最高；地层中元古宇钡含量最高，石炭系最低；地层岩性中粗面岩钡含量最高，碳酸盐岩（石灰岩、白云岩）钡含量最低。

（8）在塔里木克拉通中分布：钡在侵入岩中含量最高，火山岩、变质岩、沉积岩依次降低；侵入岩钡含量中性岩最高，基性岩最低；侵入岩加里东期钡含量最高；地层中三叠系钡含量最高，寒武系最低；地层岩性中冰碛岩、千枚岩钡含量最高，碳酸盐岩（石灰岩、白云岩）及其对应的变质岩（大理岩）钡含量最低。

第二节　中国土壤钡元素含量特征

一、中国土壤钡元素含量总体特征

中国表层和深层土壤中的钡含量呈对数正态分布，但有少量离群值存在（图 16-2）；钡元素表层样品和深层样品 95%（2.5%～97.5%）的数据分别变化于 $242×10^{-6}$～$976×10^{-6}$ 和 $240×10^{-6}$～$1020×10^{-6}$，基准值（中位数）分别为 $512×10^{-6}$ 和 $522×10^{-6}$；表层和深层样品的低背景基线值（下四分位数）分别为 $427×10^{-6}$ 和 $431×10^{-6}$，高背景基线值（上四分位数）分别为 $610×10^{-6}$ 和 $628×10^{-6}$；地壳克拉克值介于低背景值和中位数之间。

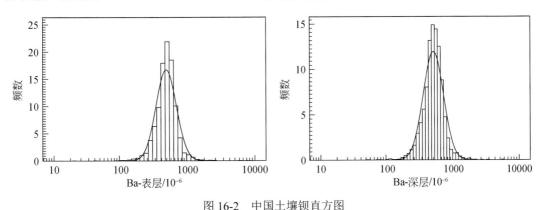

图 16-2　中国土壤钡直方图

二、中国不同大地构造单元土壤钡元素含量

钡元素含量在八个一级大地构造单元内的统计参数见表 16-10 和图 16-3。表层土壤中位数排序：华北克拉通＞天山–兴蒙造山带＞秦祁昆造山带＞全国＞塔里木克拉通＞扬子克拉通＞松潘–甘孜造山带＞西藏–三江造山带＞华南造山带。深层土壤中位数排序：华北克拉通＞天山–兴蒙造山带＞秦祁昆造山带＞全国＞塔里木克拉通＞扬子克拉通＞华南造山带

＞西藏-三江造山带＞松潘-甘孜造山带。

表 16-10　中国一级大地构造单元土壤钡基准值数据特征　　　　（单位：10^{-6}）

类型	层位	样品数	最小值	25% 低背景	50% 中位数	75% 高背景	85% 异常下限	最大值	算术 平均值	几何 平均值
全国	表层	3382	22	427	512	610	669	7851	537	504
	深层	3380	52	431	522	628	688	5606	547	513
造山带	表层	2160	22	406	496	598	648	2617	515	486
	深层	2158	52	409	505	618	674	3234	526	495
克拉通	表层	1222	47	464	532	641	711	7851	575	538
	深层	1222	118	467	537	650	719	5606	583	547
天山-兴蒙造山带	表层	909	231	479	567	630	666	1254	558	544
	深层	907	216	486	586	658	703	1832	578	560
华北克拉通	表层	613	268	512	592	684	754	1365	623	607
	深层	613	275	524	601	697	764	2152	638	617
塔里木克拉通	表层	209	47	458	500	544	567	766	501	489
	深层	209	118	471	513	550	584	1059	517	508
秦祁昆造山带	表层	350	250	470	524	609	741	2185	598	562
	深层	350	309	470	528	627	743	3234	600	566
松潘-甘孜造山带	表层	202	169	348	424	486	525	2617	447	417
	深层	202	116	345	410	482	523	2617	443	414
西藏-三江造山带	表层	349	153	360	423	500	560	1108	444	426
	深层	349	155	356	422	507	556	1711	441	421
扬子克拉通	表层	399	119	370	454	575	681	7851	540	472
	深层	399	123	375	464	577	686	5606	534	473
华南造山带	表层	351	22	311	399	509	588	2432	430	390
	深层	351	52	325	427	524	624	1733	450	410

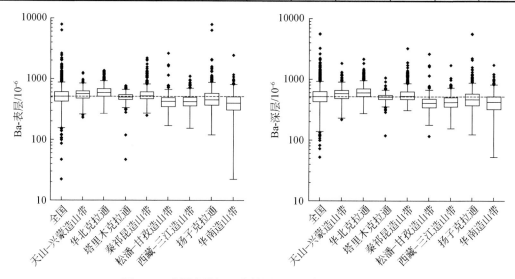

图 16-3　中国土壤钡元素箱图（一级大地构造单元）

三、中国不同自然地理景观土壤钡元素含量

钡元素含量在 10 个自然地理景观的统计参数见表 16-11 和图 16-4。表层土壤中位数排序：森林沼泽＞半干旱草原＞冲积平原＞低山丘陵＞沙漠盆地＞黄土＞全国＞荒漠戈壁＞中高山＞高寒湖泊＞喀斯特。深层土壤中位数排序：森林沼泽＞半干旱草原＞冲积平原＞低山丘陵＞沙漠盆地＞黄土＞全国＞荒漠戈壁＞中高山＞高寒湖泊＞喀斯特。

表 16-11　中国自然地理景观土壤钡基准值数据特征　（单位：10^{-6}）

类型	层位	样品数	最小值	25%低背景	50%中位数	75%高背景	85%异常下限	最大值	算术平均值	几何平均值
全国	表层	3382	22	427	512	610	669	7851	537	504
	深层	3380	52	431	522	628	688	5606	547	513
低山丘陵	表层	633	22	406	537	670	772	2432	571	522
	深层	633	52	429	534	676	789	3234	584	534
冲积平原	表层	335	286	488	558	634	664	7851	594	563
	深层	335	275	486	569	640	682	2204	580	565
森林沼泽	表层	218	345	583	621	687	736	1254	641	632
	深层	217	291	594	661	725	775	1832	673	659
喀斯特	表层	126	99	242	342	455	550	1076	374	336
	深层	126	107	266	339	534	641	1088	408	367
黄土	表层	170	325	486	519	622	702	1750	583	564
	深层	170	325	483	530	636	694	2152	591	570
中高山	表层	923	138	386	462	535	583	6349	493	462
	深层	923	116	384	461	536	594	5606	497	462
高寒湖泊	表层	140	153	335	404	480	558	1108	423	404
	深层	140	155	332	396	493	535	1711	421	399
半干旱草原	表层	215	357	554	606	658	691	910	609	603
	深层	214	266	559	617	664	712	1395	622	612
荒漠戈壁	表层	424	233	435	496	586	627	1274	517	502
	深层	424	216	442	522	609	668	1245	537	517
沙漠盆地	表层	198	47	474	523	571	611	917	523	507
	深层	198	118	488	533	596	651	916	542	528

四、中国不同土壤类型钡元素含量

钡元素含量在 17 个主要土壤类型的统计参数见表 16-12 和图 16-5。表层土壤中位数排序：寒棕壤-漂灰土带＞暗棕壤-黑土带＞棕壤-褐土带＞黑钙土-栗钙土-黑垆土带＞黄棕

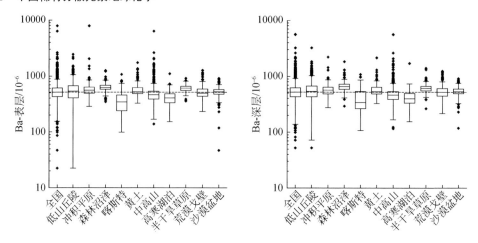

图 16-4 中国土壤钡元素箱图（自然地理景观）

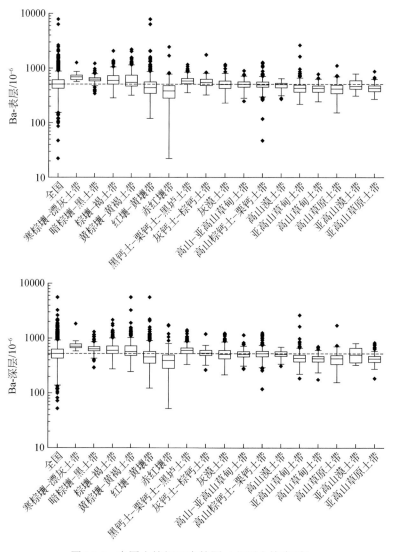

图 16-5 中国土壤钡元素箱图（主要土壤类型）

壤-黄褐土带＞灰钙土-棕钙土带＞全国＞高山-亚高山草甸土带＞灰漠土带＞高山漠土带＞高山棕钙土-栗钙土带＞亚高山漠土带＞红壤-黄壤带＞亚高山草甸土带＞亚高山草原土带＞高山草甸土带＞高山草原土带＞赤红壤带。深层土壤中位数排序：寒棕壤-漂灰土带＞暗棕壤-黑土带＞黑钙土-栗钙土-黑垆土带＞棕壤-褐土带＞黄棕壤-黄褐土带＞灰钙土-棕钙土带＞高山棕钙土-栗钙土带＞全国＞高山漠土带＞灰漠土带＞高山-亚高山草甸土带＞亚高山漠土带＞红壤-黄壤带＞亚高山草甸土带＞高山草甸土带＞高山草原土带＞亚高山草原土带＞赤红壤带。

表 16-12　中国主要土壤类型钡基准值数据特征　　　（单位：10^{-6}）

类型	层位	样品数	最小值	25% 低背景	50% 中位数	75% 高背景值	85% 异常下限	最大值	算术 平均值	几何 平均值
全国	表层	3382	22	427	512	610	669	7851	537	504
	深层	3380	52	431	522	628	688	5606	547	513
寒棕壤-漂灰土带	表层	35	570	619	693	745	770	1254	701	692
	深层	35	586	672	708	782	827	1832	752	736
暗棕壤-黑土带	表层	296	345	584	624	669	699	1214	630	624
	深层	295	291	591	640	699	745	1306	652	643
棕壤-褐土带	表层	333	286	511	595	730	825	2055	648	624
	深层	333	275	523	600	719	816	2152	659	630
黄棕壤-黄褐土带	表层	124	320	470	550	739	1069	2185	674	616
	深层	124	245	483	569	719	927	5606	714	627
红壤-黄壤带	表层	575	119	346	439	558	669	7851	507	449
	深层	575	123	351	456	570	676	5583	504	457
赤红壤带	表层	204	22	283	384	478	562	2432	409	362
	深层	204	52	282	392	489	553	1733	416	371
黑钙土-栗钙土- 黑垆土带	表层	360	357	518	581	650	694	1165	598	589
	深层	360	332	524	600	662	717	1395	614	601
灰钙土-棕钙土带	表层	90	325	486	547	623	672	1750	575	560
	深层	89	266	488	534	605	648	1195	552	542
灰漠土带	表层	356	231	428	501	584	617	1160	508	493
	深层	356	216	422	510	600	660	1223	523	502
高山-亚高山草甸土带	表层	119	250	450	506	561	592	896	510	501
	深层	119	276	458	509	570	607	1139	520	509

续表

类型	层位	样品数	最小值	25% 低背景	50% 中位数	75% 高背景值	85% 异常下限	最大值	算术 平均值	几何 平均值
高山棕钙土-栗钙土带	表层	338	47	451	495	556	594	1274	513	497
	深层	338	118	463	523	576	615	1245	533	519
高山漠土带	表层	49	272	437	499	527	564	645	487	479
	深层	49	311	469	512	570	605	692	517	510
亚高山草甸土带	表层	193	217	367	431	491	533	2617	456	433
	深层	193	185	373	432	493	533	2617	459	436
高山草甸土带	表层	84	245	366	426	473	515	778	429	420
	深层	84	175	373	428	465	518	701	426	415
高山草原土带	表层	120	153	346	421	491	550	1108	431	411
	深层	120	155	336	425	487	539	1711	429	407
亚高山漠土带	表层	18	312	416	468	588	633	792	507	489
	深层	18	323	362	497	649	683	805	512	490
亚高山草原土带	表层	88	273	377	430	479	513	868	440	430
	深层	88	185	369	423	469	519	823	437	425

第三节　钡元素空间分布与异常评价

钡是碱土金属族元素，化学性质与锶相似，可形成重晶石（$BaSO_4$）、毒重石（$BaCO_3$）等独立矿物。以硫酸钡（重晶石）形式存在的钡矿床，在世界上广泛分布，但以碳酸钡（毒重石）形式存在的钡矿床，在世界上并不多见。然而，在扬子地块北缘的大巴山一带的下寒武统硅岩建造中，既存在一大批重晶石矿床，又广泛发育具有重要经济意义的毒重石矿床，构成世界上极为罕见的大型钡成矿带。从地球化学基准图上可以看出钡整体上表现为东高西低的趋势，钡元素低背景区主要分布在天山-兴蒙造山带西部、松潘-甘孜造山带、西藏-三江造山带、扬子克拉通及华南造山带部分区域；高背景区主要分布在天山-兴蒙造山带中东部、华北克拉通、秦祁昆造山带东部、上扬子台坳西部、东南沿海火山岩带。以累积频率85%为异常下限，共圈定22处钡地球化学异常。高背景区内矿床发育，矿床类型多样，如福建省永安县、贵州省天柱县、陕西省平利县等地重晶石矿床分布在秦祁昆造山带、扬子克拉通、华南造山带，属于沉积型重晶石矿床，该类型也是我国目前最重要的重晶石矿床类型；河南省大池山矿床产于下奥陶统白云岩中，属于热液型重晶石矿床（图16-6、表16-13）。

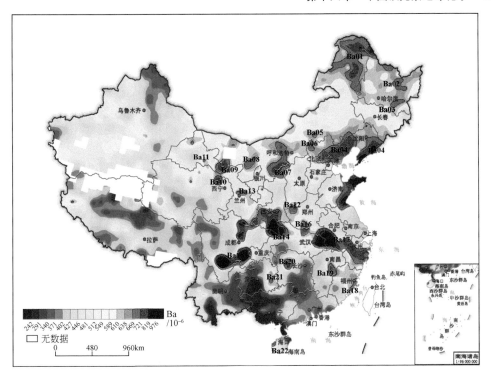

图 16-6　中国钡地球化学分布图

表 16-13　中国钡地球化学异常统计参数（对应图 16-6）

编号	面积/km²	点数/个	极小值/10⁻⁶	极大值/10⁻⁶	平均值/10⁻⁶	中位数/10⁻⁶	离差
Ba01	164457	62	528	1254	731	705	124
Ba02	15798	5	701	903	790	792	76.5
Ba03	10013	5	669	827	733	726	58.7
Ba04	141829	60	538	1294	781	747	171
Ba05	2121	3	688	748	710	695	32.7
Ba06	4724	3	642	780	726	757	73.9
Ba07	66079	32	488	1165	773	744	130
Ba08	12063	4	701	859	763	747	67.5
Ba09	25990	14	551	1274	832	742	233
Ba10	10649	4	419	1274	866	885	440
Ba11	1210	1	975	975	975	975	
Ba12	7796	6	482	1365	751	656	320
Ba13	6276	3	489	1750	928	547	712
Ba14	137887	55	320	2617	866	719	435
Ba15	72768	29	334	7851	1184	613	1711
Ba16	15814	5	509	1215	859	824	255
Ba17	132782	43	401	2185	934	934	344
Ba18	4904	2	693	763	728	728	49.4
Ba19	13069	4	537	989	788	812	207
Ba20	11938	3	677	1176	894	829	256
Ba21	2138	1	824	824	824	824	
Ba22	2290	2	664	2432	1548	1548	1250

参 考 文 献

迟清华, 鄢明才, 2007. 应用地球化学元素丰度数据手册. 北京: 地质出版社.

董树文, 李廷栋, 2009. SinoProbe——中国深部探测实验. 地质学报, 83: 895-909.

范裕, 周涛发, Voicu G, 等, 2005. 铊矿床成矿规律. 地质科技情报, 24(1): 55-60.

高山, 骆庭川, 张本仁, 等, 1999. 中国东部地壳的结构和组成. 中国科学（D 辑）, 29(3): 204-213.

姜含璐, 代涛, 2016. 中国未来碲供需形势分析与对策建议. 中国矿业, 25(10): 7-10.

黎彤, 1976. 化学元素的地球丰度. 地球化学, 5(3): 167-174.

李建康, 刘喜方, 王登红, 等, 2014. 中国锂矿成矿规律概要. 地质学报, 88(12): 2269-2283.

李建康, 邹天人, 王登红, 等, 2017. 中国铍矿成矿规律. 矿床地质, 36(4): 951-978.

李建康, 李鹏, 王登红, 等, 2019. 中国铌钽矿成矿规律. 科学通报, 64(15): 1545-1566.

李康, 王建平, 2016. 中国锂资源开发利用现状及对策建议. 资源与产业, 18(1): 82-86.

李娜, 高爱红, 王小宁, 2019. 全球铍资源供需形势及建议. 中国矿业, 28(4): 69-73.

李晓峰, 徐净, 朱艺婷, 等, 2019. 关键矿产资源铟: 主要成矿类型及关键科学问题. 岩石学报, 35(11): 3292-3302.

刘汉粮, 聂兰仕, 王学求, 等, 2018a. 中蒙跨境阿尔泰构造带稀有元素锂区域地球化学分布. 现代地质, 32(3): 493-499.

刘汉粮, 王学求, 聂兰仕, 等, 2018b. 阿尔泰成矿带中蒙边界地区稀有元素铌和钽区域地球化学特征. 现代地质, 32(5): 1063-1073.

刘汉粮, 聂兰仕, 王学求, 等, 2019. 中蒙跨境阿尔泰地区铍区域地球化学特征. 地质与勘探, 55(1): 95-102.

刘丽君, 王登红, 刘喜方, 等, 2017. 国内外锂矿主要类型、分布特点及勘查开发现状. 中国地质, 44(2): 263-278.

刘英俊, 曹励明, 李兆麟, 等, 1984. 元素地球化学. 北京: 科学出版社.

毛景文, 袁顺达, 谢桂青, 等, 2019. 21 世纪以来中国关键金属矿产找矿勘查与研究新进展. 矿床地质, 38(5): 935-969.

任天祥, 伍宗华, 羌荣生, 1998. 区域化探异常筛选与查证的方法技术. 北京: 地质出版社.

陶旭云, 王佳新, 孙嘉, 等, 2019. 铊矿床主要类型与成矿机制. 矿床地质, 38(5): 1023-1038.

涂光炽, 高振敏, 胡瑞忠, 等, 2004. 分散元素地球化学及成矿机制. 北京: 地质出版社.

王登红, 2019. 关键矿产的研究意义、矿种厘定、资源属性、找矿进展、存在问题及主攻方向. 地质学报, 93(6): 1190-1209.

王登红, 王瑞江, 李建康, 等, 2013. 中国三稀矿产资源战略调查研究进展综述. 中国地质, 40(2): 361-370.

王登红, 王瑞江, 孙艳, 等, 2016. 我国三稀（稀有稀土稀散）矿产资源调查研究成果综述. 地球学报, 37(5): 569-580.

王登红, 王成辉, 孙艳, 等, 2017. 我国锂铍钽矿床调查研究进展及相关问题简述. 中国地质调查, 4(5): 1-8.

王仁财, 邢佳韵, 彭浩, 2014. 美国铍资源战略启示. 中国矿业, 23(10): 21-24.

王瑞江, 王登红, 李建康, 等, 2015. 稀有稀土稀散矿产资源及其开发利用. 北京: 地质出版社.

王学求, 2012. 全球地球化学基准: 了解过去, 预测未来. 地学前缘, 19(3): 7-18.

王学求, 2020. 关键元素分布与关键资源勘查. 地球学报, 41(6): 739-746.

王学求, 谢学锦, 张本仁, 等, 2010. 地壳全元素探测——构建"化学地球". 地质学报, 84(6): 854-864.

王学求, 张勤, 周建, 等, 2014. 中国地球化学基准值建立与综合研究成果报告. 中国地质科学院地球物理地球化学勘查研究所.

王学求, 周建, 徐善法, 等, 2016. 全国地球化学基准网建立与地球化学基准值特征. 中国地质, 43(5): 1469-1480.

王学求, 刘汉粮, 王玮, 等, 2020. 中国锂矿地球化学背景与空间分布: 远景区预测. 地球学报, 41(6): 797-806.

王砚耕, 索书田, 张发明, 1994. 黔西南构造与卡林型金矿. 北京: 地质出版社.

温汉捷, 周正兵, 朱传威, 等, 2019. 稀散金属超常富集的主要科学问题. 岩石学报, 35(11): 3271-3291.

温汉捷, 罗重光, 杜胜江, 等, 2020. 碳酸盐黏土型锂资源的发现及意义. 科学通报, 65(1): 53-59.

谢学锦, 1979. 区域化探. 北京: 地质出版社.

谢学锦, 1996. 地质矿产部"八五"重大基础研究项目研究成果报告——全国环境地球化学监控网络及全国动态地球化学图. 中国地质科学院地球物理地球化学勘查研究所.

谢学锦, 2003. 全球地球化学填图. 中国地质, 30(1): 1-9.

谢学锦, 周国华, 2002. 多目标地球化学填图及多层次环境地球化学监控网络. 地质通报, 21(12): 809-816.

谢学锦, 叶家瑜, 鄢明才, 等, 2003. 考核不同实验室分析质量的新方法. 地质通报, 22(1): 1-11.

徐净, 李晓峰, 2018. 铟矿床时空分布、成矿背景及其成矿过程. 岩石学报, 34(12): 3611-3626.

徐志刚, 陈毓川, 王登红, 等, 2008. 中国成矿区带划分方案. 北京: 地质出版社.

薛天星, 1999. 中国银(天青石)矿床概述. 化工矿产地质, 21(3): 141-148.

鄢明才, 迟清华, 1997. 中国东部地壳与岩石的化学组成. 北京: 科学出版社.

张勤, 白金峰, 王烨, 2012. 地壳全元素配套分析方案及分析质量监控系统. 地学前缘, 19(3): 33-42.

张小陌, 2018. 中国铟资源产业发展分析及储备研究. 中国矿业, 27(7): 7-10.

张学林, 1992. 硒的世界地理分布. 国外医学(医学地理分册), 13: 14.

张玉学, 1997. 分散元素铊的矿床类型与研究前景. 地质地球化学, (4): 93-97.

赵汀, 秦鹏珍, 王安建, 等, 2017. 镓矿资源需求趋势分析与中国镓产业发展思考. 地球学报, 38(1): 77-84.

赵一阳, 鄢明才, 1994. 中国浅海沉积物地球化学. 北京: 科学出版社.

中华人民共和国地方病与环境图集编纂委员会, 1989. 中华人民共和国地方病与环境图集. 北京: 科学出版社.

中华人民共和国国土资源部, 2016. 土地质量地球化学评价规范 DZ/T 0295—2016.

邹天人, 李庆昌, 2006. 中国新疆稀有及稀土金属矿床. 北京: 地质出版社.

《中国矿床》编委会, 1996. 中国矿床. 北京: 地质出版社.

《中国矿床发现史·新疆卷》编委会, 1996. 中国矿床发现史·新疆卷. 北京: 地质出版社.

Ashry M M, 1973. Occurrence of Li, B, Cu, and Zn in some Egyptian Nile sediments. Geochimica et Cosmochimica Acta, 37: 2449-2458.

Bølviken B, Demetriades A, Hindel A, et al., 1990. Geochemical Mapping of Western Europe towards the Year

2000-Project Proposal. Western European Geological Surveys (WEGS), Geological Survey of Norway, Trondheim, NGU Report 90, 106.

Bowen H J M, 1979. Environmental chemistry of the elements. New York: Academic Press.

Burenkov E K, Golovin A A, Filatov E I, et al., 1996. Multi-purpose geochemical mapping—a new type of regional geochemical study (in Russian). Razved Okhr Nedr, 8: 7-10.

Burenkov E K, Golovin A A, Morozova I A, et al., 1999. Multi-purpose geochemical mapping (1：1000000) as a basis for the integrated assessment of natural resources and ecological problems. Journal of Geochemical Exploration, 66: 159-172.

Clarke F W, Washington H S, 1924. The composition of the earth's crust. Washington, DC: US Geological Survey.

Coveney R M, Murowchick J B, Grauch R I, et al., 1992. Field relations, origins, and resource implications for platiniferous molybdenum-nickel ores in black shale of South China. Exploration & Mining Geology, 1(1): 21-28.

Cui Z W, Huang J, Peng Q, et al., 2017. Risk assessment for human health in a seleniferous area, Shuang'an, China. Environmental Science & Pollution Research, 24: 17701-17710.

Cuney M, Barbey P, 2014. Uranium, rare metals, and granulite-facies metamorphism. Geoscience Frontiers, 5(5): 729-745.

Darnley A G, 1997. A global geochemical reference network: the foundation for geochemical baselines. Journal of Geochemical Exploration, 60:1-5.

Darnley A G, Björklund A, Bølviken B, et al., 1995. A global geochemical database for environmental and resource management: final report of IGCP Project 259. Earth Sciences, 19. Paris: UNESCO Publishing.

Davenport P H, 1993. Geochemical mapping. Journal of Geochemical Exploration, 49(1-2): 212.

de Caritat P, Cooper M, 2011. National geochemical survey of Australia: the geochemical atlas of Australia. Geoscience Australia, 20 (2): 557.

Dehaine Q, Filippov L O, Glass H J, et al., 2019. Rare-metal granites as a potential source of critical metals: a geometallurgical case study. Ore Geology Reviews, 104: 384-402.

Dinh Q T, Cui Z, Huang J, et al., 2018. Selenium distribution in the Chinese environment and its relationship with human health: a review. Environment International, 112: 294-309.

Edén P, Björklund A, 1994. Ultra-low density sampling of overbank sediment in Fennoscandia. Journal of Geochemical Exploration, 51: 265-289.

Fan D L, Yang R, Huang Z, 1984. The lower Cambrian black shales series and the iridium anomaly in south China. Developments in Geoscience, 27th International Geological Congress, Moscow: 215-224.

Fan D L, Yang X Z, Wang L F, et al., 1973. Petrological and geochemical characteristics of a nickel-molybdenum-multielement-bearing lower Cambrian black shale from a certain district in South China. Geochimica, 3: 143-163.

Fauth H, Hindel R, Siewers U, 1985. Geochemical atlas of the Federal Republic of Germany. Hannover: Federal Office for Geosciences and Raw Materials.

Ferguson R B, Price V, 1976. National Uranium Resource Evaluation (NURE) Program-Hydrogeochemical and stream-sediment reconnaissance in the eastern United States. Journal of Geochemical Exploration, 6: 103-117.

Filella M, 2017. Tantalum in the environment. Earth-Science Reviews, 173: 122-140.

Fordyce F M, 2013. Selenium deficiency and toxicity in the environment//Selinus O, Alloway B, Centeno J A, et al. Essentials of Medical Geology. New York: Springer: 375-416.

Friske P W B, Rencz A N, Ford K L, et al., 2013. Overview of the Canadian component of the North American Soil Geochemical Landscapes Project with recommendations for acquiring soil geochemical data for environmental and human health risk assessments. Geochemistry: Exploration, Environment, Analysis, 13: 267-283.

Gao S, Zhang B R, Luo T C, et al., 1992. Chemical composition of the continental crust in the Qinling orogenic belt and its adjacent North China and Yangtze cratons. Geochimica et Cosmochimica Acta, 56: 3933-3950.

Gao S, Luo T C, Zhang B R, et al., 1998. Chemical composition of the continental crust as revealed by studies in East China. Geochimica et Cosmochimica Acta, 62: 1959-1975.

Goldschmidt V M, 1933. Grundlagen der quantitativen Geochemie. Fortschr Mineral, 17: 112-156.

Goldschmidt V M, 1954. Geochemistry. Oxford: Clarendon Press.

Govil P K, Krishna A K, Gowd S S, et al., 2009. Global geochemical baseline mapping for environmental management in India. Geochimica et Cosmochimica Acta, 73(13): 1525-1532.

Gunn G, 2014. Critical metals handbook. Nottingham: British Geological Survey.

Gustavsson N, Lampio E, Tarvainen T, 1997. Visualization of geochemical data on maps at the Geological Survey of Finland. Journal of Geochemical Exploration, 59(3): 197-207.

Hartikainen H, 2005. Biogeochemistry of selenium and its impact on food chain quality and human health. Journal of Trace Elements in Medicine and Biology, 18(4): 309-318.

Hu R Z, Su W C, Bi X W, et al., 2002. Geology and geochemistry of Carlin-type gold deposits in China. Mineralium Deposita, 37(3): 378-392.

Hu R Z, Peng J T, Ma D S, et al., 2007. Epoch of large-scale low temperature mineralizations in southwestern Yangtze massif. Mineralium Deposita, 26: 583-596.

Huang Z L, Hu R Z, Su W C, et al., 2011. A study on the largescale low temperature metallogenic domain in Southwestern China—Significance, history and new progress. Acta Mineralogica Sinica, 31: 309-314.

Jiang Z C, Lian Y Q, Qin X Q, 2014. Rocky desertification in southwest China: impacts, causes, and restoration. Earth-Science Reviews, 132: 1-12.

Jones D L, Winkel L H E, 2016. Global predictions of selenium distributions in soils//Banuelos G S. Global advances in selenium research from theory to application. London: Taylor and Francis Group: 13-14.

Li J K, Zou T R, Liu X F, et al., 2015. The metallogenetic regularities of lithium deposits in China. Acta Geologica Sinica (English Edition), 89(2): 652-670.

Liu H L, Wang X Q, Zhang B M, et al., 2020. Concentration and distribution of lithium in catchment sediments of China: conclusions from the China Geochemical Baselines project. Journal of Geochemical Exploration, 215. DOI: 10.1016/j.gexplo.2020.106540.

Liu H L, Wang X Q, Zhang B M, et al., 2021. Concentration and distribution of selenium in soils of mainland China, and implications for human health. Journal of Geochemical Exploration, 220. DOI:10.1016/j.gexplo. 2020.106654.

London D, 2018. Ore-forming processes within granitic pegmatites. Ore Geology Reviews, 101: 349-383.

Long J, Luo K L, 2017. Trace element distribution and enrichment patterns of Ediacaran-early Cambrian, Ziyang selenosis area, Central China: constraints for the origin of selenium. Journal of Geochemical Exploration, 172: 211-230.

Mao J W, Lehmann B, Du A D, et al., 2002. Re-Os dating of polymetallic Ni-Mo-PGE-Au mineralization in lower Cambrian black shales of South China and its geologic significance. Economic Geology, 97: 1051-1061.

McLennan S M, 2001. Relationships between the trace element composition of sedimentary rocks and upper continental crust. Geochemistry Geophysics Geosystems, 2(4) . DOI: 10.1029/2000GC000109.

Melcher F, Graupner T, Gäbler H E, et al., 2017. Mineralogical and chemical evolution of tantalum-(niobium-tin) mineralisation in pegmatites and granites. Part 2: Worldwide examples (excluding Africa) and an overview of global metallogenetic patterns. Ore Geology Reviews, 89: 946-987.

Negrel P, Reimann C, Ladenberger A, Birke M, 2017. Distribution of lithium in agricultural and grazing land soils at European continental scale (GEMAS project). EGU General Assembly Abstracts 19, 15340.

Ottesen R T, Bogen J, Bölviken B, et al., 1989. Overbank sediment: a representative sample medium for regional geochemical mapping. Journal of Geochemical Exploration, 32: 257-277.

Plant J A, Klaver G, Locutura J, et al., 1997. The Forum of European Geological Surveys Geochemistry Task Group inventory 1994-1996. Journal of Geochemical Exploration, 59: 123-146.

Prieto G, 2009. Geochemical atlas of Colombia, exploring the Colombian territory. Global Geochemical Mapping Symposium, Abstracts: 13-14.

Reimann C, 1998. Environmental geochemical atlas of the Central Barents Region. The final product of the Kola Ecogeochemistry Project, NGU-GTK-CKE Special Publication, Geological Survey of Norway.

Reimann C, Melezhik V, 2001. Metallogenic provinces, geochemical provinces and regional geology: what causes large-scale patterns in low density geochemical maps of C-horizon of podzols in Arctic Europe? Applied Geochemistry, 16: 963-983.

Reimann C, Demetriades A, Eggen O A, et al., 2011. The EuroGeoSurveys geochemical mapping of agricultural and grazing land soils project (GEMAS)—Evaluation of quality control results of total C and S, total organic carbon (TOC), cation exchange capacity (CEC), XRF, pH, and particle size distribution (PSD) analyses. NGU Report 2011.043, 90 pp., http://www.ngu.no/upload/Publikasjoner/Rapporter/2011/2011_043.pdf (last access 5 March 2014).

Ren H L, Yang R D, 2014. Distribution and controlling factors of selenium in weathered soil in Kaiyang county, Southwest China. Chinese Journal of Geochemistry, 33: 300-309.

Rudnick R L, Fountain D M, 1995. Nature and composition of the continental crust: a lower crustal perspective. Reviews of Geophysics, 33: 267-309.

Rudnick R L, Gao S, 2003. The composition of the continental crust// Holland H D, Condie K. Treatise on geochemistry. Amsterdam: Elsevier Pergamon: 1-64.

Salminen R, 2005a. Continental-wide geochemical mapping in Europe. Explore, 127: 8-15.

Salminen R, 2005b. Foregs geochemical atlas of Europe, part 1—Background information, methodology, and maps. Electric publication, URL address: http//gtk/publ/foregsatlas, march 15, 2005.

Salminen R, Batista M J, Bidovec M, et al., 2005. FOREGS geochemical atlas of Europe, Part 1—Background information, methodology and maps. Geological Survey of Finland, Espoo.

Scheib A J, Flight D M A, Birke M, et al., 2012. The geochemistry of niobium and its distribution and relative mobility in agricultural soils of Europe. Geochemistry: Exploration, Environment, Analysis, 12: 293-302.

Schulz K J, DeYoung, Jr J H, et al., 2017. Critical mineral resources of the United States—Economic and environmental geology and prospects for future supply. USGS, Professional Paper.

Shacklette H T, Boerngen J G, 1984. Element concentrations in soils and other surficial materials of the Conterminous United States: an account of the concentrations of 50 chemical elements in samples of soils and other regoliths. Washington, DC: U.S. Government Printing House.

Smith D B, 2009. Preface: geochemical studies of North American soils: results from the pilot study phase of the North American Soil Geochemical Landscapes Project. Applied Geochemistry, 24: 1355-1356.

Smith D B, Cannon W F, Woodruff L G, et al., 2012. History and progress of the North American Soil Geochemical Landscapes Project, 2001–2010. Earth Science Frontiers, 19: 19-32.

Sobolev O I, Gutyj B V, Darmohray L M, et al., 2019. Lithium in the natural environment and its migration in the trophic chain. Ukrainian Journal of Ecology, 9(2): 195-203.

Staudigel H, Albarede F, Blichrt-Toft J, et al., 1998. Geochemical Earth Reference Model(GERM): description of the initiative. Chemical Geology, 145(3-4): 153-489.

Tan J A, Zhu W Y, Wang W Y, et al., 2002. Selenium in soil and endemic diseases in China. Science of the Total Environment, 284: 227-235.

Taylor S R, 1964. The abundance of chemical elements in the continental crust: a new table. Geochimica et Cosmochimica Acta, 28: 1273-1285.

Taylor S R, McLennan S M, 1985. The continental crust: its composition and evolution. London: Blackwell Scientific Publications.

Tian H, Ma Z Z, Chen X L, et al., 2016. Geochemical characteristics of selenium and its correlation to other elements and minerals in selenium-enriched rocks in Ziyang county, Shaanxi province, China. Journal of Earth Science, 27: 763-776.

USGS, 2019. Rare earths. U. S. Mineral Commodity Summaries: 132-134.

Vinogradov A P, 1962. Average concentration of chemical elements in the chief types of igneous rocks of the crust of the Earth. Geochemistry, 7: 555-571 (in Russian).

Wang X Q, Liu X M, Han Z X, et al., 2015. Concentration and distribution of mercury in drainage catchment sediment and alluvial soil of China. Journal of Geochemical Exploration, 154: 32-48.

Wang X Q, 2015. China geochemical baselines: sampling methodology. Journal of Geochemical Exploration, 148: 25-39.

Wang X Q, Zhang Q, Zhou G H, 2007. National-Scale Geochemical Mapping Projects in China. Geostandard and Geoanalytical Research, 31(4): 311-320.

Wang Z J, Gao Y X, 2001. Biogeochemical cycling of selenium in Chinese environments. Applied Geochemistry, 16: 1345-1351.

Webb J S, 1978. The Wolfson geochemical atlas of England and Wales. Oxford: Oxford University Press.

Wedepohl K H, 1995. The composition of the continental crust. Geochimica et Cosmochimica Acta, 59: 1217-1232.

Williams-Jones A E, Vasyukova O V, 2018. The economic geology of scandium, the runt of the rare earth element litter. Economic Geology, 113(4): 973-988.

Windley B, Kröner A, Guo J H, et al., 2002. Neoproterozoic to paleozoic geology of the Altay orogeny, NW China: new zircon age data and tectonic evolution. The Journal of Geology, 110: 719-737.

Xie X J, 1995. Analytical requirements in international geochemical mapping. Analyst, 120: 1497-1504.

Xie X J, Cheng H X, 1997. The suitability of floodplain sediment as global sampling medium: evidence from China. Journal of Geochemical Exploration, 58: 51-62.

Xu Z C, Shao H F, Li S, et al., 2012. Relationships between the selenium content in flue-cured tobacco leaves and the selenium content in soil in Enshi, China tobacco-growing area. Pakistan Journal of Botany, 44(5): 1563-1568.

Yan M C, Chi Q H, 1997. Chemical compositions of the continental crust in North China Platform// Xie X J. Proc. 30th Int. Geol. Congr. Geochemistry. International Science Publishers.

Yan M C, Chi Q H, 2005. The chemical composition of the continental crust and rocks in the eastern part of China. Beijing: Science Press.

Zheng M P, Zhang Y S, Liu X F, et al., 2016. Progress and prospects of salt lake research in China. Acta Geologica Sinica (English Edition), 90(4): 1195-1235.

Zheng Y F, Xiao W J, Zhao G C, 2013. Introduction to tectonics of China. Gondwana Research, 23(4): 1189-1206.

Zhu J M, Wang N, Li S H, et al., 2008. Distribution and transport of selenium in Yutangba, China: impact of human activities. Science of the Total Environment, 392: 252-261.

Zhu J M, Johnson T M, Clark S K, et al., 2014. Selenium redox cycling during weathering of Se-rich shales: a selenium isotope study. Geochimica et Cosmochimica Acta, 126: 228-249.